信息科学与技术丛书

# QEMU/KVM 源码解析与应用

李 强 编著

机械工业出版社

本书从源码层面对当今重要的虚拟化方案 QEMU 与 KVM 的实现进行了详细分析。涉及的源码包括 QEMU 程序的基本组成与重要组件、主板与固件虚拟化、CPU 虚拟化、内存虚拟化、中断虚拟化、设备虚拟化等。本书的内容以 QEMU 和 KVM 代码分析为主，也涉及其他与虚拟化密切相关的代码，例如 SeaBIOS 和 Linux 内核中的 virtio 与 VFIO 的驱动代码。对虚拟化安全、容器与安全容器技术、虚拟化技术的下一步发展也做了简单介绍。

本书可供从事云计算，特别是从事 IaaS 层相关工作的人员阅读和使用，也适合对底层计算机系统、虚拟机技术、操作系统技术感兴趣的读者学习和使用。虚拟化技术如今已经广泛应用于安全领域，本书还可供安全研究人员参考和使用。

## 图书在版编目（CIP）数据

QEMU/KVM 源码解析与应用 / 李强编著. —北京：机械工业出版社，2020.8
（2024.8 重印）
（信息科学与技术丛书）
ISBN 978-7-111-66116-0

Ⅰ. ①Q… Ⅱ. ①李… Ⅲ. ①虚拟处理机-研究 Ⅳ. ①TP338

中国版本图书馆 CIP 数据核字（2020）第 127583 号

机械工业出版社（北京市百万庄大街 22 号　邮政编码 100037）
策划编辑：车 忱　责任编辑：车 忱
责任校对：张艳霞　责任印制：单爱军

北京虎彩文化传播有限公司印刷

2024 年 8 月第 1 版·第 7 次印刷
184mm×260mm·30 印张·743 千字
标准书号：ISBN 978-7-111-66116-0
定价：168.00 元

电话服务

客服电话：010-88361066
　　　　　010-88379833
　　　　　010-68326294

**封底无防伪标均为盗版**

网络服务

机 工 官 网：www.cmpbook.com
机 工 官 博：weibo.com/cmp1952
金 书 网：www.golden-book.com
机工教育服务网：www.cmpedu.com

# 出 版 说 明

随着信息科学与技术的迅速发展，人类每时每刻都会面对层出不穷的新技术和新概念。毫无疑问，在节奏越来越快的工作和生活中，人们需要通过阅读和学习大量信息丰富、具备实践指导意义的图书来获取新知识和新技能，从而不断提高自身素质，紧跟信息化时代发展的步伐。

众所周知，在计算机硬件方面，高性价比的解决方案和新型技术的应用一直备受青睐；在软件技术方面，随着计算机软件的规模和复杂性与日俱增，软件技术不断地受到挑战，人们一直在为寻求更先进的软件技术而奋斗不止。目前，计算机和互联网在社会生活中日益普及，掌握计算机网络技术和理论已成为大众的文化需求。由于信息科学与技术在电工、电子、通信、工业控制、智能建筑、工业产品设计与制造等专业领域中已经得到充分、广泛的应用，所以这些专业领域中的研究人员和工程技术人员越来越迫切需要汲取自身领域信息化所带来的新理念和新方法。

针对人们了解和掌握新知识、新技能的热切期待，以及由此促成的人们对语言简洁、内容充实、融合实践经验的图书迫切需要的现状，机械工业出版社适时推出了"信息科学与技术丛书"。这套丛书涉及计算机软件、硬件、网络和工程应用等内容，注重理论与实践的结合，内容实用、层次分明、语言流畅，是信息科学与技术领域专业人员不可或缺的参考书。

目前，信息科学与技术的发展可谓一日千里，机械工业出版社欢迎从事信息技术方面工作的科研人员、工程技术人员积极参与我们的工作，为推进我国的信息化建设做出贡献。

机械工业出版社

# 前　　言

虚拟化是云计算的重要技术之一，虚拟化技术能够将一台服务器或者普通 PC 虚拟出多个虚拟机，每个虚拟机都可以以计算资源的形式出售给租户，既实现了资源的高效利用，也提供了计算、存储、网络等资源按需分配的功能。随着云计算技术不断取得进展，虚拟化技术也在最近十多年得到了飞速的发展。

QEMU 和 KVM 作为虚拟化技术的典型代表，被广泛地应用在各家厂商的云计算系统中。学习和了解 QEMU 与 KVM 能够帮助读者更好地理解云计算，做到知其然也知其所以然。

从微观层面来讲，虚拟化技术能够实现整台计算机的模拟，所以虚拟化技术包含了计算机体系结构的方方面面。虚拟化技术的实现涉及 CPU 的运行机制、操作系统启动过程与固件的交互、各类硬件设备的接口、操作系统中的设备驱动与设备之间的通信等。学习虚拟化能够加深读者对整个计算机体系结构和操作系统的理解，增强“内功”。

QEMU 和 KVM 作为开源的虚拟化技术，给我们提供了绝佳的了解和学习虚拟化的机会。笔者在 2013 年左右接触到虚拟化技术，随即被 QEMU 和 KVM 吸引，并且持续地学习其背后的设计思想与源码实现。在此之前，笔者所从事的行业为软件安全，虽然对软件的运行机制有比较透彻的理解，但是对于系统加电到程序运行中间的过程认知还仅限于书本。在充分学习了虚拟化技术之后，笔者总算能够站在一个比较高的角度来审视计算机系统并对种种假设进行验证。虚拟机作为物理机的映射，很大程度上还原了物理计算机系统中那些难为人知的奥秘。技术的发展日新月异，对于事物本质的理解会让我们更加自信。

本书以 QEMU 和 KVM 为主角对虚拟化技术涉及的相关源码进行了详细分析。第 1 章对 QEMU 和 KVM 的基本情况进行了介绍，第 2 章对 QEMU 的基本组件进行了分析，随后的几章对计算机系统各个组件的模拟进行了分析，比如固件、CPU、内存以及外设等，这些内容都是组成虚拟化的基本要素。“纸上得来终觉浅，绝知此事要躬行”，本书只是提供了 QEMU 和 KVM 基本原理的分析，读者还需要自己深入了解源码并多动手分析调试才能加深理解。更进一步，读者可以通过 QEMU 和 KVM 的邮件列表以及各类技术会议参与虚拟化社区的讨论学习。

笔者在本书中使用了大量的图片来帮助读者理解 QEMU 和 KVM 中各种纷繁复杂的流程与数据结构关系。对于 Linux 和计算系统中的部分通用术语，笔者认为使用英文比中文更好，因此没有翻译。

本书最早的写作始于 2018 年 8 月份左右，在此之前，笔者出于知识积累的需要已经写了一部分 QEMU 和 KVM 相关源码分析的文章。联想到自己初入虚拟化领域的茫然，笔者认为写一本 QEMU 和 KVM 源码分析的书不仅能够帮助刚进入这个行业的读者，也是对自己多年学习过程的积淀与总结。

本书使用的源码为 QEMU-2.8.1、Linux kernel-4.4.161，SeaBIOS 的版本更新非常缓慢，笔者用了一个当时还在开发中的版本，读者可以使用 rel-1.11.2 以及之后的版本。

本书能够顺利完成，离不开很多人的支持与帮助。首先要感谢我的妻子，写书的过程漫长而辛苦，感谢她给我莫大的鼓励以及对家庭的付出，让我能够坚持完成本书的编写。其次感谢各位朋友对我的帮助，感谢前公司给我提供的虚拟化安全研究工作，让我能够有机会全身心地潜入到 QEMU 和 KVM 相关的学习研究中，感谢现公司的领导对我写书的各种支持。感谢机械工业出版的车忱编辑在选题论证以及文字编辑方面的诸多辛苦付出。

# 目　录

# 第 1 章　QEMU 与 KVM 概述

## 1.1　虚拟化简介

### 1.1.1　虚拟化思想

计算机科学家 David Wheeler 有一句名言："计算机科学中的任何问题都可以通过增加一个中间层来解决。"这句话简洁而深刻地说明了虚拟化的思想存在于计算机科学中的各个领域。虚拟化的主要思想是，通过分层将底层的复杂、难用的资源虚拟抽象成简单、易用的资源，提供给上层使用。本质上，计算机的发展过程也是虚拟化不断发展的过程。

CPU 内部遍布的数字逻辑电路只能够识别二进制数据 0、1，机器码是计算机唯一能够识别的数据。汇编语言的出现让程序员能够比较简单地实现 CPU 的执行和内存访问。C 语言的出现进一步方便了程序员，使得程序员可以从具体 CPU 架构指令脱离出来，大部分情况下只需要考虑业务即可。Python、Java 等现代高级语言更是重新定义了自己的指令，由各个平台的虚拟机去解释执行，实现了完全的跨平台。从机器码、汇编语言到 C 语言，再到高级语言，其本质就是一个不断虚拟的过程，将底层复杂的接口转变成了上层容易使用的接口。

硬盘由柱面、磁道、扇区构成，里面存放着文件等数据信息，计算机用户在进行文件访问的时候并不需要关心这些底层细节。这些细节经过操作系统的抽象，变成了文件与目录的概念，使得复杂的硬盘数据管理变得简单方便，应用程序能够通过文件管理的接口方便地创建、读取、写入文件，这本质上也是一种虚拟。

TCP/IP 协议栈模型是另一个虚拟化的例子。网卡设备传递的都是二进制数据，经过网络层、传输层的抽象之后，应用程序不需要直接跟网络数据包的收发细节打交道，只需要关心协议栈最上层的接口，也不需要关心其他使用网卡设备的程序，只需要将要发送的数据和地址提供给协议栈，协议栈会自动处理好 IP 路由、分片等细节。

现代操作系统中都有很多进程，每一个进程都是对计算机的抽象，进程都认为自己独占整个计算机系统的资源，有着独立的 CPU 和内存。但这些都是操作系统呈现给进程的假象，操作系统通过在各个进程之间共享 CPU，为每个进程创建独立的虚拟内存，这不仅能够实现资源的充分利用，也能够实现进程之间的安全隔离。

操作系统会提供一组接口给应用程序，方便开发者编写应用程序，比如创建进程操作文件、发送网络数据等，这种抽象本质上也是虚拟化的一种体现。开发者只需要关注上层的接口而不需要关心底层的细节实现。这样底层的实现即使发生了变化，也不会影响上层应用程序的运行，如 Wine 项目和 Cygwin 项目，前者能够让为 Windows 编写的程序运行在 Linux 上，后者能够让为 Linux 编写的程序运行在 Windows 上。

以上的例子都是虚拟化思想的体现。底层的资源或者通过空间的分割，或者通过时间的分割，将下层的资源通过一种简单易用的方式转换成另一种资源，提供给上层使用。经典的操作系统书籍 *Operating Systems: Three Easy Pieces* 从三个方面讲述了操作系统的基本原理，第一部分即是虚拟化思想，其他两部分是并行和持久化。

## 1.1.2　虚拟机简介

上一节阐述了虚拟化的思想，本节介绍一下虚拟机（Virtual Machine，VM）。虚拟机，顾名思义，其重点在"机"上，也就是机器。理论上讲，只要能提供一个执行环境，完成用户指定任务的对象都可以叫作机器。所以可以从多种角度来解释虚拟机。

最简单的虚拟机是进程，这种虚拟机太过于普通，以至于很多人都没有意识到它们是虚拟机。进程可以看作是一组资源的集合，有自己独立的进程地址空间以及独立的 CPU 和寄存器，执行程序员编写的指令，完成一定的任务。一个进程在执行指令、访问内存的时候并不会影响其他进程。这是通过操作系统完成的，操作系统把 CPU 按照时间分配复用，把内存按照空间分配复用，通过管理底层资源，使得进程都能够使用整个计算机的物理资源，每个进程都认为自己拥有整个机器。操作系统上可以创建很多个进程，每一个进程都可以看成是一个独立的虚拟机。进程虚拟机如图 1-1 所示。

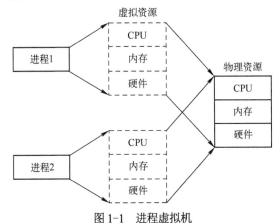

图 1-1　进程虚拟机

模拟器是另一种形式的虚拟机。进程的指令都是可以直接运行在硬件 CPU 上的，模拟器则不同，它可以使为一种硬件指令集（Instruction Set Architecture，ISA）编译的程序运行在另一种硬件指令集上。应用程序在源 ISA（如 ARM）上被编译出来，在模拟器的帮助下，运行在不同的目标 ISA（比如 x86）上。模拟器可以通过解释来实现，即对程序的源 ISA 指令一条一条进行分析，然后执行相应的 ISA 指令上的操作。模拟器也可以通过二进制翻译实现，即首先将程序中所有的源 ISA 指令翻译成目标 ISA 上具有同样功能的指令，然后在目标 ISA 指令机器上执行。模拟器的基本原理如图 1-2 所示。典型的模拟器有 QEMU（Quick Emulator）的用户态程序模拟、Bochs 模拟器等。

高级语言虚拟机在模拟器的基础上更进一步，将源 ISA 和目标 ISA 完全分离开。在高级语言虚拟机中，通常会设计一种全新的虚拟 ISA，并在其中定义新的指令集、数据操作、寄存器的使用等类似于物理 ISA 中的规范。不同于普通程序和模拟器运行的程序，高级语言虚拟机的程序中没有任何具体物理 ISA 指令字节，而是自己定义虚拟的指令字节，这些指令字节通常叫作字节码。任何想要运行这种虚拟 ISA 指令的物理 ISA 平台都需要实现一个虚拟机，该虚拟机能够执行虚拟机 ISA 指令到物理 ISA 指令的转换。程序员通过使用高级语言编写程序，不需要考虑其具体的运行平台，即可非常方便地实现程序的跨平台分发。高级语言虚拟机如图 1-3 所示。典型的高级语言虚拟机有 JVM 虚拟机、Python 虚拟机等。

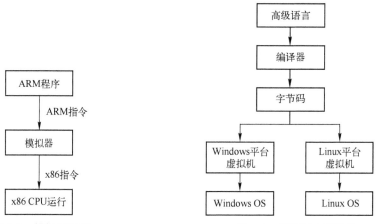

图 1-2　模拟器原理　　　　　图 1-3　高级语言虚拟机

在高级语言虚拟机中，虚拟 ISA 是公开的规范，每个人都可以获得，并且可以自己写出反编译的工具，通过字节码来还原程序的源码。这也是为什么使用 Java 语言的程序常常需要进行代码混淆。假设我们自己定义一个虚拟的 ISA，但是并不公开其规范，并且可以时不时地修改这些规范，然后将自带的虚拟机和字节码合起来一起进行分发，这样使用基于物理 ISA 的反编译工具就无法还原出程序的汇编代码，这就是软件保护中虚拟机保护的原理。

进程、模拟器、高级语言虚拟机提供的都是指令的执行环境，而系统虚拟机提供的是一个完整的系统环境。在这个环境中，能够运行多个用户的多个进程。通过系统虚拟化技术，能够在单个的宿主机硬件平台上运行多个虚拟机，每个虚拟机都有着完整的虚拟机硬件，如虚拟的 CPU、内存、虚拟的外设等，并且虚拟机之间能够实现完整的隔离。早期系统虚拟机诞生的原因主要是大型计算机系统非常庞大且昂贵，需要多个用户共享，而用户希望可以自由地运行其需要的操作系统。在系统虚拟化中，管理全局物理资源的软件叫作虚拟机监控器（Virtual Machine Monitor，VMM），VMM 之于虚拟机就如同操作系统之于进程，VMM 利用时分复用或者空分复用的办法将硬件资源在各个虚拟机之间进行分配。系统虚拟机原理如图 1-4 所示。典型的系统虚拟化解决方案包括 VMware Workstation、QEMU、VirtualBox 和 HyperV 等。

图 1-4　系统虚拟机

## 1.1.3　系统虚拟化的历史

虚拟化基本上是与操作系统同时出现的，早在大型机时代就已经存在了，如 20 世纪 60 年代 IBM 的分时系统。那个时候的计算机普遍比较昂贵，系统虚拟化的主要目的是在多用户之间实现物理资源的共享。随着之后计算机的不断发展、计算机价格的下降以及个人计算机的普及，用户对虚拟化的需求大大减少，系统虚拟化技术的发展也逐渐没落了下来。

随着硬件技术的再次发展，普通 PC 也能够支持多个系统同时运行，虚拟化又重新出现在人们的视野中，VMware 在 1998 年的成立标志着虚拟化的全面复兴，随后 2001 年剑桥大学开发了 Xen。

随着云计算概念的提出与实践的落地，虚拟化更加有了用武之地。虚拟化能够将一台小型服务器或者普通 PC 虚拟出多个虚拟机，每个虚拟机都可以以计算资源的形式出售给租户，这样不仅能够提升资源的利用率，还能够非常方便地删除/创建各种规格的虚拟机，提供按需分配的功能。

系统虚拟化在云计算的支持下得到了非常迅速的发展，如之前的 x86 架构不支持硬件层面的虚拟机，导致 VMM 的设计和实现都比较麻烦，并且性能也不是很好。为了克服 x86 架构的虚拟化缺陷，Intel 和 AMD 都相继在 CPU 硬件层面增加了虚拟化的支持。随着用户对性能需求的不断提升，内存、外设等也在硬件层面提供了对虚拟化的支持。

2006 年，以色列的初创公司 Qumranet 利用 Intel 的硬件虚拟化技术在 Linux 内核上开发了 KVM（Kernel Virtual Machine）。KVM 架构精简，与 Linux 内核天然融合，得以很快进入内核。后来 Red Hat 收购了 Qumranet，全力投入到 KVM 的建设中。KVM 现在已经是一个非常成功的虚拟化 VMM，广泛应用在各种开源云平台上，成为云计算的基石。

如同操作系统一样，虚拟化方案也有很多，这里简单介绍几个。

- VMware Workstation：VMware 最早的产品，至今仍有大量用户使用。VMware Workstation 能够很方便地在 PC 上构建一个虚拟机，用户可以在其上安装各种操作系统，能够非常方便地完成多种任务，比如跨平台的开发测试，不需要再独立使用一个单独的宿主机。比如在进行恶意软件的分析时，一般情况下不需要担心病毒会破坏自己的计算机。
- VirtualBox：最早由一个德国公司开发，后来被甲骨文收购。它的优点是性能不错并且开源，能够很方便地用来实现一些定制需求，但是不如 VMware Workstation 稳定。
- HyperV：微软提供的虚拟化解决方案，微软用它来构建自己的云计算平台。
- Xen：早期的开源虚拟化方案，出现在各种硬件虚拟化技术之前。它的设计有很多不可避免的问题，比如虚拟机的内存管理需要与 Xen 一起协作完成，这导致了非常多的安全问题。虽然后来 Xen 也支持利用硬件虚拟化的虚拟机，但是其发展已经远不如 KVM。即便如此，Xen 作为早期的开源 VMM，其诸多思想直到今天也在影响着虚拟化社区。

## 1.2  QEMU 与 KVM 架构介绍

### 1.2.1  QEMU 与 KVM 历史

QEMU 和 KVM 经常被人们放在一起讨论，其实两者的关系完全可以解耦合。QEMU 最开始是由法国程序员 Fabrice Bellard 开发的一个模拟器。QEMU 能够完成用户程序模拟和系统虚拟化模拟。用户程序模拟指的是 QEMU 能够将为一个平台编译的二进制文件运行在另一个不同的平台，如一个 ARM 指令集的二进制程序，通过 QEMU 的 TCG（Tiny Code Generator）引擎的处理之后，ARM 指令被转换成 TCG 中间代码，然后再转换成目的平台的代码。系统虚拟化模拟指的是 QEMU 能够模拟一个完整的系统虚拟机，该虚拟机有自己的虚拟 CPU、芯片组、虚拟内存以及各种虚拟外部设备，能够为虚拟机中运行的操作系统和应用软件呈现出与物理计算机完全一致的硬件视图。QEMU 能够模拟的平台很多，包括 x86、ARM、MIPS、PPC 等，早期的 QEMU 都是通过 TCG 来完成各种硬件平台的模拟，所有的虚拟机指令需要经过 QEMU 的转换。

系统虚拟机天生适用于云计算。云计算提供了一种按需服务的模式，让用户能够很方便地根据自己的需求使用各种计算、网络、存储资源。以计算资源中的虚拟机为例，用户可以指定不同 CPU 模型和内存规格的虚拟机。云计算平台可以通过系统虚拟化技术很方便地满足用户的需求。如果用户删除资源，云计算平台可以直接删除其对应的虚拟机。早期的 QEMU 都是软件模拟的，很明显其在性能上是不能满足要求的。所以早期的云计算平台通常使用 Xen 作为其底层虚拟化平台。前面提到过，Xen 早期是在 x86 架构上直接完成的虚拟化，这需要修改虚拟机内部的操作系统，也使得 Xen 的整个 VMM 非常复杂，缺陷比较多。

Intel 和 AMD 在 2005 年左右开始在 CPU 层面提供对系统虚拟化的支持，叫作硬件虚拟化，Intel 在 x86 指令集的基础上增加了一套 VMX 扩展指令 VT-x，为 CPU 增加了新的运行模式，完成了 x86 虚拟化漏洞的修补。通过新的硬件虚拟化指令，可以非常方便地构造 VMM，并且 x86 虚拟机中的代码能够原生地运行在物理 CPU 上。

以色列初创公司 Qumranet 基于新的虚拟化指令集实现了 KVM，并推广到 Linux 内核社区。KVM 本身是一个内核模块，导出了一系列的接口到用户空间，用户空间可以使用这些接口创建虚拟机。最开始 KVM 只负责最核心的 CPU 虚拟化和内存虚拟化部分，使用 QEMU 作为其用户态组件，负责完成大量外设的模拟，当时的方案被称为 QEMU-KVM。KVM 的具体设计与实现可以参考 Avi Kivity 等人在 2007 年发表的论文 "KVM: The Linux Virtual Machine Monitor"。由于 KVM 的设计架构精简，能够跟现有的 Linux 内核无缝吻合，因此在社区获得了极大的关注与支持。特别是随着 Red Hat 投入大量的人力去完善 QEMU 和 KVM，QEMU 社区得到了飞速发展。直到现在，QEMU 社区依然非常活跃，但是其主要用途已经不是作为一个模拟器了，而是作为以 QEMU-KVM 为基础的为云计算服务的系统虚拟化软件。当然，不仅仅是 KVM 将 QEMU 作为应用层组件，Xen 后来支持的硬件虚拟机也使用 QEMU 作为其用户态组件来完成虚拟机的设备模拟。

## 1.2.2　QEMU 与 KVM 架构

QEMU 与 KVM 的完整架构如图 1-5 所示。该图来自 QEMU 官网，比较完整地展现了 QEMU 与 KVM 虚拟化的各个方面，包括 QEMU 的运行机制，KVM 的组成，QEMU 与 KVM 的关系，虚拟机 CPU、内存、外设等的虚拟化，下面对其进行简要介绍。

QEMU 与 KVM 架构整体上分为 3 个部分，对应图中的 3 个部分。左边上半部分是所谓的 VMX root 模式的应用层，下面是 VMX root 模式的内核层。所谓 VMX root，其实是相对于 VMX non-root 模式而言的。VMX root 和 VMX non-root 都是 CPU 引入了支持硬件虚拟化的指令集 VT-x 之后出现的概念。VT-x 的概念会在第 4 章 CPU 虚拟化中进行详细介绍，现在可以将 VMX root 理解成宿主机模式，将 VMX non-root 理解成虚拟机模式。右边上半部分表示的是虚拟机的运行，虚拟机运行在 VMX non-root 模式下。VMX root 模式与未引入 VT-x 之前是一样的，CPU 在运行包括 QEMU 在内的普通进程和宿主机的操作系统内核时，CPU 处在该模式。CPU 在运行虚拟机中的用户程序和操作系统代码的时候处于 VMX non-root 模式。需要注意的是，CPU 的运行模式与 CPU 运行时的特权等级是相互正交的，虚拟机在 VMX root 模式和 VMX non-root 模式下都有 ring 0 到 ring 3 四个特权级别。

图 1-5 左边上半部分列出了 QEMU 的主要任务，QEMU 在初始化的时候会创建模拟的芯片组，创建 CPU 线程来表示虚拟机的 CPU 执行流，在 QEMU 的虚拟地址空间中分配空间作为虚拟机的物理地址，QEMU 还需要根据用户在命令行指定的设备为虚拟机创建对应的虚拟设备。在虚拟机运行期间，QEMU 会在主线程中监听多种事件，这些事件包括虚拟机对设备的 I/O 访问、用户对虚拟机管理界面、虚拟设备对应的宿主机上的一些 I/O 事件（比如虚拟机网络数据的接收）等。QEMU 应用层接收到这些事件之后会调用预先定义好的函数进行处理。

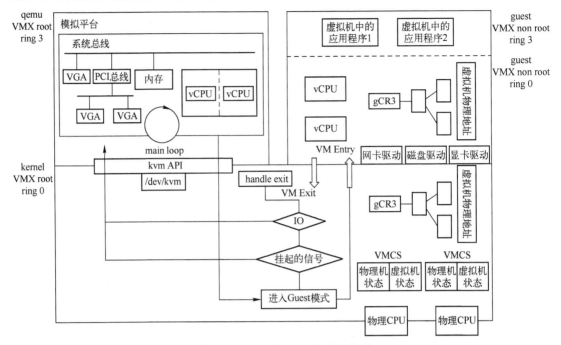

图 1-5　QEMU 与 KVM 整体架构图

图 1-5 右边上半部分表示的是虚拟机的运行。对虚拟机本身来讲，它也有自己的应用层和内核层，只不过是 VMX non-root 下的。QEMU 和 KVM 对虚拟机中的操作系统来说是完全透明的，常用的操作系统可以不经修改就直接运行在虚拟机中。虚拟机的一个 CPU 对应为 QEMU 进程中的一个线程，通过 QEMU 和 KVM 的相互协作，这些线程会被宿主机操作系统正常调度，直接执行虚拟机中的代码。虚拟机中的物理内存对应为 QEMU 进程中的虚拟内存，虚拟机中的操作系统有自己的页表管理，完成虚拟机虚拟地址到虚拟机物理地址的转换，再经过 KVM 的页表完成虚拟机物理地址到宿主机物理地址的转换。虚拟机中的设备是通过 QEMU 呈现给它的，操作系统在启动的时候进行设备枚举，加载对应的驱动。在运行过程中，虚拟机操作系统通过设备的 I/O 端口（Port IO、PIO）或者 MMIO（Memory Mapped I/O）进行交互，KVM 会截获这个请求，大多数时候 KVM 会将请求分发到用户空间的 QEMU 进程中，由 QEMU 处理这些I/O 请求。

图 1-5 下半部分表示的是位于 Linux 内核中的 KVM 驱动。KVM 驱动以杂项（misc）设备驱动的方式存在于内核中。一方面，KVM 通过"/dev/kvm"设备导出了一系列的接口，QEMU等用户态程序可以通过这些接口来控制虚拟机的各个方面，比如 CPU 个数、内存布局、运行等。另一方面，KVM 需要截获虚拟机产生的虚拟机退出（VM Exit）事件并进行处理。

QEMU 和 KVM 联合起来共同完成虚拟机各个组件的虚拟化，这里对几个重要组件的虚拟化进行简单介绍。

首先介绍 CPU 虚拟化。QEMU 创建虚拟机 CPU 线程，在初始化的时候会设置好相应的虚拟 CPU 寄存器的值，然后调用 KVM 的接口，将虚拟机运行起来，在物理 CPU 上执行虚拟机的代码。当虚拟机运行起来之后，KVM 需要截获虚拟机中的敏感指令，当虚拟机中的代码是敏感指令或者说满足了一定的退出条件时，CPU 会从 VMX non-root 模式退出到 KVM，这叫作 VM Exit，这就像在用户态执行指令陷入内核一样。虚拟机的退出首先陷入到 KVM 中进行处理，如果 KVM 无法处理，比如说虚拟机写了设备的寄存器地址，那么 KVM 会将这个写操作分派到

6

QEMU 中进行处理，当 KVM 或者 QEMU 处理好了退出事件之后，又可以将 CPU 置于 VMX non-root 模式运行虚拟机代码，这叫作 VM Entry。虚拟机就这样不停地进行 VM Exit 和 VM Entry，CPU 会加载对应的宿主机状态或者虚拟机状态，如图 1-6 所示。KVM 使用一个结构来保存虚拟机 VM Exit 和 VM Entry 的状态，叫作 VMCS。

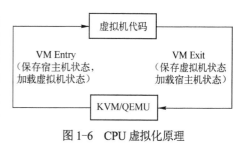

图 1-6　CPU 虚拟化原理

　　其次介绍内存虚拟化。如同物理机运行需要内存一样，虚拟机的运行同样离不开内存，QEMU 在初始化的时候需要调用 KVM 的接口向 KVM 告知虚拟机所需的所有物理内存。QEMU 在初始化的时候会通过 mmap 系统调用分配虚拟内存空间作为虚拟机的物理内存，QEMU 在不断更新内存布局的过程中会持续调用 KVM 接口通知内核 KVM 模块虚拟机的内存分布。虚拟机在运行过程中，首先需要将虚拟机的虚拟地址（Guest Virtual Address，GVA）转换成虚拟机的物理地址（Guest Physical Address，GPA），然后将虚拟机的物理地址转换成宿主机的虚拟地址（Host Virtual Address，HVA），最终转换成宿主机的物理地址（Host Physical Address，HPA）。在 CPU 支持 EPT（Extended Page Table，扩展页表）之前，虚拟机通过影子页表实现从虚拟机虚拟地址到宿主机物理地址的转换，是一种软件实现。当 CPU 支持 EPT 之后，CPU 会自动完成虚拟机物理地址到宿主机物理地址的转换。虚拟机在第一次访问内存的时候就会陷入到 KVM，KVM 会逐渐建立起所谓的 EPT 页面。这样虚拟机的虚拟 CPU 在后面访问虚拟机虚拟内存地址的时候，首先会被转换为虚拟机物理地址，接着会查找 EPT 页表，然后得到宿主机物理地址，其内存寻址过程如图 1-7 所示，整个过程全部由硬件完成，效率很高。由于现在 EPT 都是标配，本书将只关注 EPT 存在的情况。

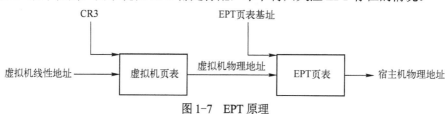

图 1-7　EPT 原理

　　再次介绍外设虚拟化。一个计算机系统离不开大量的外部设备，网卡、磁盘等通常都是计算机系统必不可少的组成部分。虚拟化的一个烦琐任务就是为虚拟机提供大量的设备支持，如同 Linux 内核中最多的代码是设备驱动，QEMU 最多的代码是设备模拟。设备模拟的本质是要为虚拟机提供一个与物理设备接口完全一致的虚拟接口。虚拟机中的操作系统与设备进行的数据交互或者由 QEMU 和（或）KVM 完成，或者由宿主机上对应的后端设备完成。QEMU 在初始化过程中会创建好模拟芯片组和必要的模拟设备，包括南北桥芯片、PCI 根总线、ISA 根总线等总线系统，以及各种 PCI 设备、ISA 设备等。QEMU 的命令行可以指定可选的设备以及设备配置项。大部分情况下，用户对虚拟机的需求都体现在对虚拟设备的需求上，比如常见的网络、存储资源对应 QEMU 的网卡模拟和硬盘模拟。这些需求也导致了 QEMU 虚拟设备的快速发展。设备模拟经历了非常大的发展，最开始的 QEMU 只有纯软件模拟，虚拟机内核不用做任何修改，每一次对设备的寄存器读写都会陷入到 KVM，进而到 QEMU，QEMU 再对这些请求进行处理并模拟硬件行为，纯软件模拟设备如图 1-8a 所示。显然，软件模拟会导致非常多的 QEMU/KVM 介入，效率不高。为了提高虚拟设备的性能，社区提出了 virtio 设备方案。virtio 设备是一类特殊的设备，并没有对应的物理设备，所以需要虚拟机内部操作系统安装特殊的 virtio

7

驱动，virtio 设备模拟如图 1-8b 所示。virtio 设备将 QEMU 变成了半虚拟化方案，因为其本质上修改了虚拟机操作系统内核，与之相对的完全不用修改虚拟机操作系统的方案叫作完全虚拟化。virtio 仍然不能完全满足一些高性能的场景，于是又有了设备直通方案，也就是将物理硬件设备直接挂到虚拟机上，虚拟机直接与物理设备交互，尽可能在 I/O 路径上减少 QEMU/KVM 的参与，直通设备原理如图 1-8c 所示。与设备直通经常一起使用的有设备的硬件虚拟化支持技术 SRIOV（Single Root I/O Virtualization，单根输入/输出虚拟化），SRIOV 能够将单个的物理硬件高效地虚拟出多个虚拟硬件。通过将 SRIOV 虚拟出来的硬件直通到虚拟机中，虚拟机能够非常高效地使用这些设备。

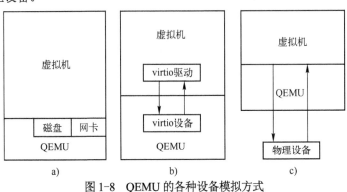

图 1-8 QEMU 的各种设备模拟方式

a) 纯软件的设备模拟 b) virtio 设备模拟 c) 直通设备

最后介绍中断虚拟化。中断系统是一个计算系统必不可少的组成部分。操作系统通过写设备的 I/O 端口或者 MMIO 地址来与设备交互，设备通过发送中断来通知虚操作系统事件，图 1-9 显示了模拟设备向虚拟机注入中断的状态。QEMU 在初始化主板芯片的时候初始化中断控制器。QEMU 支持单 CPU 的 Intel 8259 中断控制器以及 SMP 的 I/O APIC（I/O Advanced Programmable Interrupt Controller）和 LAPIC（Local Advanced Programmable Interrupt Controller）中断控制器。传统上，如果虚拟外设通过 QEMU 向虚拟机注入中断，需要先陷入到 KVM，然后由 KVM 向虚拟机注入中断，这是一个非常费时的操作，为了提高虚拟机的效率，KVM 自己也实现了中断控制器 Intel 8259、I/O APIC 以及 LAPIC。用户可以有选择地让 QEMU 或者 KVM 模拟全部中断控制器，也可以让 QEMU 模拟 Intel 8259 中断控制器和 I/O APIC，让 KVM 模拟

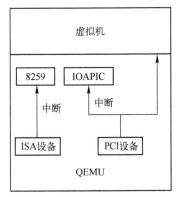

图 1-9 虚拟设备的中断注入

LAPIC。QEMU/KVM 一方面需要完成这项中断设备的模拟，另一方面需要模拟中断的请求。中断请求的形式大体上包括传统 ISA 设备连接 Intel 8259 中断控制器产生的中断请求，PCI 设备的 INTx 中断请求以及 MSI 和 MSIX 中断请求。

## 1.3 KVM API 使用实例

前面提到 KVM 导出了一系列接口供用户态创建、配置、启动虚拟机，典型的用户态软件是 QEMU。之所以将 QEMU 和 KVM 经常联系起来，是因为 KVM 创立之初重用了 QEMU 的设备模拟部分，本质上来说，QEMU 和 KVM 可以不必相互依赖。本节将以一个非常简单的例

子展示 QEMU 和 KVM 的关系。这个例子包括两个部分，第一部分是一个精简版内核，这个内核非常简单，它的任务仅仅是向 I/O 端口写入数据。第二部分可以看作是一个精简版的 QEMU，它的任务也非常简单，就是将上述精简内核的端口数据打印出来。

精简的内核代码如下：向端口 0xf1 写入 Hello 字符串，然后调用 hlt 指令。

```
test.S
start:
mov    $0x48,%al
outb   %al,$0xf1
mov    $0x65,%al
outb   %al,$0xf1
mov    $0x6c,%al
outb   %al,$0xf1
mov    $0x6c,%al
outb   %al,$0xf1
mov    $0x6f,%al
outb   %al,$0xf1
mov    $0x0a,%al
outb   %al,$0xf1

hlt
```

使用如下命令编译上述汇编代码。

```
test@ubuntu:~/kvm$as -32 test.S -o test.o
test@ubuntu:~/kvm$objcopy  -O binary test.o test.bin
```

精简版的 QEMU 代码如下。

```c
qemu.c
int main()
{
    struct kvm_sregs sregs;
    int ret;
    int kvmfd = open("/dev/kvm", O_RDWR);
    ioctl(kvmfd, KVM_GET_API_VERSION, NULL);
    int vmfd = ioctl(kvmfd, KVM_CREATE_VM, 0);
    unsigned char *ram = mmap(NULL, 0x1000, PROT_READ | PROT_WRITE, MAP_
SHARED | MAP_ANONYMOUS, -1, 0);
    int kfd = open("test.bin", O_RDONLY);
    read(kfd, ram, 4096);
    struct kvm_userspace_memory_region mem = {
        .slot = 0,
        .guest_phys_addr = 0,
        .memory_size = 0x1000,
        .userspace_addr = (unsigned long)ram,
    };
    ret = ioctl(vmfd, KVM_SET_USER_MEMORY_REGION, &mem);
    int vcpufd = ioctl(vmfd, KVM_CREATE_VCPU, 0);
    int mmap_size = ioctl(kvmfd, KVM_GET_VCPU_MMAP_SIZE, NULL);
    struct kvm_run *run = mmap(NULL, mmap_size, PROT_READ | PROT_WRITE,
MAP_SHARED, vcpufd, 0);
    ret = ioctl(vcpufd, KVM_GET_SREGS, &sregs);
    sregs.cs.base = 0;
    sregs.cs.selector = 0;
```

```
        ret = ioctl(vcpufd, KVM_SET_SREGS, &sregs);
        struct kvm_regs regs = {
            .rip = 0,
        };
        ret = ioctl(vcpufd, KVM_SET_REGS, &regs);
        while (1)
        {
            ret = ioctl(vcpufd, KVM_RUN, NULL);
            if( ret == -1 )
            {
                printf("exit unknown\n");
                return -1;
            }
            switch(run->exit_reason)
            {
                case KVM_EXIT_HLT:
                    puts("KVM_EXIT_HLT");
                    return 0;
                case KVM_EXIT_IO:
                    putchar(*(((char *)run) + run->io.data_offset));
                    break;
                case KVM_EXIT_FAIL_ENTRY:
                    puts("entry error");
                    return -1;
                default:
                    puts("other error");
                    printf("exit_reason: %d\n", run->exit_reason);
                return -1;
            }
        }
    }
```

编译并执行该文件。

```
test@ubuntu:~/kvm$gcc qemu.c -o light-qemu
test@ubuntu:~/kvm$./light-qemu
Hello
KVM_EXIT_HLT
```

可以看到这个名为 light-qemu 的精简版 QEMU 输出了精简版内核向端口写入的数据。下面对 light-qemu 程序进行简单介绍。

KVM 通过一组 ioctl 向用户空间导出接口，这些接口能够用于虚拟机的创建、虚拟机内存的设置、虚拟机 VCPU 的创建与运行等。按照接口所使用的文件描述符（file descriptor，fd）不同，KVM 的这组 ioctl 接口可以分为三类：

1）系统全局的 ioctl，这类 ioctl 的作用对象是 KVM 模块本身，比如一些全局的配置项，创建虚拟机的 ioctl 也在此例。

2）虚拟机相关的 ioctl，这类 ioctl 的作用对象是一台虚拟机，比如设置虚拟机的内存布局、创建虚拟机 VCPU 也在此例。

3）虚拟机 VCPU 相关的 ioctl，这类 ioctl 的作用对象是一个虚拟机的 VCPU，比如说开始虚拟机 VCPU 的运行。

在 light-qemu 中，首先通过打开"/dev/kvm"获取系统中 KVM 子系统的文件描述符

kvmfd，为了保持应用层和内核的统一，可以通过 ioctl(KVM_GET_API_VERSION)获取 KVM 的版本号，从而使应用层知道相关接口在内核是否有支持。

接着在 kvmfd 上面调用 ioctl(KVM_CREATE_VM)创建一个虚拟机，该 ioctl 返回一个代表虚拟机的文件描述符 vmfd。这代表了一个完整的虚拟机系统，可以通过 vmfd 控制虚拟机的内存、VCPU 等。内存是一个计算机必不可少的组件，所以在创建了虚拟机之后，需要给虚拟机分配物理内存，虚拟机的物理内存对应 QEMU 的进程地址空间，这里使用 mmap 系统调用分配了一页虚拟机内存，并且将精简版的内核代码读入了这段空间中。之后用分配的虚拟内存地址初始化 kvm_userspace_memory_region 对象，然后调用 ioctl(KVM_SET_USER_MEMORY_REGION)，这就为虚拟机指定了一个内存条。其中 slot 用来表示不同的内存空间，guest_phys_addr 表示这段空间在虚拟机物理内存空间的位置，memory_size 表示这段物理空间的大小，userspace_addr 则表示这段物理空间对应在宿主机上的虚拟机地址。

设置好虚拟机的内存后，light-qemu 接着在 vmfd 上调用 ioclt(KVM_CREATE_VCPU)来创建虚拟机 VCPU。每一个 VCPU 都有一个 struct kvm_run 结构，用来在用户态（这里是 light-qemu）和内核态（KVM）共享数据。用户态程序需要将这段空间映射到用户空间，为此首先调用 ioctl(KVM_GET_VCPU_MMAP_SIZE)得到这个结构的大小，注意这里是对 kvmfd 调用 ioctl，因为这个对 KVM 所有 VCPU 都是一样的。接着调用 mmap，将 kvm_run 映射到了用户态空间。

为了让虚拟机 VCPU 运行起来，需要设置 VCPU 的相关寄存器，其中段寄存器和控制寄存器等特殊寄存器存放在 kvm_sregs，通过 ioctl(KVM_GET_SREGS)读取和修改，通用寄存器存放在结构 kvm_regs 中，通过 ioctl(KVM_SET_REGS)读取和修改。最重要的是设置 CS 和 IP 寄存器，light-qemu 都将其设置为 0，由于代码加在了虚拟机物理地址 0 处，所以虚拟机 VCPU 运行的时候直接从地址 0 处取指令开始运行。

至此，一个简单的虚拟机和虚拟机 VCPU、内存都已经准备完毕，寄存器也设置好了，这个时候可以让虚拟机运行起来了。通常在一个循环中对 vcpufd 调用 ioctl(KVM_RUN)。内核在处理这个 ioctl 时会把 VCPU 调度到物理 CPU 上运行，VCPU 在运行过程中遇到一些敏感指令时会退出，如果内核态的 KVM 不能处理就会交给应用层软件处理，此时 ioctl 系统调用返回，并且将一些信息保存到 kvm_run，这样用户态程序就能够知道导致虚拟机退出的原因，然后根据原因进行相应的处理。在这个例子中，虚拟机内核向端口写数据会产生 KVM_EXIT_IO 的退出，表示虚拟机内部读写了端口，在输出了端口数据之后让虚拟机继续执行，执行到最后一个 hlt 指令时，会产生 KVM_EXIT_HLT 类型的退出，此时虚拟机运行结束。

当然，与精简的 QEMU 和精简的内核相比，实际的 QEMU 和实际的操作系统的内核复杂度都远远超过这个水平，但是其基本原理都是类似的。

# 第 2 章  QEMU 基本组件

## 2.1  QEMU 事件循环机制

### 2.1.1  glib 事件循环机制

"一切皆文件"是 UNIX/Linux 的著名哲学理念，Linux 中的具体文件、设备、网络 socket 等都可以抽象为文件。内核中通过虚拟文件系统（Virtual File System，VFS）抽象出一个统一的界面，使得访问文件有统一的接口。Linux 通过 fd 来访问一个文件，应用程序也可以调用 select、poll、epoll 系统调用来监听文件的变化。QEMU 程序的运行即是基于各类文件 fd 事件的，QEMU 在运行过程中会将自己感兴趣的文件 fd 添加到其监听列表上并定义相应的处理函数，在其主线程中，有一个循环用来处理这些文件 fd 的事件，如来自用户的输入、来自 VNC 的连接、虚拟网卡对应 tap 设备的收包等。这种事件循环机制在 Windows 系统或者其他 GUI 应用中非常常见。QEMU 的事件循环机制基于 glib，glib 是一个跨平台的、用 C 语言编写的若干底层库的集合。本节对 glib 提供的事件循环机制进行简单介绍。

glib 实现了完整的事件循环分发机制，在这个机制中有一个主循环负责处理各种事件，事件通过事件源描述，事件源包括各种文件描述符（文件、管道或者 socket）、超时和 idle 事件等，每种事件源都有一个优先级，idle 事件源在没有其他高优先级的事件源时会被调度运行。应用程序可以利用 glib 的这套机制来实现自己的事件监听与分发处理。glib 使用 GMainLoop 结构体来表示一个事件循环，每一个 GMainLoop 都对应有一个主上下文 GMainContext。事件源使用 GSource 表示，每个 GSource 可以关联多个文件描述符，每个 GSource 会关联到一个 GMainContext，一个 GMainContext 可以关联多个 GSource。

glib 的一个重要特点是能够定义新的事件源类型，可以通过定义一组回调函数来将新的事件源添加到 glib 的事件循环框架中。新的事件源通过两种方式跟主上下文交互。第一种方式是 GSourceFuncs 中的 prepare 函数可以设置一个超时时间，以此来决定主事件循环中轮询的超时时间；第二种方式是通过 g_source_add_poll 函数来添加 fd。

glib 主上下文的一次循环包括 prepare、query、check、dispatch 四个过程，分别对应 glib 的 g_main_context_prepare()、g_main_context_query()、g_main_context_check() 以及 g_main_context_dispatch() 四个函数，其状态转换如图 2-1 所示。

下面简单介绍这几个步骤：

1）prepare：通过 g_main_context_prepare() 会调用事件对应的 prepare 回调函数，做一些准备工作，如果事件已经准备好进行监听了，返回 true。

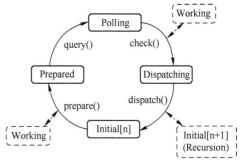

图 2-1  glib 事件循环状态转换图

2）query：通过 g_main_context_query()可以获得实际需要调用 poll 的文件 fd。

3）check：当 query 之后获得了需要进行监听的 fd，那么会调用 poll 对 fd 进行监听，当 poll 返回的时候，就会调用 g_main_context_check()将 poll 的结果传递给主循环，如果 fd 事件能够被分派就会返回 true。

4）dispatch：通过 g_main_context_dispatch()可以调用事件源对应事件的处理函数。

上面就是 glib 事件循环机制的处理流程，应用程序需要做的就是把新的事件源加入到这个处理流程中，glib 会负责处理事件源上注册的各种事件。

## 2.1.2　QEMU 中的事件循环机制

QEMU 的事件循环机制如图 2-2 所示。QEMU 在运行过程中会注册一些感兴趣的事件，设置其对应的处理函数。如对于 VNC 来说，会创建一个 socket 用于监听来自用户的连接，注册其可读事件为 vnc_client_io，当 VNC 有连接到来时，glib 的框架就会调用 vnc_client_io 函数。除了 VNC，QEMU 中还会注册很多其他事件监听，如网卡设备的后端 tap 设备的收包，收到包之后 QEMU 调用 tap_send 将包路由到虚拟机网卡前端，若虚拟机使用 qmp，那么在管理界面中，当用户发送 qmp 命令过来之

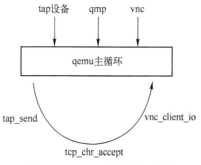

图 2-2　QEMU 事件循环机制

后，glib 会调用事先注册的 tcp_chr_accept 来处理用户的 qmp 命令。本节将分析 QEMU 的事件循环实现。关于 QEMU 的事件循环机制，Fam Zheng 在 KVM Forum 2015 上有一个非常不错的演讲，题为 "Improving the QEMU Event Loop"，读者可以自行搜索学习。

可以通过如下命令启动虚拟机。

```
    test@ubuntu:~/kvm$qemu-system-x86_64  -m 1024 -smp 4 -hda /home/test/test.
img --enable-kvm  -vnc :0
```

在此命令行下启动的 QEMU 程序，其主循环事件总共包含了图 2-3 所示的 5 个事件源，其中前面两个 qemu_aio_context 和 iohander_ctx 都是类型为 AioContext 的自定义事件源，中间两个 VNC 的事件源是 glib 标准事件源，最后一个不是 QEMU 通过调用 g_source_attach 添加的事件源，而是 glib 内部库自己使用的加入到事件循环的 fd。qemu_aio_context 和 iohandler_ctx 是两个比较特殊的自定义的类型为 AioContext 的事件源，前者主要用于处理 QEMU 中块设备相关的异步 I/O 请求通知，后者用于处理 QEMU 中各类事件通知，这些事件通知包括信号处理的 fd、tap 设备的 fd 以及 VFIO 设备对应的中断通知等。glib 中事件源可以添加多个事件 fd，对应的 AioContext 表示为每一个 fd 在 AioContext 都有记录，glib 框架在执行 iohandler_ctx 的分发函数时，会遍历其上所有的 fd，如果某个 fd 上的数据准备好了，就会调用相应的回调函数。这里需要注意，每一个事件源本身都会有一个 fd，当添加一个 fd 到事件源时，整个 glib 主循环都会监听该 fd。以前述命令为例，QEMU 主循环总共会监听 6 个 fd，其中 5 个是事件源本身的 fd，还有一个是通过系统调用 SYS_signalfd 创建的用来处理信号的 fd，图 2-3 中的 tap 设备 fd 只是作为一个例子，在上述命令行下并不会添加该 fd。任何一个 fd 准备好事件之后都可以唤醒主循环。本节末会对这 6 个 fd 的产生及其分析过程进行介绍。

QEMU 主循环对应的最重要的几个函数如图 2-4 所示。QEMU 的 main 函数定义在 vl.c 中，在进行好所有的初始化工作之后会调用函数 main_loop 来开始主循环。

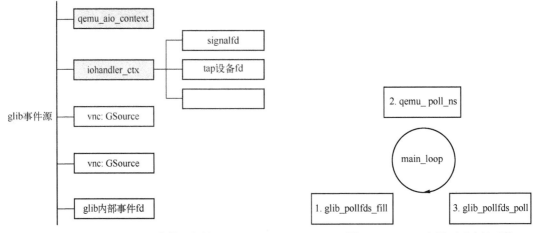

图2-3　QEMU 事件源实例　　　　　　　图2-4　QEMU 主循环对应的函数

main_loop 及其调用的 main_loop_wait 的主要代码如下。main_loop_wait 函数调用了 os_host_main_loop_wait 函数，在后者中可以找到对应图 2-4 的相关函数，即每次 main_loop 循环的 3 个主要步骤。main_loop_wait 在调用 os_host_main_loop_wait 前，会调用 qemu_soonest_timeout 函数先计算一个最小的 timeout 值，该值是从定时器列表中获取的，表示监听事件的时候最多让主循环阻塞的事件，timeout 使得 QEMU 能够及时处理系统中的定时器到期事件。

```c
vl.c
static void main_loop(void)
{
    …
    do {
        …
        last_io = main_loop_wait(nonblocking);
        …
    } while (!main_loop_should_exit());
}

main-loop.c
void main_loop_wait(int nonblocking)
{
    …
    timeout_ns = qemu_soonest_timeout(timeout_ns,
                    timerlistgroup_deadline_ns(
                    &main_loop_tlg));
    ret = os_host_main_loop_wait(timeout_ns);
    …
}

static int os_host_main_loop_wait(int64_t timeout)
{
    int ret;
    static int spin_counter;

    glib_pollfds_fill(&timeout);
    …
```

```
        if (timeout) {
            spin_counter = 0;
            qemu_mutex_unlock_iothread();
        } else {
            spin_counter++;
        }

        ret = qemu_poll_ns((GPollFD *)gpollfds->data, gpollfds->len, timeout);

        if (timeout) {
            qemu_mutex_lock_iothread();
        }

        glib_pollfds_poll();
        return ret;
    }
```

QEMU 主循环的第一个函数是 glib_pollfds_fill,下面的代码显示了该函数的工作流程。该函数的主要工作是获取所有需要进行监听的 fd,并且计算一个最小的超时时间。首先调用 g_main_context_prepare 开始为主循环的监听做准备,接着在一个循环中调用 g_main_context_query 获取需要监听的 fd,所有 fd 保存在全局变量 gpollfds 数组中,需要监听的 fd 的数量保存在 glib_n_poll_fds 中,g_main_context_query 还会返回 fd 时间最小的 timeout,该值用来与传过来的 cur_timeout(定时器的 timeout)进行比较,选取较小的一个,表示主循环最大阻塞的时间。

```
main-loop.c
static void glib_pollfds_fill(int64_t *cur_timeout)
{
    g_main_context_prepare(context, &max_priority);
    n = glib_n_poll_fds;
    do {
        GPollFD *pfds;
        glib_n_poll_fds = n;
        g_array_set_size(gpollfds, glib_pollfds_idx + glib_n_poll_fds);
        pfds = &g_array_index(gpollfds, GPollFD, glib_pollfds_idx);
        n = g_main_context_query(context, max_priority, &timeout, pfds,
                                 glib_n_poll_fds);
    } while (n != glib_n_poll_fds);
    …
    *cur_timeout = qemu_soonest_timeout(timeout_ns, *cur_timeout
}
```

os_host_main_loop_wait 在调用 glib_pollfds_fill 之后就完成了图 2-4 的第一步,现在已经有了所有需要监听的 fd 了,然后会调用 qemu_mutex_unlock_iothread 释放 QEMU 大锁(Big Qemu Lock,BQL),BQL 会在本章第 2 节“QEMU 线程模型”中介绍,这里略过。接着 os_host_main_loop_wait 函数会调用 qemu_poll_ns,该函数代码如下。它接收 3 个参数,第一个是要监听的 fd 数组,第二个是 fds 数组的长度,第三个是一个 timeout 值,表示 g_poll 最多阻塞的时间。qemu_poll_ns 在配置 CONFIG_PPOLL 时会调用 ppoll,否则调用 glib 的函数 g_poll,g_poll 是一个跨平台的 poll 函数,用来监听文件上发生的事件。

```
qemu-timer.c
int qemu_poll_ns(GPollFD *fds, guintnfds, int64_t timeout)
```

```
{
#ifdef CONFIG_PPOLL
    if (timeout < 0) {
        return ppoll((struct pollfd *)fds, nfds, NULL, NULL);
    } else {
        struct timespec ts;
        int64_t tvsec = timeout / 1000000000LL;
        …
        ts.tv_sec = tvsec;
        ts.tv_nsec = timeout % 1000000000LL;
        return ppoll((struct pollfd *)fds, nfds, &ts, NULL);
    }
#else
    return g_poll(fds, nfds, qemu_timeout_ns_to_ms(timeout));
#endif
}
```

qemu_poll_ns 的调用会阻塞主线程，当该函数返回之后，要么表示有文件 fd 上发生了事件，要么表示一个超时，不管怎么样，这都将进入图 2-4 的第三步，也就是调用 glib_pollfds_poll 函数进行事件的分发处理，该函数的代码如下。glib_pollfds_poll 调用了 glib 框架的 g_main_context_check 检测事件，然后调用 g_main_context_dispatch 进行事件的分发。

```
main-loop.c
static void glib_pollfds_poll(void)
{
    GMainContext *context = g_main_context_default();
    GPollFD *pfds = &g_array_index(gpollfds, GPollFD, glib_pollfds_idx);

    if (g_main_context_check(context, max_priority, pfds, glib_n_poll_fds)) {
        g_main_context_dispatch(context);
    }
}
```

下面以虚拟机的 VNC 连接为例分析相应的函数调用过程。VNC 子模块在初始化的过程中会在 vnc_display_open 中调用 qio_channel_add_watch，设置其监听的回调函数为 vnc_listen_io，该过程最终会创建一个回调函数集合为 qio_channel_fd_source_funcs 的事件源，其中的 dispatch 函数为 qio_channel_fd_source_dispatch，该函数会调用 vnc_listen_io 函数。

```
io/channel-watch.c
GSourceFuncs qio_channel_fd_source_funcs= {
    qio_channel_fd_source_prepare,
    qio_channel_fd_source_check,
    qio_channel_fd_source_dispatch,
    qio_channel_fd_source_finalize
};
```

以本小节最开始的命令启动虚拟机，然后在 vnc_listen_io 处下断点，使用 VNC 客户端连接虚拟机，QEMU 进程会中断到调试器中，使用 gdb 的 bt 命令可以看到图 2-5 所示的函数调用堆栈。

上面是 QEMU 效仿 glib 实现的主循环，但主循环存在一些缺陷，比如在主机使用多 CPU 的情况下伸缩性受到限制，同时主循环使用了 QEMU 全局互斥锁，从而导致 VCPU 线程和主循环存在锁竞争，使性能下降。为了解决这个问题，QEMU 引入了 iothread 事件循环，把一些 I/O 操作分配给 iothread，从而提高 I/O 性能。

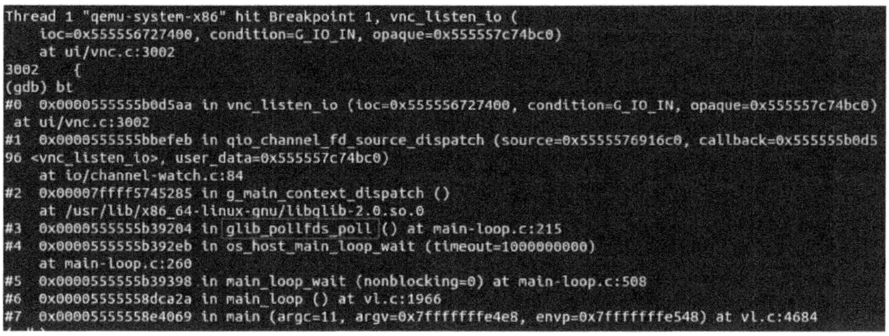

```
Thread 1 "qemu-system-x86" hit Breakpoint 1, vnc_listen_io (
    ioc=0x555556727400, condition=G_IO_IN, opaque=0x555557c74bc0)
    at ui/vnc.c:3002
3002    {
(gdb) bt
#0  0x00005555555b0d5aa in vnc_listen_io (ioc=0x555556727400, condition=G_IO_IN, opaque=0x555557c74bc0)
 at ui/vnc.c:3002
#1  0x0000555555bbefeb in qio_channel_fd_source_dispatch (source=0x5555576916c0, callback=0x555555b0d5
96 <vnc_listen_io>, user_data=0x555557c74bc0)
    at io/channel-watch.c:84
#2  0x00007ffff5745285 in g_main_context_dispatch ()
    at /usr/lib/x86_64-linux-gnu/libglib-2.0.so.0
#3  0x0000555555b39204 in glib_pollfds_poll () at main-loop.c:215
#4  0x0000555555b392eb in os_host_main_loop_wait (timeout=1000000000)
    at main-loop.c:260
#5  0x0000555555b39398 in main_loop_wait (nonblocking=0) at main-loop.c:508
#6  0x00005555558dca2a in main_loop () at vl.c:1966
#7  0x00005555558e4069 in main (argc=11, argv=0x7fffffffe4e8, envp=0x7fffffffe548) at vl.c:4684
```

图 2-5 vnc 连接 fd 的事件处理函数堆栈

### 2.1.3 QEMU 自定义事件源

QEMU 自定义了一个新的事件源 AioContext，有两种类型的 AioContext，第一类用来监听各种各样的事件，比如 iohandler_ctx，第二类是用来处理块设备层的异步 I/O 请求，比如 QEMU 默认的 qemu_aio_context 或者模块自己创建的 AioContext。这里只关注第一种情况，即事件相关的 AioContext。下面的代码列出了 AioContext 结构中的主要成员。

```
include/block/aio.h
struct AioContext {
    GSource source;

    /* Protects all fields from multi-threaded access */
    QemuRecMutex lock;

    /* The list of registered AIO handlers */
    QLIST_HEAD(, AioHandler) aio_handlers;

    …
    uint32_t notify_me;

    /* lock to protect between bh's adders and deleter */
    QemuMutex bh_lock;

    /* Anchor of the list of Bottom Halves belonging to the context */
    struct QEMUBH *first_bh;
    …
    bool notified;
    EventNotifier notifier;
    …
    /* TimerLists for calling timers - one per clock type */
    QEMUTimerListGrouptlg;
    …
};
```

这里简单介绍一下 AioContext 中的几个成员。

- source：glib 中的 GSource，每一个自定义的事件源第一个成员都是 GSource 结构的成员。

- lock：QEMU 中的互斥锁，用来保护多线程情况下对 AioContext 中成员的访问。
- aio_handlers：一个链表头，其链表中的数据类型为 AioHandler，所有加入到 AioContext 事件源的文件 fd 的事件处理函数都挂到这个链表上。
- notify_me 和 notified 都与 aio_notify 相关，主要用于在块设备层的 I/O 同步时处理 QEMU 下半部（Bottom Halvs，BH）。
- first_bh：QEMU 下半部链表，用来连接挂到该事件源的下半部，QEMU 的 BH 默认挂在 qemu_aio_context 下。
- notifier：事件通知对象，类型为 EventNotifier，在块设备进行同步且需要调用 BH 的时候需要用到该成员。
- tlg：管理挂到该事件源的定时器。

剩下的结构与块设备层的 I/O 同步相关，这里略过。

AioContext 拓展了 glib 中 source 的功能，不但支持 fd 的事件处理，还模拟内核中的下半部机制，实现了 QEMU 中的下半部以及定时器的管理。

接下来介绍 AioContext 的相关接口，这里只以文件 fd 的事件处理为主，涉及 AioContext 与块设备层 I/O 同步的代码会省略掉。首先是创建 AioContext 函数的 aio_context_new，该函数的核心调用如下。

```
async.c
AioContext *aio_context_new(Error **errp)
{
    int ret;
    AioContext *ctx;

    ctx = (AioContext *) g_source_new(&aio_source_funcs, sizeof(AioContext));
    aio_context_setup(ctx);

    ret = event_notifier_init(&ctx->notifier, false);
    …
    g_source_set_can_recurse(&ctx->source, true);
    aio_set_event_notifier(ctx, &ctx->notifier,
                        false,
                        (EventNotifierHandler *)
                        event_notifier_dummy_cb);
    …
    timerlistgroup_init(&ctx->tlg, aio_timerlist_notify, ctx);

    return ctx;
    …
}
```

aio_context_new 函数首先创建分配了一个 AioContext 结构 ctx，然后初始化代表该事件源的事件通知对象 ctx->notifier，接着调用了 aio_set_event_notifier 用来设置 ctx->notifier 对应的事件通知函数，初始化 ctx 中其他的成员。

aio_set_event_notifier 函数调用了 aio_set_fd_handler 函数，后者是另一个重要的接口函数，其作用是添加或者删除事件源中的一个 fd。如果作用是添加，则会设置 fd 对应的读写函数，aio_set_fd_handler 即可用于从 AioContext 中删除 fd，也可以用于添加 fd，下面的代码去掉了删除事件源中 fd 监听处理的步骤，其代码如下。

```
aio-posix.c
void aio_set_fd_handler(AioContext *ctx,
                        int fd,
                        bool is_external,
                        IOHandler *io_read,
                        IOHandler *io_write,
                        void *opaque)
{
    AioHandler *node;
    bool is_new = false;
    bool deleted = false;

    node = find_aio_handler(ctx, fd);

    /* Are we deleting the fd handler? */
    if (!io_read && !io_write) {
        …
    } else {
        if (node == NULL) {
            /* Alloc and insert if it's not already there */
            node = g_new0(AioHandler, 1);
            node->pfd.fd = fd;
            QLIST_INSERT_HEAD(&ctx->aio_handlers, node, node);

            g_source_add_poll(&ctx->source, &node->pfd);
            is_new = true;
        }
        /* Update handler with latest information */
        node->io_read = io_read;
        node->io_write = io_write;
        node->opaque = opaque;
        node->is_external = is_external;

        node->pfd.events = (io_read ? G_IO_IN | G_IO_HUP | G_IO_ERR : 0);
        node->pfd.events |= (io_write ? G_IO_OUT | G_IO_ERR : 0);
    }

    aio_epoll_update(ctx, node, is_new);
    aio_notify(ctx);
    if (deleted) {
        g_free(node);
    }
}
```

aio_set_fd_handler 的第一个参数 ctx 表示需要添加 fd 到哪个 AioContext 事件源；第二个参数 fd 表示添加的 fd 是需要在主循环中进行监听的；is_external 用于块设备层，对于事件监听的 fd 都设置为 false；io_read 和 io_write 都是对应 fd 的回调函数，opaque 会作为参数调用这些回调函数。

aio_set_fd_handler 函数首先调用 find_aio_handler 查找当前事件源 ctx 中是否已经有了 fd，考虑新加入的情况，这里会创建一个名为 node 的 AioHandler，使用 fd 初始化 node->pfd.fd，并将其插入到 ctx->aio_handlers 链表上，调用 glib 接口 g_source_add_poll 将该 fd 插入到了事件源

监听 fd 列表中，设置 node 事件读写函数为 io_read，io_write 函数，根据 io_read 和 io_write 的有无设置 node->pfd.events，也就是要监听的事件。aio_set_fd_handler 调用之后，新的 fd 事件就加入到了事件源的 aio_handlers 链表上了，如图 2-6 所示。

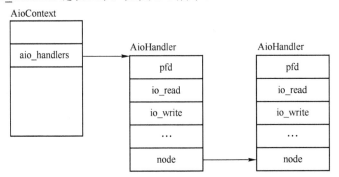

图 2-6　AioContext 的 aio_handlers 链表

　　aio_set_fd_handler 函数一般被块设备相关的操作直接调用，如果仅仅是添加一个普通的事件相关的 fd 到事件源，通常会调用其封装函数 qemu_set_fd_handler，该函数将事件 fd 添加到全部变量 iohandler_ctx 事件源中。

　　glib 中自定义的事件源需要实现 glib 循环过程中调用的几个回调函数，QEMU 中为 AioContext 事件源定义了名为 aio_source_funcs 的 GSourceFuns 结构。

```
async.c
    static GSourceFuncsaio_source_funcs = {
    aio_ctx_prepare,
    aio_ctx_check,
    aio_ctx_dispatch,
    aio_ctx_finalize
};
```

　　这几个函数是自定义事件源需要实现的，这里介绍一下最重要的事件处理分派函数 aio_ctx_dispatch。aio_ctx_dispatch 代码如下，其会调用 aio_dispatch，aio_dispatch 要完成 3 件事：第一是 BH 的处理，第二是处理文件 fd 列表中有事件的 fd，第三是调用定时器到期的函数。这里分析一下文件 fd 的处理部分。

```
aio-posix.c
bool aio_dispatch(AioContext *ctx)
{
    AioHandler *node;
    bool progress = false;
    …
    node = QLIST_FIRST(&ctx->aio_handlers);
    while (node) {
        AioHandler *tmp;
        int revents;

        ctx->walking_handlers++;

        revents = node->pfd.revents& node->pfd.events;
        node->pfd.revents = 0;
```

```
            if (!node->deleted &&
                (revents& (G_IO_IN | G_IO_HUP | G_IO_ERR)) &&
                aio_node_check(ctx, node->is_external) &&
                node->io_read) {
                node->io_read(node->opaque);

                /* aio_notify() does not count as progress */
                if (node->opaque != &ctx->notifier) {
                    progress = true;
                }
            }
            if (!node->deleted &&
                (revents& (G_IO_OUT | G_IO_ERR)) &&
                aio_node_check(ctx, node->is_external) &&
                node->io_write) {
                node->io_write(node->opaque);
                progress = true;
            }

            tmp = node;
            node = QLIST_NEXT(node, node);

            ctx->walking_handlers--;

            if (!ctx->walking_handlers &&tmp->deleted) {
                QLIST_REMOVE(tmp, node);
                g_free(tmp);
            }
        }

        /* Run our timers */
        progress |= timerlistgroup_run_timers(&ctx->tlg);

        return progress;
    }
```

aio_dispatch_handlers 函数会遍历 aio_handlers，遍历监听 fd 上的事件是否发生了。fd 发生的事件存在 node->pfd.revents 中，注册时指定需要接受的事件存放在 node->pfd.events 中，revents 变量保存了 fd 接收到的事件。对应 G_IO_IN 可读事件来说，会调用注册的 fd 的 io_read 回调，对 G_IN_OUT 可写事件来说，会调用注册的 fd 的 io_write 函数。当然，如果当前的 fd 已经删除了，则会删除这个节点。

### 2.1.4　QEMU 事件处理过程

上一节介绍了 QEMU 的自定义事件源，本节以 signalfd 的处理为例介绍 QEMU 事件处理的过程。signalfd 是 Linux 的一个系统调用，可以将特定的信号与一个 fd 绑定起来，当有信号到达的时候 fd 就会产生对应的可读事件。以如下命令启动虚拟机。

```
    test@ubuntu:~/kvm$gdb --args x86_64-softmmu/qemu-system-x86_64 -m 1024 -
hda /home/test/test.img --enable-kvm -vnc :0
```

在 sigfd_handler 函数下断点，在另一个终端向 QEMU 发送 SIGALRM 信号，命令如下，其中 2762 是 QEMU 进程号。

```
test@ubuntu:~/kvm$kill -s SIGALRM 2762
```

在第一个命令行的中断中可以看到 QEMU 进程已经在 sigfd_handler 函数被中断下来，图 2-7 显示了此时的函数调用情况，从中可以看到整个过程调用了 glib 的事件分发函数 g_main_context_dispatch，然后调用了 AioContext 自定义事件源的回调函数 aio_ctx_dispatch，最终调用到 QEMU 为信号注册的可读回调函数 sigfd_handler。

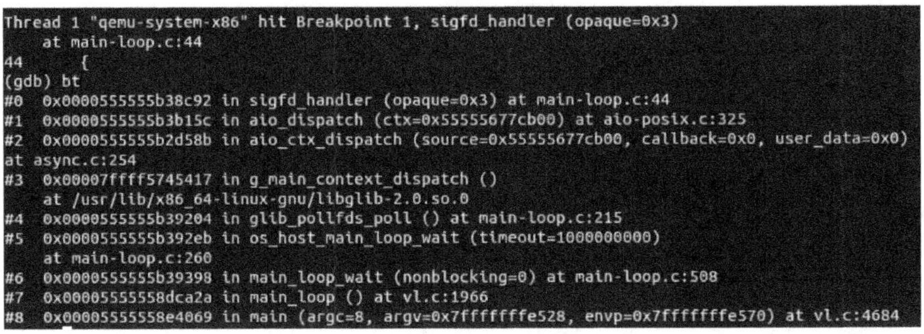

```
Thread 1 "qemu-system-x86" hit Breakpoint 1, sigfd_handler (opaque=0x3)
    at main-loop.c:44
44      {
(gdb) bt
#0  0x0000555555b38c92 in sigfd_handler (opaque=0x3) at main-loop.c:44
#1  0x0000555555b3b15c in aio_dispatch (ctx=0x55555677cb00) at aio-posix.c:325
#2  0x0000555555b2d58b in aio_ctx_dispatch (source=0x55555677cb00, callback=0x0, user_data=0x0)
at async.c:254
#3  0x00007ffff5745417 in g_main_context_dispatch ()
    at /usr/lib/x86_64-linux-gnu/libglib-2.0.so.0
#4  0x0000555555b39204 in glib_pollfds_poll () at main-loop.c:215
#5  0x0000555555b392eb in os_host_main_loop_wait (timeout=1000000000)
    at main-loop.c:260
#6  0x0000555555b39398 in main_loop_wait (nonblocking=0) at main-loop.c:508
#7  0x00005555558dca2a in main_loop () at vl.c:1966
#8  0x00005555558e4069 in main (argc=8, argv=0x7fffffffe528, envp=0x7fffffffe570) at vl.c:4684
```

图 2-7  sigfd_handler 函数的栈回溯

下面对这个过程进行简单分析，首先分析 signal 事件源的初始化。vl.c 中的 main 函数会调用 qemu_init_main_loop 进行 AioContext 事件源的初始化，该函数代码如下。

```
main-loop.c
int qemu_init_main_loop(Error **errp)
{
    int ret;
    GSource *src;
    Error *local_error = NULL;

    init_clocks();

    ret = qemu_signal_init();
    …
    qemu_aio_context = aio_context_new(&local_error);
    …
    qemu_notify_bh = qemu_bh_new(notify_event_cb, NULL);
    gpollfds = g_array_new(FALSE, FALSE, sizeof(GPollFD));
    src = aio_get_g_source(qemu_aio_context);
    g_source_set_name(src, "aio-context");
    g_source_attach(src, NULL);
    g_source_unref(src);
    src = iohandler_get_g_source();
    g_source_set_name(src, "io-handler");
    g_source_attach(src, NULL);
    g_source_unref(src);
    return 0;
}
```

qemu_init_main_loop 函数调用 qemu_signal_init 将一个 fd 与一组信号关联起来，qemu_signal_init 调用了之前提到的 qemu_set_fd_handler 函数，设置该 signalfd 对应的可读回调函数为 sigfd_handler。qemu_set_fd_handler 在首次调用时会调用 iohandler_init 创建一个全局的

iohandler_ctx 事件源，这个事件源的作用是监听 QEMU 中的各类事件。最终 qemu_signal_init 会在 iohandlers_ctx 的 aio_handlers 上挂一个 AioHandler 节点，其 fd 为这里的 signalfd，其 io_read 函数为这里的 sigfd_handler。

qemu_init_main_loop 函数接着会调用 aio_context_new 创建一个全局的 qemu_aio_context 事件源，这个事件源主要用于处理 BH 和块设备层的同步使用。

最后，该函数调用 aio_get_g_source 和 iohandler_get_g_source 分别获取 qemu_aio_context 和 iohandler_ctx 的 GSource，以 GSource 为参数调用 g_source_attach 两个 AioContext 加入到 glib 的主循环中去。

将信号对应的 fd 加入事件源以及将事件源加入到 glib 的主循环之后，QEMU 就会按照 2.1.2 节所述，在一个 while 循环中进行事件监听。当使用 kill 向 QEMU 进程发送 SIGALARM 信号时，signalfd 就会有可读信号，从而导致 glib 的主循环返回调用 g_main_context_dispatch 进行事件分发，这会调用到 aio_ctx_dispatch，最终会调用到 qemu_signal_init 注册的可读处理函数 sigfd_handler。

### 2.1.5　QEMU 主循环监听的 fd 解析

2.1.2 节中介绍了 QEMU 的事件循环机制，并且在随后的几节中介绍了与事件循环机制相关的源码，本节将实际分析 QEMU 主事件循环监听的 fd 来源。首先以如下命令启动虚拟机。

```
    test@ubuntu:~/kvm$gdb  --args  x86_64-softmmu/qemu-system-x86_64  --enable-kvm -m 1024 -hda /home/test/test.img  -vnc :0
```

为了方便稍后的叙述，这里再把 glib_pollfds_fill 的代码和行号列在图 2-8 中：

```
180  static void glib_pollfds_fill(int64_t *cur_timeout)
181  {
182      GMainContext *context = g_main_context_default();
183      int timeout = 0;
184      int64_t timeout_ns;
185      int n;
186
187      g_main_context_prepare(context, &max_priority);
188
189      glib_pollfds_idx = gpollfds->len;
190      n = glib_n_poll_fds;
191      do {
192          GPollFD *pfds;
193          glib_n_poll_fds = n;
194          g_array_set_size(gpollfds, glib_pollfds_idx + glib_n_poll_fds);
195          pfds = &g_array_index(gpollfds, GPollFD, glib_pollfds_idx);
196          n = g_main_context_query(context, max_priority, &timeout, pfds,
197                                   glib_n_poll_fds);
198      } while (n != glib_n_poll_fds);
199
200      if (timeout < 0) {
201          timeout_ns = -1;
202      } else {
203          timeout_ns = (int64_t)timeout * (int64_t)SCALE_MS;
204      }
205
206      *cur_timeout = qemu_soonest_timeout(timeout_ns, *cur_timeout);
207  }
```

图 2-8　glib_pollfds_fill 函数源码

使用 gdb 在第 200 行下断点。

```
    b main-loop.c:200
```

输入“r”让 QEMU 进程运行起来。

gpollfds 是一个数组，存着所有需要监听的 fd，其成员类型为 pollfd，成员都存放在 gpollfds.data 中，所以这里可以判断到底监听了哪些 fd。图 2-9 显示了所有监听的 fd，总共有 6 个 fd，分别是 4、6、8、9、e、f。

图 2-9  QEMU 监听的 fd

从图 2-9 可以看出来，第一个 fd 4 是在 monitor_init_globals 初始化调用 iohandler_init 并创建 iohander_ctx 时调用的，其本身对应 iohander_ctx 中的事件通知对象的 fd。gdb 继续输入 "c" 让程序运行起来，在随后的 g_source_add_poll 断点中可以看到 6、8、e、f 这几个 fd 的来源。6 是调用 qemu_signal_init 创建 signalfd 对应的 fd，8 是 qemu_aio_context 对应的 fd，e 和 f 是 vnc 创建的 fd。但是没有 fd 9 的信息。

找到 QEMU 对应的进程 id，查看/proc/目录下该 QEMU 进程对应 fd 情况，如图 2-10 所示。这里可以看到 fd 9 是一个 eventfd，其虽然在 glib 事件循环监听中，但是其并没有通过 g_source_add_poll 加入。

图 2-10  QEMU 进程 fd 分布

在 eventfd 函数下断点，每次停下来之后在 gdb 中输入 finish 命令完成当前函数的执行，然后查看 rax 寄存器的值，当其是 9 的时候查看堆栈，结果如图 2-11 所示。从中可以看出，fd 9 这个 eventfd 是由 glib 库自己创建使用的。

这样，glib 监听的 6 个 fd 就搞清楚了。当然，如果给 QEMU 提供不同的参数，其监听的 fd 也会随着变化。

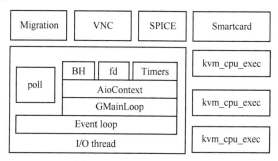

图 2-11　fd 9 注册过程

## 2.2　QEMU 线程模型

### 2.2.1　QEMU 线程模型简介

QEMU-KVM 架构中，一个 QEMU 进程代表一个虚拟机。QEMU 会有若干个线程，其中对于每个 CPU 会创建一个线程，还有其他的线程，如 VNC 线程、I/O 线程、热迁移线程，QEMU 线程模型如图 2-12 所示。

| Migration | VNC | SPICE | Smartcard |
| --- | --- | --- | --- |

```
┌──────┬──────────────────────┐   ┌──────────────┐
│      │  BH    fd   Timers   │   │ kvm_cpu_exec │
│ poll ├──────────────────────┤   └──────────────┘
│      │     AioContext       │
│      ├──────────────────────┤   ┌──────────────┐
│      │     GMainLoop        │   │ kvm_cpu_exec │
├──────┴──────────────────────┤   └──────────────┘
│         Event loop          │
├─────────────────────────────┤   ┌──────────────┐
│         I/O thread          │   │ kvm_cpu_exec │
└─────────────────────────────┘   └──────────────┘
```

图 2-12　QEMU 线程模型

传统上，QEMU 主事件循环所在的线程由于会不断监听各种 I/O 事件，所以被称为 I/O 线程。现在的 I/O 线程通常是指块设备层面的单独用来处理 I/O 事件的线程。每一个 CPU 都会有一个线程，通常叫作 VCPU 线程，其主要的执行函数是 kvm_cpu_exec，比如图 2-12 中有 3 个 VCPU 线程。QEMU 为了完成其他功能还会有一些辅助线程，如热迁移时候的 migration 线程、支持远程连接的 VNC 和 SPICE 线程等。

线程模型通常使用 QEMU 大锁进行同步，获取锁的函数为 qemu_mutex_lock_iothread，解锁函数为 qemu_mutex_unlock_iothread。实际上随着演变，现在这两个函数已经变成宏了。很多场合都需要 BQL，比如 os_host_main_loop_wait 在有 fd 返回事件时，在进行事件处理之前需要调用 qemu_mutex_lock_iothread 获取 BQL；VCPU 线程在退出到 QEMU 进行一些处理的时候也会获取 BQL。下面的代码是 main 函数主循环中获取 BQL 的过程。

```
main-loop.c
static int os_host_main_loop_wait(int64_t timeout)
{
    int ret;
    static int spin_counter;
```

```
…
ret = qemu_poll_ns((GPollFD *)gpollfds->data, gpollfds->len, timeout);

if (timeout) {
    qemu_mutex_lock_iothread();
}

glib_pollfds_poll();
return ret;
}
```

## 2.2.2  QEMU 线程介绍

### 1. VCPU 线程

QEMU 虚拟机的 VCPU 对应于宿主机上的一个线程，通常叫作 VCPU 线程。在 x86_cpu_realizefn 函数中进行 CPU 具现（CPU 具现的概念会在 2.4 节中介绍）的时候会调用 qemu_init_vcpu 函数来创建 VCPU 线程。qemu_init_vcpu 根据加速器的不同，会调用不同的函数来进行 VCPU 的创建，对于 KVM 加速器来说，这个函数是 qemu_kvm_start_vcpu，该函数的代码如下。

```
cpus.c
static void qemu_kvm_start_vcpu(CPUState *cpu)
{
    char thread_name[VCPU_THREAD_NAME_SIZE];
    …
    qemu_thread_create(cpu->thread, thread_name, qemu_kvm_cpu_thread_fn,
                    cpu, QEMU_THREAD_JOINABLE);
}
```

qemu_thread_create 调用了 pthread_create 来创建 VCPU 线程。VCPU 线程用来执行虚拟机的代码，其线程函数是 qemu_kvm_cpu_thread_fn。

### 2. VNC 线程

在 main 函数中，会调用 vnc_init_func 对 VNC 模块进行初始化，经过 vnc_display_init->vnc_start_worker_thread 的调用最终创建 VNC 线程，VNC 线程用来与 VNC 客户端进行交互。

```
ui/vnc-jobs.c
void vnc_start_worker_thread(void)
{
    VncJobQueue *q;
    …
    q = vnc_queue_init();
    qemu_thread_create(&q->thread, "vnc_worker", vnc_worker_thread, q,
                    QEMU_THREAD_DETACHED);
    queue = q; /* Set global queue */
}
```

### 3. I/O 线程

设备模拟过程中可能会占用 QEMU 的大锁，所以如果是用磁盘类设备进行读写，会导致占用该锁较长时间。为了提高性能，会将这类操作单独放到一个线程中去。QEMU 抽象出了一个新的类型 TYPE_IOTHREAD，可以用来进行 I/O 线程的创建。比如 virtio 块设备在其对象实例化函数中添加了一个 link 属性，其对应的连接对象为一个 TYPE_IOTHREAD。

```
hw/block/virtio-blk.c
static void virtio_blk_instance_init(Object *obj)
{
    VirtIOBlock *s = VIRTIO_BLK(obj);

    object_property_add_link(obj, "iothread", TYPE_IOTHREAD,
                            (Object **)&s->conf.iothread,
                            qdev_prop_allow_set_link_before_realize,
                            OBJ_PROP_LINK_UNREF_ON_RELEASE, NULL);
    device_add_bootindex_property(obj, &s->conf.conf.bootindex,
                            "bootindex", "/disk@0,0",
                            DEVICE(obj), NULL);
}
```

当进行数据面的读写时，就可以使用这个 iothread 进行。

当然，QEMU 还会有其他线程，比如说热迁移线程以及一些设备模拟自己创建的线程，这里就不一一介绍了。

如同 Linux 内核中的大锁，BQL 会对 QEMU 虚拟机的性能造成很大影响。早期的 QEMU 代码在握有 BQL 时做的事情很多，QEMU 多线程的主要动力是减少 QEMU 主线程的运行时间，QEMU 在进行一些设备模拟的时候，VCPU 线程会退出到 QEMU，抢占 QEMU 大锁，如果这个时候有其他线程占据大锁，再做长时间的工作就会导致 VCPU 被挂起比较长的时间，所以将一些没有必要占据 QEMU 大锁的任务放到单独线程进行处理就能够增加 VCPU 的运行时间，这也是 QEMU 社区在多线程方向的努力方向，即尽量将任务从 QEMU 大锁中拿出来。

## 2.3　QEMU 参数解析

本节对 QEMU 参数解析进行简要介绍，帮助读者将 QEMU 命令行参数与其代码中的实现联系起来，方便阅读代码，但是由于参数解析并非本书重点，因此不会对具体的细节进行深入讲解。本节使用的 QEMU 命令如下。

```
    test@ubuntu:~/kvm$gdb --args x86_64-softmmu/qemu-system-x86_64  -m 1024 -
smp 4 -hda /home/test/test.img  --enable-kvm -vnc :100 -device ivshmem,shm=ivshmem,
size=1 -device ivshmem,shm=ivshmem1,size=2
```

QEMU 使用 QEMUOption 来表示 QEMU 程序的参数选项，其定义如下。

```
vl.c
typedef struct QEMUOption {
    const char *name;
    int flags;
    int index;
    uint32_t arch_mask;
} QEMUOption;
```

其中，name 表示参数选项的名字；flags 表示选项中一些参数选项的属性，比如是否有子参数；arch_mask 表示参数支持的体系结构。

vl.c 在全局范围定义了一个 qemu_options，存储了所有的可用选项，main 函数中会调

lookup_opt 来解析 QEMU 命令行参数，不在 qemu_options 中的参数是不合法的。

```
vl.c
static const QEMUOption qemu_options[] = {
    { "h", 0, QEMU_OPTION_h, QEMU_ARCH_ALL },
#define QEMU_OPTIONS_GENERATE_OPTIONS
#include "qemu-options-wrapper.h"
    { NULL },
};
```

qemu_options 的生成使用 QEMU_OPTIONS_GENERATE_OPTIONS 编译控制选项以及一个文件 qemu-options-wrapper.h 填充。在 qemu-options-wrapper.h 中，根据是否定义 QEMU_OPTIONS_GENERATE_ENUM，QEMU_OPTIONS_GENERATE_HELP，QEMU_OPTIONS_GENERATE_OPTIONS 以及 qemu-options.def 文件可以生成不同的内容。qemu-options.def 是在 Makefile 中利用 scripts/hxtool 脚本根据 qemu-options.hx 文件生成的。

在这里只需要理解 qemu_options 中包括了所有可能的参数选项，如上面的-enable-kvm、-smp、-realtime、-device 等即可。图 2-13 显示了 gdb 中部分 qemu_options 的值。

图 2-13　QEMU 参数选项

QEMUOption 提供了参数的基本信息情况。实际参数的保存是由 3 个数据结构完成的。

QEMU 将所有参数分成了几个大选项，如-eanble-kvm 和-kernel 都属于 machine 相关的，每一个大选项使用结构体 QemuOptsList 表示，QEMU 在 qemu-config.c 中定义了 vm_config_groups。

```
util/qemu-config.c
static QemuOptsList *vm_config_groups[48];
```

这表示可以支持 48 个大选项。在 main 函数中用 qemu_add_opts 将各个 QemuOptsList 添加到 vm_config_groups 中。

```
vl.c
    qemu_add_opts(&qemu_drive_opts);
qemu_add_drive_opts(&qemu_legacy_drive_opts);
qemu_add_drive_opts(&qemu_common_drive_opts);
qemu_add_drive_opts(&qemu_drive_opts);
qemu_add_drive_opts(&bdrv_runtime_opts);
qemu_add_opts(&qemu_chardev_opts);
…
qemu_add_opts(&qemu_realtime_opts);
qemu_add_opts(&qemu_overcommit_opts);
qemu_add_opts(&qemu_msg_opts);
qemu_add_opts(&qemu_name_opts);
qemu_add_opts(&qemu_numa_opts);
qemu_add_opts(&qemu_icount_opts);
qemu_add_opts(&qemu_semihosting_config_opts);
qemu_add_opts(&qemu_fw_cfg_opts);
```

每个 QemuOptsList 存储了大选项支持的所有小选项，如-realtime 大选项定义如下。

```
vl.c
static QemuOptsListqemu_realtime_opts = {
    .name = "realtime",
    .head = QTAILQ_HEAD_INITIALIZER(qemu_realtime_opts.head),
    .desc = {
        {
            .name = "mlock",
            .type = QEMU_OPT_BOOL,
        },
        { /* end of list */ }
    },
};
```

-realtime 只支持一个值为 bool 的子选项，即只能有-realtime mlock=on/off。但是像-device 这种选项就没有这么死板了，-device 并没有规定必需的选项，因为设备有无数多种，不可能全部进行规定，解析就是按照“,”或者“=”来进行的。每个子选项由一个 QemuOpt 结构表示，定义如下。

```
include/qemu/option_init.h
struct QemuOpt {
    char *name;
    char *str;


    const QemuOptDesc *desc;
    union {
        bool boolean;
        uint64_t uint;
    } value;


    QemuOpts     *opts;
```

```
        QTAILQ_ENTRY(QemuOpt) next;
};
```

name 表示子选项的字符串表示；str 表示对应的值。

QemuOptsList 并不和 QemuOpt 直接联系，中间还需要有一层 QemuOpts，这是因为 QEMU 命令行可以指定创建两个相同的设备，此时这类设备都在 QemuOptsList 的链表上，这是两个独立 QemuOpts，每个 QemuOpts 有自己的 QemuOpt 链表。QemuOpts 结构如下。

```
include/qemu/option_init.h
struct QemuOpts {
    char *id;
    QemuOptsList *list;
    Location loc;
    QTAILQ_HEAD(QemuOptHead, QemuOpt) head;
    QTAILQ_ENTRY(QemuOpts) next;
};
```

head 是 QemuOpts 下的 QemuOpt 链表头；next 用来连接相同 QemuOptsList 下同一种 Qemu Opts。

QemuOptsList、QemuOpts 与 QemuOpt 三者的关系如图 2-14 所示。

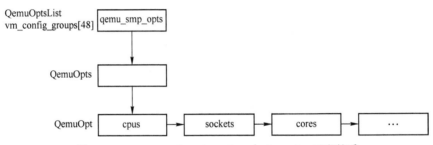

图 2-14 QemuOptsList、QemuOpts 与 QemuOpt 三者关系

这里以-device 参数项为例简单分析参数的处理过程，vl.c 中的 main 函数中有一个很长的 for 循环来解析参数，当解析到"-device"时，下面是对 QEMU_OPTION_device 的分支处理。

```
vl.c
                case QEMU_OPTION_device:
                    if (!qemu_opts_parse_noisily(qemu_find_opts("device"),
                                                 optarg, true)) {
                        exit(1);
                    }
```

qemu_find_opts 函数从全局变量 vm_config_groups 中找到刚才插入的 device QemuOptsList 并返回。qemu_opts_parse_noisily 函数只是简单调用了 opts_parse，后者解析出一个 QemuOpts，每一个大类的参数（如-device edu）都会在相应的 QemuOptsList 下面构造处理一个 Opts。

```
util/qemu-option.c
static QemuOpts *opts_parse(QemuOptsList *list, const char *params,
                    bool permit_abbrev, bool defaults, Error **errp)
{
    QemuOpts *opts;
    …
    opts = qemu_opts_create(list, id, !defaults, &local_err);
```

```
…
opts_do_parse(opts, params, firstname, defaults, &local_err);
…
    return opts;
}
```

opts_parse 函数调用的最重要的两个函数是 qemu_opts_create 和 opts_do_parse，前者用来创建 opts 并且将它插入到 QemuOptsList 上，后者则开始解析出一个一个的 QemuOpt。opts_do_parse 的作用就是解析参数的值，如本节开始的命令行参数 ivshmem,shm=ivshmem,size=1。QEMU 的参数可以有多种情况，比如 foo,bar 中 foo 表示开启一个 flag，也有可能类似于 foo=bar，对此 opts_do_parse 需要处理各种情况，并对每一个值生成一个 QemuOpt。关键代码如下。

```c
util/qemu-option.c
static void opts_do_parse(QemuOpts *opts, const char *params,
                    const char *firstname, bool prepend, Error **errp)
{
    char option[128], value[1024];
    const char *p,*pe,*pc;
    Error *local_err = NULL;

    for (p = params; *p != '\0'; p++) {
        pe = strchr(p, '=');
        pc = strchr(p, ',');
        if (!pe || (pc && pc < pe)) {
            /* found "foo,more" */
            if (p == params&& firstname) {
                /* implicitly named first option */
                pstrcpy(option, sizeof(option), firstname);
                p = get_opt_value(value, sizeof(value), p);
            } else {
                /* option without value, probably a flag */
                p = get_opt_name(option, sizeof(option), p, ',');
                if (strncmp(option, "no", 2) == 0) {
                    memmove(option, option+2, strlen(option+2)+1);
                    pstrcpy(value, sizeof(value), "off");
                } else {
                        pstrcpy(value, sizeof(value), "on");
                }
            }
        } else {
            /* found "foo=bar,more" */
            p = get_opt_name(option, sizeof(option), p, '=');
            if (*p != '=') {
                break;
            }
            p++;
            p = get_opt_value(value, sizeof(value), p);
        }
        if (strcmp(option, "id") != 0) {
            /* store and parse */
```

31

```
        opt_set(opts, option, value, prepend, &local_err);
        if (local_err) {
            error_propagate(errp, local_err);
            return;
        }
    }
    if (*p != ',') {
        break;
    }
    }
}
```

该函数首先根据各种情况（foo,bar 或者 foo=bar,more）解析出 option 以及 value，然后调用 opt_set，在该函数中会分配一个 QemuOpt 结构，并且进行初始化。例子中的 ivshmem,shm=ivshmem, size=1 会解析出 3 个 QemuOpt，name=str 分别是 driver=ivshmem、shm=ivshmem、size=1。所以对于两个 device 的参数解析会形成图 2-15 所示的链表。

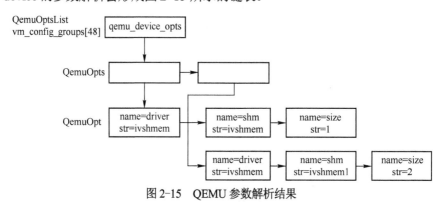

图 2-15    QEMU 参数解析结果

## 2.4    QOM 介绍

QOM 的全称是 QEMU Object Model，顾名思义，这是 QEMU 中对象的一个抽象层。一般来讲，对象是 C++这类面向对象编程语言中的概念。面向对象的思想包括继承、封装与多态，这些思想在大型项目中能够更好地对程序进行组织与设计。Linux 内核与 QEMU 虽然都是 C 语言的项目，但是都充满了面向对象的思想，QEMU 中体现这一思想的就是 QOM。QEMU 的代码中充满了对象，特别是设备模拟，如网卡、串口、显卡等都是通过对象来抽象的。QOM 用 C 语言基本上实现了继承、封装、多态特点。如网卡是一个类，它的父类是一个 PCI 设备类，这个 PCI 设备类的父类是设备类，此即继承。QEMU 通过 QOM 可以对 QEMU 中的各种资源进行抽象、管理（如设备模拟中的设备创建、配置、销毁）。QOM 还用于各种后端组件（如 MemoryRegion，Machine 等）的抽象，毫不夸张地说，QOM 遍布于 QEMU 代码。这一节会对 QOM 进行详细介绍，以帮助读者理解 QOM，进而更加方便地阅读 QEMU 代码。

要理解 QOM，首先需要理解类型和对象的区别。类型表示种类，对象表示该种类中一个具体的对象。比如 QEMU 命令行中指定"-device edu,id=edu1, -device edu,id=edu2"，edu 本身是一个种类，创建了 edu1 和 edu2 两个对象。QOM 整个运作包括 3 个部分，即类型的注册、类型的初始化以及对象的初始化，3 个部分涉及的函数如图 2-16 所示。

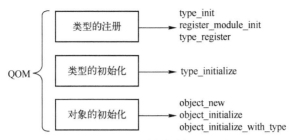

图 2-16　QOM 对象机制组成部分

本章将对 QOM 涉及的各个方面进行深入细致的分析。

## 2.4.1　类型的注册

在面向对象思想中，说到对象时都会提到它所属的类，QEMU 也需要实现一个类型系统。以 hw/misc/edu.c 文件为例，这本身不是一个实际的设备，而是教学用的设备，它的结构简单，比较清楚地展示了 QEMU 中的模拟设备。类型的注册是通过 type_init 完成的。

```
hw/misc/edu.c
static void pci_edu_register_types(void)
{
    static const TypeInfo edu_info = {
        .name          = "edu",
        .parent        = TYPE_PCI_DEVICE,
        .instance_size = sizeof(EduState),
        .instance_init = edu_instance_init,
        .class_init    = edu_class_init,
    };

    type_register_static(&edu_info);
}
type_init(pci_edu_register_types)
```

在 include/qemu/module.h 中可以看到，type_init 是一个宏，并且除了 type_init 还有其他几个 init 宏，比如 block_init、opts_init、trace_init 等，每个宏都表示一类 module，均通过 module_init 按照不同的参数构造出来。按照是否定义 BUILD_DSO 宏，module_init 有不同的定义，这里假设不定义该宏，则 module_init 的定义如下。

```
include/qemu/module.h
#define module_init(function, type)                                  \
static void __attribute__((constructor)) do_qemu_init_ ## function(void)   \
{                                                                    \
    register_module_init(function, type);                            \
}
```

可以看到各个 QOM 类型最终通过函数 register_module_init 注册到了系统，其中 function 是每个类型都需要实现的初始化函数，type 表示是 MODULE_INIT_QOM。这里的 constructor 是编译器属性，编译器会把带有这个属性的函数 do_qemu_init_ ##function 放到特殊的段中，带有这个属性的函数会早于 main 函数执行，也就是说所有的 QOM 类型注册在 main 执行之前就已经执行了。register_module_init 及相关函数代码如下。

```
util/module.c
static ModuleTypeList *find_type(module_init_type type)
{
    init_lists();

    return &init_type_list[type];
}

void register_module_init(void (*fn)(void), module_init_type type)
{
    ModuleEntry *e;
    ModuleTypeList *l;

    e = g_malloc0(sizeof(*e));
    e->init = fn;
    e->type = type;

    l = find_type(type);

    QTAILQ_INSERT_TAIL(l, e, node);
}
```

register_module_init 函数以类型的初始化函数以及所属类型（对 QOM 类型来说是 MODULE_INIT_QOM）构建出一个 ModuleEntry，然后插入到对应 module 所属的链表中，所有 module 的链表存放在一个 init_type_list 数组中。图 2-17 简单表示了 init_type_list 与各个 module 以及 ModuleEntry 之间的关系。

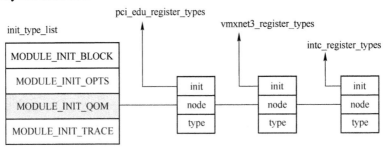

图 2-17　init_type_list 结构

综上可知，QEMU 使用的各个类型在 main 函数执行之前就统一注册到了 init_type_list[MODULE_INIT_QOM]这个链表中。

进入 main 函数后不久就以 MODULE_INIT_QOM 为参数调用了函数 module_call_init，这个函数执行了 init_type_list[MODULE_INIT_QOM]链表上每一个 ModuleEntry 的 init 函数。

```
util/module.c
void module_call_init(module_init_type type)
{
    ModuleTypeList *l;
    ModuleEntry *e;

    l = find_type(type);

    QTAILQ_FOREACH(e, l, node) {
```

```
            e->init();
        }
    }                                          \
}
```

以 edu 设备为例，该类型的 init 函数是 pci_edu_register_types，该函数唯一的工作是构造了一个 TypeInfo 类型的 edu_info，并将其作为参数调用 type_register_static，type_register_static 调用 type_register，最终到达了 type_register_internal，核心工作在这一函数中进行。

TypeInfo 表示的是类型信息，其中 parent 成员表示的是父类型的名字，instance_size 和 instance_init 成员表示该类型对应的实例大小以及实例的初始化函数，class_init 成员表示该类型的类初始化函数。

type_register_internal 以及相关函数代码如下。

```
qom/object.c
static TypeImpl *type_register_internal(const TypeInfo *info)
{
    TypeImpl *ti;
    ti = type_new(info);

    type_table_add(ti);
    return ti;
}

static GHashTable *type_table_get(void)
{
    static GHashTable *type_table;

    if (type_table == NULL) {
        type_table = g_hash_table_new(g_str_hash, g_str_equal);
    }

    return type_table;
}

static void type_table_add(TypeImpl *ti)
{
    assert(!enumerating_types);
    g_hash_table_insert(type_table_get(), (void *)ti->name, ti);
}
```

type_register_internal 函数很简单，type_new 函数首先通过一个 TypeInfo 结构构造出一个 TypeImpl，type_table_add 则将这个 TypeImpl 加入到一个哈希表中。这个哈希表的 key 是 TypeImpl 的名字，value 为 TypeImpl 本身的值。

这一过程完成了从 TypeInfo 到 TypeImpl 的转变，并且将其插入到了一个哈希表中。TypeImpl 的数据基本上都是从 TypeInfo 复制过来的，表示的是一个类型的基本信息。在 C++ 中，可以使用 class 关键字定义一个类型。QEMU 使用 C 语言实现面向对象时也必须保存对象的类型信息，所以在 TypeInfo 里面指定了类型的基本信息，然后在初始化的时候复制到 TypeImpl 的哈希表中。

TypeImpl 中存放了类型的所有信息，其定义如下。

```
qom/object.c
struct TypeImpl
{
    const char *name;

    size_t class_size;

    size_t instance_size;

    void (*class_init)(ObjectClass *klass, void *data);
    void (*class_base_init)(ObjectClass *klass, void *data);
    void (*class_finalize)(ObjectClass *klass, void *data);

    void *class_data;

    void (*instance_init)(Object *obj);
    void (*instance_post_init)(Object *obj);
    void (*instance_finalize)(Object *obj);

    bool abstract;

    const char *parent;
    TypeImpl *parent_type;

    ObjectClass *class;

    int num_interfaces;
    InterfaceImpl interfaces[MAX_INTERFACES];
};
```

下面对其进行基本介绍。

name 表示类型名字，比如 edu，isa-i8259 等；class_size, instance_size 表示所属类的大小以及该类所属实例的大小；class_init, class_base_init, class_finalize 表示类相关的初始化与销毁函数，这类函数只会在类初始化的时候进行调用；instance_init, instance_post_init, instance_finalize 表示该类所属实例相关的初始化与销毁函数；abstract 表示类型是否是抽象的，与 C++中的 abstract 类型类似，抽象类型不能直接创建实例，只能创建其子类所属实例；parent 和 parent_type 表示父类型的名字和对应的类型信息，parent_type 是一个 TypeImpl；class 是一个指向 ObjectClass 的指针，保存了该类型的基本信息；num_interfaces 和 interfaces 描述的是类型的接口信息，与 Java 语言中的接口类似，接口是一类特殊的抽象类型。

## 2.4.2 类型的初始化

在 C++等面向对象的编程语言中，当程序声明一个类型的时候，就已经知道了其类型的信息，比如它的对象大小。但是如果使用 C 语言来实现面向对象的这些特性，就需要做特殊的处理，对类进行单独的初始化。在上一节中，读者已经在一个哈希链表中保存了所有的类型信息 TypeImpl。接下来就需要对类进行初始化了。类的初始化是通过 type_initialize 函数完成的，这个函数并不长，函数的输入是表示类型信息的 TypeImpl 类型 ti。

函数首先判断了 ti->class 是否存在，如果不为空就表示这个类型已经初始化过了，直接返回。后面主要做了三件事。

第一件事是设置相关的 filed，比如 class_size 和 instance_size，使用 ti->class_size 分配一个 ObjectClass。

```
qom/object.c
static void type_initialize(TypeImpl *ti)
{
TypeImpl *parent;

    if (ti->class) {
        return;
    }

    ti->class_size = type_class_get_size(ti);
    ti->instance_size = type_object_get_size(ti);

    ti->class = g_malloc0(ti->class_size);
    …
}
```

第二件事就是初始化所有父类类型，不仅包括实际的类型，也包括接口这种抽象类型。

```
qom/object.c
static void type_initialize(TypeImpl *ti)
{
    …
    parent = type_get_parent(ti);
    if (parent) {
        type_initialize(parent);
        GSList *e;
        int i;
        …
        for (e = parent->class->interfaces; e; e = e->next) {
            InterfaceClass *iface = e->data;
            ObjectClass *klass = OBJECT_CLASS(iface);

            type_initialize_interface(ti, iface->interface_type, klass->type);
        }

        for (i = 0; i < ti->num_interfaces; i++) {
            TypeImpl *t = type_get_by_name(ti->interfaces[i].typename);
            for (e = ti->class->interfaces; e; e = e->next) {
                TypeImpl *target_type = OBJECT_CLASS(e->data)->type;

                if (type_is_ancestor(target_type, t)) {
                    break;
                }
            }
            …
            type_initialize_interface(ti, t, t);
        }
    } else {
        ti->class->properties = g_hash_table_new_full(
```

```
                g_str_hash, g_str_equal, g_free, object_property_free);
        }
        …
    }
```

第三件事就是依次调用所有父类的 class_base_init 以及自己的 class_init，这也和 C++很类似，在初始化一个对象的时候会依次调用所有父类的构造函数。这里是调用了父类型的 class_base_init 函数。

```
qom/object.c
static void type_initialize(TypeImpl *ti)
{
    …
    while (parent) {
        if (parent->class_base_init) {
            parent->class_base_init(ti->class, ti->class_data);
        }
        parent = type_get_parent(parent);
    }

    if (ti->class_init) {
        ti->class_init(ti->class, ti->class_data);
    }
}
```

实际上 type_initialize 函数可以在很多地方调用，不过，只有在第一次调用的时候会进行初始化，之后的调用会由于 ti->class 不为空而直接返回。

下面以其中一条路径来看 type_initialize 函数的调用过程。假设在启动 QEMU 虚拟机的时候不指定 machine 参数，那 QEMU 会在 main 函数中调用 select_machine，进而由 find_default_machine 函数来找默认的 machine 类型。在最后那个函数中，会调用 object_class_get_list 来得到所有 TYPE_MACHINE 类型组成的链表。

object_class_get_list 会调用 object_class_foreach，后者会对 type_table 中所有类型调用 object_class_foreach_tramp 函数，在该函数中会调用 type_initialize 函数。

```
qom/object.c
static void object_class_foreach_tramp(gpointer key, gpointer value,
                                                      gpointer opaque)
{
    OCFData *data = opaque;
    TypeImpl *type = value;
    ObjectClass *k;

    type_initialize(type);
    k = type->class;
    …
}
```

可以看到最终会对类型哈希表 type_table 中的每一个元素调用 object_class_foreach_tramp 函数。这里面会调用 type_initializ，所以在进行 find_default_machine 查找所有 TYPE_MACHINE 的时候就顺手把所有类型都初始化了。

### 2.4.3　类型的层次结构

上一节中从 type_initialize 可以看到，类型初始化时会初始化父类型，这一节专门对类型的层次结构进行介绍，QOM 通过这种层次结构实现了类似 C++中的继承概念。

在 edu 设备的类型信息 edu_info 结构中有一个 parent 成员，这就指定了 edu_info 的父类型的名称，edu 设备的父类型是 TYPE_PCI_DEVICE，表明 edu 设备被设计成为一个 PCI 设备。

可以在 hw/pci/pci.c 中找到 TYPE_PCI_DEVICE 的类型信息，它的父类型为 TYPE_DEVICE。更进一步，可以在 hw/core/qdev.c 中找到 TYPE_DEVICE 的类型信息，它的父类型是 TYPE_OBJECT，接着在 qom/object.c 可以找到 TYPE_OBJECT 的类型信息，而它已经没有父类型，TYPE_OBJECT 是所有能够初始化实例的最终祖先，类似的，所有 interface 的祖先都是 TYPE_INTERFACE。下面的代码列出了类型的继承关系。

```
hw/pci/pci.c
static const TypeInfo pci_device_type_info = {
    .name = TYPE_PCI_DEVICE,
    .parent = TYPE_DEVICE,
    …
}

hw/core/qdev.c
static const TypeInfo device_type_info = {
    .name = TYPE_DEVICE,
    .parent = TYPE_OBJECT,
    …
}

qom/object.c
static TypeInfo object_info = {
    .name = TYPE_OBJECT,
    .instance_size = sizeof(Object),
    .instance_init = object_instance_init,
    .abstract = true,
};

static TypeInfo interface_info = {
    .name = TYPE_INTERFACE,
    .class_size = sizeof(InterfaceClass),
    .abstract = true,
};
```

所以这个 edu 类型的层次关系为：

```
TYPE_PCI_DEVICE->TYPE_DEVICE->TYPE_OBJECT
```

当然，QEMU 中还会有其他类型，如 TYPE_ISA_DEVICE，同样是以 TYPE_DEVICE 为父类型，表示的是 ISA 设备，同样还可以通过 TYPE_PCI_DEVICE 派生出其他的类型。总体上，QEMU 使用的类型一起构成了以 TYPE_OBJECT 为根的树。

下面再从数据结构方面谈一谈类型的层次结构。在类型的初始化函数 type_initialize 中会调用 ti->class = g_malloc0(ti->class_size)语句来分配类型的 class 结构，这个结构实际上代表了类型的信息。类似于 C++定义的一个类，从前面的分析看到 ti->class_size 为 TypeImpl 中的值，如果类型本身没有定义就会使用父类型的 class_size 进行初始化。edu 设备中的类型本身没有定义，所以它的 class_size 为 TYPE_PCI_DEVICE 中定义的值，即 sizeof(PCIDeviceClass)。

```
include/hw/pci/pci.h
typedef struct PCIDeviceClass {
    DeviceClass parent_class;

    void (*realize)(PCIDevice *dev, Error **errp);
    int (*init)(PCIDevice *dev);/* TODO convert to realize() and remove */
    PCIUnregisterFunc *exit;
    PCIConfigReadFunc *config_read;
    PCIConfigWriteFunc *config_write;

    uint16_t vendor_id;
    uint16_t device_id;
    uint8_t revision;
    uint16_t class_id;
    uint16_t subsystem_vendor_id;      /* only for header type = 0 */
    uint16_t subsystem_id;                  /* only for header type = 0 */
    …
    /* rom bar */
    const char *romfile;
} PCIDeviceClass;
```

PCIDeviceClass 表明了类属 PCI 设备的一些信息，如表示设备商信息的 vendor_id 和设备信息 device_id 以及读取 PCI 设备配置空间的 config_read 和 config_write 函数。值得注意的是，一个域是第一个成员 DeviceClass 的结构体，这描述的是属于"设备类型"的类型所具有的一些属性。在 device_type_info 中可以看到：

```
include/hw/qdev-core.h
static const TypeInfo device_type_info = {
    .class_size = sizeof(DeviceClass),
};

typedef struct DeviceClass {
    /*< private >*/
    ObjectClass parent_class;
    /*< public >*/
    …
} DeviceClass;

include/qom/object.h
struct ObjectClass
{
    /*< private >*/
    Type type;
    GSList *interfaces;

    const char *object_cast_cache[OBJECT_CLASS_CAST_CACHE];
    const char *class_cast_cache[OBJECT_CLASS_CAST_CACHE];
```

```
    ObjectUnparent *unparent;

    GHashTable *properties;
}
```

DeviceClass 定义了设备类型相关的基本信息以及
基本的回调函数，第一个域也是表示其父类型的
Class，为 ObjectClass。ObjectClass 是所有类型的基
础，会内嵌到对应的其他 Class 的第一个域中。图 2-18
展示了 ObjectClass、DeviceClass 和 PCIDeviceClass 三
者之间的关系，可以看出它们之间的包含与被包含关
系，事实上，编译器为 C++ 继承结构编译出来的内存
分布跟这里是类似的。

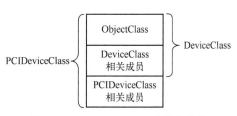

图 2-18　PCIDeviceClass 的层级结构

父类型的成员域是在什么时候初始化的呢？在 type_initialize 中会调用以下代码来对父类型
所占的这部分空间进行初始化。

**qom/object.c**
```
memcpy(ti->class, parent->class, parent->class_size);
```

回头再看来分析类的初始化 type_initialize，最后一句话为：

```
ti->class_init(ti->class, ti->class_data);
```

第一个参数为 ti->class，对 edu 而言就是刚刚分配的 PCIDeviceClass，但是这个 class_init 回
调的参数指定的类型是 ObjectClass，所以需要完成 ObjectClass 到 PCIDeviceClass 的转换。

**hw/misc/edu.c**
```
static void edu_class_init(ObjectClass *class, void *data)
{
    PCIDeviceClass *k = PCI_DEVICE_CLASS(class);

    k->realize = pci_edu_realize;
    k->exit = pci_edu_uninit;
    k->vendor_id = PCI_VENDOR_ID_QEMU;
    k->device_id = 0x11e8;
    k->revision = 0x10;
    k->class_id = PCI_CLASS_OTHERS;
}
```

类型的转换是由 PCI_DEVICE_CLASS 完成的，该宏经过层层扩展，会最终调用到
object_class_dynamic_cast 函数，从名字可以看出这是一种动态转换，C++也有类似的 dynamic_
cast 来完成从父类转换到子类的工作。object_class_dynamic_cast 函数的第一个参数是需要转换的
ObjectClass，第二个 typename 表示要转换到哪一个类型。

函数首先通过 type_get_by_name 得到要转到的 TypeImpl，这里的 typename 是 TYPE_PCI_
DEVICE。

**qom/object.c**
```
ObjectClass *object_class_dynamic_cast(ObjectClass *class,
                                       const char *typename)
```

```
{
    ObjectClass *ret = NULL;
    TypeImpl *target_type;
    TypeImpl *type;
    …
    /* A simple fast path that can trigger a lot for leaf classes. */
    type = class->type;
    if (type->name == typename) {
        return class;
    }

    target_type = type_get_by_name(typename);
    …
    if (type->class->interfaces &&
            type_is_ancestor(target_type, type_interface)) {
        int found = 0;
        GSList *i;
        …
    } else if (type_is_ancestor(type, target_type)) {
        ret = class;
    }

    return ret;
}
```

以 edu 为例，type->name 是"edu"，但是要转换到的却是 TYPE_PCI_DEVICE，所以会调用 type_is_ancestor("edu"，TYPE_PCI_DEVICE)来判断后者是否是前者的祖先。

在该函数中依次得到 edu 的父类型，然后判断是否与 TYPE_PCI_DEVICE 相等，由 edu 设备的 TypeInfo 可知其父类型为 TYPE_PCI_DEVICE，所以这个 type_is_ancestor 会成功，能够进行从 ObjectClass 到 PCIDeviceClass 的转换。这样就可以直接通过(PCIDeviceClass*)ObjectClass 完成从 ObjectClass 到 PCIDeviceClass 的强制转换。

## 2.4.4 对象的构造与初始化

现在总结一下前面两节的内容，首先是每个类型指定一个 TypeInfo 注册到系统中，接着在系统运行初始化的时候会把 TypeInfo 转变成 TypeImple 放到一个哈希表中，这就是类型的注册。系统会对这个哈希表中的每一个类型进行初始化，主要是设置 TypeImpl 的一些域以及调用类型的 class_init 函数，这就是类型的初始化。现在系统中已经有了所有类型的信息并且这些类型的初始化函数已经调用了，接着会根据需要（如 QEMU 命令行指定的参数）创建对应的实例对象，也就是各个类型的 object。下面来分析指定-device edu 命令的情况。在 main 函数中有这么一句话。

```
vl.c
    if (qemu_opts_foreach(qemu_find_opts("device"),
                            device_init_func, NULL, NULL)) {
        exit(1);
    }
```

这里忽略 QEMU 参数构建以及其他跟对象构造主题关系不大的细节，只关注对象的构造。对每一个-device 的参数，会调用 device_init_func 函数，该函数随即调用 qdev_device_add 进行设备的添加。通过 object_new 来构造对象，其调用链如下。

object_new->object_new_with_type->object_initialize_with_type->object_init_with_type

```
qom/object.c
static void object_init_with_type(Object *obj, TypeImpl *ti)
{
    if (type_has_parent(ti)) {
        object_init_with_type(obj, type_get_parent(ti));
    }

    if (ti->instance_init) {
        ti->instance_init(obj);
    }
}
```

这里省略了 object_init_with_type 之前的函数调用。简单来讲，object_new 通过传进来的 typename 参数找到对应的 TypeImpl，再调用 object_new_with_type，该函数首先调用 type_initialize 确保类型已经经过初始化，然后分配 type->instance_size 作为大小分配对象的实际空间，接着调用 object_initialize_with_type 对对象进行初始化。对象的 property 后面会单独讨论，object_initialize_with_type 的主要工作是对 object_init_with_type 和 object_post_init_with_type 进行调用，前者通过递归调用所有父类型的对象初始化函数和自身对象的初始化函数，后者调用 TypeImpl 的 instance_post_init 回调成员完成对象初始化之后的工作。下面以 edu 的 TypeInfo 为例进行介绍。

```
hw/misc/edu.c
static const TypeInfo edu_info = {
    .name         = "edu",
    .parent       = TYPE_PCI_DEVICE,
    .instance_size = sizeof(EduState),
    .instance_init = edu_instance_init,
    .class_init   = edu_class_init,
};
```

edu 的对象大小为 sizeof(EduState)，所以实际上一个 edu 类型的对象是 EduState 结构体，每一个对象都会有一个 XXXState 与之对应，记录了该对象的相关信息，若 edu 是一个 PCI 设备，那么 EduState 里面就会有这个设备的一些信息，如中断信息、设备状态、使用的 MMIO 和 PIO 对应的内存区域等。

在 object_init_with_type 函数中可以看到调用的参数都是一个 Object，却能够一直调用父类型的初始化函数，不出意外这里也有一个层次关系。

```
hw/misc/edu.c
typedef struct {
    PCIDevice pdev;
    MemoryRegionmmio;
    …
```

```
    } EduState;

include/hw/pci/pci.h
struct PCIDevice {
    DeviceState qdev;

    /* PCI config space */
    uint8_t *config;
};

include/hw/qdev-core.h
struct DeviceState {
    /*< private >*/
    Object parent_obj;
    /*< public >*/
};
```

继续看 pci_device_type_info 和 device_type_info，它们的对象结构体为 PCIDevice 以及 DeviceState。可以看出，对象之间实际也是有一种父对象与子对象的关系存在。与类型一样，QOM 中的对象也可以使用宏将一个指向 Object 对象的指针转换成一个指向子类对象的指针。转换过程与类型 ObjectClass 类似，不再赘述。

这里可以看出，不同于类型信息和类型，object 是根据需要创建的，只有在命令行指定了设备或者是热插一个设备之后才会有 object 的创建。类型和对象之间是通过 Object 的 class 域联系在一起的。这是在 object_initialize_with_type 函数中通过 obj->class = type->class 实现的。

从上文可以看出，可以把 QOM 的对象构造分成 3 部分，第一部分是类型的构造，通过 TypeInfo 构造一个 TypeImpl 的哈希表，这是在 main 之前完成的；第二部分是类型的初始化，这是在 main 中进行的，这两部分都是全局的，也就是只要编译进去的 QOM 对象都会调用；第三部分是类对象的构造，这是构造具体的对象实例，只有在命令行指定了对应的设备时，才会创建对象。

现在只是构造出了对象，并且调用了对象初始化函数，但是 EduState 里面的数据内容并没有填充，这个时候的 edu 设备状态并不是可用的，对设备而言还需要设置它的 realized 属性为 true 才行。在 qdev_device_add 函数的后面，还有这样一句：

```
qdev-monitor.c
    object_property_set_bool(OBJECT(dev), true, "realized", &err);
```

这句代码将 dev（也就是 edu 设备的 realized 属性）设置为 true，这就涉及了 QOM 类和对象的另一个方面，即属性。

## 2.4.5 属性

QOM 实现了类似于 C++的基于类的多态，一个对象按照继承体系可以是 Object、DeviceState、PCIDevice 等。在 QOM 中为了便于对对象进行管理，还给每种类型以及对象增加了属性。类属性存在于 ObjectClass 的 properties 域中，这个域是在类型初始化函数 type_initialize 中构造的。对象属性存放在 Object 的 properties 域中，这个域是在对象的初始化函数

object_initialize_with_type 中构造的。两者皆为一个哈希表，存着属性名字到 ObjectProperty 的映射。

属性由 ObjectProperty 表示。

```
include/qom/object.h
typedef struct ObjectProperty
{
    gchar *name;
    gchar *type;
    gchar *description;
    ObjectPropertyAccessor *get;
    ObjectPropertyAccessor *set;
    ObjectPropertyResolve *resolve;
    ObjectPropertyRelease *release;
    void *opaque;
} ObjectProperty;
```

其中，name 表示名字；type 表示属性的类型，如有的属性是字符串，有的是 bool 类型，有的是 link 等其他更复杂的类型；get、set、resolve 等回调函数则是对属性进行操作的函数；opaque 指向一个具体的属性，如 BoolProperty 等。

每一种具体的属性都会有一个结构体来描述它。比如下面的 LinkProperty 表示 link 类型的属性，StringProperty 表示字符串类型的属性，BoolProperty 表示 bool 类型的属性。

```
qom/object.c
typedef struct {
    Object **child;
    void (*check)(const Object *, const char *, Object *, Error **);
    ObjectPropertyLinkFlags flags;
} LinkProperty;
```

```
qom/object.c
typedef struct StringProperty
{
    char *(*get)(Object *, Error **);
    void (*set)(Object *, const char *, Error **);
} StringProperty;
```

```
qom/object.c
typedef struct BoolProperty
{
    bool (*get)(Object *, Error **);
    void (*set)(Object *, bool, Error **);
} BoolProperty;
```

图 2-19 展示了几个结构体的关系。

下面介绍几个属性的操作接口，属性的添加分为类属性的添加和对象属性的添加，以对象属性为例，它的属性添加是通过 object_property_add 接口完成的。

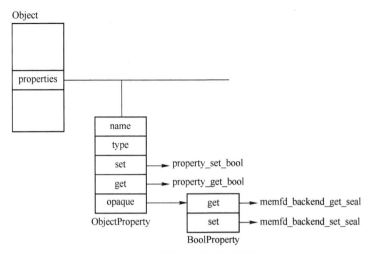

图 2-19   属性相关的结构体关系

```
qom/object.c
ObjectProperty *
object_property_add(Object *obj, const char *name, const char *type,
            ObjectPropertyAccessor *get,
            ObjectPropertyAccessor *set,
            ObjectPropertyRelease *release,
            void *opaque, Error **errp)
{
    ObjectProperty *prop;
    size_t name_len = strlen(name);
    …
    if (object_property_find(obj, name, NULL) != NULL) {
        error_setg(errp, "attempt to add duplicate property '%s'"
            " to object (type '%s')", name,
            object_get_typename(obj));
        return NULL;
    }

    prop = g_malloc0(sizeof(*prop));

    prop->name = g_strdup(name);
    prop->type = g_strdup(type);

    prop->get = get;
    prop->set = set;
    prop->release = release;
    prop->opaque = opaque;

    g_hash_table_insert(obj->properties, prop->name, prop);
    return prop;
}
```

上述代码片段忽略了属性 name 中带有通配符*的情况。

object_property_add 函数首先调用 object_property_find 来确认所插入的属性是否已经存在，确保不会添加重复的属性，接着分配一个 ObjectProperty 结构并使用参数进行初始化，然后调用

g_hash_table_insert 插入到对象的 properties 域中。

属性的查找通过 object_property_find 函数实现，代码如下。

```
qom/object.c
ObjectProperty *object_property_find(Object *obj, const char *name,
                                     Error **errp)
{
    ObjectProperty *prop;
    ObjectClass *klass = object_get_class(obj);

    prop = object_class_property_find(klass, name, NULL);
    if (prop) {
        return prop;
    }

    prop = g_hash_table_lookup(obj->properties, name);
    if (prop) {
        return prop;
    }

    error_setg(errp, "Property '.%s' not found", name);
    return NULL
}
```

这个函数首先调用 object_class_property_find 来确认自己所属的类以及所有父类都不存在这个属性，然后在自己的 properties 域中查找。

属性的设置是通过 object_property_set 来完成的，其只是简单地调用 ObjectProperty 的 set 函数。

```
qom/object.c
void object_property_set(Object *obj, Visitor *v, const char *name,
                         Error **errp)
{
    ObjectProperty *prop = object_property_find(obj, name, errp);
    if (prop == NULL) {
        return;
    }

    if (!prop->set) {
        error_setg(errp, QERR_PERMISSION_DENIED);
    } else {
        prop->set(obj, v, name, prop->opaque, errp);
    }
}
```

每一种属性类型都有自己的 set 函数，其名称为 object_set_XXX_property，其中的 XXX 表示属性类型，如 bool、str、link 等。以 bool 为例，其 set 函数如下。

```
qom/object.c
static void property_set_bool(Object *obj, Visitor *v, const char *name,
                              void *opaque, Error **errp)
{
    BoolProperty *prop = opaque;
    bool value;
```

```
    Error *local_err = NULL;

    visit_type_bool(v, name, &value, &local_err);
    if (local_err) {
        error_propagate(errp, local_err);
        return;
    }

    prop->set(obj, value, errp);
}
```

可以看到，其调用了具体属性（BoolProperty）的 set 函数，这是在创建这个属性的时候指定的。

再回到 edu 设备，在 qdev_device_add 函数的后面，会调用以下代码。

```
qdev-monitor.c
    object_property_set_bool(OBJECT(dev), true, "realized", &err);
```

其中并没有给 edu 设备添加 realized 属性的过程，那么这是在哪里实现的呢？设备的对象进行初始化的时候，会上溯到所有的父类型，并调用它们的 instance_init 函数。可以看到 device_type_info 的 instance_init 函数 device_initfn，在后面这个函数中，它给所有设备都添加了几个属性。

```
hw/core/qdev.c
static void device_initfn(Object *obj)
{
    …
    object_property_add_bool(obj, "realized",
    device_get_realized, device_set_realized, NULL);
    object_property_add_bool(obj, "hotpluggable",
                        device_get_hotpluggable, NULL, NULL);
    object_property_add_bool(obj, "hotplugged",
                        device_get_hotplugged, NULL,
                        &error_abort);
    …
}
```

其中，realized 的设置函数为 device_set_realized，其调用了 DeviceClass 的 realize 函数。

```
hw/core/qdev.c
if (dc->realize) {
        dc->realize(dev, &local_err);
}
```

对 PCI 设备而言，其类型初始化函数为 pci_device_class_init，在该函数中设置了其 DeviceClass 的 realize 为 qdev_realize 函数。

```
hw/pci/pci.c
static void pci_device_class_init(ObjectClass *klass, void *data)
{
    DeviceClass *k = DEVICE_CLASS(klass);
    PCIDeviceClass *pc = PCI_DEVICE_CLASS(klass);

    k->realize = pci_qdev_realize;
```

```
k->unrealize = pci_qdev_unrealize;
k->bus_type = TYPE_PCI_BUS;
k->props = pci_props;
pc->realize = pci_default_realize;
}
```

在 pci_qdev_realize 函数中调用了 PCIDeviceClass 的 realize 函数，在 edu 设备中，其在类型的初始化函数中被设置为 pci_edu_realize，代码如下。

```
hw/misc/edu.c
static void edu_class_init(ObjectClass *class, void *data)
{
    PCIDeviceClass *k = PCI_DEVICE_CLASS(class);

    k->realize = pci_edu_realize;
    k->exit = pci_edu_uninit;
    k->vendor_id = PCI_VENDOR_ID_QEMU;
    k->device_id = 0x11e8;
    k->revision = 0x10;
    k->class_id = PCI_CLASS_OTHERS;
}
```

所以在 qdev_device_add 中对 realized 属性进行了设置之后，它会寻找到父设备 DeviceState 添加的 realized 属性，并最终调用在 edu 设备中指定的 pci_edu_realize 函数，这个时候会对 EduState 的各个设备的相关域进行初始化，使得设备处于可用状态。这里对 edu 设备具体数据的初始化不再详述。

本书将设置设备 realized 属性的过程叫作设备的具现化。

设备的 realized 属性属于 bool 属性。bool 属性是比较简单的属性，这里再对两个特殊的属性进行简单的介绍，即 child 属性和 link 属性。

child 属性表示对象之间的从属关系，父对象的 child 属性指向子对象，child 属性的添加函数为 object_property_add_child，其代码如下。

```
qom/object.c
void object_property_add_child(Object *obj, const char *name,
                          Object *child, Error **errp)
{
    Error *local_err = NULL;
    gchar *type;
    ObjectProperty *op;
    …
    type = g_strdup_printf("child<%s>", object_get_typename(OBJECT(child)));

    op = object_property_add(obj, name, type, object_get_child_property, NULL,
                          object_finalize_child_property, child, &local_err);
    if (local_err) {
        error_propagate(errp, local_err);
        goto out;
    }

    op->resolve = object_resolve_child_property;
    object_ref(child);
    child->parent = obj;
```

```
out:
    g_free(type);
}
```

首先根据参数中的 name（一般是子对象的名字）创建一个 child<name>，构造出一个新的名字，然后用这个名字作为父对象的属性名字，将子对象添加到父对象的属性链表中，存放在 ObjectProperty 的 opaque 中。

link 属性表示一种连接关系，表示一种设备引用了另一种设备，添加 link 属性的函数为 object_property_add_link，其代码如下。

```
qom/object.c
void object_property_add_link(Object *obj, const char *name,
                        const char *type, Object **child,
                        void (*check)(Object *, const char *,
                                Object *, Error **),
                        ObjectPropertyLinkFlags flags,
                        Error **errp)
{
    Error *local_err = NULL;
    LinkProperty *prop = g_malloc(sizeof(*prop));
    gchar *full_type;
    ObjectProperty *op;

    prop->child = child;
    prop->check = check;
    prop->flags = flags;

    full_type = g_strdup_printf("link<%s>", type);

    op = object_property_add(obj, name, full_type,
                        object_get_link_property,
                        check ? object_set_link_property : NULL,
                        object_release_link_property,
                        prop,
                        &local_err);
    if (local_err) {
        error_propagate(errp, local_err);
        g_free(prop);
        goto out;
    }

    op->resolve = object_resolve_link_property;

out:
    g_free(full_type);
}
```

这个函数将会添加 obj 对象的 link<type>属性，其中 type 为参数 child 的类型，将 child 存放在 LinkProperty 的 child 域中。设置这个属性的时候，其实也就是写这个 child 的时候，在 object_set_link_property 中最关键一句为：

```
qom/object.c
 *child = new_target;
```

这样就建立起了两个对象之间的关系。

下面以 hw/i386/pc_piix.c 中的 pc_init1 函数中为 PCMachineState 对象添加 PC_MACHINE_
ACPI_DEVICE_PROP 属性为例，介绍属性添加与设置的相关内容。PCMachineState 初始化状
态如图 2-20 所示，apci_dev 是一个 HotplugHandler 类型的指针，properties 是根对象 Object 存放
所有属性的哈希表。

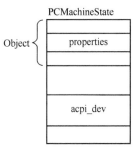

图 2-20　PCMachineState 初始状态

pc_init1 函数中有下面一行代码。

```
hw/i386/pc_piix.c
 object_property_add_link(OBJECT(machine), PC_MACHINE_ACPI_DEVICE_PROP,
                          TYPE_HOTPLUG_HANDLER,
                          (Object **)&pcms->acpi_dev,
                          object_property_allow_set_link,
                          OBJ_PROP_LINK_STRONG, &error_abort);
```

执行这行代码时，会给类型为 PCMachineState 的对象 machine 增加一个 link 属性，link 属
性的 child 成员保存了 apci_dev 的地址，如图 2-21 所示。

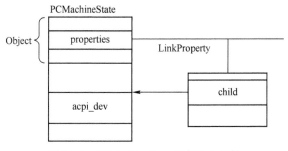

图 2-21　PCMachineState 添加 link 属性

执行下一行代码设置 link 属性时，会设置指针 acpi_dev 指向一个类型为 TYPE_HOTPLUG_
HANDLER 的对象。

```
hw/i386/pc_piix.c
 object_property_set_link(OBJECT(machine), OBJECT(piix4_pm),
                          PC_MACHINE_ACPI_DEVICE_PROP, &error_abort);
```

执行完之后如图 2-22 所示。

调用 object_property_add_link 函数时会将 pcms->acpi_dev 的地址放到 link 属性中，接下来
设置其 link 属性的值为 piix4_pm 对象。这里之所以能将一个设备对象设置成一个 TYPE_HOTPLUG_

HANDLER 的 link，是因为 piix4_pm 所属的类型 TYPE_PIIX4_PM 有 TYPE_HOTPLUG_HANDLER 接口，所以可以看成 TYPE_HOTPLUG_HANDLER 类型。从下面的调试结果可以看出，在设置 link 之后，pcms->acpi_dev 指向了 piix4_pm。

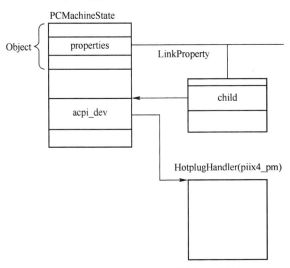

图 2-22　PCMachineState 设置 link 属性

```
(gdb) p piix4_pm
$1 = (DeviceState *) 0x5555577c9840
(gdb) p pcms->acpi_dev
$2 = (HotplugHandler *) 0x0
(gdb) n
[Thread 0x7ffff52b6700 (LWP 12910) exited]
290             object_property_add_link(OBJECT(machine), PC_MACHINE_ACPI_
DEVICE_PROP,
(gdb) n
295             object_property_set_link(OBJECT(machine), OBJECT(piix4_pm),
(gdb) n
299         if (pcms->acpi_nvdimm_state.is_enabled) {
(gdb) p pcms->acpi_dev
$3 = (HotplugHandler *) 0x5555577c9840
```

# 2.5　hmp 与 qmp 介绍

## 2.5.1　hmp 与 qmp

QEMU 程序在运行时提供了一个所谓的监控器（monitor）来跟外界进行数据交互。QEMU monitor 有很多功能，如得到虚拟机运行的一些统计信息、进行设备的热插拔、动态设置一些参数、开启一些功能等。QEMU monitor 能够使用多种方式进行交互，如 QEMU 的控制台、TCP 网络、UNIX 套接字、文件等。

与 QEMU monitor 进行交互的协议有两类，传统的是基于字符串的协议，叫作 Human Monitor Protocol（HMP），其功能比较简单，可用于进行简单的调试和查看虚拟机状态等。其基本原理如图 2-23 所示。

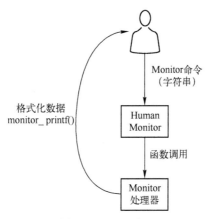

图 2-23　hmp 原理

另一个协议是 QEMU Monitor Protocol（qmp），它是一个基于 json、用来与 QEMU 进行交互的协议，采用典型的服务器-客户端架构。通过 qmp，上层管理软件可以很方便地对 QEMU 虚拟机进行管理，如 virsh 就能够使用 qmp 对虚拟机进行管理。qmp 原理如图 2-24 所示。

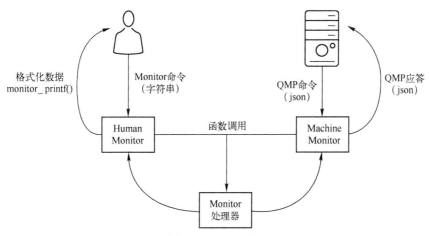

图 2-24　qmp 原理

现在的 QEMU 底层其实都是通过 qmp 完成功能的，只是还保留了 hmp 的接口。

从图 2-23 可以看出，hmp 是针对人的，所以采用了基于"info xxx"等简单易记字符串的协议，而 qmp 主要是针对机器和其他程序的，所以采用了更加规范的 json 格式来传递数据。

### 2.5.2　qmp 的使用

#### 1. 通过 TCP 使用 qmp

使用-qmp 添加 qmp 相关参数：

```
    ./qemu-system-x86_64 -m 2048 -hda /root/centos6.img -enable-kvm -qmp
tcp:localhost:1234,server,nowait
```

使用 telnet 连接 localhost:1234。

```
    telnet localhost 1234
```

之后就可以使用 qmp 的命令和虚拟机交互了。

```
[root@localhost ~]# telnet localhost 1234
Trying ::1…
Connected to localhost.
Escape character is '^]'.
{"QMP": {"version": {"qemu": {"micro": 0, "minor": 6, "major": 2}, "package":
""}, "capabilities": []}}
{ "execute": "qmp_capabilities" }
{"return": {}}
{ "execute": "query-status" }
{"return": {"status": "running", "singlestep": false, "running": true}}
```

### 2. 通过 unix socket 使用 qmp

使用 unix socket 创建 qmp。

```
./qemu-system-x86_64 -m 2048 -hda /root/centos6.img -enable-kvm -qmp unix:/
tmp/qmp-test,server,nowait
```

使用 nc 连接该 socket:

```
nc -U /tmp/qmp-test
```

之后就跟 TCP 一样，可以向其发送 qmp 命令了。

```
[root@localhost qmp]# nc -U /tmp/qmp-test
{"QMP": {"version": {"qemu": {"micro": 0, "minor": 6, "major": 2}, "package":
""}, "capabilities": []}}
{ "execute": "qmp_capabilities" }
{"return": {}}
{ "execute": "query-status" }
{"return": {"status": "running", "singlestep": false, "running": true}}
```

qmp 的详细命令格式可以在 QEMU 代码树主目录下面的 qmp-commands.hx 中找到。

## 2.5.3　qmp 源码分析

与 qmp 参数相关的解析函数是 monitor_parse，从 vl.c 可以看到，多个命令都会引起 monitor 参数的解析。

```
vl.c
        case QEMU_OPTION_monitor:
            default_monitor = 0;
            if (strncmp(optarg, "none", 4)) {
                monitor_parse(optarg, "readline", false);
            }
            break;
        case QEMU_OPTION_qmp:
            monitor_parse(optarg, "control", false);
            default_monitor = 0;
            break;
        case QEMU_OPTION_qmp_pretty:
            monitor_parse(optarg, "control", true);
```

这里以 qmp 为例介绍，其参数是-qmp unix:/tmp/qmp-test,server,nowait。

由于解析过程比较烦琐并且脱离主题，因此这里只进行简单介绍。在解析 qmp 命令时会创建一个-chardev 参数，解析 chardev 参数的时候会创建 chardev 设备，然后根据所指定的 unix 地址，最终创建一个 unix socket，代码如下。

```
util/qemu-sockets.c
int socket_listen(SocketAddress *addr, Error **errp)
{
    int fd;

    switch (addr->type) {
    case SOCKET_ADDRESS_TYPE_INET:
        fd = inet_listen_saddr(&addr->u.inet, 0, errp);
        break;

    case SOCKET_ADDRESS_TYPE_UNIX:
        fd = unix_listen_saddr(&addr->u.q_unix, errp);
        break;

    case SOCKET_ADDRESS_TYPE_FD:
        fd = socket_get_fd(addr->u.fd.str, errp);
        break;

    case SOCKET_ADDRESS_TYPE_VSOCK:
        fd = vsock_listen_saddr(&addr->u.vsock, errp);
        break;

    default:
        abort();
    }
    return fd;
}
```

socket_listen 返回一个新创建的 fd，这个 fd 会被添加到 QEMU 的主程序循环中进行事件监听，这样 qmp 的 unix socket 就处在监听状态了，其接收连接的函数是 tcp_chr_accept，客户端可以去连接它并且进行数据交互。

使用 nc 进行连接。

```
root@ubuntu:~# nc -U /tmp/qmp-test
    {"QMP": {"version": {"qemu": {"micro": 50, "minor": 0, "major": 3},
"package": "v3.0.0-960-g3892f1f1a9-dirty"}, "capabilities": []}}
```

tcp_chr_accept 会调用 tcp_chr_new_client 将之前的监听取消，然后 tcp_chr_new_client 调用 tcp_chr_connect，设置新的监听函数来对这个连接进行处理，此时这个 socket 的监听函数为 tcp_chr_read。

qmp 连接好之后的第一步是协商，客户端通过发送{ "execute": "qmp_capabilities" }完成。经过 tcp_chr_read 的一系列调用，最终会调用到 handle_qmp_command。handle_qmp_command 调用 qmp_dispatch->do_qmp_dispatch，最后一个函数调用 cmd->fn，从而实现命令的处理函数，其中 cmd 是注册的 qmp 命令，用 QmpCommand 表示。

```
qapi/qmp-dispatch.c
static QObject *do_qmp_dispatch(QObject *request, Error **errp)
{
    Error *local_err = NULL;
    const char *command;
```

```
        QDict *args, *dict;
        QmpCommand *cmd;
        QObject *ret = NULL;

        dict = qmp_dispatch_check_obj(request, errp);
            if (!dict) {
                return NULL;
            }

            command = qdict_get_str(dict, "execute");
            cmd = qmp_find_command(command);
            …
            if (!qdict_haskey(dict, "arguments")) {
                args = qdict_new();
            } else {
                args = qdict_get_qdict(dict, "arguments");
                QINCREF(args);
            }

            cmd->fn(args, &ret, &local_err);
            …
            return ret;
        }
```

就"qmp_capabilities"命令来说，do_qmp_dispatch 函数最终会调用到 qmp_qmp_capabilities。几乎所有 qmp 命令的处理函数形式都是 qmp_xxx_yyy，后面的 xxx 和 yyy 表示对应的 qmp 命令。

### 2.5.4 qmp 命令添加

这里简单介绍了 qmp 的原理，实际中其实很多时候需要添加一个 qmp 来定制一些功能。这里以一个例子介绍如何添加 qmp 命令。添加一个 qmp 命令包括如下 4 个步骤。

1）定义符合 QAPI 方式的 qmp 命令及其参数和返回值的类型。

2）完成新增 qmp 的功能函数，既可以将这个函数放在相关功能的模块，也可以放在 qmp.c 文件中。

3）此时完成了一个 qmp 命令的编写，可以通过 2.5.2 节的方式调用该 qmp 功能。

4）编写相应的 hmp 命令。这不是一个必需的步骤，只有在该命令对 human 有意义的时候才需要编写。hmp 功能函数直接调用对应的 qmp 函数。

比如要添加一个 "qmp-test" 的 qmp 命令，执行该命令的时候会设置一个全局变量。第一步在 qapi-schema.json 文件的最后一行添加如下内容。

```
    { 'command': 'qmp-test', 'data': {'value': 'int'} }
```

接着，在 qmp.c 文件的最后实现 "qmp-test" 命令的处理函数。

```
    unsigned int test_a = 0;

    void qmp_qmp_test(int64_t value, Error **errp)
    {
            if (value > 100 || value < 0)
            {
                error_setg(errp, QERR_INVALID_PARAMETER_VALUE, "value a", "not valid");
```

```
        return;
    }
    test_a = value;
}
```

这个时候可以使用如下的 json 命令向 qmp 发起功能请求。

```
{"execute":"qmp-test","arguments":{"value":80}}
```

将这个命令作为 hmp 也比较合适，这里也可以添加一个 hmp 命令，在 hmp-commands.hx 的中间添加下面的内容。

```
    {
            .name       = "qmp-test",
            .args_type  = "value:i",
            .params     = "value",
            .help       = "set test a.",
            .cmd        = hmp_qmp_test,
    },

STEXI
@item qmp-test  @var{value}
Set test a to @var{value}.
ETEX
```

在 hmp.c 的文件最后添加实现 hmp 命令功能的函数。

```
void hmp_qmp_test(Monitor *mon, const QDict *qdict)
{
        int64_t value = qdict_get_int(qdict, "value");
        qmp_qmp_test(value, NULL);
}
```

需要在 hmp.h 中声明一下该函数。

```
void hmp_qmp_test(Monitor *mon, const QDict *qdict);
```

重新编译 QEMU 之后，就能够使用 "qmp-test 80" 向 QEMU 发送 hmp 命令了。

# 第3章 主板与固件模拟

## 3.1 Intel 440FX 主板简介

### 3.1.1 i440fx 与 piix3 介绍

Intel 440FX（i440fx）是 Intel 在 1996 年发布的用来支持 Pentium II 的主板芯片，距今已有 20 多年的历史，是一代比较经典的架构。虽然 QEMU 已经能够支持更先进的 q35 架构的模拟，但是目前 QEMU 依然默认使用 i440fx 架构。本节对物理芯片和实际的 QEMU 模拟架构进行总体介绍，后面的章节会对 QEMU 整个芯片进行介绍。

以 i440fx 为北桥、piix3 为南桥的芯片组结构如图 3-1 所示。

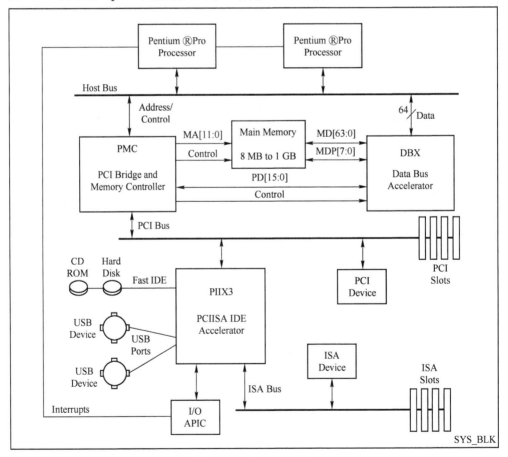

图 3-1　Intel 440FX 架构

其中，i440fx 北桥包括 PMC（PCI Bridge and Memory Controller）以及 DBX（Data Bus Accelerator），北桥的作用向上连接多个处理器，向下连接内存以及 PCI 根总线，该 PCI 总线可以衍生出一个 PCI 的设备树。

piix3 南桥主要用来连接低速设备，包括 IDE 控制器、USB 控制器等，各种慢速设备可以通过控制器连接到系统，如硬盘、USB 设备等。南桥还会连接 ISA 总线，传统的 ISA 设备可以借此连接到系统。

这里面还有一个需要注意的地方，即中断控制器 I/O APIC 是直接连接到处理器，设备的中断可以通过 I/O APIC 路由到处理器。

## 3.1.2　QEMU 模拟主板架构

从 QEMU 官网可以看到图 3-2 所示的 QEMU 主板模拟图，对比图 3-1，可以发现基本架构是一致的。

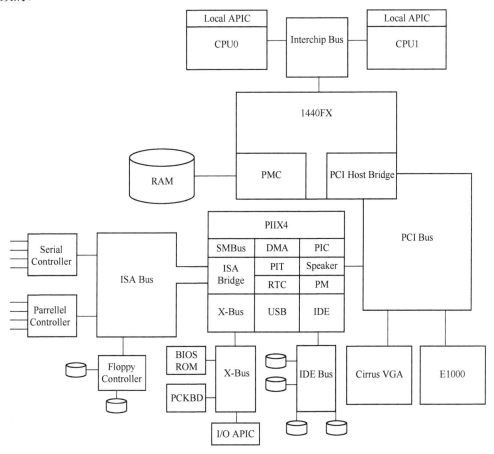

图 3-2　QEMU 模拟的 Intel 440FX 架构

在 monitor 中输入 "info qtree"，可以看到 QEMU 虚拟机的设备结构，下面是经过简化的版本。

```
(qemu) info qtree
bus: main-system-bus
  type System
```

```
dev: hpet, id ""
dev: kvm-ioapic, id ""
dev: i440FX-pcihost, id ""
  bus: pci.0
    type PCI
    dev: PIIX4_PM, id ""
      bus: i2c
        type i2c-bus
        dev: smbus-eeprom, id ""
    dev: piix3-ide, id ""
      bus: ide.1
        type IDE
        dev: ide-cd, id ""
          drive = "ide1-cd0"
      bus: ide.0
        type IDE
        dev: ide-hd, id ""
          drive = "ide0-hd0"
    dev: e1000, id ""
      mac = "52:54:00:12:34:56"
    dev: VGA, id ""
    dev: PIIX3, id ""
      bus: isa.0
        type ISA
        dev: port92, id ""
        dev: kvm-pit, id ""
          gpio-in "" 1
          iobase = 64 (0x40)
          lost_tick_policy = "delay"
        dev: mc146818rtc, id ""
          gpio-out "" 1
          base_year = 0 (0x0)
          lost_tick_policy = "discard"
        dev: kvm-i8259, id ""
          iobase = 160 (0xa0)
          elcr_addr = 1233 (0x4d1)
          elcr_mask = 222 (0xde)
          master = false
        dev: kvm-i8259, id ""
          iobase = 32 (0x20)
          elcr_addr = 1232 (0x4d0)
          elcr_mask = 248 (0xf8)
          master = true
    dev: i440FX, id ""
```

设备的起点是 main-system-bus 系统总线,上面挂了 hpet 和 kvm-ioapic 等设备,当然,最重要是的北桥 I440FX-pcihost,北桥通过系统总线连接到 CPU。

北桥的下面连了一条 PCI 根总线 pci.0,大量的设备都挂在了 pci.0 总线上面。如 PIIX4_PM 设备用于电源管理,piix3-ide 设备是 IDE 设备的控制器,下面可以挂 IDE 总线,IDE 总线下面可以挂 IDE 设备,如硬盘等。PCI 根总线当然也可以直接挂 PCI 设备,如 e1000、VGA 等。PIIX3 是 PCI 转 ISA 桥,下面挂了 ISA 总线,总线下面挂了很多 ISA 设备。i440FX 则表示北桥自身在 PCI 总线这一侧的抽象。

从上面的结构可以看到，总线和设备是交替的，设备只能挂在总线下面，而总线本身也属于一个设备。

上面介绍的整个 PC 的系统结构，包括 CPU、内存、设备、中断等，后续都会一一介绍。

## 3.2 QEMU 的主板模拟与初始化

### 3.2.1 虚拟机初始化

QEMU 主板模拟对应的类型是 MachineClass，Machine 在这里表明了主板在虚拟机模拟中的地位，这里只考虑 i440FX+piix3 的主板。机器类型的定义是通过 DEFINE_I440FX_MACHINE 宏完成的，每一个新版本都会定义一种新的机器类型。

```
hw/i386/pc_piix.c
#define DEFINE_I440FX_MACHINE(suffix, name, compatfn, optionfn) \
    static void pc_init_##suffix(MachineState *machine) \
    { \
        void (*compat)(MachineState *m) = (compatfn); \
        if (compat) { \
            compat(machine); \
        } \
        pc_init1(machine, TYPE_I440FX_PCI_HOST_BRIDGE, \
                TYPE_I440FX_PCI_DEVICE); \
    } \
    DEFINE_PC_MACHINE(suffix, name, pc_init_##suffix, optionfn)

include/hw/i386/pc.h
#define DEFINE_PC_MACHINE(suffix, namestr, initfn, optsfn) \
    static void pc_machine_##suffix##_class_init(ObjectClass *oc, void *data) \
    { \
        MachineClass *mc = MACHINE_CLASS(oc); \
        optsfn(mc); \
        mc->init = initfn; \
    } \
    static const TypeInfo pc_machine_type_##suffix = { \
        .name       = namestr TYPE_MACHINE_SUFFIX, \
        .parent     = TYPE_PC_MACHINE, \
        .class_init = pc_machine_##suffix##_class_init, \
    }; \
    static void pc_machine_init_##suffix(void) \
    { \
        type_register(&pc_machine_type_##suffix); \
    } \
    type_init(pc_machine_init_##suffix)
```

DEFINE_I440FX_MACHINE 的定义比较简单，包括一个函数以及另一个宏 DEFINE_PC_MACHINE。下面以 pc-i440fx-2.8 的例子为例，其定义为：

```
hw/i386/pc_piix.c
DEFINE_I440FX_MACHINE(v2_8, "pc-i440fx-2.8", NULL,
```

```
                            pc_i440fx_2_8_machine_options);
```

展开是一个函数 pc_init_v2_8，定义如下。

```
static void pc_init_v2_8(MachineState *machine)
{
  void (*compat)(MachineState *m) = NULL;
  if (compat) {
   pc_init1(machine, TYPE_I440FX_PCI_HOST_BRIDGE,
          TYPE_I440FX_PCI_DEVICE);
  }
}
```

接下来展开 DEFINE_PC_MACHINE。

```
static void pc_machine_v2_8_class_init(ObjectClass *oc, void *data)
{
    MachineClass *mc = MACHINE_CLASS(oc);
    pc_i440fx_v2_8_machine_options(mc);
    mc->init = pc_init_v2_8;
}
static const TypeInfo pc_machine_type_v2_8 = {
    .name       = pc-i440fx-3.0 TYPE_MACHINE_SUFFIX,
    .parent     = TYPE_PC_MACHINE,
    .class_init = pc_machine_v2_8_class_init,
};
static void pc_machine_init_v2_8(void)
{
    type_register(&pc_machine_type_v2_8 );
}
type_init(pc_machine_init_v2_8)
```

可以看到，DEFINE_I440FX_MACHINE 宏直接完成了定义一个新类型的全部工作，以此为例，它定义了 "pc-i440fx-2.8-machine" 这个新的 TypeInfo，所以所有的机器类型都会被加入到 QOM 类型链表中，并且在 main 函数中初始化。

main 函数会调用 select_machine，选择一个 MachineClass，其可能由用户指定，也有可能由系统默认，QEMU 最新版本号对应的机器类型为默认设置，这里 QEMU 的版本是 2.8.1，所以机器类型是 pc-i440fx-2.8-machine。

main 中还会通过 object_new 创建 machine 的实例，这会创建一个 current_machine 类型实例 PCMachineState，并且调用 TYPE_PC_MACHINE 的实例初始化函数 pc_machine_initfn，这个函数的作用就是设置一些初始值。

```
v1.c
    current_machine = MACHINE(object_new(object_class_get_name(
                        OBJECT_CLASS(machine_class)))));
```

main 函数在对 current_machine 的一些结构进行初始化之后，会调用 machine_class->init，并且参数为 current_machine，这个 init 函数就是通过 DEFINE_I440FX_MACHINE 宏定义的 pc_init_v2_8，其核心工作就是调用 pc_init1。pc_init1 是主板或者说整个机器初始化最核心的函数，它的功能如图 3-3 所示。

pc_init1 是整个虚拟机初始化的核心函数，对各个子系统进行了初始化，构建起虚拟机的基本支持框架。内存计算部分计算出计算机的高端内存和低端内存的分割点，主要是因为需要在低于 4GB 左右的物理地址空间中保留一部分给 PCI 设备使用。CPU 初始化则会根据命令行提供的 CPU 个数等信息创建对应的 VCPU 线程，内存初始化在 QEMU 虚拟机地址空间中分配虚拟机物理内存，i440fx 主板初始化则会完成创建 PCI 根总线以及 PIIX3 控制器的初始化等功能，中断初始化会初始化 Intel 8259 和 I/O APIC 中断控制器，建立相关的中断路由关系。下面对 pc_init1 进行简要介绍，各个部分的详细功能会在后续具体章节中分析。

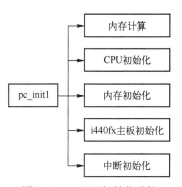

图 3-3　pc_init1 初始化功能

pc_init1 首先根据内存的配置计算低于 4GB 和高于 4GB 的内存大小，低于 4GB 的内存部分最大默认是 3.5GB，因为需要留一部分给地址给诸如 PCI 设备的 MMIO 或者 BIOS 等其他固件，所以会空一些空间。

紧接着会调用 pc_cpus_init 对虚拟机的 VCPU 进行初始化，最终会调用 qemu_kvm_start_vcpu 为每个 VCPU 创建对应的线程，这部分将在 CPU 虚拟化部分进行详细介绍。

```
cpus.c
static void qemu_kvm_start_vcpu(CPUState *cpu)
{
    char thread_name[VCPU_THREAD_NAME_SIZE];

    cpu->thread = g_malloc0(sizeof(QemuThread));
    cpu->halt_cond = g_malloc0(sizeof(QemuCond));
    qemu_cond_init(cpu->halt_cond);
    snprintf(thread_name, VCPU_THREAD_NAME_SIZE, "CPU %d/KVM",
            cpu->cpu_index);
    qemu_thread_create(cpu->thread, thread_name, qemu_kvm_cpu_thread_fn,
                    cpu, QEMU_THREAD_JOINABLE);
    while (!cpu->created) {
        qemu_cond_wait(&qemu_cpu_cond, &qemu_global_mutex);
    }
}
```

pc_init1 初始化虚拟机内存时会创建一个 UINT64_MAX 大小的内存空间 pci_memory，表示 PCI 所在的内存区域。然后会调用 pc_memory_init()进行初始化，这个函数主要用于分配虚拟机的内存（虚拟机的物理内存对应的是 QEMU 的虚拟内存）、进行 BIOS 和其他 ROM 的加载等，后面将会详述内存虚拟化。

pc_init1 在进行中断初始化的时候会初始化中断设备以及中断路由关系，创建一个 qemu_irq 数组并且复制到 PCMachineState 的 gsi 成员中作为中断路由的起始点。中断设备可以部分在 QEMU 空间，也可以都在 KVM 空间，所以这里含有 if (kvm_ioapic_in_kernel())，关于中断设备的初始化和路由将在中断虚拟化相关章节中进行介绍。

```
hw/i386/pc_piix.c
    gsi_state = g_malloc0(sizeof(*gsi_state));
    if (kvm_ioapic_in_kernel()) {
        kvm_pc_setup_irq_routing(pcmc->pci_enabled);
        pcms->gsi = qemu_allocate_irqs(kvm_pc_gsi_handler, gsi_state,
                                GSI_NUM_PINS);
    } else {
```

```
                pcms->gsi = qemu_allocate_irqs(gsi_handler, gsi_state, GSI_NUM_PINS);
        }
```

如果中断控制器由内核 KVM 创建，则设备的中断起始函数为 kvm_pc_gsi_handler，如果中断控制器由 QEMU 创建，则设备的中断起始函数为 gsi_handler。

### 3.2.2 i440fx 初始化

pc_init1 会调用 i440fx_init 函数对主板进行初始化，本节将对 i440fx 主板的初始化进行详细解析。i440fx_init 调用的主要函数及对应的功能如图 3-4 所示。

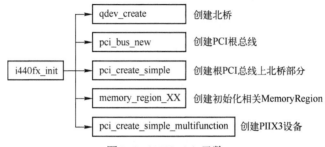

图 3-4　i440fx_init 函数

i440fx_init 函数的参数很多，有的是输入参数，有的是输出参数，这里就不一一单独介绍了，后面遇到的时候再详述。

i440fx_init 函数首先创建最重要的北桥芯片，也叫主桥。与主桥有关的参数是 host_type 和 pci_type，前者指定了主桥的设备类型名字，后者指定了主桥对应在 PCI 根总线上的设备名字。该函数的前两个参数是由 pc_init1 传过来的。

```
hw/i386/pc_piix.c
        pc_init1(machine, TYPE_I440FX_PCI_HOST_BRIDGE, \
                TYPE_I440FX_PCI_DEVICE); \
```

TYPE_I440FX_PCI_HOST_BRIDGE 表示的是北桥的类型，TYPE_I440FX_PCI_DEVICE 是北桥对应的 PCI 设备的名字。这里之所以会创建两个设备，是因为北桥本身有一部分也是 PCI 设备，挂在 PCI 根总线的第 0 号插槽上面。所以 i440fx_init 中有两个需要注意区分的变量，一个是类型为 PCII440FXState 的 f，这个变量会指向 i440fx 主桥的 PCI 设备部分，另一个是类型为 I440FXState 的 i440fx，这个是主桥对应的设备。相关的代码如下。

```
hw/pci-host/piix.c
        dev = qdev_create(NULL, host_type);
        s = PCI_HOST_BRIDGE(dev);
        b = pci_bus_new(dev, NULL, pci_address_space,
                        address_space_io, 0, TYPE_PCI_BUS);
        s->bus = b;
        object_property_add_child(qdev_get_machine(), "i440fx", OBJECT(dev), NULL);
        qdev_init_nofail(dev);
```

首先调用 qdev_create 创建一个主桥设备，该函数的第一个参数指定设备所属的总线，这里 NULL 表示使用系统总线。该函数的具体过程会在后面设备虚拟化一章中详细介绍，这里只需要知道 qdev_create 创建了一个设备对象，设置设备具现化是通过函数 qdev_init_nofail 实现的。pci_bus_new 函数在主桥设备上创建了一条 PCI 总线，这就是 PCI 根总线，其他设备可以挂在这条 PCI 总线上面。object_property_add_child 函数将主桥作为子节点加到 machine 对象上。最后一行对 dev 进行具现化，将设备的 realized 设置为 true。

下面分析主桥设备的具现化函数 i440fx_pcihost_realize，其代码如下。

```
hw/pci-host/piix.c
static void i440fx_pcihost_realize(DeviceState *dev, Error **errp)
{
    PCIHostState *s = PCI_HOST_BRIDGE(dev);
    SysBusDevice *sbd = SYS_BUS_DEVICE(dev);

    sysbus_add_io(sbd, 0xcf8, &s->conf_mem);
    sysbus_init_ioports(sbd, 0xcf8, 4);

    sysbus_add_io(sbd, 0xcfc, &s->data_mem);
    sysbus_init_ioports(sbd, 0xcfc, 4);
}
```

i440fx_pcihost_realize 初始化了主桥的两个寄存器，即配置地址寄存器和配置数据寄存器。配置地址寄存器的端口为从 0xcf8 开始的 4 个端口（0xcf8～0xcfb），配置数据寄存器的端口为从 0xcfc 开始的 4 个端口（0xcfc～0xcff）。配置地址寄存器是用来选择指定 PCI 设备，配置数据寄存器则用来向选定的 PCI 配置空间读写数据。

回到 i440fx_init 函数，创建并初始化好了主桥和根总线之后，就会创建主桥的 PCI 设备部分，代码如下。

```
hw/pci-host/piix.c
    d = pci_create_simple(b, 0, pci_type);
    *pi440fx_state = I440FX_PCI_DEVICE(d);
    f = *pi440fx_state;
    f->system_memory = address_space_mem;
    f->pci_address_space = pci_address_space;
    f->ram_memory = ram_memory;
```

调用 pci_create_simple 创建主桥的 PCI 设备部分 d，其中 pci_type 为 TYPE_I440FX_PCI_DEVICE，d 会被复制到输出参数 pi440fx_state 中，并设置几个 Memory Region 成员，如系统内存 system_memory、PCI 地址空间的 pci_address_space、RAM 内存 ram_memory 等。在内存虚拟化相关内容中会详细介绍 MemoryRegion，这里将其理解为一个虚拟机一段内存空间即可。

i440fx_init 接下来调用了一系列的 memory_region_XX 函数，作用都是创建并初始化相关的 MemoryRegion，毕竟北桥的一个重要功能就是连接内存，从 PCII440FXState 定义也可以看出，MemoryRegion 占了大部分。

```
hw/pci-host/piix.c
struct PCII440FXState {
    /*< private >*/
    PCIDevice parent_obj;
    /*< public >*/

    MemoryRegion *system_memory;
    MemoryRegion *pci_address_space;
    MemoryRegion *ram_memory;
    PAMMemoryRegion pam_regions[13];
    MemoryRegionsmram_region;
```

```
      MemoryRegionsmram, low_smram;
  };
```

i440fx_init 接下来调用 pci_create_simple_multifunction 在主桥的 PCI 根总线上创建一个 piix3 设备，pci_bus_irqs 函数设置 PCI 总线上设备的中断路由函数。piix3->pic=pic 将 pc_init1 中创建中断路由的起点赋值给 piix3->pic。

```
hw/pci-host/piix.c
  } else {
      PCIDevice *pci_dev = pci_create_simple_multifunction(b,
                      -1, true, "PIIX3");
      piix3 = PIIX3_PCI_DEVICE(pci_dev);
      pci_bus_irqs(b, piix3_set_irq, pci_slot_get_pirq, piix3,
          PIIX_NUM_PIRQS);
      pci_bus_set_route_irq_fn(b, piix3_route_intx_pin_to_irq);
  }
  piix3->pic = pic;
  *isa_bus = ISA_BUS(qdev_get_child_bus(DEVICE(piix3), "isa.0"));
```

piix3 设备在具现化的时候会创建一条 ISA 总线，其代码如下。这条 ISA 是全局性的，所以会赋值到输出参数 isa_bus 指向的空间中。

```
hw/pci-host/piix.c
static void piix3_realize(PCIDevice *dev, Error **errp)
{
    PIIX3State *d = PIIX3_PCI_DEVICE(dev);

    if (!isa_bus_new(DEVICE(d), get_system_memory(),
                  pci_address_space_io(dev), errp)) {
        return;
    }
    …
}
```

在 i440x_init 的最后，调用了 i440fx_update_memory_mappings，将内存变化通知到 KVM。i440fx_init 执行完成后，可以看到主板的基本组件就都有了。

### 3.2.3 中断和其他设备的初始化

回到 pc_init1，i440fx_init 调用完成之后，函数接着设置 ISA 总线的中断路由起点，然后创建中断控制器，代码如下。

```
hw/i386/pc_piix.c
  isa_bus_irqs(isa_bus, pcms->gsi);

  if (kvm_pic_in_kernel()) {
      i8259 = kvm_i8259_init(isa_bus);
  } else if (xen_enabled()) {
      i8259 = xen_interrupt_controller_init();
  } else {
      i8259 = i8259_init(isa_bus, pc_allocate_cpu_irq());
  }

  for (i = 0; i < ISA_NUM_IRQS; i++) {
```

```
                gsi_state->i8259_irq[i] = i8259[i];
        }
        g_free(i8259);
        if (pcmc->pci_enabled) {
            ioapic_init_gsi(gsi_state, "i440fx");
```

如果 pic 中断控制器由内核 KVM 创建，则调用 kvm_i8259_init，否则调用 i8259_init。如果 PCI 使能，还要调用 ioapic_init_gsi 初始化 I/O APIC。

最后，pc_init1 将进行基本设备的初始化。调用 pc_vga_init 进行 vga 的初始化，调用 pc_basic_device_init 进行 hpet 和时钟的创建等；pc_nic_init 用于创建网卡设备，接着在 piix3 上创建一个 ide 控制器，之后是 piix4 的 pm 初始化等。

图 3-5 展示了以主桥初始化为根的设备和总线初始化，从中也可以看出，总线和设备是交替出现的。当然，限于篇幅，初始化创建的设备并没有完全展示出来。

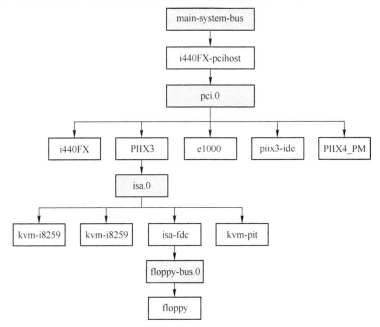

图 3-5　以主桥初始化为根的设备和总线初始化

## 3.3　fw_cfg 设备介绍

很多时候 QEMU 需要将一些数据传递给虚拟机，比如虚拟机的启动引导顺序、ACPI 和 SMBIOS 表、SMP 和 NUMA 信息等。虚拟机的 Firmware（如 SeaBIOS）可以根据这些数据进行相应的配置。QEMU 提供了所谓的 Firmware Configuration (fw_cfg) Device 机制来完成这项工作。本节将首先对 fw_cfg 的基本机制进行介绍，然后会简单介绍如何配置自定义的 fw_cfg 数据，最后以一个实例来分析如何从虚拟机中读取 fw_cfg 数据。

### 3.3.1　fw_cfg 设备的初始化

fw_cfg 是虚拟机用来获取 QEMU 提供数据的一个接口。通过 fw_cfg 能够将 QEMU 的数据透明地传递到虚拟机的内存地址空间中。最开始 fw_cfg 是用来加载固件的，如 BIOS、ACPI 和

SMBIOS 表，后来逐渐成为一个通用的接口，比如可以用它来设置 SMP 和 NUMA 信息以及虚拟机的 UUID，当然，用户也可以在 QEMU 的命令行通过指定-fw_cfg 参数来将数据传递到虚拟机。

fw_cfg 是通过模拟设备实现的，涉及的设备有 3 个，如下所示。

```
hw/nvram/fw_cfg.c
#define FW_CFG(obj)     OBJECT_CHECK(FWCfgState,    (obj), TYPE_FW_CFG)
#define FW_CFG_IO(obj)  OBJECT_CHECK(FWCfgIoState,  (obj), TYPE_FW_CFG_IO)
#define FW_CFG_MEM(obj) OBJECT_CHECK(FWCfgMemState, (obj), TYPE_FW_CFG_MEM)
```

其中，TYPE_FW_CFG 是一个抽象类型，作为 TYPE_FW_CFG_IO 和 TYPE_FW_CFG_MEM 的父类型；TYPE_FW_CFG_MEM 表示虚拟机使用 MMIO 与 fw_cfg 设备进行通信，如 ARM 架构就使用这种方式；TYPE_FW_CFG_IO 表示虚拟机使用 I/O 端口与 fw_cfg 设备进行通信，如 x86 架构就使用这种方式，这里只考虑 x86 的情况。

fw_cfg 设备是在 bochs_bios_init 函数调用的 fw_cfg_init_io_dma 函数中进行初始化的，bochs_bios_init 本身则是通过 pc_init1->pc_memory_init->bochs_bios_init 被调用的。

```
hw/i386/pc.c
static FWCfgState *bochs_bios_init(AddressSpace *as, PCMachineState *pcms)
{
    …
    fw_cfg = fw_cfg_init_io_dma(FW_CFG_IO_BASE, FW_CFG_IO_BASE + 4, as);
    …
}

include/hw/i386/pc.h
#define FW_CFG_IO_BASE     0x510
```

fw_cfg 使用的 I/O 端口为从 0x510 开始的若干端口，其中 0x510～0x511 两个端口用于 fw_cfg 的普通控制，0x514～0x51b 八个端口用于 DMA 控制。fw_cfg_init_io_dma 函数代码如下，参数 iobase 表示 fw_cfg 的控制起始端口，dam_iobase 表示 DMA 的起始端口，dma_as 表示整个虚拟机的地址空间。

```
hw/nvram/fw_cfg.c
FWCfgState *fw_cfg_init_io_dma(uint32_t iobase, uint32_t dma_iobase,
AddressSpace *dma_as)
{
    DeviceState *dev;
    FWCfgState *s;
    uint32_t version = FW_CFG_VERSION;
    bool dma_requested = dma_iobase&& dma_as;

    dev = qdev_create(NULL, TYPE_FW_CFG_IO);
    qdev_prop_set_uint32(dev, "iobase", iobase);
    qdev_prop_set_uint32(dev, "dma_iobase", dma_iobase);
    if (!dma_requested) {
    qdev_prop_set_bit(dev, "dma_enabled", false);
    }

    fw_cfg_init1(dev);
    s = FW_CFG(dev);
```

```
    if (s->dma_enabled) {
        /* 64 bits for the address field */
        s->dma_as = dma_as;
        s->dma_addr = 0;

        version |= FW_CFG_VERSION_DMA;
    }

    fw_cfg_add_i32(s, FW_CFG_ID, version);

    return s;
}
```

fw_cfg_init_io_dma 首先通过 qdev_create 创建一个 TYPE_FW_CFG_IO 设备，这里没有指定设备所属的总线，所以该设备会被挂在系统总线上，然后设置该设备的一些属性（如基址 iobase 和 dma 的相关数据），接着调用 fw_cfg_init1 函数，在该函数中会调用 qdev_init_nofail 对设备进行具现化，最后通过 fw_cfg_init_io_dma 函数将 fw_cfg 的版本信息添加到 fw_cfg 中，虚拟机的 Firmware 或者 OS 可以借此知道 fw_cfg 的版本。

TYPE_FW_CFG_IO 的 realize 函数为 fw_cfg_io_realize，该函数代码如下。

```
hw/nvram/fw_cfg.c
static void fw_cfg_io_realize(DeviceState *dev, Error **errp)
{
    FWCfgIoState *s = FW_CFG_IO(dev);
    SysBusDevice *sbd = SYS_BUS_DEVICE(dev);
    …
    memory_region_init_io(&s->comb_iomem, OBJECT(s), &fw_cfg_comb_mem_ops,
                        FW_CFG(s), "fwcfg", FW_CFG_CTL_SIZE);
    sysbus_add_io(sbd, s->iobase, &s->comb_iomem);

    if (FW_CFG(s)->dma_enabled) {
        memory_region_init_io(&FW_CFG(s)->dma_iomem, OBJECT(s),
        &fw_cfg_dma_mem_ops, FW_CFG(s), "fwcfg.dma",
                        sizeof(dma_addr_t));
        sysbus_add_io(sbd, s->dma_iobase, &FW_CFG(s)->dma_iomem);
    }
}
```

fw_cfg_io_realize 的功能是调用 memory_region_init_io 来分配 FW_CFG_CTL_SIZE 两个端口并调用 sysbus_add_io 将其加入到系统中，如果 fw_cfg 实现了 DMA 功能，还会分配和添加 DMA 对应的端口。从 fw_cfg_init_io_dma 里面可以知道，由于 fw_cfg 的基端口为 0x510，所以 fwcfg 这个 MemoryRegion 的端口范围就是 0x510～0x511。如果开启了 DMA，那还会添加 DMA 对应的端口，DMA 使用的端口范围是 0x514～0x51b。

## 3.3.2　向 fw_cfg 设备添加数据

fw_cfg 设备使用 FWCfgState 结构体表示，其中有一个二维数组 entries 成员用来保存数据。entries 的第一维有两个元素，分别表示与架构相关的数据和通用数据。

fw_cfg 的每一项数据使用 FWCfgEntry 表示，其定义如下。

```
hw/nvram/fw_cfg.c
typedef struct FWCfgEntry {
    uint32_t len;
    uint8_t *data;
    void *callback_opaque;
    FWCfgReadCallback read_callback;
} FWCfgEntry;
```

这里的 data 用来保存数据地址，len 是长度。FWCfgState 与 FWcfgEntry 的关系如图 3-6 所示。fw_cfg_add_bytes_read_callback 是用来向 fw_cfg 添加数据的最终函数。

```
hw/nvram/fw_cfg.c
static void fw_cfg_add_bytes_read_callback(FWCfgState *s, uint16_t key,
                                FWCfgReadCallback callback,
                                void *callback_opaque,
                                void *data, size_t len)
{
    int arch = !!(key & FW_CFG_ARCH_LOCAL);

    key &= FW_CFG_ENTRY_MASK;

    assert(key < FW_CFG_MAX_ENTRY && len < UINT32_MAX);
    assert(s->entries[arch][key].data == NULL); /* avoid key conflict */

    s->entries[arch][key].data = data;
    s->entries[arch][key].len = (uint32_t)len;
    s->entries[arch][key].read_callback = callback;
    s->entries[arch][key].callback_opaque = callback_opaque;
}
```

函数比较简单，首先根据 key 的值（也就是需要读取的数据）在数组的 index 来判断是否与架构相关，根据 arch 的值放到相应的 entries 数组中。

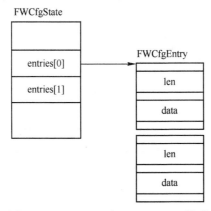

图 3-6　FWCfgState 与 FWCfgEntry 关系

fw_cfg_add_bytes_read_callback 是数据添加的最终函数，所有添加数据的操作都会调用这个函数，其调用关系如图 3-7 所示。

比如下面代码的 fw_cfg_add_string 和 fw_cfg_add_i16 只是做了简单的封装，然后调用 fw_cfg_add_bytes。

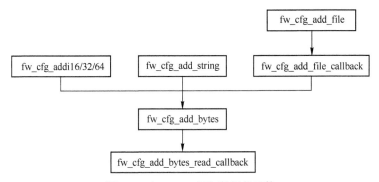

图 3-7　向 fw_cfg 添加数据的函数

```
hw/nvram/fw_cfg.c
void fw_cfg_add_string(FWCfgState *s, uint16_t key, const char *value)
{
    size_t sz = strlen(value) + 1;

    fw_cfg_add_bytes(s, key, g_memdup(value, sz), sz);
}

void fw_cfg_add_i16(FWCfgState *s, uint16_t key, uint16_t value)
{
    uint16_t *copy;

    copy = g_malloc(sizeof(value));
    *copy = cpu_to_le16(value);
    fw_cfg_add_bytes(s, key, copy, sizeof(value));
}
```

图 3-8 展示了添加一个数字 16 和一个字符串"test"之后的情况。

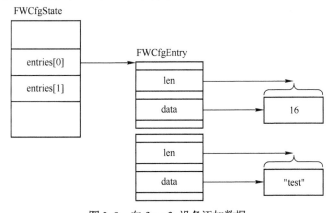

图 3-8　向 fw_cfg 设备添加数据

对于约定好的数字、字符串等简单的数据，直接添加到 entries 中即可，可以通过约定好的索引对其进行访问。函数 fw_cfg_init1 使用了一些约定的索引，如第 FW_CFG_SIGNATURE 个项是一个标记字符串，第 FW_CFG_UUID 个项存的是虚拟机 uuid。这些约定的索引可以使得 SeaBIOS 或者虚拟机内的操作系统方便地读取这些数据。

```
include/hw/nvram/fw_cfg_keys.h
```

```
#define FW_CFG_SIGNATURE        0x00
#define FW_CFG_ID               0x01
#define FW_CFG_UUID             0x02
#define FW_CFG_RAM_SIZE         0x03
#define FW_CFG_NOGRAPHIC        0x04
#define FW_CFG_NB_CPUS          0x05
#define FW_CFG_MACHINE_ID       0x06
#define FW_CFG_KERNEL_ADDR      0x07
#define FW_CFG_KERNEL_SIZE      0x08
#define FW_CFG_KERNEL_CMDLINE   0x09
#define FW_CFG_INITRD_ADDR      0x0a
#define FW_CFG_INITRD_SIZE      0x0b
#define FW_CFG_BOOT_DEVICE      0x0c
#define FW_CFG_NUMA             0x0d
#define FW_CFG_BOOT_MENU        0x0e
…
```

**hw/nvram/fw_cfg.c**
```
static void fw_cfg_init1(DeviceState *dev)
{
    FWCfgState *s = FW_CFG(dev);
    MachineState *machine = MACHINE(qdev_get_machine());
    …
    fw_cfg_add_bytes(s, FW_CFG_SIGNATURE, (char *)"QEMU", 4);
    fw_cfg_add_bytes(s, FW_CFG_UUID, &qemu_uuid, 16);
    fw_cfg_add_i16(s, FW_CFG_NOGRAPHIC, (uint16_t)!machine->enable_graphics);
    fw_cfg_add_i16(s, FW_CFG_BOOT_MENU, (uint16_t)boot_menu);
    fw_cfg_bootsplash(s);
    fw_cfg_reboot(s);
    …
}
```

但是对于其他数据，通常是自定义的数据，即需要提供名字来访问的数据，则需要更复杂的处理，这类数据被称为文件。FWCfgState 结构中有一些域专门用来处理文件的添加，其中类型为 FWCfgFiles、名为 files 的成员用来保存 fw_cfg 中的文件。FWCfgFiles 的 count 成员表示文件项的大小，f 表示所有的文件项，其类型为 FWCfgFile。FWCfgFile 中的 size 表示文件大小，select 表示其在 FWCfgState 的 entries 中的索引，name 表示文件名字。

**include/hw/nvram/fw_cfg.h**
```
typedef struct FWCfgFiles {
    uint32_t  count;
    FWCfgFile f[];
} FWCfgFiles;

typedef struct FWCfgFile {
    uint32_t  size;        /* file size */
    uint16_t  select;      /* write this to 0x510 to read it */
    uint16_t  reserved;
    char      name[FW_CFG_MAX_FILE_PATH];
} FWCfgFile;
```

fw_cfg_add_file 用来向 fw_cfg 设备中添加文件，这个函数只是 fw_cfg_add_file_callback 的

包装器。首次调用 fw_cfg_add_file_callback 会分配 files，并且会把这个 files 作为一项放在 entries 中，这个 files 本质上相当于一个目录。

```
hw/nvram/fw_cfg.c
void fw_cfg_add_file_callback(FWCfgState *s, const char *filename,
                                  FWCfgReadCallback callback,
                                  void *callback_opaque,
                                  void *data, size_t len)
{
    int i, index, count;
    size_t dsize;
    MachineClass *mc = MACHINE_GET_CLASS(qdev_get_machine());
    int order = 0;

    if (!s->files) {
        dsize = sizeof(uint32_t) + sizeof(FWCfgFile) * FW_CFG_FILE_SLOTS;
        s->files = g_malloc0(dsize);
        fw_cfg_add_bytes(s, FW_CFG_FILE_DIR, s->files, dsize);
    }
    …
}
```

fw_cfg_add_file_callback 接着查找文件应该插入的位置，这里如果是 legacy 模式，则按照预定顺序，否则按照文件名进行排列，为此需要查找当前待插入文件的位置。文件会按照文件名排序放入 s->files->f 数组中，每次新插入一个文件可能会导致移动操作，因此还会判断文件名是否重合。

fw_cfg_add_file_callback 最后调用 fw_cfg_add_bytes_read_callback 将实际的文件内容放入到 entries 中，最后更新 s->files->f 中的文件信息。

```
hw/nvram/fw_cfg.c
void fw_cfg_add_file_callback(FWCfgState *s, const char *filename,
                                  FWCfgReadCallback callback,
                                  void *callback_opaque,
                                  void *data, size_t len)
{
    …
    fw_cfg_add_bytes_read_callback(s, FW_CFG_FILE_FIRST + index,
                              callback, callback_opaque, data, len);

    s->files->f[index].size   = cpu_to_be32(len);
    s->files->f[index].select = cpu_to_be16(FW_CFG_FILE_FIRST + index);
    s->entry_order[index] = order;
    trace_fw_cfg_add_file(s, index, s->files->f[index].name, len);

    s->files->count = cpu_to_be32(count+1);
}
```

向 fw_cfg 设备中添加文件之后各个结构体关系如图 3-9 所示。这样，首先通过文件 FW_CFG_FILE_DIR 这个约定的数据项就可以得到所有 FWCfgFiles 数据，该结构体扮演一个目录的角色，里面存放了所有加入到 fw_cfg 设备的 FWCfgFile 文件。通过比较文件名可以得到对应的 FWCfgFile 结构，再通过 FWCfgFile 结构中的 select 可以找到在 FWCfgState 中对应的 entries，从而最终得到文件的所有数据。

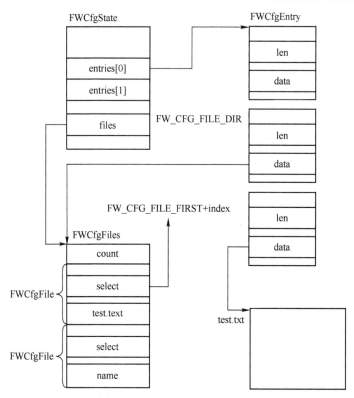

图 3-9　向 fw_cfg 设备添加文件

### 3.3.3　添加用户自定义数据

前面介绍了向 fw_cfg 设备添加相关数据的接口，本节对在 QEMU 命令行中添加 fw_cfg 数据的过程进行分析。在 QEMU 中，向 fw_cfg 设备中添加数据的命令为: -fw_cfg name=opt/xxx,string| file=yyyy。

main 函数会对所有 fw_cfg 参数项进行解析，每个-fw_cfg 选项都会调用 parse_fw_cfg 函数，代码如下。

```
v1.c
    if (qemu_opts_foreach(qemu_find_opts("fw_cfg"),
                          parse_fw_cfg, fw_cfg_find(), NULL) != 0) {
        exit(1);
    }
static int parse_fw_cfg(void *opaque, QemuOpts *opts, Error **errp)
{
    gchar *buf;
    size_t size;
    const char *name, *file, *str;
    FWCfgState *fw_cfg = (FWCfgState *) opaque;
    …
    name = qemu_opt_get(opts, "name");
    file = qemu_opt_get(opts, "file");
    str = qemu_opt_get(opts, "string");

    /* we need name and either a file or the content string */
```

```
    if (!(nonempty_str(name) && (nonempty_str(file) || nonempty_str(str)))) {
        error_report("invalid argument(s)");
        return -1;
    }
    if (nonempty_str(file) && nonempty_str(str)) {
        error_report("file and string are mutually exclusive");
        return -1;
    }
    if (strlen(name) > FW_CFG_MAX_FILE_PATH - 1) {
        error_report("name too long (max. %d char)", FW_CFG_MAX_FILE_PATH - 1);
        return -1;
    }
    if (strncmp(name, "opt/", 4) != 0) {
        warn_report("externally provided fw_cfg item names "
                    "should be prefixed with \"opt/\"");
    }
    if (nonempty_str(str)) {
        size = strlen(str); /* NUL terminator NOT included in fw_cfg blob */
        buf = g_memdup(str, size);
    } else {
        if (!g_file_get_contents(file, &buf, &size, NULL)) {
            error_report("can't load %s", file);
            return -1;
        }
    }
    /* For legacy, keep user files in a specific global order. */
    fw_cfg_set_order_override(fw_cfg, FW_CFG_ORDER_OVERRIDE_USER);
    fw_cfg_add_file(fw_cfg, name, buf, size);
    fw_cfg_reset_order_override(fw_cfg);
    return 0;
}
```

函数首先检查参数格式是否有误，如果 name 没有以 opt/ 开头则会出现警告。buf 用来保存字符串数据或者是文件的内容，得到数据存放在 buf 之后，最终还是会调用 fw_cfg_add_file 将用户指定的数据添加到 fw_cfg 设备中。可以看出，无论是字符串还是文件，最终都会添加一个文件到 fw_cfg 设备中。

### 3.3.4　数据的读取

从初始化的代码可以看到，fw_cfg 注册了两个 I/O 端口，即 0x510 和 0x511，虚拟机的数据读取即通过这两个端口进行。其中 0x510 叫作选择寄存器，用来指定所读数据在 entries 中的 index，0x511 叫作数据寄存器，用来读取选择寄存器指定 index 的数据。

fw_cfg 设备 I/O 的读写函数在 fw_cfg_comb_mem_ops 中，其定义如下。

```
hw/nvram/fw_cfg.c
static const MemoryRegionOps fw_cfg_comb_mem_ops = {
    .read = fw_cfg_data_read,
    .write = fw_cfg_comb_write,
    .endianness = DEVICE_LITTLE_ENDIAN,
    .valid.accepts = fw_cfg_comb_valid,
};
static void fw_cfg_comb_write(void *opaque, hwaddr addr,
```

```
                                         uint64_t value, unsigned size)
{
    switch (size) {
    case 1:
        fw_cfg_write(opaque, (uint8_t)value);
        break;
    case 2:
        fw_cfg_select(opaque, (uint16_t)value);
        break;
    }
}
```

fw_cfg 设备地址空间写请求的处理函数是 fw_cfg_comb_write，当写的长度单位 size 为 2 时，会调用 fw_cfg_select 函数设置 FWCfgState 的 cur_entry 成员的值，也就是 FWCfgEntry 中 entries 数据项的索引。由于 fw_cfg 设备仅有两个端口，只有写 0x510 端口时才可能使 size 为 2。

选择好数据项之后就可以用读取端口的数据了，处理函数是 fw_cfg_data_read，代码如下。函数从对应的 s->cur_entry 得到 FWCfgEntry，然后返回相应字节的 s->data 数据。

```
hw/nvram/fw_cfg.c
static uint64_t fw_cfg_data_read(void *opaque, hwaddraddr, unsigned size)
{
    FWCfgState *s = opaque;
    int arch = !!(s->cur_entry & FW_CFG_ARCH_LOCAL);
    FWCfgEntry *e = (s->cur_entry == FW_CFG_INVALID) ? NULL :
    &s->entries[arch][s->cur_entry & FW_CFG_ENTRY_MASK];
    uint64_t value = 0;

    assert(size > 0 && size <= sizeof(value));
    if (s->cur_entry != FW_CFG_INVALID && e->data && s->cur_offset < e->len) {
        …
        do {
            value = (value << 8) | e->data[s->cur_offset++];
        } while (--size && s->cur_offset < e->len);
        …
        value <<= 8 * size;
    }

    trace_fw_cfg_read(s, value);
    return value;
}
```

本节最后展示一下如何从虚拟机内部读取 fw_cfg 设备的数据。

首先介绍几个约定的数据项。

● Signature（key 是 0x0000, FW_CFG_SIGNATURE）：用来检测 fw_cfg 接口是否存在，如果存在，读取这个数据项会返回字符串 "QEMU"。

● Revision/feature bitmap（key 是 0x0001, FW_CFG_ID）：返回一个无符号整数，检测 fw_cfg 的使能特性，目前仅包括 DMA。

● File Directory（key 是 0x0019, FW_CFG_FILE_DIR）：所有通过 file 接口添加的数据都会在这个数据项中留下记录，它就像一个目录一样，记录了所有的文件。虚拟机可以通过这个目录获取所有的 file 数据项。

file 项的存储是从 FW_CFG_FILE_FIRST（0x20）开始的。

下面使用一个例子来展示如何读取 fw_cfg 设备数据。首先在宿主机上创建一个文件 fwtest，然后写入内容。

```
test@ubuntu:~$ touch fwtest
test@ubuntu:~$ echo fwtest_in_host >fwtest
```

QEMU 启动虚拟机。

```
./qemu-system-x86_64  -m  1024  -hda  /home/test/test.img -enable-kvm -
vnc :100 -fw_cfg opt/test,file=/home/test/fwtest
```

在虚拟机中创建下列文件。

```
FwCfgDump.c
#include <stdio.h>
#include <stdlib.h>
#include <stdint.h>
#include <unistd.h>
#include <string.h>
#include <sys/io.h>
#include <asm/byteorder.h>

#define PORT_FW_CFG_CTL       0x0510
#define PORT_FW_CFG_DATA      0x0511

#define FW_CFG_SIGNATURE      0x00
#define FW_CFG_FILE_DIR       0x19

#define FW_CFG_MAX_FILE_PATH  56

typedef struct FWCfgFile {
    uint32_t size;         /* file size */
    uint16_t select;       /* write this to 0x510 to read it */
    uint16_t reserved;
    char     name[FW_CFG_MAX_FILE_PATH];
} FWCfgFile;

static void
fw_cfg_select(uint16_t f)
{
    outw(f, PORT_FW_CFG_CTL);
}

static void
fw_cfg_read(void *buf, int len)
{
    insb(PORT_FW_CFG_DATA, buf, len);
}

static void
fw_cfg_read_entry(void *buf, int e, int len)
{
```

```
        fw_cfg_select(e);
        fw_cfg_read(buf, len);
    }

    int
    __attribute__((optimize("O0")))
    fwcfg_get(const char *filename)
    {
        int i;
        uint32_t count, len, wrlen;
        uint16_t sel;
        uint8_t sig[] = "QEMU";
        FWCfgFilefcfile;
        void *buf;

        /* ensure access to the fw_cfg device */
        if (ioperm(PORT_FW_CFG_CTL, 2, 1) != 0) {
            perror("ioperm failed");
            return -1;
        }

        /* verify presence of fw_cfg device */
        fw_cfg_select(FW_CFG_SIGNATURE);
        for (i = 0; i < sizeof(sig) - 1; i++) {
            sig[i] = inb(PORT_FW_CFG_DATA);
        }
        if (memcmp(sig, "QEMU", sizeof(sig)) != 0) {
    fprintf(stderr, "fw_cfg signature not found!\n");
            return -1;
        }

        /* read number of fw_cfg entries, then scan for requested entry by name */
        fw_cfg_read_entry(&count, FW_CFG_FILE_DIR, sizeof(count));
        count = __be32_to_cpu(count);
        for (i = 0; i < count; i++) {
            fw_cfg_read(&fcfile, sizeof(fcfile));
            //FIXME: why does gcc -O2 optimize away the whole if {} block below?!?
            if (!strcmp(fcfile.name, filename)) {
                len = __be32_to_cpu(fcfile.size);
                sel = __be16_to_cpu(fcfile.select);
                buf = malloc(len);
                fw_cfg_read_entry(buf, sel, len);
                wrlen = write(STDOUT_FILENO, buf, len);
                free(buf);
                if (wrlen != len) {
                    fprintf(stderr, "Failed to write %s to stdout\n", filename);
                    return -1;
                }
                return 0;
            }
        }

        /* requested entry not present in fw_cfg */
```

```
        fprintf(stderr, "File %s not found in fw_cfg!\n", filename);
        return -1;
    }

    int
    main(int argc, char **argv)
    {
        if (argc != 2) {
            fprintf(stderr, "Usage: %s <fw_cfg-blob-name>\n", argv[0]);
            return -1;
        }
        return fwcfg_get(argv[1]);
    }
```

编译并执行，可以得到 opt/test 的内容，如图 3-10 所示。

图 3-10　用户程序读取 fw_cfg

在高版本的 Linux 上，/sys/firmware 下面有一个 qemu_fw_cfg 文件夹，里面有所有的 fw_cfg 数据项信息，直接从这里也可以得到数据信息，如图 3-11 所示。

图 3-11　qemu_fw_cfg 伪文件系统

## 3.4　SeaBIOS 分析

### 3.4.1　SeaBIOS 简介

基本输入输出系统（Basic InputOutput System，BIOS）是计算机启动后运行的第一个软件。BIOS 的主要作用是初始化一些硬件，为操作系统的运行做准备，从而引导设备启动操作系统。

BIOS 完成的主要任务如下。

1）上电自检（Power On Self Test，POST）指的是 BIOS 针对计算器硬件（如 CPU、主板、存储器等）进行检测。

2）POST 之后初始化与启动相关的硬件（磁盘、键盘控制器等）。

3）为操作系统创建一些参数，比如 ACPI 表。

4）选择引导设备，从设备中加载 bootloader，进而启动操作系统。

SeaBIOS 是开源的 16 位 x86 BIOS 的实现。SeaBIOS 能够运行在模拟器中或者在使用 coreboot 的情况下运行在物理 x86 硬件上，是 QEMU/KVM 虚拟化方案的默认 BIOS。从 QEMU 让 CPU 开始运行到实际的虚拟机操作内核开始运行，中间有一个很重要的任务就是执行 SeaBIOS 的代码。

相比于实际的物理 BIOS，SeaBIOS 的功能简单很多，因为虚拟化环境中并不存在实际的物理硬件，很多硬件配置可以省略，SeaBIOS 只需要关注一些功能接口即可。SeaBIOS 是 QEMU 运行虚拟机的第一部分代码，理解 SeaBIOS 的工作原理，对于理解 QEMU 和 KVM 虚拟化方案以及排查一些疑难问题都非常有帮助。本节后面会首先介绍 QEMU 对 SeaBIOS 的加载，之后会对 SeaBIOS 的代码流程进行简单讲解。

## 3.4.2 QEMU 加载 SeaBIOS

pc_i440fx_machine_options 会设置 QEMU 的 firmware 为 bios-256k.bin，代码如下。pc_i440fx_machine_options 会在虚拟机注册 QEMU 虚拟机机器类型的时候调用，这是由宏 DEFINE_PC_MACHINE 指定的。

```
hw/i386/pc_piix.c
static void pc_i440fx_machine_options(MachineClass *m)
{
   m->family = "pc_piix";
   m->desc = "Standard PC (i440FX + PIIX, 1996)";
   m->hot_add_cpu = pc_hot_add_cpu;
   m->default_machine_opts = "firmware=bios-256k.bin";
   m->default_display = "std";
}
```

main 函数首先会将这个 default_machine_opts 挂到 machine 的 option lists 上，之后从这个 option lists 上把 firmware 的值赋值到 bios_name，由上可知 bios_name 为 bios-256k.bin。

```
vl.c
   if (machine_class->default_machine_opts) {
       qemu_opts_set_defaults(qemu_find_opts("machine"),
                         machine_class->default_machine_opts, 0);
   }

   machine_opts = qemu_get_machine_opts();
   …
   bios_name = qemu_opt_get(machine_opts, "firmware");
```

BIOS 固件的加载是在函数 old_pc_system_rom_init 中完成的，调用链为 pc_init1->pc_memory_init->pc_system_firmware_init->old_pc_system_rom_init。该函数主要完成三项工作：

1）打开文件，得到文件信息，创建一个 BIOS MemoryRegion，内存相关 AddressSpace 和 MemoryRegion 内容将在后面的内存虚拟化部分进行介绍，这里简单知道 MemoryRegion 表示一段内存即可。首先通过 qemu_find_file 和 get_image_size 得到文件的路径和大小，大小需要是 64KB 的整数倍，然后调用 memory_region_init_ram 初始化一个名为 bios 的 MemoryRegion，注意这里 memory_region_init_ram 会实际地在 QEMU 的地址空间分配 bios_size，也就是 256KB 大小的虚拟地址空间，作为虚拟机的物理地址。

```
hw/i386/pc_sysfw.c
   filename = qemu_find_file(QEMU_FILE_TYPE_BIOS, bios_name);
   if (filename) {
      bios_size = get_image_size(filename);
   } else {
      bios_size = -1;
   }
```

```
if (bios_size <= 0 ||
    (bios_size % 65536) != 0) {
    goto bios_error;
}
bios = g_malloc(sizeof(*bios));
memory_region_init_ram(bios, NULL, "pc.bios", bios_size, &error_fatal);
vmstate_register_ram_global(bios);
if (!isapc_ram_fw) {
    memory_region_set_readonly(bios, true);
}
```

2）通过宏 rom_add_file_fixed 调用 rom_add_file 打开 BIOS 固件文件。

```
hw/i386/pc_sysfw.c
rom_add_file_fixed(bios_name, (uint32_t)(-bios_size), -1);


include/hw/loader.h
#define rom_add_file_fixed(_f, _a, _i)          \
    rom_add_file(_f, NULL, _a, _i, false, NULL, NULL)


hw/core/loader.c
int rom_add_file(const char *file, const char *fw_dir,
             hwaddr addr, int32_t bootindex,
             bool option_rom, MemoryRegion *mr,
             AddressSpace *as)
{
    MachineClass *mc = MACHINE_GET_CLASS(qdev_get_machine());
    Rom *rom;
    int rc, fd = -1;
    char devpath[100];
    …
    rom = g_malloc0(sizeof(*rom));
    rom->name = g_strdup(file);
    rom->path = qemu_find_file(QEMU_FILE_TYPE_BIOS, rom->name);
    rom->as = as;
    …
    fd = open(rom->path, O_RDONLY | O_BINARY);
    …
    rom->addr    = addr;
    rom->romsize = lseek(fd, 0, SEEK_END);
    …
    rom->datasize = rom->romsize;
    rom->data    = g_malloc0(rom->datasize);
    lseek(fd, 0, SEEK_SET);
    rc = read(fd, rom->data, rom->datasize);
    …
    close(fd);
    rom_insert(rom);
    if (rom->fw_file && fw_cfg) {
        …

    } else {
```

```
        if (mr) {
            rom->mr = mr;
            snprintf(devpath, sizeof(devpath), "/rom@%s", file);
        } else {
                snprintf(devpath, sizeof(devpath), "/rom@" TARGET_FMT_plx, addr);
        }
    }

    add_boot_device_path(bootindex, NULL, devpath);
    return 0;
    …
}
```

rom_add_file 的主要作用是分配一个 Rom 结构体，记录 BIOS 的一些基本信息调用，rom_insert 函数将新分配的 Rom 挂到一个链表上。Rom 定义如下。

```
struct Rom {
    char *name;
    char *path;

    …
    size_t romsize;
    size_t datasize;

    uint8_t *data;
    MemoryRegion *mr;
    AddressSpace *as;
    int isrom;
    char *fw_dir;
    char *fw_file;

    hwaddraddr;
    QTAILQ_ENTRY(Rom) next;
};
```

romsize 和 datasize 是一样的，表示的是 Rom 的大小，data 用来存放实际的数据，mr 和 as 表示其对应的 MemoryRegion 和 AddressSpace，addr 表示固件加载的虚拟机的物理地址，所有的 Rom 通过 next 连接起来，链表头是 roms。

3）最后一步就是将创建的 bios MemoryRegion 设置为 rom_memory（其实就是整个 PCI 内存的 MemoryRegion）的子 Region，其 offset 设置为 BIOS 的加载地址。QEMU 使用的 SeaBIOS 是 256KB，bios_size 为 0x40000，(uint32_t)-bios_size 则为 0xfffc0000，所以这里是把 BIOS 的地址加在到了 0xfffc0000 处，也就是最靠近 4GB 地址空间的 256KB 中。在这一步中还会创建一个 isa_bios 作为 BIOS MemoryRegion 的别名，并且放到最靠近 1MB 的 128KB 处。memory_region_add_subregion 将 bios 这个 MemoryRegion 作为子 Region 添加到了 rom_memory 上面。回溯调用栈，可以发现，rom_memory 实际上就是 pci_memory。

```
hw/core/loader.c
    isa_bios_size = bios_size;
    if (isa_bios_size > (128 * 1024)) {
        isa_bios_size = 128 * 1024;
    }
```

```
    isa_bios = g_malloc(sizeof(*isa_bios));
    memory_region_init_alias(isa_bios, NULL, "isa-bios", bios,
                             bios_size - isa_bios_size, isa_bios_size);
    memory_region_add_subregion_overlap(rom_memory,
                                        0x100000 - isa_bios_size,
                                        isa_bios,
                                        1);
    if (!isapc_ram_fw) {
        memory_region_set_readonly(isa_bios, true);
    }

    /* map all the bios at the top of memory */
    memory_region_add_subregion(rom_memory,
                                (uint32_t)(-bios_size),
                                bios);
```

现在已经分配了一个 BIOS MemoryRegion，并且设置了其基地址和大小，也将 BIOS 的数据加载到了内存中，但是只是在 rom->data 中。下面分析 QEMU 如何将 BIOS 的数据复制到 MemoryRegion 中，并将虚拟机对应的物理内存映射到 QEMU 的虚拟内存中。

QEMU 会在 main 函数中调用 rom_check_and_register_reset，后者的主要工作是将 rom_reset 挂到 reset_handlers 链表上，当虚拟机重置时会调用该链表上的每一个函数。

rom_reset 最重要的任务就是把存放在 rom->data 中的 BIOS 数据复制到 BIOS MemoryRegion 对应的 QEMU 进程中分配的虚拟内存中。

```
hw/core/loader.c
static void rom_reset(void *unused)
{
    Rom *rom;

    QTAILQ_FOREACH(rom, &roms, next) {
        …
        if (rom->mr) {
            void *host = memory_region_get_ram_ptr(rom->mr);
            memcpy(host, rom->data, rom->datasize);
        } else {
            cpu_physical_memory_write_rom(rom->as, rom->addr, rom->data,
                                          rom->datasize);
        }
        …
    }
}
```

现在 BIOS MemoryRegion 对应的宿主机 QEMU 进程虚拟内存已经有了 BIOS 的数据，并且这个 MR 的地址对应的是虚拟机的物理地址 0xfffc0000，在之后的内存分布拓扑更新中会调用 kvm_set_user_memory_region，对该宿主机 QEMU 进程的虚拟地址和虚拟机物理地址设置映射关系，这里涉及内存虚拟化的知识，留到后面的章节详细介绍。

CPU 在启动后会初始化各个寄存器的值，其中，CS 被初始化为 0xf000，EIP 被初始化为 0xfff0，CS 的基址会被初始化为 0xffff0000。虽然此模式下的寻址方式为 cs*16+eip，但是 CS 本身有两个值，其中可见的部分就是能够被程序设置和读取的部分，还有一个隐藏的部分，就是基址部分。所以第一次开始执行的时候，会执行 CS 基址+eip 处的指令，即 CPU 会从 0xffff0000+0xfff0 = 0xfffffff0 处开始执行指令，所以 0xfffffff0 也被叫作重置向量。当第一次修改

CS 的值时，会使用 cs*16+eip 的方式寻址。QEMU 中设置寄存器的值在函数 x86_cpu_reset 中，下面的代码用来设置 CS 的值、CS 的基地址以及 eip 的值。

```
target-i386/cpu.c
    cpu_x86_load_seg_cache(env, R_CS, 0xf000, 0xffff0000, 0xffff,
                    DESC_P_MASK | DESC_S_MASK | DESC_CS_MASK |
                    DESC_R_MASK | DESC_A_MASK);

    …
    env->eip = 0xfff0;
```

从之前的分析可知，0xfffffff0 处就是 BIOS 的最后 16 个字节开始处，这里都是一个跳转指令，跳转到 BIOS 的前面部分执行。比如，查看 SeaBIOS 编译之后的情况如图 3-12 所示。

```
F000:FF90   66 ED 8E C1 26 66 8B 16   74 F5 66 31 D0 66 25 FF   f...
F000:FFA0   FF FF 00 66 31 D0 66 39   C2 76 38 66 05 00 00 00   ...f
F000:FFB0   01 EB 30 B0 D2 E6 43 E4   40 66 0F B6 D0 E4 40 8E   ....
F000:FFC0   C1 26 66 8B 1E 74 F5 66   C1 E0 08 66 09 D0 66 31   ..f.
F000:FFD0   D8 66 0F B7 C0 66 31 D8   66 39 C3 76 06 66 31 D8   ..f.
F000:FFE0   00 01 00 8E C1 26 66 A3   74 F5 66 5B 66 5E 66 C3   ....
F000:FFF0   EA 5B E0 00 F0 30 36 2F   32 33 2F 39 39 00 FC 00   ....
```

图 3-12  SeaBIOS 机器码

F000:FFF0 中的 F000 表示 CS 段寄存器的值，FFF0 表示 eip 的值，最开始执行的指令是一个跳转指令，直接跳到 F000:E05B。当执行完 0xfffffff0 之后的跳转指令之后，其实我们的 cs 段寄存器已经改了，所以会按照 cs*16+eip 的方式寻址。此时会寻址到 0xf000*16+0xe05b=0xfe05b，这个值其实是 BIOS 文件 256KB 中的后 128KB 部分，由上一节分析可知，这部分 BIOS 已经被映射到了 0x100000(1MB)-0x20000(128KB)=0xe0000 开始的地方，范围是 0xe0000~0xfffff。其代码如图 3-13 所示。

```
BIOS_F:E05B start_0:                                ; CODE XREF: start↓J
BIOS_F:E05B                   cmp      cs:dword_F6308, 0
BIOS_F:E062                   jnz      loc_FD09B
BIOS_F:E066                   xor      dx, dx
BIOS_F:E068                   mov      ss, dx
BIOS_F:E06A                   assume ss:BIOS_FLASH
BIOS_F:E06A                   mov      esp, 7000h
BIOS_F:E070                   mov      edx, 0F1D18h
BIOS_F:E076                   jmp      loc_FCF0F
BIOS_F:E079
```

图 3-13  SeaBIOS 0xfe05b 处代码

后面的工作就是 BIOS 的自检和硬件初始化等工作了，将在下一节进行详细介绍。

### 3.4.3  SeaBIOS 源码结构

这里对 SeaBIOS 的源码结构进行简单介绍（完整的 BIOS 的工作流程超出了本书范围，还请读者自行阅读源码）。

SeaBIOS 代码执行主要包括 4 个阶段，即 post 阶段、boot 阶段、main runtime 阶段以及 resume and reboot 阶段。

**1．post 阶段**

SeaBIOS post 阶段调用的相关函数如图 3-14 所示。

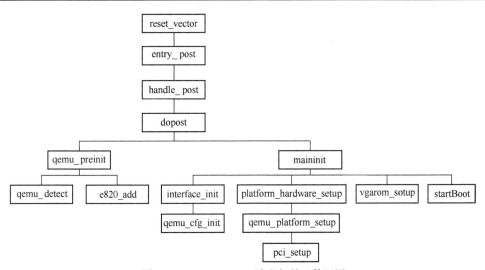

图 3-14　SeaBIOS post 阶段相关函数调用

当 VCPU 开始运行的时候，会从重置向量处开始执行，定义在 romlayout.S 文件最后的 reset_vector。

```
src/romlayout.S
reset_vector:
        ljmpw $SEG_BIOS, $entry_post
        // 0xfff5 - BiosDate in misc.c
        // 0xfffe - BiosModelId in misc.c
        // 0xffff - BiosChecksum in misc.c
        .end
```

重置向量处的代码只是一个跳转指令，直接跳转到 entry_post。这里不会对汇编继续分析，在经过了汇编的跳转之后会运行 C 代码 post.c 文件中的 handle_post 函数，后者在进行初始化之后调用 dopost，进行更进一步的初始化。

```
src/post.c
void VISIBLE32INIT
dopost(void)
{
    code_mutable_preinit();

    // Detect ram and setup internal malloc.
    qemu_preinit();
    coreboot_preinit();
    malloc_preinit();

    // Relocate initialization code and call maininit().
    reloc_preinit(maininit, NULL);
}
```

下面简单分析与 QEMU 相关的 qemu_preinit 函数。

```
src/fw/paravirt.c
void
qemu_preinit(void)
{
```

```
    qemu_detect();

    // On emulators, get memory size from nvram.
    u32 rs = ((rtc_read(CMOS_MEM_EXTMEM2_LOW) << 16)
            | (rtc_read(CMOS_MEM_EXTMEM2_HIGH) << 24));
    if (rs)
        rs += 16 * 1024 * 1024;
    else
        rs = (((rtc_read(CMOS_MEM_EXTMEM_LOW) << 10)
            | (rtc_read(CMOS_MEM_EXTMEM_HIGH) << 18))
            + 1 * 1024 * 1024);
RamSize = rs;
e820_add(0, rs, E820_RAM);

    /* reserve 256KB BIOS area at the end of 4 GB */
e820_add(0xfffc0000, 256*1024, E820_RESERVED);

    dprintf(1, "RamSize: 0x%08x [cmos]\n", RamSize);
}
```

qemu_detect 通过读取北桥 PCI 设备的一些配置信息，检测并判断当前虚拟机是否允许在 QEMU 上，设置 PlatformRunningOn 的 PF_QEMU 和 PF_KVM，其代码如下。

```
src/fw/paravirt.c
static void qemu_detect(void)
{
    if (!CONFIG_QEMU_HARDWARE)
        return;

    // check northbridge @ 00:00.0
    u16 v = pci_config_readw(0, PCI_VENDOR_ID);
    if (v == 0x0000 || v == 0xffff)
        return;
    u16 d = pci_config_readw(0, PCI_DEVICE_ID);
    u16 sv = pci_config_readw(0, PCI_SUBSYSTEM_VENDOR_ID);
    u16 sd = pci_config_readw(0, PCI_SUBSYSTEM_ID);

    if (sv != 0x1af4 || /* Red Hat, Inc */
        sd != 0x1100)   /* Qemu virtual machine */
        return;

    PlatformRunningOn |= PF_QEMU;
    switch (d) {
    case 0x1237:
        dprintf(1, "Running on QEMU (i440fx)\n");
        break;
    case 0x29c0:
        dprintf(1, "Running on QEMU (q35)\n");
        break;
    default:
        dprintf(1, "Running on QEMU (unknown nb: %04x:%04x)\n", v, d);
        break;
    }
```

```
kvm_detect();
}
```

接着 qemu_preinit 读取 rtc 中 cmos 的虚拟机内存大小信息，并且加入到 e820 表中，e820 表用于通过 BIOS 向操作系统提供内存布局信息。通过 BIOS 的 0x15 中断访问，并且 ax 设置为 0xe820，这也是 e820 表名字的由来。

dopost 在最后阶段会调用 maininit，这里面包含了大量的初始化工作。 interface_init 用来初始化内部的一些接口，重点在于 qemu_cfg_init 函数的调用。代码比较长，这里分段来看。

```
src/fw/paravirt.c
    qemu_cfg_select(QEMU_CFG_SIGNATURE);
    char *sig = "QEMU";
    int i;
    for (i = 0; i < 4; i++)
        if (inb(PORT_QEMU_CFG_DATA) != sig[i])
            return;

    dprintf(1, "Found QEMU fw_cfg\n");
    cfg_enabled = 1;

    // Detect DMA interface.
    u32 id;
    qemu_cfg_read_entry(&id, QEMU_CFG_ID, sizeof(id));

    if (id & QEMU_CFG_VERSION_DMA) {
            dprintf(1, "QEMU fw_cfg DMA interface supported\n");
            cfg_dma_enabled = 1;
    }

    // Populate romfiles for legacy fw_cfg entries
    qemu_cfg_legacy();
```

上一节中介绍到，QEMU 通过 fw_cfg 设备保存一些数据，qemu_cfg_init 的作用则是把这些信息读取出来。首先读取 fw_cfg 的 signature，检查是否有 fw_cfg 设备，然后判断 DMA 是否使能，DMA 使能之后就可以不用通过端口一个字节一个字节地读数据了；接着调用 qemu_cfg_legacy，该函数将传统的 QEMU 配置的 fw_cfg 文件读取出来。

接下来 qemu_cfg_init 从 QEMU_CFG_FILE_DIR 这个数据 entry 中读取所有加入到 fw_cfg 的文件个数。然后读取的所有文件信息通过 qemu_romfile_add 放到 RomfileRoot 链表，其代码如下。

```
src/fw/paravirt.c
    // Load files found in the fw_cfg file directory
    u32 count;
    qemu_cfg_read_entry(&count, QEMU_CFG_FILE_DIR, sizeof(count));
    count = be32_to_cpu(count);
    u32 e;
    for (e = 0; e < count; e++) {
        struct QemuCfgFileqfile;
        qemu_cfg_read(&qfile, sizeof(qfile));
        qemu_romfile_add(qfile.name, be16_to_cpu(qfile.select)
                    , 0, be32_to_cpu(qfile.size));
    }
```

qemu_cfg_init 的最后一部分包括读取 QEMU 配置、将 e820 数据放到 BIOS 的 e820 表中以及读其他 fw_cfg entry。

interface_init 的其他工作包括设置一些数据等，这里不深入介绍，回到 maininit。maininit 在 interface_init 返回之后调用了 platform_hardware_setup，用来初始化平台的硬件，包括 dma、中断控制器 PIC、PCI 设备、时钟和 tpm 等，与 QEMU 相关的是 qemu_platform_setup 函数。

```
src/fw/paravirt.c
void
qemu_platform_setup(void)
{
    if (!CONFIG_QEMU)
        return;
    …
    // Initialize pci
    pci_setup();
    smm_device_setup();
    smm_setup();

    // Initialize mtrr, msr_feature_control and smp
    mtrr_setup();
    msr_feature_control_setup();
    smp_setup();

    // Create bios tables
    if (MaxCountCPUs<= 255) {
        pirtable_setup();
        mptable_setup();
    }
    smbios_setup();

    if (CONFIG_FW_ROMFILE_LOAD) {
        int loader_err;

        dprintf(3, "load ACPI tables\n");

        loader_err = romfile_loader_execute("etc/table-loader");

        RsdpAddr = find_acpi_rsdp();

        if (RsdpAddr)
            return;

        /* If present, loader should have installed an RSDP.
         * Not installed? We might still be able to continue
         * using the builtin RSDP.
         */
        if (!loader_err)
            warn_internalerror();
    }

    acpi_setup();
}
```

在 qemu_platform_setup 里面会进行 PCI 设备的探测，在 pci_setup 函数中，SeaBIOS 会得到

所有设备需要的 MMIO 和 I/O 端口资源，然后统一在虚拟机的物理地址空间中进行分配，并完成 PCI 设备 BAR 地址的设置。qemu_platform_setup 接着完成 smm、mtrr 寄存器、smp 等的初始化，然后建立各种表，如调用 pirtable_setup 创建 PCI interrutp routing 表和 MP 表。值得注意的是，早期的 QEMU ACPI 使用的是 SeaBIOS 构建的，也就是 acpi_setup 函数；后来 QEMU 自己创建 acpi 表就不再依赖 SeaBIOS 构建了。代码 if(CONFIG_FW_ROMFILE_LOAD)调用 find_acpi_rsdp，会得到 ACPI 表的地址，然后直接返回。

maininit 接下来会对 vga Rom 进行初始化，并且使能 vga，对其他的 Rom 进行初始化。最后调用 startBoot 开始启动过程。从代码中可以看到，这是直接调用 int 19 中断实现的。

```
src/post.c
void VISIBLE32FLAT
startBoot(void)
{
    // Clear low-memory allocations (required by PMM spec).
    memset((void*)BUILD_STACK_ADDR, 0, BUILD_EBDA_MINIMUM -
BUILD_STACK_ADDR);

    dprintf(3, "Jump to int19\n");
    struct bregs br;
    memset(&br, 0, sizeof(br));
    br.flags = F_IF;
    call16_int(0x19, &br);
}
```

**2. boot 阶段**

上一节的最后调用 0x19 中断的入口也在 layoutrom.S 文件中，为 entry_19，直接跳转到了 handle_19，后者主要的作用就是调用 do_boot 函数。

```
src/boot.c
static void
do_boot(int seq_nr)
{
    if (! CONFIG_BOOT)
        panic("Boot support not compiled in.\n");

    if (seq_nr >= BEVCount)
        boot_fail();

    // Boot the given BEV type.
    struct bev_s *ie = &BEV[seq_nr];
    switch (ie->type) {
    case IPL_TYPE_FLOPPY:
        printf("Booting from Floppy…\n");
        boot_disk(0x00, CheckFloppySig);
        break;
    case IPL_TYPE_HARDDISK:
        printf("Booting from Hard Disk…\n");
        boot_disk(0x80, 1);
        break;
    case IPL_TYPE_CDROM:
        boot_cdrom((void*)ie->vector);
        break;
    case IPL_TYPE_CBFS:
```

```
        boot_cbfs((void*)ie->vector);
        break;
    case IPL_TYPE_BEV:
        boot_rom(ie->vector);
        break;
    case IPL_TYPE_HALT:
        boot_fail();
        break;
    }

    // Boot failed: invoke the boot recovery function
    struct bregs br;
    memset(&br, 0, sizeof(br));
    br.flags = F_IF;
    call16_int(0x18, &br);
}
```

SeaBIOS 在初始化的时候会把各个启动设备放到 BEV 数组中，然后在这里尝试。如果其中一个失败了，就会去调用 0x18 中断，0x18 中断实质上是增加 BootSequence，然后接着调用 do_boot，当没有一个设备能启动的时候就会调用 boot_fail()，这是因为 QEMU 在将 bootorder 这个数据加入到 fw_cfg 设备时最后一项是"HALT"，此时就会打印出"No bootable device"。

这里分析一下虚拟机从硬盘启动的情形，此时对应的函数是 boot_disk。

```
src/boot.c
static void
boot_disk(u8 bootdrv, int checksig)
{
    u16 bootseg = 0x07c0;

    // Read sector
    struct bregs br;
    memset(&br, 0, sizeof(br));
    br.flags = F_IF;
    br.dl = bootdrv;
    br.es = bootseg;
    br.ah = 2;
    br.al = 1;
    br.cl = 1;
    call16_int(0x13, &br);

    if (br.flags & F_CF) {
        printf("Boot failed: could not read the boot disk\n\n");
        return;
    }

    if (checksig) {
        struct mbr_s *mbr = (void*)0;
        if (GET_FARVAR(bootseg, mbr->signature) != MBR_SIGNATURE) {
            printf("Boot failed: not a bootable disk\n\n");
            return;
        }
    }

    tpm_add_bcv(bootdrv, MAKE_FLATPTR(bootseg, 0), 512);
```

```
/* Canonicalizebootseg:bootip */
u16 bootip = (bootseg& 0x0fff) << 4;
bootseg&= 0xf000;

call_boot_entry(SEGOFF(bootseg, bootip), bootdrv);
}
```

调用 BIOS 0x13 中断读取磁盘的数据到内存，这里读取的是第一个扇区，放到内存 0x7c00 中去，0x7c00 就是 MBR 开始运行的地方，boot_disk 最后调用 call_boot_entry 跳转到 0x7c00 去，这样 MBR 就开始运行了，之后它会加载操作系统内核，然后整个操作系统就运行起来了。

**3．main runtime**

操作系统运行后，可能会调用 SeaBIOS 的硬件信息，如访问 ACPI 表或者调用 BIOS 的中断。BIOS 的中断处理函数为 romlayout.S 中的 entry_XXX 函数，XXX 表示中断号。

**4．resume and reboot**

当虚拟机发生错误或者是操作系统发出重启请求时，就会进入这个阶段。SeaBIOS 处理重启的入口也在 entry_post，但是这次会跳转到 entry_resume，进而转到 handle_resume 函数。

## 3.4.4　SeaBIOS 的编译与调试

从前面的描述中可以看到 SeaBIOS 的代码是通过虚拟机运行的，所以不容易调试。但排查问题的时候又需要去调试 SeaBIOS 代码，这就需要 SeaBIOS 的调试了。SeaBIOS 是通过打印输出日志的，可以设置将日志输出到特定的端口。SeaBIOS 使用 dprintf 作为调试输出函数，第一个参数是输出等级，只有当其小于配置的调试级别时才会打印日志，通过配置变量 CONFIG_DEBUG_LEVEL 控制调试等级。下面的 dprintf 函数只有当 CONFIG_DEBUG_LEVEL>=3 时才会打印。

```
src/fw/pciinit.c
void pci_setup(void)
{
    if (!CONFIG_QEMU)
        return;

    dprintf(3, "pci setup\n");
    …
}
```

与 Linux 一样，可以通过 make menuconfig 对 SeaBIOS 的选项进行配置。图 3-15 配置 SeaBIOS 的调试等级为 4。

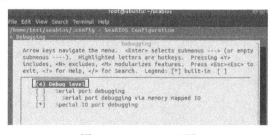

图 3-15　SeaBIOS 配置

可以对 SeaBIOS 源码进行修改，然后在 SeaBIOS 源码树中 make，就可以在 out 目录下生成

256KB 的 bios.bin 文件了。在 QEMU 的命令行中添加如下参数选项，则/.tmp/seabios.log 下面保存了 SeaBIOS 的输出日志。

```
     -chardev file,path=/tmp/seabios.log,id=seabios -device isa-debugcon,iobase=
0x402,chardev=seabios -bios ../seabios/out/bios.bin
```

输出日志如图 3-16 所示，这样就能够非常方便地诊断 SeaBIOS 的问题了。

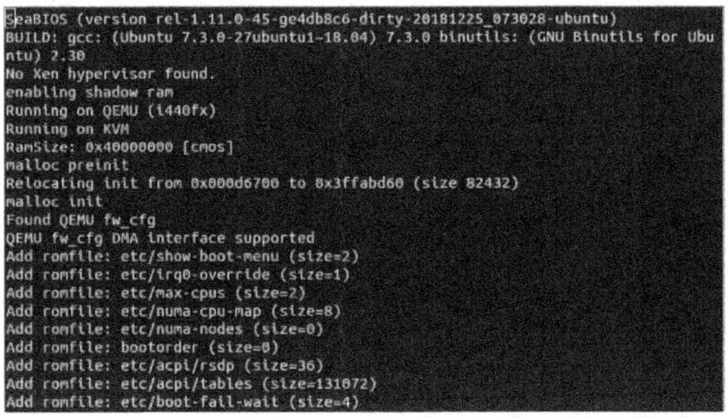

图 3-16　SeaBIOS 输出日志

# 第4章 CPU 虚拟化

## 4.1 CPU 虚拟化介绍

### 4.1.1 CPU 虚拟化简介

在物理机中，操作系统和应用程序都是直接运行在硬件上的。x86 CPU 总共有 ring0～ring3 四个运行等级，操作系统的代码运行在 ring0，应用程序的代码运行在 ring3。当应用程序需要执行一些敏感操作、访问一些系统资源时，需要执行特殊的指令陷入到操作系统内核，由内核进行一些安全检查，代替应用程序访问这些资源。能够在 ring3 执行的指令叫作非特权指令，只能够在 ring0 执行的指令叫作特权指令。还有另外一种方法划分指令，就是按照是否会对整个系统产生影响来划分。如果指令会影响到整个系统，叫作敏感指令，如果只影响自身所在的进程，就叫作非敏感指令。典型的敏感指令包括读写时钟、读写中断寄存器等。

x86 系统的敏感指令与特权指令并不是完全相同的，存在一些属于敏感指令但不是特权指令的指令，也就是说用户程序能够运行一些可以改变/获取全局资源的指令。这在物理机上并没有什么问题，因为整个宿主机只属于当前这一个操作系统。但是在虚拟化情况下就不一样了，虚拟化平台上面会运行多个虚拟机，如果里面的操作系统都能够随意读取/修改全局数据，就会十分混乱。所以传统上有好几种办法来实现虚拟化。Bochs 与 QEMU（不含 KVM）类的纯软件模拟严格来讲并不算是虚拟化软件，应该叫作模拟器，因为它们都是一条一条指令地解析，然后执行的。还有一类是 VMWare 早期的方案，虚拟化用户态的程序直接在 CPU 上执行，但是一些特权指令会通过动态的二进制翻译去执行。紧随 VMware 之后的是 Xen 方案，该方案修改了虚拟机操作系统内核的代码，使虚拟机内核运行在 ring1，并且对虚拟机中操作系统内核的敏感指令进行替换进而使其陷入到 ring0 的 Xen 内核。很明显，各个方案都有缺点，如纯软件模拟的性能非常差，Xen 方案又只能支持有源码的操作系统，VMware 的 Workstation 综合来看相对不错。

随着云计算的不断发展，作为底层支撑技术的虚拟化技术也在飞快发展。Intel 和 AMD 都相继在硬件层面支持了虚拟化，包括 CPU、内存、网卡等常见外设。硬件层面的虚拟化现在已经是云计算的标配。接下来将对基于硬件 CPU 虚拟化的 VT-x 技术进行简单介绍。

### 4.1.2 VMX 架构简介

Intel 通过在原来 x86 CPU 的基础上增加 VMX 架构来实现 CPU 的硬件虚拟化。VMX 架构下定义了两类软件的角色，即虚拟机监控器（VMM）以及虚拟机（VM）。VMM 对整个系统的 CPU 和硬件有完全的控制权，它抽象出虚拟的 CPU 给各个 VM，并且能够将 VM 的 CPU 直接调度到物理 CPU 上运行。每个 VM 都是一个虚拟机实例，能够支持操作系统以及各种软件栈和应用程序，VM 本身不会意识到其处在虚拟化环境中。每一个 VM 都相互独立，有自己独立的 CPU、内核、中断和设备等，这些资源都是 VMM 提供的。

VMM 需要对各个 VM 进行管理，包括创建、配置、删除 VM 实例、为其分配资源、确保各个 VM 之间的隔离与独立，还需要处理 VM 对资源的访问、确保公平，所有这些都需要 VMM 运行的权限高于 VM，只有这样，VMM 才能够实现对整个系统资源和对 VM 的管理。

但是传统上，操作系统内核已经运行在 ring0 最高级了，所以为了让 CPU 支持 VMM 和 VM 两种软件，Intel 为 CPU 引入了一种新的模式，叫作 VMX operation。VMM 执行的模式叫作 VMX root operation 模式，VM 执行的模式叫作 VMX non-root operation 模式，这两种模式之间的转换叫作 VMX 转换。从 VMX root 转换到 VMX non-root 叫作 VM Entry，而从 VMX non-root 转换到 VMX root 则叫作 VM Exit。

每种模式都有自己的 ring0 和 ring3 结构。VMX operation 与 CPU 特权级是正交的。在普通的 QEMU/KVM 架构中，QEMU 等用户态软件以及 KVM 等宿主机的内核都运行在 VMX root 模式下，在虚拟机也有自己的 ring0 和 ring3。当然，VM 中执行指令的行为肯定不能完全与 VMM 中相同，否则也用不着 VMX 架构了。在 VMX non-root 模式中，各种指令是严格受到限制的，执行一些特殊的指令（如之前所说的影响系统全局的指令）或者发生一些特殊的事件都会导致 VM Exit，使 VM 退出到 VMM。这样，VMM 就有机会控制所有 VM 的处理器行为。这里可以看到，VMX operation 的引入不仅使得传统的操作系统能够控制全局资源外，也让虚拟机的操作系统不需要修改就能够运行，这极大地简化了虚拟化平台，也就是 VMM 的开发。

图 4-1 展示了 VMM 的生命周期以及和 VM 的交互。要让 CPU 进入 VMX operation，首先需要执行一个 VMXON 的指令，因为 VMM 本身也需要记录一些数据，所以在执行 VMXON 之前，需要先分配一个 VMXON 的区域，并进行初始化。

通过 VM Entry，VMM 可以使一个 VM 进入到运行状态。首次进入 VM 是通过执行 VMLAUNCH 指令发起的。每一个 VM 都会有一个对应的虚拟机控制结

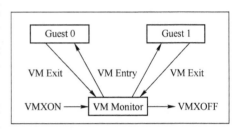

图 4-1　VMX root 与 VMX non-root 的转换

构（Virtual Machine Control Structure，VMCS）区域与之对应，用来保存该 VM 的相关信息。所以在进行 VMLAUNCH 之前需要提前对 VMCS 进行分配并初始化。

当 VM 内部执行特殊指令以及其他一些事件发生时会发生 VM Exit。VM 不知道自己处于虚拟化环境中，所以不会主动进行 VM Exit。只有当 VM 的 CPU 发生预定指令或者是在 VMCS 中配置一些事件时才会进行 VM Exit。VM 会退出到 VMM 指定的一个地址，此时 VMM 开始执行，可以对 VM 的退出进行处理。

VMM 可以通过执行 VMXOFF 指令退出 VMX operation。

### 4.1.3　VMCS 介绍

每个虚拟机的 VCPU 都有一个对应的 VMCS 区域。VMCS 用来管理 VMX non-root Operation 的转换以及控制 VCPU 的行为。操作 VMCS 的指令包括 VMCLEAR、VMPTRLD、VMREAD 和 VMWRITE。VMCS 区域的大小为 4KB，VMM 通过它的 64 位地址来对该区域进行访问。VMCS 之于 VCPU 的作用类似于进程描述符之于进程的作用。传统上操作系统的进程会共享物理 CPU 资源，操作系统负责在多个进程之间分配 CPU，每个进程都有进程描述符来保存进程的信息，并且在进程切换时保存硬件上下文，使得进程能够在下次被调度的时候正常运行。同样，VCPU 之间会共享物理 CPU，VMM 负责在多个 VCPU 之间分配物理 CPU，每个 VCPU 都有自己的描述符，当 VMM 在切换 VCPU 运行时需要保存此刻的 VCPU 状态，从而在下次的 VCPU 调度中使得 VCPU 能够从被中断的那个点开始正常运行。

在 VMCS 的格式中，前 8 个字节是固定的。第一个 4 字节的第 0 位到第 30 位表示修正标识符，用来标识不同的 VMCS 版本，VMM 必须初始化这个值，第一个 4 字节的第 31 位是 shadow-VMCS indicator，VMM 需要根据 VMCS 是一个普通的 VMCS 还是一个 shadow VMCS 来设置 shadow-VMCS indicator。VMCS 的第二个 4 字节是 VMX-abort indicator，当 VM Exit 发生错误时，会产生 VMX-abort，导致处理器进入关闭状态，处理器写入一个非零值到 VMX-abort indicator。

剩下的就是 VMCS 数据区了，它控制着 VMX non-root 和 VMX root 之间的转换。这个区域的格式是由实现决定的，VMM 通过 VMREAD 和 VMWRITE 指令在这里读写。

VMCS 数据区总共有 6 个区域，下面对每个区域做简单介绍。

1）Guest-state 区域。进行 VM Entry 时，虚拟机处理器的状态信息从这个区域加载，进行 VM Exit 时，虚拟机的当前状态信息写入到这个区域。在这个区域中，典型的有各个寄存器的状态以及一些处理器的状态。完整的 Guest-state 区域如图 4-2 所示。

| CR0 | | | CR3 | | | CR4 | |
|---|---|---|---|---|---|---|---|
| DR7 | | | | | | | |
| RSP | | | RIP | | | RPLAGS | |
| CS | Selector | Base Address | | Segment Limit | | Access Right | |
| SS | Selector | Base Address | | Segment Limit | | Access Right | |
| DS | Selector | Base Address | | Segment Limit | | Access Right | |
| ES | Selector | Base Address | | Segment Limit | | Access Right | |
| FS | Selector | Base Address | | Segment Limit | | Access Right | |
| GS | Selector | Base Address | | Segment Limit | | Access Right | |
| LDTR | Selector | Base Address | | Segment Limit | | Access Right | |
| TR | Selector | Base Address | | Segment Limit | | Access Right | |
| GDTR | Base Address | | | Segment Limit | | | |
| IDTR | Base Address | | | Segment Limit | | | |
| IA32_DEBUGCTL | | IA32_SYSENTER_CS | | IA32_SYSENTER_ESP | | IA32_SYSENTER_EIP | |
| IA32_PERF_GLOBAL_CTRL | | IA32_PAT | | IA32_EFER | | IA32_BNDCFGS | |
| SMBASE | | | | | | | |
| Activity state | | | Interruptibility state | | | | |
| Pending debug exceptions | | | | | | | |
| VMCS link pointer | | | | | | | |
| VMX-preemption timer value | | | | | | | |
| Page-directory-pointer-table entries | | | PDTE0 | PDTE1 | | PDTE2 | PDTE3 |
| Guest interrupt status | | | | | | | |
| PML index | | | | | | | |

图 4-2 VMCS Guest-state 区域数据

2）Host-state 区域。当发生 VM Exit 的时候，需要切换到 VMM 的上下文运行，此时处理器的状态信息从这个区域加载。完整的 Host-state 区域如图 4-3 所示。

3）VM-execution 控制区域。这个区域用来控制处理器在进入 VM Entry 之后的处理器行为，这个区域很庞大，包含了多种控制，如哪些时间会引起 VM Exit，一个异常位图指示哪些异常会发生 VM Exit，APIC 的虚拟化控制等。完整的 VM-execution control 区域如图 4-4 所示。

| CR0 | | CR3 | | CR4 |
|---|---|---|---|---|
| RSP | | | RIP | |
| CS | Selector | | | |
| SS | Selector | | | |
| DS | Selector | | | |
| ES | Selector | | | |
| FS | Selector | | Base Address | |
| GS | Selector | | Base Address | |
| TR | Selector | | Base Address | |
| GDTR | Base Address | | | |
| IDTR | Base Address | | | |
| IA32_SYSENTER_CS | | IA32_SYSENTER_ESP | | IA32_SYSENTER_EIP |
| IA32_PERF_GLOBAL_CTRL | | IA32_PAT | | IA32_EFER |

图 4-3  VMCS Host-state 区域数据

| Pin-Based VM-Execution Controls | External-interrupt exiting | | NMI exiting | | Virtual NMIs |
|---|---|---|---|---|---|
| | Activate VMX-preemption timer | | | Process posted interrupts | |
| Primary processor-based VM-execution controls | Interrupt-window exiting | | | Use TSC offsetting | |
| | HLT exiting | INVLPG exiting | MWAIT exiting | | RDPMC exiting |
| | RDTSC exiting | CR3-load exiting | | CR3-store exiting | CR8-load exiting |
| | CR8-store exiting | Use TPR shadow | | NMI-window exiting | MOV-DR exiting |
| | Unconditional I/O exiting | | Use I/O bitmaps | Monitor trap flag | Use MSR bitmaps |
| | MONITOR exiting | | PAUSE exiting | | Activate secondary controls |
| Secondary processor-based VM-execution controls | Virtualize APIC accesses | | Enable EPT | Descriptor-table exiting | Enable RDTSCP |
| | Virtualize x2APIC mode | | Enable VPID | WBINVD exiting | Unrestricted guest |
| | APIC-register virtualization | | Virtual-interrupt delivery | | PAUSE-loop exiting |
| | RDRAND exiting | | Enable INVPCID | Enable VM functions | VMCS shadowing |
| | Enable ENCLS exiting | | RDSEED exiting | Enable PML | EPT-violation #VE |
| | Conceal VMX non-root operation from Intel PT | | | Enable XSAVES/XRSTORS | |
| | Mode-based execute control for EPT | | | Use TSC scaling | |
| Exception Bitmap | | I/O-Bitmap Addresses | | TSC-offset | |
| Guest/Host Masks for CR0 | | Guest/Host Masks for CR4 | Read Shadow for CR0 | | Read Shadow for CR4 |
| CR3-target value 0 | CR3-target value 1 | CR3-target value 2 | | CR3-target value 3 | CR3-target count |
| Primary processor-based VM-execution controls | APIC-access address | | Virtual-APIC address | | TPR threshold |
| | EOI-exit bitmap 0 | EOI-exit bitmap 1 | | EOI-exit bitmap 2 | EOI-exit bitmap 3 |
| | Posted-interrupt notification vector | | | Posted-interrupt descriptor address | |
| Read bitmap for low MSRs | | Read bitmap for high MSRs | Write bitmap for low MSRs | | Write bitmap for high MSRs |
| Executive-VMCS Pointer | | Extended-Page-Table Pointer | | Virtual-Processor Identifier | |
| PLE_Gap | PLE_Window | Virtual APIC address ~~VM-function controls~~ | VMREAD bitmap | | VMWRITE bitmap |
| ENCLS-exiting bitmap | | PML address | | | |
| Virtualization-exception information address | | EPTP index | | XSS-exiting bitmap | |

图 4-4  VM-execution control 区域

4）VM Exit 控制区域。这个区域用来指定虚拟机在发生 VM Exit 时的行为，如一些寄存器的保存。完整的 VM Exit control 区域如图 4-5 所示。

| VM-Exit Controls | Save debug controls | | Hust Address space size | | Load IA32_PERF_GLOBAL_CTRL | |
|---|---|---|---|---|---|---|
| | Acknowledge interrupt on exit | | Save IA32_PAT | Load IA32_PAT | Save IA32_EFER | Load IA32_EFER |
| | Save VMX preemption timer value | | Clear IA32_BNDCFGS | | Conceal VM exits from Intel PT | |
| VM-Exit Controls for MSRs | VM-exit MSR-store count | | | VM-exit MSR-store address | | |
| | VM-exit MSR-load count | | | VM-exit MSR-load address | | |

图 4-5　VM Exit control 区域

5）VM Entry 控制区域。这个区域用来指定虚拟机在发生 VM Entry 时的行为，如一些寄存器的加载，还有一些虚拟机的事件注入。完整的 VM Entry control 区域如图 4-6 所示。

| VM-Entry Controls | Load debug controls | | IA-32e mode guest | | Entry to SMM | |
|---|---|---|---|---|---|---|
| | Deactivate dual-monitor treatment | | Load IA32_PERF_GLOBAL_CTRL | | Load IA32_PAT | |
| | Load IA32_EFER | | Load IA32_BNDCFGS | | Conceal VMX from PT | |
| VM-Entry Controls for MSRs | VM-entry MSR-load count | | | VM-entry MSR-load address | | |
| VM-Entry for Event Injection | VM-entry interruption-ubfirnatuib fuekd | | VM-entry exception error code | | VM-entry instruction length | |

图 4-6　VM Entry control 区域

6）VM Exit 信息区域。这个区域包含了最近产生的 VM Exit 信息，典型的信息包括退出的原因以及相应的数据，如指令执行的退出会记录指令的长度等。完整的 VM Exit 信息区域如图 4-7 所示。

| Basic VM-Exit information | Exit reason | | Exit qualification | | |
|---|---|---|---|---|---|
| | Guest-linear address | | Guest-physical address | | |
| VM Exits Due to Vectored Events | VM-exit interruption information | | VM-exit interruption error code | | |
| VM Exits That Occur During Event Delivery | IDT-vectoring information | | IDT-vectoring error code | | |
| VM Exits Due to instruction Execution | VM-exit instruction length | | VM-exit instruction information | | |
| | I/O RCX | I/O RSI | I/O RDI | | I/O RIP |
| VM-instruction error field | | | | | |

图 4-7　VM Exit 信息区域

## 4.2　KVM 模块初始化介绍

### 4.2.1　KVM 源码组织

KVM 是由以色列初创公司 Qumranet 在 CPU 推出硬件虚拟化之后开发的一个基于内核的虚拟机监控器。KVM 的架构简单清晰，充分地重用了内核的诸多功能，得以快速进入内核，随着 Red Hat 收购 Qumranet，KVM 得到了更大的支持与发展。

KVM 在内核树中的代码组织如图 4-8 所示。主要包括了通用部分代码和架构相关代码。

KVM 是一个虚拟化的统称方案，除了 x86 外，ARM 等其他架构也有自己的方案，所以

KVM 的主体代码位于内核树 virt/kvm 目录下面，表示所有 CPU 架构的公共代码，这也是内核 kvm.ko 对应的源码。本书之后的描述中所说的"通用代码"一般指这部分。

　　CPU 架构代码位于 arch/目录下面，如 x86 的架构相关的代码在 arch/x86/kvm 下。当然，同一个架构可能会有多种不同的实现，如 KVM 就有 Intel 和 AMD 两家的 CPU 实现，所以在 x86 目录下面就有多种实现代码，如 Intel 的 vmx.c（对应 intel VM-X 方案）、AMD 的 svm.c（对应 AMD-V 方案），ioapic.c 和 lapic.c 是中断控制器的代码，这也是 intel-kvm.ko 和 amd-kvm.ko 的来源。这种源码组织架构也常见于 Linux 内核的其他子系统。后面所说的"架构相关的代码"一般指 x86 下面 Intel 的 CPU 的 KVM 实现代码。

　　KVM 的所有虚拟化实现（Intel 和 AMD）都会向 KVM 模块注册一个 kvm_x86_ops 结构体，这样，KVM 中的一些函数就是一个外壳，它可能首先会调用 kvm_arch_xxx 函数，表示的是调用 CPU 架构相关的函数，而如果 kvm_arch_xxx 函数需要调用到实现相关的代码，则会调用 kvm_x86_ops 结构中的相关回调函数。本书的分析以 x86 架构的 Intel 实现为例。

　　使用 KVM 需要加载 kvm.ko 和 kvm-intel.ko 两个内核模块。kvm.ko 是由 KVM 的通用代码生成的，kvm-intel.ko 模块是由 Intel CPU 架构相关的代码生成的。kvm.ko 初始化代码不做任何事情，相当于只是把代码加到了内存中，KVM 的开启和关闭都是由 kvm-intel.ko 完成的，当 KVM 初始化完成之后，会向用户空间呈现 KVM 的接口，这些接口是由 kvm.ko 导出的，用户程序调用这些接口时，kvm.ko 中的通用代码反过来会调用 kvm-intel.ko 架构中的相关代码。调用关系如图 4-9 所示。

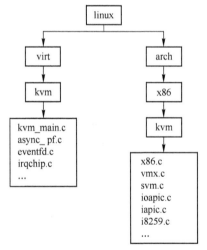

图 4-8　KVM 源码目录结构

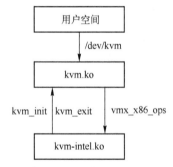

图 4-9　kvm-intel.ko 与 kvm.ko 调用关系

## 4.2.2　KVM 模块初始化

　　KVM 模块的初始化主要包括初始化 CPU 与架构无关的数据以及设置与架构相关的虚拟化支持，以 Intel CPU 为例，Intel Software Developer Manuals（Intel SDM）31.5 列出了开启和关闭 VMM 的步骤。VMM 只有在 CPU 处于保护模式并且开启分页时才能进入 VMX 模式。下面简单总结一下开启 VMX 模式需要做的事情。

　　1）使用 CPUID 检测 CPU 是否支持 VMX，如果 CPUID.1:ECX.VMX[bit 5] = 1，则表示 CPU 支持 VMX。

　　2）检测 CPU 支持的 VMX 的能力，这是通过读取与 VMX 能力相关的 MSR 寄存器完成的，典型的寄存器包括表示基本 VMX 能力信息的 IA32_VMX_BASIC 以及表明 VMCS 区域中 VM-execution 相关能够设置值的 IA32_VMX_PINBASED_CTLS 和 IA32_VMX_PROCBASED_CTLS。

3）分配一段 4KB 对齐的内存作为 VMXON 区域，其大小是通过读取 IA32_VMX_BASICMSR 寄存器得到的。

4）初始化 VMXON 区域的版本标识，这个标识也是通过 MSR 寄存器报告的。

5）确保当前 CPU 运行模式的 CR0 寄存器符合进入 VMX 的条件，如 CR0.PE=1，CR0.PG=1，其他需要满足的设置通过 IA32_VMX_CR0_FIXED0 和 IA32_VMX_CR0_FIXED1 寄存器报告。

6）通过设置 CR4.VMXE 为 1 来开启 VMX 模式，其他 CR4 需要满足的设置通过 IA32_VMX_CR4_FIXED0 和 IA32_VMX_CR4_FIXED1 报告。

7）确保 IA32_FEATURE_CONTROL 寄存器被正确设置，其锁定位（0 位）为 1，这个 MSR 寄存器通常由 BIOS 编程。

8）使用 VMXON 区域的物理地址作为操作数调用 VMXON 指令，执行完成后，如果 RFLAGS.CF=0 则表示 VMXON 指令执行成功。

进入 VMX 模式之后，在 VMX root 的 CPL=0 时执行 VMXOFF，RFLAGS.CF 和 RFLAGS.ZF 均为 0 则表示 CPU 关闭了 VMX 模式。

KVM 模块的初始化既要完成架构无关的部分，也要配置好上述架构相关数据。intel-kvm.ko 的模块注册函数是 vmx_init，其主要任务为调用架构无关函数 kvm_init 进行 KVM 模块的初始化。

```
arch/x86/kvm/vmx.c
static int __init vmx_init(void)
{
        int r = kvm_init(&vmx_x86_ops, sizeof(struct vcpu_vmx),
                     __alignof__(struct vcpu_vmx), THIS_MODULE);
        …
        return 0;
}
static struct kvm_x86_ops vmx_x86_ops = {
        .cpu_has_kvm_support = cpu_has_kvm_support,
        .disabled_by_bios = vmx_disabled_by_bios,
        .vcpu_create = vmx_create_vcpu,
        …
        .run = vmx_vcpu_run,
        .handle_exit = vmx_handle_exit,
        …
};
```

调用 kvm_init 时，第一个参数 vmx_x86_ops 表示的即是 Intel VT-x 具体实现的各种回调函数，这是一个非常大的结构，包括具体硬件检测、虚拟机创建 VCPU 的实现、一些寄存器的设置、虚拟机退出的处理函数等。第二个参数表示 VMX 实现的 VCPU 结构体的大小。去掉一些注释和错误处理路径之后，kvm_init 的代码如下。

```
virt/kvm/kvm_main.c
int kvm_init(void *opaque, unsigned vcpu_size, unsigned vcpu_align,
        struct module *module)
{
        int r;
        int cpu;
```

```
        r = kvm_arch_init(opaque);
        r = kvm_irqfd_init();

        if (!zalloc_cpumask_var(&cpus_hardware_enabled, GFP_KERNEL)) {
          r = -ENOMEM;
          goto out_free_0;
        }

        r = kvm_arch_hardware_setup();
        for_each_online_cpu(cpu) {
          smp_call_function_single(cpu,
                  kvm_arch_check_processor_compat,
                  &r, 1);
          if (r < 0)
              goto out_free_1;
        }

        r = register_cpu_notifier(&kvm_cpu_notifier);
        register_reboot_notifier(&kvm_reboot_notifier);
        kvm_vcpu_cache = kmem_cache_create("kvm_vcpu", vcpu_size, vcpu_align,
                          0, NULL);
        r = kvm_async_pf_init();
        kvm_chardev_ops.owner = module;
        kvm_vm_fops.owner = module;
        kvm_vcpu_fops.owner = module;

        r = misc_register(&kvm_dev);
        register_syscore_ops(&kvm_syscore_ops);
        kvm_preempt_ops.sched_in = kvm_sched_in;
        kvm_preempt_ops.sched_out = kvm_sched_out;

        r = kvm_init_debug();
        r = kvm_vfio_ops_init();
        WARN_ON(r);
        return 0;
    }
```

　　大体上，kvm_init 调用的函数如图 4-10 所示。kvm_arch_init 函数用来初始化架构相关的代码。kvm_irqfd_init 初始化 irqfd 相关的数据，主要是创建一个线程。kvm_arch_hardware_setup 则用来创建一些跟启动 KVM 密切相关的数据结构以及初始化一些硬件特性。对每个 CPU，会调用 kvm_arch_check_processor_compat，该函数用来检测所有 CPU 的特性是否一致。此时注册两个通知对象，一个是 kvm_cpu_notifier，当 CPU 在热插拔的时候就会得到通知，另一个是 kvm_reboot_notifier，当系统重启时会得到通知。创建 VCPU 结构体的 cache 赋值给 kvm_vcpu_cache，之后就能比较快地分配 VCPU 空间。设置 3 个 file_operations 的 owner 为当前模块，其中 kvm_chardev_ops 表示的是 "/dev/kvm" 这个设备对应的 fd 的 file_operations，kvm_vm_fops 表示的是创建的虚拟机对应的 fd 的 file_operations，kvm_vcpu_fops 表示的是创建的 VCPU 对应的 fd 的 file_operations。调用 misc_register 创建 kvm_dev 这个 misc 设备，将 kvm_dev 这个设备的 file_operations 设置为 kvm_chardev_ops。设置 kvm_preempt_ops 的 sched_in 和 sched_out，当虚拟机 VCPU 所在线程被抢占或者被调度时会调用这两个函数。

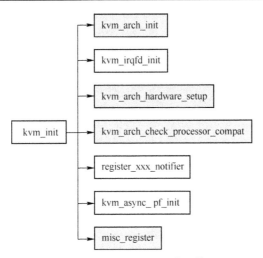

图 4-10　kvm_init 调用的函数

　　下面对 kvm_init 中的几个重要函数进行简要分析。首先是 kvm_arch_init，通用代码一般都会调用 kvm_arch_xxx 这种与架构相关的代码，所以这个函数定义在 arch/x86/kvm 目录的 x86.c 中，其代码如下。

```
arch/x86/kvm/x86.c
int kvm_arch_init(void *opaque)
{
    int r;
    struct kvm_x86_ops *ops = opaque;

    if (kvm_x86_ops) {
      printk(KERN_ERR "kvm: already loaded the other module\n");
      r = -EEXIST;
      goto out;
    }

    if (!ops->cpu_has_kvm_support()) {
      …
    }
    if (ops->disabled_by_bios()) {
      …
    }

    r = -ENOMEM;
    shared_msrs = alloc_percpu(struct kvm_shared_msrs);
    if (!shared_msrs) {
      printk(KERN_ERR "kvm: failed to allocate percpukvm_shared_msrs\n");
      goto out;
    }

    r = kvm_mmu_module_init();
    if (r)
      goto out_free_percpu;

    kvm_set_mmio_spte_mask();
```

```
        kvm_x86_ops = ops;

        kvm_mmu_set_mask_ptes(PT_USER_MASK, PT_ACCESSED_MASK,
                PT_DIRTY_MASK, PT64_NX_MASK, 0);

        kvm_timer_init();

        kvm_lapic_init();
#ifdef CONFIG_X86_64
        pvclock_gtod_register_notifier(&pvclock_gtod_notifier);
#endif

        return 0;
        ...
}
```

  kvm_arch_init 做了一些初始化的工作，确保只有一个 KVM 实现能够加载到内核，KVM 实现的结构体会被赋值到全局变量 kvm_x86_ops 中，如这里传递到 kvm_arch_init 的参数 opaque 就是 vmx_x86_ops，其中存放了 Intel CPU 下 KVM 实现的各类回调函数。kvm_arch_init 调用实现相关的回调函数 cpu_has_kvm_support 和 disabled_by_bios，用来检测 CPU 是否支持 VMX 模式（对应开启条件 1）以及是否被 BIOS 关闭（对应开启条件 7），前者通过 CPUID 指令的返回值判断，后者则通过读取 MSR 寄存器判断。其他的初始化工作包括分配一个 percpu 变量 shared_msrs、kvm_mmu_module_init 完成内存虚拟化的初始化工作、调用函数 kvm_set_mmio_spte_mask 设置 MMIO 内存的标识符，该标识符通过 shadow_mmio_mask 表示，最后完成 timer 和 lapic 的初始化等。

  kvm_init 调用的第二个重要函数是 kvm_arch_hardware_setup，同样，其主要调用了实现相关的 vmx_x86_ops 的 hardware_setup 成员，该函数代码如下。

```
arch/x86/kvm/vmx.c
static __init int hardware_setup(void)
{
        int r = -ENOMEM, i, msr;

        vmx_io_bitmap_a = (unsigned long *)__get_free_page(GFP_KERNEL);
        if (!vmx_io_bitmap_a)
          return r;

        vmx_io_bitmap_b = (unsigned long *)__get_free_page(GFP_KERNEL);

        memset(vmx_io_bitmap_a, 0xff, PAGE_SIZE);

        memset(vmx_io_bitmap_b, 0xff, PAGE_SIZE);

        if (setup_vmcs_config(&vmcs_config) < 0) {
          r = -EIO;
          goto out8;
        }

        if (boot_cpu_has(X86_FEATURE_NX))
```

```
            kvm_enable_efer_bits(EFER_NX);

        if (!cpu_has_vmx_ept() ||
            !cpu_has_vmx_ept_4levels()) {
          enable_ept = 0;
          enable_unrestricted_guest = 0;
          enable_ept_ad_bits = 0;
        }

        if (enable_apicv)
          kvm_x86_ops->update_cr8_intercept = NULL;
        else {
          kvm_x86_ops->hwapic_irr_update = NULL;
          kvm_x86_ops->hwapic_isr_update = NULL;
          kvm_x86_ops->deliver_posted_interrupt = NULL;
          kvm_x86_ops->sync_pir_to_irr = vmx_sync_pir_to_irr_dummy;
        }
        …
        return alloc_kvm_area();
    }

static __init int alloc_kvm_area(void)
{
        int cpu;

        for_each_possible_cpu(cpu) {
          struct vmcs *vmcs;

          vmcs = alloc_vmcs_cpu(cpu);
          …
          per_cpu(vmxarea, cpu) = vmcs;
        }
        return 0;
}
```

　　kvm_arch_hardware_setup 主要调用了 Intel 虚拟化实现的 hardware_setup 函数。hardware_setup 函数首先分配了多个 bitmap，这些 bitmap 都是 VMCS 中可能需要用到的，典型的如两个 IO 位图 vmx_io_bitmap_a/b，并且都设置为 1，所以一开始会拦截所有的端口读写。接下来调用 setup_vmcs_config 设置一个全局变量 vmcs_config，该函数根据查看 CS 的特性支持填写 vmcs_config（对应开启条件 2），之后在创建虚拟 CPU 的时候用这个配置来初始化 VMCS。然后根据 CPU 的特性支持来设置一些全局变量，如是否支持 EPT 的 enable_ept 变量。最后调用 alloc_kvm_area，为每一个物理 CPU 分配一 vmcs 结构并且放到 vmxarea 这个 percpu 变量中（对应开启条件 3 和 4）。这里面的很多设置会在之后涉及的时候提及。

　　kvm_init 调用的第三个重要函数是 kvm_arch_check_processor_compat，不出意外，该函数也是通过调用 Intel x86 实现的 check_processor_compatibility 回调函数 vmx_check_processor_compat。值得注意的是，kvm_init 对每一个在线 CPU 都调用了 kvm_arch_check_processor_compat 函数。该函数代码如下。

**arch/x86/kvm/vmx.c**
```
static void __init vmx_check_processor_compat(void *rtn)
```

```
{
        struct vmcs_config vmcs_conf;

        *(int *)rtn = 0;
        if (setup_vmcs_config(&vmcs_conf) < 0)
         *(int *)rtn = -EIO;
        if (memcmp(&vmcs_config, &vmcs_conf, sizeof(struct vmcs_config)) != 0) {
         printk(KERN_ERR "kvm: CPU %d feature inconsistency!\n",
                    smp_processor_id());
         *(int *)rtn = -EIO;
        }
}
```

在 hardware_setup 函数中调用 setup_vmcs_config 是用当前运行的物理 CPU 的特性构造出一个 vmcs_config，这里对所有物理 CPU 构造出 vmcs_conf，然后与全局的 vmcs_config 比较，确保所有的物理 CPU 的 vmcs_conf 一样。这样才能够保证 VCPU 在物理 CPU 上调度的时候不会出现错误。

kvm_init 的最后一个重要工作是创建一个 misc 设备"/dev/kvm"，该函数及其对应的操作如下所示。

```
virt/kvm/kvm_main.c
static struct file_operations kvm_chardev_ops = {
        .unlocked_ioctl = kvm_dev_ioctl,
        .compat_ioctl  = kvm_dev_ioctl,
        .llseek       = noop_llseek,
};

static struct miscdevicekvm_dev = {
        KVM_MINOR,
        "kvm",
        &kvm_chardev_ops,
}
```

可以看到，该设备只支持 ioctl 系统调用，当然，open 和 close 这些系统调用会被 misc 设备框架处理。kvm_dev_ioctl 代码如下。

```
virt/kvm/kvm_main.c
static long kvm_dev_ioctl(struct file *filp,
            unsigned int ioctl, unsigned long arg)
{
        long r = -EINVAL;

        switch (ioctl) {
        case KVM_GET_API_VERSION:
         if (arg)
            goto out;
         r = KVM_API_VERSION;
         break;
        case KVM_CREATE_VM:
         r = kvm_dev_ioctl_create_vm(arg);
         break;
        case KVM_CHECK_EXTENSION:
```

```
           r = kvm_vm_ioctl_check_extension_generic(NULL, arg);
           break;
       case KVM_GET_VCPU_MMAP_SIZE:
           if (arg)
               goto out;
           r = PAGE_SIZE;      /* struct kvm_run */
#ifdef CONFIG_X86
           r += PAGE_SIZE;     /* pio data page */
       …
       default:
           return kvm_arch_dev_ioctl(filp, ioctl, arg);
       }
out:
       return r;
}
```

从架构角度看，“/dev/kvm”设备的 ioctl 接口分为两类：一类为通用接口，如 KVM_API_
VERSION 和 KVM_CREATE_VM；另一类为架构相关接口，ioctl 由 kvm_arch_dev_ioctl 函数处
理。从内容角度看，KVM 的 ioctl 处理整个 KVM 层面的请求，如 KVM_GET_API_VERSION 返
回 KVM 的版本号，KVM_CREATE_VM 创建一台虚拟机，KVM_CHECK_EXTENSION 检查 KVM
是否支持一些通用扩展，KVM_GET_VCPU_MMAP_SIZE 返回 VCPU 中 QEMU 和 KVM 共享内
存的大小等。

与 KVM 层面的 ioctl 对应的是 VM 层面和 VCPU 层面的 ioctl，分别在 kvm_vm_fops 和
kvm_vcpu_fops 这两个 file_operations 中定义。

这就是 kvm_init 的主要工作。可以看到，KVM 模块的初始化过程主要是对硬件进行检查，
分配一些常用结构的缓存，创建一个“/dev/kvm”设备，得到 vmcs 的一个配置结构
vmcs_config，并根据 CPU 特性设置一些全局变量，给每个物理 CPU 分配一个 vmcs 结构。值得
注意的是，这个时候 CPU 还不在 VMX 模式下，因为在 vmx_init 初始化的过程中并没有向
CR4.VMXE 写入 1，也没有分配 VMXON 区域。这其实也是一种惰性策略，毕竟如果加载了
KVM 模块，却一个虚拟机也不创建，那也就没有必要让 CPU 进入 VMX 模式。所以 VMX 模式
的真正开启是在创建第一个虚拟机的时候。

## 4.3　虚拟机的创建

要创建一个 KVM 虚拟机，需要用户侧的 QEMU 发起请求，下面从 QEMU 和 KVM 两个方
面来考察 KVM 虚拟机创建过程。

### 4.3.1　QEMU 侧虚拟机的创建

当在 QEMU 命令行加入--enable-kvm 时，解析会进入下面的 case 分支。

```
vl.c
           case QEMU_OPTION_enable_kvm:
               olist = qemu_find_opts("machine");
               qemu_opts_parse_noisily(olist, "accel=kvm", false);
```

这里给 machine optslist 这个参数项加了一个 accel=kvm 参数，之后 main 函数会调用
configure_accelerator(current_machine)，该函数会从 machine 的参数列表中取出 accel 的值，找出

所属的类型，然后调用 accel_init_machine。

```
accel.c
static int accel_init_machine(AccelClass *acc, MachineState *ms)
{
    ObjectClass *oc = OBJECT_CLASS(acc);
    const char *cname = object_class_get_name(oc);
    AccelState *accel = ACCEL(object_new(cname));
    int ret;
    ms->accelerator = accel;
    *(acc->allowed) = true;
    ret = acc->init_machine(ms);
    if (ret < 0) {
        …
    }
    return ret;
}
```

accel_init_machine 会根据 accel 类型的值调用 object_new，创建一个新的对象 AccelState，对 KVM 来说，这个 AccelState 本质上是一个 KVMState。accel_init_machine 接着调用 accel 类型的 init_machine 回调函数，KVM 的 init_machine 函数是 kvm_init，这是在 TYPE_KVM_ACCEL 类别初始化函数 kvm_accel_class_init 中设置的，kvm_init 主要代码如下。

```
kvm-all.c
static int kvm_init(MachineState *ms)
{
    MachineClass *mc = MACHINE_GET_CLASS(ms);
    …
    s = KVM_STATE(ms->accelerator);

    s->vmfd = -1;
    s->fd = qemu_open("/dev/kvm", O_RDWR);
    ret = kvm_ioctl(s, KVM_GET_API_VERSION, 0);

    kvm_immediate_exit = kvm_check_extension(s, KVM_CAP_IMMEDIATE_EXIT);
    s->nr_slots = kvm_check_extension(s, KVM_CAP_NR_MEMSLOTS);
    …
    do {
        ret = kvm_ioctl(s, KVM_CREATE_VM, type);
    } while (ret == -EINTR);

    s->vmfd = ret;

    missing_cap = kvm_check_extension_list(s, kvm_required_capabilites);
    s->coalesced_mmio = kvm_check_extension(s, KVM_CAP_COALESCED_MMIO);

#ifdef KVM_CAP_VCPU_EVENTS
    s->vcpu_events = kvm_check_extension(s, KVM_CAP_VCPU_EVENTS);
#endif

    s->irq_set_ioctl = KVM_IRQ_LINE;
    …
    kvm_state = s;
```

```
        ret = kvm_arch_init(ms, s);

        if (machine_kernel_irqchip_allowed(ms)) {
    kvm_irqchip_create(ms, s);
        }
        return 0;
    }
```

　　QEMU 中使用 KVMState 结构体来表示 KVM 相关的数据结构。kvm_init 函数首先打开 "/dev/kvm" 设备得到一个 fd，并且会保存到类型为 KVMState 的变量 s 的成员 fd 中，检查 KVM 的版本，检测是否支持 KVM 的一些扩展特性，调用 ioctl(KVM_CREATE_VM)接口在 KVM 层面创建一个虚拟机，将 s 赋值到一个全局变量 kvm_state，这样其他地方可以引用它。kvm_init 也会调用 kvm_arch_init 完成一些架构相关的初始化，如对于 x86，需要调用 KVM_CAP_SET_IDENTITY_MAP_ADDR 和 KVM_SET_TSS_ADDR 等 ioctl 来支持 vm86 模式。

## 4.3.2　KVM 侧虚拟机的创建

　　kvm_init 最重要的作用是调用 "/dev/kvm" 设备的 ioclt(KVM_CREATE_VM)接口，在 KVM 模块中创建一台虚拟机。本质上一个 QEMU 进程就是一台虚拟机。KVM 中用结构体 kvm 表示虚拟机。

　　4.2 节中提到，KVM 在初始化的时候会注册 "/dev/kvm" 设备，该设备在内核对应的 ioctl 函数为 kvm_dev_ioctl，该函数实现了所有 KVM 层面的 ioctl，对于 KVM_CREATE_VM，其处理函数是 kvm_dev_ioctl_create_vm，代码如下。

```
virt/kvm/kvm_main.c
static int kvm_dev_ioctl_create_vm(unsigned long type)
{
        int r;
        struct kvm *kvm;

        kvm = kvm_create_vm(type);
        if (IS_ERR(kvm))
          return PTR_ERR(kvm);
#ifdef KVM_COALESCED_MMIO_PAGE_OFFSET
        r = kvm_coalesced_mmio_init(kvm);
        if (r < 0) {
          kvm_put_kvm(kvm);
          return r;
        }
#endif
        r = anon_inode_getfd("kvm-vm", &kvm_vm_fops, kvm, O_RDWR | O_CLOEXEC);
        if (r < 0)
          kvm_put_kvm(kvm);
        return r;
    }
```

　　该函数的主要任务是调用 kvm_create_vm 创建虚拟机实例，每一个虚拟机实例用一个 kvm 结构表示，kvm_coalesced_mmio_init 用来对合并 MMIO 进行初始化，主要就是分配一个内存页，合并 MMIO 指的是将 MMIO 的写请求放到一个环中，等到其他事件产生或者是环满了并产生 VM Exit 时，再进行 MMIO 的处理，这将在内存虚拟化部分详细讨论。anon_inode_getfd 创建了一个匿名 file，其 file_operations 设置为 kvm_vm_fops，私有数据就是刚刚创建的虚拟机，这个 file 对应的 fd 返回给用户态 QEMU，表示一台虚拟机，QEMU 之后就可以通过该 fd 对虚拟机进行操作了。

kvm_create_vm 是创建虚拟机的核心函数，代码如下。

```
virt/kvm/kvm_main.c
static struct kvm *kvm_create_vm(unsigned long type)
{
    int r, i;
    struct kvm *kvm = kvm_arch_alloc_vm();
    …
    spin_lock_init(&kvm->mmu_lock);
    atomic_inc(&current->mm->mm_count);
    kvm->mm = current->mm;
    kvm_eventfd_init(kvm);
    mutex_init(&kvm->lock);
    mutex_init(&kvm->irq_lock);
    mutex_init(&kvm->slots_lock);
    atomic_set(&kvm->users_count, 1);
    INIT_LIST_HEAD(&kvm->devices);

    r = kvm_arch_init_vm(kvm, type);
    …
    r = hardware_enable_all();
    …
    r = -ENOMEM;
    for (i = 0; i < KVM_ADDRESS_SPACE_NUM; i++) {
      kvm->memslots[i] = kvm_alloc_memslots();
      if (!kvm->memslots[i])
          goto out_err_no_srcu;
    }
    …
    for (i = 0; i < KVM_NR_BUSES; i++) {
      kvm->buses[i] = kzalloc(sizeof(struct kvm_io_bus),
                  GFP_KERNEL);
      if (!kvm->buses[i])
          goto out_err;
    }

    r = kvm_init_mmu_notifier(kvm);
    …
    spin_lock(&kvm_lock);
    list_add(&kvm->vm_list, &vm_list);
    spin_unlock(&kvm_lock);

    preempt_notifier_inc();

    return kvm;
    …
}
```

　　kvm_arch_alloc_vm 分配一个 KVM 结构体，用来表示一台虚拟机。KVM 结构体很大，涉及的数据非常多，这里暂不统一介绍，在遇到相关成员的时候再进行介绍。kvm_create_vm 接着会初始化 KVM 的相关成员，如这里的 mmu_lock 成员表示操作虚拟机 MMU 数据的锁，由于虚拟机的内存其实也就是 QEMU 进程的虚拟内存，所以这里需要引用到当前 QEMU 进程的 mm_struct。KVM 有个类型为 kvm_arch 的 arch 成员，用于存放与架构相关的数据，kvm_arch_init_vm 用来初始化这些数据。接下来 kvm_create_vm 调用 hardware_enable_all 来最终开启 VMX 模式，hardware_enable_all 会在创建第一个虚拟机的时候对每个 CPU 调用 hardware_enable_nolock，后者会调用 kvm_arch_hardware_enable 函数。

```
virt/kvm/kvm_main.c
static int hardware_enable_all(void)
{
        int r = 0;

        raw_spin_lock(&kvm_count_lock);

        kvm_usage_count++;
        if (kvm_usage_count == 1) {
          atomic_set(&hardware_enable_failed, 0);
          on_each_cpu(hardware_enable_nolock, NULL, 1);

          if (atomic_read(&hardware_enable_failed)) {
                hardware_disable_all_nolock();
                r = -EBUSY;
          }
        }

        raw_spin_unlock(&kvm_count_lock);

        return r;
}
```

　　与之前的分析类似，kvm_arch_hardware_enable 主要调用 Intel VMX 实现的 hardware_enable 回调函数，该函数的主要作用就是设置 CR4 的 VMXE 位（对应开启条件 6）并且调用 VMXON 指令开启 VMX（对应开启条件 8）。

```
arch/x86/kvm/vmx.c
static int hardware_enable(void)
{
    …
        cr4_set_bits(X86_CR4_VMXE);

        if (vmm_exclusive) {
          kvm_cpu_vmxon(phys_addr);
          ept_sync_global();
        }
    …
        return 0;
}
```

回到 kvm_create_vm 函数，接下来调用 kvm_alloc_memslots 为虚拟机分配内存槽，这里的具体细节将在后面内存虚拟化的部分讲解。接着为 KVM 结构体中类型为 kvm_io_bus 的成员 buses 分配空间。kvm_io_bus 与 Linux 中的总线结构没有关系，它的作用是将内核中实现的模拟设备连接起来，有多种总线类型，如 KVM_MMIO_BUS 和 KVM_PIO_BUS。

kvm_create_vm 接着调用 kvm_init_mmu_notifier，后者是一个编译选项决定的函数，或者为空，或者注册一个 MMU 的通知事件，当 Linux 的内存子系统在进行一些页面管理的时候会调用到这里注册的一些回调函数。最后创建的所有虚拟机都会挂到以 vm_list 为头节点的链表上，preempt_notifier_inc 用于将 VCPU 线程调度到和调度出 CPU。

## 4.4 QEMU CPU 的创建

### 4.4.1 CPU 模型定义

由于 QEMU 能够模拟多种 CPU 模型，因此需要一套继承结构来表示 CPU 对象，图 4-11 是 CPU 模型的继承结构。QEMU 除了定义了实际存在的 CPU（如 pentium 和 Haswell）外，还会定义一些没有对应物理 CPU 的虚拟 CPU 模型，如默认情况下的 qemu-x86_64-cpu。同一种架构下的 CPU 其实功能大同小异，只有一些特性上的不同，所以大部分的功能都是在 TYPE_X86_CPU 这个类型的对象中实现的。

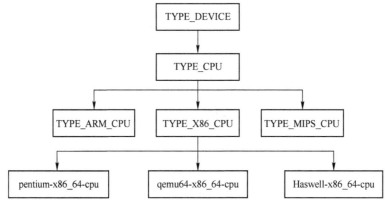

图 4-11　CPU 模型的继承结构

QEMU 支持的 x86 CPU 都定义在一个 builtin_x86_defs 数组中，该数组的类型为 X86CPUDefinition，定义如下。

```
target-i386/cpu.c
struct X86CPUDefinition {
    const char *name;
    uint32_t level;
    uint32_t xlevel;
    /* vendor is zero-terminated, 12 character ASCII string */
    char vendor[CPUID_VENDOR_SZ + 1];
    int family;
    int model;
    int stepping;
```

```
    FeatureWordArray features;
    char model_id[48];
};
```

X86CPUDefinition 表示 CPU 模型的基本信息。相关成员的含义如下。

name 表示 CPU 的名字；level 表示 CPUID 指令支持的最大功能号；xlevel 表示 CPUID 扩展质量支持的最大功能号；vendor、family、model 和 stepping 都表示 CPU 的基本信息，其中 vendor 是以 NULL 结尾的 ASCII 字符串；features 是一个记录 CPU 特性的数组；model_id 表示 CPU 的全名。

现实生活中有各种各样的 CPU，同样，builtin_x86_defs 也是一个非常大的数组，每一项表示一种模拟的 CPU 模型。QEMU 既模拟了一些实际的 CPU，比如 pentium 和 SandyBridge，也模拟了一些虚拟机的 CPU 类型，比如 qemu64 和 kvm64 等。

x86 CPU 类型的注册函数是 x86_cpu_register_types，其代码如下。

```
target-i386/cpu.c
static void x86_cpu_register_types(void)
{
    int i;

    type_register_static(&x86_cpu_type_info);
    for (i = 0; i < ARRAY_SIZE(builtin_x86_defs); i++) {
        x86_register_cpudef_type(&builtin_x86_defs[i]);
    }
#ifdef CONFIG_KVM
    type_register_static(&host_x86_cpu_type_info);
#endif
}

type_init(x86_cpu_register_types)
```

QEMU 通过 x86_cpu_type_info 注册 TYPE_X86_CPU 对象。builtin_x86_defs 定义了各类 CPU 模型，函数 x86_register_cpudef_type 从一个 X86CPUDefinition 结构构造出一个 TypeInfo 结构，并调用 type_register 进行类型的注册。host_x86_cpu_type_info 类型的 CPU 与宿主机上 CPU 的 feature 一致。

TYPE_X86_CPU 的对象实例由 X86CPU 表示，该结构体最开始的成员是 TYPE_CPU 的对象实例 CPUState，X86CPU 是一个很庞大的结构，里面保存了 CPU 的各种信息，这里列举几个重要的部分。

```
target-i386/cpu.h
struct X86CPU {
    /*< private >*/
    CPUState parent_obj;
    /*< public >*/

    CPUX86State env;
    ...
    bool check_cpuid;
    bool enforce_cpuid;
    bool expose_kvm;
```

```
    bool expose_tcg;
    bool migratable;
    bool host_features;
    uint32_t apic_id;
    …
    /* Features that were filtered out because of missing host capabilities */
    uint32_t filtered_features[FEATURE_WORDS];
    …
    /* if true override the phys_bits value with a value read from the host */
    bool host_phys_bits;
    …
    int32_t socket_id;
    int32_t core_id;
    int32_t thread_id;
};
```

**include/qom/cpu.h**
```
struct CPUState {
    /*< private >*/
    DeviceState parent_obj;
    /*< public >*/

    int nr_cores;
    int nr_threads;
    int numa_node;

    struct QemuThread *thread;
    …
    void *env_ptr; /* CPUArchState */
    …
    int kvm_fd;
    bool kvm_vcpu_dirty;
    struct KVMState *kvm_state;
    struct kvm_run *kvm_run;
    …
};
```

**target-i386/cpu.h**
```
typedef struct CPUX86State {
    /* standard registers */
    target_ulong regs[CPU_NB_REGS];
    target_ulongeip;
    target_ulongeflags; /* eflags register. During CPU emulation, CC
                    flags and DF are set to zero because they are
                    stored elsewhere */
    …
    /* segments */
    SegmentCachesegs[6]; /* selector values */
    …
    /* processor features (e.g. for CPUID insn) */
    /* Minimum level/xlevel/xlevel2, based on CPU model + features */
```

```
        uint32_t cpuid_min_level, cpuid_min_xlevel, cpuid_min_xlevel2;
        /* Maximum level/xlevel/xlevel2 value for auto-assignment: */
        uint32_t cpuid_max_level, cpuid_max_xlevel, cpuid_max_xlevel2;
        …
        /* For KVM */
        uint32_t mp_state;
        int32_t exception_injected;
        int32_t interrupt_injected;
        …
} CPUX86State;
```

一个 X86CPU 表示一个 x86 虚拟 CPU。X86CPU 结构体中的 CPUSteate 成员表示所有 CPU 通用数据，CPUX86State 表示 X86CPU 的数据，X86CPU 还包括了大量 CPU 的相关信息，如 check_cpuid 和 enforce_cpuid 是 QEMU 命令行参数指定用来指示是否需要检测宿主机的 CPUID，filtered_features 表示被过滤掉的特性，apic_id 表示该 CPU 对应的 LAPIC 的 id，socket_id/core_id/thread_id 则表示该虚拟机 CPU 在系统上的拓扑信息。

CPUState 包含所有 CPU 类型都会有的数据，如 CPU 的核数、线程数以及对应的线程，当然由于历史原因，也会有诸如 TCG 和 KVM 等模拟器相关的数据，如 kvm_fd、kvm_state、kvm_run 等 KVM 相关的数据。CPUState 中有一个 env_ptr 指针，指向的是其 CPU 架构的 CPU 状态信息。

X86CPU 中还有一个巨大的结构，即名为 env 的 CPUX86State，这里面包含了重要的 x86 架构 CPU 的数据，包括通用寄存器、eip、eflags 段寄存器等寄存器的值，还有 KVM 相关的异常和中断信息以及 CPUID 的信息。为了方便地从 CPUState 中得到其对应的具体架构 CPU 结构（比如 CPUX86State），CPUState 中定义一个 env_ptr 指针。其中 CPUX86State、X86CPU 和 CPUState 三者的关系如图 4-12 所示。

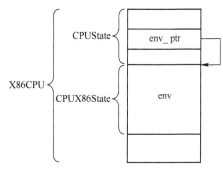

图 4-12　X86CPU 结构

### 4.4.2　CPU 对象的初始化

CPU 类型的初始化基本都是设置一系列的回调函数，这里不一一罗列。但类型 TYPE_X86_CPU 的初始化函数 x86_cpu_common_class_init 较为特殊，该函数包含下面这行代码。

```
target-i386/cpu.c
static void x86_cpu_common_class_init(ObjectClass *oc, void *data)
{
    X86CPUClass *xcc = X86_CPU_CLASS(oc);
    CPUClass *cc = CPU_CLASS(oc);
    DeviceClass *dc = DEVICE_CLASS(oc);

    xcc->parent_realize = dc->realize;
    xcc->parent_unrealize = dc->unrealize;
    dc->realize = x86_cpu_realizefn;
    dc->unrealize = x86_cpu_unrealizefn;

    …
}
```

上述代码简单修改了 CPU 设备类型的继承结构中各个类型的具现化以及相应的销毁函数。在 TYPE_CPU 类型的初始化函数 cpu_class_init 中，已经设置了 DeviceClass 的 realize 函数为 cpu_common_realizefn，上述代码将 DeviceClass 的 realize 函数设置为 x86_cpu_realizefn，然后将 cpu_common_realizefn 赋值到 X86CPUClass 的 parent_realize 函数中。设备具现化时会最先执行 DeviceClass 的具现函数，CPU 在进行具现化时首先调用的是 x86_cpu_realizefn，所以 X86CPU 在进行具现化的时候会先执行 X86CPU 子对象的 x86_cpu_realizefn 函数，再执行通用的 CPU 的 cpu_common_realizefn 函数。X86CPUClass 的相关具现函数如图 4-13 所示。

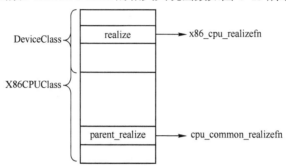

图 4-13　X86CPUClass 的具现函数

简单介绍 CPU 类型在初始化时设置的具现函数之后，接下来详细分析 CPU 对象的创建过程。按照继承关系，首先调用 TYPE_CPU 的对象初始化函数 cpu_common_initfn，该函数很简单，就是设置一些初始值。TYPE_X86_CPU 的初始化函数是 x86_cpu_initfn。每一个 CPU 创建的时候都会调用该函数，该函数的主要作用是创建 X86 CPU 实例的各种属性，代码如下。

```
target-i386/cpu.c
static void x86_cpu_initfn(Object *obj)
{
    CPUState *cs = CPU(obj);
    X86CPU *cpu = X86_CPU(obj);
    X86CPUClass *xcc = X86_CPU_GET_CLASS(obj);
    CPUX86State *env = &cpu->env;
    FeatureWord w;

    cs->env_ptr = env;

    object_property_add();
    …
    for (w = 0; w < FEATURE_WORDS; w++) {
        int bitnr;

        for (bitnr = 0; bitnr< 32; bitnr++) {
            x86_cpu_register_feature_bit_props(cpu, w, bitnr);
        }
    }

    object_property_add_alias();
    …
    x86_cpu_load_def(cpu, xcc->cpu_def, &error_abort);
}
```

设置 cs->env_ptr，也就是把 X86CPUState 的地址赋给 CPUState 的 env_ptr，这样就直接通过 CPU 的实例 env_ptr 访问了其派生类的对象成员；接着是一系列的 object_property_add 函数调用，用来给这个 CPU 对象添加属性，这些属性表示的是 CPU 的基本信息；调用 x86_cpu_register_feature_bit_props，添加 CPU 的特性作为属性，该函数从 feature_word_info 中得到 x86 CPU 的所有特性；调用 x86_cpu_register_bit_prop 把这些特性作为属性添加到 CPU 实例上去；调用 object_property_add_alias 为一些属性创建别名；最后调用 x86_cpu_load_def，根据指定的 CPU 模型设置一些属性。

x86_cpu_load_def 代码如下所示。

```
target-i386/cpu.c
static void x86_cpu_load_def(X86CPU *cpu, X86CPUDefinition *def, Error **errp)
{
    CPUX86State *env = &cpu->env;
    const char *vendor;
    char host_vendor[CPUID_VENDOR_SZ + 1];
    FeatureWord w;

    /* CPU models only set _minimum_ values for level/xlevel: */
    object_property_set_uint(OBJECT(cpu), def->level, "min-level", errp);
    object_property_set_uint(OBJECT(cpu), def->xlevel, "min-xlevel", errp);
    …
    for (w = 0; w < FEATURE_WORDS; w++) {
        env->features[w] = def->features[w];
    }

    /* Special cases not set in the X86CPUDefinitionstructs: */
    if (kvm_enabled()) {
        if (!kvm_irqchip_in_kernel()) {
            x86_cpu_change_kvm_default("x2apic", "off");
        }
        x86_cpu_apply_props(cpu, kvm_default_props);
    } else if (tcg_enabled()) {
        x86_cpu_apply_props(cpu, tcg_default_props);
    }

    env->features[FEAT_1_ECX] |= CPUID_EXT_HYPERVISOR;
    …
    object_property_set_str(OBJECT(cpu), vendor, "vendor", errp
}
```

因为 CPU 模型不一样，其特性也有一定的差别，所以这里需要根据之前注册的 CPU 模型定义信息进行一些设置，如设置 CPUID 中的最小功能号和最小扩展功能号，将命令行指定的 CPU 模型的特性复制到 env->features 中，如果开启了 KVM，还会设置一些 KVM 特有的属性等。

CPU 类型初始化、对象实例初始化之后，还需要具现化才能让 CPU 对象可用。正如本节开头介绍的，CPU 对象的具现化最开始调用的函数是 x86_cpu_realizefn，下面的代码列举了 CPU 对象具现化的一些重要过程。

```
target-i386/cpu.c
static void x86_cpu_realizefn(DeviceState *dev, Error **errp)
{
```

```
CPUState *cs = CPU(dev);
X86CPU *cpu = X86_CPU(dev);
X86CPUClass *xcc = X86_CPU_GET_CLASS(dev);
CPUX86State *env = &cpu->env;
Error *local_err = NULL;
static bool ht_warned;
…
x86_cpu_load_features(cpu, &local_err);
if (local_err) {
    goto out;
}

if (x86_cpu_filter_features(cpu) &&
    (cpu->check_cpuid || cpu->enforce_cpuid)) {
    x86_cpu_report_filtered_features(cpu);
    if (cpu->enforce_cpuid) {
        error_setg(&local_err,
                kvm_enabled() ?
                    "Host doesn't support requested features" :
                    "TCG doesn't support requested features");
        goto out;
    }
}
…
cpu_exec_realizefn(cs, &local_err);
if (local_err != NULL) {
    error_propagate(errp, local_err);
    return;
}
…
qemu_init_vcpu(cs);
…
x86_cpu_apic_realize(cpu, &local_err);
if (local_err != NULL) {
    goto out;
}
cpu_reset(cs);

xcc->parent_realize(dev, &local_err);
…
}
```

x86_cpu_realizefn 函数包括大量工作，这里只分析一些重要工作。首先 x86_cpu_load_features 函数根据 QEMU 的命令行参数解析出来的 CPU 特性对 CPU 对象实例中的属性设置 true 或者 false。x86_cpu_filter_features 函数用来检测宿主机 CPU 特性能否支持创建的 CPU 对象，显然，如果宿主机采用的是奔腾处理器，就无法拥有酷睿处理器的特性。cpu_exec_realizefn 函数调用 cpu_list_add 函数将正在初始化的 CPU 对象添加到一个全局链表 cpus 上。接下来的重要函数调用是 qemu_init_vcpu，它会根据 QEMU 使用的加速器来执行对应的 CPU 初始化函数，如在 KVM 下会调用 qemu_kvm_start_vcpu，相关代码如下。

```
cpus.c
void qemu_init_vcpu(CPUState *cpu)
```

```
{
    cpu->nr_cores = smp_cores;
    cpu->nr_threads = smp_threads;
    cpu->stopped = true;

    if (!cpu->as) {
        /* If the target cpu hasn't set up any address spaces itself,
         * give it the default one.
         */
        AddressSpace *as = address_space_init_shareable(cpu->memory,
                                                "cpu-memory");
        cpu->num_ases = 1;
        cpu_address_space_init(cpu, as, 0);
    }

    if (kvm_enabled()) {
        qemu_kvm_start_vcpu(cpu);
    } else if (tcg_enabled()) {
        qemu_tcg_init_vcpu(cpu);
    } else {
        qemu_dummy_start_vcpu(cpu);
    }
}
```

qemu_init_vcpu 函数首先根据全局变量 smp_cores 和 smp_threads 的值记录 CPU 的核心和线程数，接着调用 address_space_init_shareable 创建 CPU 视角的地址空间，最后调用 qemu_kvm_start_vcpu 创建 VCPU 线程。

qemu_kvm_start_vcpu 的代码如下。

```
cpus.c
static void qemu_kvm_start_vcpu(CPUState *cpu)
{
    char thread_name[VCPU_THREAD_NAME_SIZE];

    cpu->thread = g_malloc0(sizeof(QemuThread));
    cpu->halt_cond = g_malloc0(sizeof(QemuCond));
    qemu_cond_init(cpu->halt_cond);
    snprintf(thread_name, VCPU_THREAD_NAME_SIZE, "CPU %d/KVM",
            cpu->cpu_index);
    qemu_thread_create(cpu->thread, thread_name, qemu_kvm_cpu_thread_fn,
                    cpu, QEMU_THREAD_JOINABL);
    while (!cpu->created) {
        qemu_cond_wait(&qemu_cpu_cond, &qemu_global_mutex);
    }
}
```

对每一个 CPU 对象会创建一个线程，线程名字为 "CPU <id>/KVM"，qemu_thread_create 是 pthread_create 的一个封装，其主要功能是在 CPU 线程中屏蔽信号处理，从而让 QEMU 的主线程能够统一处理各种信号。VCPU 的线程函数是 qemu_kvm_cpu_thread_fn，简化之后代码如下。

```
cpus.c
static void *qemu_kvm_cpu_thread_fn(void *arg)
{
```

```
        CPUState *cpu = arg;
        int r;
        …
        r = kvm_init_vcpu(cpu);
        …
        kvm_init_cpu_signals(cpu);

        /* signal CPU creation */
        cpu->created = true;
        qemu_cond_signal(&qemu_cpu_cond);

        do {
            if (cpu_can_run(cpu)) {
                r = kvm_cpu_exec(cpu);
                if (r == EXCP_DEBUG) {
                    cpu_handle_guest_debug(cpu);
                }
            }
            qemu_wait_io_event(cpu);
        } while (!cpu->unplug || cpu_can_run(cpu));
        …
    }
```

qemu_kvm_cpu_thread_fn 首先调用 kvm_init_vcpu，在 KVM 中创建 VCPU，这个过程将在本章后面详细介绍。然后调用 kvm_init_cpu_signals 函数初始化 CPU 的信号处理，目的是让 CPU 线程能够处理 IPI 信号。

接下来是一个循环，通过 cpu_can_run 判断 CPU 能否运行，如果可以则调用 kvm_cpu_exec 函数，该函数会调用 KVM 的 VCPU 的 ioctl(KVM_RUN)，让 VCPU 在物理 CPU 上运行起来，当然最开始的时候 CPU 对象的 stopped 为 true，所以这时 CPU 是不能运行的。kvm_cpu_exec 的函数中最重要的是如下代码中的循环，即调用 kvm_vcpu_ioctl 让虚拟 CPU 在物理 CPU 上运行起来，然后应用层就阻塞在了此处，当虚拟机产生 VM Exit 的时候，内核就根据退出的原因进行处理，如此循环运行，完成 CPU 的虚拟化。

```
kvm-all.c
int kvm_cpu_exec(CPUState *cpu)
{
    …
    do {
        …
        run_ret = kvm_vcpu_ioctl(cpu, KVM_RUN, 0);
        …
        trace_kvm_run_exit(cpu->cpu_index, run->exit_reason);
        switch (run->exit_reason) {
        case KVM_EXIT_IO:
            DPRINTF("handle_io\n");
            /* Called outside BQL */
            kvm_handle_io(run->io.port, attrs,
                          (uint8_t *)run + run->io.data_offset,
                          run->io.direction,
                          run->io.size,
                          run->io.count);
```

```
                    ret = 0;
                    break;
            case KVM_EXIT_MMIO:
                    DPRINTF("handle_mmio\n");
                    /* Called outside BQL */
                    address_space_rw(&address_space_memory,
                                    run->mmio.phys_addr, attrs,
                                    run->mmio.data,
                                    run->mmio.len,
                                    run->mmio.is_write);
                    ret = 0;
                    break;
                    …
        }
    } while (ret == 0);
        …
    }
```

回到 x86_cpu_realizefn，接着会调用 x86_cpu_apic_create 创建 LAPIC 中断控制器，每个
CPU 都会有一个 LAPIC。

x86_cpu_realizefn 紧接着调用了 cpu_reset 函数，可以看到这里直接调用了 CPUClass 中的
reset 函数，它是在 x86_cpu_common_class_init 中设置的，即函数 x86_cpu_reset，该函数主要是
对 x86 CPU 对象的状态进行一些初始化设置，下面是该函数简化之后的代码。

```
target-i386/cpu.c
static void x86_cpu_reset(CPUState *s)
{
    …
env->a20_mask = ~0x0;
env->smbase = 0x30000;

env->idt.limit = 0xffff;
env->gdt.limit = 0xffff;
env->ldt.limit = 0xffff;
env->ldt.flags = DESC_P_MASK | (2 << DESC_TYPE_SHIFT);
env->tr.limit = 0xffff;
env->tr.flags = DESC_P_MASK | (11 << DESC_TYPE_SHIFT);

cpu_x86_load_seg_cache(env, R_CS, 0xf000, 0xffff0000, 0xffff,
                        DESC_P_MASK | DESC_S_MASK | D
    …
env->eip = 0xfff0;
env->regs[R_EDX] = env->cpuid_version;

env->eflags = 0x2;
 …
#if !defined(CONFIG_USER_ONLY)
    /* We hard-wire the BSP to the first CPU. */
apic_designate_bsp(cpu->apic_state, s->cpu_index == 0);

    s->halted = !cpu_is_bsp(cpu);

    if (kvm_enabled()) {
```

```
            kvm_arch_reset_vcpu(cpu);
        }
    #endif
    }
```

x86_cpu_reset 的功能大部分是设置寄存器，如设置 idt、gdt、ldt、tr 的范围以及 cs 和 ip 的值。最后调用 kvm_arch_reset_vcpu 进行 KVM 层面的 reset。这个时候完成了 CPU 的具现化。

x86_cpu_realizefn 最后会通过 xcc->parent_realize 调用父类的 realize 函数，也就是 CPU 类的 realize 函数 cpu_common_realizefn，这个函数功能比较明显，这里就不再进行分析了。

### 4.4.3　CPU 的创建

在前两节中，CPU 在 QOM 中的组织以及 CPU 类型初始化、CPU 对象初始化、CPU 具现化都是针对整个全局进行的，下面来分析用户在 QEMU 命令行指定了 CPU 之后，CPU 被创建的过程。首先看 CPU 参数的解析，在 main 函数中解析-cpu 参数时会把相关的参数放在 current_machine->cpu_model 中，在 pc_init1 调用的 pc_cpus_init 函数中会解析出 CPU 模型字符串，接着会根据指定的 CPU 模型字符串得到对应的 CPU 类型。在得到了指定的 CPU 类之后调用其 parse_features 回调函数。这个函数也是在 x86_cpu_common_class_init 函数中设定的，为 x86_cpu_parse_featurestr。

```
target-i386/cpu.c
static void x86_cpu_parse_featurestr(const char *typename, char *features,
                                     Error **errp)
{
    char *featurestr; /* Single 'key=value' string being parsed */
    static bool cpu_globals_initialized;
    bool ambiguous = false;
    …
    for (featurestr = strtok(features, ",");
         featurestr;
         featurestr = strtok(NULL, ",")) {
        const char *name;
        const char *val = NULL;
        char *eq = NULL;
        char num[32];
        GlobalProperty *prop;

        /* Compatibility syntax: */
        if (featurestr[0] == '+') {
            plus_features = g_list_append(plus_features,
                                          g_strdup(featurestr + 1));
            continue;
        } else if (featurestr[0] == '-') {
            minus_features = g_list_append(minus_features,
                                           g_strdup(featurestr + 1));
            continue;
        }

        eq = strchr(featurestr, '=');
        if (eq) {
            *eq++ = 0;
```

```
                val = eq;
            } else {
                val = "on";
            }

            feat2prop(featurestr);
            name = featurestr;
            …
            prop = g_new0(typeof(*prop), 1);
            prop->driver = typename;
            prop->property = g_strdup(name);
            prop->value = g_strdup(val);
            prop->errp = &error_fatal;
            qdev_prop_register_global(prop);
        }

        if (ambiguous) {
            warn_report("Compatibility of ambiguous CPU model "
                    "strings won't be kept on future QEMU versions");
        }
    }
```

CPU 的参数一般是 -cpu model,+feature,-feature,feature=foo。对于+feature，把其加到 plus_features 链表中；对于-feature，把其加到 minus_features 中，在之后的 CPU 具现化过程中会把相应的 feature 对应的属性设置为 true 或者 false；对于 foo=bar，则是设置 CPU 的其他特性（如 vendor），这里通过函数 qdev_prop_register_global 把它加到一个全局链表 global_props 中，在调用 qdev_prop_set_globals 函数的时候，会设置 CPU 的对应属性。

前文已经提到过，在 pc_init1 进行虚拟机硬件初始化的时候，会调用 pc_cpus_init 进行初始化。

```
hw/i386/pc.c
void pc_cpus_init(PCMachineState *pcms)
{
…
    for (i = 0; i < max_cpus; i++) {
        pcms->possible_cpus->cpus[i].arch_id = x86_cpu_apic_id_from_index(i);
        pcms->possible_cpus->len++;
        if (i < smp_cpus) {
            cpu = pc_new_cpu(typename, x86_cpu_apic_id_from_index(i),
                                &error_fatal);
            object_unref(OBJECT(cpu));
        }
    }
    …
}

static X86CPU *pc_new_cpu(const char *typename, int64_t apic_id,
                    Error **errp)
{
    X86CPU *cpu = NULL;
    Error *local_err = NULL;

    cpu = X86_CPU(object_new(typename));
```

```
        object_property_set_int(OBJECT(cpu), apic_id, "apic-id", &local_err);
        object_property_set_bool(OBJECT(cpu), true, "realized", &local_err);
    …
        return cpu;
    }
```

pc_cpus_init 最重要的作用是调用 pc_new_cpu 来创建 cpu 实例,实例的个数是通过解析 QEMU 命令行的参数行得到的。pc_new_cpu 本身比较简单,通过 object_new 创建一个实例,然后将其具现化。object_new 函数会按照上一节讨论的 CPU 实例初始化和具现化方式完成 CPU 的初始化。

# 4.5 KVM CPU 的创建

## 4.5.1 KVM 创建 VCPU 流程

4.4 节提到 kvm_dev_ioctl_create_vm 函数中会创建一个匿名的文件,用来表示一台虚拟机,并且将 fd 返回到用户态,QEMU 使用该 fd 操作虚拟机。该匿名文件的 file_operations 定义如下。

```
virt/kvm/kvm_main.c
static struct file_operations kvm_vm_fops = {
        .release       = kvm_vm_release,
        .unlocked_ioctl = kvm_vm_ioctl,
#ifdef CONFIG_KVM_COMPAT
        .compat_ioctl  = kvm_vm_compat_ioctl,
#endif
        .llseek        = noop_llseek,
};
```

其主要操作也是 ioctl,对应的函数是 kvm_vm_ioctl,这个函数是处理虚拟机类别的 ioctl 的入口,这里先分析创建 VCPU 的 KVM_CREATE_VCPU,其对应的函数是 kvm_vm_ioctl_create_vcpu,该函数调用的函数比较多,重要的函数如图 4-14 所示。

下面对 kvm_vm_ioctl_create_vcpu 函数的代码进行分析。

```
virt/kvm/kvm_main.c
static int kvm_vm_ioctl_create_vcpu(struct kvm *kvm, u32 id)
{
        int r;
        struct kvm_vcpu *vcpu, *v;
    …
        vcpu =kvm_arch_vcpu_create(kvm, id);
    …
        preempt_notifier_init(&vcpu->preempt_notifier, &kvm_preempt_ops);

        r =kvm_arch_vcpu_setup(vcpu);
    …
        mutex_lock(&kvm->lock);
        if (!kvm_vcpu_compatible(vcpu)) {
          r = -EINVAL;
          goto unlock_vcpu_destroy;
```

```
}
if (atomic_read(&kvm->online_vcpus) == KVM_MAX_VCPUS) {
  r = -EINVAL;
  goto unlock_vcpu_destroy;
}
…
/* Now it's all set up, let userspace reach it */
kvm_get_kvm(kvm);
r = create_vcpu_fd(vcpu);
…
kvm->vcpus[atomic_read(&kvm->online_vcpus)] = vcpu;

/*
 * Pairs with smp_rmb() in kvm_get_vcpu.  Write kvm->vcpus
 * before kvm->online_vcpu's incremented value.
 */
smp_wmb();
atomic_inc(&kvm->online_vcpus);

mutex_unlock(&kvm->lock);
kvm_arch_vcpu_postcreate(vcpu);
return r;
}
```

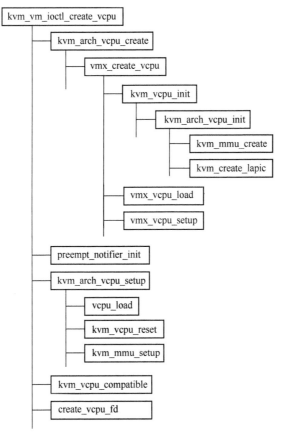

图 4-14　KVM 中 VCPU 创建涉及的函数

　　kvm_vm_ioctl_create_vcpu 首先调用 kvm_arch_vcpu_create，这调用了 vmx 实现的 vmx_create_vcpu 函数。接着调用 preempt_notifier_init 将 VCPU 的 preempt_notifier 进行初始化，该 notifier 的 ops 成员设置为全局变量 kvm_preempt_ops，该全局变量是在 KVM 模块初始化函数 kvm_init 调用的时候赋值的，当该 VCPU 线程被调度出 CPU 时会调用 kvm_sched_out 函数，当该 VCPU 线程被调度到 CPU 时会调用 kvm_sched_in 函数。

　　然后调用 kvm_arch_vcpu_setup 进行 VCPU 的一些初始化，这个过程稍后详细分析。kvm_vcpu_compatible 用来在定义 CONFIG_KVM_APIC_ARCHITECTURE 时保证该虚拟机的中断芯片组合与 VCPU 的 LAPIC 一致，要么都在 KVM 中实现，要么都在 QEMU 中实现，如果没有定义 CONFIG_KVM_APIC_ARCHITECTURE，那么这个函数始终返回 true。

　　最后，kvm_vm_ioctl_create_vcpu 调用 create_vcpu_fd 创建一个 VCPU 的 fd，并且返回到应用层，应用层程序（QEMU）可以通过该 fd 对 VCPU 进行操作。所有 VCPU 都保存在表示虚拟机的 KVM 结构 VCPUS 成员中。

　　下面分析 vmx 实现中的 VCPU 的创建与初始化。先分析 kvm_arch_vcpu_create 调用的 vmx 实现的 vcpu_create 回调，对应的 vmx 实现函数是 vmx_create_vcpu，代码如下。

```
arch/x86/kvm/vmx.c
static struct kvm_vcpu *vmx_create_vcpu(struct kvm *kvm, unsigned int id)
{
    int err;
    struct vcpu_vmx *vmx = kmem_cache_zalloc(kvm_vcpu_cache, GFP_KERNEL);
    int cpu;
    …
    vmx->vpid = allocate_vpid();

    err = kvm_vcpu_init(&vmx->vcpu, kvm, id);
    …
    if (enable_pml) {
      vmx->pml_pg = alloc_page(GFP_KERNEL | __GFP_ZERO);
      if (!vmx->pml_pg)
            goto uninit_vcpu;
    }
    vmx->guest_msrs = kmalloc(PAGE_SIZE, GFP_KERNEL);
    …
    vmx->loaded_vmcs = &vmx->vmcs01;
    vmx->loaded_vmcs->vmcs = alloc_vmcs();
    …
    loaded_vmcs_init(vmx->loaded_vmcs);
    if (!vmm_exclusive)
      kvm_cpu_vmxoff();

    cpu = get_cpu();
    vmx_vcpu_load(&vmx->vcpu, cpu);
    vmx->vcpu.cpu = cpu;
    err = vmx_vcpu_setup(vmx);
    vmx_vcpu_put(&vmx->vcpu);
    put_cpu();
    …
    return &vmx->v
}
```

vmx 的 VCPU 用结构 vcpu_vmx 表示，vcpu_vmx 中第一个成员是类型为 kvm_vcpu 的 vcpu 变量，表示的是通用层面的 VCPU。vmx_create_vcpu 函数从 kvm_vcpu_cache 缓存中分配一个 vcpu_vmx 结构表示 VCPU，这个缓存是在 kvm_init 中初始化的。allocate_vpid 为该 CPU 分配一个 vpid，vpid 用于开启 EPT 当前情况，每个 VCPU 与一个 vpid 关联，这样在进行 VCPU 的切换时就可以不必将 tlb 中的数据全部冲洗掉了，可以提高性能。

vmx_create_vcpu 接着调用 kvm_vcpu_init 函数对 VCPU 的通用部分进行初始化，此时的参数是 vcpu_vmx 的 kvm_vcpu 成员。kvm_vcpu_init 对 kvm_vcpu 进行初始化，在其中会调用 kvm_arch_vcpu_init 对 kvm_vcpu 架构相关成员 kvm_vcpu_arch 进行初始化，kvm_arch_vcpu_init 还会进行创建 Local APIC 中断控制器、创建 MMU 等跟架构密切相关的工作。

如果 enable_pml，则分配 pml 使用的页。pml 是 page modification logging 的缩写，用于在硬件层面记录虚拟机中访问过的物理页面，能够实现快速标记脏页。这个在热迁移的时候再详细介绍。

kvm_arch_vcpu_create 接着分配保存虚拟机 VCPU 的 msr 寄存器空间。设置 VCPU 的 loaded_vmcs 成员执行另一个 vmcs01 成员。loaded_vmcs 指向的是当前 VCPU 对应的 VMCS 区域，这里的 vmcs01 表示的是普通虚拟化，也就是没有嵌套的虚拟化，如果是嵌套虚拟化，该指针指向其他值。调用 alloc_vmcs 为该 VCPU 分配 VMCS 区域，其大小是由全局变量 vmcs_config.order 决定的。调用 loaded_vmcs_init 初始化刚刚分配的 VMCS 区域。

vmx_vcpu_load 函数将 per CPU 变量 current_vmcs 设置成刚刚分配的 VMCS，然后调用 vmptrld 指令。vmx_vcpu_setup 函数用来初始化当前物理 CPU 对应的 VMCS 结构，这里面会初始化很多的 VMCS 成员。

以上为 vmx_create_vcpu 的主要工作，可以看到，vmx_create_vcpu 分配了一个代表 VCPU 机构的 vcpu_vmx 结构，然后分配对应的 VMCS 结构与当前物理 CPU 绑定并对 VMCS 进行初始化。

下面讨论 kvm_vm_ioctl_create_vcpu 函数调用的另一个重要函数 kvm_arch_vcpu_setup，该函数代码如下。

```
arch/x86/kvm/x86.c
int kvm_arch_vcpu_setup(struct kvm_vcpu *vcpu)
{
    int r;

    kvm_vcpu_mtrr_init(vcpu);
    r = vcpu_load(vcpu);
    if (r)
      return r;
    kvm_vcpu_reset(vcpu, false);
    kvm_mmu_setup(vcpu);
    vcpu_put(vcpu);
    return r;
}
```

vcpu_load 函数会在禁止抢断的情况下注册 VCPU 的 preempt_notifier，调用 kvm_arch_vcpu_load，kvm_arch_vcpu_load 的主要作用也就是调用 vmx 实现的 vcpu_load 函数，即 vmx_vcpu_load 完成当前物理 CPU 与该 VCPU 的 VMCS 进行绑定。

kvm_vcpu_reset 函数对 kvm_vcpu 的成员进行初始化，不仅包括通用的 VCPU 结构，还包括架构相关的 vcpu.arch 成员。最后调用 vmx 的 vcpu_reset 回调 vmx_vcpu_reset 函数，该函数最主要的工作是设置 VMCS 的相关域。

kvm_mmu_setup 函数完成内存虚拟化的初始化。

## 4.5.2  QEMU 与 KVM 之间的共享数据

QEMU 与 KVM 经常需要共享数据，如 KVM 将 VM Exit 的信息放到共享内存中，QEMU 可以通过共享内存区域获取这些数据。QEMU 与 KVM 之间的数据共享是 QEMU 在创建 VCPU 时分配的。4.4 节中提到 QEMU 中 VCPU 线程的起点函数 qemu_kvm_cpu_thread_fn 调用 kvm_init_vcpu 函数创建 KVM 层面的 VCPU。kvm_init_vcpu 的代码如下。

```
kvm-all.c
int kvm_init_vcpu(CPUState *cpu)
{
    KVMState *s = kvm_state;
    long mmap_size;
    int ret;
    …
    ret = kvm_get_vcpu(s, kvm_arch_vcpu_id(cpu));
    …
    cpu->kvm_fd = ret;
    cpu->kvm_state = s;
    cpu->vcpu_dirty = true;

    mmap_size = kvm_ioctl(s, KVM_GET_VCPU_MMAP_SIZE, 0);
    …
    cpu->kvm_run = mmap(NULL, mmap_size, PROT_READ | PROT_WRITE, MAP_SHARED,
                    cpu->kvm_fd, 0);
    …
    if (s->coalesced_mmio&& !s->coalesced_mmio_ring) {
        s->coalesced_mmio_ring =
            (void *)cpu->kvm_run + s->coalesced_mmio * PAGE_SIZE;
    }

    ret = kvm_arch_init_vcpu(cpu);
err:
    return ret;
}
```

kvm_init_vcpu 首先调用 kvm_get_vcpu，初始化时该函数在虚拟机的 fd 上调用 ioctl(KVM_CREATE_VCPU)，这样 KVM 层面就会创建出一个 VCPU，其返回值就代表了该 VCPU 的 fd。

接着在 "/dev/kvm" 设备的 fd 上调用 ioclt(KVM_GET_VCPU_MMAP_SIZE)，该接口返回 KVM 和 QEMU 共享内存空间的大小。KVM 中处理该 ioctl 的代码如下。

```
virt/kvm/kvm_main.c
static long kvm_dev_ioctl(struct file *filp,
                unsigned int ioctl, unsigned long arg)
{
        long r = -EINVAL;
```

```
        switch (ioctl) {
        …
        case KVM_GET_VCPU_MMAP_SIZE:
          if (arg)
                goto out;
          r = PAGE_SIZE;       /* struct kvm_run */
#ifdef CONFIG_X86
          r += PAGE_SIZE;       /* pio data page */
#endif
#ifdef KVM_COALESCED_MMIO_PAGE_OFFSET
          r += PAGE_SIZE;     /* coalesced mmio ring page */
#endif
          break;
        …
        return r;
}
```

ioctl(KVM_GET_VCPU_MMAP_SIZE)可能返回的大小为 1 个、2 个或者 3 个页。第一页用于 kvm_run,该结构体用于与 QEMU 和 KVM 进行基本的数据交互,第二页用于虚拟机访问 IO 端口时存储相应的数据,最后一页用于聚合的 MMIO,聚合 MMIO 将在内存虚拟化一章进行分析。

回到 QEMU 中的 kvm_init_vcpu 函数,在得到了共享内存的大小之后,在 VCPU 的 fd 上调用 mmap,对应的内核处理函数是 kvm_vcpu_mmap,代码如下。

```
virt/kvm/kvm_main.c
static int kvm_vcpu_mmap(struct file *file, struct vm_area_struct *vma)
{
        vma->vm_ops = &kvm_vcpu_vm_ops;
        return 0;
}
static const struct vm_operations_struct kvm_vcpu_vm_ops = {
        .fault = kvm_vcpu_fault,
};

static int kvm_vcpu_fault(struct vm_area_struct *vma, struct vm_fault *vmf)
{
        struct kvm_vcpu *vcpu = vma->vm_file->private_data;
        struct page *page;

        if (vmf->pgoff == 0)
          page = virt_to_page(vcpu->run);
#ifdef CONFIG_X86
        else if (vmf->pgoff == KVM_PIO_PAGE_OFFSET)
          page = virt_to_page(vcpu->arch.pio_data);
#endif
#ifdef KVM_COALESCED_MMIO_PAGE_OFFSET
        else if (vmf->pgoff == KVM_COALESCED_MMIO_PAGE_OFFSET)
          page = virt_to_page(vcpu->kvm->coalesced_mmio_ring);
#endif
        else
          return kvm_arch_vcpu_fault(vcpu, vmf);
        get_page(page);
        vmf->page = page;
```

```
            return 0;
    }
```

QEMU 调用 mmap 映射 VCPU 的 fd 这个匿名文件的时候，实际上仅分配了虚拟地址空间，并且设置了这段虚拟地址空间的操作为 kvm_vcpu_vm_ops，该操作回调只有一个 fault 回调函数 kvm_vcpu_fault。kvm_vcpu_fault 函数会在 QEMU 访问共享内存产生缺页异常的时候被调用，从其代码可以看到，内核会在 QEMU 把对应的数据与虚拟地址空间联系起来。访问第一页的时候，实际上会访问到 kvm_vcpu 结构中类型为 kvm_run 的 run 成员；访问第二页的时候会访问到 kvm_vcpu 中类型为 kvm_vcpu_arch 的 arch 成员；访问第三页的时候会访问到整个虚拟机结构 KVM 中的 coalesced_mmio_ring 成员，这一页是在 ioctl(KVM_CREATE_VM)代码路径中初始化的。如果访问的地址超过了指定的长度，那么会调用 kvm_arch_vcpu_fault 返回一个 VM_FAULT_SIGBUS 错误。

### 4.5.3　VCPU CPUID 构造

QEMU 代码中 kvm_init_vcpu 函数最后调用了 kvm_arch_init_vcpu 完成 VCPU 架构相关的初始化，大部分工作是构造虚拟机 VCPU 的 CPUID。通过 CPUID，虚拟机可以得到 CPU 的型号、厂商、具体特性等相关参数。本节对虚拟机 CPUID 的产生过程进行分析。由于 CPUID 与具体 CPU 类型密切相关，因此这里一般指 Intel 的 CPU。

使用 CPUID 指令时，需要在 eax 寄存器中指定主功能号，如果功能比较复杂，可能还需要在 ecx 中指定子功能号。CPUID 的描述形式为 "CPUID.EAX:REG[bit]"，如 CPUID.01H:EDX[6]判断 CPU 是否支持 PAE（Physical Address Extensions）。具体的，这个描述表示使用 eax=01 来调用 CPUID 指令，在 CPUID 指令完成之后，edx 的第 6 位为 1 时表示支持 PAE，为 0 时表示不支持。

CPUID 信息包括两类：一类是基础信息，另一类是扩展信息。CPUID 的 0 号功能返回所支持的最大基本功能号，结果存放在 eax 中，0 号功能还会在 ebx、ecx、edx 中返回 CPU 的厂商名。CPUID 的 0x80000000 号功能返回所支持的最大扩展功能号，结果存放在 eax 中。

虚拟机内部执行 CPUID 指令会导致 VM Exit，然后陷入 KVM 中。KVM 会把数据返回给虚拟机，这些 CPUID 的数据就是 QEMU 构造的，整个过程如图 4-15 所示。

QEMU 命令行中指定 CPU 类型及其增加或者去掉的 CPU 特性，QEMU 在函数 kvm_arch_init_vcpu 中构造出一个 cpuid_data，然后调用 VCPU 的 ioctl(KVM_SET_CPUDI2)将构造的 CPUID 数据传到 KVM 中的 VCPU 相关的数据结构中。这样，KVM 就保存好了虚拟机 CPU 的 CPUID 信息，这些信息将会在 CPUID 的 VM Exit 处理过程中传递到虚拟机内部。

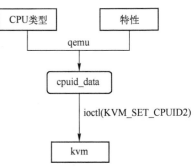

图 4-15　虚拟机 CPUID 的构造

CPUID 构造的核心函数是 kvm_arch_init_vcpu。在具体分析这个函数之前，先分析一个重要的辅助函数 cpu_x86_cpuid。cpu_x86_cpuid，其用于构造一项指定的 CPUID 数据。这个函数的前 3 个参数是输入参数，env 是 X86CPU 对象的 env 成员，表示的是 x86 架构相关的数据，index 表示主功能号，count 是子功能号，后面 4 个是输出函数，返回 CPUID 数据。

**target-i386/cpu.c**
```
void cpu_x86_cpuid(CPUX86State *env, uint32_t index, uint32_t count,
```

```
                        uint32_t *eax, uint32_t *ebx,
                        uint32_t *ecx, uint32_t *edx)
{
    X86CPU *cpu = x86_env_get_cpu(env);
    CPUState *cs = CPU(cpu);
    uint32_t pkg_offset;

    /* test if maximum index reached */
    if (index & 0x80000000) {
        if (index >env->cpuid_xlevel) {
            if (env->cpuid_xlevel2 > 0) {
                /* Handle the Centaur's CPUID instruction. */
                if (index >env->cpuid_xlevel2) {
                    index = env->cpuid_xlevel2;
                } else if (index < 0xC0000000) {
                    index = env->cpuid_xlevel;
                }
            } else {

                index =  env->cpuid_level;
            }
        }
    } else {
        if (index >env->cpuid_level)
            index = env->cpuid_level;
    }

    switch(index) {
    case 0:
        *eax = env->cpuid_level;
        *ebx = env->cpuid_vendor1;
        *edx = env->cpuid_vendor2;
        *ecx = env->cpuid_vendor3;
        break;
    case 1:
        *eax = env->cpuid_version;
        *ebx = (cpu->apic_id << 24) |
               8 << 8; /* CLFLUSH size in quad words, Linux wants it. */
        *ecx = env->features[FEAT_1_ECX];
        if ((*ecx& CPUID_EXT_XSAVE) && (env->cr[4] & CR4_OSXSAVE_MASK)) {
            *ecx |= CPUID_EXT_OSXSAVE;
        }
        *edx = env->features[FEAT_1_EDX];
        if (cs->nr_cores * cs->nr_threads > 1) {
            *ebx |= (cs->nr_cores * cs->nr_threads) << 16;
            *edx |= CPUID_HT;
        }
        break;
    case 2:
...
    case 0x80000000:
        *eax = env->cpuid_xlevel;
        *ebx = env->cpuid_vendor1;
```

```
                    *edx = env->cpuid_vendor2;
                    *ecx = env->cpuid_vendor3;
                    break;
        …
            }
        }
```

cpu_x86_cpuid 本身很长，但是其代码流程很简单，根据已经存放在 env 中的 CPU 信息和宿主机的 CPUID 信息来构造出虚拟机的 CPUID 信息。函数首先判断功能号，从而得到该功能号的最大值。这里总共有 4 类，Intel CPU 支持 3 类，基础的（0 开始）、扩展的（从 0x80000000 开始）、未实现的（从 0x40000000 开始）。env 中的 cpuid_level 表示最大的基础功能号，cpuid_xlevel 表示最大的扩展功能号，cupid_xlevel2 用于 Centaur CPU。

接着就是 switch 根据参数 index 来得到 CPUID 数据，存放在输出参数 eax、ebx、ecx、edx 中。0 号功能中，eax 存放了 CPUID 基础功能的最大功能号，ebx、ecx、edx 存放了 CPU 的生成厂商，对于 Intel CPU 来说，其数据如下。

```
target-i386/cpu.h
#define CPUID_VENDOR_INTEL_1 0x756e6547 /* "Genu" */
#define CPUID_VENDOR_INTEL_2 0x49656e69 /* "ineI" */
#define CPUID_VENDOR_INTEL_3 0x6c65746e /* "ntel" */
```

对于其他比较复杂的 CPUID，就需要从 env 或者 CPU 对象本身中获取数据了。CPUID 指令的各个功能可以通过 Intel SDM 第二卷的表 3-8 获得。

扩展功能的 CPUID 数据与基础功能类似，如 0x80000000 可以得到最大的扩展功能号。其他数据也是从 env 或者 CPU 对象获取的。

总之，cpu_x86_cpuid 函数通过 4 个输出参数返回了一项 CPUID 数据。kvm_arch_init_vcpu 函数多次调用 cpu_x86_cpuid 来构造一个 cpuid_data 数据结构。cpuid_data 及相关数据结构的定义如下。

```
target-i386/kvm.c
struct {
    struct kvm_cpuid2 cpuid;
    struct kvm_cpuid_entry2 entries[KVM_MAX_CPUID_ENTRIES];
} cpuid_data;

linux-headers/asm-x86/kvm.h
struct kvm_cpuid2 {
    __u32 nent;
    __u32 padding;
    struct kvm_cpuid_entry2 entries[0];
};

struct kvm_cpuid_entry2 {
    __u32 function;
    __u32 index;
    __u32 flags;
    __u32 eax;
    __u32 ebx;
    __u32 ecx;
    __u32 edx;
    __u32 padding[3];
};
```

kvm_cpuid2 中的 nent 表示 entries 的大小，即有多少个 CPUID 数据，每一项 CPUID 数据由 kvm_cpuid_entry2 表示，其中 function 表示主功能号，index 表示子功能号，flags 表示这项数据的一些属性，最常用的是 KVM_CPUID_FLAG_SIGNIFCANT_INDEX，表示 index 这一项有效，eax～edx 表示这项 CPUID 对应的具体数据。注意这里 cpuid_data 虽然有两个成员，但是 cpuid 成员的 entries 是零长数组，所以其实 cpuid 后面紧挨着的就是 entries，本质上内核可以看成是一个数据。

kvm_arch_init_vcpu 函数定义了 cpuid_data 之后就会一项一项地构造 CPUID 数据。当然，除了实际物理 CPU 有的数据，QEMU 还可以提供一些特定的虚拟化 CPUID，如下面的代码就把 Intel 未使用的 0x40000000 功能号用作导出 KVM 的信息。这样虚拟机内核在启动的时候就可以使用该项 CPUID 来探测其是否允许在 KVM 上，从而做出一定的优化处理。

**target-i386/kvm.c**
```
    if (cpu->expose_kvm) {
memcpy(signature, "KVMKVMKVM\0\0\0", 12);
        c = &cpuid_data.entries[cpuid_i++];
        c->function = KVM_CPUID_SIGNATURE | kvm_base;
        c->eax = KVM_CPUID_FEATURES | kvm_base;
        c->ebx = signature[0];
        c->ecx = signature[1];
        c->edx = signature[2];

        c = &cpuid_data.entries[cpuid_i++];
        c->function = KVM_CPUID_FEATURES | kvm_base;
        c->eax = env->features[FEAT_KVM];
        c->edx = env->features[FEAT_KVM_HINTS];
    }
```

**linux-headers/asm-x86/kvm.h**
```
#define KVM_CPUID_SIGNATURE 0x40000000
```

获取基础功能最大功能号的代码如下。

**target-i386/kvm.c**
```
cpu_x86_cpuid(env, 0, 0, &limit, &unused, &unused, &unused);
```

这里 limit 返回了其支持的最大的基础功能号。然后循环获取，在每一个循环中填充一项 cpuid_data.entries[i]。

**target-i386/kvm.c**
```
    for (i = 0; i <= limit; i++) {
        if (cpuid_i == KVM_MAX_CPUID_ENTRIES) {
            fprintf(stderr, "unsupported level value: 0x%x\n", limit);
            abort();
        }
        c = &cpuid_data.entries[cpuid_i++];

        switch (i) {
        case 2: {
            /* Keep reading function 2 till all the input is received */
            int times;
```

```
                    c->function = i;
                    c->flags = KVM_CPUID_FLAG_STATEFUL_FUNC |
                            KVM_CPUID_FLAG_STATE_READ_NEXT;
cpu_x86_cpuid(env, i, 0, &c->eax, &c->ebx, &c->ecx, &c->edx);
                    times = c->eax& 0xff;


                    for (j = 1; j < times; ++j) {
                        if (cpuid_i == KVM_MAX_CPUID_ENTRIES) {
fprintf(stderr, "cpuid_data is full, no space for "
                            "cpuid(eax:2):eax& 0xf = 0x%x\n", times);
                        abort();
                    }
                    c = &cpuid_data.entries[cpuid_i++];
                    c->function = i;
                    c->flags = KVM_CPUID_FLAG_STATEFUL_FUNC;
cpu_x86_cpuid(env, i, 0, &c->eax, &c->ebx, &c->ecx, &c->edx);
                }
                break;
            }
            case 4:
            ...
}
```

扩展功能 CPUID 的填充与此类似。当所有 CPUID 数据项都填好之后设置 CPUID 项数，然后在 VCPU fd 上调用 ioctl(KVM_SET_CPUID2)，将 CPUID 数据传递给 KVM。

```
target-i386/kvm.c
cpuid_data.cpuid.nent = cpuid_i;
    ...
cpuid_data.cpuid.padding = 0;
    r = kvm_vcpu_ioctl(cs, KVM_SET_CPUID2, &cpuid_data)
```

KVM 会在 kvm_arch_vcpu_ioctl 函数中处理这个 ioctl，代码如下。

```
arch/x86/kvm/x86.c
        case KVM_SET_CPUID2: {
        struct kvm_cpuid2 __user *cpuid_arg = argp;
        struct kvm_cpuid2 cpuid;

        r = -EFAULT;
        if (copy_from_user(&cpuid, cpuid_arg, sizeof cpuid))
            goto out;
        r = kvm_vcpu_ioctl_set_cpuid2(vcpu, &cpuid,
                    cpuid_arg->entries);
        break;

arch/x86/kvm/cpuid.c
int kvm_vcpu_ioctl_set_cpuid2(struct kvm_vcpu *vcpu,
                struct kvm_cpuid2 *cpuid,
                struct kvm_cpuid_entry2 __user *entries)
{
        int r;

        r = -E2BIG;
```

```
              if (cpuid->nent> KVM_MAX_CPUID_ENTRIES)
                goto out;
              r = -EFAULT;
              if (copy_from_user(&vcpu->arch.cpuid_entries, entries,
                      cpuid->nent * sizeof(struct kvm_cpuid_entry2)))
                goto out;
              vcpu->arch.cpuid_nent = cpuid->nent;
              kvm_apic_set_version(vcpu);
              kvm_x86_ops->cpuid_update(vcpu);
              r = kvm_update_cpuid(vcpu);
       out:
              return r;
       }
```

KVM 模块将 QEMU 传递过来的 CPUID 信息复制到 kvm_vcpu->arch.cpuid_entries 中，CPUID 的数据项数（number of entry）放在 vcpu->arch.cpuid_nent 中，还会根据设置的 CPUID 调用架构相关的 cpuid_update 回调函数以及架构无关的 kvm_update_cpuid 函数做一些更新操作。

kvm_arch_init_vcpu 函数的主要工作是设置虚拟机 CPUID 数据，其执行完成之后，函数 kvm_init_vcpu 也就完成了对 VCPU 的初始化。

## 4.6　VCPU 的运行

为了更好地理解 VCPU 的运行，本节首先介绍与 VCPU 运行密切相关的一个概念，即 VMCS。每个 VCPU 都会有一个对应的 VMCS，VMCS 的物理地址会作为操作数提供给 VMX 的指令。VMCS 总共有如下 4 种状态。

1）Inactive：即只是分配和初始化 VMCS 结构或者是执行 VMCLEAR 指令之后的状态。

2）working：CPU 在一个 VMCS 上执行了 VMPTRLD 指令或者产生 VM exit 之后所处的状态，这个时候 CPU 还是在 VMX root 状态。

3）Active：当前 VMCS 执行了 VMPTRLD 指令，同一个 CPU 执行了另一个 VCPU 的 VMPTRLD 之后，前一个 VMCS 所处的状态。

4）controlling：当 CPU 在一个 VMCS 上执行了 VMLAUNCH 指令之后 CPU 所处的 VMX non-root 状态。

图 4-16 显示了 VMCS 各个状态之间的转换关系。

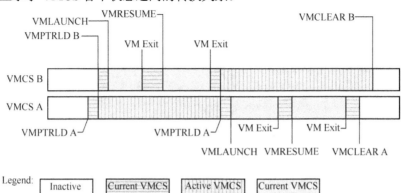

图 4-16　VMCS 各个状态之间的转换关系

接下来介绍 Intel SDM 31.6 所描述的要让一个虚拟机运行起来的步骤。

1）在非分页内存中分配一个 4KB 对齐的 VMCS 区域，其大小通过 IA32_VMX_BASIC MSR 得到，对于 KVM，这个过程主要是通过 vmx_create_vcpu 调用 alloc_vmcs 来完成的。

2）初始化 VMCS 区域的版本标识（VMCS 区域的前 31 位），这也是通过 IA32_VMX_BASIC SMR 得到的，清除 VMCS 区域前 4 个字节的 31 位，对于 KVM，这个过程在 alloc_vmcs_cpu 中完成。

3）使用 VMCS 的物理地址作为操作数执行 VMCLEAR 指令，这会将当前 CPU 的 working-VMCS 指针指向 FFFFFFFF_FFFFFFFFH，指令执行完成之后检查 RFLAGS.CF=0 以及 RFLAGS.ZE=0，对于 KVM，这个过程主要通过 loaded_vmcs_clear 函数最终调用 vmcs_clear 来完成。

4）使用 VMCS 的物理地址执行 VMPTRLD 指令，这个时候 CPU 的 working-VMCS 指针指向 VMCS 区域的物理地址，对于 KVM，这个过程通过 vmx_vcpu_load 调用 vmcs_load 来完成。

5）执行 VMWRITE 指令，初始化 VMCS 的 host-state 区域，当产生 VM exit 后，这个区域会用来创建宿主机的 CPU 状态和上下文，host-state 区域包括控制寄存器（CR0、CR3 以及 CR4），段寄存器（CS、SS、DS、ES、FS、GS、TR）以及 RSP、RIP 和一些 MSR 寄存器，对于 KVM，这个过程主要在 vmx_vcpu_setup 函数中完成。

6）执行 VMWRITE 指令，初始化 VMCS 中的 VM-exit control 区域、VM-entry control 区域以及 VM-execution control 区域。这些区域的某些数据需要根据 VMX capability MSR 的报告设置，如 MSR 寄存器报告在当前 CPU 上某些位只能设置为 0，对于 KVM，这个过程主要在 vmx_vcpu_setup 函数中完成。

7）执行 VMWRITE 指令，初始化 guest-state 区域，当 CPU 进入 VMX non-root 模式时会根据这些数据创建上下文，对于 KVM，这个过程主要在 vmx_vcpu_reset 中完成。

8）guest-state 的设置需要满足如下条件。

① 如果虚拟机需要模拟一个从 BIOS 启动的完整 OS，则需要将 guest 的状态设置为物理 CPU 加电时的状态。

② 需要将 VMM 不能截获的 guest-state 数据正确设置，如通用寄存器、CR2 控制寄存器、调试寄存器、浮点数寄存器等。

9）执行 VMLAUNCH，使得 CPU 处于 VMX non-root 状态，如果这个过程出错，将会设置 RFLAGS.CF 或者 RFLAGS.ZF，对于 KVM，这个过程在 vmx_vcpu_run 中完成。

下面从代码方面来分析 VCPU 的运行。从前几节的分析可知，QEMU 中 VCPU 线程函数为 qemu_kvm_cpu_thread_fn，在该函数的内部有一个循环，执行虚拟机代码，代码如下。

```
cpus.c
static void *qemu_kvm_cpu_thread_fn(void *arg)
{
    …
    do {
        if (cpu_can_run(cpu)) {
            r =kvm_cpu_exec(cpu);
            if (r == EXCP_DEBUG) {
                cpu_handle_guest_debug(cpu);
            }
        }
        qemu_wait_io_event(cpu);
    } while (!cpu->unplug || cpu_can_run(cpu));
```

```
            …
    }
```

调用 cpu_can_run 来判断是否可以运行，如果 cpu->stop 和 cpu->stopped 都是 false，说明可以运行，如果当前 CPU 不可运行，则调用 qemu_wait_io_event 将 CPU 等待在 cpu->halt_cond 条件上。

```
cpus.c
static void qemu_wait_io_event(CPUState *cpu)
{
    while (cpu_thread_is_idle(cpu)) {
        qemu_cond_wait(cpu->halt_cond, &qemu_global_mutex);
    }
    …
}
```

当在 main 中执行 vm_start->resume_all_vcpus->cpu_resume->qemu_cpu_kick 时，最后一个函数会把 VCPU 唤醒。

```
cpus.c
void qemu_cpu_kick(CPUState *cpu)
{
    qemu_cond_broadcast(cpu->halt_cond);
    …
}
```

接下来分析 VCPU 执行的核心函数 kvm_cpu_exec，其核心也是一个 do while 循环，简化后的代码如下。

```
kvm-all.c
int kvm_cpu_exec(CPUState *cpu)
{
    struct kvm_run *run = cpu->kvm_run;
    …
    do {
        kvm_arch_pre_run(cpu, run);
        …
        run_ret = kvm_vcpu_ioctl(cpu, KVM_RUN, 0);

        attrs = kvm_arch_post_run(cpu, run);

        trace_kvm_run_exit(cpu->cpu_index, run->exit_reason);
        switch (run->exit_reason) {
        case KVM_EXIT_IO:
            DPRINTF("handle_io\n");
            /* Called outside BQL */
            kvm_handle_io(run->io.port, attrs,
                        (uint8_t *)run + run->io.data_offset,
                        run->io.direction,
                        run->io.size,
                        run->io.count);
            ret = 0;
            break;
        case KVM_EXIT_MMIO:
            …
            break;
```

```
            case KVM_EXIT_IRQ_WINDOW_OPEN:
                DPRINTF("irq_window_open\n");
                ret = EXCP_INTERRUPT;
                break;
        …
            case KVM_EXIT_SHUTDOWN:
                …
            case KVM_EXIT_SYSTEM_EVENT:
                …
            default:
                DPRINTF("kvm_arch_handle_exit\n");
                ret = kvm_arch_handle_exit(cpu, run);
                break;
            }
        } while (ret == 0);
    …
    }
```

kvm_arch_pre_run 首先做一些运行前的准备工作，如 nmi 和 smi 的中断注入，之后触发 VCPU 的 ioctl(KVM_RUN)使该 CPU 运行起来，KVM 模块在处理该 ioctl 时，会执行对应的 VMX 指令，把该 VCPU 运行的物理 CPU 从 VMX root 模式转换成 VMX non-root 模式，开始运行虚拟机中的代码。虚拟机内部如果遇到一些事件产生 VM Exit，就会退出到 KVM，如果 KVM 无法处理就会分发到 QEMU，也就是在 ioctl(KVM_RUN)返回的时候调用 kvm_arch_post_run 来进行一些初步处理，然后开始根据 QEMU 和 KVM 共享内存 kvm_run 中的数据来判断退出原因，并做出相应处理，如对于 I/O 的退出会调用 kvm_handle_io 进行分发，最终调用到注册该 I/O 端口的设备回调函数。可以看到，这里用了很多 kvm_run 里面的数据，如果退出原因是由于访问 MMIO，则会调用 address_space_rw，这个函数会找到 MMIO 是由哪个设备注册的，从而调用其相关回调函数。QEMU、KVM 以及虚拟机三者之间的关系如图 4-17 所示。

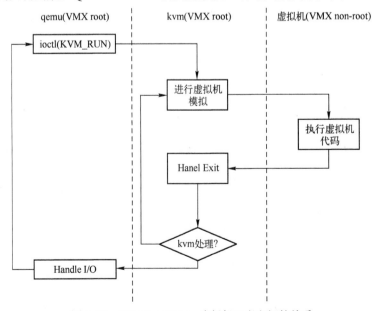

图 4-17　QEMU、KVM、虚拟机三者之间的关系

接下来分析 KVM_RUN 这个 ioctl 在内核是怎么运行的，其对应的处理函数是

kvm_arch_vcpu_ioctl_run，该函数主要调用 vcpu_run，代码如下。

```
arch/x86/kvm/x86.c
static int vcpu_run(struct kvm_vcpu *vcpu)
{
        int r;
        struct kvm *kvm = vcpu->kvm;

        vcpu->srcu_idx = srcu_read_lock(&kvm->srcu);

        for (;;) {
          if (kvm_vcpu_running(vcpu)) {
                r = vcpu_enter_guest(vcpu);
          } else {
                r = vcpu_block(kvm, vcpu);
          }

          if (r <= 0)
                break;

          clear_bit(KVM_REQ_PENDING_TIMER, &vcpu->requests);
          if (kvm_cpu_has_pending_timer(vcpu))
                kvm_inject_pending_timer_irqs(vcpu);

          if (dm_request_for_irq_injection(vcpu) &&
                kvm_vcpu_ready_for_interrupt_injection(vcpu)) {
                r = 0;
                vcpu->run->exit_reason = KVM_EXIT_IRQ_WINDOW_OPEN;
                ++vcpu->stat.request_irq_exits;
                break;
          }

          kvm_check_async_pf_completion(vcpu);

          if (signal_pending(current)) {
                r = -EINTR;
                vcpu->run->exit_reason = KVM_EXIT_INTR;
                ++vcpu->stat.signal_exits;
                break;
          }
          if (need_resched()) {
                srcu_read_unlock(&kvm->srcu, vcpu->srcu_idx);
                cond_resched();
                vcpu->srcu_idx = srcu_read_lock(&kvm->srcu);
          }
        }

        srcu_read_unlock(&kvm->srcu, vcpu->srcu_idx);

        return r;
}
```

vcpu_run 函数的主体结构也是一个循环。首先调用 kvm_vcpu_running 判断当前 CPU 是否可

137

运行，代码如下。

```
arch/x86/kvm/x86.c
static inline bool kvm_vcpu_running(struct kvm_vcpu *vcpu)
{
        return (vcpu->arch.mp_state == KVM_MP_STATE_RUNNABLE &&
        !vcpu->arch.apf.halted);
}
```

主要判断两个方面，第一个是 vcpu.arch 结构的 mp_state 是否为 KVM_MP_STATE_RUNNABLE，理解这个值需要理解多处理器的初始化。在多处理器的情况下，先是 BSP 初始化，然后 BSP 发送 IPI 信号到其他处理器，接着其他处理器再初始化，所以在 BSP 初始化的时候，这个 mp_state 是 KVM_MP_STATE_RUNNABLE，但是其他处理器只有在接收到 IPI 信号之后才会将这个值设置为 KVM_MP_STATE_RUNNABLE 。另一个是 vcpu.arch 结构中的 apf.halted 表示的虚拟机中是否存在需要访问却被宿主机 swap 出去的内存页，如果由于 apf 而被暂停，则这个时候虚拟 CPU 也是不能运行的。

如果判断的结果是可以运行，则会调用 vcpu_enter_guest 来进入虚拟机，在 vcpu_enter_guest 最开始，该函数会对 vcpu->requests 上的请求进行处理，这个 requests 为 unsigned long 类型，每一位表示一个请求，这些请求可能来自多个地方，如在处理 VM Exit 时、KVM 在运行的时候需要修改虚拟机状态时等，这些请求都在即将进入 guest 的时候进行处理。

```
arch/x86/kvm/x86.c
        if (vcpu->requests) {
            if (kvm_check_request(KVM_REQ_MMU_RELOAD, vcpu))
                kvm_mmu_unload(vcpu);
            if (kvm_check_request(KVM_REQ_MIGRATE_TIMER, vcpu))
                __kvm_migrate_timers(vcpu);
            if (kvm_check_request(KVM_REQ_MASTERCLOCK_UPDATE, vcpu))
                kvm_gen_update_masterclock(vcpu->kvm);
```

vcpu_enter_guest 接下来处理虚拟中断相关请求，这部分内容将在后面讨论，接着就是调用 kvm_mmu_reload，这部分内容在内存虚拟化相关章节分析。在禁止抢占之后调用回调函数 prepare_guest_switch，vmx 对应的是函数 vmx_save_host_state，从函数名可以知道，这里保存的是 host 的状态，通过 vmcs_writel 将宿主机的状态保存到 VMCS 区域中，使虚拟机退出之后能够正常运行。

紧接着的函数是 vmx 的 run 回调，其对应的函数是 vmx_vcpu_run。该函数首先根据 VCPU 的状态写一些 VMCS 的值，接着执行汇编 ASM_VMX_VMLAUNCH 将 CPU 置于 guest 模式，这个时候 CPU 就开始执行虚拟机的代码，当发生退出时候，其地址是 vmx_return ，这个值是在 vmx_vcpu_setup 调用的 vmx_set_constant_host_state 函数中设置的。

```
        vmcs_writel(HOST_RIP, vmx_return);
```

vmx_vcpu_run 接着调用 vmcs_read32 读出虚拟机退出的原因，保存在 vcpu_vmx 结构体的 exit_reason 成员中。vmx_vcpu_run 调用 3 个函数对本次退出进行预处理，分别为 vmx_complete_atomic_exit(vmx)、vmx_recover_nmi_blocking(vmx)和 vmx_complete_interrupts(vmx)。

vmx_vcpu_run 代码如下，可以看到当 vmx_vcpu_run 执行完返回的时候，其实已经完成了一轮 VM Entry 与 VM Exit 了。

```
        arch/x86/kvm/vmx.c
```

```
static void __noclonevmx_vcpu_run(struct kvm_vcpu *vcpu)
{
        struct vcpu_vmx *vmx = to_vmx(vcpu);
        unsigned long debugctlmsr, cr4;
        …
        if (test_bit(VCPU_REGS_RSP, (unsigned long *)&vcpu->arch.regs_dirty))
          vmcs_writel(GUEST_RSP, vcpu->arch.regs[VCPU_REGS_RSP]);
        if (test_bit(VCPU_REGS_RIP, (unsigned long *)&vcpu->arch.regs_dirty))
          vmcs_writel(GUEST_RIP, vcpu->arch.regs[VCPU_REGS_RIP]);
        …
        vmx->__launched = vmx->loaded_vmcs->launched;
        asm(
          …
          /* Enter guest mode */
          "jne 1f \n\t"
          __ex(ASM_VMX_VMLAUNCH) "\n\t"
          "jmp 2f \n\t"
          "1: " __ex(ASM_VMX_VMRESUME) "\n\t"
          "2: "
          …
          ".pushsection .rodata \n\t"
          ".global vmx_return \n\t"
          "vmx_return: " _ASM_PTR " 2b \n\t"
          ".popsection"
            : : "c"(vmx), "d"((unsigned long)HOST_RSP),
          …
loadsegment(ds, __USER_DS);
        loadsegment(es, __USER_DS);
#endif
        vcpu->arch.regs_avail = ~((1 << VCPU_REGS_RIP) | (1 << VCPU_REGS_RSP)
                        | (1 << VCPU_EXREG_RFLAGS)
                        | (1 << VCPU_EXREG_PDPTR)
                        | (1 << VCPU_EXREG_SEGMENTS)
                        | (1 << VCPU_EXREG_CR3));
        vcpu->arch.regs_dirty = 0;

        vmx->idt_vectoring_info = vmcs_read32(IDT_VECTORING_INFO_FIELD);

        vmx->loaded_vmcs->launched = 1;

        vmx->exit_reason = vmcs_read32(VM_EXIT_REASON);
…
        vmx_complete_atomic_exit(vmx);
        vmx_recover_nmi_blocking(vmx);
        vmx_complete_interrupts(vmx);
}
```

回到 vcpu_enter_guest，当虚拟机退出之后会调用 vmx 实现的 handle_external_intr 回调来处理外部中断，并调用 handle_exit 回调来处理各种退出事件。先看 handle_external_intr 对应的 vmx_handle_external_intr，代码如下。

```
arch/x86/kvm/vmx.c
static void vmx_handle_external_intr(struct kvm_vcpu *vcpu)
```

```
{
        u32 exit_intr_info = vmcs_read32(VM_EXIT_INTR_INFO);

        /*
         * If external interrupt exists, IF bit is set in rflags/eflags on the
         * interrupt stack frame, and interrupt will be enabled on a return
         * from interrupt handler.
         */
        if ((exit_intr_info & (INTR_INFO_VALID_MASK | INTR_INFO_INTR_TYPE_
MASK))
                == (INTR_INFO_VALID_MASK | INTR_TYPE_EXT_INTR)) {
        unsigned int vector;
        unsigned long entry;
        gate_desc *desc;
        struct vcpu_vmx *vmx = to_vmx(vcpu);
#ifdef CONFIG_X86_64
        unsigned long tmp;
#endif

        vector =  exit_intr_info & INTR_INFO_VECTOR_MASK;
        desc = (gate_desc *)vmx->host_idt_base + vector;
        entry = gate_offset(*desc);
        asm volatile(
#ifdef CONFIG_X86_64
                "mov %%" _ASM_SP ", %[sp]\n\t"
                "and $0xfffffffffffffff0, %%" _ASM_SP "\n\t"
                "push $%c[ss]\n\t"
                "push %[sp]\n\t"
#endif
                "pushf\n\t"
                "orl $0x200, (%%" _ASM_SP ")\n\t"
                __ASM_SIZE(push) " $%c[cs]\n\t"
                CALL_NOSPEC
                :
#ifdef CONFIG_X86_64
                [sp]"=&r"(tmp)
#endif
                :
                THUNK_TARGET(entry),
                [ss]"i"(__KERNEL_DS),
                [cs]"i"(__KERNEL_CS)
                );
        } else
        local_irq_enable();
}
```

　　首先读取中断信息，然后判断是否是有效的中断，如果是，则读取中断号 vector，然后得到宿主机中对应 IDT 的中断门描述符，最后一段汇编用来执行处理函数，vmx_handle_external_intr 会开启中断。从上述分析可知，CPU 在 guest 模式运行时，中断是关闭的，运行着虚拟机代码的 CPU 不会接收到外部中断，但是外部中断会导致 CPU 退出 guest 模式，进入 VMX root 模式。

　　可以看到，外部中断的处理是在 handle_exit 之前进行的，所以后面在 handle_exit 中处理外部中断的时候就没有什么实际的事可以做了，而只是对统计数据进行了修改。

```
arch/x86/kvm/vmx.c
static int handle_external_interrupt(struct kvm_vcpu *vcpu)
{
        ++vcpu->stat.irq_exits;
        return 1;
}
```

vmx_handle_exit 是退出事件总的分发处理函数，在对一些特殊情况进行判断之后根据突出原因调用了 kvm_vmx_exit_handlers 中定义的相应的分发函数。

```
arch/x86/kvm/vmx.c
static int (*const kvm_vmx_exit_handlers[])(struct kvm_vcpu *vcpu) = {
        …
        [EXIT_REASON_IO_INSTRUCTION]        = handle_io,
        [EXIT_REASON_CR_ACCESS]             = handle_cr,
        [EXIT_REASON_DR_ACCESS]             = handle_dr,
        [EXIT_REASON_CPUID]                 = handle_cpuid,
        [EXIT_REASON_MSR_READ]              = handle_rdmsr,
        …
        [EXIT_REASON_VMPTRLD]               = handle_vmptrld,
}
```

这里面的 EXIT_REASON_XXX 宏定义了退出的原因，对应的 handle_xxx 则定义了相应的处理函数。有的退出事件 KVM 能够自己处理，这个时候就直接处理然后返回，准备下一轮的 VCPU 运行，如果 KVM 无法处理，如无法处理对于设备的 PIO 和 MMIO 端口的读写，则需要将事件分发到 QEMU 进行处理。

handle_cpuid 是 KVM 自己处理的典型代表，用于处理虚拟机中的 CPUID 指令。从下面的代码可以看到，CPUID 的处理是查询之前 QEMU 的设置，然后直接返回。其全部过程只需要通过 KVM 就能完成，handle_cpuid 返回 1，这个值也作为 vcpu_enter_guest 的返回值，为 1 表示不需要让虚拟机回到 QEMU。

```
arch/x86/kvm/vmx.c
static int handle_cpuid(struct kvm_vcpu *vcpu)
{
        kvm_emulate_cpuid(vcpu);
        return 1;
}

arch/86/kvm/cpuid.c
void kvm_emulate_cpuid(struct kvm_vcpu *vcpu)
{
 u32 function, eax, ebx, ecx, edx;

 function = eax = kvm_register_read(vcpu, VCPU_REGS_RAX);
ecx = kvm_register_read(vcpu, VCPU_REGS_RCX);
kvm_cpuid(vcpu, &eax, &ebx, &ecx, &edx);
kvm_register_write(vcpu, VCPU_REGS_RAX, eax);
kvm_register_write(vcpu, VCPU_REGS_RBX, ebx);
kvm_register_write(vcpu, VCPU_REGS_RCX, ecx);
kvm_register_write(vcpu, VCPU_REGS_RDX, edx);
```

```
        kvm_x86_ops->skip_emulated_instruction(vcpu);
    }

    void kvm_cpuid(struct kvm_vcpu *vcpu, u32 *eax, u32 *ebx, u32 *ecx, u32 *edx)
    {
     u32 function = *eax, index = *ecx;
     struct kvm_cpuid_entry2 *best;

     best = kvm_find_cpuid_entry(vcpu, function, index);

     if (!best)
      best = check_cpuid_limit(vcpu, function, index);
    …
    }
```

假设在虚拟机中执行一个 out 指令，则会运行 handle_io 函数，可以看到，这个函数的相关调用链在设置了与 QEMU 共享的内存 kvm_run 之后返回了 0，这表示需要返回到 QEMU 处理。

**arch/x86/kvm/vmx.c**
```
static int handle_io(struct kvm_vcpu *vcpu)
{
        ..
        return kvm_fast_pio_out(vcpu, size, port);
}
```

**arch/x86/kvm/x86.c**
```
int kvm_fast_pio_out(struct kvm_vcpu *vcpu, int size, unsigned short port)
{
        unsigned long val = kvm_register_read(vcpu, VCPU_REGS_RAX);
        int ret = emulator_pio_out_emulated(&vcpu->arch.emulate_ctxt,
                            size, port, &val, 1);
        /* do not return to emulator after return from userspace */
        vcpu->arch.pio.count = 0;
        return ret;
}

static int emulator_pio_out_emulated(struct x86_emulate_ctxt *ctxt,
                    int size, unsigned short port,
                    const void *val, unsigned int count)
{
        struct kvm_vcpu *vcpu = emul_to_vcpu(ctxt);

        memcpy(vcpu->arch.pio_data, val, size * count);
        trace_kvm_pio(KVM_PIO_OUT, port, size, count, vcpu->arch.pio_data);
        return emulator_pio_in_out(vcpu, size, port, (void *)val, count, false);
}

static int emulator_pio_in_out(struct kvm_vcpu *vcpu, int size,
                unsigned short port, void *val,
                unsigned int count, bool in)
{
…
```

```
vcpu->run->exit_reason = KVM_EXIT_IO;
vcpu->run->io.direction = in ? KVM_EXIT_IO_IN : KVM_EXIT_IO_OUT;
vcpu->run->io.size = size;
vcpu->run->io.data_offset = KVM_PIO_PAGE_OFFSET * PAGE_SIZE;
vcpu->run->io.count = count;
vcpu->run->io.port = port;

return 0;
}
```

返回退出的代码如下所示，其 vcpu_enter_guest 的返回值小于或等于 0，会导致该函数退出 for 循环，进而使该 ioctl 返回到用户态。

```
arch/x86/kvm/x86.c
static int vcpu_run(struct kvm_vcpu *vcpu)
{
        int r;
        struct kvm *kvm = vcpu->kvm;

        vcpu->srcu_idx = srcu_read_lock(&kvm->srcu);

        for (;;) {
          if (kvm_vcpu_running(vcpu)) {
                r = vcpu_enter_guest(vcpu);
          } else {
                r = vcpu_block(kvm, vcpu);
          }

          if (r <= 0)
                break;
…
}
```

以上过程是 VCPU 能够运行并由 vcpu_enter_guest 执行一轮虚拟机代码的过程。

如果 vcpu_run 判断此时 VCPU 不能运行，则会调用 vcpu_block，后者调用 kvm_vcpu_block，如果不考虑 poll 机制，则 kvm_vcpu_block 会调用 schedule()提请调度，让出 CPU。

```
virt/kvm/kvm_main.c
void kvm_vcpu_block(struct kvm_vcpu *vcpu)
{
        …
        for (;;) {
          prepare_to_wait(&vcpu->wq, &wait, TASK_INTERRUPTIBLE);

          if (kvm_vcpu_check_block(vcpu) < 0)
                break;

          waited = true;
          schedule();
        }
        …
}
```

## 4.7 VCPU 的调度

前面几节介绍了 CPU 调度的基本过程，本节分析一下 VCPU 是如何与宿主机的调度融合在一起的。现代处理器通常都是多对称处理，操作系统一般可以自由地将 VCPU 调度到任何一个物理 CPU 上运行。当 VCPU 在不同的物理 CPU 上运行的时候会影响虚拟机的性能。这是由于在同一个物理 CPU 上运行 VCPU 时只需要执行 VMRESUME 指令即可，但是如果要切换到不同的物理 CPU，则需要执行 VMCLEAR、VMPTRLD 和 VMLAUNCH 指令。

图 4-18 展示了典型的有虚拟机和普通进程运行的情况。虚拟机的每一个 VCPU 都对应宿主机中的一个线程，通过宿主机内核调度器进行统一调度管理。如果不将虚拟机的 VCPU 线程绑定到物理 CPU 上，那么 VCPU 线程可能在每次运行时被调度到不同的物理 CPU 上，KVM 必须能够处理这种情况。

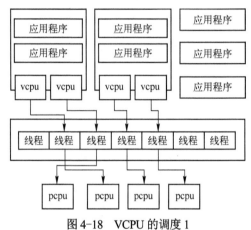

图 4-18　VCPU 的调度 1

下面先简单介绍将 VCPU 调度到不同物理 CPU 的基本步骤，然后再对源码进行分析。

1）在源物理 CPU 执行 VMCLEAR 指令，这可以保证将当前 CPU 关联的 VMCS 相关缓存数据冲刷到内存中。

2）在目的 VMCS 区域以 VCPU 的 VMCS 物理地址为操作数执行 VMPTRLD 指令。

3）在目的 VMCS 区域执行 VMLAUNCH 指令。

实际 KVM 的实现会比上述过程复杂一点。每个物理 CPU 会有一个指向 VMCS 结构体的指针 per cpu 变量 current_vmcs，这是在 vmx.c 中定义的。

```
arch/x86/kvm/vmx.c
static DEFINE_PER_CPU(struct vmcs *, current_vmcs);
```

每一个 VCPU 也分配了一个 VMCS 结构，这是在 vmx_create_vcpu 中创建并保存在 vmx_vcpu 的 loaded_vmcs 中 vmcs 成员中的。VCPU 的调度本质上就是让物理 CPU 的 per cpu 变量 current_vmcs 在所有 VCPU 直接分配，在某一时刻会指向这些 VCPU 中的一个。与 VCPU 调度密切相关的两个函数是 vcpu_load 和 vcpu_put。

vcpu_load 负责将 VCPU 状态加载到物理 CPU 上，vcpu_put 负责将当前物理 CPU 上运行的 VCPU 调度出去时把 VCPU 状态保存起来。

vcpu_load 代码如下。

```
virt/kvm/kvm_main.c
```

```
int vcpu_load(struct kvm_vcpu *vcpu)
{
    int cpu;

    if (mutex_lock_killable(&vcpu->mutex))
      return -EINTR;
    cpu = get_cpu();
    preempt_notifier_register(&vcpu->preempt_notifier);
    kvm_arch_vcpu_load(vcpu, cpu);
    put_cpu();
    return 0;
}
```

get_cpu 禁止抢占并且返回当前处理器 ID，put_cpu 开启抢占。在这中间的两个函数，preempt_notifier_register 注册一个抢占回调 vcpu->preempt_notifier，这个通知对象的回调函数在创建 VCPU 的时候被初始化为 kvm_preempt_ops，而 kvm_preempt_ops 的 sched_in 和 sched_out 则在 KVM 模块初始化的时候进行了赋值，当 VCPU 线程被抢占的时候会调用 kvm_sched_out，当 VCPU 线程抢占了别的线程时会调用 kvm_sched_in。注意，只有在当前的 VCPU 线程处于跟 VCPU 相关的 ioctl 中时才会注册该通知回调。因为 VCPU 如果并没有执行任何动作，就不需要绑定到真实的物理 CPU 上去。

与 vcpu_load 对应的是 vcpu_put，该函数代码如下。

```
virt/kvm/kvm_main.c
void vcpu_put(struct kvm_vcpu *vcpu)
{
    preempt_disable();
    kvm_arch_vcpu_put(vcpu);
    preempt_notifier_unregister(&vcpu->preempt_notifier);
    preempt_enable();
    mutex_unlock(&vcpu->mutex);
}
```

可以看到，vcpu_put 和 vcpu_load 是两个相反的过程，它们一般在 ioctl(KVM_RUN)的开始和返回时调用，是 KVM 通用层面的函数，与之对应的是架构相关层面的两个函数 kvm_arch_vcpu_load 和 kvm_arch_vcpu_put。KVM 完全融进了 Linux 中，物理 CPU 不仅会在 VCPU 做调度，而且会在 VCPU 和普通线程之间做调度。图 4-19 展示了在两个物理 CPU 上，一个进程和一个 CPU1 线程的调度情况，Linux 进程和线程在 Linux 的区别不大，内核中用一个 task_struct 来表示一个线程。

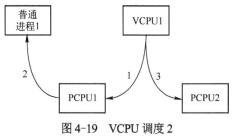

图 4-19　VCPU 调度 2

PCPU1 和 PCPU2 表示两个物理 CPU 实体，普通进程 1 和 VCPU1 表示保存的进程和 VCPU 线程对应的线程信息。第一步，内核调用 vcpu_load 将 VCPU1 与 PCPU1 关联起来，如果是第一次调用 ioctl(KVM_RUN)，则 vcpu_load 在 kvm_vcpu_ioctl 函数的开始被调用。如果是被调度进来的，则是在 kvm_sched_in 中，通过 kvm_arch_vcpu_load 调用到最终实现的 vcpu_load（如 vmx_vcpu_load），完成关联过程。当 PCPU1 执行虚拟机代码时，当前线程是禁止抢占以及被中断打断的，但是中断却可以触发 VM Exit，也就是让虚拟机退出到宿主机。退出并处理一些必要的工作之后就会开启中断和抢占，这样 PCPU1 就有可能去调度别的线程或 VCPU，这个就是图 4-19 的第二步。VCPU1 的线程被抢占之后调用

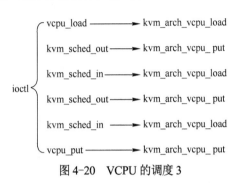

kvm_sched_out。当又该调度 VCPU1 时，系统却把它调度到物理 CPU2 上，那么就需要将 VCPU1 的状态与 PCPU2 关联起来，所以这个时候需要再调用 kvm_sched_in 来完成这个关联。

图 4-20 展示在一个 VCPU 相关 ioctl 调用过程中的 VCPU 与物理 CPU 关联和解除关联的相关函数调用。

QEMU 在 VCPU 对应的 fd 上调用 ioctl 时，对应的内核处理函数是 kvm_vcpu_ioctl，该函数的大致结构如下。

图 4-20　VCPU 的调度 3

```
virt/kvm/kvm_main.c
static long kvm_vcpu_ioctl(struct file *filp,
                unsigned int ioctl, unsigned long arg)
{
    …
    r =vcpu_load(vcpu);
    switch (ioctl) {
    case KVM_RUN:
        …
      break;
    case KVM_GET_REGS: {
        …
      break;
    }
    case KVM_SET_REGS: {
        …
      break;
    }
    case KVM_GET_SREGS: {
        …
      break;
    }
    …
    vcpu_put(vcpu);
}
```

在刚进入函数的时候就调用了 vcpu_load，vcpu_load 会调用 kvm_arch_vcpu_load 进而调用到 vmx_vcpu_load，将当前物理 CPU 与用户态指定的 VCPU 绑定起来，vcpu_load 还会注册一个抢占通知回调。当 VCPU 所在线程被抢占时，会调用之前注册的被抢占回调函数 kvm_sched_out，该函数调用 kvm_arch_vcpu_put，进而调用到 vmx_vcpu_put，将 VCPU 与物理 CPU 解除关联。当 VCPU 所在线程又被重新调度时，会调用 kvm_sched_in，该函数调用 kvm_arch_vcpu_load，进而调用到 vmx_vcpu_load，重新将 VCPU 与物理 CPU 关联起来。VCPU

通过 kvm_sched_out 和 kvm_sched_in 两个函数与物理 CPU 进行关联与解除关联。最后 ioctl 返回的时候调用 vcpu_put，vcpu_put 除了解除关联外，还会取消在 vcpu_load 中注册的抢占通知回调。

　　接下来分析 vmx_vcpu_load 函数，也就是绑定 VCPU 与物理 CPU 是如何完成的，vmx_vcpu_load 代码如下，参数 cpu 表示物理 CPU 的 ID。

```
arch/x86/kvm/vmx.c
static void vmx_vcpu_load(struct kvm_vcpu *vcpu, int cpu)
{
        struct vcpu_vmx *vmx = to_vmx(vcpu);
        u64 phys_addr = __pa(per_cpu(vmxarea, cpu));

        if (!vmm_exclusive)
          kvm_cpu_vmxon(phys_addr);
        else if (vmx->loaded_vmcs->cpu != cpu)
          loaded_vmcs_clear(vmx->loaded_vmcs);

        if (per_cpu(current_vmcs, cpu) != vmx->loaded_vmcs->vmcs) {
          per_cpu(current_vmcs, cpu) = vmx->loaded_vmcs->vmcs;
          vmcs_load(vmx->loaded_vmcs->vmcs);
        }

        if (vmx->loaded_vmcs->cpu != cpu) {
          struct desc_ptr *gdt = this_cpu_ptr(&host_gdt);
          unsigned long sysenter_esp;

          kvm_make_request(KVM_REQ_TLB_FLUSH, vcpu);
          local_irq_disable();
          crash_disable_local_vmclear(cpu);
          …
          smp_rmb();

          list_add(&vmx->loaded_vmcs->loaded_vmcss_on_cpu_link,
              &per_cpu(loaded_vmcss_on_cpu, cpu));
          crash_enable_local_vmclear(cpu);
          local_irq_enable();

          /*
           * Linux uses per-cpu TSS and GDT, so set these when switching
           * processors.
           */
          vmcs_writel(HOST_TR_BASE, kvm_read_tr_base()); /* 22.2.4 */
          vmcs_writel(HOST_GDTR_BASE, gdt->address);   /* 22.2.4 */

          rdmsrl(MSR_IA32_SYSENTER_ESP, sysenter_esp);
          vmcs_writel(HOST_IA32_SYSENTER_ESP, sysenter_esp); /* 22.2.3 */

          vmx->loaded_vmcs->cpu = cpu;
        }

        /* Setup TSC multiplier */
        if (kvm_has_tsc_control &&
        vmx->current_tsc_ratio != vcpu->arch.tsc_scaling_ratio) {
```

```
            vmx->current_tsc_ratio = vcpu->arch.tsc_scaling_ratio;
            vmcs_write64(TSC_MULTIPLIER, vmx->current_tsc_ratio);
        }

        vmx_vcpu_pi_load(vcpu, cpu);
    }
```

vmx->loaded_vmcs->cpu 保存了 VCPU 上次运行的物理 CPU 的 ID，如果跟这次不相同，说明物理 CPU 发生了切换。调用 loaded_vmcs_clear，该函数在上次运行的物理 CPU 上执行 __loaded_vmcs_clear 函数，从而抹去在上次运行的物理 CPU 上保存的该 VCPU 的信息，主要包括清空该物理 CPU 的 current_vmcs 这个 per-cpu 变量，并将 VCPU 的 VMCS 清空。

接下来是将 VCPU 的 VMCS 结构赋值给物理 CPU 的 per-cpu 变量 current_vmcs，然后调用 vmcs_load 加载到物理 CPU 上。

当上次运行的物理 CPU 与本次不同时，还要做一些切换工作，如给 VCPU 设置 KVM_REQ_TLB_FLUSH 请求，将 VCPU 链接到物理 CPU 的 loaded_vmcss_on_cpu per-cpu 变量上，修改宿主机上的一些寄存器的值，设置 vmx->loaded_vmcs->cpu 为当前的 CPUID。

相比 vmx_vcpu_load 的复杂工作，vmx_vcpu_put 就简单得多了，只是调用 __vmx_load_host_state 将之前保存的宿主机的一些状态（如寄存器信息）加到寄存器中，这里就不列出代码了。

# 第5章 内存虚拟化

## 5.1 内存虚拟化简介

内存是计算机必不可少的组成部分之一，所以内存的虚拟化也是各类虚拟化方案必须要解决的问题。从 CPU 的视角看来，物理机上的内存是一段从 0 开始的连续可用的物理内存。在虚拟化中，每个虚拟机都需要这么一段从 0 开始的、连续的、属于自己的物理地址。为此 VMM 必须也为虚拟机模拟出这样一段空间，比较容易想到的将 QEMU 进程的虚拟地址作为这样一段空间提供给虚拟机的物理内存，如图 5-1 所示。

但是这样的方案有一个问题。在物理机上，CPU 对内存的访问在保护模式下是通过分段分页实现的，在该模式下，CPU 访问时使用的是虚拟地址，必须通过硬件 MMU 进行转换，将虚拟地址转换成物理地址才能够访问到实际的物理内存，如图 5-2 所示。

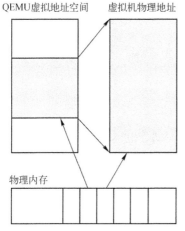

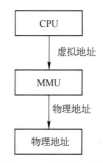

图 5-1　QEMU 将虚拟内存作为虚拟机物理内存　　　图 5-2　非虚拟化 CPU 保护模式下的内存寻址

但是在虚拟化下，虚拟机内部也有自己的保护模式，所以当虚拟机中的虚拟 CPU 进行内存寻址的时候，其使用的是虚拟机内部的虚拟地址，要想让其访问到实际的物理内存，必须先将这个地址转换成虚拟机的物理地址，然后将物理地址转换成 QEMU 的虚拟地址，最后将 QEMU 的虚拟地址转换成物理机上的物理地址，才能访问到数据。显然，这需要虚拟化软件提供一个机制来完成这种转换，这就是所谓的 MMU 的虚拟化。

在 CPU 没有支持 EPT（Extended Page Table）之前，是通过所谓的影子页表来实现这个功能的。在该方案中，影子页表直接实现 GVA 到 HPA 的转换，虚拟化软件（KVM）为虚拟机中的每一个进程保存一个页表，虚拟机中的进程也有自己的页表，但是这个页表是可读的，前一个页表就称为这个页表的影子页表，这样虚拟机的页表就会导致 VM Exit，然后 KVM 会处理该请求，然后更新影子页表。影子页表的具体原理不再赘述。总之，影子页表的方案使用纯软件实现了一个MMU，效率很低，所以 VMX 架构引入了所谓的扩展页表，即 EPT 方案。

149

在 EPT 方案中，CPU 的寻址模式在 VM non-root operation 下会发生变化，其会使用两个页表。其基本原理如图 5-3 所示。

如果开启 EPT，当 CPU 进行 VM Entry 时，会使用 EPT 功能，虚拟机对内部自身页表有着完全的控制，CPU 先将虚拟机内部的虚拟地址转换为虚拟机物理地址，通过这个过程查找虚拟机内部页表，然后 CPU 会将这个地址转换为宿主机的物理地址，通过这个过程查找宿主机中的 EPT 页表。当 CPU 产生 VM Exit 时，EPT 会关闭，这个时候 CPU 在宿主机上又会按照传统的单页表方式寻址。虚拟机中的页表就像物理机操作系统页表一样，页表里面保存的是虚拟机物理地址，由自己维护，EPT 页表则由宿主机维护，里面记录着虚拟机物理地址到宿主机的物理

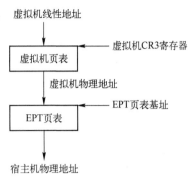

图 5-3　EPT 基本原理

地址的转换。

一般来讲，EPT 使用的是 IA-32e 的分页模式，即使 48 位物理地址，总共分为四级页表，每级页表使用 9 位物理地址定位，最后 12 位表示在一个页（4KB）内的偏移，图 5-4 展示了 EPT 的分页模式。

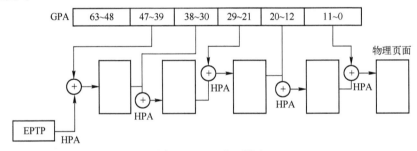

图 5-4　EPT 分页模式

在 EPT 分页基址下，虚拟机进行内存访问会引发一系列的 GPA 到 HPA 的转换。上图展示了 EPT 的访问过程，EPT 页表的基址保存在 VMCS 结构内的 EPTP 指针中。在进行一次内存访问时虚拟机首先将虚拟机内存转换为虚拟机物理内存地址，这中间会查询虚拟机的页表，如果对应页表存在且有效，则读取页表信息，然后读取下一级页表，计算出虚拟机需要访问的 GPA，然后这个 GPA 会再进行一次页表查找，最终找到物理机上的数据。在这个过程中，如果虚拟机内部发生缺页异常，则虚拟机会自己修好自己的页表，如果发生 EPT 异常，则产生 EPT 异常退出，虚拟机会退出到 KVM，构建好对应的 EPT 页表。如果虚拟机和宿主机都是 64 位的操作系统，那整个寻址过程中会发生非常多的内存访问，一般情况下，不考虑大页等因素，进行一次内存访问需要 24 次页表内存的访问（每次 GPA->HPA 为 5 次，4 个 guest 表查找 4×5+4）。

## 5.2　QEMU 内存初始化

### 5.2.1　基本结构

在开始介绍内存初始化的时候，需要对 QEMU 中几个与内存相关的数据结构进行介绍。首先是 AddressSpace 结构体，用来表示一个虚拟机或者虚拟 CPU 能够访问的所有物理地址。注意

这里的访问和能够访问是两回事,与进程的地址空间一样,一个进程的虚拟地址空间为 4GB（32 位下）,这并不是说操作系统需要为进程分配这么大的空间。同样,QEMU 中的 AddressSpace 表示的是一段地址空间,整个系统可以有一个全局的地址空间,CPU 可以有自己的地址空间视角,设备也可以有自己的地址空间视角。AddressSpace 的定义如下。

```
include/exec/memory.h
struct AddressSpace {
    /* All fields are private. */
    struct rcu_head rcu;
    char *name;
    MemoryRegion *root;
    int ref_count;
    bool malloced;

    /* Accessed via RCU. */
    struct FlatView *current_map;

    int ioeventfd_nb;
    struct MemoryRegionIoeventfd *ioeventfds;
    struct AddressSpaceDispatch *dispatch;
    struct AddressSpaceDispatch *next_dispatch;
    MemoryListener dispatch_listener;
    QTAILQ_HEAD(memory_listeners_as, MemoryListener) listeners;
    QTAILQ_ENTRY(AddressSpace) address_spaces_link;
};
```

其中,root 表示 AddressSpace 对应的一个根 MemoryRegion；current_map 表示该地址空间是一个平坦模式下的视图。

QEMU 的其他子系统可以注册地址空间变更的事件,所有注册的信息都通过 listeners 连接起来。

所有的 AddressSpace 通过 address_spaces_link 这个 node 连接起来,链表头是 address_spaces。

在 QEMU 的 HMP 中输入 info mtree,可以看到所有的 AddressSpace。

```
address-space: memory
address-space: I/O
address-space: cpu-memory-0
address-space: cpu-memory-7
address-space: i440FX
address-space: PIIX3
address-space: VGA
```

第一个是系统全局的 AddressSpace,表示虚拟机能够访问的所有地址,I/O 表示 x86 系统下 I/O 端口的地址空间,cpu-memory-x 表示 CPU 视角下的地址空间,i440FX 和 PIIX3 是设备视角的地址空间,虽然大部分情况下很多都是相同的,但是逻辑意义不一样。

内存管理中另一个结构是 MemoryRegion, 它表示的是虚拟机的一段内存区域。MemoryRegion 是内存模拟中的核心结构,整个内存的模拟都是通过 MemoryRegion 构成的无环图完成的,图的叶子节点是实际分配给虚拟机的物理内存或者是 MMIO,中间的节点则表示内存总线,内存控制器是其他 MemoryRegion 的别名。AddressSpace 和 MemoryRegion 的关系如

图 5-5 所示。

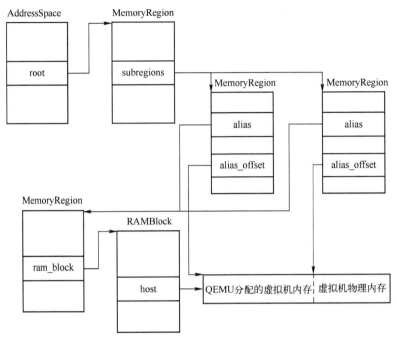

图 5-5　AddressSpace 与 MemoryRegion 的关系

下面是一个 MemoryRegion 的结构。

```
include/exec/memory.h
struct MemoryRegion {
    Object parent_obj;

    /* All fields are private - violators will be prosecuted */

    /* The following fields should fit in a cache line */
    bool romd_mode;
    bool ram;
    bool subpage;
    bool readonly; /* For RAM regions */
    bool rom_device;
    bool flush_coalesced_mmio;
    bool global_locking;
    uint8_t dirty_log_mask;
    RAMBlock *ram_block;
    Object *owner;
    const MemoryRegionIOMMUOps *iommu_ops;

    const MemoryRegionOps *ops;
    void *opaque;
    MemoryRegion *container;
    Int128 size;
    hwaddraddr;
```

```
        void (*destructor)(MemoryRegion *mr);
        uint64_t align;
        bool terminates;
        bool ram_device;
        bool enabled;
        bool warning_printed; /* For reservations */
        uint8_t vga_logging_count;
        MemoryRegion *alias;
        hwaddr alias_offset;
        int32_t priority;
        QTAILQ_HEAD(subregions, MemoryRegion) subregions;
        QTAILQ_ENTRY(MemoryRegion) subregions_link;
        QTAILQ_HEAD(coalesced_ranges, CoalescedMemoryRange) coalesced;
        const char *name;
        unsigned ioeventfd_nb;
        MemoryRegionIoeventfd *ioeventfds;
        QLIST_HEAD(, IOMMUNotifier) iommu_notify;
        IOMMUNotifierFlagiommu_notify_flags;
    };
```

其中，ram_block 表示实际分配的物理内存，后面会详细分析；ops 里面是一组回调函数，在对 MemoryRegion 进行操作时会被调用，如 MMIO 的读写请求；container 表示该 MemoryRegion 所处的上一级 MemoryRegion；addr 表示该 MemoryRegion 所在的虚拟机的物理地址；terminates 用来指示是否是叶子节点；priority 用来指示 MemoryRegion 的优先级；subregions 将该 MemoryRegion 所属的子 MemoryRegion 连接起来；subregions_link 则用来连接同一个父 MemoryRegion 下的相同兄弟。

常见的 MemoryRegion 有如下几类。

1）RAM：host 上一段实际分配给虚拟机作为物理内存的虚拟内存。

2）MMIO：guest 的一段内存，但是在宿主机上没有对应的虚拟内存，而是截获对这个区域的访问，调用对应读写函数用在设备模拟中。

3）ROM：与 RAM 类似，只是该类型内存只有只读属性，无法写入。

4）ROM device：其在读方面类似 RAM，能够直接读取，而在写方面类似 MMIO，写入会调用对应的写回调函数。

5）container：包含若干个 MemoryRegion，每一个 Region 在这个 container 的偏移都不一样。container 主要用来将多个 MemoryRegion 合并成一个，如 PCI 的 MemoryRegion 就会包括 RAM 和 MMIO。一般来说，container 中的 region 不会重合，但是有的时候也有例外。

6）alias：region 的另一个部分，可以使一个 region 被分成几个不连续的部分。

通常情况下，MemoryRegion 并不会重叠，当解析一个地址时，只会落入一个 MemoryRegion；而有时让 MemoryRegion 重合也比较有用。但是当 MemoryRegion 重合时，需要有一种机制决定到底让哪一个对虚拟机可见，这就是 MemoryRegion 结构体中 priority 的作用。

memory_region_add_subregion_overlap 函数用来将一个 MemoryRegion 添加到一个 container 中去，允许其重复，当重复的时候，谁的 priority 大谁就能被虚拟机看见。当然，如果两个 MemoryRegion 并不完全重合，那优先级低的还是会有一部分能够被虚拟机看见。例如，图 5-6

中有一个 container 类型的 region A（包含从 0 到 0x8000 的地址空间）以及 B 和 C 两个 subregion。其中，B 也是一个 container，地址空间从 0x2000 到 0x6000，优先级为 2，C 是一个 MMIO 类型的，从 0 到 0x6000，优先级是 1。B 包含两个 subregion，分别为 D 和 E，D 的地址空间从 0x2000 到 0x3000，E 的地址空间从 0x4000 到 0x5000。

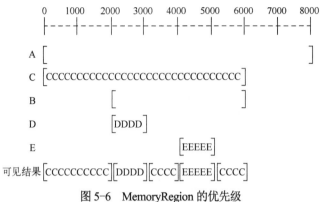

图 5-6　MemoryRegion 的优先级

最终，这个 MemoryRegion 的可见性为：

    [CCCCCCCCCCC] [DDDDD] [CCCCC] [EEEEE] [CCCCC]

这里面 B 的优先级高于 C，所以其 subregion D 和 E 会覆盖 C，在 B 没有与 C 重合的地方，C 还是对 guest 可见的。如果 B 不是一个纯的 container，则任何不被 D 和 E 处理的都会被 B 处理。

    [CCCCCCCCCCC] [DDDDD] [BBBBB] [EEEEE] [BBBBB]

priority 只针对一个 container，也就是只会比较一个 container 下面两个相重合的 MemoryRegion。所以 D 和 E 的 priority 并不重要，因为它们不重合，D 和 E 也不会与 C 进行优先级比较，因为 DE 在 B 下。

当给定一个 AddressSpace 中的一个地址时，其根据如下原则查找对应的 MemoryRegion。注意，所有 root 的子 MemoryRegion 会根据优先级对地址进行匹配，从优先级高的开始。

1）从 AddressSapce 中找到根 root，找到所有的 subregion，如果地址不在 region 中则放弃考虑 region。

2）如果地址在一个叶子 MemoryRegion（RAM 或者 MMIO）中，查找结束，返回该 Region。

3）如果子 MemoryRegion 是一个容器，则在该容器中递归调用该算法。

4）如果 MemoryRegion 是一个 alias，则查找从对应的实际 region 开始。

5）如果在一个容器或者 alias region 的查找中并没有找到一个匹配项，且 container 本身有自己的 MMIO 或者 RAM，那么返回这个容器本身，否则根据下一个优先级查找。

6）如果没有找到匹配的 MemoryRegion 节点，则结束查找。

本节先介绍这两个基本的结构，MemoryRegionSection 和 FlatView 等留到后面再介绍。

## 5.2.2　QEMU 虚拟机内存初始化

内存作为虚拟机的基础部分，其初始化也是在 pc_init1 中进行的。内存分为低端内存和高端内存，之所以会有这个区分是因为一些有传统设备的虚拟机，其设备必须使用一些地址空间在

4GB 以下的内存。低端内存和高端内存的计算如下所示。

```c
hw/i386/pc_piix.c
        if (!pcms->max_ram_below_4g) {
            pcms->max_ram_below_4g = 0xe0000000; /* default: 3.5G */
        }
        lowmem = pcms->max_ram_below_4g;
        if (machine->ram_size >= pcms->max_ram_below_4g) {
            if (pcmc->gigabyte_align) {
                if (lowmem> 0xc0000000) {
                    lowmem = 0xc0000000;
                }
                if (lowmem& (1 * GiB - 1)) {
                    warn_report("Large machine and max_ram_below_4g "
                            "(%" PRIu64 ") not a multiple of 1G; "
                            "possible bad performance.",
                            pcms->max_ram_below_4g);
                }
            }
        }

        if (machine->ram_size >= lowmem) {
            pcms->above_4g_mem_size = machine->ram_size - lowmem;
            pcms->below_4g_mem_size = lowmem;
        } else {
                pcms->above_4g_mem_size = 0;
                pcms->below_4g_mem_size = machine->ram_size;
        }
    }
```

如果用户在命令行指定了 max-ram-below-4g 参数，则使用用户指定的参数，这可以让一些非传统的虚拟机使用更多的 4GB 以下的地址空间。如果用户没有指定 max-ram-below-4g，则分两种情况：传统的虚拟机（qemu-2.5 以下）使用 3.5GB（0xe0000000）作为分界线；在高版本的虚拟机下，会设置 gigabyte_align，当虚拟机的内存大于传统低端内存（3.5GB）时，会以 3GB 作为分界线。超过 lowmem 的地址就是高端内存了。

main 函数中会调用 cpu_exec_init_all 进行一些初始化工作，其中两个函数的调用与内存相关，即 io_mem_init 和 memory_map_init。第一个函数比较简单，就是创建若干个包含所有地址空间的 MemoryRegion，如 io_mem_rom 和 io_mem_unassigned。第二个函数 memory_map_init 则是一个重要函数，其代码如下。

```c
exec.c
static void memory_map_init(void)
{
    system_memory = g_malloc(sizeof(*system_memory));

    memory_region_init(system_memory, NULL, "system", UINT64_MAX);
    address_space_init(&address_space_memory, system_memory, "memory");

    system_io = g_malloc(sizeof(*system_io));
    memory_region_init_io(system_io, NULL, &unassigned_io_ops, NULL, "io",
                    65536);
    address_space_init(&address_space_io, system_io, "I/O");
}
```

这里面创建两个 AddressSpace：address_space_memory 和 address_space_io，分别用来表示虚拟机的内存地址空间和 I/O 地址空间，其对应根 MemoryRegion 分别是 system_memory 和 system_io。这两个 AddressSpace 和对应的根 MemoryRegion 均为全局变量，在系统中会被很多地方使用。

接下来与虚拟机内存虚拟化有关的函数是 pc_init1。pc_init1 中会创建一个 PCI 地址空间 pci_memory，表示 ROM 的地址空间和 PCI 地址空间是同一个 MemoryRegion。

```
hw/i386/pc_piix.c
    if (pcmc->pci_enabled) {
        pci_memory = g_new(MemoryRegion, 1);
        memory_region_init(pci_memory, NULL, "pci", UINT64_MAX);
        rom_memory = pci_memory;
    }
```

pc_init1 调用 pc_memory_init 函数进行内存初始化，这个函数比较复杂，其代码如下。

```
hw/i386/pc.c
void pc_memory_init(PCMachineState *pcms,
                    MemoryRegion *system_memory,
                    MemoryRegion *rom_memory,
                    MemoryRegion **ram_memory)
{
    …
    ram = g_malloc(sizeof(*ram));
    memory_region_allocate_system_memory(ram, NULL, "pc.ram",
                                         machine->ram_size);
    *ram_memory = ram;
    ram_below_4g = g_malloc(sizeof(*ram_below_4g));
    memory_region_init_alias(ram_below_4g, NULL, "ram-below-4g", ram,
                        0, pcms->below_4g_mem_size);
    memory_region_add_subregion(system_memory, 0, ram_below_4g);
    e820_add_entry(0, pcms->below_4g_mem_size, E820_RAM);
    if (pcms->above_4g_mem_size > 0) {
        ram_above_4g = g_malloc(sizeof(*ram_above_4g));
        memory_region_init_alias(ram_above_4g, NULL, "ram-above-4g", ram,
                                 pcms->below_4g_mem_size,
                                 pcms->above_4g_mem_size);
        memory_region_add_subregion(system_memory, 0x100000000ULL,
                              ram_above_4g);
        e820_add_entry(0x100000000ULL, pcms->above_4g_mem_size, E820_RAM);
    }
    …
    /* Initialize PC system firmware */
    pc_system_firmware_init(rom_memory, !pcmc->pci_enabled);

    option_rom_mr = g_malloc(sizeof(*option_rom_mr));
    memory_region_init_ram(option_rom_mr, NULL, "pc.rom", PC_ROM_SIZE,
                                 &error_fatal);
    vmstate_register_ram_global(option_rom_mr);
    memory_region_add_subregion_overlap(rom_memory,
                                 PC_ROM_MIN_VGA,
                                 option_rom_mr,
```

```
                                                1);

        fw_cfg = bochs_bios_init(&address_space_memory, pcms);

        rom_set_fw(fw_cfg);
        …
        if (linux_boot) {
                load_linux(pcms, fw_cfg);
        }
        for (i = 0; i < nb_option_roms; i++) {
            rom_add_option(option_rom[i].name, option_rom[i].bootindex);
        }
        pcms->fw_cfg = fw_cfg;

        /* Init default IOAPIC address space */
        pcms->ioapic_as = &address_space_memory;
    }
```

　　pc_memory_init 函数首先调用 memory_region_allocate_system_memory 来分配虚拟机的实际物理内存，名字为 "pc.ram"，该函数的具体过程在下一节介绍。

　　pc.ram 对应的内存已经在 QEMU 地址空间中分配好了，并且赋值到了 pc_memory_init 函数的输出参数 ram_memory 所指向的内存中。接下来调用 memory_region_init_alias 创建一个 ram_below_4g region，该 region 表示的是内存中小于 4GB 的那部分，然后调用 memory_region_add_subregion 将其设置为 pc.ram 子 region。e820_add_entry 将小于 4GB 的内存加入到/etc/e820 表中供 BIOS 使用。如果虚拟机总内存大于 4GB，还要建立一个 ram_above_4g 的 region，使其指向 pc.ram 的相应部分。接下来的代码处理可能存在内存热插的情况，这里不予讨论。

　　pc_memory_init 调用 pc_system_firmware_init 进行固件的初始化，rom_memory 其实也是 pci_memory，然后调用 old_pc_system_rom_init 进行 BIOS 的加载，这在之前章节已经介绍过了，这里略过。

　　pc_memory_init 创建 rom 的 MemoryRegion，并且将其加到 rom_memory 的子 region 中。

　　pc_memory_init 接着调用 bochs_bios_init，该函数创建了一个 fw_cfg 设备，然后调用 fw_cfg_add_xxxz 函数向 fw_cfg 设备添加很多数据项。调用 rom_set_fw 将 fw_cfg 设备复制到全局变量 fw_cfg 中。

　　QEMU 也可以通过-kernel 来启动 Linux，如果 QEMU 命令行有这个参数，则会调用 load_linux，该函数的作用主要就是读取-kernel 指定的文件，然后添加到 fw_cfg 设备中，具体过程这里不再深究。

　　调用 rom_add_option 添加其他的 ROM。

　　最后设置 PCMachineState 的 fw_cfg 和 ioapic_as 为系统全局的 address_space_memory。

　　pc_memory_init 函数主要用于分配虚拟机的物理内存以及初始化相应的 MemoryRegion 和 ROM，并且将相应数据添加到 fw_cfg 设备中。

## 5.2.3　分配虚拟机 RAM 过程

　　虚拟机的 RAM 是通过 memory_region_allocate_system_memory 函数分配的，下面详细介绍该函数。这里不考虑 numa 的情况，其会直接调用 allocate_system_memory_nonnuma 函数，

allocate_system_memory_nonnuma 函数最终调用 memory_region_init_ram 函数完成实际的内存分配，代码如下。

```
numa.c
void memory_region_allocate_system_memory(MemoryRegion *mr, Object *owner,
                                           const char *name,
                                           uint64_t ram_size)
{
    uint64_t addr = 0;
    int i;

    if (nb_numa_nodes == 0 || !have_memdevs) {
        allocate_system_memory_nonnuma(mr, owner, name, ram_size);
        return;
    }
    …
}
static void allocate_system_memory_nonnuma(MemoryRegion *mr, Object *owner,
                                           const char *name,
                                           uint64_t ram_size)
{
    if (mem_path) {
    …
    } else {
        memory_region_init_ram(mr, owner, name, ram_size, &error_fatal);
    }
    vmstate_register_ram_global(mr);
}

memory.c
void memory_region_init_ram(MemoryRegion *mr,
                            Object *owner,
                            const char *name,
                            uint64_t size,
                            Error **errp)
{
    memory_region_init(mr, owner, name, size);
    mr->ram = true;
    mr->terminates = true;
    mr->destructor = memory_region_destructor_ram;
    mr->ram_block = qemu_ram_alloc(size, mr, errp);
    mr->dirty_log_mask = tcg_enabled() ? (1 << DIRTY_MEMORY_CODE) : 0;
}
```

函数 memory_region_init_ram 的三个参数中，mr 表示 RAM 对应的 MemoryRegion，owner 表示所属的上一级 MemoryRegion，name 为 "pc.ram"。memory_region_init 初始化 MemoryRegion，RAM 是实际分配内存的，所以 mr->ram 和 mr->terminates 均需要设置为 true。qemu_ram_alloc 函数及其相关调用用来分配一个 RAMBlock 结构以及虚拟机物理内存对应的 QEMU 进程中的虚拟内存。可以看到，qemu_ram_alloc 只是 qemu_ram_alloc_internal 的一个包装。

```
exec.c
```

```
static
RAMBlock *qemu_ram_alloc_internal(ram_addr_t size, ram_addr_t max_size,
                                  void (*resized)(const char*,
                                  uint64_t length,
                                  void *host),
                                  void *host, bool resizeable,
                                  MemoryRegion *mr, Error **errp)
{
    RAMBlock *new_block;
    Error *local_err = NULL;

    size = HOST_PAGE_ALIGN(size);
    max_size = HOST_PAGE_ALIGN(max_size);
    new_block = g_malloc0(sizeof(*new_block));
    new_block->mr = mr;
    new_block->resized = resized;
    new_block->used_length = size;
    new_block->max_length = max_size;
    assert(max_size >= size);
    new_block->fd = -1;
    new_block->page_size = getpagesize();
    new_block->host = host;
    if (host) {
        new_block->flags |= RAM_PREALLOC;
    }
    if (resizeable) {
        new_block->flags |= RAM_RESIZEABLE;
    }
    ram_block_add(new_block, &local_err);
    …
    return new_block;
}
```

这个函数分配了一个新的结构 RAMBlock，该结构表示的是虚拟机中的一块内存条，里面记录了该内存条的一些基本信息，如所属的 mr、该文件对应的 fd（如果有文件作为后端）、系统的页面大小 page_size、已经使用的大小 used_length 等。RMABlock 的 offset 成员表示该内存条在虚拟机整个内存中的偏移，qemu_ram_alloc_internal 会初始化部分成员。所有的 RAMBlock 会通过 next 域连接到一个链表中，链表头是 ram_list.blocks 全局变量。

ram_block_add 函数用来将一块新的内存条添加到系统中，该函数比较复杂，代码如下。

```
exec.c
static void ram_block_add(RAMBlock *new_block, Error **errp)
{
    RAMBlock *block;
    RAMBlock *last_block = NULL;
    ram_addr_t old_ram_size, new_ram_size;
    Error *err = NULL;

    old_ram_size = last_ram_offset() >> TARGET_PAGE_BITS;

    qemu_mutex_lock_ramlist();
    new_block->offset = find_ram_offset(new_block->max_length);
```

```
        if (!new_block->host) {
            …
        } else {
            new_block->host = phys_mem_alloc(new_block->max_length,
                                             &new_block->mr->align);
            …
            memory_try_enable_merging(new_block->host, new_block->max_length);
        }
    }

    new_ram_size = MAX(old_ram_size,
            (new_block->offset + new_block->max_length) >> TARGET_PAGE_BITS);
    if (new_ram_size > old_ram_size) {
        migration_bitmap_extend(old_ram_size, new_ram_size);
        dirty_memory_extend(old_ram_size, new_ram_size);
    }
    /* Keep the list sorted from biggest to smallest block.  Unlike QTAILQ,
     * QLIST (which has an RCU-friendly variant) does not have insertion at
     * tail, so save the last element in last_block.
     */
    QLIST_FOREACH_RCU(block, &ram_list.blocks, next) {
        last_block = block;
        if (block->max_length < new_block->max_length) {
            break;
        }
    }
    if (block) {
        QLIST_INSERT_BEFORE_RCU(block, new_block, next);
    } else if (last_block) {
        QLIST_INSERT_AFTER_RCU(last_block, new_block, next);
    } else { /* list is empty */
        QLIST_INSERT_HEAD_RCU(&ram_list.blocks, new_block, next);
    }
    ram_list.mru_block = NULL;

    /* Write list before version */
    smp_wmb();
    ram_list.version++;
    qemu_mutex_unlock_ramlist();

    cpu_physical_memory_set_dirty_range(new_block->offset,
                                        new_block->used_length,
                                        DIRTY_CLIENTS_ALL);

    if (new_block->host) {
        qemu_ram_setup_dump(new_block->host, new_block->max_length);
        qemu_madvise(new_block->host, new_block->max_length, QEMU_MADV_HUGEPAGE);
        /* MADV_DONTFORK is also needed by KVM in absence of synchronous MMU */
        qemu_madvise(new_block->host, new_block->max_length, QEMU_MADV_DONTFORK);
    }
}

static void *(*phys_mem_alloc)(size_t size, uint64_t *align) =
                qemu_anon_ram_alloc;
```

下面分段讲解。

ram_block_add 函数中的 old_ram_size 表示未添加新的 new_block 之前的 RAM 大小，new_ram_size 表示添加了 new_block 之后的 RAM 大小，这两个值的单位都是页。

ram_block_add 函数首先调用 last_ram_offset 得到 ram_list 最后一个 offset+block->max_length 的值，这个值表示整个内存区间的大小。find_ram_offset 函数通过遍历 ram_list，查找两个 RAMBlock 之间能够容纳当前新加入的 RAMBlock 长度的最小空间。

由于是新建 RAM，new_block->host 是 NULL，并且是在非 xen 平台，所以会调用到指针 phys_mem_alloc 指向的函数，新分配内存情况下该指针对应的函数是 qemu_anon_ram_alloc。qemu_anon_ram_alloc 函数内部调用 mmap 来分配内存，最终的内存地址赋值到了 new_block->host，所以 host 表示的是虚拟机物理内存对应的 QEMU 进程地址空间的虚拟内存。

接着该函数计算出现在的内存大小 new_ram_size。调用 dirty_memory_extend 来更新用于脏页标记的 bitmap 的大小，脏页涉及热迁移，具体过程将在后面热迁移部分详细分析。RAMBlock 会根据大小从大到小连接，接下来的代码会找到小于将要添加的 block 大小的 block，然后插入相应的位置。cpu_physical_memory_set_dirty_range 函数设置新加的 RAMBlock 的内存区段为脏页。

最后，ram_block_add 函数会调用 madvise 对操作系统提供一些指示，如在大页存在的情况下会使用大页。

下面的命令会产生图 5-7 所示的 ram_list 布局。

```
     gdb --args x86_64-softmmu/qemu-system-x86_64 --enable-kvm -m 1024 -hda
/home/test/test.img -vnc :0 -smp 4
```

从图 5-7 可以看到，除了实际的 RAM 会分配内存外，BIOS、虚拟设备的 ROM 也会分配虚拟机物理内存。

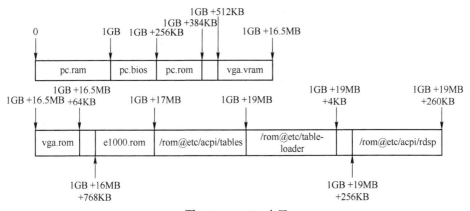

图 5-7　ram_list 布局

## 5.3　内存布局的提交

### 5.3.1　内存更改通知

前两节介绍了 AddressSapce 以及由其成员根 MemoryRegion 构成的无环图，描述了虚拟机的物理内存布局，为了让 EPT 正常工作，还需要将虚拟机的内存布局通知到 KVM，并且每次变化都需要通知 KVM 进行修改。这个过程是通过 MemoryListener 来实现的。MemoryListener 定义如下。

```
include/exec/memory.h
struct MemoryListener {
    void (*begin)(MemoryListener *listener);
    void (*commit)(MemoryListener *listener);
    void (*region_add)(MemoryListener *listener, MemoryRegionSection *section);
    void (*region_del)(MemoryListener *listener, MemoryRegionSection *section);
    void (*region_nop)(MemoryListener *listener, MemoryRegionSection *section);
    void (*log_start)(MemoryListener *listener, MemoryRegionSection *section,
                      int old, int new);
    …
    unsigned priority;
    AddressSpace *address_space;
    QTAILQ_ENTRY(MemoryListener) link;
    QTAILQ_ENTRY(MemoryListener) link_as;
};
```

MemoryListener 中有大量的回调函数，这些回调函数会在虚拟机内存拓扑更改的时候被调用，所有对内存更改感兴趣的模块都可以注册自己的 MemoryListener。MemoryListener 结构的成员如下。

● commit 函数用来执行内存变更所需的函数。

● region_add 在添加 region 的时候被调用。

● log_xxx 函数跟脏页机制的开启和同步有关系。

● priority 用来表示优先级，优先级低的在添加时会优先被调用，在删除的时候则会最后被调用。

● address_space 表示监听器对应的地址空间。

link 用来将各个 MemoryListener 连接起来，它们连接到一个全局变量 memory_listeners 上，同一个地址空间的 MemoryListener 通过 link_as 连接起来。AddressSpace 与 MemoryListener 之间的关系如图 5-8 所示。

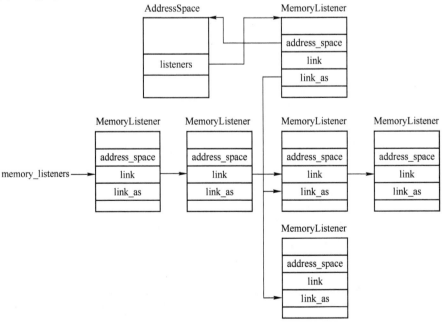

图 5-8　AddressSpace 与 MemoryListener 的关系

MemoryListener 的注册是通过 memory_listener_register 完成的，其声明如下。

```
include/exec/memory.h
void memory_listener_register(MemoryListener *listener, AddressSpace *filter);
```

该函数将 listener 注册到 filter 地址空间中，当 filter 地址空间的拓扑结构发生变化时就会调用其链表上的所有 listener，调用相关回调函数。

接下来分析 KVM 注册的 MemoryListener。在 kvm_init 中，调用了 kvm_memory_listener_register。

```
kvm-all.c
void kvm_memory_listener_register(KVMState *s, KVMMemoryListener *kml,
AddressSpace *as, int as_id)
{
    int i;

    kml->slots = g_malloc0(s->nr_slots * sizeof(KVMSlot));
    kml->as_id = as_id;

    for (i = 0; i < s->nr_slots; i++) {
        kml->slots[i].slot = i;
    }

    kml->listener.region_add = kvm_region_add;
    kml->listener.region_del = kvm_region_del;
    kml->listener.log_start = kvm_log_start;
    kml->listener.log_stop = kvm_log_stop;
    kml->listener.log_sync = kvm_log_sync;
    kml->listener.priority = 10;

    memory_listener_register(&kml->listener, as
}
```

kvm_memory_listener_register 分配 s->nr_slots 个 KVMSlot 结构，该结构表示的是 KVM 内存槽，也就是对于 KVM 来说，虚拟机有多少段内存，该值是在 kvm_init 中通过 KVM_CAP_NR_MEMSLOTS 这个 KVM 设备所属的 ioctl 得到的。接着初始化 kml 的 listener 回调函数。

下面分析什么时候需要更新内存。进行内存更新时有很多节点，比如新创建一个 AddressSpace 时、调用 memory_region_add_subregion 将一个 MemoryRegion 添加到另一个 MemoryRegion 的 subregions 中时，以及调用 memory_region_set_readonly 更改一段内存的属性、利用 memory_region_set_enabled 将一个 MemoryRegion 设置为使能或者非使能时，总之一句话，当修改了虚拟机的内存布局或者属性时，就需要通知到各个 listener，这个过程叫作 commit，通过函数 memory_region_transaction_commit 实现，其代码如下。

```
memory.c
void memory_region_transaction_commit(void)
{
AddressSpace *as;

    assert(memory_region_transaction_depth);
    --memory_region_transaction_depth;
    if (!memory_region_transaction_depth) {
```

```
        if (memory_region_update_pending) {
            MEMORY_LISTENER_CALL_GLOBAL(begin, Forward);

            QTAILQ_FOREACH(as, &address_spaces, address_spaces_link) {
                address_space_update_topology(as);
            }

            MEMORY_LISTENER_CALL_GLOBAL(commit, Forward);
        } else if (ioeventfd_update_pending) {
            QTAILQ_FOREACH(as, &address_spaces, address_spaces_link) {
                address_space_update_ioeventfds(as);
            }
        }
        memory_region_clear_pending();
    }
}
```

对于内存更新来说，memory_region_update_pending 会被设置为 true，memory_region_ transaction_commit 函数完成 3 项工作。首先通过宏 MEMORY_LISTENER_CALL_GLOBAL 调用每个 memory listener 的 begin 函数，这个时候各个 memory listener 可以在 begin 函数中做一些初始化的工作。接着对每个 address_spaces 链表上的每个 AddressSpace 调用 address_space_update_ topology，这个函数用来更新 AddressSpace 的内存视图，这个过程中可能会涉及 memory listener 的添加删除等回调函数。最后通过宏 MEMORY_LISTENER_CALL_GLOBAL 对全局链表 memory_listeners 上的每一个注册的 MemoryListener 调用 commit 回调函数。通过这 3 个步骤就完成了将内存布局更新通知给所有 memory listener 的操作了。

## 5.3.2 虚拟机内存平坦化过程

KVM 的 ioctl(KVM_SET_USER_MEMORY_REGION)接口用来设置 QEMU 虚拟地址与虚拟机物理地址的对应关系，这是"平坦"的，但是 QEMU 是以 AddressSpace 根 MemoryRegion 为起始的树状结构表示虚拟机的内存。虚拟机内存的平坦化过程指的是将 AddressSpace 根 MemoryRegion 表示的虚拟机内存地址空间转变成一个平坦的线性地址空间。每一段线性空间的属性和其所属的 MemoryRegion 都一致，每一段线性空间与虚拟机的物理地址空间都相互关联。

虚拟机内存的平坦化以 AddressSpace 为单位，也就是以 AddressSpace 的根 MemoryRegion 为起点，将其表示内存拓扑的无环图结构变成平坦模式。表示虚拟机平坦内存的数据结构是 FlatView，相关函数是 generate_memory_topology。先看 FlatView 和 FlatRange 结构。

```
memory.c
struct FlatView {
    struct rcu_head rcu;
    unsigned ref;
    FlatRange *ranges;
    unsigned nr;
    unsigned nr_allocated;
};
struct FlatRange {
    MemoryRegion *mr;
    hwaddr offset_in_region;
    AddrRangeaddr;
```

```
    uint8_t dirty_log_mask;
    bool romd_mode;
    bool readonly;
};
```

AddressSpace 结构体中有一个类型为 FlatView 的 current_map 成员用来表示该 AddressSpace 对应的平坦视角，MemoryRegion 展开之后的内存拓扑由 FlatRange 表示。每一个 FlatRange 表示一段 AddressSapce 中的一段空间，FlatView 的成员中 nr 表示 FlatRange 的个数，nr_allocated 表示已经分配的 FlatRange 个数。FlatRange 的 mr 表示对应的 MemoryRegion，offset_in_region 表示该 FlatRange 在 MemoryRegion 的偏移，addr 表示地址和大小。FlatView 与 FlatRange 关系如图 5-9 所示。

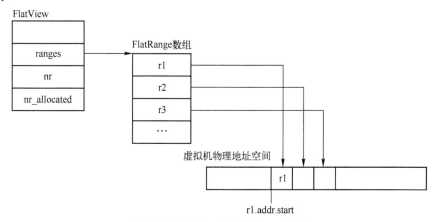

图 5-9　FlatView 与 FlatRange 关系

函数 generate_memory_topology 就是要生成这样一个 FlatView。

generate_memory_topology 代码如下，函数总共两个功能：首先是调用 render_memory_region，该函数会将一个 MemoryRegion 展开并把数据记录到一个 FlatView 中，render_memory_region 函数会递归调用其下的子 region，直到遇到叶子节点为止；第二个功能是调用 flatview_simplify，将 FlatView 中能够合并的 FlatRange 进行合并，从而减少 FlatRange 个数。

```
memory.c
static FlatView *generate_memory_topology(MemoryRegion *mr)
{
    FlatView *view;

    view = g_new(FlatView, 1);
    flatview_init(view);

    if (mr) {
        render_memory_region(view, mr, int128_zero(),
        addrrange_make(int128_zero(), int128_2_64()), false);
    }
    flatview_simplify(view);

    return view;
}
```

generate_memory_topology 函数首先创建并调用 flatview_init 初始化一个空的 FlatView，接着调用 render_memory_region 进行树状 MemoryRegion 的展开，其中涉及了 128 位整数的计算，这里不深入细节，可以将其作为一个普通整数来理解。

render_memory_region 是内存平坦化的核心函数，下面对其进行详细分析。render_memory_region 函数比较复杂，本质作用就是将一个 MemoryRegion 转化成若干个 FlatRange，然后插入到第一个参数 FlatView 的 FlatRange 成员中。render_memory_region 有 5 个参数：第一个 view 表示的是一个全局 FlatView，就是一个 AddressSpace 表示的 FlatView；第二个是需要展开的 MemoryRegion；第三个是 base 值，表示的是即将展开的 MemoryRegion 的开始位置；第四个参数 clip 表示一段虚拟机物理地址范围；第五个参数 readonly 表示 MemoryRegion 是否可读。render_memory_region 函数会递归调用自己，每次传递子 region 作为第二个参数，并且将展开的 FlatRange 放到第一个参数 FlatView 的 ranges 数组成员中，每次 render_memory_region 函数返回都表示一段 MemoryRegion 展开完毕，当最上层的 render_memory_region 函数返回时，整个 AddressSpace 的根 MemoryRegion 展开完毕。假设待展开的根 MemoryRegion 为图 5-10 中的 1，2~5 为其对应的子 MemoryRegion。

首先将 1 表示的 MemoryRegion 作为 render_memory_region 的第二个参数，然后递归调用自身展开 2~5 子 Region。其调用关系如图 5-11 所示，只有当最底层的 4，5 展开之后，第 3 个 render_memory_region 调用才能返回，同样，只有当 2，3 展开之后，第一个 render_memory_region 调用才能返回。

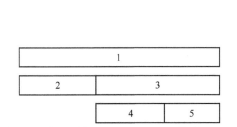

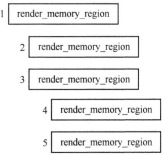

图 5-10　待展开的 MemoryRegion 及其子 Region　　图 5-11　render_memory_region 函数递归调用

由于需要考虑到各种情况，render_memory_region 函数很复杂，这里通过举例来完成这个函数的讲解。图 5-12 展示了一个 mr 和虚拟机物理地址空间。mr 有一个子 MemoryRegion——mr1，虚拟机物理地址空间已经展开了两个 FlatRange，分别是 range1 和 range2。

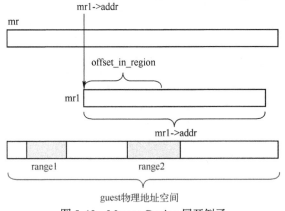

图 5-12　MemoryRegion 展开例子

166

假设需要将 mr 平坦化，首先是算出 mr 表示的地址和 clip 的交界，这里假设 clip 最开始是（0,UINT64_MAX），则新算出来一个 clip，这个 clip 其实就是 mr 所表示的范围，其计算代码如下。

```memory.c
    int128_addto(&base, int128_make64(mr->addr));
    readonly |= mr->readonly;

    tmp = addrrange_make(base, mr->size);

    if (!addrrange_intersects(tmp, clip)) {
        return;
    }

    clip = addrrange_intersection(tmp, clip);
```

平坦化的过程针对的是叶子节点，所以如果是 alias，则需要找到实际的 mr。

```memory.c
    if (mr->alias) {
        int128_subfrom(&base, int128_make64(mr->alias->addr));
        int128_subfrom(&base, int128_make64(mr->alias_offset));
        render_memory_region(view, mr->alias, base, clip, readonly);
        return;
    }
```

接下来是平坦化各个子 region，在该例子中是 mr1。

```memory.c
    /* Render subregions in priority order. */
    QTAILQ_FOREACH(subregion, &mr->subregions, subregions_link) {
        render_memory_region(view, subregion, base, clip, readonly);
    }
```

此时调用 render_memory_region 函数时，clip 已经属于 mr1 的范围了。接着计算一个 offset_in_region，为 clip.start-base，注意这个时候 base 为 mr1->add，所以这个 offset_in_region 为马上要创建的 FlatRange 相对于 mr1 的起始位置，最开始为 0，接着设置 base 为 clip 的起始位置，需要展开的大小 remain 为 clip.size，也就是 mr1->size。

```memory.c
    offset_in_region = int128_get64(int128_sub(clip.start, base));
    base = clip.start;
    remain = clip.size;
```

初始化一个 FlatRange。

```memory.c
    fr.mr = mr;
    fr.dirty_log_mask = memory_region_get_dirty_log_mask(mr);
    fr.romd_mode = mr->romd_mode;
    fr.readonly = readonly;
```

这个时候开始准备展开 mr1 了，假设 mr1 已经有一部分展开了，这是可能的，因为一段内存可以由多个 MemoryRegion 描述，所以这个时候要展开的就是图 5-13 中的深色部分。

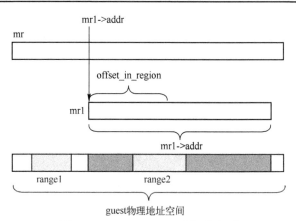

图 5-13　MemoryRegion 平坦化之后

这个时候需要遍历 view 中的所有 FlatRange，如果 base 的值大于 FlatRange 的最后长度，也就是 range 对应在 mr1 左边，则不用处理。

```
memory.c
        if (int128_ge(base, addrrange_end(view->ranges[i].addr))) {
            continue;
        }
```

如果 base 的值小于 range 的开始地址，也就是这里的 range2 左边深色部分的情况，就需要把这个深色区域展开，代码如下。

```
memory.c
        if (int128_lt(base, view->ranges[i].addr.start)) {
            now = int128_min(remain,
                             int128_sub(view->ranges[i].addr.start, base));
            fr.offset_in_region = offset_in_region;
            fr.addr = addrrange_make(base, now);
            flatview_insert(view, i, &fr);
            ++i;
            int128_addto(&base, now);
            offset_in_region += int128_get64(now);
            int128_subfrom(&remain, now);
        }
```

计算 now，也就是左边深色区域的长度，设置 fr.offset_in_region 为在 mr1 中的偏移（0），fr.addr 描述的是该 FlatRange 在虚拟机物理地址空间中的位置，也就是左边深色区域的起始位置，接着调用 flatview_insert 将这个 fr 插入 view 中，更新 base。此时 base 跟 range2 的开始位置一样，更新 remain，剩下 range2+右边的深色区域。

下面的代码用来越过 range2，当然会有很多其他情况，比如 mr1 尾部落在了 range2 中，所以这里通过一个 min 来判断。

```
memory.c
        now = int128_sub(int128_min(int128_add(base, remain),
                         addrrange_end(view->ranges[i].addr)),
                         base);
        int128_addto(&base, now);
        offset_in_region += int128_get64(now);
        int128_subfrom(&remain, now);
```

这个时候第一个深色区域就插入完了，base 为 range2 的结束地址，offset_in_region 为 range2 的长度与左边深色部分的和，remain 为右边深色部分的长度。接下来，下一轮循环会把右边深色区域构成的 FlatRange 插入到 view 中。

以此类推，最终 render_memory_region 函数将返回，而 view 中已经填满了以 mr 为根的 FlatRange。

render_memory_region 函数返回之后，回到 generate_memory_topology，该函数接着调用 flatview_simplify，如果两个相邻的 FlatRange 能够合并，则合并起来。

```
memory.c
static void flatview_simplify(FlatView *view)
{
    unsigned i, j;

    i = 0;
    while (i < view->nr) {
        j = i + 1;
        while (j < view->nr
                && can_merge(&view->ranges[j-1], &view->ranges[j])) {
            int128_addto(&view->ranges[i].addr.size, view->ranges[j].addr.size);
            ++j;
        }
        ++i;
        memmove(&view->ranges[i], &view->ranges[j],
                (view->nr - j) * sizeof(view->ranges[j]));
        view->nr -= j - i;
    }
}
```

can_merge 函数用来判断两个 FlatRange 是否可以合并，如果两个 FlatRange 是紧邻的，并且各种属性皆相同，那么就是可以合并的。

每一次虚拟机在进行内存提交之时，在函数 address_space_update_topology 中都会调用 generate_memory_topology 函数生成当前虚拟机内存的平坦表示。

### 5.3.3　向 KVM 注册内存

在 memory_region_transaction_commit 函数中，对于 address_spaces 链表上每一个注册的 AddressSpace 都会调用 address_space_update_topology 函数更新该 AddressSpace 上的内存布局，并且把内存拓扑信息同步到 KVM。

address_space_update_topology 的代码如下。

```
memory.c
static void address_space_update_topology(AddressSpace *as)
{
FlatView *old_view = address_space_get_flatview(as);
FlatView *new_view = generate_memory_topology(as->root);

 address_space_update_topology_pass(as, old_view, new_view, false);
address_space_update_topology_pass(as, old_view, new_view, true);

    /* Writes are protected by the BQL. */
```

```
        atomic_rcu_set(&as->current_map, new_view);
        call_rcu(old_view, flatview_unref, rcu);

        /* Note that all the old MemoryRegions are still alive up to this
         * point.  This relieves most MemoryListeners from the need to
         * ref/unref the MemoryRegions they get---unless they use them
         * outside the iothread mutex, in which case precise reference
         * counting is necessary.
         */
        flatview_unref(old_view);

        address_space_update_ioeventfds(as);
    }
```

address_space_update_topology 函数中，由 address_space_get_flatview 返回该 AddressSpace 旧的平坦视角 old_view，也就是 AddressSpace 的 current_map 成员，由上一节已经分析过的 generate_memory_topology 返回新的平坦视角 new_view。

address_space_update_topology 函数最重要的作用是调用 address_space_update_topology_pass，这个函数用来把 AddressSpace 描述的拓扑信息同步到 KVM。

```
memory.c
static void address_space_update_topology_pass(AddressSpace *as,
                                    const FlatView *old_view,
                                    const FlatView *new_view,
                                    bool adding)
{
    unsigned iold, inew;
    FlatRange *frold, *frnew;

    /* Generate a symmetric difference of the old and new memory maps.
     * Kill ranges in the old map, and instantiate ranges in the new map.
     */
    iold = inew = 0;
    while (iold< old_view->nr || inew< new_view->nr) {
        if (iold< old_view->nr) {
            frold = &old_view->ranges[iold];
        } else {
            frold = NULL;
        }
        if (inew< new_view->nr) {
            frnew = &new_view->ranges[inew];
        } else {
            frnew = NULL;
        }

        if (frold
            (!frnew
            || int128_lt(frold->addr.start, frnew->addr.start)
            || (int128_eq(frold->addr.start, frnew->addr.start)
                && !flatrange_equal(frold, frnew)))) {
        /* In old but not in new, or in both but attributes changed. */
```

```
                    if (!adding) {
                        MEMORY_LISTENER_UPDATE_REGION(frold, as, Reverse, region_del);
                    }

                    ++iold;
                } else if (frold&&frnew&&flatrange_equal(frold, frnew)) {
                    /* In both and unchanged (except logging may have changed) */

                    if (adding) {
                        MEMORY_LISTENER_UPDATE_REGION(frnew, as, Forward, region_nop);
                        if (frnew->dirty_log_mask & ~frold->dirty_log_mask) {
                            MEMORY_LISTENER_UPDATE_REGION(frnew, as, Forward, log_start,
                                                  frold->dirty_log_mask,
                                                  frnew->dirty_log_mask);
                        }
                        if (frold->dirty_log_mask & ~frnew->dirty_log_mask) {
                            MEMORY_LISTENER_UPDATE_REGION(frnew, as, Reverse, log_stop,
                                                  frold->dirty_log_mask,
                                                  frnew->dirty_log_mask);
                        }
                    }

                    ++iold;
                    ++inew;
                } else {
                    /* In new */

                    if (adding) {
                        MEMORY_LISTENER_UPDATE_REGION(frnew, as, Forward, region_add);
                    }

                    ++inew;
                }
            }
        }
```

　　address_space_update_topology_pass 的最后一个参数是 adding，address_space_set_flatview 会调用该函数两次，一次设置 adding 为 false，另一次设置为 true。address_space_update_topology_pass 遍历 old_view 和 new_view 中的 FlatRange，总共有 3 种情况。

　　1）如果该 FlatRange 在老的 FlatView 中，而不是新的，或者说也在新的，但是其属性变化了，这个时候就要删除老的 FlatView。

　　2）如果同时都在，且 adding 为 true，同时只是 dirty_log_mask，则相应地取消和开始 log，这个 log 的意思是记录内存的访问情况。

　　3）如果只在 new_view 中有，并且是添加的，则调用相关的 add 函数。

　　更新都是通过 MEMORY_LISTENER_UPDATE_REGION 宏完成的，其相关定义如下。

```
memory.c
#define MEMORY_LISTENER_UPDATE_REGION(fr, as, dir, callback, _args...)  \
    do {                                                                \
        MemoryRegionSection mrs = section_from_flat_range(fr,           \
            address_space_to_flatview(as));                             \
```

```
        MEMORY_LISTENER_CALL(as, callback, dir, &mrs, ##_args);        \
    } while(0)

static inline MemoryRegionSection
section_from_flat_range(FlatRange *fr, FlatView *fv)
{
    return (MemoryRegionSection) {
        .mr = fr->mr,
        .fv = fv,
        .offset_within_region = fr->offset_in_region,
        .size = fr->addr.size,
        .offset_within_address_space = int128_get64(fr->addr.start),
        .readonly = fr->readonly,
    };
}


#define MEMORY_LISTENER_CALL(_as, _callback, _direction, _section, _args...) \
    do {                                                                     \
MemoryListener *_listener;                                                    \
        struct memory_listeners_as *list = &(_as)->listeners;                \
                                                                             \
        switch (_direction) {                                                \
        case Forward:                                                        \
            QTAILQ_FOREACH(_listener, list, link_as) {                       \
                if (_listener->_callback) {                                  \
                    _listener->_callback(_listener, _section, ##_args);      \
                }                                                            \
            }                                                                \
            break;                                                           \
        case Reverse:                                                        \
            QTAILQ_FOREACH_REVERSE(_listener, list, memory_listeners_as,     \
                                   link_as) {                                \
                if (_listener->_callback) {                                  \
                    _listener->_callback(_listener, _section, ##_args);      \
                }                                                            \
            }                                                                \
            break;                                                           \
        default:                                                             \
            abort();                                                         \
        }                                                                    \
    } while (0)
```

MEMORY_LISTENER_UPDATE_REGION 宏首先根据 FlantRange 创建一个 MemoryRegion Section，然后是 MEMORY_LISTENER_CALL 宏，该宏根据顺序还是逆序调用 MemoryListener 相应的函数。下面以 MEMORY_LISTENER_UPDATE_REGION(frnew, as, Forward, region_add) 为例讲解 region 的添加，对于 KVM 来说会调用到 kvm_region_add，其通过调用 kvm_set_phys_mem 来完成工作。

```
kvm-all.c
static void kvm_set_phys_mem(KVMMemoryListener *kml,
                            MemoryRegionSection *section, bool add)
{
```

```
    KVMState *s = kvm_state;
    KVMSlot *mem, old;
    int err;
    MemoryRegion *mr = section->mr;
    bool writeable = !mr->readonly && !mr->rom_device;
    hwaddr start_addr = section->offset_within_address_space;
    ram_addr_t size = int128_get64(section->size);
    void *ram = NULL;
    …
    ram = memory_region_get_ram_ptr(mr) + section->offset_within_region + delta;
    …
    mem = kvm_alloc_slot(kml);
    mem->memory_size = size;
    mem->start_addr = start_addr;
    mem->ram = ram;
    mem->flags = kvm_mem_flags(mr);

    err = kvm_set_user_memory_region(kml, mem);
    }
```

kvm_set_phys_mem 中的 start_addr 为该 MemoryRegionSection 在 AddressSpace 中的起始地址，对 address_space_memory 而言，其表示的就是虚拟机的物理地址，size 表示其大小，ram 为该 MemoryRegionSection 在虚拟机内存中对应的 QEMU 虚拟地址空间的虚拟地址。通过 size、start_addr、ram 等构造一个类型为 KVMSlot 的 mem 变量，然后调用 kvm_set_user_memory_region 完成最终的设置。

```
kvm-all.c
static int kvm_set_user_memory_region(KVMMemoryListener *kml, KVMSlot *slot)
{
    KVMState *s = kvm_state;
    struct kvm_userspace_memory_region mem;

    mem.slot = slot->slot | (kml->as_id << 16);
    mem.guest_phys_addr = slot->start_addr;
    mem.userspace_addr = (unsigned long)slot->ram;
    mem.flags = slot->flags;

    if (slot->memory_size && mem.flags & KVM_MEM_READONLY) {
        /* Set the slot size to 0 before setting the slot to the desired
         * value. This is needed based on KVM commit 75d61fbc. */
        mem.memory_size = 0;
        kvm_vm_ioctl(s, KVM_SET_USER_MEMORY_REGION, &mem);
    }
    mem.memory_size = slot->memory_size;
    return kvm_vm_ioctl(s, KVM_SET_USER_MEMORY_REGION, &mem);
}
```

kvm_set_user_memory_region 函数将 QEMU 表示内存槽的 KVMSlot 转换成 KVM 表示内存槽的 kvm_userspace_memory_region 结构，其中最重要的两个设置是 mem.guest_phys_addr，这里设置成 slot->start_addr，表示的是虚拟机的物理地址，mem.userspace_addr 设置为 slot->ram，表示的是虚拟对应的 QEMU 进程的虚拟地址。这样设置之后，虚拟机对物理地址的访问其实就是对 QEMU 这里虚拟地址的访问。最后调用虚拟机所属的 ioctl(KVM_SET_USER_MEMORY_REGION)来设置虚拟机的物理地址与 QEMU 虚拟地址的映射关系。

## 5.4 内存的分派

### 5.4.1 内存分派表的构建

QEMU 内存的分派指的是，当给定一个 AddressSpace 和一个地址时，要能够快速地找出其所在的 MemoryRegionSection，从而找到对应的 MemoryRegion。与内存分派相关的数据结构是 AddressSpaceDispatch，AddressSpace 结构体中的 dispatch 成员为 AddressSpaceDispatch，记录了该 AddressSpace 中的分派信息。相关数据结构定义如下。

```
exec.c
struct AddressSpaceDispatch {
    struct rcu_head rcu;

    MemoryRegionSection *mru_section;
    /* This is a multi-level map on the physical address space.
     * The bottom level has pointers to MemoryRegionSections.
     */
    PhysPageEntry phys_map;
    PhysPageMap map;
    AddressSpace *as;
};

typedef struct PhysPageMap {
    struct rcu_head rcu;

    unsigned sections_nb;
    unsigned sections_nb_alloc;
    unsigned nodes_nb;
    unsigned nodes_nb_alloc;
    Node *nodes;
    MemoryRegionSection *sections;
} PhysPageMap;

typedef PhysPageEntry Node[P_L2_SIZE];

struct PhysPageEntry {
    /* How many bits skip to next level (in units of L2_SIZE). 0 for a leaf. */
    uint32_t skip : 6;
     /* index into phys_sections (!skip) or phys_map_nodes (skip) */
    uint32_t ptr : 26
};
```

AddressSpaceDispatch 的 mru_section 成员作为一个缓存，保存最近一次找到的 MemoryRegonSection，由于程序的局部性原理，可以提高效率。内存地址的分派是通过一个多级的 map 实现的，其实现类似于 x86 中虚拟地址到物理地址的转换过程，"页表"就存放在 AddressSpaceDispatch 的 map 成员中，map 的类型为 PhysPageMap，其中的 sections 成员指向所有的 MemoryRegionSection，类似于寻址过程中的物理页面，nodes 表示的是中间节点，类似于"页表项"，AddressSpaceDispatch 中的 phys_map 就有点类似于寻址过程中的 CR3，用来指向第一级的页表。

接下来介绍 PhysPageMap 这个结构。这里面主要包含两类数据，一类是 sections 相关的，一类是 Node 相关的。sections 存放着该 AddressSpace 所有的 MemoryRegionSection，sections_nb 表示 sections 所指向的动态数组中的有效个数，sections_nb_alloc 表示 sections 总共分配的个数。Nodes 相关的成员也类似，nodes_nb 表示 nodes 所指向的动态数组中的有效个数，nodes_nb_alloc 表示 Nodes 总共分配的个数。Node 的定义实际上就是 512 个 PhysPageEntry，也就是页目录的个数，PhysPageEntry 中的 ptr 在非叶子节点的情况会索引 nodes 中的项，然后要查找的地址本身的一些位会在一个 Node 中作为索引，找到隶属的 PhysPageEntry，类似于 MMU 的寻址过程，最后一个 PhysPageEntry 的 ptr 存放着一个值来索引 sections 数组，这样最终得到 MemoryRegionSection。

下面分析具体是怎么做的。

在 AddressSpace 的初始化函数 address_space_init 中会调用 address_space_init_dispatch 函数，后者注册一个名为 dispatch_listener 的 MemoryListener。

从上一节可知，虚拟机内存更新函数 memory_region_transaction_commit 会依次调用 MemoryListener 的 begin 回调、add 回调以及 commit 回调。对于 dispatch_listener 来说，这些回调分别是 mem_begin、mem_add 以及 mem_commit。

AddressSpaceDispatch 结构是在 mem_begin 函数中分配空间和初始化的，该函数除了初始化 AddressSpaceDispatch 外，还创建了几个 dummy_section。在进行内存分派的时候，如果找不到对应的 MemoryRegionSection，就返回这些 dummy section。

```
exec.c
static void mem_begin(MemoryListener *listener)
{
    AddressSpace *as = container_of(listener, AddressSpace, dispatch_listener);
    AddressSpaceDispatch *d = g_new0(AddressSpaceDispatch, 1);
    uint16_t n;

    n = dummy_section(&d->map, as, &io_mem_unassigned);
    assert(n == PHYS_SECTION_UNASSIGNED);
    n = dummy_section(&d->map, as, &io_mem_notdirty);
    assert(n == PHYS_SECTION_NOTDIRTY);
    n = dummy_section(&d->map, as, &io_mem_rom);
    assert(n == PHYS_SECTION_ROM);
    n = dummy_section(&d->map, as, &io_mem_watch);
    assert(n == PHYS_SECTION_WATCH);

    d->phys_map  = (PhysPageEntry) { .ptr = PHYS_MAP_NODE_NIL, .skip = 1 };
    d->as = as;
    as->next_dispatch = d;
}
```

mem_add 在添加虚拟机内存时调用，给定一个 MemoryRegionSection，mem_add 会创建这段地址到这个 MemoryRegionSection 的映射，加入到对应的 AddressSpaceDispatch。

```
exec.c
static void mem_add(MemoryListener *listener, MemoryRegionSection *section)
{
```

```
            AddressSpace *as = container_of(listener, AddressSpace, dispatch_listener);
            AddressSpaceDispatch *d = as->next_dispatch;
            MemoryRegionSection now = *section, remain = *section;
            Int128 page_size = int128_make64(TARGET_PAGE_SIZE);

            if (now.offset_within_address_space & ~TARGET_PAGE_MASK) {
                uint64_t left = TARGET_PAGE_ALIGN(now.offset_within_address_space)
                            - now.offset_within_address_space;

                now.size = int128_min(int128_make64(left), now.size);
                register_subpage(d, &now);
            } else {
                now.size = int128_zero();
            }
            while (int128_ne(remain.size, now.size)) {
                remain.size = int128_sub(remain.size, now.size);
                remain.offset_within_address_space += int128_get64(now.size);
                remain.offset_within_region += int128_get64(now.size);
                now = remain;
                if (int128_lt(remain.size, page_size)) {
                    register_subpage(d, &now);
                } else if (remain.offset_within_address_space & ~TARGET_PAGE_MASK) {
                    now.size = page_size;
                    register_subpage(d, &now);
                } else {
                    now.size = int128_and(now.size, int128_neg(page_size));
                    register_multipage(d, &now);
                }
            }
        }
```

mem_add 中，如果地址为页对齐，并且长度是页的整数倍，则使用 register_multipage 完成添加，否则使用 register_subpage 添加。

先看 register_multipage，其代码如下。

```
exec.c
static void register_multipage(AddressSpaceDispatch *d,
MemoryRegionSection *section)
{
    hwaddr start_addr = section->offset_within_address_space;
    uint16_t section_index = phys_section_add(&d->map, section);
    uint64_t num_pages = int128_get64(int128_rshift(section->size,
                                        TARGET_PAGE_BITS));

    assert(num_pages);
    phys_page_set(d, start_addr>> TARGET_PAGE_BITS, num_pages, section_index);
}
```

这里 start_addr 表示的是该 MemoryRegionSection 在 AddressSpace 中的起始地址，phys_section_add 函数用来在 d->map->sections 中增加当前 section，返回在其中的索引，num_pages 则指该 MemoryRegionSection 的页数。接下来调用 phys_page_set 完成设置，相关代码如下。

```
exec.c
static void phys_page_set(AddressSpaceDispatch *d,
                          hwaddr index, hwaddr nb,
                          uint16_t leaf)
{
    /* Wildly overreserve - it doesn't matter much. */
    phys_map_node_reserve(&d->map, 3 * P_L2_LEVELS);

    phys_page_set_level(&d->map, &d->phys_map, &index, &nb, leaf, P_L2_LEVELS - 1);
}

static void phys_page_set_level(PhysPageMap *map, PhysPageEntry *lp,
hwaddr *index, hwaddr *nb, uint16_t leaf,
                          int level)
{
    PhysPageEntry *p;
    hwaddr step = (hwaddr)1 << (level * P_L2_BITS);

    if (lp->skip && lp->ptr == PHYS_MAP_NODE_NIL) {
        lp->ptr = phys_map_node_alloc(map, level == 0);
    }
    p = map->nodes[lp->ptr];
    lp = &p[(*index >> (level * P_L2_BITS)) & (P_L2_SIZE - 1)];

    while (*nb && lp <&p[P_L2_SIZE]) {
        if ((*index & (step - 1)) == 0 && *nb >= step) {
            lp->skip = 0;
            lp->ptr = leaf;
            *index += step;
            *nb -= step;
        } else {
                phys_page_set_level(map, lp, index, nb, leaf, level - 1);
        }
        ++lp;
    }
}
```

类似于页表的创建，这里会递归调用 phys_page_set_level。为了方便读者理解，这里还是通过一个例子来讲解。假设有一段物理地址在 0x100000（也就是 1MB）开始的地方有 1 个 page，首先查看 P_L2_LEVELS 的值。

```
exec.c
#define P_L2_LEVELS (((ADDR_SPACE_BITS - TARGET_PAGE_BITS - 1) / P_L2_BITS) + 1)
```

通过计算可以知道其值为 6。

接下来分析 phys_page_set_level 的函数内部实现，phys_page_set_level 本身是一个递归过程。首先计算当前页目录中的一项能够表示多少内存空间 step，然后判断当前的页目录项对应的页表是否存在，如果不存在则调用 phys_map_node_alloc 分配一个页表 Node，然后设置 lp->ptr。接下来将起始页地址左移 5×9=45 位，这样得到其在 L1 页表中的页目录项，用 lp 表示。假设地址 0x0000000000100000 左移 45 位之后为 0，则 lp 指向 L1 页表的第 0 项。

接下来进入 while 循环，如果在当前已经没有比 step 更多的内存，并且要设置的页数大于 step，可能就需要多个当前页表的页目录项来表示了。当然，如果页数比较小，那还需要下一级页表，再次调用 phys_page_set_level，level 变成了 4。这时 lp 指向的是上一级，也就是 L1 的页目录项，也是空，所以也给这一级分配一个 Node 作为页表，然后偏移 4×9=36 位之后来寻址这一级 Node 中的页目录项。

因为只有 1 个 page，所以只有到最后一级页表，也就是 step 为 1<<0=1 的时候，才符合条件，此时页目录中的每一项都指向一个 MemoryRegionSection。

下面以图示表示这个过程。图 5-14 显示了初始状态的情况，这里 phys_map 类似于 CR3，没有指向任何有效页目录项。

phys_page_set_level(5)之后，内存分配表如图 5-15 所示。

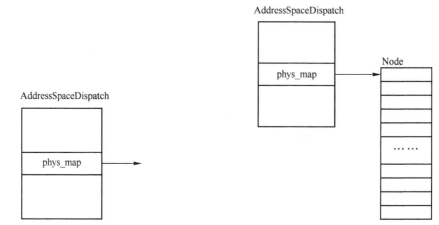

图 5-14　QEMU 用户态内存分配表没有分配任何页目录项　　图 5-15　QEMU 用户态内存分配表分配第一级页表

phys_page_set_level(4)之后，内存分配表如图 5-16 所示。

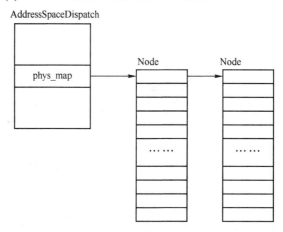

图 5-16　QEMU 用户态内存分配表分配第二级页表

phys_page_set_level(3)之后，内存分配表如图 5-17 所示。

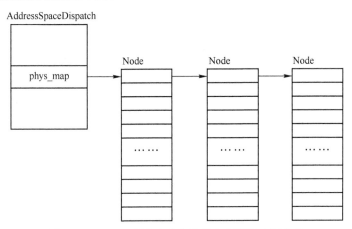

图 5-17　QEMU 用户态内存分配表分配第三级页表

phys_page_set_level(2)之后，内存分配表如图 5-18 所示。

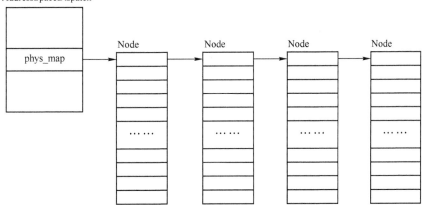

图 5-18　QEMU 用户态内存分配表分配第四级页表

phys_page_set_level(1)之后，内存分配表如图 5-19 所示。

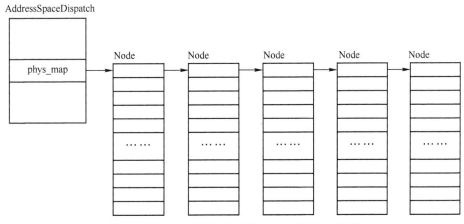

图 5-19　QEMU 用户态内存分配表分配第五级页表

phys_page_set_level(0)之后，内存分配表如图 5-20 所示。

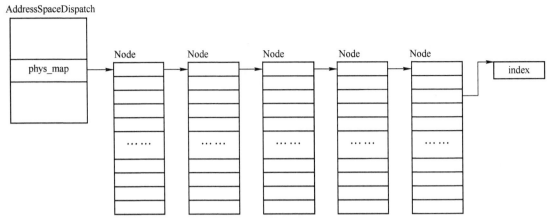

图 5-20　QEMU 用户态内存分配表分配最后一级页表

这样，最后一级页表的 index 是 PhysPageMap 中 sections 数组中的索引，虚拟机这一层物理地址到 MemoryRegionSection 的"页表"就建立完成了。

接下来分析 register_subpage 是如何运作的。

register_subpage 用来注册不到一页的 MemoryRegionSection，这在 I/O 地址空间非常常见，通常设备都只有几个I/O端口，每个设备的端口处理的回调函数不相同，对应不同的 MemoryRegion。

这里先考虑不跨页的情况，假设有如下的一个页。

```
[----------[AAAA]---------]
```

假设 AAAA 是需要进行注册的 MemoryRegionSection，则 register_subpage 会被调用。

```
exec.c
static void register_subpage(AddressSpaceDispatch *d, MemoryRegionSection *section)
{
    subpage_t *subpage;
    hwaddr base = section->offset_within_address_space
                & TARGET_PAGE_MASK;
    MemoryRegionSection *existing = phys_page_find(d->phys_map, base,
                                        d->map.nodes, d->map.sections);
    MemoryRegionSection subsection = {
        .offset_within_address_space = base,
        .size = int128_make64(TARGET_PAGE_SIZE),
    };
    hwaddr start, end;

    assert(existing->mr->subpage || existing->mr == &io_mem_unassigned);

    if (!(existing->mr->subpage)) {
        subpage = subpage_init(d->as, base);
        subsection.address_space = d->as;
        subsection.mr = &subpage->iomem;
        phys_page_set(d, base >> TARGET_PAGE_BITS, 1,
                phys_section_add(&d->map, &subsection));
    } else {
        subpage = container_of(existing->mr, subpage_t, iomem);
    }
    start = section->offset_within_address_space & ~TARGET_PAGE_MASK;
```

```
        end = start + int128_get64(section->size) - 1;
        subpage_register(subpage, start, end,
                    phys_section_add(&d->map, section));
    }
```

首先得到该地址在 address_space 中所在的页基址 base，然后根据这个 base 构造出一个 MemoryRegionSection，如果当前基址没有注册过，那么 existing->mr == &io_mem_unassigned 会成立并且 existing->mr->subpage 为空。这个时候会调用 subpage_init 来创建一个 subpage_t 结构。

```
exec.c
static subpage_t *subpage_init(AddressSpace *as, hwaddr base)
{
    subpage_t *mmio;

    mmio = g_malloc0(sizeof(subpage_t) + TARGET_PAGE_SIZE * sizeof(uint16_t));
    mmio->as = as;
    mmio->base = base;
    memory_region_init_io(&mmio->iomem, NULL, &subpage_ops, mmio,
                    NULL, TARGET_PAGE_SIZE);
    mmio->iomem.subpage = true;
#if defined(DEBUG_SUBPAGE)
    printf("%s: %p base " TARGET_FMT_plx " len %08x\n", __func__,
            mmio, base, TARGET_PAGE_SIZE);
#endif
    subpage_register(mmio, 0, TARGET_PAGE_SIZE-1, PHYS_SECTION_UNASSIGNED);

    return mmio;
}

static int subpage_register (subpage_t *mmio, uint32_t start, uint32_t end,
                    uint16_t section)
{
    int idx, eidx;

    if (start >= TARGET_PAGE_SIZE || end >= TARGET_PAGE_SIZE)
        return -1;
    idx = SUBPAGE_IDX(start);
    eidx = SUBPAGE_IDX(end);
#if defined(DEBUG_SUBPAGE)
    printf("%s: %p start %08x end %08x idx %08x eidx %08x section %d\n",
            __func__, mmio, start, end, idx, eidx, section);
#endif
    for (; idx <= eidx; idx++) {
        mmio->sub_section[idx] = section;
    }

    return 0;
}

typedef struct subpage_t {
    MemoryRegioniomem;
    AddressSpace *as;
    hwaddr base;
```

```
        uint16_t sub_section[];
    } subpage_t;
```

subpage_t 中含有一个 iomem，这个 MemoryRegion 其实是以 base 开始的 MemoryRegionSection 的 MemoryRegion。subpage_t 里面有一个 sub_section 数组，其大小为 4096，也就是一个页的大小，每一项大小为 uint16_t，也就是说对于 base 开头的这一页，每一个地址都有一个对应的 sub_sections，其值表示的是每个地址对应的 MemoryRegionSection 在 map->sections 中的索引。在初始化的时候，sub_sections 的值都是 PHYS_SECTION_UNASSIGNED。通过下面的语句设置最后一级的 MemoryRegionSection。

```
exec.c
        subsection.mr = &subpage->iomem;
        phys_page_set(d, base >> TARGET_PAGE_BITS, 1,
                        phys_section_add(&d->map, &subsection));
```

接着找到当前要添加的地址起始位置，subpage_register 用来设置 sub_sections 的值对应到相应的 section。

```
exec.c
    start = section->offset_within_address_space & ~TARGET_PAGE_MASK;
    end = start + int128_get64(section->size) - 1;
    subpage_register(subpage, start, end,
                        phys_section_add(&d->map, section));
```

这个 subpage_t 类似于一个分发器。在 subpage_init 中创建一个新的 MemoryRegion 作为 subpage 所在页的 MemoryRegionSection 的 mr，然后在 subpage_t 中的 sub_sections 保存该页中每个地址对应的 MemoryRegionSection。

subpage_t 的总体思路就是为处于同一个页的所有地址统一注册一个 MemoryRegionSection，其对应的 MemoryRegion 设置为 subpage_t 中的 iomem 成员，subpage_t 中通过 sub_sections 保存了这一页上所有地址在 MemoryRegionSecions 数组中的索引。图 5-21 显示了这些数据结构之间的关系。

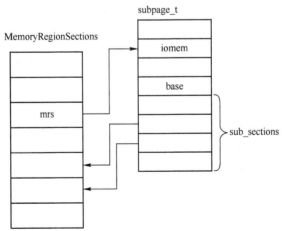

图 5-21　MemoryRegionSection 与 subpage_t 关系

## 5.4.2　页表简化

mem_commit 用来进行页表的简化，主要调用函数 phys_page_compact_all，该函数是 phys_ page_compact 的前端函数。先来说说页表简化的含义，PhysPageEntry 中有一个 skip 域，表示需要前进的页表数目，从之前的页表构造过程可以看到，非终结节点的 skip 都是 1，表示去查看下一级页表。

```
---->pt1---->pt2---->pt3---->pt4-----pt5---->index
```

但是如果 pt5 中只有一项，那么 pt1 到 pt5 也只有一项，所以可以直接 pt1---->index。这样，skip 就可以设置为 5，表示越过 4 级页表。

phys_page_compact 也是一个递归调用。

```c
exec.c
static void phys_page_compact(PhysPageEntry *lp, Node *nodes)
{
    unsigned valid_ptr = P_L2_SIZE;
    int valid = 0;
    PhysPageEntry *p;
    int i;

    if (lp->ptr == PHYS_MAP_NODE_NIL) {
        return;
    }

    p = nodes[lp->ptr];
    for (i = 0; i < P_L2_SIZE; i++) {
        if (p[i].ptr == PHYS_MAP_NODE_NIL) {
            continue;
        }

        valid_ptr = i;
        valid++;
        if (p[i].skip) {
            phys_page_compact(&p[i], nodes);
        }
    }

    /* We can only compress if there's only one child. */
    if (valid != 1) {
        return;
    }

    assert(valid_ptr< P_L2_SIZE);

    /* Don't compress if it won't fit in the # of bits we have. */
    if (lp->skip + p[valid_ptr].skip >= (1 << 3)) {
        return;
    }

    lp->ptr = p[valid_ptr].ptr;
    if (!p[valid_ptr].skip) {
        /* If our only child is a leaf, make this a leaf. */
        /* By design, we should have made this node a leaf to begin with so we
         * should never reach here.
         * But since it's so simple to handle this, let's do it just in case we
```

```
        * change this rule.
        */
        lp->skip = 0;
    } else {
        lp->skip += p[valid_ptr].skip;
    }
}
```

for 循环在当前页目录中查找非空项，如果找到一项，就设置当前的 valid_ptr 和 valid，并且如果当前页目录 skip 不为 0，说明还需要找下一级页表，递归调用 phys_page_compact。一旦发现有一级的页目录有效值不是 1，那就说明不能越过这一级，函数要返回。p->skip 表示调用 phys_page_compact 到下一级跳过的页表，p[valid_ptr].skip 表示下一级页目录继续寻找要跳过的页表，这两个值相加就得到了直接从开始到下一级的跳转数，当然，如果找到了叶子节点，就要设置其为叶子节点。

### 5.4.3 地址分派

接下来分析应用层如何根据地址查找对应的 MemoryRegionSection，进而找到 MemoryRegion。

这里以 MMIO 的写寻址为例分析地址是如何查找的。MMIO 的具体实现机制将在本章后面介绍。

虚拟机由 MMIO 退出之后的代码如下所示，run->mmio.phys_addr 表示访问的物理地址。

```
kvm-all.c
        case KVM_EXIT_MMIO:
            DPRINTF("handle_mmio\n");
            /* Called outside BQL */
address_space_rw(&address_space_memory,
                        run->mmio.phys_addr, attrs,
                        run->mmio.data,
                        run->mmio.len,
                        run->mmio.is_write);
            ret = 0;
            break;
```

经过 address_space_rw->address_space_write-> address_space_translate ->address_space_translate_ internal->address_space_lookup_region 调用链。

最后这个函数 address_space_lookup_region 即用于查找 addr 在 d 这个 AddressSpaceDispatch 中对应的 MemoryRegionSection。

```
exec.c
static MemoryRegionSection *address_space_lookup_region(AddressSpaceDispatch *d,
                                                        hwaddraddr,
                                                        bool resolve_subpage)
{
    MemoryRegionSection *section = atomic_read(&d->mru_section);
    subpage_t *subpage;
    bool update;

    if (section && section != &d->map.sections[PHYS_SECTION_UNASSIGNED] &&
        section_covers_addr(section, addr)) {
```

```
        update = false;
    } else {
        section = phys_page_find(d->phys_map, addr, d->map.nodes,
                            d->map.sections);
        update = true;
    }
    if (resolve_subpage&& section->mr->subpage) {
        subpage = container_of(section->mr, subpage_t, iomem);
        section = &d->map.sections[subpage->sub_section[SUBPAGE_IDX(addr)]];
    }
    if (update) {
        atomic_set(&d->mru_section, section);
    }
    return section;
}

static MemoryRegionSection *phys_page_find(PhysPageEntry lp, hwaddraddr,
                            Node *nodes, MemoryRegionSection *sections)
{
    PhysPageEntry *p;
    hwaddr index = addr>> TARGET_PAGE_BITS;
    int i;

    for (i = P_L2_LEVELS; lp.skip && (i -= lp.skip) >= 0;) {
        if (lp.ptr == PHYS_MAP_NODE_NIL) {
            return &sections[PHYS_SECTION_UNASSIGNED];
        }
        p = nodes[lp.ptr];
        lp = p[(index >> (i * P_L2_BITS)) & (P_L2_SIZE - 1)];
    }

    if (section_covers_addr(&sections[lp.ptr], addr)) {
        return &sections[lp.ptr];
    } else {
        return &sections[PHYS_SECTION_UNASSIGNED];
    }
}
```

address_space_lookup_region 函数首先读取缓存 d->mru_section，如果不存在一个 dummy section 或者是 addr 不在 section 内，则调用 phys_page_find 找到 section。可以看到 phys_page_find 函数 for 循环从一级页表开始，首先使用 d->phys_map 的 ptr 作为索引寻址 node，然后使用虚拟机的页帧号来找到在 Node 的页表项，因为存在页表可能跳过的情况，所以 i 需要减掉忽略的页表。当到最后一级或者 skip 为 0 时，PhysPageEntry 的 ptr 是实际的 MemoryRegionSection 在 sections 中的索引。通过调用 section_covers_addr 来判断地址是否在这个 MemoryRegionSection 中。

```
exec.c
static inline bool section_covers_addr(const MemoryRegionSection *section,
hwaddraddr)
{
    /* Memory topology clips a memory region to [0, 2^64); size.hi > 0 means
     * the section must cover the entire address space.
```

185

```
    */
    return int128_gethi(section->size) ||
            range_covers_byte(section->offset_within_address_space,
                        int128_getlo(section->size), addr);
}

static inline int range_covers_byte(uint64_t offset, uint64_t len,
                                        uint64_t byte)
{
    return offset <= byte && byte <= range_get_last(offset, len);
}
static inline uint64_t range_get_last(uint64_t offset, uint64_t len)
{
    return offset + len - 1;
}
```

因为虚拟机最大的地址空间为$[0,2^{64})$，所以如果 section->size 有 64 位，那么肯定包含了所有地址，这种情况应该非常少见。更常见的是判断另一个条件，即判断 addr 是否大于 section 的起始地址并且小于其最后一个地址。

如果确认地址在找到的 MemoryRegionSection 中，则返回 sections[lp.ptr]，否则，返回一个 dummy section PHYS_SECTION_UNASSIGNED。

另一方面，如果需要解析 subpage，则还要完成一次分派。

```
exec.c
    if (resolve_subpage&& section->mr->subpage) {
        subpage = container_of(section->mr, subpage_t, iomem);
        section = &d->map.sections[subpage->sub_section[SUBPAGE_IDX(addr)]];
    }
```

这样就完成了虚拟机物理地址的分派，找到了虚拟机中访问的物理地址对应的 MemoryRegionSection 以及 MemoryRegion。

## 5.5 KVM 内存虚拟化

### 5.5.1 虚拟机 MMU 初始化

VMCS 中 VM execution 区域里的 secondary processor-based VM-execution control 字段的第二位用来表示是是否开启 EPT，在 KVM 初始化的时候会调用架构相关的 hardware_setup 函数，hardware_setup 函数会调用 setup_vmcs_config，在其中读取 MSR_IA32_VMX_PROCBASED_CTLS2，将寄存器存放在 vmcs_conf->cpu_based_2nd_exec_ctrl 中。

```
arch/x86/kvm/vmx.c
static __init int setup_vmcs_config(struct vmcs_config *vmcs_conf)
{
    …
    if (adjust_vmx_controls(min, opt, MSR_IA32_VMX_PINBASED_CTLS,
                & pin_based_exec_control) < 0)
        return -EIO;
    …
}
```

```
static __init int adjust_vmx_controls(u32 ctl_min, u32 ctl_opt,
                        u32 msr, u32 *result)
{
        u32 vmx_msr_low, vmx_msr_high;
        u32 ctl = ctl_min | ctl_opt;

        rdmsr(msr, vmx_msr_low, vmx_msr_high);
   …
        return 0;
}
```

与 EPT 相关的另一个 msr 寄存器是 MSR_IA32_VMX_EPT_VPID_CAP，其中第 6 位表示支持四级页表。在调用 setup_vmcs_config 时会读取该寄存器，然后保存相关在 vmx_capability.vpid 中。

```
arch/x86/kvm/vmx.c
static __init int setup_vmcs_config(struct vmcs_config *vmcs_conf)
{
        …
        if (_cpu_based_2nd_exec_control & SECONDARY_EXEC_ENABLE_EPT) {
          /* CR3 accesses and invlpg don't need to cause VM Exits when EPT
             enabled */
          _cpu_based_exec_control &= ~(CPU_BASED_CR3_LOAD_EXITING |
                            CPU_BASED_CR3_STORE_EXITING |
                            CPU_BASED_INVLPG_EXITING);
          rdmsr(MSR_IA32_VMX_EPT_VPID_CAP,
                vmx_capability.ept, vmx_capability.vpid);
        }
        …
}
```

在 KVM 中，是否开启 EPT 是由变量 enable_ept 决定的，其默认设置为 1，也就是开启。当 KVM 初始化执行架构相关的 hardware_setup 时，会调用 cpu_has_vmx_ept 和 cpu_has_vmx_ept_4levels 来判断是否需要取消 EPT 的设置，前者用于判断 vmcs_conf->cpu_based_2nd_exec_ctrl 的 SECONDARY_EXEC_ENABLE_EPT(2) 是否置位，后者则用于判断 vmx_capability.ept 的 VMX_EPT_PAGE_WALK_4_BIT(6)是否置位。如果都有置位，则 enable_ept 不会设置为 0，表示使用 EPT。

虚拟机内存初始化涉及的相关函数如图 5-22 所示，其中加粗的函数与内存初始化密切相关。

KVM 在创建 VCPU 的过程中会创建虚拟机 MMU，具体是在函数 kvm_arch_vcpu_init 中调用 kvm_mmu_create。

```
arch/x86/kvm/mmu.c
int kvm_mmu_create(struct kvm_vcpu *vcpu)
{
        vcpu->arch.walk_mmu = &vcpu->arch.mmu;
        vcpu->arch.mmu.root_hpa = INVALID_PAGE;
        vcpu->arch.mmu.translate_gpa = translate_gpa;
        vcpu->arch.nested_mmu.translate_gpa = translate_nested_gpa;

        return alloc_mmu_pages(vcpu);
}
```

187

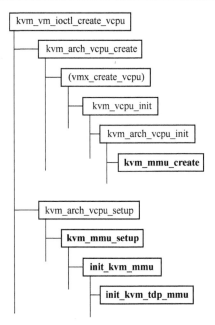

图 5-22    内存虚拟化过程中涉及的相关函数

该函数主要是设置了一些初始值，最后的 alloc_mmu_pages 分配一个 pae 页，alloc_mmu_pages 在 KVM 使用影子页表的时候才会有实际工作，在使用 EPT 的情况下会直接返回。

VCPU 创建好之后，在初始化的时候会调用 kvm_mmu_setup 进行 MMU 的初始化，相关函数调用为 init_kvm_mmu。

```
arch/x86/kvm/mmu.c
static void init_kvm_mmu(struct kvm_vcpu *vcpu)
{
      if (mmu_is_nested(vcpu))
        init_kvm_nested_mmu(vcpu);
      else if (tdp_enabled)
        init_kvm_tdp_mmu(vcpu);
      else
        init_kvm_softmmu(vcpu);
}
```

当 EPT 开启的时候，hardware_setup 函数中会调用 kvm_enable_tdp 将 tdp_enabled 设置为 true，这样就调用到了 init_kvm_tdp_mmu。

```
arch/x86/kvm/mmu.c
static void init_kvm_tdp_mmu(struct kvm_vcpu *vcpu)
{
      struct kvm_mmu *context = &vcpu->arch.mmu;

      context->base_role.word = 0;
      context->base_role.smm = is_smm(vcpu);
      context->page_fault = tdp_page_fault;
      context->sync_page = nonpaging_sync_page;
      context->invlpg = nonpaging_invlpg;
      context->update_pte = nonpaging_update_pte;
      context->shadow_root_level = kvm_x86_ops->get_tdp_level();
```

```
context->root_hpa = INVALID_PAGE;
context->direct_map = true;
…
if (!is_paging(vcpu)) {
  context->nx = false;
  context->gva_to_gpa = nonpaging_gva_to_gpa;
  context->root_level = 0;
} else if (is_long_mode(vcpu)) {
  context->nx = is_nx(vcpu);
  context->root_level = PT64_ROOT_LEVEL;
  reset_rsvds_bits_mask(vcpu, context);
  context->gva_to_gpa = paging64_gva_to_gpa;
} else if (is_pae(vcpu)) {
  context->nx = is_nx(vcpu);
  context->root_level = PT32E_ROOT_LEVEL;
  reset_rsvds_bits_mask(vcpu, context);
  context->gva_to_gpa = paging64_gva_to_gpa;
} else {
  context->nx = false;
  context->root_level = PT32_ROOT_LEVEL;
  reset_rsvds_bits_mask(vcpu, context);
  context->gva_to_gpa = paging32_gva_to_gpa;
}

update_permission_bitmask(vcpu, context, false);
update_last_pte_bitmap(vcpu, context);
reset_tdp_shadow_zero_bits_mask(vcpu, context)
}
```

kvm_vcpu 中有一个类型为 kvm_vcpu_arch 的 arch 成员，kvm_vcpu_arch 结构体中有一个类型为 kvm_mmu 的 MMU 成员，init_kvm_tdp_mmu 的主要工作就是初始化这个 kvm_mmu 结构体。kvm_mmu 结构模拟的是物理 CPU 的 MMU 部件，在 x86 CPU 上，MMU 的作用主要是控制 CPU 对内存的分页访问，处理页访问错误。该函数最开始设置了 MMU 的几个回调函数，其中最重要的是函数 tdp_page_fault，用来处理 EPT 的页访问错误，之后根据 VCPU 所处的模式设置相应的值。kvm_mmu 中的 root_hpa 指向 EPT 页表中第一级页表的物理地址，类似于 x86 中页表的 CR3，direct_map 表示使用直接映射，也就是 EPT。接下来还会根据 VCPU 所处的状态设置 kvm_mmu 中的 nx 和 gva_to_gpa 等回调函数。

### 5.5.2　虚拟机物理地址的设置

虚拟机的物理内存是通过 VM 类别的 ioctl(KVM_SET_USER_MEMORY_REGION)实现的。首先需要介绍 kvm_userspace_memory_region 结构。

```
include/uapi/linux/kvm.h
struct kvm_userspace_memory_region {
    __u32 slot;
    __u32 flags;
    __u64 guest_phys_addr;
    __u64 memory_size; /* bytes */
    __u64 userspace_addr; /* start of the userspace allocated memory */
};
```

kvm_userspace_memory_region 是用户态传过来的参数类型，用来表示虚拟机的一段物理内存，其中 slot 表示其 ID 号，包括 AddressSpace 的 ID 和本身的 ID，flags 表示该段内存属性，guest_phys_addr 表示虚拟机的物理内存，memory_size 表示大小，userspace_addr 表示对应的用户态进程中分配的虚拟机地址。通过这个结构可以将虚拟机的物理地址对应到 QEMU 进程的虚拟地址。

KVM_SET_USER_MEMORY_REGION 对应的处理函数如下。

```
virt/kvm/kvm_main.c
static int kvm_vm_ioctl_set_memory_region(struct kvm *kvm,
                          struct kvm_userspace_memory_region *mem)
{
      if ((u16)mem->slot >= KVM_USER_MEM_SLOTS)
        return -EINVAL;

      return kvm_set_memory_region(kvm, mem);
}
```

kvm_set_memory_region 调用__kvm_set_memory_region，该函数负责建立映射关系，比较复杂，下面分段介绍。

首先调用 check_memory_region_flags 检查 flags 是否合法，目前只支持两个 flag。

```
include/uapi/linux/kvm.h
#define KVM_MEM_LOG_DIRTY_PAGES    (1UL << 0)
#define KVM_MEM_READONLY (1UL << 1)
```

接下来是一些常规检查，如内存大小和物理地址都要页对齐，并且所有 QEMU 的虚拟地址需要可读。

接着将 QEMU 提供的内存 slot 的 ID 转换成索引，用来查找 kvm->memslots[as_id]中的slot，这里 as_id 可能是 0 或 1，如果是普通虚拟机用的 RAM，则为 0，如果是 SMM 的模拟，则为 1。

然后根据之前该 slot 的情况与要添加的 slot 数据情况来判断当前的操作是要创建内存(KVM_MR_CREATE)、修改 flag（KVM_MR_FLAGS_ONLY），还是删除内存 KVM_MR_DELETE。这里以添加内存为例。

```
virt/kvm/kvm_main.c
if ((change == KVM_MR_CREATE) || (change == KVM_MR_MOVE)) {
      /* Check for overlaps */
      r = -EEXIST;
      kvm_for_each_memslot(slot, __kvm_memslots(kvm, as_id)) {
            if (slot->id == id)
                  continue;
            if (!((base_gfn + npages<= slot->base_gfn) ||
                  (base_gfn>= slot->base_gfn + slot->npages)))
                  goto out;
      }
}
…
if (change == KVM_MR_CREATE) {
  new.userspace_addr = mem->userspace_addr;
```

```
        if (kvm_arch_create_memslot(kvm, &new, npages))
                goto out_free;
}
```

首先会遍历内存槽，查看是否跟当前的内存条有重合，接着调用 kvm_arch_create_memslot 初始化内存槽中的 arch 相关部分，其类型为 kvm_arch_memory_slot，定义如下。

```
arch/x86/include/asm/kvm_host.h
struct kvm_arch_memory_slot {
        unsigned long *rmap[KVM_NR_PAGE_SIZES];
        struct kvm_lpage_info *lpage_info[KVM_NR_PAGE_SIZES - 1];
};
```

rmap 保存的是 gfn 与其对应页表项的 map，KVM_NR_PAGE_SIZES 表示页表项的种类，目前为 3，分别表示 4KB、2MB 和 1GB 页面，后两者称为大页，lpage_info 保存的是大页的信息，所以 lpage_info 的元素个数要比 KVM_NR_PAGE_SIZES 少 1。

详细分析 kvm_arch_create_memslot，对每一种页面类型都需要初始化 rmap 和 lpage_info。

每一页都会有一个 rmap 对应，所以首先调用 gfn_to_index 得到所需要的页面个数，然后分配对应的内存空间。

```
arch/x86/kvm/x86.c
        lpages = gfn_to_index(slot->base_gfn + npages - 1,
                        slot->base_gfn, level) + 1;

        slot->arch.rmap[i] =
            kvm_kvzalloc(lpages * sizeof(*slot->arch.rmap[i]));
        if (!slot->arch.rmap[i])
            goto out_free;
        if (i == 0)
            continue;
```

如果是 4KB 页面，则不用分配 lpage_info，否则需要分配大页信息。大页信息的结构 kvm_lpage_info 其实只有一个域 write_count，这个名字很容易让人产生疑惑，其实它表示的是当前这个 gfn 是否支持大页，如果为 1，表示不支持大页。后面的代码用于检测是否存在不支持大页的情况，首先是对齐，其次需要判断用户态的设置是否允许大页。所有这些情况都需要设置 write_count 为 1，新版本的 KVM 已经把这个名字改为 disallow_lpage。

```
arch/x86/kvm/x86.c
        if (slot->base_gfn& (KVM_PAGES_PER_HPAGE(level) - 1))
            slot->arch.lpage_info[i - 1][0].write_count = 1;
        if ((slot->base_gfn + npages) & (KVM_PAGES_PER_HPAGE(level) - 1))
            slot->arch.lpage_info[i - 1][lpages - 1].write_count = 1;
        ugfn = slot->userspace_addr>> PAGE_SHIFT;
        /*
         * If the gfn and userspace address are not aligned wrt each
         * other, or if explicitly asked to, disable large page
         * support for this slot
         */
        if ((slot->base_gfn ^ ugfn) & (KVM_PAGES_PER_HPAGE(level) - 1) ||
            !kvm_largepages_enabled()) {
            unsigned long j;
```

```
                    for (j = 0; j <lpages; ++j)
                        slot->arch.lpage_info[i - 1][j].write_count = 1;
        }
```

回到 __kvm_set_memory_region 函数，在调用 kvm_arch_create_memslot 之后会创建一个类型为 kvm_memslots 的 slots 变量，并把之前的值复制进去，根据新添加的内存槽进行更新。

**virt/kvm/kvm_main.c**
```
        slots = kvm_kvzalloc(sizeof(struct kvm_memslots));
        if (!slots)
          goto out_free;
        memcpy(slots, __kvm_memslots(kvm, as_id), sizeof(struct kvm_memslots));

        update_memslots(slots, &new);
```

slots->memslots 中的每个 slots 是按照 gfn 从大到小排列的，这样能够比较方便地根据 gfn 通过二分查找找到对应的 slot，所以需要调用 update_memslots 来对 memslots 的顺序进行维护。

完成 slots 的排列后，调用 install_new_memslots 更新 kvm->memslots 的结构，该函数的主要作用是将 kvm->memslots[as_id]指针通过 RCU 机制替换成刚刚分配的 slots。

__kvm_set_memory_region 最后调用 kvm_arch_commit_memory_region 来提交内存。

**arch/x86/kvm/x86.c**
```
void kvm_arch_commit_memory_region(struct kvm *kvm,
                    const struct kvm_userspace_memory_region *mem,
                    const struct kvm_memory_slot *old,
                    const struct kvm_memory_slot *new,
                    enumkvm_mr_change change)
{
        int nr_mmu_pages = 0;

        if (!kvm->arch.n_requested_mmu_pages)
          nr_mmu_pages = kvm_mmu_calculate_mmu_pages(kvm);

        if (nr_mmu_pages)
          kvm_mmu_change_mmu_pages(kvm, nr_mmu_pages);
        …
        if ((change != KVM_MR_DELETE) &&
          (old->flags & KVM_MEM_LOG_DIRTY_PAGES) &&
          !(new->flags & KVM_MEM_LOG_DIRTY_PAGES))
          kvm_mmu_zap_collapsible_sptes(kvm, new);
        …
        if (change != KVM_MR_DELETE)
          kvm_mmu_slot_apply_flags(kvm, (struct kvm_memory_slot *) new);
}
```

该函数首先根据 kvm_mmu_calculate_mmu_pages 计算出当前虚拟机所需要的 MMU 页数 n_mmu_pages，这个值最小为 KVM_MIN_ALLOC_MMU_PAGES(64)，接着调用 kvm_mmu_change_mmu_pages 函数使 n_mmu_pages 生效。如果当前虚拟机的 MMU 页数过多，需要释放一部分，虚拟机所需要的 MMU 页数也可以由用户进程设置。kvm_arch_commit_memory_region 函数的其他工作主要是进行脏页设置。

### 5.5.3　EPT 页表的构建

上一节介绍了内存的添加，这一节分析 EPT 页表的构建。

在之前的初始化过程中，EPT 的缺页处理是由函数 tdp_page_fault 完成的。当虚拟机内部进行内存访问的时候，MMU 首先会根据虚拟机操作系统的页表把 GVA 转换成 GPA，然后根据 EPT 页表把 GPA 转换成 HPA，这就是所谓的两级页表转换，也就是 tdp（two dimission page）的来源。GVA 转换为 GPA 的过程中，如果发生缺页异常，这个异常会由虚拟机操作系统内核处理；GPA 转换成 HPA 的过程中，如果发生缺页异常，虚拟机会产生退出，并且退出原因为 EXIT_REASON_EPT_VIOLATION，其对应的处理函数为 handle_ept_violation，这个函数就会调用 tdp_page_fault 来完成缺页异常的处理。下面来分析这个过程。

从之前 VCPU 的运行流程可知，vcpu_enter_guest 函数会完成虚拟机的进入和退出，函数最后调用架构相关的 handle_exit 回调函数，Intel CPU 对应的是 vmx_handle_exit，该函数会根据退出原因调用 kvm_vmx_exit_handlers 函数表中的一个函数，EPT 异常会调用 handle_ept_violation。

```
arch/x86/kvm/vmx.c
static int handle_ept_violation(struct kvm_vcpu *vcpu)
{
        unsigned long exit_qualification;
        gpa_t gpa;
        u32 error_code;
        int gla_validity;

        exit_qualification = vmcs_readl(EXIT_QUALIFICATION);

        gla_validity = (exit_qualification >> 7) & 0x3;
        if (gla_validity != 0x3 &&gla_validity != 0x1 &&gla_validity != 0) {
          …
        }
        …
        gpa = vmcs_read64(GUEST_PHYSICAL_ADDRESS);
        trace_kvm_page_fault(gpa, exit_qualification);

        /* It is a write fault? */
        error_code = exit_qualification & PFERR_WRITE_MASK;
        /* It is a fetch fault? */
        error_code |= (exit_qualification << 2) & PFERR_FETCH_MASK;
        /* ept page table is present? */
        error_code |= (exit_qualification >> 3) & PFERR_PRESENT_MASK;

        vcpu->arch.exit_qualification = exit_qualification;

        return kvm_mmu_page_fault(vcpu, gpa, error_code, NULL, 0);
}
```

首先读取退出信息到 exit_qualification，该值的第 7 位表示 guest 线性地址是否有效，对于 EPT 来说大部分都是有效的。读出发生 EPT 异常时的地址保存在 gpa 中，error_code 保存产生 EPT 异常的原因，PFERR_WRITE_MASK 表示是写内存，然后根据是否是获取指令造成的异常来判断当前的 EPT 表中该地址对应的页表是否存在。调用 kvm_mmu_page_fault，该函数调用

kvm_mmu 的 page_fault 回调函数 tdp_page_fault，tdp_page_fault 是 EPT 缺页处理的核心函数，代码如下。

```
arch/x86/kvm/mmu.c
static int tdp_page_fault(struct kvm_vcpu *vcpu, gva_t gpa, u32 error_code,
            bool prefault)
{
    pfn_t pfn;
    int r;
    int level;
    bool force_pt_level;
    gfn_t gfn = gpa >> PAGE_SHIFT;
    unsigned long mmu_seq;
    int write = error_code & PFERR_WRITE_MASK;
    bool map_writable;

    MMU_WARN_ON(!VALID_PAGE(vcpu->arch.mmu.root_hpa));

    if (unlikely(error_code & PFERR_RSVD_MASK)) {
      r = handle_mmio_page_fault(vcpu, gpa, true);
    …
    r = mmu_topup_memory_caches(vcpu);
    if (r)
      return r;

    force_pt_level = !check_hugepage_cache_consistency(vcpu, gfn,
                            PT_DIRECTORY_LEVEL);
    level = mapping_level(vcpu, gfn, &force_pt_level);
    if (likely(!force_pt_level)) {
      if (level > PT_DIRECTORY_LEVEL &&
          !check_hugepage_cache_consistency(vcpu, gfn, level))
            level = PT_DIRECTORY_LEVEL;
      gfn&= ~(KVM_PAGES_PER_HPAGE(level) - 1);
    }

    if (fast_page_fault(vcpu, gpa, level, error_code))
      return 0;

    mmu_seq = vcpu->kvm->mmu_notifier_seq;
    smp_rmb();

    if (try_async_pf(vcpu, prefault, gfn, gpa, &pfn, write, &map_writable))
      return 0;

    if (handle_abnormal_pfn(vcpu, 0, gfn, pfn, ACC_ALL, &r))
      return r;

    spin_lock(&vcpu->kvm->mmu_lock);
    if (mmu_notifier_retry(vcpu->kvm, mmu_seq))
      goto out_unlock;
    make_mmu_pages_available(vcpu);
    if (likely(!force_pt_level))
      transparent_hugepage_adjust(vcpu, &gfn, &pfn, &level);
```

```
        r = __direct_map(vcpu, gpa, write, map_writable,
                level, gfn, pfn, prefault);
        spin_unlock(&vcpu->kvm->mmu_lock);

        return r;
        …
    }
```

tdp_page_fault 中 mmu_topup_memory_caches 函数负责保证几个缓冲有比较多的空间，如果没有足够空间会自动分配。

接下来 check_hugepage_cache_consistency 对大页进行处理，mapping_level 算出 level 为 1，也就是没有用大页。

fast_page_fault 函数判断能否对页错误进行快速处理，只有当 EPT 页表存在并且是由写保护产生的 EPT 异常才会进行快速处理。

接下来调用 try_async_pf，这个函数尝试对该页错误进行异步处理。这里的异步指的是当 EPT 页表已经建立好后，宿主机操作系统将虚拟机对应的 QEMU 虚拟地址的物理内存交互出去，这也会使虚拟机访问这段内存的时候产生页错误，如果 KVM 在这种情况下直接返回，并且让虚拟机调度其他进程，则能够提高 VCPU 的效率。如果不是这种情况，则 try_async_pf 会分配一个物理页，并计算出这个页的 gfn。虚拟机的物理内存对应的是 QEMU 进程的虚拟地址空间，要落到真实的物理地址上，QEMU 也会有一个页表，完成这个转换，函数内部调用 __gfn_to_pfn_memslot。

```
arch/x86/kvm/mmu.c
pfn_t __gfn_to_pfn_memslot(struct kvm_memory_slot *slot, gfn_t gfn, bool atomic,
                bool *async, bool write_fault, bool *writable)
{
        unsigned long addr = __gfn_to_hva_many(slot, gfn, NULL, write_fault);

        if (addr == KVM_HVA_ERR_RO_BAD)
          return KVM_PFN_ERR_RO_FAULT;

        if (kvm_is_error_hva(addr))
          return KVM_PFN_NOSLOT;

        /* Do not map writable pfn in the readonly memslot. */
        if (writable &&memslot_is_readonly(slot)) {
          *writable = false;
          writable = NULL;
        }

        return hva_to_pfn(addr, atomic, async, write_fault,
                writable);
    }
```

调用 hva_to_pfn 时，如果这个函数判断是新分配的内存页，则表明该 gfn 到 pfn 的映射并未建立，如果内存页被交换到了磁盘上，则会设置 async 为 true，这样 tdp_page_fault 就会成功返回，并将当前 VCPU 线程挂起来。

在经过一些不重要的函数调用之后，tdp_page_fault 函数调用 __direct_map 来建立 gpa 到 hpa 的映射，也就是填充 EPT 页表，这个函数是 EPT 页表构建过程中的关键函数，代码如下。

```
arch/x86/kvm/mmu.c
static int __direct_map(struct kvm_vcpu *vcpu, gpa_t v, int write,
            int map_writable, int level, gfn_t gfn, pfn_t pfn,
            bool prefault)
{
        struct kvm_shadow_walk_iteratoriterator;
        struct kvm_mmu_page *sp;
        int emulate = 0;
        gfn_t pseudo_gfn;

        if (!VALID_PAGE(vcpu->arch.mmu.root_hpa))
          return 0;

        for_each_shadow_entry(vcpu, (u64)gfn<< PAGE_SHIFT, iterator) {
          if (iterator.level == level) {
                mmu_set_spte(vcpu, iterator.sptep, ACC_ALL,
                        write, &emulate, level, gfn, pfn,
                        prefault, map_writable);
                direct_pte_prefetch(vcpu, iterator.sptep);
                ++vcpu->stat.pf_fixed;
                break;
          }

          drop_large_spte(vcpu, iterator.sptep);
          if (!is_shadow_present_pte(*iterator.sptep)) {
                u64 base_addr = iterator.addr;

                base_addr&= PT64_LVL_ADDR_MASK(iterator.level);
                pseudo_gfn = base_addr>> PAGE_SHIFT;
                sp = kvm_mmu_get_page(vcpu, pseudo_gfn, iterator.addr,
                        iterator.level - 1,
                            1, ACC_ALL, iterator.sptep);

                link_shadow_page(iterator.sptep, sp, true);
          }
        }
        return emulate;
}
```

for_each_shadow_entry 这个宏可作为一个 for 循环的条件。

```
arch/x86/kvm/mmu.c
#define for_each_shadow_entry(_vcpu, _addr, _walker)    \
        for (shadow_walk_init(&(_walker), _vcpu, _addr);    \
          shadow_walk_okay(&(_walker));               \
          shadow_walk_next(&(_walker)))
static void shadow_walk_init(struct kvm_shadow_walk_iterator *iterator,
                struct kvm_vcpu *vcpu, u64 addr)
{
        iterator->addr = addr;
        iterator->shadow_addr = vcpu->arch.mmu.root_hpa;
        iterator->level = vcpu->arch.mmu.shadow_root_level;
```

```
            if (iterator->level == PT64_ROOT_LEVEL &&
        vcpu->arch.mmu.root_level < PT64_ROOT_LEVEL &&
            !vcpu->arch.mmu.direct_map)
         --iterator->level;

            if (iterator->level == PT32E_ROOT_LEVEL) {
             iterator->shadow_addr
                 = vcpu->arch.mmu.pae_root[(addr >> 30) & 3];
             iterator->shadow_addr &= PT64_BASE_ADDR_MASK;
             --iterator->level;
             if (!iterator->shadow_addr)
                 iterator->level = 0;
        }
    }
```

在 shadow_walk_init 函数中初始化一个 kvm_shadow_walk_iterator，也就是__direct_map 函数中的 iterator，iterator 初始化 level 为 VCPUMMU 的 shadow_root_level，这个值是在 init_kvm_tdp_mmu 中通过调用实现相关的 get_tdp_level()函数得到的，为 4，这表示的是 EPT 页表的级数。shadow_walk_init 还会初始化 shadow_addr，表示最开始的基地址，也就是 L4 页表的基地址为 root_hpa，随后会在__shadow_walk_next 中更新。

下面分析 shadow_walk_okay。首先判断 iterator->level，如果小于 1，说明已经遍历完了，退出循环。如果没有，就要赋值 index，这个 index 表示的是该地址在相应页表中的 index，如 level 为 4 的时候，index 为 L4 页表中的索引，实际就是 48 位地址中的前 9 位，相应地，level 为 3 时，就是其在 L3 页表中的索引，也就是 30 到 38 位。sptep 设置为当前页表项指针。

```
arch/x86/kvm/mmu.c
static bool shadow_walk_okay(struct kvm_shadow_walk_iterator *iterator)
{
        if (iterator->level < PT_PAGE_TABLE_LEVEL)
         return false;

        iterator->index = SHADOW_PT_INDEX(iterator->addr, iterator->level);
        iterator->sptep  = ((u64 *)__va(iterator->shadow_addr)) + iterator->index;
        return true;
}
```

接下来看循环体，__direct_map 的参数 level 表示最后一级页表 1，会执行之后的代码，所以在函数开始的时候会执行 for 循环中第一个 if 后面的代码。调用 is_shadow_present_pte 判断当前的页表是否存在，一般来说都不存在，这个时候就会调用 kvm_mmu_get_page 去分配一个 MMU 内存页。pseudo_gfn 是其当前页表管理内存的开始 gfn，即 1ULL << (PAGE_SHIFT + (((level) - 1) * PT64_LEVEL_BITS)。下面分析 kvm_mmu_get_page。

```
arch/x86/kvm/mmu.c
static struct kvm_mmu_page *kvm_mmu_get_page(struct kvm_vcpu *vcpu,
                        gfn_t gfn,
                        gva_t gaddr,
                        unsigned level,
                        int direct,
                        unsigned access,
                        u64 *parent_pte)
        {
```

```
        union kvm_mmu_page_role role;
        unsigned quadrant;
        struct kvm_mmu_page *sp;
        bool need_sync = false;
        …
        sp = kvm_mmu_alloc_page(vcpu, parent_pte, direct);
        if (!sp)
          return sp;
        sp->gfn = gfn;
        sp->role = role;
        hlist_add_head(&sp->hash_link,
          &vcpu->kvm->arch.mmu_page_hash[kvm_page_table_hashfn(gfn)]);
        if (!direct) {
          …
        }
        sp->mmu_valid_gen = vcpu->kvm->arch.mmu_valid_gen;
        init_shadow_page_table(sp);
        trace_kvm_mmu_get_page(sp, true);
        return sp;
}
```

假设当前页目录下面还没有对应的页表，则首先调用 kvm_mmu_alloc_page 分配页表页。之后会把它加到 kvm->arch 的 mmu_page_hash 哈希表中。init_shadow_page_table 将所有的页目录项初始化为0。

回到__direct_map，接着会调用 link_shadow_page，将分配的内存页跟当前目录项连接起来，也就是要让 iterator.sptep 指向 sp.

```
arch/x86/kvm/mmu.c
static void link_shadow_page(u64 *sptep, struct kvm_mmu_page *sp, bool accessed)
{
        u64 spte;

        BUILD_BUG_ON(VMX_EPT_READABLE_MASK != PT_PRESENT_MASK ||
                VMX_EPT_WRITABLE_MASK != PT_WRITABLE_MASK);

        spte = __pa(sp->spt) | PT_PRESENT_MASK | PT_WRITABLE_MASK |
                shadow_user_mask | shadow_x_mask;

        if (accessed)
          spte |= shadow_accessed_mask;

        mmu_spte_set(sptep, spte);
}

static void mmu_spte_set(u64 *sptep, u64 new_spte)
{
        WARN_ON(is_shadow_present_pte(*sptep));
        __set_spte(sptep, new_spte);
}

static void __set_spte(u64 *sptep, u64 spte)
{
```

```
              *sptep = spte;
       }
```

现在 L4 页表中对应 addr 索引的页目录项已经有了自己的下一级页表。随后，随着 iterator.level 减 1，会逐渐构建出 L3、L2 页表。当 level 为 1 时，会调用如下代码。

**arch/x86/kvm/mmu.c**
```
          if (iterator.level == level) {
               mmu_set_spte(vcpu, iterator.sptep, ACC_ALL,
                       write, &emulate, level, gfn, pfn,
                       prefault, map_writable);
               direct_pte_prefetch(vcpu, iterator.sptep);
               ++vcpu->stat.pf_fixed;
               break;
          }
```

这时会调用 mmu_set_spte 来将最后一级页表的页表项指向 pfn 对应的物理页面。

**arch/x86/kvm/mmu.c**
```
static void mmu_set_spte(struct kvm_vcpu *vcpu, u64 *sptep,
              unsigned pte_access, int write_fault, int *emulate,
              int level, gfn_t gfn, pfn_t pfn, bool speculative,
              bool host_writable)
{
       int was_rmapped = 0;
       int rmap_count;

       pgprintk("%s: spte %llx write_fault %d gfn %llx\n", __func__,
         *sptep, write_fault, gfn);
       …
       if (set_spte(vcpu, sptep, pte_access, level, gfn, pfn, speculative,
          true, host_writable)) {
         if (write_fault)
             *emulate = 1;
         kvm_make_request(KVM_REQ_TLB_FLUSH, vcpu);
       }
       …
}
```

mmu_set_spte 的主要工作是调用 set_spte 来设置 sptep 处指向页表，在这个函数中会进行各种检查，然后设置 spte 对应的位，最终调用 mmu_spte_update 函数来设置页表项。

**arch/x86/kvm/mmu.c**
```
static bool mmu_spte_update(u64 *sptep, u64 new_spte)
{
       u64 old_spte = *sptep;
       bool ret = false;

       WARN_ON(!is_rmap_spte(new_spte));

       if (!is_shadow_present_pte(old_spte)) {
        mmu_spte_set(sptep, new_spte);
        return ret;
       }
}
```

## 5.6　MMIO 机制

### 5.6.1　虚拟设备 MMIO 实现原理

在 x86 下访问设备的资源有两种方式：一种是通过 Port I/O，即 PIO；另一种是通过 Memory Mapped I/O，即 MMIO。虚拟机的 VMCS 中定义了两个 IO bitmap，共 2 页，总共有 4096×8×2=65536 个位，每一个位如果进行了置位则表示虚拟机对该端口的读写操作会退出到 KVM，KVM 可以自己处理这些 PIO 的请求，但是更多时候 KVM 会将对 PIO 的请求分派到 QEMU，这就是 PIO 的实现机制。那么 MMIO 应该怎么实现呢？答案是 EPT。MMIO 的机制简单介绍如下。

1）QEMU 申明一段内存作为 MMIO 内存，这不会导致实际 QEMU 进程的内存分配。

2）SeaBIOS 会分配好所有设备 MMIO 对应的基址。

3）当 Guest 第一次访问 MMIO 的地址时候，会发生 EPT violation，产生 VM Exit。

4）KVM 创建一个 EPT 页表，并设置页表项特殊标志。

5）虚拟机之后再访问对应的 MMIO 地址的时候就会产生 EPT misconfig，从而产生 VM Exit，退出到 KVM，然后 KVM 负责将该事件分发到 QEMU。

下面对这几个过程进行分析。首先分析 QEMU 部分，虚拟设备初始化的时候调用 memory_region_init_io 创建一个 MMIO 区域。

```
memory.c
void memory_region_init_io(MemoryRegion *mr,
                           Object *owner,
                           const MemoryRegionOps *ops,
                           void *opaque,
                           const char *name,
                           uint64_t size)
{
    memory_region_init(mr, owner, name, size);
    mr->ops = ops ? ops : &unassigned_mem_ops;
    mr->opaque = opaque;
    mr->terminates = true;
}
```

可以看到 mr->ram 并没有设置，并且该函数的调用链也没有任何分配内存的行为，仅仅是初始化了一个 MemoryRegion。

当 QEMU 向 KVM 提交内存布局时调用 kvm_region_add，后者调用 kvm_set_phys_mem，在该函数中，由于 MMIO 的 MemoryRegion 不是 RAM，所以并不会被提交到 KVM。

当 SeaBIOS 进行 PCI 设备的初始化时，PCI 桥会为每个 PCI 设备的 MMIO 指定相应的基址，这里留到介绍设备虚拟化的部分讲解。

下面分析 KVM 的部分，在 vmx_init 初始化时，会调用 ept_set_mmio_spte_mask。

```
arch/x86/kvm/vmx.c
static void ept_set_mmio_spte_mask(void)
{
    /*
     * EPT Misconfigurations can be generated if the value of bits 2:0
```

```
         * of an EPT paging-structure entry is 110b (write/execute).
         * Also, magic bits (0x3ull << 62) is set to quickly identify mmio
         * spte.
         */
        kvm_mmu_set_mmio_spte_mask((0x3ull << 62) | 0x6ull);
}

void kvm_mmu_set_mmio_spte_mask(u64 mmio_mask)
{
        shadow_mmio_mask = mmio_mask;
}
```

该函数设置了全局变量 shadow_mmio_mask。

当虚拟机第一次访问 MMIO 地址时，会产生 EPT violation 异常，这个时候调用 tdp_page_fault，根据之前的讨论会先调用 try_async_pf 得到 pfn，由于 gfn 并没有在 QEMU 中调用 ioctl(KVM_SET_USER_MEMORY_REGION)，所以会找到 pfn 为 KVM_PFN_NOSLOT，接着调用 __direct_map 来构建页表，根据 __direct_map→mmu_set_spte→set_spte→set_mmio_spte 的函数调用链之后，在最后一个函数 set_mmio_spte 中会检测当前的 pfn 是否有对应的 memslot，然后将这个 gfn 标识上 mmio 标记，相关函数如下。

```
arch/x86/kvm/mmu.c
static bool set_mmio_spte(struct kvm *kvm, u64 *sptep, gfn_t gfn,
            pfn_t pfn, unsigned access)
{
        if (unlikely(is_noslot_pfn(pfn))) {
          mark_mmio_spte(kvm, sptep, gfn, access);
          return true;
        }

        return false;
}

static inline bool is_noslot_pfn(pfn_t pfn)
{
        return pfn == KVM_PFN_NOSLOT;
}

static void mark_mmio_spte(struct kvm_vcpu *vcpu, u64 *sptep, u64 gfn,
            unsigned access)
{
        unsigned int gen = kvm_current_mmio_generation(vcpu);
        u64 mask = generation_mmio_spte_mask(gen);

        access &= ACC_WRITE_MASK | ACC_USER_MASK;
        mask |= shadow_mmio_mask | access | gfn<< PAGE_SHIFT;

        trace_mark_mmio_spte(sptep, gfn, access, gen);
        mmu_spte_set(sptep, mask);
}
```

这样就将这里 MMIO 对应的 EPT 页表项属性添加到了 shadow_mmio_mask，这个值是 110b，表示的是该页表项对应的页有写和执行权限，但是没有读权限，很显然这个配置是相互矛盾的，所以当虚拟机再次访问这个地址的时候会产生 EPT misconfig 类型的 VM Exit。在 vmexit_handlers 数组中对应应该退出的函数是 handle_ept_misconfig，该函数代码如下。

```
arch/x86/kvm/vmx.c
static int handle_ept_misconfig(struct kvm_vcpu *vcpu)
{
        int ret;
        gpa_t gpa;

        gpa = vmcs_read64(GUEST_PHYSICAL_ADDRESS);
        if (!kvm_io_bus_write(vcpu, KVM_FAST_MMIO_BUS, gpa, 0, NULL)) {
          skip_emulated_instruction(vcpu);
          trace_kvm_fast_mmio(gpa);
          return     1;
        }

        ret = handle_mmio_page_fault(vcpu, gpa, true);
        if (likely(ret == RET_MMIO_PF_EMULATE))
          return x86_emulate_instruction(vcpu, gpa, 0, NULL, 0) ==
                                    EMULATE_DONE;
        …
        vcpu->run->exit_reason = KVM_EXIT_UNKNOWN;
        vcpu->run->hw.hardware_exit_reason = EXIT_REASON_EPT_MISCONFIG;

        return 0;
}
```

handle_ept_misconfig 首先调用 kvm_io_bus_write 函数，查找 KVM 内部是否有注册设备能够处理这个地址的请求，如果没有则会调用 handle_mmio_page_fault。

```
arch/x86/kvm/mmu.c
int handle_mmio_page_fault(struct kvm_vcpu *vcpu, u64 addr, bool direct)
{
        u64 spte;
        bool reserved;

        if (quickly_check_mmio_pf(vcpu, addr, direct))
          return RET_MMIO_PF_EMULATE;

        reserved = walk_shadow_page_get_mmio_spte(vcpu, addr, &spte);
        if (WARN_ON(reserved))
          return RET_MMIO_PF_BUG;

        if (is_mmio_spte(spte)) {
          gfn_t gfn = get_mmio_spte_gfn(spte);
          unsigned access = get_mmio_spte_access(spte);
          …
          trace_handle_mmio_page_fault(addr, gfn, access);
          vcpu_cache_mmio_info(vcpu, addr, gfn, access);
          return RET_MMIO_PF_EMULATE;
        }
        …
        return RET_MMIO_PF_RETRY;
```

```
        }
```

在 handle_mmio_page_fault 函数中，quickly_check_mmio_pf 用来判断 MMIO 访问的地址是不是在缓存中，如果与缓存的地址相同，那么可以快速返回。

handle_mmio_page_fault 接着调用 walk_shadow_page_get_mmio_spte 函数得到该地址对应的 spte，调用 is_mmio_spte 判断该 spte 是不是 MMIO 地址。如果该地址是 MMIO 地址并且通过了 check_mmio_spte 后，则会得到 RET_MMIO_PF_EMULATE，这个返回值表示需要回退到 QEMU 处理。

回到 handle_ept_misconfig 函数，handle_mmio_page_fault 的返回值如果是 RET_MMIO_PF_ EMULATE，接着就会调用 x86_emulate_instruction 对指令进行模拟。大部分情况下，x86_emulate_instruction 返回值为 EMULATE_USER_EXIT，表示需要退出到用户空间，这样 handle_ept_misconfig 就会返回 0，这会导致 vcpu_enter_guest 返回 0，进而导致 vcpu_run 的 for 循环退出，这样 ioctl(KVM_VCPU_RUN)就回到了 QEMU 用户态。其原因为 KVM_EXIT_MMIO 读的地址和长度都保存在了 vcpu->run->mmio 中，这是 QEMU 和 KVM 的共享内存空间。应用层的 QEMU 在得到这个退出信息之后，就会根据 AddressSpace 结构体中 AddressSpaceDispatch 内的页表查找对应 MemoryRegion，这样就能够找到读写该地址的回调函数。

## 5.6.2  coalesced MMIO

从上面的 MMIO 原理可以看到，每次发生 MMIO 都会导致虚拟机退出到 QEMU 应用层，但是很多时候 MMIO 并不是独立的，而是成对的，甚至可能有多个 MMIO 一起操作，这个时候就可以先将前面的 MMIO 操作保存起来，等到最后一个 MMIO 的时候，再退出到 QEMU 一起处理，这就是所谓的 coalesced MMIO。

coalesced MMIO 相关的 ioctl 有两个，即注册一段地址空间的 KVM_REGISTER_COALESCED_ MMIO 和销毁一段空间的 KVM_UNREGISTER_COALESCED_MMIO。kvm_vm_ioctl_register_ coalesced_mmio 是前者的处理函数。

```
virt/kvm/coalesced_mmio.c
int kvm_vm_ioctl_register_coalesced_mmio(struct kvm *kvm,
                        struct kvm_coalesced_mmio_zone *zone)
{
        int ret;
        struct kvm_coalesced_mmio_dev *dev;

        dev = kzalloc(sizeof(struct kvm_coalesced_mmio_dev), GFP_KERNEL);
        if (!dev)
          return -ENOMEM;

        kvm_iodevice_init(&dev->dev, &coalesced_mmio_ops);
        dev->kvm = kvm;
        dev->zone = *zone;

        mutex_lock(&kvm->slots_lock);
        ret = kvm_io_bus_register_dev(kvm, KVM_MMIO_BUS, zone->addr,
                        zone->size, &dev->dev);
        if (ret < 0)
          goto out_free_dev;
        list_add_tail(&dev->list, &kvm->coalesced_zones);
```

```
        mutex_unlock(&kvm->slots_lock);

        return 0;
        …
}
static const struct kvm_io_device_ops coalesced_mmio_ops = {
        .write      = coalesced_mmio_write,
        .destructor = coalesced_mmio_destructor,
};
```

kvm_vm_ioctl_register_coalesced_mmio 函数在 KVM_MMIO_BUS 上注册了一个设备，其写函数为 coalesced_mmio_ops，该函数只合并写请求，对读请求没有合并。

在调用 x86_emulate_insn 进行模拟的时候，按照 writeback->segmented_write->write_emulated (emulator_write_emulated)->emulator_read_write->emulator_read_write_onepage->read_write_mmio (write_mmio)->kvm_io_bus_write->__kvm_io_bus_write-->coalesced_mmio_write 的路径设置，最终 x86_emulate_insn 会返回 EMULATE_DONE，这时 vcpu_run 不会返回。

coalesced MMIO 主要实现机制是在表示虚拟机的 KVM 结构体中保存了一个环形缓冲区 kvm_coalesced_mmio_ring，每次进行 coalesced MMIO 区域的写入时，会将写入数据放到环中。

```
virt/kvm/coalesced_mmio.c
static int coalesced_mmio_write(struct kvm_vcpu *vcpu,
                struct kvm_io_device *this, gpa_t addr,
                int len, const void *val)
{
        struct kvm_coalesced_mmio_dev *dev = to_mmio(this);
        struct kvm_coalesced_mmio_ring *ring = dev->kvm->coalesced_mmio_ring;

        if (!coalesced_mmio_in_range(dev, addr, len))
          return -EOPNOTSUPP;

        spin_lock(&dev->kvm->ring_lock);
        …
        ring->coalesced_mmio[ring->last].phys_addr = addr;
        ring->coalesced_mmio[ring->last].len = len;
        memcpy(ring->coalesced_mmio[ring->last].data, val, len);
        smp_wmb();
        ring->last = (ring->last + 1) % KVM_COALESCED_MMIO_MAX;
        spin_unlock(&dev->kvm->ring_lock);
        return 0;
}
```

在 QEMU 中，每次进行 MMIO 操作之前都会调用 prepare_mmio_access，经过几个函数的调用会调用到 kvm_flush_coalesced_mmio_buffer。这里面会将 ring 上的所有请求分派下去。

```
kvm-all.c
void kvm_flush_coalesced_mmio_buffer(void)
{
KVMState *s = kvm_state;

    if (s->coalesced_flush_in_progress) {
        return;
    }
```

```
        s->coalesced_flush_in_progress = true;

        if (s->coalesced_mmio_ring) {
            struct kvm_coalesced_mmio_ring *ring = s->coalesced_mmio_ring;
            while (ring->first != ring->last) {
                struct kvm_coalesced_mmio *ent;

                ent = &ring->coalesced_mmio[ring->first];

cpu_physical_memory_write(ent->phys_addr, ent->data, ent->len);
                smp_wmb();
                ring->first = (ring->first + 1) % KVM_COALESCED_MMIO_MAX;
            }
        }

        s->coalesced_flush_in_progress = false;
    }
```

coalesced MMIO 的主要思想就是将 MMIO 的写访问进行批量处理，当然并不是所有的设备都适合这样处理，实际上，QEMU 中使用 coalesced MMIO 的地方并不是很多。

## 5.7　虚拟机脏页跟踪

开启 EPT 并建立 EPT 的页表后，虚拟机中对内存的访问都是通过两级页表完成的，这是在硬件中自动完成的。但是有的时候需要知道虚拟的物理内存中有哪些内存被改变了，也就是记录虚拟机写过的内存，写过的内存叫作内存脏页，记录写过的脏页情况叫作内存脏页跟踪，脏页跟踪是热迁移的基础。热迁移能够将虚拟机从一台宿主机（源端）迁移到另一台宿主机（目的端）上，并且对客户机的影响极小，迁移过程主要就是将虚拟机的内存页迁移到目的端，在热迁移进行内存迁移的同时，虚拟机会不停地写内存，如果虚拟机在 QEMU 迁移了该页之后又对该页写入了新数据，那么 QEMU 就需要重新迁移该页，所以 QEMU 需要跟踪虚拟机的脏页情况。这里只介绍脏页跟踪的实现，不对热迁移的过程进行介绍（会在最后一章详细介绍热迁移）。

应用层软件 QEMU 在需要进行脏页跟踪时，会设置 memslot 的 flags 为 KVM_MEM_LOG_DIRTY_PAGES，在 __kvm_set_memory_region 函数中，当检测到这个标识设置的时候，会调用 kvm_create_dirty_bitmap 创建一个脏页位图。

```
virt/kvm/kvm_main.c
int __kvm_set_memory_region(struct kvm *kvm,
                const struct kvm_userspace_memory_region *mem)
{
    …
    if ((new.flags & KVM_MEM_LOG_DIRTY_PAGES) && !new.dirty_bitmap) {
        if (kvm_create_dirty_bitmap(&new) < 0)
            goto out_free;
    }
    …
}
static int kvm_create_dirty_bitmap(struct kvm_memory_slot *memslot)
```

```
    {
        unsigned long dirty_bytes = 2 * kvm_dirty_bitmap_bytes(memslot);

        memslot->dirty_bitmap = kvm_kvzalloc(dirty_bytes);
        …
        return 0;
    }
```

kvm_dirty_bitmap_bytes 返回 memslot 需要的位图大小，单位为字节，在这个空间中，每一位都表示一个页，如果对应的页有访问就会设置为 1。这里分配的空间是实际所需要的 2 倍，后面会具体分析原因。

紧接着 kvm_arch_commit_memory_region 中会调用 kvm_mmu_slot_apply_flags，将 memslot 的 flags 使能。

```
virt/kvm/x86.c
static void kvm_mmu_slot_apply_flags(struct kvm *kvm,
                        struct kvm_memory_slot *new)
{
    if (new->flags & KVM_MEM_LOG_DIRTY_PAGES) {
    if (kvm_x86_ops->slot_enable_log_dirty)
        kvm_x86_ops->slot_enable_log_dirty(kvm, new);
    else
        kvm_mmu_slot_remove_write_access(kvm, new);
    } else {
    if (kvm_x86_ops->slot_disable_log_dirty)
        kvm_x86_ops->slot_disable_log_dirty(kvm, new);
    }
}
```

kvm_mmu_slot_apply_flags 会调用实现相关的回调函数 slot_enable_log_dirty，在 CPU 支持 PML(page modification logging)特性的情况下，Intel CPU 会把这个函数设置成 vmx_slot_enable_log_dirty，否则该回调函数是 NULL，这种情况下就会调用 kvm_mmu_slot_remove_write_access。从名字可以看出，kvm_mmu_slot_remove_write_access 函数的作用是移除内存页表的写权限，其中最重要的是调用 slot_handle_all_level，将 slot_rmap_write_protect 作为函数参数，这样需要修改 memslot 的所有页目录项和页表项都会调用 slot_rmap_write_protect 函数。slot_rmap_write_protect 会最终调用到 spte_write_protect，该函数首先判断，如果当前页目录项不可写，那可以不做处理，如果有写权限，那这个函数就会去掉写权限。

```
virt/kvm/mmu.c
static bool spte_write_protect(struct kvm *kvm, u64 *sptep, bool pt_protect)
{
    u64 spte = *sptep;

    if (!is_writable_pte(spte) &&
        !(pt_protect &&spte_is_locklessly_modifiable(spte)))
     return false;

    rmap_printk("rmap_write_protect: spte %p %llx\n", sptep, *sptep);

    if (pt_protect)
     spte&= ~SPTE_MMU_WRITEABLE;
```

```
spte = spte& ~PT_WRITABLE_MASK;

    return mmu_spte_update(sptep, spte);
}
```

当这一系列函数返回时，memslot 对应的内存都是只读内存了，所有的写访问都会产生 EPT violation 异常，产生 VM Exit，退回到 KVM。

在 tdp_page_fault 处理 EPTviolation 时，会调用 fast_page_fault，其中的 page_fault_can_be_fast 会返回 true，这样会最终调用到函数 fast_pf_fix_direct_spte。

```
virt/kvm/mmu.c
static bool
fast_pf_fix_direct_spte(struct kvm_vcpu *vcpu, struct kvm_mmu_page *sp,
            u64 *sptep, u64 spte)
{
    gfn_t gfn;

    WARN_ON(!sp->role.direct);
    …
    gfn = kvm_mmu_page_get_gfn(sp, sptep - sp->spt);
    …
    if (cmpxchg64(sptep, spte, spte | PT_WRITABLE_MASK) == spte)
      kvm_vcpu_mark_page_dirty(vcpu, gfn);

    return true;
}
```

fast_pf_fix_direct_spte 函数根据 sp 以及 sptep 所属的页帧，加上该页的写属性，接着调用 kvm_vcpu_mark_page_dirty 来标记脏页。

```
virt/kvm/kvm_main.c
void kvm_vcpu_mark_page_dirty(struct kvm_vcpu *vcpu, gfn_t gfn)
{
    struct kvm_memory_slot *memslot;

    memslot = kvm_vcpu_gfn_to_memslot(vcpu, gfn);
    mark_page_dirty_in_slot(memslot, gfn);
}

static void mark_page_dirty_in_slot(struct kvm_memory_slot *memslot,
            gfn_t gfn)
{
    if (memslot&&memslot->dirty_bitmap) {
      unsigned long rel_gfn = gfn - memslot->base_gfn;

      set_bit_le(rel_gfn, memslot->dirty_bitmap);
    }
}
```

可以看到，设置了 memslot 的脏页位图中对应 gfn 的所在位。

当应用层需要知道虚拟机的内存访问情况时，调用虚拟机所属 ioctl(KVM_GET_DIRTY_LOG) 可以得到脏页位图。

KVM 中对这个 ioctl 的处理函数是 kvm_vm_ioctl_get_dirty_log，该函数调用 kvm_get_dirty_log_protect 来完成实际工作。

```
arch/x86/kvm/x86.c
int kvm_get_dirty_log_protect(struct kvm *kvm,
            struct kvm_dirty_log *log, bool *is_dirty)
{
        struct kvm_memslots *slots;
        struct kvm_memory_slot *memslot;
        int r, i, as_id, id;
        unsigned long n;
        unsigned long *dirty_bitmap;
        unsigned long *dirty_bitmap_buffer;

        ...
        slots = __kvm_memslots(kvm, as_id);
        memslot = id_to_memslot(slots, id);

        dirty_bitmap = memslot->dirty_bitmap;
        ...
        n = kvm_dirty_bitmap_bytes(memslot);

        dirty_bitmap_buffer = dirty_bitmap + n / sizeof(long);
        memset(dirty_bitmap_buffer, 0, n);

        spin_lock(&kvm->mmu_lock);
        *is_dirty = false;
        for (i = 0; i < n / sizeof(long); i++) {
          unsigned long mask;
          gfn_t offset;

          if (!dirty_bitmap[i])
                continue;

          *is_dirty = true;

          mask = xchg(&dirty_bitmap[i], 0);
          dirty_bitmap_buffer[i] = mask;

          if (mask) {
                offset = i * BITS_PER_LONG;
                kvm_arch_mmu_enable_log_dirty_pt_masked(kvm, memslot,
                                        offset, mask);
          }
        }

        spin_unlock(&kvm->mmu_lock);

        r = -EFAULT;
        if (copy_to_user(log->dirty_bitmap, dirty_bitmap_buffer, n))
          goto out;

        r = 0;
out:
```

```
        return r;
    }
```

　　首先得到该 memslot 对应的脏页地址,这个地址其实包含了两个 dirty_bitmap,首先将第二个全部清空,然后将第一个脏页位图的值跟第二个交换,最终将第二个脏页位图复制到 QEMU 传过来的参数中,这样 QEMU 就得到了虚拟机的脏页位图,完成脏页的跟踪。值得注意的是,在交换了两个脏页位图,并把脏页位图传到用户进程之后,需要再次设置页面的写保护,以便记录接下来的写访问,这是通过函数 kvm_arch_mmu_enable_log_dirty_pt_masked->kvm_mmu_write_protect_pt_masked->__rmap_write_protect 完成的。

　　QEMU 每次调用 ioctl(KVM_GET_DIRTY_LOG)都能够获得虚拟机上一次进行该调用之后到现在之间的脏页情况。

　　当需要去掉脏页跟踪的时候,不设置 memslot 的 KVM_MEM_LOG_DIRTY_PAGES。在释放老的 memslot 时就会释放脏页位图。

```
virt/kvm/kvm_main.c
static void kvm_free_memslot(struct kvm *kvm, struct kvm_memory_slot *free,
                struct kvm_memory_slot *dont)
{
        if (!dont || free->dirty_bitmap != dont->dirty_bitmap)
          kvm_destroy_dirty_bitmap(free);

        kvm_arch_free_memslot(kvm, free, dont);

        free->npages = 0;
}
```

# 第6章 中断虚拟化

## 6.1 中断机制简介

中断是外部设备向操作系统发起通知的方式，通常情况下，操作系统中的设备驱动程序向设备发指令进行某项工作，当设备完成后可以通过中断的形式通知驱动程序。设备并不是直接连接到 CPU 的，而是统一连接到中断控制器，每种中断控制器有自己的中断分发和传递方式。为了模拟一个完整的计算机系统，QEMU-KVM 必须支持中断的模拟，本节介绍几种中断设备及其对应的中断分发和处理机制。

### 6.1.1 中断分发方式

XT-PIC 中断模式是最古老的中断分发方式，用于单处理器系统。XT-PIC 中断模式使用两个 Intel 8259 中断控制芯片（又叫 PIC 芯片），每个 8259 芯片支持 8 个中断。通过将两个 8259 芯片级联起来，计算机系统能够支持 15 个中断。两个 8259 芯片级联方式如图 6-1 所示，直接连接 CPU 的 PIC 芯片叫作 master PIC 芯片，另一个 PIC 叫作 slave PIC 芯片，它的输出端口连接到 master PIC 的 IRQ2。

当与 PIC 芯片相连的设备需要发出中断时，它发送一个信号到中断引脚（通常是拉低电平），PIC 芯片收到这个中断信号之后就会发送一个信号到 CPU。CPU 在每一次指令执行完成之后都会检查是否有中断，如果有中断就会让操作系统执行中断处理例程（Interrupt Service Routine，ISR），并将正在处理的中断类型屏蔽。ISR 会检查发起中断的设备的状态，处理中断请求，当中断请求完成的时候，操作系统会解除对该中断的屏蔽。

PIC 中断控制器有很多局限性，如其中断线比较少，中断的优先级通过中断号就固定下来了，不能支持多 CPU 的情况等。

Intel 在随后发布的多处理器芯片中引入了 APIC 中断控制器，它包括两个部分：第一个部分是在 CPU 内部的 LAPIC，每个 CPU 都有一个 LAPIC；另一个是用来连接设备的 I/O APIC，系统中可以有一个或多个 I/O APIC。APIC 中

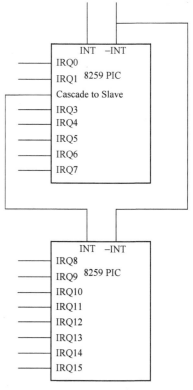

图 6-1 PIC 中断控制器原理

断控制架构很大程度上突破了 PIC 中断控制器的局限，最重要的改变体现在对多 CPU 的支持以及 I/O APIC 支持 24 条中断线上。

为了保持向后兼容，I/O APIC 的 24 条中断线的前 16 条会按照 XT-PIC 模式分配给对应的

设备，这样 I/O APIC 就只有多余的 8 条中断线可用，所以 I/O APIC 情况下，设备一般都需要共享中断线。I/O APIC 中断分发与处理步骤如下。

1）如果设备需要触发一个中断，那么它向与之相连的 I/O APIC 引脚发送一个信号。

2）I/O APIC 收到来自设备的信号之后，会向 LAPIC 写入对应的中断向量号，I/O APIC 中保存了一个重定向表，用来将中断线与操作系统内部的中断向量号联系起来。

3）被中断的 CPU 开始执行对应的中断处理例程，这里可能会有多个中断例程。

4）每一个中断例程判断是否是自己对应的设备触发的中断，如果不是自己对应的设备则直接略过，如果是则开始中断处理流程。

MSI 中断模式在 1999 年被引入 PCI 规格中，作为一个可选方式，但是随着 2004 年 PCIe 设备的出现，MSI 成为 PCIe 硬件必须实现的一个标准。MSI 中断模式中绕过了 I/O APIC，允许设备直接写 LAPIC。MSI 模式支持 224 个中断，由于中断数目多，所以 MSI 不允许中断共享。MSI 模式下中断的分发和处理过程如下。

1）如果设备需要出发一个中断，那么它直接写入中断向量号到对应 CPU 的 LAPIC。

2）被中断的 CPU 开始执行与该中断向量号对应的中断处理例程。

## 6.1.2　中断线与中断向量

中断线与中断向量是两个容易混淆的概念。中断线是硬件的概念，如设备连接哪一条中断线，拉高或拉低中断线的电平。中断向量则是操作系统的概念，CPU 在接收到中断后还会接收到中断向量号，并且会使用该中断向量号作为索引在 IDT 表中寻找中断处理例程，然后执行中断处理函数。在 pin-based 的中断传递机制中，设备直接向中断线发送信号，中断控制器（PIC 或者 I/O APIC）会把中断线号转换成中断向量号发送给 CPU，在 MSI/MSIX 方案中，设备直接向 CPU 的 LAPIC 写入中断向量号信息。为了避免混淆，下文将用 irq 表示中断线号，vector 表示中断向量号。

对 XT-PIC 中断模式来说，其 irq 与 vector 是固定的，即 vector = irq + 0x20。如 XT-PIC 中时钟中断的 irq 号为 0，vector 号为 32，键盘中断的 irq 号为 1，vector 号为 33。

I/O APIC 中 irq 到 vector 的转换是通过 I/O APIC 的 I/O 重定向表（I/O redirection table）完成的，该重定向表是操作系统通过写 I/O APIC 设备的寄存器完成设置的。I/O APIC 的重定向表总共包括 24 项，对应 24 个引脚的重定向信息，表中的每一个重定向项为 8 个字节共 64 位，其中的第 8 位用来表示对应 irq 的 vector 信息。

## 6.2　中断模拟

在 VMX root 模式下，外部来的中断是直接通过宿主机的物理中断控制器处理的，虚拟机的中断控制器（如 PIC 或者 APIC）是通过 VMM 创建的，VMM 可以利用虚拟机的中断控制器向其注入中断。图 6-2 展示了宿主机外部中断和虚拟机虚拟中断的关系。

设备 A 为宿主机拥有，在宿主机的 IDT 表中，由 X 向量号对应的中断处理程序处理，中断处理程序由设备 A 在宿主机中加载的驱动程序注册。虚拟机有一个虚拟设备 C，其利用物理设备 A 的功能完成模拟，虚拟设备 C 的中断处理由虚拟机的 IDT 表中 P 向量号对应的中断处理程序处理，这个中断处理程序是由虚拟设备 C 在虚拟机中加载的驱动程序注册的。设备 B 是一个物理设备，但是被直通给了虚拟机，设备 B 的中断首先由宿主机 IDT 表中 Y 向量号对应的中断处理程序处理，这个中断处理程序由 VMM 设置，VMM 接着会向虚拟机注入中断，虚拟机 IDT

表中的 Q 向量对应的中断处理程序会进行处理，这个中断处理程序由虚拟机的设备 B 驱动注册。

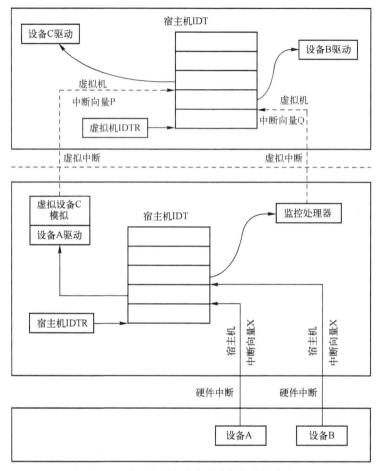

图 6-2　宿主机外部中断和虚拟机虚拟中断

接下来从代码角度详细分析这些过程，其中直通设备的中断处理将在第 7 章介绍。

### 6.2.1　虚拟化环境下的中断注入

6.1 节介绍了多种中断分发与处理机制，这些机制少不了中断控制器。从设备上来说，QEMU-KVM 必须模拟这些中断控制器设备，另一方面还需要 Intel 的硬件 CPU 提供一种机制，让 CPU 在进入 VMX non-root 的时候能够将中断信息告诉虚拟机，从而让虚拟机开始对应的中断处理。VMCS 中的 VM-entry interruption-information field 即用来设定虚拟机的中断信息，这个成员包括 4 个字节，总共 32 位。

从 Intel SDM 第二卷表 24-13 可以知道，VM-entry interruption-information field 的低 8 位表示中断 vector，也就是虚拟机接收到的中断向量号，用来索引虚拟机 CPU 的 IDT 表查找中断处理函数，8:10 表示中断类型，对于模拟硬件设备产生的中断，该值设置为 0，第 11 位表示是否需要将异常错误码压栈，只有当第 31 位 valid 为 1 的时候才进行中断注入。

KVM 中 kvm_x86_ops 结构的 set_irq 回调函数用于注入中断，对于 Intel 的硬件虚拟化方案来说该回调函数为 vmx_inject_irq，代码如下。

```
arch/x86/kvm/vmx.c
static void vmx_inject_irq(struct kvm_vcpu *vcpu)
{
        struct vcpu_vmx *vmx = to_vmx(vcpu);
        uint32_t intr;
        int irq = vcpu->arch.interrupt.nr;

        trace_kvm_inj_virq(irq);

        ++vcpu->stat.irq_injections;
        if (vmx->rmode.vm86_active) {
          int inc_eip = 0;
          if (vcpu->arch.interrupt.soft)
                inc_eip = vcpu->arch.event_exit_inst_len;
          if (kvm_inject_realmode_interrupt(vcpu, irq, inc_eip) != EMULATE_DONE)
                kvm_make_request(KVM_REQ_TRIPLE_FAULT, vcpu);
          return;
        }
        intr = irq | INTR_INFO_VALID_MASK;
        if (vcpu->arch.interrupt.soft) {
          intr |= INTR_TYPE_SOFT_INTR;
          vmcs_write32(VM_ENTRY_INSTRUCTION_LEN,
                vmx->vcpu.arch.event_exit_inst_len);
        } else
          intr |= INTR_TYPE_EXT_INTR;
        vmcs_write32(VM_ENTRY_INTR_INFO_FIELD, intr);
}
```

　　vmx_inject_irq 函数首先从 vcpu->arch.interrupt.nr 中取得中断向量号保存在 irq，irq 与
INTR_INFO_VALID_MASK 和 INTR_TYPE_EXT_INTR 组成一个 32 位的变量 intr，最终通过
vmcs_write32 写入 VM-entry interruption-information 区域。

　　在进入 VMX non-root 之前，KVM 会调用 vcpu_enter_guest 函数的检查其中 pending 的
request，如果发现有 KVM_REQ_EVENT 请求，就会调用 inject_pending_event 函数进行事件注
入，这类事件中就有设备中断。inject_pending_event 函数代码如下。

```
arch/x86/kvm/x86.c
static int inject_pending_event(struct kvm_vcpu *vcpu, bool req_int_win)
{
        int r;
        …
        /* try to inject new event if pending */
        if (vcpu->arch.nmi_pending &&kvm_x86_ops->nmi_allowed(vcpu)) {
          --vcpu->arch.nmi_pending;
          vcpu->arch.nmi_injected = true;
          kvm_x86_ops->set_nmi(vcpu);
        } else if (kvm_cpu_has_injectable_intr(vcpu)) {
          …
          if (kvm_x86_ops->interrupt_allowed(vcpu)) {
                kvm_queue_interrupt(vcpu, kvm_cpu_get_interrupt(vcpu),
                                false);
                kvm_x86_ops->set_irq(vcpu);
          }
```

```
                }
                return 0;
        }
```

inject_pending_event 函数会调用 kvm_cpu_has_injectable_intr 判断是否有中断需要注入，然后调用 kvm_x86_ops->interrupt_allowed 判断当前 VCPU 是否允许中断注入。如果允许注入则会调用 kvm_cpu_get_interrupt 得到当前的中断向量号，然后调用 kvm_queue_interrupt 将需要注入的中断向量号写入到 vcpu->arch.interrupt.nr 中，代码如下。

```
arch/x86/kvm/irq.c
static inline void kvm_queue_interrupt(struct kvm_vcpu *vcpu, u8 vector,
        bool soft)
{
        vcpu->arch.interrupt.pending = true;
        vcpu->arch.interrupt.soft = soft;
        vcpu->arch.interrupt.nr = vector;
}
```

kvm_queue_interrupt 完成之后，inject_pending_event 会调用 kvm_x86_ops->set_irq，最终将中断写入到 VMCS 的 VM-entry interruption-information 区域。

这就是在最开头提到的 Intel VT 提供的中断注入的机制，本节后面的分析中不管是 PIC 和 I/O APIC 中断控制器，还是 MSI/MSIX 中断注入方式，本质上都是通过该机制实现中断注入的。

### 6.2.2 PIC 中断模拟

#### 1. KVM 中 PIC 的创建

中断控制器能够全部在 KVM 中模拟，也能够全部在 QEMU 中，还能够部分在 QEMU 中模拟、部分在 KVM 中模拟，通过参数 kernel-irqchip=x 可以控制中断芯片由谁模拟。x 可以取如下值。

- on：表示由 KVM 模拟所有中断芯片。
- split：表示由 QEMU 模拟 I/O APIC 和 PIC，KVM 模拟 LAPIC。
- off：表示由 QEMU 模拟全部。

由于在 KVM 中进行中断模拟的性能更高，所以通常都会在 KVM 中模拟，本书仅介绍 KVM 下的中断模拟。本节首先介绍 PIC 的模拟。

QEMU 代码中，KVM 模拟 PIC 时创建的中断设备是 TYPE_KVM_I8259 类型的 QOM 对象，QEMU 模拟 PIC 时创建的是 TYPE_I8259 类型的对象，这两种类型有一个共同的抽象父类对象 TYPE_PIC_COMMON。

PIC 设备的创建分为 KVM 和 QEMU 两个部分，首先分析 KVM 部分的创建。kvm_init 函数会调用 kvm_irqchip_create 函数，后者在 vm fd 上调用 ioctl(KVM_CREATE_IRQCHIP)告诉内核需要在 KVM 中模拟 PIC 中断芯片。KVM 中处理该 ioctl 的函数是 kvm_arch_vm_ioctl，相关代码如下。

```
arch/x86/kvm/x86.c
        case KVM_CREATE_IRQCHIP: {
        struct kvm_pic *vpic;

        mutex_lock(&kvm->lock);
        r = -EEXIST;
```

```
        if (kvm->arch.vpic)
            goto create_irqchip_unlock;
        r = -EINVAL;
        if (atomic_read(&kvm->online_vcpus))
            goto create_irqchip_unlock;
        r = -ENOMEM;
        vpic = kvm_create_pic(kvm);
        if (vpic) {
            r = kvm_ioapic_init(kvm);
            …
        } else
            goto create_irqchip_unlock;
        r = kvm_setup_default_irq_routing(kvm);
        if (r) {
            …
        }
        …
        break;
```

KVM 模块在处理 KVM_CREATE_IRQCHIP 时主要调用了 3 个函数：kvm_create_pic 创建 PIC，kvm_ioapic_init 创建 I/O APIC，kvm_setup_default_irq_routing 设置默认的中断路由。这里先分析 kvm_create_pic 和 kvm_setup_default_irq_routing 函数，kvm_ioapic_init 留到下一节分析。kvm_create_pic 代码如下。

```
arch/x86/kvm/i8259.c
struct kvm_pic *kvm_create_pic(struct kvm *kvm)
{
    struct kvm_pic *s;
    int ret;

    s = kzalloc(sizeof(struct kvm_pic), GFP_KERNEL);
    if (!s)
      return NULL;
    spin_lock_init(&s->lock);
    s->kvm = kvm;
    s->pics[0].elcr_mask = 0xf8;
    s->pics[1].elcr_mask = 0xde;
    s->pics[0].pics_state = s;
    s->pics[1].pics_state = s;

    /*
     * Initialize PIO device
     */
    kvm_iodevice_init(&s->dev_master, &picdev_master_ops);
    kvm_iodevice_init(&s->dev_slave, &picdev_slave_ops);
    kvm_iodevice_init(&s->dev_eclr, &picdev_eclr_ops);
    mutex_lock(&kvm->slots_lock);
    ret = kvm_io_bus_register_dev(kvm, KVM_PIO_BUS, 0x20, 2,
                &s->dev_master);
    if (ret < 0)
      goto fail_unlock;
```

```
        ret = kvm_io_bus_register_dev(kvm, KVM_PIO_BUS, 0xa0, 2, &s->dev_slave);
        if (ret < 0)
          goto fail_unreg_2;

        ret = kvm_io_bus_register_dev(kvm, KVM_PIO_BUS, 0x4d0, 2, &s->dev_eclr);
        if (ret < 0)
          goto fail_unreg_1;

        mutex_unlock(&kvm->slots_lock);

        return s;
        …
    }
```

kvm_create_pic 函数首先分配一个 kvm_pic 结构体，然后在 KVM_PIO_BUS 上创建 3 个设备，介绍如下。

1）master PIC 设备：保存在 kvm_pic 的 dev_master 成员中，其读写 ops 为 picdev_master_ops，注册了 0x20～0x21 两个端口。

2）slave PIC 设备：保存在 kvm_pic 的 dev_slave 成员中，其读写 ops 为 picdev_slave_ops，注册了 0xa0～0xa1 两个端口。

3）eclr 设备：保存在 kvm_pic 的 dev_eclr 成员中，其读写 ops 为 picdev_eclr_ops，注册了 0x4d0～0x4d1 两个端口。

kvm_create_pic 创建好了之后，调用 kvm_setup_default_irq_routing 来设置默认的中断路由表。这其中涉及多个数据结构，先来分析用来描述中断路由信息的数据结构，KVM 的中断路由表中的每一项包含每一个中断线的相关信息，其定义如下。

```
include/uapi/linux/kvm.h
struct kvm_irq_routing_entry {
        __u32 gsi;
        __u32 type;
        __u32 flags;
        __u32 pad;
        union {
          struct kvm_irq_routing_irqchipirqchip;
          struct kvm_irq_routing_msi msi;
          struct kvm_irq_routing_s390_adapter adapter;
          __u32 pad[8];
        } u;
};
```

gsi 表示该中断在系统全局范围内的中断号，type 用来决定中断的种类，也就是后面 union 的解释，如果 type 是 KVM_IRQ_ROUTING_IRQCHIP，则表示 u.irqchip 有效。kvm_irq_routing_irqchip 结构体包含了该中断线的基本情况，如所属的中断芯片以及引脚值。

```
include/uapi/linux/kvm.h
struct kvm_irq_routing_irqchip {
        __u32 irqchip;
        __u32 pin;
};
```

KVM 中有一个默认路由信息，以 default_routing 数组表示，其定义以及涉及的宏如下所示。

```
arch/x86/kvm/irq_comm.c
#define IOAPIC_ROUTING_ENTRY(irq) \
    { .gsi = irq, .type = KVM_IRQ_ROUTING_IRQCHIP,        \
      .u.irqchip = { .irqchip = KVM_IRQCHIP_IOAPIC, .pin = (irq) } }
#define ROUTING_ENTRY1(irq) IOAPIC_ROUTING_ENTRY(irq)


#define PIC_ROUTING_ENTRY(irq) \
    { .gsi = irq, .type = KVM_IRQ_ROUTING_IRQCHIP,        \
      .u.irqchip = { .irqchip = SELECT_PIC(irq), .pin = (irq) % 8 } }
#define ROUTING_ENTRY2(irq) \
    IOAPIC_ROUTING_ENTRY(irq), PIC_ROUTING_ENTRY(irq)

static const struct kvm_irq_routing_entry default_routing[] = {
    ROUTING_ENTRY2(0), ROUTING_ENTRY2(1),
    ROUTING_ENTRY2(2), ROUTING_ENTRY2(3),
    ROUTING_ENTRY2(4), ROUTING_ENTRY2(5),
    ROUTING_ENTRY2(6), ROUTING_ENTRY2(7),
    ROUTING_ENTRY2(8), ROUTING_ENTRY2(9),
    ROUTING_ENTRY2(10), ROUTING_ENTRY2(11),
    ROUTING_ENTRY2(12), ROUTING_ENTRY2(13),
    ROUTING_ENTRY2(14), ROUTING_ENTRY2(15),
    ROUTING_ENTRY1(16), ROUTING_ENTRY1(17),
    ROUTING_ENTRY1(18), ROUTING_ENTRY1(19),
    ROUTING_ENTRY1(20), ROUTING_ENTRY1(21),
    ROUTING_ENTRY1(22), ROUTING_ENTRY1(23),
};
```

default_routing 中的前面 16 个成员使用 ROUTING_ENTRY2 定义，ROUTING_ENTRY2 宏定义包括 IOAPIC_ROUTING_ENTRY 和 PIC_ROUTING_ENTRY 两个宏，这两个宏定义了 irq 的相关信息。

kvm_setup_default_irq_routing 以 default_routing 数组及其大小调用 kvm_set_irq_routing 函数。后者将 kvm_irq_routing_entry 信息转换为 kvm_kernel_irq_routing_entry 信息。kvm_kernel_irq_routing_entry 用于在内核中记录中断路由信息，该结构除了包括 kvm_irq_routing_entry 中的 irq、type 等信息外，其还是 set 回调函数成员。kvm_set_irq_routing 函数还要创建虚拟机的中断路由表，虚拟机的中断路由表保存在 KVM 结构中的 irq_routing 成员中，其类型为 kvm_irq_routing_table，定义如下。

```
include/linux/kvm_host.h
struct kvm_irq_routing_table {
    int chip[KVM_NR_IRQCHIPS][KVM_IRQCHIP_NUM_PINS];
    u32 nr_rt_entries;
    /*
     * Array indexed by gsi. Each entry contains list of irq chips
     * the gsi is connected to.
     */
    struct hlist_head map[0];
};
```

chip 是一个二维数组，第一维表示芯片，KVM_NR_IRQCHIPS 为 3，表示 master PIC、slave PIC 和 I/O APIC 3 个芯片，第二维表示中断芯片对应的引脚， KVM_IRQCHIP_NUM_PINS

为 24，表示 I/O APIC 的引脚数目，当然对于 PIC 芯片只使用前 8 个。chip 中每一项表示芯片引脚对应的全局中断号 gsi。kvm_irq_routing_table 中的最后一个成员 map 是一个零长数组，对于每一个 gsi，都会分配一个 map 成员，在 kvm_set_irq_routing 函数中会计算出该数组的大小保存在 nr_rt_entries 中。map 中的每一项是一个哈希链表头，其作用是链接 gsi 对应的所有 kvm_kernel_irq_routing_entry 项，通过 kvm_kernel_irq_routing_entry 的 link 成员链接。相关数据结构关系如图 6-3 所示。

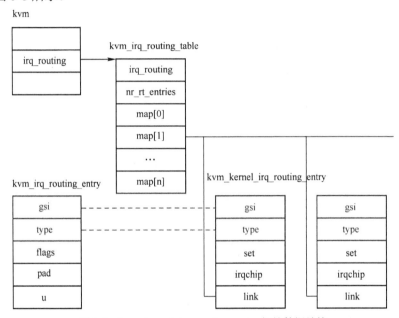

图 6-3  kvm_kernel_irq_routing_entry 相关数据结构

将 kvm_irq_routing_entry 结构体转换为 kvm_kernel_irq_routing_entry 是通过函数 setup_routing_entry 完成的，该函数代码如下。

```
virt/kvm/irqchip.c
static int setup_routing_entry(struct kvm_irq_routing_table *rt,
                struct kvm_kernel_irq_routing_entry *e,
                const struct kvm_irq_routing_entry *ue)
{
        int r = -EINVAL;
        struct kvm_kernel_irq_routing_entry *ei;

        /*
         * Do not allow GSI to be mapped to the same irqchip more than once.
         * Allow only one to one mapping between GSI and non-irqchip routing.
         */
        hlist_for_each_entry(ei, &rt->map[ue->gsi], link)
          if (ei->type != KVM_IRQ_ROUTING_IRQCHIP ||
            ue->type != KVM_IRQ_ROUTING_IRQCHIP ||
            ue->u.irqchip.irqchip == ei->irqchip.irqchip)
                return r;

        e->gsi = ue->gsi;
        e->type = ue->type;
```

```
            r = kvm_set_routing_entry(e, ue);
            if (r)
              goto out;
            if (e->type == KVM_IRQ_ROUTING_IRQCHIP)
              rt->chip[e->irqchip.irqchip][e->irqchip.pin] = e->gsi;

            hlist_add_head(&e->link, &rt->map[e->gsi]);
            r = 0;
    out:
            return r;
    }
```

setup_routing_entry 函数首先判断需要转换的 kvm_irq_routing_entry 和 kvm_kernel_irq_routing_entry 是否有效，一个 gsi 只能映射到不同芯片上的引脚。接下来将 kvm_irq_routing_entry 的 gsi 和 type 复制到 kvm_kernel_irq_routing_entry 中。kvm_set_routing_entry 函数会根据 kvm_irq_routing_entry 中指定的中断类型设置 kvm_kernel_irq_routing_entry 中对应的 set 回调函数。PIC 芯片中断的 set 函数为 kvm_set_pic_irq，I/O APIC 中断的 set 函数是 kvm_set_ioapic_irq，MSI 中断的 set 函数是 kvm_set_msi。setup_routing_entry 函数最后设置根据中断芯片和引脚设置中断路由表 kvm_irq_routing_table 的 chip 成员中的相应元素的值为对应的 gsi，然后将该 kvm_kernel_irq_routing_entry 加入到中断路由表的 map[e->gsi] 上的链表上。

**2. QEMU 中 PIC 的初始化**

QEMU 虚拟机的中断状态由 GSIState 结构体表示，其定义如下。

```
include/hw/i386/pc.h
typedef struct GSIState {
    qemu_irq i8259_irq[ISA_NUM_IRQS];
    qemu_irq ioapic_irq[IOAPIC_NUM_PINS];
} GSIState;

hw/core/irq.c
struct IRQState {
    Object parent_obj;

qemu_irq_handler handler;
    void *opaque;
    int n;
};

include/hw/irq.h
typedef struct IRQState *qemu_irq;
```

GSIState 结构体包含了 PIC 和 I/O APIC 两个芯片的中断信息，其中的 qemu_irq 是一个指向 IRQState 结构的指针，IRQState 可以表示一个中断引脚，其中的 handler 表示执行的函数，opaque 是一个创建者指定的结构，n 是引脚号。

pc_init 函数会分配一个 GSIState 结构保存在 gsi_state 变量中，然后调用 qemu_allocate_irqs 分配一组 qemu_irq，其中 qemu_irq 的 handler 会设置为 kvm_pc_gsi_handler，而 opaque 会设置为 gsi_state。

```
hw/i386/pc_piix.c
    gsi_state = g_malloc0(sizeof(*gsi_state));
```

```
          if (kvm_ioapic_in_kernel()) {
                kvm_pc_setup_irq_routing(pcmc->pci_enabled);
                pcms->gsi = qemu_allocate_irqs(kvm_pc_gsi_handler, gsi_state,
                                GSI_NUM_PINS);
          } else {
                pcms->gsi = qemu_allocate_irqs(gsi_handler, gsi_state, GSI_NUM_PINS);
          }
```

qemu_allocate_irqs 调用 qemu_extend_irqs 分配一组 qemu_irq。qemu_extend_irqs 代码如下。

```
hw/core/irq.c
qemu_irq *qemu_extend_irqs(qemu_irq *old, int n_old, qemu_irq_handler handler,
                void *opaque, int n)
{
    qemu_irq *s;
    int i;

    if (!old) {
        n_old = 0;
    }
    s = old ? g_renew(qemu_irq, old, n + n_old) : g_new(qemu_irq, n);
    for (i = n_old; i < n + n_old; i++) {
        s[i] = qemu_allocate_irq(handler, opaque, i);
    }
    return s;
}
```

首先分配 n 个 qemu_irq，然后调用 qemu_allocate_irq 函数，qemu_allocate_irq 函数会创建一个 TYPE_IRQ 对象，也就是 qemu_irq 对象，并且使用 handler 和 opaque,i 初始化新创建的 qemu_irq 对象。

pcms->gsi 分配完成之后相关数据结构如图 6-4 所示。

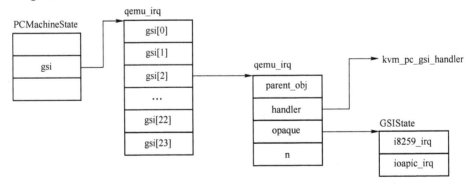

图 6-4　pcms->gsi 中断数据结构

pcms->gsi 表示整个虚拟机中断路由的起点，在 i440fx_init 函数中，pcms->gsi 会被赋值给南桥 piix3 的 PIC 成员，PCI 设备的中断会从这里开始分发。南桥 piix3 在具现化的时候会创建一条 ISA 总线并保存在全局变量 isabus 中，在 pc_init1 中，会调用 isa_bus_irqs 将 pcms->gsi 赋值给 isabus 的 irqs 成员，isa 设备的中断会从这里开始分发。

pc_init 接下来进行 PIC 设备的创建与初始化。PIC 可以在 KVM 或者 QEMU 中模拟，当 PIC 在 QEMU 中模拟的时候，会创建类型为 TYPE_I8259 的设备，该类型会完整地模拟 PIC 设备，包括 IO 端口的读写等。当 PIC 在 KVM 中模拟的时候，QEMU 会创建类型为 TYPE_KVM_I8259 的设备，TYPE_I8259 和 TYPE_KVM_I8259 有一个共同的父类型 TYPE_PIC_COMMON。TYPE_KVM_I8259 的模拟简单很多，它只是作为 QEMU 设备与内核态 PIC 设备的一个桥梁。

pc_init1 函数如果判断 PIC 在内核模拟，就会调用 kvm_i8259_init，该函数代码如下。

```
hw/i386/kvm/i8259.c
qemu_irq *kvm_i8259_init(ISABus *bus)
{
    i8259_init_chip(TYPE_KVM_I8259, bus, true);
    i8259_init_chip(TYPE_KVM_I8259, bus, false);

    return qemu_allocate_irqs(kvm_pic_set_irq, NULL, ISA_NUM_IRQS);
}
```

两次 i8259_init_chip 函数的调用用来创建 TYPE_KVM_I8259 对象并实现具现化，第一次调用创建 master PIC，第二次调用创建 slave PIC。kvm_i8259_init 还会调用 qemu_allocate_irqs 函数分配 ISA_NUM_IRQS（16）个 qemu_irq 结构，随后 pc_init 函数将这些 qemu_irq 赋值给 gsi_state 的 i8259_irq 成员，注意这些 qemu_irq 的 handler 函数是 kvm_pic_set_irq。

```
hw/i386/pc_piix.c
    for (i = 0; i < ISA_NUM_IRQS; i++) {
        gsi_state->i8259_irq[i] = i8259[i];
    }
```

这个循环的赋值完成之后，相关的数据结构如图 6-5 所示。

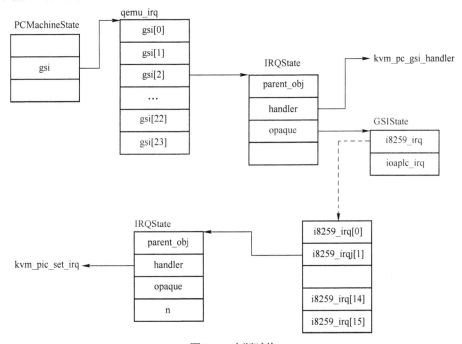

图 6-5　中断赋值

### 3. 设备使用 PIC 中断

本节分析一下设备如何申请 PIC 下的中断资源以及实现中断的触发。isa 设备通过 isa_init_irq 函数申请 irq 资源。如在软盘设备的具现化函数 isabus_fdc_realize 中，有如下一句申请中断的代码。

```
hw/block/fdc.c
isa_init_irq(isadev, &fdctrl->irq, isa->irq);
```

其中 isa->irq 在软盘的属性 isa_fdc_properties 定义中被设置为 6，isa_init_irq 定义如下。

```
hw/isa/isa-bus.c
void isa_init_irq(ISADevice *dev, qemu_irq *p, int isairq)
{
    assert(dev->nirqs< ARRAY_SIZE(dev->isairq));
    dev->isairq[dev->nirqs] = isairq;
    *p = isa_get_irq(dev, isairq);
    dev->nirqs++;
}

qemu_irq isa_get_irq(ISADevice *dev, int isairq)
{
    assert(!dev || ISA_BUS(qdev_get_parent_bus(DEVICE(dev))) == isabus);
    if (isairq< 0 || isairq> 15) {
        hw_error("isa irq %d invalid", isairq);
    }
    return isabus->irqs[isairq];
}
```

第一个参数是 isa 设备，第二个是输出参数，第三个表示申请的中断引脚号。isa_init_irq 函数只是简单调用 isa_get_irq 获得一个 qemu_irq，而 isa_get_irq 判断合法性之后直接返回了 isabus->irqs[isairq]，这也是上一节中的 pcms->gsi 数组。

接下来分析中断的触发，设备可以调用 qemu_set_irq 来触发中断，其代码如下。

```
hw/core/irq.c
void qemu_set_irq(qemu_irqirq, int level)
{
    if (!irq)
        return;

    irq->handler(irq->opaque, irq->n, level);
}
```

irq 参数是设备自己保存的 qemu_irq，level 表示触发时候的电平。以 fdctrl_reset_irq 函数中的 qemu_set_irq(fdctrl->irq, 0)为例，从上面的分析可知，fdctrl->irq 的 handler 为 kvm_pc_gsi_handler，代码如下。

```
hw/i386/kvm/ioapic.c
void kvm_pc_gsi_handler(void *opaque, int n, int level)
{
GSIState *s = opaque;

    if (n < ISA_NUM_IRQS) {
        /* Kernel will forward to both PIC and IOAPIC */
qemu_set_irq(s->i8259_irq[n], level);
    } else {
qemu_set_irq(s->ioapic_irq[n], level);
    }
}
```

这里的 s 是 gsi_state，如果 n 小于 16，说明是 PIC 中断，触发 s->i8259_irq[n]中断，从上一节分析可知，这个 handler 是 kvm_pic_set_irq，其代码如下。

```
hw/i386/kvm/i8259.c
static void kvm_pic_set_irq(void *opaque, int irq, int level)
{
    int delivered;

    delivered = kvm_set_irq(kvm_state, irq, level);
apic_report_irq_delivered(delivered);
}
```

kvm_pic_set_irq 函数会调用 kvm_set_irq 触发中断，其代码如下。

```
kvm-all.c
int kvm_set_irq(KVMState *s, int irq, int level)
{
    struct kvm_irq_level event;
    int ret;

    assert(kvm_async_interrupts_enabled());

    event.level = level;
    event.irq = irq;
    ret = kvm_vm_ioctl(s, s->irq_set_ioctl, &event);
    if (ret < 0) {
        perror("kvm_set_irq");
        abort();
    }

    return (s->irq_set_ioctl == KVM_IRQ_LINE) ? 1 : event.status;
}
```

在 kvm_init 函数中，会检查 KVM 是否具有 KVM_CAP_IRQ_INJECT_STATUS 扩展（通常都有），如果有这个扩展，则会设置 s->irq_set_ioctl 为 KVM_IRQ_LINE_STATUS。kvm_set_irq 构造一个 kvm_irq_level，其中的 level 设置为电平，irq 设置为中断后，用这个 kvm_irq_level 作为参数调用 ioctl(KVM_IRQ_LINE_STATUS)，向 KVM 模块提交中断信息。

KVM 将用户态参数复制到内核态之后会调用 kvm_vm_ioctl_irq_line 函数处理 ioctl(KVM_IRQ_LINE_STATUS)，kvm_vm_ioctl_irq_line 调用 kvm_set_irq，该函数定义如下。

```
arch/x86/kvm/x86.c
int kvm_set_irq(struct kvm *kvm, int irq_source_id, u32 irq, int level,
        bool line_status)
{
        struct kvm_kernel_irq_routing_entry irq_set[KVM_NR_IRQCHIPS];
        int ret = -1, i, idx;

        trace_kvm_set_irq(irq, level, irq_source_id);

        /* Not possible to detect if the guest uses the PIC or the
         * IOAPIC. So set the bit in both. The guest will ignore
         * writes to the unused one.
         */
```

```
                idx = srcu_read_lock(&kvm->irq_srcu);
                i = kvm_irq_map_gsi(kvm, irq_set, irq);
                srcu_read_unlock(&kvm->irq_srcu, idx);

                while (i--) {
                  int r;
                  r = irq_set[i].set(&irq_set[i], kvm, irq_source_id, level,
                              line_status);
                  if (r < 0)
                        continue;

                  ret = r + ((ret < 0) ? 0 : ret);
                }

                return ret;
        }
```

由于 KVM 无法知道虚拟机操作系统使用的中断控制器是 PIC 还是 I/O APIC，所以会向所有的中断控制器发送中断。当然，虚拟机操作系统在某一时刻只会使用一个中断控制器，所以只会收到一次中断。kvm_set_irq 函数首先调用 kvm_irq_map_gsi，kvm_irq_map_gsi 从 kvm->irq_routing 中得到虚拟机中断路由表，然后从表的 map 成员中根据用户态 QEMU 指定的中断号作为索引获取该中断号对应的所有路由信息，所有的中断路由信息存放在 kvm_set_irq 的 irq_set 数组中，该数组中的每一项是一个 kvm_kernel_irq_routing_entry，表示该中断号在中断控制器的路由信息。

kvm_set_irq 在获取了对应中断号的所有中断路由信息之后会调用中断路由信息中的 set 回调函数，对于 PIC 来说，该函数是 kvm_set_pic_irq，这个函数直接调用了 kvm_pic_set_irq，该函数代码如下。

```
arch/x86/kvm/i8259.c
int kvm_pic_set_irq(struct kvm_pic *s, int irq, int irq_source_id, int level)
{
        int ret, irq_level;

        BUG_ON(irq< 0 || irq>= PIC_NUM_PINS);

        pic_lock(s);
        irq_level = __kvm_irq_line_state(&s->irq_states[irq],
                        irq_source_id, level);
        ret = pic_set_irq1(&s->pics[irq >> 3], irq& 7, irq_level);
        pic_update_irq(s);
        trace_kvm_pic_set_irq(irq>> 3, irq& 7, s->pics[irq >> 3].elcr,
                    s->pics[irq >> 3].imr, ret == 0);
        pic_unlock(s);

        return ret;
}
```

__kvm_irq_line_state 函数计算出中断信号电平的高低并保存在 irq_level 变量中，一般情况下，irq_level 与 level 是一致的。kvm_pic_set_irq 接着会调用 pic_set_irq1 函数设置对应中断芯片的状态，具体来说，pic_set_irq1 函数会根据该中断芯片的触发类型设置对应的 s->irr 和 s->last_ irr。kvm_pic_set_irq 接着调用 pic_update_irq 更新中断控制器的状态，其代码如下。

```
arch/x86/kvm/i8259.c
static void pic_update_irq(struct kvm_pic *s)
{
        int irq2, irq;

        irq2 = pic_get_irq(&s->pics[1]);
        if (irq2 >= 0) {
          /*
           * if irq request by slave pic, signal master PIC
           */
          pic_set_irq1(&s->pics[0], 2, 1);
          pic_set_irq1(&s->pics[0], 2, 0);
        }
        irq = pic_get_irq(&s->pics[0]);
        pic_irq_request(s->kvm, irq>= 0);
}
```

pic_get_irq 返回当前挂在中断控制器上的 irq 中断号，如果是 slave PIC 触发的中断，还需要将这个中断发送到 master 中断，最后调用 pic_irq_request，设置 kvm_pic 结构体的 output 成员为中断电平。

kvm_pic_set_irq 函数最后会调用 pic_unlock，该函数中会进行判断，如果需要唤醒 CPU，也就是需要注入一个中断，则调用 kvm_make_request 在对应的 VCPU 上挂上一个 KVM_REQ_EVENT 请求。

VCPU 准备进入虚拟机模式时，会调用 kvm_cpu_get_interrupt->kvm_cpu_get_extint->kvm_pic_read_irq 这一系列函数，在 kvm_pic_read_irq 函数中，调用 pic_get_irq 获得中断号 irq，然后将 PIC 控制器的 irq_base 与 irq 相加得到中断向量号，返回给 kvm_cpu_get_interrupt 函数，当然 irq_base 是在 PIC 的配置端口中写入的，具体函数是 pic_ioport_write。

### 6.2.3　I/O APIC 中断模拟

KVM 中使用 kvm_ioapic 结构体表示 I/O APIC 模拟设备，其定义如下。

```
arch/x86/kvm/ioapic.h
struct kvm_ioapic {
        u64 base_address;
        u32 ioregsel;
        u32 id;
        u32 irr;
        u32 pad;
        union kvm_ioapic_redirect_entry redirtbl[IOAPIC_NUM_PINS];
        unsigned long irq_states[IOAPIC_NUM_PINS];
        struct kvm_io_device dev;
        struct kvm *kvm;
        void (*ack_notifier)(void *opaque, int irq);
        spinlock_t lock;
        struct rtc_status rtc_status;
        struct delayed_work eoi_inject;
        u32 irq_eoi[IOAPIC_NUM_PINS];
        u32 irr_delivered;
```

```
    };
```

其中有不少代码与 I/O APIC 硬件相关,这里只介绍与中断相关的几个成员。base_address 表示 I/O APIC 设备的 MMIO 地址,redirtbl 是 I/O APIC 的重定向表,与 PIC 的中断号与中断向量是固定映射不同,I/O APIC 的每个中断号都可以通过编程设置其对应的中断向量号,这里的 redirtbl 成员保存的就是 24 项中断重定向表,每一个 kvm_ioapic_redirect_entry 中有对应的中断向量号、触发模式、发送到 Local APIC 的 id 等。irq_status 数组表示中断线的状态,dev 表示 I/O APIC 对应的设备,kvm 表示对应的虚拟机。

KVM 在处理 ioctl(KVM_CREATE_IRQCHIP) 时,调用 kvm_create_pic 创建 PIC 成功之后会接着调用 kvm_ioapic_init 函数创建 ioapic。kvm_ioapic_init 函数代码如下。

```
arch/x86/kvm/ioapic.c
int kvm_ioapic_init(struct kvm *kvm)
{
        struct kvm_ioapic *ioapic;
        int ret;

        ioapic = kzalloc(sizeof(struct kvm_ioapic), GFP_KERNEL);
        if (!ioapic)
          return -ENOMEM;
        spin_lock_init(&ioapic->lock);
        INIT_DELAYED_WORK(&ioapic->eoi_inject, kvm_ioapic_eoi_inject_work);
        kvm->arch.vioapic = ioapic;
        kvm_ioapic_reset(ioapic);
        kvm_iodevice_init(&ioapic->dev, &ioapic_mmio_ops);
        ioapic->kvm = kvm;
        mutex_lock(&kvm->slots_lock);
        ret = kvm_io_bus_register_dev(kvm, KVM_MMIO_BUS, ioapic->base_address,
                        IOAPIC_MEM_LENGTH, &ioapic->dev);
        mutex_unlock(&kvm->slots_lock);
        …
        kvm_vcpu_request_scan_ioapic(kvm);
        return ret;
}
```

分配一个名为 ioapic 的 kvm_ioapic 结构并且赋值给 kvm->arch.vioapic,调用 kvm_ioapic_reset 函数初始化 ioapic,在其中会设置 kvm_ioapic 的 base_address 值为 IOAPIC_DEFAULT_BASE_ADDRESS(0xfec00000),为 ioapic 初始化一个 kvm_io_device,设置其读写回调为 ioapic_mmio_ops,将该设备注册到 KVM_MMIO_BUS 上,最后调用 kvm_vcpu_request_scan_ioapic 为每个 VCPU 挂上一个 KVM_REQ_SCAN_IOAPIC 请求。

I/O APIC 的中断路由项以及中断路由表跟 PIC 芯片是融合在一起的,这里不再分析。

在 QEMU 的 pc_init1 函数中,如果 I/O APIC 在内核模拟,则会调用 kvm_pc_setup_irq_routing 设置中断路由信息。单个中断路由项是通过 kvm_irqchip_add_irq_route 函数添加的,kvm_irqchip_add_irq_route 函数调用 kvm_add_routing_entry 将中断路由信息加入到 KVMState 结构体的 irq_routes 数据中,最终调用 kvm_irqchip_commit_routes 将中断路由信息传递到 KVM 中。

pc_init1 函数中如果使能了 PCI,则会调用 ioapic_init_gsi 函数初始化 QEMU 层的 I/O APIC 设备,该函数代码如下。

```
hw/i386/pc.c
```

```
void ioapic_init_gsi(GSIState *gsi_state, const char *parent_name)
{
    DeviceState *dev;
    SysBusDevice *d;
    unsigned int i;

    if (kvm_ioapic_in_kernel()) {
        dev =qdev_create(NULL, "kvm-ioapic");
    } else {
        dev = qdev_create(NULL, "ioapic");
    }
    if (parent_name) {
        object_property_add_child(object_resolve_path(parent_name, NULL),
                            "ioapic", OBJECT(dev), NULL);
    }
    qdev_init_nofail(dev);
    d = SYS_BUS_DEVICE(dev);
    sysbus_mmio_map(d, 0, IO_APIC_DEFAULT_ADDRESS);

    for (i = 0; i < IOAPIC_NUM_PINS; i++) {
        gsi_state->ioapic_irq[i] = qdev_get_gpio_in(dev, i);
    }
}
```

如果 I/O APIC 设备在内核模拟，则创建 kvm-ioapic 类型的设备，否则创建 ioapic 类型的设备，以 kvm-ioapic 为例进行设备分析。ioapic_init_gsi 函数接着会调用 qdev_init_nofail 具现化 ioapic 设备，这个过程会调用到 kvm_ioapic_realize 函数，进而调用 qdev_init_gpio_in 函数以及 qdev_init_gpio_in_named 函数，这个函数用来初始化 I/O APIC 的 qemu_irq 结构，其代码如下。

**hw/core/qdev.c**
```
void qdev_init_gpio_in_named(DeviceState *dev, qemu_irq_handler handler,
                        const char *name, int n)
{
    int i;
    NamedGPIOList *gpio_list = qdev_get_named_gpio_list(dev, name);

    assert(gpio_list->num_out == 0 || !name);
    gpio_list->in = qemu_extend_irqs(gpio_list->in, gpio_list->num_in, handler,
                            dev, n);

    if (!name) {
        name = "unnamed-gpio-in";
    }
    for (i = gpio_list->num_in; i <gpio_list->num_in + n; i++) {
        gchar *propname = g_strdup_printf("%s[%u]", name, i);

        object_property_add_child(OBJECT(dev), propname,
                            OBJECT(gpio_list->in[i]), &error_abort);
        g_free(propname);
    }

    gpio_list->num_in +=n;
}
```

qdev_get_named_gpio_list 返回一个 NamedGPIOList 结构，NamedGPIOList 用来表示设备中断的输入输出，其定义如下。

```
include/hw/qdev-core.h
struct NamedGPIOList {
    char *name;
    qemu_irq *in;
    int num_in;
    int num_out;
    QLIST_ENTRY(NamedGPIOList) node;
};
```

这里的 in 表示的是中断输入数组，num_in 表示 in 数组的大小。回到 qdev_init_gpio_in_named 函数，该函数接着调用 qemu_extend_irqs 分配 n 个 qemu_irq 保存在 gpio_list->in 中，这些 qemu_irq 的 handler 为 kvm_ioapic_set_irq。

ioapic_init_gsi 函数在具现化 kvm-ioapic 设备之后会为 gsi_state 的 ioapic_irq 成员赋值，这些值通过 qdev_get_gpio_in 函数返回，返回的即是刚刚在具现化中创建的 gpio_list->in 数组中对应的 qemu_irq。

从 6.2.2 节 PIC 中断触发流程可以知道，QEMU 侧通过 qemu_set_irq 触发中断时的总入口处理函数是 kvm_pc_gsi_handler，当中断处理号大于等于 16 时，会在 GSIState->ioapic_irq[n]上调用 qemu_set_irq 函数，这会调用到 kvm_ioapic_set_irq 函数，kvm_ioapic_set_irq 代码如下。

```
hw/i386/kvm/ioapic.c
static void kvm_ioapic_set_irq(void *opaque, int irq, int level)
{
    KVMIOAPICState *s = opaque;
    int delivered;

    delivered = kvm_set_irq(kvm_state, s->kvm_gsi_base + irq, level);
    apic_report_irq_delivered(delivered);
}
```

与 kvm_pic_set_irq 一样，kvm_ioapic_set_irq 最终也会调用 kvm_set_irq 进入到 KVM 中进行中断注入。从 6.2.2 节可知，在 KVM 中 I/O APIC 中断号对应的中断路由信息项的 set 函数为 kvm_set_ioapic_irq，该函数代码如下。

```
arch/x86/kvm/irq_comm.c
static int kvm_set_ioapic_irq(struct kvm_kernel_irq_routing_entry *e,
                struct kvm *kvm, int irq_source_id, int level,
                bool line_status)
{
    struct kvm_ioapic *ioapic = kvm->arch.vioapic;

    if (!ioapic)
      return -1;

    return kvm_ioapic_set_irq(ioapic, e->irqchip.pin, irq_source_id, level,
            line_status);
}

arch/x86/kvm/ioapic.c
```

```
int kvm_ioapic_set_irq(struct kvm_ioapic *ioapic, int irq, int irq_source_id,
            int level, bool line_status)
{
    int ret, irq_level;

    BUG_ON(irq< 0 || irq>= IOAPIC_NUM_PINS);

    spin_lock(&ioapic->lock);
    irq_level = __kvm_irq_line_state(&ioapic->irq_states[irq],
                    irq_source_id, level);
    ret = ioapic_set_irq(ioapic, irq, irq_level, line_status);

    spin_unlock(&ioapic->lock);

    return ret;
}
```

从虚拟机获取 kvm_ioapic 然后调用 kvm_ioapic_set_irq，kvm_ioapic_set_irq 跟 PIC 的处理一样，也是先调用 __kvm_irq_line_state 确定中断引脚的状态，然后调用 ioapic_set_irq 设置中断。

在介绍 ioapic_set_irq 之前，需要先介绍 I/O APIC 的 IO 重定向表寄存器。I/O APIC 总共有 24 个 IO 重定向表项寄存器，每一个中断线一个，这些中断重定向表项包含了很多中断信息，这些信息都是操作系统设置的。KVM 使用 kvm_ioapic_redirect_entry 来表示一个 I/O APIC 的重定向表项，其定义如下。

```
arch/x86/kvm/ioapic.h
union kvm_ioapic_redirect_entry {
    u64 bits;
    struct {
        u8 vector;
        u8 delivery_mode:3;
        u8 dest_mode:1;
        u8 delivery_status:1;
        u8 polarity:1;
        u8 remote_irr:1;
        u8 trig_mode:1;
        u8 mask:1;
        u8 reserve:7;
        u8 reserved[4];
        u8 dest_id;
    } fields;
};
```

kvm_ioapic_redirect_entry 是一个 64 位的结构体。

● vector 表示该中断对应的向量号。
● delivery_mode 决定中断怎么发送到 CPU，这个值可以是 APIC_DM_LOWEST(1)、APIC_DM_FIXED(0)、APIC_DM_NMI(4)等，大多数情况下这个值是 APIC_DM_FIXED 和 APIC_DM_LOWEST。APIC_DM_FIXED 表示将中断直接发送到 dest_id 表示的 CPU 上去，APIC_DM_LOWEST 表示将中断发送到所有 CPU 中优先级最低的 CPU 上去。
● dest_mode 用来决定如何解释 dest_id，如果其值为 0，则用 local apic 的 id 与 dest_id 对比，如果其值为 1，则需要其他复杂的处理。

229

- delivery_status 表示中断状态，可以是 0，表示空闲；也可以是 1，表示发送被挂起了。
- polarity 指定中断信号的触发极，0 表示高电平触发，1 表示低电平触发。remote_irr 用于水平中断，当 LAPIC 接收中断之后这个值为 1，当接收到 eoi 之后这个值为 0。
- trig_mode 表示触发模式，1 表示水平触发，0 表示边沿触发。
- mask 表示是否屏蔽该中断，1 表示屏蔽该中断。
- dest_id 根据 dest_mode 解释，如果 dest_mode 为 0，则 dest_id 包含 lapic ID，如果为 1，dest_id 可能包含一组 CPU。

介绍完 kvm_ioapic_redirect_entry 结构之后，可以开始分析 ioapic_set_irq 函数了。该函数首先获取 irq 对应的重定向项并进行判断，如果是低电平则清除 ioapic->irr 中对应的位，然后返回。

```
arch/x86/kvm/ioapic.c
        entry = ioapic->redirtbl[irq];
        edge = (entry.fields.trig_mode == IOAPIC_EDGE_TRIG);

        if (!irq_level) {
          ioapic->irr&= ~mask;
          ret = 1;
          goto out;
        }
```

接下来是对 rtc 中断的特殊处理，这里从略。下面的代码获取当前所有的中断请求，将它们保存在 old_irr 中，并且设置 ioapic->irr 上对应的位，mask 是最开始通过 1<<irq 得到的。还需要判断该 irq 是否在处理，对于边沿触发的中断来说，如果 old_irr 等于 ioapic->irr，说明上一次的 irq 没有处理，所以本次不会继续路由，对于水平触发的中断来说，如果 remote_irr 还未设置为 0，表明虚拟机操作系统还在处理该中断，处理完中断时，虚拟机操作系统会发送一个 EOI 信号，这个 EOI 处理中会设置 remote_irr 为 0。

```
arch/x86/kvm/ioapic.c
        old_irr = ioapic->irr;
        ioapic->irr |= mask;
        if (edge)
          ioapic->irr_delivered &= ~mask;
        if ((edge && old_irr == ioapic->irr) ||
            (!edge && entry.fields.remote_irr)) {
          ret = 0;
          goto out;
        }
```

当这些检测完成之后，判断的确需要分发一个中断时，ioapic_set_irq 函数就会调用 ioapic_service 函数，该函数代码如下。

```
arch/x86/kvm/ioapic.c
static int ioapic_service(struct kvm_ioapic *ioapic, int irq, bool line_status)
{
        union kvm_ioapic_redirect_entry *entry = &ioapic->redirtbl[irq];
        struct kvm_lapic_irqirqe;
        int ret;

        if (entry->fields.mask)
```

```
            return -1;
    …
            irqe.dest_id = entry->fields.dest_id;
            irqe.vector = entry->fields.vector;
            irqe.dest_mode = entry->fields.dest_mode;
            irqe.trig_mode = entry->fields.trig_mode;
            irqe.delivery_mode = entry->fields.delivery_mode << 8;
            irqe.level = 1;
            irqe.shorthand = 0;
            irqe.msi_redir_hint = false;

            if (irqe.trig_mode == IOAPIC_EDGE_TRIG)
              ioapic->irr_delivered |= 1 <<irq;

            if (irq == RTC_GSI && line_status) {
               …
            } else
              ret = kvm_irq_delivery_to_apic(ioapic->kvm, NULL, &irqe, NULL);

            if (ret &&irqe.trig_mode == IOAPIC_LEVEL_TRIG)
              entry->fields.remote_irr = 1;

            return ret;
    }
```

　　ioapic_service 首先获取对应 irq 的重定向表项，保存在 entry 中。这里声明了一个类型为 kvm_lapic_irq 的变量 irqe，irqe 中的内容大部分是从重定向表项复制过去的。边沿触发中断情况下还需要设置 ioapic->irr_delivered。之后以 irqe 为参数调用 kvm_irq_delivery_to_apic 函数，最后如果是水平中断还需要设置 entry->fields.remote_irr 为 1。这里的核心是 kvm_irq_delivery_to_apic。

　　kvm_irq_delivery_to_apic 根据 ioapic_service 函数格式化出来的 kvm_lapic_irq 结构寻找 LAPIC，每个 CPU 都有一个 LAPIC，所以这个过程就是找到该中断需要发送到 CPU 的 LAPIC。为了提高查找效率，kvm_irq_delivery_to_apic 会调用 kvm_irq_delivery_to_apic_fast 来寻找 LAPIC。kvm_irq_delivery_to_apic_fast 会使用预先存在 KVM 中的一个表来查找 LAPIC，这个表类型为 kvm_apic_map，这个表的 phys_maphelogical_map 根据 LAPIC id 存放了对应的 kvm_lapic 结构，这个表存放在 kvm->arch.apic_map 成员中。下面的代码简单总结了 kvm_irq_delivery_to_apic_fast 的流程。

```
arch/x86/kvm/lapic.c
bool kvm_irq_delivery_to_apic_fast(struct kvm *kvm, struct kvm_lapic *src,
        struct kvm_lapic_irq *irq, int *r, unsigned long *dest_map)
{
        struct kvm_apic_map *map;
        unsigned long bitmap = 1;
        struct kvm_lapic **dst;
        int i;
        bool ret, x2apic_ipi;

        *r = -1;
        …
        ret = true;
```

```
                rcu_read_lock();
                map = rcu_dereference(kvm->arch.apic_map);
                …
                if (irq->dest_mode == APIC_DEST_PHYSICAL) {
                  if (irq->dest_id >= ARRAY_SIZE(map->phys_map))
                      goto out;

                  dst = &map->phys_map[irq->dest_id];
                } else {
                  …
                }

                for_each_set_bit(i, &bitmap, 16) {
                  if (!dst[i])
                      continue;
                  if (*r < 0)
                      *r = 0;
                  *r += kvm_apic_set_irq(dst[i]->vcpu, irq, dest_map);
                }
        out:
                rcu_read_unlock();
                return ret;
        }
```

根据 kvm_lapic_irq 的 dest_id 找到对应的 kvm_lapic 指针，接着在最后调用 kvm_apic_set_irq 时将中断信息传递到 LAPIC，kvm_apic_set_irq 代码如下。

**arch/x86/kvm/lapic.c**
```
        int kvm_apic_set_irq(struct kvm_vcpu *vcpu, struct kvm_lapic_irq *irq,
            unsigned long *dest_map)
        {
                struct kvm_lapic *apic = vcpu->arch.apic;

                return __apic_accept_irq(apic, irq->delivery_mode, irq->vector,
                    irq->level, irq->trig_mode, dest_map);
        }
```

调用 __apic_accept_irq 函数接受中断请求，这里以 APIC_DM_FIXED 分发模式的中断为例，其处理过程如下。

**arch/x86/kvm/lapic.c**
```
        case APIC_DM_FIXED:
          if (unlikely(trig_mode && !level))
              break;

          /* FIXME add logic for vcpu on reset */
          if (unlikely(!apic_enabled(apic)))
              break;

          result = 1;

          if (dest_map)
              __set_bit(vcpu->vcpu_id, dest_map);
```

```
        if (apic_test_vector(vector, apic->regs + APIC_TMR) != !!trig_mode) {
                if (trig_mode)
                        apic_set_vector(vector, apic->regs + APIC_TMR);
                else
                        apic_clear_vector(vector, apic->regs + APIC_TMR);
        }

        if (kvm_x86_ops->deliver_posted_interrupt)
                kvm_x86_ops->deliver_posted_interrupt(vcpu, vector);
        else {
                apic_set_irr(vector, apic);

                kvm_make_request(KVM_REQ_EVENT, vcpu);
                kvm_vcpu_kick(vcpu);
        }
        break;
```

这里 apic->regs + APIC_TMR 解释为一个 bitmap，表示 TMR（Trigger Mode Register）。每一个中断向量号都会在这个 bitmap 中有一位，如果当前中断向量号与对应的 TMR 寄存器中位于中断重定向项中的 trigger mode 不一致，则需要设置。接下来的 if 语句判断如何进行中断注入，如果存在 kvm_x86_ops->deliver_posted_interrupt 回调函数，则通过 APICv 方式注入中断，如果不存在该回调函数，就通过写 VMCS 的 VM_ENTRY_INTR_INFO_FIELD 域方式注入中断，APICv 的中断注入方式后面分析，这里先分析 else 分支。apic_set_irr 函数会把 apic->regs+APIC_IRR 对应的中断向量号设置为 1，并设置 apic->irr_pending 为 true，接着调用 kvm_make_request 和 kvm_vcpu_kick。

下面分析 APIC 中断是怎么注入的。inject_pending_event 函数会调用 kvm_cpu_get_interrupt，后者调用 kvm_get_apic_interrupt，该函数代码如下。

```
arch/x86/kvm/lapic.c
int kvm_get_apic_interrupt(struct kvm_vcpu *vcpu)
{
        int vector = kvm_apic_has_interrupt(vcpu);
        struct kvm_lapic *apic = vcpu->arch.apic;

        if (vector == -1)
         return -1;

        /*
         * We get here even with APIC virtualization enabled, if doing
         * nested virtualization and L1 runs with the "acknowledge interrupt
         * on exit" mode. Then we cannot inject the interrupt via RVI,
         * because the process would deliver it through the IDT.
         */

        apic_set_isr(vector, apic);
        apic_update_ppr(apic);
        apic_clear_irr(vector, apic);
        return vector;
}
```

kvm_apic_has_interrupt 函数会调用 apic_find_highest_irr，从 apic->regs + APIC_IRR 寄存器

中找到中断优先级最高的中断向量号保存在 vector 中。apic_set_isr 设置 apic->regs + APIC_ISR 寄存器 vector 对应的位，apic_update_ppr 用来更新 ppr 寄存器，apic_clear_irr 用来清除 apic->regs + APIC_IRR 对应的 vector 位。

在 kvm_irq_delivery_to_apic 中，如果 kvm_irq_delivery_to_apic_fast 返回了 false，则在后面的 kvm_for_each_vcpu 中会判断目的 VCPU 是否满足接收中断添加，如果满足也会调用 kvm_apic_set_irq 进行中断路由。

## 6.2.4  MSI 中断模拟

MSI 中断的本质就是设备绕过 I/O APIC，直接将中断投递到 CPU 的 LAPIC 上，设备在发起中断时写一段 PCI 配置空间的物理地址。QEMU 中使用 MSI 的设备一般需要在其具现函数中调用 msi_init 进行相关的初始化，该函数的主要功能是在 PCI 设备的配置空间中协商 MSI 的相关信息，虚拟机操作系统在初始化的时候向 PCI 设备的配置空间写入一个地址，这个地址实际上就是 LAPIC 的物理地址，PCI 设备可以通过该地址向 LAPIC 写消息，LAPIC 接收到消息之后向虚拟机注入中断。本节简单介绍 MSI 机制。

设备发起中断的函数是 msi_notify，其代码如下。

```
hw/pci/msi.c
void msi_notify(PCIDevice *dev, unsigned int vector)
{
uint16_t flags = pci_get_word(dev->config + msi_flags_off(dev));
    bool msi64bit = flags & PCI_MSI_FLAGS_64BIT;
    unsigned int nr_vectors = msi_nr_vectors(flags);
MSIMessage msg;
    …
    msg = msi_get_message(dev, vector);
    …
msi_send_message(dev, msg);
}
```

msi_get_message 从设备中构造出一个 msg，其代码如下。

```
hw/pci/msi.c
MSIMessage msi_get_message(PCIDevice *dev, unsigned int vector)
{
uint16_t flags = pci_get_word(dev->config + msi_flags_off(dev));
    bool msi64bit = flags & PCI_MSI_FLAGS_64BIT;
    unsigned int nr_vectors = msi_nr_vectors(flags);
    MSIMessage msg;
    …
    if (msi64bit) {
        msg.address = pci_get_quad(dev->config + msi_address_lo_off(dev));
    } else {
        msg.address = pci_get_long(dev->config + msi_address_lo_off(dev));
    }

    /* upper bit 31:16 is zero */
    msg.data = pci_get_word(dev->config + msi_data_off(dev, msi64bit));
    if (nr_vectors > 1) {
        msg.data &= ~(nr_vectors - 1);
        msg.data |= vector;
```

```
    }

    return msg;
}
```

msi_get_message 中会填写 MSIMessage 的 address 成员和 data 成员，其中的 address 是从 PCI 设备的配置空间读出来的，data 从 PCI 设备配置空间读取之后和中断号进行与运算。

msi_notify 接着调用 msi_send_message 发送中断消息，从下面的代码可见，msi_send_message 直接向 msg.address 地址空间写入了 msg.data 数据。

```
hw/pci/msi.c
void msi_send_message(PCIDevice *dev, MSIMessage msg)
{
    MemTxAttrsattrs = {};

    attrs.requester_id = pci_requester_id(dev);
    address_space_stl_le(&dev->bus_master_as, msg.address, msg.data,
    attrs, NULL);
}
```

address_space_stl_le 函数会导致执行 QEMU 层 kvm-apic 设备 MMIO 写回调函数被调用，这个函数是 kvm_apic_mem_write，其代码如下。

```
hw/i386/kvm/apic.c
static void kvm_apic_mem_write(void *opaque, hwaddraddr,
                               uint64_t data, unsigned size)
{
    MSIMessage msg = { .address = addr, .data = data };

    kvm_send_msi(&msg);
}
```

封装好一个 msg 之后调用 kvm_send_msi 函数，该函数直接调用 kvm_irqchip_send_msi 函数，通常情况下 kvm_direct_msi_allowed 为 true，所以 kvm_irqchip_send_msi 简化如下。

```
kvm-all.c
int kvm_irqchip_send_msi(KVMState *s, MSIMessage msg)
{
    struct kvm_msi msi;
    KVMMSIRoute *route;

    if (kvm_direct_msi_allowed) {
        msi.address_lo = (uint32_t)msg.address;
        msi.address_hi = msg.address >> 32;
        msi.data = le32_to_cpu(msg.data);
        msi.flags = 0;
        memset(msi.pad, 0, sizeof(msi.pad));

        return kvm_vm_ioctl(s, KVM_SIGNAL_MSI, &msi);
    }
    ….
}
```

kvm_irqchip_send_msi 根据 MSIMessage 构造出一个 kvm_msi 结构体，然后在 vm 的 fd 上调用 ioctl(KVM_SIGNAL_MSI)。

KVM 处理 ioctl(KVM_SIGNAL_MSI)，先将用户态参数复制到内核，然后调用 kvm_send_userspace_msi，该函数代码如下。

```
virt/kvm/irqchip.c
int kvm_send_userspace_msi(struct kvm *kvm, struct kvm_msi *msi)
{
        struct kvm_kernel_irq_routing_entry route;
        …
        route.msi.address_lo = msi->address_lo;
        route.msi.address_hi = msi->address_hi;
        route.msi.data = msi->data;

        returnkvm_set_msi(&route, kvm, KVM_USERSPACE_IRQ_SOURCE_ID, 1, false);
}
```

kvm_send_userspace_msi 首先将一个 kvm_msi 结构体转换成一个 kvm_kernel_irq_routing_entry，然后调用 kvm_set_msi。kvm_set_msi 代码如下。

```
arch/x86/kvm/irq_comm.c
int kvm_set_msi(struct kvm_kernel_irq_routing_entry *e,
        struct kvm *kvm, int irq_source_id, int level, bool line_status)
{
        struct kvm_lapic_irqirq;

        if (!level)
          return -1;

        kvm_set_msi_irq(e, &irq);

        return kvm_irq_delivery_to_apic(kvm, NULL, &irq, NULL);
}
```

kvm_set_msi 将中断路由表项转换成一个 kvm_lapic_irq，然后调用 kvm_irq_delivery_to_apic，这个函数上一节已经分析过了，这里就不再分析。

I/O APIC 中断的传输方式以及 MSI 中断方式的传输如图 6-6 所示。

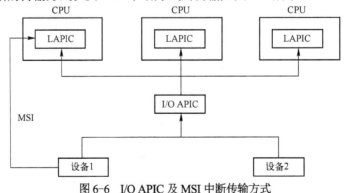

图 6-6  I/O APIC 及 MSI 中断传输方式

## 6.3  APIC 虚拟化

### 6.3.1  APICv 简介

6.2 节介绍了多种中断模拟方式，QEMU/KVM 在中断模拟过程中经常需要访问中断控制器的寄存器，这会导致非常多的 VM Exit 和 VM Entry，影响虚拟机的性能。为了减小中断模拟对系统性能的影响，Intel 的 CPU 已经提供了在硬件层面模拟 APIC 的方法，这通常叫作 APIC 虚拟化，简称 APICv。

图 6-7 展示了没有 APICv 的情况和有 APICv 的情况。在没有 APICv 时，虚拟机操作系统由于经常与中断控制器交互，因此需要经常性地陷入陷出，导致产生非常多的中断。右边的图是使用 APICv 之后的情况，在 VMM 中进行一定的配置之后，虚拟机操作系统能够直接在硬件中处理中断控制器寄存器的读写操作。VMCS 中包含了虚拟中断和 APICv 的相关控制域，当使用这些控制域时，处理器会自己模拟处理虚拟机操作系统对 APIC 的访问，跟踪虚拟 APIC 的状态以及进行虚拟中断的分发，所有这些操作都不产生 VM Exit。处理器使用所谓的 virtual-APIC page 来跟踪虚拟机 APIC 的状态。

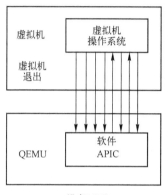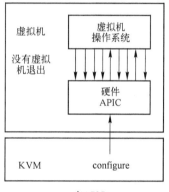

图 6-7　APIC 和 APICv 对比

下面几个 VM-execution controls 域是与 APIC 虚拟化和虚拟中断相关的。

- Virtual-interrupt delivery：这个域设置为 1 则开启虚拟中断的评估与分发。
- Use TPR shadow：这个域设置为 1，处理器模拟通过 CR8 访问 APIC 的 TPR 处理器。
- Virtualize APIC accesses：这个域设置为 1，处理器模拟通过 MMIO 访问 APIC 的行为，当虚拟机访问 APIC-access page 时，可能会产生 VM Exit，也可能访问 virtual APIC page。
- Virtualize x2APIC mode：这个域跟基于 MSR 寄存器访问 APIC 有关，本文略过。
- APIC-register virtualization：这个域设置为 1，虚拟机对 APIC-access page 的访问将会重定向到 virtual-APIC page，如果有必要才会陷入 VMM。
- Process posted interrupts：这个域设置之后，系统软件可以向正在运行的 VCPU 发送中断，VCPU 在不产生 VM Exit 的情况下就能够处理该中断。

在 APICv 情况下，中断过程涉及的几个常见的寄存器都会被硬件模拟，如 IRR、ISR、EOI、PPR、TPR 等寄存器。

在 VMCS 的 guest-state 区域有一个 16 位的 Guest Interrupt status 成员，这个成员只有在 virtual-interrupt delivery 为 1 时候才有效，表示虚拟机的 virtual-APIC 的中断信息，与任何处理器的 APIC 寄存器都没有关系。Guest Interrupt status 分成两个 8 位部分，其中低 8 位为 Requesting Virtual Interrupt（RVI），处理器将这个值视为优先级最高的中断请求 vector，如果该值为 0，则表示没有虚拟中断。Guest Interrupt status 的高 8 位为 Servicing Virtual Interrupt（SVI），处理器将这个值视为正在处理的虚拟中断 vector，如果该值为 0，则表示没有正在处理的虚拟机中断。

在多种情况下会进行虚拟中断的识别，如 VM Entry、TPR 虚拟化、EOI 虚拟化、self-IPI 虚拟化等，一个虚拟中断被识别之后，如果满足一定的条件就会进行中断的分发，当然这个过程是硬件自己处理的，其伪代码如下。

```
Vector ← RVI;
VISR[Vector] ← 1;
SVI ← Vector;
VPPR ← Vector & F0H;
VIRR[Vector] ← 0;
IF any bits set in VIRR
    THEN RVI ← highest index of bit set in VIRR
    ELSE RVI ← 0;
FI;
deliver interrupt with Vector through IDT;
cease recognition of any pending virtual interrupt;
```

首先获得 RVI，然后设置 VISR 中的 Vector 为 1，设置 SVI 为 Vector，表示该 Vector 正在被处理，然后设置 VPPR 表示当前处理的中断的优先级，只有优先级大于 VPPR 的才会允许打断当前正在处理的中断，清空 VIRR 的 Vector 位，将 VIRR 中最高的设置位位置同步到 RVI 中，通过虚拟机 IDT 分发中断。

可以看到，上述硬件的过程实际上跟 KVM/QEMU 模拟硬件的 APIC 处理中断的过程是一样的，只是软件模拟是软件自身完成了这些工作。

软件模拟中断情况下，当 KVM 向一个正在运行的 VCPU 发送中断时，需要调用 kvm_vcpu_kick 让一个 VCPU 陷入到宿主机 KVM 中处理中断，这种陷入陷出显然会影响虚拟机的性能，APICv 引入了 posted interrupt 来解决这个问题。

将 VM-execution control 的 process posted interrupts 设置为 1 时能够使能 posted interrupt。当 KVM 要发送一个 posted interrupt 的时候，首先向 posted-interrupt descriptor 的 PIR 成员中写入中断向量信息，然后 KVM 向目标 CPU 发送一个 IPI 中断，这个 IPI 中断号是预先在 VMCS 的 VM-execution 的 posted-interrupt notification vector 中设定的，posted-interrupt descriptor 的地址也是写入了 VMCS 的 VM-execution 的 posted-interrupt descriptor address 中的。目标 CPU 在接收到 posted interrupt 通知之后，不会像一般的外部中断一样产生 VM Exit，而是继续运行，硬件层面会把 posted-interrupt descriptor 中的中断请求向量从 PIR 复制到 virtual-APIC page 的 VIRR 寄存器，然后进行中断评估与分发。

### 6.3.2 APICv 源码分析

#### 1. virtual-apic page 的设置

virtual-apic page 是一个 4KB 大小的内存区域，CPU 用 virtual-apic page 来模拟部分 APIC 寄存器以及管理中断，这些模拟在硬件层面完成，无需产生 VM Exit。virtual-apic page 中有 APIC 物理硬件上的寄存器，如 VTPR（Virtual Task-Priority Register）在这个 page 的 80H 处，VPPR（Virtual Processor-Priority Register）在 A0H 处，VISR（Virtual Interrupt-Service Register）在 100H~170H 共 8 个 32 位的区域。

KVM 中，在创建 LAPIC 的 kvm_create_lapic 函数中，有如下代码为 VCPU 分配了它的 APIC 寄存器页。

```
arch/x86/kvm/lapic.c
apic->regs = (void *)get_zeroed_page(GFP_KERNEL);
```

在 vmx_vcpu_reset 函数，有如下设置 virtual-apic page 的代码。

```
arch/x86/kvm/vmx.c
        if (cpu_has_vmx_tpr_shadow() && !init_event) {
            vmcs_write64(VIRTUAL_APIC_PAGE_ADDR, 0);
            if (cpu_need_tpr_shadow(vcpu))
                vmcs_write64(VIRTUAL_APIC_PAGE_ADDR,
                            __pa(vcpu->arch.apic->regs));
            vmcs_write32(TPR_THRESHOLD, 0);
        }
```

如果 VM-execution control 的 use TPR shadow 位为 1，在 KVM 中模拟 LAPIC 时，就会将 vcpu->arch.apic->regs 的物理地址吸入到 VMCS 的 VIRTUAL_APIC_PAGE_ADDR 域中，这样就完成了 virtual-apic page 的设置。

只是设置 use TPR shadow 时，CPU 能够完成的模拟是有限的，为了更多地利用 CPU 硬件模拟中断，还需要设置其他 APICv 相关的 VMCS 域。

**2. APIC-access page 的分配**

在软件模拟的中断控制器中，虚拟机 CPU 是通过 MMIO 来访问 APIC 的寄存器的，为了减少 VM Exit，这段 MMIO 需要特殊处理。VMM 可以分配一个所谓的 APIC-access page，通过设置 VMCS 中 VM-execution 的 virtual APIC accesses 以及 APIC-access page 的地址，控制 CPU 在将虚拟地址转换为 APIC-access page 中的物理地址时的访问。通常情况下，对 APIC-access page 的访问会产生 VM Exit。但是如果使能一些特定的 VM-execution 控制项，CPU 就可以虚拟化一些对 APIC-access page 的访问，通常这种虚拟化将会从 virtual-APIC page 中返回相应的数据。

以最常见 VM-execution 的 APIC-register virtualization 开启为例，虚拟机读取 APIC-access page 的偏移 20H-23H(local APIC ID)、30H-33H(local APIC version)、80H-83H(task priority)等常见的 APIC 寄存器时不会产生 VM Exit，而是会从 VCPU 对应的 virtual-APIC page 中读取对应的偏移数据。

Intel 的 VMX 虚拟化实现模块有一个 enable_apicv 模块参数，用于决定是否开启 APICv，默认为开启。

在 vmx_create_vcpu 函数中，如果 cpu_need_virtualize_apic_accesses 返回 true，会调用 alloc_apic_access_page 函数分配 apic-access page，其代码如下。

```
arch/x86/kvm/vmx.c
static int alloc_apic_access_page(struct kvm *kvm)
{
        struct page *page;
        int r = 0;

        mutex_lock(&kvm->slots_lock);
        if (kvm->arch.apic_access_page_done)
          goto out;
        r = __x86_set_memory_region(kvm, APIC_ACCESS_PAGE_PRIVATE_MEMSLOT,
                    APIC_DEFAULT_PHYS_BASE, PAGE_SIZE);
        if (r)
          goto out;
```

```
         page = gfn_to_page(kvm, APIC_DEFAULT_PHYS_BASE >> PAGE_SHIFT);
         if (is_error_page(page)) {
          r = -EFAULT;
          goto out;
         }

         /*
          * Do not pin the page in memory, so that memory hot-unplug
          * is able to migrate it.
          */
         put_page(page);
         kvm->arch.apic_access_page_done = true;
    out:
         mutex_unlock(&kvm->slots_lock);
         return r;
    }
```

　　__x86_set_memory_region 函数的调用会创建虚拟机物理地址 APIC_DEFAULT_PHYS_BASE (0xfee00000)到虚拟地址的映射，其中虚拟地址是通过 vm_mmap 分配的匿名虚拟内存。APIC_DEFAULT_PHYS_BASE 是虚拟机的 CPU 共同使用的 apic-access page 的物理地址。gfn_to_page 的调用获取了 apic-access page 对应的 struct page 结构，alloc_apic_access_page 函数最后会设置 kvm->arch.apic_access_page_done 为 true，保证 apic-access page 只会在第一次创建 VCPU 的时候调用。这里可以看到 APIC-access page 与 virtual-APIC page 的区别，所有的 VCPU 是共享 APIC-access page 的，但是每个 VCPU 都有自己的 APIC 存放数据的地方，即 virtual-APIC page。

　　alloc_apic_access_page 调用完成之后，需要将该地址写入到 VMCS 中去。经过函数 kvm_arch_vcpu_setup->kvm_vcpu_reset->kvm_x86_ops->vcpu_reset(vmx_vcpu_reset)的调用之后，最后一个函数会调用 kvm_make_request 向 VCPU 挂一个 KVM_REQ_APIC_PAGE_RELOAD 请求。

```
arch/x86/kvm/vmx.c
kvm_make_request(KVM_REQ_APIC_PAGE_RELOAD, vcpu);
```

　　vcpu_enter_guest 会调用 kvm_vcpu_reload_apic_access_page 函数来处理 KVM_REQ_APIC_PAGE_RELOAD 请求，该函数在获取了 APIC_DEFAULT_PHYS_BASE 对应的 page 之后会调用 kvm_x86_ops->set_apic_access_page_addr 回调函数，对于 VMX 来说该回调函数是 vmx_set_apic_access_page_addr，该函数代码如下。

```
arch/x86/kvm/vmx.c
static void vmx_set_apic_access_page_addr(struct kvm_vcpu *vcpu, hpa_t hpa)
{
        struct vcpu_vmx *vmx = to_vmx(vcpu);
        …
        if (!is_guest_mode(vcpu) ||
          !nested_cpu_has2(vmx->nested.current_vmcs12,
                SECONDARY_EXEC_VIRTUALIZE_APIC_ACCESSES))
          vmcs_write64(APIC_ACCESS_ADDR, hpa);
}
```

　　抛开嵌套虚拟化，可以看到这里向 VMCS 的 APIC_ACCESS_ADDR 写入了 apic-access page 的物理地址。

**3．虚拟中断的分发**

分析虚拟中断的分发之前，需要先介绍一下 posted-interrupt descriptor 结构，其定义如下。

```
arch/x86/kvm/vmx.c
struct pi_desc {
        u32 pir[8];      /* Posted interrupt requested */
        union {
          struct {
                        /* bit 256 - Outstanding Notification */
                u16  on   : 1,
                        /* bit 257 - Suppress Notification */
                     sn   : 1,
                        /* bit 271:258 - Reserved */
                     rsvd_1   : 14;
                        /* bit 279:272 - Notification Vector */
                u8   nv;
                        /* bit 287:280 - Reserved */
                u8   rsvd_2;
                        /* bit 319:288 - Notification Destination */
                u32  ndst;
          };
          u64 control;
        };
        u32 rsvd[6];
} __aligned(64);
```

pir 由 8 个 32 位数组构成，总共 256 位，每一位表示一个中断向量号。

control 做一些控制，其中的 on 表示 pir 中有中断需要处理。

在 LAPIC 接收中断的__apic_accept_irq 函数中，在处理 APIC_DM_FIXED 分发模式的时候，有如下代码。

```
arch/x86/kvm/lapic.c
        if (kvm_x86_ops->deliver_posted_interrupt)
            kvm_x86_ops->deliver_posted_interrupt(vcpu, vector);
        else {
            apic_set_irr(vector, apic);

            kvm_make_request(KVM_REQ_EVENT, vcpu);
            kvm_vcpu_kick(vcpu);
        }
```

当启用 APICv 的时候，VMX 的 deliver_posted_interrupt 会被设置成 vmx_deliver_posted_interrupt 函数，其代码如下。

```
arch/x86/kvm/vmx.c
static void vmx_deliver_posted_interrupt(struct kvm_vcpu *vcpu, int vector)
{
        struct vcpu_vmx *vmx = to_vmx(vcpu);
        int r;

        r = vmx_deliver_nested_posted_interrupt(vcpu, vector);
        if (!r)
          return;
```

```
        if (pi_test_and_set_pir(vector, &vmx->pi_desc))
          return;

        r = pi_test_and_set_on(&vmx->pi_desc);
        kvm_make_request(KVM_REQ_EVENT, vcpu);
        if (r || !kvm_vcpu_trigger_posted_interrupt(vcpu))
          kvm_vcpu_kick(vcpu);
    }
```

首先调用 pi_test_and_set_pir 判断当前的中断向量是不是已经在 posted-interrupt descriptor 中。如果已经设置，则直接返回，如果未设置，则设置 pi_desc 的 pir 的第 vector 位。

接下来将根据 pi_test_and_set_on 返回值的不同，分为接收中断的目标 VCPU 正在运行和没有运行两种情况。pi_test_and_set_on 会设置 pi_desc 中的第 POSTED_INTR_ON(0)位为 1，并且返回该位之前的值。如果 pi_test_and_set_on 的返回值为 0，表明 pi_desc 的 pir 成员中没有未解决的中断向量号，表示目标 VCPU 正在运行，这个时候调用 kvm_vcpu_trigger_posted_interrupt 注入 posted-interrupt 中断，该函数代码如下。

```
arch/x86/kvm/vmx.c
static inline bool kvm_vcpu_trigger_posted_interrupt(struct kvm_vcpu *vcpu)
{
#ifdef CONFIG_SMP
        if (vcpu->mode == IN_GUEST_MODE) {
        …
            apic->send_IPI_mask(get_cpu_mask(vcpu->cpu),
                        POSTED_INTR_VECTOR);
            return true;
        }
#endif
        return false;
}
```

考虑 SMP 的情形，这里直接向目标物理 CPU 发送了一个 IPI，其中向量号为 POSTED_INTR_VECTOR，这个值是在 vmx_vcpu_setup 函数中写入到 VMCS 的 posted-interrupt notification vector 域中去的。对于这个物理中断，CPU 不会产生 VM Exit，而是会进行 posted interrupt 的处理，将 pi_desc 中的 pir 同步到 virtual-apic page 的 virr 中去，然后进行中断分发。

如果 pi_test_and_set_on 返回 true，表明这个时候 VCPU 并没有在运行，会向目标 VCPU 挂一个 KVM_REQ_EVENT 请求，当然如果 VCPU 运行，也会挂这个请求，VCPU 运行对此并不会产生影响。接下来的 kvm_vcpu_trigger_posted_interrupt 本身也就不会执行。由于 r 为 true，所以会调用 kvm_vcpu_kick 将 VCPU 唤醒。

当 VCPU 准备进入 guest 模式判断注入事件时，vcpu_enter_guest 会调用如下代码。

```
arch/x86/kvm/x86.c
        if (kvm_lapic_enabled(vcpu)) {
        /*
         * Update architecture specific hints for APIC
         * virtual interrupt delivery.
         */
        if (kvm_x86_ops->hwapic_irr_update)
            kvm_x86_ops->hwapic_irr_update(vcpu,
                kvm_lapic_find_highest_irr(vcpu));
        }
```

kvm_lapic_find_highest_irr 会调用 apic_find_highest_irr 找到当前最大的中断请求向量号，在这个函数中会调用到 kvm_x86_ops->sync_pir_to_irr，对 vmx 来说是 vmx_sync_pir_to_irr 函数，该函数的本质作用就是将 pi_desc 中的 pir 同步到 apic->regs 寄存器中。

kvm_lapic_find_highest_irr 找到优先级最高的中断之后接着调用 kvm_x86_ops->hwapic_irr_update，对 vmx 来说是 vmx_hwapic_irr_update，不考虑嵌套虚拟化。

```
arch/x86/kvm/vmx.c
static void vmx_hwapic_irr_update(struct kvm_vcpu *vcpu, int max_irr)
{
        if (!is_guest_mode(vcpu)) {
         vmx_set_rvi(max_irr);
          return;
        }
    …
}
static void vmx_set_rvi(int vector)
{
        u16 status;
        u8 old;

        if (vector == -1)
         vector = 0;

        status = vmcs_read16(GUEST_INTR_STATUS);
        old = (u8)status & 0xff;
        if ((u8)vector != old) {
         status &= ~0xff;
         status |= (u8)vector;
         vmcs_write16(GUEST_INTR_STATUS, status);
        }
}
```

vmx_hwapic_irr_update 调用 vmx_set_rvi，而后者则将 vector 信息写入到了 VMCS 的 GUEST_INTR_STATUS 域中。这样在 VM Entry 的时候就会按照上一节的分析进行虚拟中断的分发。

在随后的 inject_pending_event 函数中，其调用的 kvm_cpu_has_injectable_intr 会调用 kvm_vcpu_apic_vid_enabled，相关代码如下。

```
arch/x86/kvm/irq.c
int kvm_cpu_has_injectable_intr(struct kvm_vcpu *v)
{
    …
        if (kvm_vcpu_apic_vid_enabled(v))
         return 0;

        return kvm_apic_has_interrupt(v) != -1; /* LAPIC */
}

arch/x86/kvm/lapic.h
static inline bool kvm_vcpu_apic_vid_enabled(struct kvm_vcpu *vcpu)
{
```

```
        return kvm_x86_ops->cpu_uses_apicv(vcpu);
}
```

**arch/x86/kvm/vmx.c**
```
static int vmx_cpu_uses_apicv(struct kvm_vcpu *vcpu)
{
        return enable_apicv&&lapic_in_kernel(vcpu);
}
```

vmx_cpu_uses_apicv 返回 true，从而使 kvm_cpu_has_injectable_intr 返回 0，这样就不会执行如下代码。

**arch/x86/kvm/x86.c**
```
        } else if (kvm_cpu_has_injectable_intr(vcpu)) {
        …
        if (kvm_x86_ops->interrupt_allowed(vcpu)) {
            kvm_queue_interrupt(vcpu, kvm_cpu_get_interrupt(vcpu),
                            false);
            kvm_x86_ops->set_irq(vcpu);
        }
    }
```

这也意味着不会调用软件模拟中断的 vmx_inject_irq 函数。这是合理的，因为前面已经通过 VMCS 的 GUEST_INTR_STATUS 写入中断请求信息了。

# 第7章 设备虚拟化

## 7.1 设备虚拟化简介

一台完整的计算机离不开各种外部设备，所以虚拟化也要模拟出各种各样的设备。事实上，由于外设种类繁多，并且支持多种架构，所以设备模拟的代码在 QEMU 的代码中占了大部分。随着云计算的快速发展，对于性能的追求也使得一些常用的设备在硬件层面支持虚拟化。所以 QEMU 的设备模拟也逐渐发展，经历了由传统的纯软件模拟向 virtio 转变，再向 VFIO 设备直通转变的历程。设备离不开总线，QEMU 对常见的总线系统都有模拟，如 ISA、PCI、USB 等传统总线，也有虚拟化环境特有的 virtio 总线。

### 7.1.1 总线数据类型

从第 3 章的图 3-5 可以看出设备与总线是交替的，也就是总线下面只能够连接设备，设备也只能够连接到总线上，总线与总线之间、设备与设备之间不能直接连接。

QEMU 中总线类型用 TYPE_BUS 表示，也可以说这是所有总线的基类，所有具体总线的父类都是 TYPE_BUS，如 PCI_BUS、ISA_BUS、SCSI_BUS 等。

总线相关的类是 BusClass，其定义如下。

```
include/hw/qdev-core.h
struct BusClass {
    ObjectClass parent_class;

    /* FIXME first arg should be BusState */
    void (*print_dev)(Monitor *mon, DeviceState *dev, int indent);
    char *(*get_dev_path)(DeviceState *dev);
    …
    char *(*get_fw_dev_path)(DeviceState *dev);
    void (*reset)(BusState *bus);
    BusRealize realize;
    BusUnrealize unrealize;

    /* maximum devices allowed on the bus, 0: no limit. */
    int max_dev;
    /* number of automatically allocated bus ids (e.g. ide.0) */
    int automatic_ids;
};
```

- print_dev 打印总线上的一个设备。
- get_dev_path/get_fw_dev_path 得到设备路径以及在 firmware 中的路径。
- realize 是表示 Bus 进行 realize 的回调函数，unrealize 则是销毁时的回调函数。
- max_dev 表示的是该 Bus 上允许的最大设备。

- automatic_ids 表示自动生成 bus id 的序列号，如 ide.0、ide.1 等。

表示 Bus 对象的结构是 BusState，其定义如下。

```
include/hw/qdev-core.h
    struct BusState {
    Object obj;
    DeviceState *parent;
    char *name;
    HotplugHandler *hotplug_handler;
    int max_index;
    bool realized;
    QTAILQ_HEAD(ChildrenHead, BusChild) children;
    QLIST_ENTRY(BusState) sibling;
};
```

- parent 表示总线所在的设备，因为总线不能独立产生，必须依赖于一个设备，如 PCI 总线是由 PCI 桥产生的，USB 总线是由 USB 控制器产生的，SCSI 总线是由 SCSI 控制器产生的，这里的 parent 即表示总线的父设备。
- hotplug_handler 指向一个处理热插拔的处理器，因为很多总线允许设备热插拔，这个结构就是用来完成热插拔处理的。
- max_index 表示插在该总线上的设备个数，children 用来表示连接在该总线上面的所有设备。
- sibling 用来连接在一条总线上的设备。

了解了 BusClass 和 BusState 之后就可以分析 TYPE_BUS 的类型信息。

```
hw/core/bus.c
static const TypeInfo bus_info = {
    .name = TYPE_BUS,
    .parent = TYPE_OBJECT,
    .instance_size = sizeof(BusState),
    .abstract = true,
    .class_size = sizeof(BusClass),
    .instance_init = qbus_initfn,
    .instance_finalize = qbus_finalize,
    .class_init = bus_class_init,
};
```

bus_class_init 是 Bus 类型在初始化的时候调用的，代码如下。

```
hw/core/bus.c
static void bus_class_init(ObjectClass *class, void *data)
{
    BusClass *bc = BUS_CLASS(class);

    class->unparent = bus_unparent;
    bc->get_fw_dev_path = default_bus_get_fw_dev_path;
}
```

其设置了 Object 基类的 unparent 函数，这个回调函数在子类解除父类引用时被调用，另一个是 BusClass 的 get_fw_dev_path，这是默认函数，如果子类没有重写这个函数，那么当查找固件路径的时候就会用这个函数。

qbus_initfn 在创建 Bus 实例的时候调用。

```
hw/core/bus.c
static void qbus_initfn(Object *obj)
{
    BusState *bus = BUS(obj);

    QTAILQ_INIT(&bus->children);
    object_property_add_link(obj, QDEV_HOTPLUG_HANDLER_PROPERTY,
                        TYPE_HOTPLUG_HANDLER,
                        (Object **)&bus->hotplug_handler,
                        object_property_allow_set_link,
                        0,
                        NULL);
    object_property_add_bool(obj, "realized",
                        bus_get_realized, bus_set_realized, NULL);
}
```

首先为 Bus 对象增加一个 link 属性，其所要连接的对象是 TYPE_HOTPLUG_HANDLER，目的地址是 bus->hotplug_handler。接着设置 Bus 对象的具现属性函数为 bus_set_realized，当 Bus 进行具现化时就会调用该函数。bus_set_realized 代码如下。

```
hw/core/bus.c
static void bus_set_realized(Object *obj, bool value, Error **errp)
{
    BusState *bus = BUS(obj);
    BusClass *bc = BUS_GET_CLASS(bus);
    BusChild *kid;
    Error *local_err = NULL;

    if (value && !bus->realized) {
        if (bc->realize) {
            bc->realize(bus, &local_err);
        }

        /* TODO: recursive realization */
    } else if (!value && bus->realized) {
        QTAILQ_FOREACH(kid, &bus->children, sibling) {
            DeviceState *dev = kid->child;
            object_property_set_bool(OBJECT(dev), false, "realized",
                                                &local_err);
            if (local_err != NULL) {
                break;
            }
        }
        if (bc->unrealize && local_err == NULL) {
            bc->unrealize(bus, &local_err);
        }
    }
    …
    bus->realized = value;
}
```

该函数用来设置 realized 属性，value 表示属性值，true 表示具现设备，false 表示销毁设备。

可以看到，在 value 为 true 时调用 BusClass 的初始化函数 realize，为 false 的时候会递归销毁其上的设备，然后调用 BusClass 的销毁函数 unrealize。

qbus_finalize 是总线删除函数，里面只是简单删除了总线的名字，这里不一一列出。

## 7.1.2　总线的创建

总线的创建可以通过 qbus_create_inplace 以及 qbus_create 实现，前者用于总线的数据结构已经分配好了的情况，后者则需要单独分配空间，二者定义如下。

```
hw/core/bus.c
void qbus_create_inplace(void *bus, size_t size, const char *typename,
                            DeviceState *parent, const char *name)
{
    object_initialize(bus, size, typename);
    qbus_realize(bus, parent, name);
}

BusState *qbus_create(const char *typename, DeviceState *parent,
                                            const char *name)
{
    BusState *bus;

    bus = BUS(object_new(typename));
    qbus_realize(bus, parent, name);

    return bus;
}
```

其中的 typename 参数表示的是总线类型名称，显然，总线类型都应该是 TYPE_BUS 的子类，parent 参数表示总线所在的设备。总线创建好了之后需要调用 qbus_realize 进行一些初始化，注意这里虽然叫作 realize，但是实际上并不是对设备进行具现化，也就是这个函数并没有设置 Bus 的 realized 属性为 true。qbus_realize 主要做了两件事情。

首先是设置总线的名字。

```
hw/core/bus.c
    if (name) {
        bus->name = g_strdup(name);
    } else if (bus->parent && bus->parent->id) {
        /* parent device has id -> use it plus parent-bus-id for bus name */
        bus_id = bus->parent->num_child_bus;
        bus->name = g_strdup_printf("%s.%d", bus->parent->id, bus_id);
    } else {
        /* no id -> use lowercase bus type plus global bus-id for bus name */
        bc = BUS_GET_CLASS(bus);
        bus_id = bc->automatic_ids++;
        bus->name = g_strdup_printf("%s.%d", typename, bus_id);
        for (i = 0; bus->name[i]; i++) {
            bus->name[i] = qemu_tolower(bus->name[i]);
        }
    }
```

这里有多种情况，如果指定了总线的名字，那就直接用；如果没有，但是父设备也就是总线所属的设备有 id，那么名字就是父设备的 id 和一个当前的总线在父设备中的编号组合；如果父设备也没有 id，那就得到总线所属的类，然后根据类名和 automatic_ids 生成名字。

接着是 qbus_realize 设置总线和父设备的关系。

```
hw/core/bus.c
 if (bus->parent) {
        QLIST_INSERT_HEAD(&bus->parent->child_bus, bus, sibling);
        bus->parent->num_child_bus++;
        object_property_add_child(OBJECT(bus->parent), bus->name, OBJECT
(bus), NULL);
        object_unref(OBJECT(bus));
    }
```

这里将总线挂到其所在设备的 child_bus 上，并增加一个 child 属性。

qbus_create_inplace 和 qbus_create 都只创建了总线对象实例，并没有具现化对象实例，bus 的具现化是通过其父设备的具现化来实现的。大体上有如下两种方式初始化。

1）在主板初始化需要创建的总线，如根 PCI 总线，在 i440fx_init 函数中，qdev_create 先创建北桥，接着 pci_bus_new 创建根 PCI 总线，最后 qdev_init_nofail 会将北桥具现化。

2）在命令行指定-device 参数，如果设备是总线的控制器，如 USB 控制器或者 SCSI 控制器，则这些控制器在对象实例化的时候会创建总线对象，并且在设备具现化的函数 device_set_realized 中会对控制器下的总线对象进行具现化。

device_set_realized 中具现化总线的代码如下所示。

```
hw/core/qdev.c
        QLIST_FOREACH(bus, &dev->child_bus, sibling) {
            local_errp = local_err ? NULL : &local_err;
            object_property_set_bool(OBJECT(bus), false, "realized",
                                    local_errp);
        }
```

这样就会调用到总线对象的具现化回调函数 bus_set_realized，从而实现总线的具现化。

### 7.1.3　设备数据类型

QEMU 使用 DeviceClass 表示设备类别，其定义如下。

```
include/hw/qdev-core.h
typedef struct DeviceClass {
    /*< private >*/
    ObjectClass parent_class;
    /*< public >*/

    DECLARE_BITMAP(categories, DEVICE_CATEGORY_MAX);
    const char *fw_name;
    const char *desc;
    Property *props;
    …
    bool hotpluggable;

    /* callbacks */
    DeviceReset reset;
    DeviceRealize realize;
```

```
    DeviceUnrealize unrealize;

    /* device state */
    const struct VMStateDescription *vmsd;
    …
    const char *bus_type;
} DeviceClass;
```

- categories 表示设备的种类，如 DEVICE_CATEGORY_USB 表示 USB 设备，DEVICE_CATEGORY_NETWORK 表示网络设备，DEVICE_CATEGORY_DISPLAY 表示显卡设备。
- fw_name 通常用于生产设备在固件中的路径。
- desc 用于描述设备。
- props 表示设备的属性。
- hotpluggable 表示设备是否能进行热插拔。
- reset、realize 和 unrealize 是 3 个回调函数，表示设备重置、具现化、反具现化时调用的函数。
- vmsd 用来表示设备的状态，在虚拟机进行热迁移的时候，需要记录设备的状态以便在目的主机上恢复虚拟机。
- bus_type 表示的是该设备挂载的总线类型。

DeviceClass 用来表示设备具有的共性，而 DeviceState 表示一个具体的设备实例，其定义如下。

```
include/hw/qdev-core.h
struct DeviceState {
    /*< private >*/
    Object parent_obj;
    /*< public >*/

    const char *id;
    bool realized;
    bool pending_deleted_event;
    QemuOpts *opts;
    int hotplugged;
    BusState *parent_bus;
    QLIST_HEAD(, NamedGPIOList) gpios;
    QLIST_HEAD(, BusState) child_bus;
    int num_child_bus;
    int instance_id_alias;
    int alias_required_for_version;
};
```

- id 表示设备名。
- realized 表示设备是否已经被具现化。
- pending_deleted_event 的主要作用是在设备实例销毁的时候判断设备是否已经具现化，如果具现化完成则发送一个 DEVICE_DELETED 事件。
- opts 表示设备对应的参数。
- hotplugged 表示设备是否是通过热插拔进入到系统中的。
- parent_bus 表示该设备挂载的总线。

- gpios 是一个表示 NamedGPIOList 的链表头，用来连接 GPIO（General-Purpose Input/Output），相当于设备的输入输出，用来模拟硬件的 pin。
- child_bus 用来连接该设备下面的所有总线。
- num_child_bus 用来表示总线的序号。
- instance_id_alias 用于在热迁移中保存当前虚拟机实例的编号，每次迁移会增加 1。
- alias_required_for_version 用于热迁移时，只有当这个值大于或等于设备 VMStateDescription 的 minimum_version_id 域时设备才能进行。

DeviceState 表示的是 TYPE_DEVICE 的实例，表示所有设备都会有的特性。TYPE_DEVICE 是一个抽象类型，每一个具体的设备类型都需要设置其父设备为 TYPE_DEVICE，并且把 DeviceState 内嵌到其实例的最开头部分。

### 7.1.4　设备的创建

设备的创建有两种方式：第一种是跟随主板初始化一起创建，典型的设备包括南北桥、一些传统的 ISA 设备、默认的显卡设备等，这类设备是通过 qdev_create 函数创建的；第二类是在命令行通过-device 或者在 QEMU monitor 中通过 device_add 添加的，这类设备通过 qdev_device_add 函数创建。两种创建方式本质上都调用了 object_new 创建对应设备的 QOM 对象，然后进行具现化。首先来分析第一种方式。

原生默认设备的创建是通过函数 qdev_create 完成的，除开错误处理，其调用 qdev_try_create 来完成。

```
hw/core/qdev.c
DeviceState *qdev_try_create(BusState *bus, const char *type)
{
    DeviceState *dev;

    if (object_class_by_name(type) == NULL) {
        return NULL;
    }
    dev = DEVICE(object_new(type));
    if (!dev) {
        return NULL;
    }

    if (!bus) {
        /* Assert that the device really is a SysBusDevice before
         * we put it onto the sysbus. Non-sysbus devices which aren't
         * being put onto a bus should be created with object_
           new(TYPE_FOO),
         * not qdev_create(NULL, TYPE_FOO).
         */
        g_assert(object_dynamic_cast(OBJECT(dev), TYPE_SYS_BUS_DEVICE));
        bus = sysbus_get_default();
    }

    qdev_set_parent_bus(dev, bus);
    object_unref(OBJECT(dev));
    return dev;
}
```

qdev_try_create 首先调用 object_new 创建一个设备对象，然后设置其所在的总线，如果 Bus 参数为空，则使用 sysbus_get_default 得到 main_system_bus 作为其根总线。

原生默认设备的具现化通过调用 qdev_init_nofail 来设置设备的 realized，完成设备的具现化。其代码比较简单，直接设置设备的 realized 属性为 true 即可，如下所示。

```
hw/core/qdev.c
void qdev_init_nofail(DeviceState *dev)
{
    Error *err = NULL;

    assert(!dev->realized);

    object_ref(OBJECT(dev));
    object_property_set_bool(OBJECT(dev), true, "realized", &err);
    if (err) {
        error_reportf_err(err, "Initialization of device %s failed: ",
                          object_get_typename(OBJECT(dev)));
        exit(1);
    }
    object_unref(OBJECT(dev));
}
```

设备同样可以通过在命令行中添加-device 或者在 QEMUmonitor 中调用 device_add 命令添加，两种方式最终都会调用 qdev_device_add 函数。qdev_device_add 首先解析参数，然后找到对应的设备类型，调用 object_new 创建设备，然后调用 object_property_set_bool 将设备的 realized 属性设置为 true，从而实现设备的具现化。

## 7.1.5 设备的树形结构

QEMU 以树形结构模拟了虚拟机系统的设备和总线，树的起点是系统总线。系统总线是通过 sysbus_get_default 函数创建的。

```
hw/core/sysbus.c
BusState *sysbus_get_default(void)
{
    if (!main_system_bus) {
        main_system_bus_create();
    }
    return main_system_bus;
}

static void main_system_bus_create(void)
{
    /* assign main_system_bus before qbus_create_inplace()
     * in order to make "if (bus != sysbus_get_default())" work */
    main_system_bus = g_malloc0(system_bus_info.instance_size);
    qbus_create_inplace(main_system_bus, system_bus_info.instance_size,
                        TYPE_SYSTEM_BUS, NULL, "main-system-bus");
    OBJECT(main_system_bus)->free = g_free;
    object_property_add_child(container_get(qdev_get_machine(),
                                    "/unattached"),
                              "sysbus", OBJECT(main_system_bus), NULL);
```

}

main_system_bus 是由 main_system_bus_create 创建的，其名字为 main-system-bus，并且根据类型 system_bus_info 来就地创建。所有使用 qdev_create 创建设备并且 Bus 参数指定为 NULL 的设备，都会挂到系统总线上，所有挂到该总线的设备类型都是 TYPE_SYS_BUS_DEVICE 或者是 TYPE_SYS_BUS_DEVICE 的子类型。如之前介绍的 TYPE_FW_CFG_IO，其父类为 TYPE_FW_CFG，后者的父类又为 TYPE_SYS_BUS_DEVICE，所以 fw_cfg 设备是直接挂到系统总线上的，TYPE_KVM_CLOCK 这种虚拟设备也是直接挂到系统总线上。值得注意的是，main_system_bus 是系统的根总线，它不在任何设备上，所以没有设备去具现化这条总线，这是所有总线都会具现化的例外。

QEMU 设备模拟中，以系统总线为起点，根据总线->设备->…总线->设备的关系，形成了一个设备树。通过 info qtree 可以看到这个结构，本节将先介绍最重要的 PCI 树结构的形成，后面介绍到 virtio 的时候，会介绍在 PCI 总线上的 virtio 相关的总线和设备。

在 i440fx_init 函数中，下面一段代码创建了北桥，也就是 Host bridge 以及 PCI 根总线。

```
hw/pci-host/piix.c
    dev = qdev_create(NULL, host_type);
    s = PCI_HOST_BRIDGE(dev);
    b = pci_bus_new(dev, NULL, pci_address_space,
                    address_space_io, 0, TYPE_PCI_BUS);
    s->bus = b;
```

qdev_create 创建的设备 host_type 是 DEFINE_I440FX_MACHINE 宏传过来的 TYPE_I440FX_PCI_HOST_BRIDGE，其父设备是 TYPE_PCI_HOST_BRIDGE，后者的父设备则是 TYPE_SYS_BUS_DEVICE，其调用 qdev_create 时也是 NULL，所以直接挂在了系统总线上。接着调用 pci_bus_new 来创建 PCI 根总线。

```
hw/pci/pci.c
PCIBus *pci_bus_new(DeviceState *parent, const char *name,
                    MemoryRegion *address_space_mem,
                    MemoryRegion *address_space_io,
                    uint8_t devfn_min, const char *typename)
{
    PCIBus *bus;

    bus = PCI_BUS(qbus_create(typename, parent, name));
    pci_bus_init(bus, parent, address_space_mem, address_space_io, devfn_min);
    return bus;
}
```

这里调用 qbus_create 创建 TYPE_PCI_BUS 对象，并且 parent 参数设置为北桥设备，名字并未指定，所以为 TYPE_PCI_BUS.0，转换为小写，也就是 pci.0。接着调用 pci_bus_init 对这个 PCI 总线进行初始化。

```
hw/pci/pci.c
static void pci_bus_init(PCIBus *bus, DeviceState *parent,
                         MemoryRegion *address_space_mem,
                         MemoryRegion *address_space_io,
                         uint8_t devfn_min)
{
    assert(PCI_FUNC(devfn_min) == 0);
```

```
    bus->devfn_min = devfn_min;
    bus->address_space_mem = address_space_mem;
    bus->address_space_io = address_space_io;

    /* host bridge */
    QLIST_INIT(&bus->child);

    pci_host_bus_register(parent);
}
```

PCIBus 表示一个 PCI 总线对象，算是 BusState 的派生类对象。这里 devfn_min 表示的是设备开始的插槽号，两个 MemoryRegion mem 和 io 表示两个总线设备使用的地址空间。初始化 Bus 的 child 结构，调用 pci_host_bus_register 把北桥挂到 pci_host_bridges 上。此时结构如图 7-1 所示。

i440fx_init 函数通过下面的代码将北桥对象加入到 machine 下的 i440fx 对象上，当然还要将北桥设备具现化。

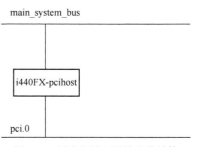

图 7-1　创建北桥之后的总线结构

```
hw/pci-host/piix.c
    object_property_add_child(qdev_get_machine(), "i440fx", OBJECT(dev), NULL);
    qdev_init_nofail(dev);
```

分析接下来的代码。

```
hw/pci-host/piix.c
    d = pci_create_simple(b, 0, pci_type);
    *pi440fx_state = I440FX_PCI_DEVICE(d);
    f = *pi440fx_state;
    f->system_memory = address_space_mem;
    f->pci_address_space = pci_address_space;
    f->ram_memory = ram_memory;
```

调用 pci_create_simple 创建一个 PCI 设备，然后进行初始化。pci_type 参数是宏 DEFINE_I440FX_MACHINE 里面指定的 TYPE_I440FX_PCI_DEVICE，刚刚已经创建了北桥 TYPE_I440FX_PCI_HOST_BRIDGE，这里为何又有一个 TYPE_I440FX_PCI_DEVICE 呢？其实在物理上两个设备都在一个芯片组，在这里主要是用来表示北桥所隶属于 PCI 总线的那一部分。这是在 PCI 根总线的 0 号槽创建的，与物理拓扑相同。

接着创建 PIIX3 设备，其按照 xen 和非 xen 的情形分为两种情况，这里只看非 xen 情况下的创建。

```
hw/pci-host/piix.c
PCIDevice *pci_dev = pci_create_simple_multifunction(b,
                          -1, true, "PIIX3");
piix3 = PIIX3_PCI_DEVICE(pci_dev);
pci_bus_irqs(b, piix3_set_irq, pci_slot_get_pirq, piix3,
          PIIX_NUM_PIRQS);
pci_bus_set_route_irq_fn(b, piix3_route_intx_pin_to_irq);
```

创建 PIIX3 设备，-1 表示由 Bus 自己选择插槽，在 piix3_realize 进行具现化的时候，可以看到它创建了一条 ISA bus，然后赋值到了输出函数*isa_bus 中。

```
hw/pci-host/piix.c
static void piix3_realize(PCIDevice *dev, Error **errp)
{
    PIIX3State *d = PIIX3_PCI_DEVICE(dev);

    if (!isa_bus_new(DEVICE(d), get_system_memory(),
                pci_address_space_io(dev), errp)) {
        return;
    }
    …
}


hw/isa/isa-bus.c
ISABus *isa_bus_new(DeviceState *dev, MemoryRegion* address_space,
MemoryRegion *address_space_io, Error **errp)
{
    if (isabus) {
        error_setg(errp, "Can't create a second ISA bus");
        return NULL;
    }
    if (!dev) {
        dev = qdev_create(NULL, "isabus-bridge");
        qdev_init_nofail(dev);
    }

    isabus = ISA_BUS(qbus_create(TYPE_ISA_BUS, dev, NULL));
    isabus->address_space = address_space;
    isabus->address_space_io = address_space_io;
    return isabus;
}
```

创建完 piix3 设备之后还会调用 pci_bus_irqs 设置 PCI 根总线的路由相关函数。
这个时候的系统结构如图 7-2 所示。

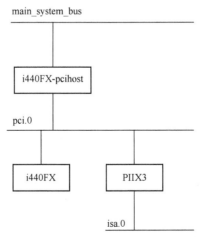

图 7-2　创建完 piix3 设备之后的总线结构

系统总线有了，PCI 根总线有了，ISA 总线也有了，接下来就可以在这些总线的基础上添加
各种设备、控制器，然后在控制器设备上再添加其他总线。这里先介绍将设备添加到系统总线

255

上的例子。在 pc_init1->pc_memory_init->bochs_bios_init->fw_cfg_init_io_dma 的调用链中,最后一个函数会调用 qdev_create 创建 TYPE_FW_CFG_IO 设备,然后调用 qdev_init_nofail 进行具现化,qdev_create 第一个参数是 NULL,所以会直接挂到系统总线上。

```
hw/nvram/fw_cfg.c
FWCfgState *fw_cfg_init_io_dma(uint32_t iobase, uint32_t dma_iobase,
AddressSpace *dma_as)
{
    DeviceState *dev;
    SysBusDevice *sbd;
    FWCfgIoState *ios;
    FWCfgState *s;
    bool dma_requested = dma_iobase&& dma_as;

    dev = qdev_create(NULL, TYPE_FW_CFG_IO);
    if (!dma_requested) {
    qdev_prop_set_bit(dev, "dma_enabled", false);
    }

    object_property_add_child(OBJECT(qdev_get_machine()), TYPE_FW_CFG,
                            OBJECT(dev), NULL);
    qdev_init_nofail(dev);
    …
    return s;
}
```

接下来分析在 PCI 总线上挂 USB 总线的情况。这种情况下,首先需要在 PCI 总线上挂一个设备,叫作 USB 主控设备(Host Controller Device,HCD),在 hw/usb/目录下,以 hcd 开头的文件名就是各种 USB HCD 的实现。以 TYPE_PCI_OHCI 为例,在 QEMU 命令行指定-device pci-ohci,即可创建该 HCD。对每一个 device 命令行,都会调用 device_init_func,里面会调用 qdev_device_add 来创建设备。

qdev_device_add 首先调用 qdev_get_device_class 得到该设备所属的 DeviceClass,由于 ohci 没有指定自己的 Class,所以这里会找到 PCI 设备的 class。接着调用 qbus_find 寻找 Bus,由于命令行没有指定 bus,所以会调用 qbus_find_recursive 进行递归查找,其调用参数是第一个系统根总线,bus_typename 是 PCI device 所属类别的总线类型 TYPE_PCI_BUS。

```
qdev-monitor.c
static BusState *qbus_find_recursive(BusState *bus, const char *name,
                                const char *bus_typename)
{
    BusChild *kid;
    BusState *pick, *child, *ret;
    bool match;

    assert(name || bus_typename);
    if (name) {
        match = !strcmp(bus->name, name);
    } else {
        match = !!object_dynamic_cast(OBJECT(bus), bus_typename);
    }

    if (match && !qbus_is_full(bus)) {
```

```
        return bus;            /* root matches and isn't full */
    }

    pick = match ? bus : NULL;
    QTAILQ_FOREACH(kid, &bus->children, sibling) {
        DeviceState *dev = kid->child;
        QLIST_FOREACH(child, &dev->child_bus, sibling) {
            ret = qbus_find_recursive(child, name, bus_typename);
            if (ret && !qbus_is_full(ret)) {
                return ret;    /* a descendant matches and isn't full */
            }
            if (ret && !pick) {
                pick = ret;
            }
        }
    }

    /* root or a descendant matches, but is full */
    return pick;
}
```

该函数会遍历 Bus 下的 children 设备，如果设备有总线会遍历设备的总线，如果总线的名字与要找的 bus_typename 对得上，就可以返回总线了。这里要找 TYPE_PCI_BUS，所以会找到根总线之下北桥设备下面的 PCI 总线。

qdev_device_add 接下来调用 object_new 创建 pci-ohci 对象，然后调用 qdev_set_parent_bus 把新创建的设备挂载到 pci.0 总线上。

```
hw/core/qdev.c
void qdev_set_parent_bus(DeviceState *dev, BusState *bus)
{
    dev->parent_bus = bus;
    object_ref(OBJECT(bus));
    bus_add_child(bus, dev);
}

static void bus_add_child(BusState *bus, DeviceState *child)
{
    char name[32];
    BusChild *kid = g_malloc0(sizeof(*kid));

    kid->index = bus->max_index++;
    kid->child = child;
    object_ref(OBJECT(kid->child));

    QTAILQ_INSERT_HEAD(&bus->children, kid, sibling);

    /* This transfers ownership of kid->child to the property. */
    snprintf(name, sizeof(name), "child[%d]", kid->index);
    object_property_add_link(OBJECT(bus), name,
                             object_get_typename(OBJECT(child)),
                             (Object **)&kid->child,
                             NULL, /* read-only property */
                             0, /* return ownership on prop deletion */
                             NULL);
```

```
}
```

qdev_set_parent_bus 会设置 dev 的 parent_bus，并调用 bus_add_child 将 dev 加到 Bus 的 children 上去。

qdev_device_add 在将设备加入到其对应的总线上之后就会调用 object_property_set_bool (OBJECT(dev)，true，"realized"，&err)来完成 pci-ohci 的具现化。这个时候会调用 device_set_realized 函数，该函数会调用 usb_ohci_realize_pci 函数，其中有一个重要函数 usb_ohci_init，里面有对 usb_bus_new 的调用，这样即可新创建一个 USB 总线了。

```
hw/usb/hcd-ohci.c
void usb_bus_new(USBBus *bus, size_t bus_size,
                 USBBusOps *ops, DeviceState *host)
{
    qbus_create_inplace(bus, bus_size, TYPE_USB_BUS, host, NULL);
    qbus_set_bus_hotplug_handler(BUS(bus), &error_abort);
    bus->ops = ops;
    bus->busnr = next_usb_bus++;
    QTAILQ_INIT(&bus->free);
    QTAILQ_INIT(&bus->used);
    QTAILQ_INSERT_TAIL(&busses, bus, next);
}
```

回到 device_set_realized 函数之后，会对新创建的 USB 总线进行具现化。

再来回顾设备树结构，这个时候已经在 PCI 根总线上添加了一个 USB 控制器 OHCI，OHCI 控制器在具现化时添加了一条新的 USB 总线，还可以在其这条 USB 总线上添加 USB 设备。这样就构建出了以系统总线为基础的设备和总线结构，其树形图如图 7-3 所示。

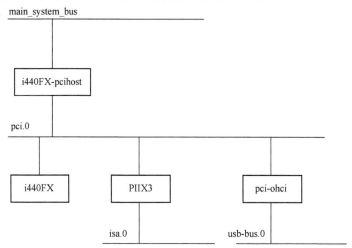

图 7-3　创建完 pci-ohci USB 控制器之后总线结构

## 7.2　PCI 设备模拟

### 7.2.1　PCI 设备简介

PCI 是用来连接外设的一种局部总线，其主要功能是连接外部设备。PCI 总线规范在 20 世纪 90 年代提出之后，其逐渐取代了其他各种总线，被各种处理器所支持。直到现在，PCI 总线及其发展出来的 PCIe 总线都在 PC 上得到广泛使用。在 Linux 上输入 lspci 就可以看到图 7-4 所示的当前系统的 PCI 设备。

```
root@ubuntu:~/seabios# lspci
00:00.0 Host bridge: Intel Corporation 440BX/ZX/DX - 82443BX/ZX/DX Host bridge (rev 01)
00:01.0 PCI bridge: Intel Corporation 440BX/ZX/DX - 82443BX/ZX/DX AGP bridge (rev 01)
00:07.0 ISA bridge: Intel Corporation 82371AB/EB/MB PIIX4 ISA (rev 08)
00:07.1 IDE interface: Intel Corporation 82371AB/EB/MB PIIX4 IDE (rev 01)
00:07.3 Bridge: Intel Corporation 82371AB/EB/MB PIIX4 ACPI (rev 08)
00:07.7 System peripheral: VMware Virtual Machine Communication Interface (rev 10)
00:0f.0 VGA compatible controller: VMware SVGA II Adapter
00:10.0 SCSI storage controller: LSI Logic / Symbios Logic 53c1030 PCI-X Fusion-MPT Dual Ultra320 SCSI (rev 01
```

图 7-4 lspci 显示 Linux 设备

每一个 PCI 设备在系统中的位置由总线号（Bus Number），设备号（Device Number）以及功能号（Function Number）唯一确定。有的设备可能有多个功能，从逻辑上来说是单独的设备。可以在 PCI 总线上挂一个桥设备，之后在该桥上再挂一个 PCI 总线或者其他总线。PCI 设备结构如图 7-5 所示。

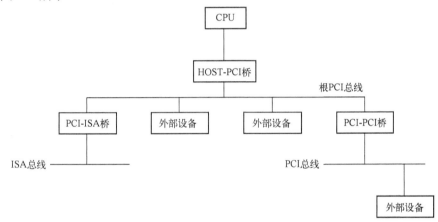

图 7-5 PCI 总线结构

PCI 设备有自己独立的地址空间，叫作 PCI 地址空间，也就是说从设备角度看到的地址跟 CPU 角度看到的地址本质上不在一个地址空间，这种隔离就是由图中的 HOST-PCI 主桥完成的。CPU 需要通过主桥才能访问 PCI 设备，而 PCI 设备也需要通过主桥才能访问主存储器。主桥的一个重要作用就是将处理器访问的存储器地址转换为 PCI 总线地址。x86 架构对于存储器地址空间和 PCI 地址空间不是很清晰，因为本质上是两个不同的地址空间，但是其地址是相同且一一对应的。

每个 PCI 设备都有一个配置空间，该空间至少有 256 字节，其中前面 64 个字节是标准化的，每个设备都是这个格式，后面的数据则由设备决定。

PCI 配置空间如图 7-6 所示，下面对配置空间进行简单介绍。Vendor ID、Device ID、Class Code 用来表明设备的身份，有的时候还会设置 Subsystem Vendor ID 和 Subsystem Device ID。6 个 Base Address 表示的是 PCI 设备的 IO 地址空间，虚拟机可以通过这些地址空间对设备进行读写配置控制，除了 6 个 BAR，还可能有一个 ROM 的 BAR。有两个与中断设置有关的值，IRQ Line 表示设备使用哪一个中断号，如传统的中断控制器由两个 82599 芯片级联而成，有 0 到 15 号 Line，IRQ Line 表示的是用哪一根线，IRQ Pin 表示的是 PCI 设备使用哪一条引脚连接中断控制器，PCI 总线上的设备可以通过 4 根中断引脚 INTA～D#向中断控制器提交中断请求，这里的

IRQ Pin 即用来表示这个引脚编号，1～4 分别表示 INTA～INTD 的 4 个引脚，大部分设备使用中断线 INTA 引脚，如果设备不支持中断，则该域为 0。

| 0x0 0x1 | 0x2 0x3 | 0x4 0x5 | 0x6 0x7 | 0x8 | 0x9 0xa 0xb | 0xc | 0xd | 0xe | 0xf |
|---|---|---|---|---|---|---|---|---|---|
| Vendor ID | Device ID | Command Reg | Status Reg | Revision ID | Class Code | Cache Line | Latency Timer | Header Type | BIST |
| Base Address 1 | | Base Address 0 | | Base Address 2 | | Base Address 3 | | | |
| Base Address 4 | | Base Address 5 | | CardBus CIS pointer | | Subsystem Vendor ID | | Subsystem Device ID | |
| Expansion ROM Base Address | | Reserved | | | | IRQ Line | IRQ Pin | Min_Gnt | Max_Lat |

图 7-6  PCI 配置空间

PCI 总线能够发送对应的 INTA～INTD 4 个信号，这 4 个信号会与中断控制器的 IRQ_PIN 引脚相连。PCI 总线规范中并没有规定 PCI 设备的 INTx 信号与中断控制引脚的相连关系，因此系统软件需要使用中断路由表存放 PCI 设备的 INTx 信号与中断控制器的连接关系，中断路由表通常是由 BIOS 等系统软件建立的。

为了均衡 PCI 总线上的负载，通常 PCI 信号与终端信号线的连接都是错开的。如图 7-7 所示，插槽 A 上的设备与插槽 B、C 上的设备使用不同的信号线与连接中断控制器的 IRQY 引脚，其他类似。这种连接方式也让每个插槽的中断信号 INTA 连接到不同的中断设备引脚。

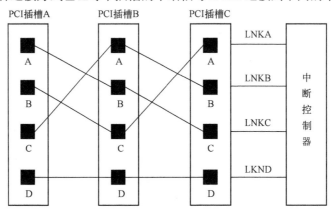

图 7-7  PCI 总线与中断控制器连接

## 7.2.2  PCI 设备的模拟

QEMU 模拟的设备很多都是 PCI 设备，本节介绍 PCI 设备的模拟。与所有设备类似，PCI 设备的父设备也是 TYPE_DEVICE，下面是其定义。

```
hw/pci/pci.c
static const TypeInfo pci_device_type_info = {
    .name = TYPE_PCI_DEVICE,
    .parent = TYPE_DEVICE,
    .instance_size = sizeof(PCIDevice),
    .abstract = true,
    .class_size = sizeof(PCIDeviceClass),
    .class_init = pci_device_class_init,
```

```
};

static void pci_device_class_init(ObjectClass *klass, void *data)
{
    DeviceClass *k = DEVICE_CLASS(klass);
    PCIDeviceClass *pc = PCI_DEVICE_CLASS(klass);

    k->realize = pci_qdev_realize;
    k->unrealize = pci_qdev_unrealize;
    k->bus_type = TYPE_PCI_BUS;
    k->props = pci_props;
    pc->realize = pci_default_realize;
}
```

PCI 类初始化函数中设置了 PCIDeviceClass 基类对象 DeviceClass 的 realize 和 unrealize 函数，bus_type 表示设备挂到的总线，props 表示 PCI 设备有哪些属性，这些属性都可以在命令行指定。同样的，不存在单独的 PCI 设备，PCI 设备也是一个抽象类。

PCI 设备的具现化函数如下。

```
hw/pci/pci.c
static void pci_qdev_realize(DeviceState *qdev, Error **errp)
{
    PCIDevice *pci_dev = (PCIDevice *)qdev;
    PCIDeviceClass *pc = PCI_DEVICE_GET_CLASS(pci_dev);
    Error *local_err = NULL;
    PCIBus *bus;
    bool is_default_rom;

    /* initialize cap_present for pci_is_express()and pci_config_size() */
    if (pc->is_express) {
        pci_dev->cap_present |= QEMU_PCI_CAP_EXPRESS;
    }

    bus = PCI_BUS(qdev_get_parent_bus(qdev));
    pci_dev = do_pci_register_device(pci_dev, bus,
                                object_get_typename(OBJECT(qdev)),
                                pci_dev->devfn, errp);
    …
    if (pc->realize) {
        pc->realize(pci_dev, &local_err);
        …
    }

    /* rom loading */
    is_default_rom = false;
    if (pci_dev->romfile == NULL && pc->romfile != NULL) {
        pci_dev->romfile = g_strdup(pc->romfile);
        is_default_rom = true;
    }

    pci_add_option_rom(pci_dev, is_default_rom, &local_err);
    …
```

```
    }
```

pci_qdev_realize 函数主要包括 3 个方面的工作：

首先调用 do_pci_register_device 进行注册，该函数完成设备及其对应 PCI 总线上的一些初始化工作。如果指定的 devfn 为-1，表示由总线自己选择插槽，得到插槽号之后保存在 PCIDevice 的 devfn 中，如果在设备命令行中指定了 addr，则 addr 会作为设备的 devfn。接下来设置 PCIDevice 结构体中的各个域，包括调用 pci_init_bus_master 函数初始化 PCIDevice 中的 AddressSpace 成员 bus_master_as 及其对应的 MR。调用 pci_config_alloc 分配 PCI 设备的配置空间，cmask 用来检测相关的能力，wmask 用来控制读写，w1cmask 用来实现 RW1C。由此完成一些初始化的设置，如 vendor_id 等。然后是设置设备的 config_read 和 config_write 函数，如果相关的子类自己没有设置，那使用默认的 pci_default_read/write_config 函数。最后将该 device 复制到 bus->devices 数组中。

其次，pci_qdev_realize 调用 PCI 设备所属的 class 的 realize 函数，即 pc->realize 函数。

最后调用 pci_add_option_rom 加载 PCI 设备的 ROM。有的设备有自己的 ROM，如果 QEMU 命令行没有指定 ROM，但是设备的 class 指定了 ROM，那就使用默认 ROM，pci_add_option_rom 的参数 is_default_rom 设置为 true，否则使用 QEMU 命令行传过来的 romfile 文件。pci_add_option_rom 函数按照 pdev->rom_bar 是否为 true 来决定是使用 fw_cfg 中的文件还是创建一个 rom bar，这个值默认是 true。接着是得到 ROM 文件的路径和大小，然后调用 load_image 将文件加载到指定的 ROM 中。最后调用 pci_register_bar 将该 ROM 注册到设备的 PCI BAR 中。

在 PCI 设备的模拟中，不需要关注与电气相关的部分，只需要关注与操作系统的接口部分。设备与操作系统的接口主要包括 PCI 设备的配置空间以及 PCI 设备的寄存器基址。所有 PCI 设备的基类都是 TYPE_PCI_DEVICE，所有 PCI 设备在初始化时都会分配一块 PCI 配置空间保存在 PCIDevice 的 config 中，do_pci_register_device 函数会初始化 PCI 配置空间的基本数据。在具体设备进行具现化的函数中会初始化 PCI 配置空间的一些其他数据，还会分配设备需要的其他资源。具体设备的具现化函数囊括在用于调用具体 PCI 设备类的具现化函数中，也就是上述 pci_qdev_realize 过程中的第二部分。

下面以 pci_edu_realize 函数为例，查看相关的配置，与 PCI 相关的配置如下。

```
hw/misc/edu.c
static void pci_edu_realize(PCIDevice *pdev, Error **errp)
{
    EduState *edu = DO_UPCAST(EduState, pdev, pdev);
    uint8_t *pci_conf = pdev->config;
    …
    pci_config_set_interrupt_pin(pci_conf, 1);

    if (msi_init(pdev, 0, 1, true, false, errp)) {
        return;
    }

    memory_region_init_io(&edu->mmio, OBJECT(edu), &edu_mmio_ops, edu,
                "edu-mmio", 1 << 20);
    pci_register_bar(pdev, 0, PCI_BASE_ADDRESS_SPACE_MEMORY, &edu->mmio);
}
```

pci_config_set_interrupt_pin 设置了 PCI 设备配置空间的 PCI_INTERRUPT_PIN 字节。msi_init 函数会设置 PCI 配置空间与 MSI 中断相关的数据。memory_region_init_io 初始化了一个 edu->mmio，表示的是该设备的 MMIO，其大小为 1MB，最后调用 pci_register_bar 将该 MMIO 注册为设备的第 0 号 BAR。pci_register_bar 代码如下。

```
hw/pci/pci.c
void pci_register_bar(PCIDevice *pci_dev, int region_num,
                        uint8_t type, MemoryRegion *memory)
{
    PCIIORegion *r;
    uint32_t addr; /* offset in pci config space */
    uint64_t wmask;
    pcibus_t size = memory_region_size(memory);
    …
    r = &pci_dev->io_regions[region_num];
    r->addr = PCI_BAR_UNMAPPED;
    r->size = size;
    r->type = type;
    r->memory = memory;
    r->address_space = type & PCI_BASE_ADDRESS_SPACE_IO
                    ? pci_get_bus(pci_dev)->address_space_io
                    : pci_get_bus(pci_dev)->address_space_mem;

    wmask = ~(size - 1);
    if (region_num == PCI_ROM_SLOT) {
        /* ROM enable bit is writable */
        wmask |= PCI_ROM_ADDRESS_ENABLE;
    }

    addr = pci_bar(pci_dev, region_num);
    pci_set_long(pci_dev->config + addr, type);

    if (!(r->type & PCI_BASE_ADDRESS_SPACE_IO) &&
        r->type & PCI_BASE_ADDRESS_MEM_TYPE_64) {
        pci_set_quad(pci_dev->wmask + addr, wmask);
        pci_set_quad(pci_dev->cmask + addr, ~0ULL);
    } else {
        pci_set_long(pci_dev->wmask + addr, wmask& 0xffffffff);
        pci_set_long(pci_dev->cmask + addr, 0xffffffff);
    }
}
```

首先根据 region_num 找到 PCIDevice->io_regions 数组中对应的项。PCI 设备的 MMIO 存放在 PCIIORegion 结构体中，结构体中保存了 MMIO 的地址、大小、类型等信息。得到 region_num 表示的 PCIIORegion 之后进行一些初始化设置，然后将该 region 的 type 写到相应 PCI 配置空间对应 BAR 的地址处，最后设置 PCIDevice 中 wmask 和 cmask 的值。

操作系统与 PCI 设备交互的主要方式是 PIO 和 MMIO，MMIO 虽然是一段内存，但是其没有 EPT 映射，在虚拟机中访问设备的 MMIO 时，会产生 VM Exit，KVM 识别此 MMIO 访问并且将该访问分派到应用层 QEMU 中，QEMU 根据内存虚拟化的步骤进行分派，找到设备注册的 MMIO 读写回调函数，设备的 MMIO 读写回调函数根据设备的功能进行模拟，完成模拟之后可能会发送中断到虚拟机中，从而完成一些 MMIO 访问。下面分析 edu 设备的 MMIO 读写函数。pci_edu_realize 函数中调用 memory_region_init_io 函数，指定其读写函数是 edu_mmio_ops。

```
hw/misc/edu.c
static const MemoryRegionOps edu_mmio_ops = {
    .read = edu_mmio_read,
    .write = edu_mmio_write,
    .endianness = DEVICE_NATIVE_ENDIAN,
};
static void edu_mmio_write(void *opaque, hwaddraddr, uint64_t val,
            unsigned size);
```

edu_mmio_ops 的类型为 MemoryRegionOps，其中的 read 和 write 函数分别表示该 MMIO 的读写回调，endianness 表示字节的大小端。以 write 回调函数为例，其原型中的 opaque 表示的是设备的对象，addr 表示虚拟机读的地址在该 MMIO 中的偏移地址，val 表示写的值，size 表示写的值大小，通常有单字节、双字节、四字节以及八字节。edu_mmio_write 部分代码如下。

```
hw/misc/edu.c
static void edu_mmio_write(void *opaque, hwaddraddr, uint64_t val,
            unsigned size)
{
EduState *edu = opaque;

    if (addr< 0x80 && size != 4) {
        return;
    }

    if (addr>= 0x80 && size != 4 && size != 8) {
        return;
    }

    switch (addr) {
    case 0x04:
        edu->addr4 = ~val;
        break;
    …
    case 0x60:
        edu_raise_irq(edu, val);
        break;
    case 0x64:
        edu_lower_irq(edu, val);
        break;
    case 0x80:
        dma_rw(edu, true, &val, &edu->dma.src, false);
        break;
        …
    }
}
```

edu_mmio_write 函数展示了一个虚拟机在写设备 MMIO 地址时 QEMU 中设备模拟的典型行为。首先，需要检查读写地址以及大小是否在范围之内。然后根据具体的地址来进行适当的行为，这些行为可以是简单地设置一个值，如这里的写 0x04 地址，可以是将中断设置为高电平

（写 0x60 地址）或者是将中断设置为低电平（写 0x64 地址），还可以是通过 dma 读写设备虚拟机的物理地址（写 0x80 地址）。

上面介绍了普通设备的模拟，这里介绍一个特殊的设备——北桥的 I/O 模拟。

北桥的 PCI 部分由结构体 PCIHostState 表示。北桥的 PCI 部分有两个 I/O 寄存器，其中一个是配置地址寄存器，叫作 CONFGADDR，其对应的 MemoryRegion 保存在 PCIHostState 的 conf_mem 成员中，该寄存器的作用是选择 PCI 设备。北桥的 PCI 部分的另一个寄存器是配置数据寄存器，叫作 CONFGDATA，其对应的 MemoryRegion 保存在 PCIHostState 的 s->data_mem 成员中，当其 CONFADDR 寄存器最高位为 1 时，这个寄存器用来对 CONFGADD 中指定的设备进行配置。

这两段 MMIO 地址是在北桥的 instance_init 函数 i440fx_pcihost_initfn 中初始化的。

```
hw/pci-host/piix.c
static void i440fx_pcihost_initfn(Object *obj)
{
PCIHostState *s = PCI_HOST_BRIDGE(obj);

memory_region_init_io(&s->conf_mem, obj, &pci_host_conf_le_ops, s,
                      "pci-conf-idx", 4);
memory_region_init_io(&s->data_mem, obj, &pci_host_data_le_ops, s,
                      "pci-conf-data", 4);
    …
}
```

其对应的 MemoryRegionOps 分别是 pci_host_conf_le_ops 和 pci_host_data_le_ops。I/O 地址的注册是在北桥的具现化函数 i440fx_pcihost_realize 中完成的，代码如下。

```
hw/pci-host/piix.c
static void i440fx_pcihost_realize(DeviceState *dev, Error **errp)
{
PCIHostState *s = PCI_HOST_BRIDGE(dev);
SysBusDevice *sbd = SYS_BUS_DEVICE(dev);

sysbus_add_io(sbd, 0xcf8, &s->conf_mem);
sysbus_init_ioports(sbd, 0xcf8, 4);

sysbus_add_io(sbd, 0xcfc, &s->data_mem);
sysbus_init_ioports(sbd, 0xcfc, 4);
}
```

sysbus_add_io 函数会将指定 MemoryRegion 设置为系统 I/O 地址空间的子 MemoryRegion。sysbus_init_ioports 会对 SysBusDevice 中的 PIO 端口数组初始化。i440fx_pcihost_realize 函数将北桥的 CONFADDR 和 CONFDATA 两个寄存器地址加入到系统 I/O 地址空间中，其中 CONFADDR 使用从端口 0xcf8 开始的 4 个端口，CONFDATA 使用从 0xcfc 开始的 4 个端口。

写 CONFGADDR 的行为会设置配置寄存器的值，指定选择的 PCI 设备，用于随后的数据访问。

```
hw/pci/pci_host.c
static void pci_host_config_write(void *opaque, hwaddraddr,
                                  uint64_t val, unsigned len)
{
```

```
    PCIHostState *s = opaque;

    PCI_DPRINTF("%s addr " TARGET_FMT_plx " len %d val %"PRIx64"\n",
                __func__, addr, len, val);
    if (addr != 0 || len != 4) {
        return;
    }
    s->config_reg = val;
}
```

pci_host_config_write 将虚拟机选中的 PCI 设备地址保存在了 PCIHostState 的 config_reg 寄存器中。CONFGADDR 必须通过 4 个字节访问。从 Intel 440FX PCIset 手册中可知写入 CONFGADDR 寄存器的数据的含义。CONFGADDR 寄存器的第 31 位表示是否使能 PCI 设备的配置功能，如果要想读写 PCI 设备的配置空间，需要将该位设置为 1，第 24 位到 30 位为保留位，第 16 位到 23 位表示设置 PCI 总线号，第 11 位到 15 位表示设置选择的总线上面的 PCI 设备号，第 8 位到第 10 位表示选择总线上面设备号对应 PCI 设备的功能号，第 2 位到第 7 位表示选定的总线、设备、功能号对应的 PCI 设备的寄存器值，第 0 位到第 1 位为保留位。

综上，CONFGADDR 寄存器指定了 PCI 设备的地址，当选定了 PCI 设备之后就可以向 PCI 配置空间写数据了。下面是写 CONFGDATA 寄存器的值。

```
hw/pci/pci_host.c
static void pci_host_data_write(void *opaque, hwaddr addr,
                                uint64_t val, unsigned len)
{
    PCIHostState *s = opaque;
    PCI_DPRINTF("write addr " TARGET_FMT_plx " len %d val %x\n",
                addr, len, (unsigned)val);
    if (s->config_reg & (1u << 31))
        pci_data_write(s->bus, s->config_reg | (addr& 3), val, len);
}
```

首先判断配置寄存器的值中的 31 位是否使能，使能的情况下调用 pci_data_write 开始写设备的配置空间，相关代码如下。

```
hw/pci/pci_host.c
void pci_data_write(PCIBus *s, uint32_t addr, uint32_t val, int len)
{
    PCIDevice *pci_dev = pci_dev_find_by_addr(s, addr);
    uint32_t config_addr = addr& (PCI_CONFIG_SPACE_SIZE - 1);

    if (!pci_dev) {
        return;
    }

    PCI_DPRINTF("%s: %s: addr=%02" PRIx32 " val=%08" PRIx32 " len=%d\n",
                __func__, pci_dev->name, config_addr, val, len);
    pci_host_config_write_common(pci_dev, config_addr,
                                 PCI_CONFIG_SPACE_SIZE,val, len);
}
```

pci_data_write 函数首先通过 CONFGADDR 中的值调用 pci_dev_find_by_addr 找到需要访问的 PCI 设备，然后再调用 pci_host_config_write_common 读写该设备的 PCI 配置空间。值得注意

的是，addr 和（PCI_CONFIG_SPACE_SIZE-1）进行与操作从而将 addr 限制在了 PCI 配置空间的大小 256 字节以内。pci_host_config_write_common 函数在做一些基本的检查之后调用了 PCI 设备自己的 config_write 回调函数。

上面介绍了虚拟机如何通过北桥的 MMIO 来读写 PCI 设备的配置空间。PCI 设备的配置空间中有 MMIO 的地址，也就是 BAR 信息，里面存放有 BAR 的基址，虚拟机可以通过读写这些 BAR 来与设备通信。然而，QEMU 在设备初始化、具现化的过程中并没有设置基址，那么这些地址是怎么设置的呢？这实际上是在运行时设置的，下面从 BIOS 的角度来分析地址是怎么设置的。以下列 QEMU 命令行为例。

```
/home/test/qemu/x86_64-softmmu/qemu-system-x86_64  -m  1024  -smp  4 -hda
/home/test/test.img --enable-kvm -vnc :0 -device edu -debugcon file:/home/test/
1.txt -global isa-debugcon.iobase=0x402 -bios /home/test/seabios/out/bios.bin
```

上述虚拟机对应的 PCI 设备如图 7-8 所示。

```
test@test-Standard-PC-i440FX-PIIX-1996:~$ lspci
00:00.0 Host bridge: Intel Corporation 440FX - 82441FX PMC [Natoma] (rev 02)
00:01.0 ISA bridge: Intel Corporation 82371SB PIIX3 ISA [Natoma/Triton II]
00:01.1 IDE interface: Intel Corporation 82371SB PIIX3 IDE [Natoma/Triton II]
00:01.3 Bridge: Intel Corporation 82371AB/EB/MB PIIX4 ACPI (rev 03)
00:02.0 VGA compatible controller: Device 1234:1111 (rev 02)
00:03.0 Ethernet controller: Intel Corporation 82540EM Gigabit Ethernet Control
ler (rev 03)
00:04.0 Unclassified device [00ff]: Device 1234:11e8 (rev 10)
```

图 7-8　虚拟机中的 PCI 设备

读取/proc/iomem 可以看到设备的 MMIO 地址分布，如图 7-9 所示。

```
40000000-febfffff : PCI Bus 0000:00
  fd000000-fdffffff : 0000:00:02.0
    fd000000-fd15ffff : efifb
  fea00000-feafffff : 0000:00:04.0
  feb00000-feb3ffff : 0000:00:03.0
  feb40000-feb5ffff : 0000:00:03.0
    feb40000-feb5ffff : e1000
  feb70000-feb70fff : 0000:00:02.0
```

图 7-9　虚拟机中使用的 MMIO 地址

查看 SeaBIOS 的日志文件 1.txt，可以看到上述 PCI 设备的 BAR 初始化信息。

```
PCI: map device bdf=00:03.0  bar 1, addr 0000c000, size 00000040 [io]
PCI: map device bdf=00:01.1  bar 4, addr 0000c040, size 00000010 [io]
PCI: map device bdf=00:04.0  bar 0, addr fea00000, size 00100000 [mem]
PCI: map device bdf=00:03.0  bar 6, addrfeb00000, size 00040000 [mem]
PCI: map device bdf=00:03.0  bar 0, addrfeb40000, size 00020000 [mem]
PCI: map device bdf=00:02.0  bar 6, addrfeb60000, size 00010000 [mem]
PCI: map device bdf=00:02.0  bar 2, addrfeb70000, size 00001000 [mem]
PCI: map device bdf=00:02.0  bar 0, addr fd000000, size 01000000 [prefmem]
```

从上述日志可以看出，IDE 控制器有 1 个 I/O BAR，VGA 有 3 个 mem BAR，网卡有 2 个 mem BAR 以及 1 个 I/O BAR，edu 设备有 1 个 mem BAR，SeaBIOS 日志也打印出了设备 BAR 的地址。

下面从代码层面分析这个过程怎么完成的。在 SeaBIOS 的调用链 dopost->maininit->platform_hardware_setup->qemu_platform_setup->pci_setup->pci_bios_map_devices 过程中，最后这个函数负责完成 PCI 设备 BAR 的设置。

其中包括 I/O、MEM 以及 PREFMEM 三种 BAR 的设置，MEM 和 PREFMEM 是一起的，

这里以上述命令行为例讨论 SeaBIOS 如何给 PCI 设备设置 BAR 基址。

pci_bios_map_devices 首先调用 pci_bios_init_root_regions_io 和 pci_bios_init_root_regions_mem 做初始化的工作，以 mem 为例，其代码如下。

```
src/fw/pciinit.c
static int pci_bios_init_root_regions_mem(struct pci_bus *bus)
{
    struct pci_region *r_end = &bus->r[PCI_REGION_TYPE_PREFMEM];
    struct pci_region *r_start = &bus->r[PCI_REGION_TYPE_MEM];

    if (pci_region_align(r_start) < pci_region_align(r_end)) {
        // Swap regions to improve alignment.
        r_end = r_start;
        r_start = &bus->r[PCI_REGION_TYPE_PREFMEM];
    }
    u64 sum = pci_region_sum(r_end);
    u64 align = pci_region_align(r_end);
    r_end->base = ALIGN_DOWN((pcimem_end - sum), align);
    sum = pci_region_sum(r_start);
    align = pci_region_align(r_start);
    r_start->base = ALIGN_DOWN((r_end->base - sum), align);

    if ((r_start->base <pcimem_start) ||
        (r_start->base >pcimem_end))
        // Memory range requested is larger than available.
        return -1;
    return 0;
}
```

pci_region 表示该虚拟机所有设备的某一类 BAR（如 PCI_REGION_TYPE_MEM 表示 mem BAR），pci_region 的 base 成员表示这类 BAR 的起始地址，list 成员用来链接所有这类 BAR 的设备。pci_region_align 会返回 BAR 中最大的 align 值，每个设备的 BAR 地址的 alignment 就是其大小。这里首先比较 align，大的尽量往前面放。在命令行启动的虚拟机中最大的是 VGA 的 16MB ROM 区域，所以会把 PREFMEM 放在更前面，也就是其地址比较低。pci_region_sum 返回某一类 BAR 的所有空间和，将 pcimem_end 设置为 0xfec00000。

这里 r_end 表示的就是 mem BAR，此例中所有 PCI 设备的 mem BAR 的 sum 为 0x171000，align 为 mem 最大的那一个值，此例中是 0x00100000，所以 r_end->base 就是 0xfec00000-0x171000 之后与 0x100000 进行与运算的结果，该值为 0xfea00000。r_start 表示 PREFMEM BAR，这里只有一个 PREFMEM，大小为 0x01000000，所以 align 为 0x01000000，0xfea00000-0x1000000=0xfd000000，所以那个 PREFMEM 起始在 0xfd000000。

将每种 BAR 的基址算出来后就好处理了，调用 pci_region_map_entries 设置每个 BAR 的基址。该函数调用 pci_region_map_one_entry 来完成每一项的设置。

```
src/fw/pciinit.c
static void pci_region_map_entries(struct pci_bus *busses, struct pci_region *r)
{
    struct hlist_node *n;
    struct pci_region_entry *entry;
    hlist_for_each_entry_safe(entry, n, &r->list, node) {
```

```
            u64 addr = r->base;
            r->base += entry->size;
            if (entry->bar == -1)
                // Update bus base address if entry is a bridge region
                busses[entry->dev->secondary_bus].r[entry->type].base = addr;
            pci_region_map_one_entry(entry, addr);
            hlist_del(&entry->node);
            free(entry);
        }
    }

static void
pci_region_map_one_entry(struct pci_region_entry *entry, u64 addr)
{
    if (entry->bar >= 0) {
        dprintf(1, "PCI: map device bdf=%pP"
                " bar %d, addr %08llx, size %08llx [%s]\n",
                entry->dev,
                entry->bar, addr, entry->size, region_type_name[entry->type]);

        pci_set_io_region_addr(entry->dev, entry->bar, addr, entry->is64);
        return;
    }
    …
    }

static void
pci_set_io_region_addr(struct pci_device *pci, int bar, u64 addr, int is64)
{
    u32 ofs = pci_bar(pci, bar);
    pci_config_writel(pci->bdf, ofs, addr);
    if (is64)
        pci_config_writel(pci->bdf, ofs + 4, addr>> 32);
}
```

**src/hw/pci.c**
```
void pci_config_writel(u16 bdf, u32 addr, u32 val)
{
    outl(0x80000000 | (bdf<< 8) | (addr& 0xfc), PORT_PCI_CMD);
    outl(val, PORT_PCI_DATA);
}
```

　　pci_bar 用来得到需要写入的 BAR 在 PCI 配置空间的地址，然后调用 pci_config_writel，第一个 outl 用来选择设备，第二个 outl 用来写入数据。

　　通过上述过程，SeaBIOS 就把所有设备的 BAR 基址赋值好了。接下来分析 QEMU，当 SeaBIOS 将地址写入 PORT_PCI_DATA，也就是 PCI 主桥的 I/O 配置空间时，会调用到函数，这里只看与 BAR 地址设置相关的代码。

**hw/pci/pci.c**
```
void pci_default_write_config(PCIDevice *d, uint32_t addr, uint32_t val_
in, int 1)
{
```

```
        int i, was_irq_disabled = pci_irq_disabled(d);
        uint32_t val = val_in;

        for (i = 0; i < 1; val >>= 8, ++i) {
            …
        }
        if (ranges_overlap(addr, 1, PCI_BASE_ADDRESS_0, 24) ||
            ranges_overlap(addr, 1, PCI_ROM_ADDRESS, 4) ||
            ranges_overlap(addr, 1, PCI_ROM_ADDRESS1, 4) ||
            range_covers_byte(addr, 1, PCI_COMMAND))
            pci_update_mappings(d);
        …
    }
static void pci_update_mappings(PCIDevice *d)
{
    PCIIORegion *r;
    int i;
    pcibus_t new_addr;

    for(i = 0; i < PCI_NUM_REGIONS; i++) {
        r = &d->io_regions[i];
        …
        new_addr = pci_bar_address(d, i, r->type, r->size);
        …
        r->addr = new_addr;
        if (r->addr != PCI_BAR_UNMAPPED) {
            …
            memory_region_add_subregion_overlap(r->address_space,
                                    r->addr, r->memory, 1);
        }
    }

    pci_update_vga(d);
}
```

该函数首先将传过来的值写入了 PCI 设备的配置空间，因为地址是 BAR 的地址，所以会调用 pci_update_mappings，在该函数中，从 pci_bar_address 中得到 BAR 的地址，然后复制到 io_regions 中的 addr，最后调用 memory_region_add_subregion_overlap 将该地址添加到 PCI MemoryRegion，作为它的一个子 MR。再经过内存提交，就会在 QEMU 中建立起内存分派表，从而在虚拟机访问这块 MMIO 内存的时候，由其对应设备的回调函数来处理。

### 7.2.3 PCI 设备中断模拟

上一节介绍了操作系统驱动设备的 MMIO/PIO 机制以及 QEMU 是如何模拟该机制的。操作系统与设备通信的另一方面则是设备产生了事件，通过中断机制通知操作系统。设备寄存器和 I/O 端口提供操作系统向设备的通信，而中断机制则提供了设备向操作系统的通信。本节就来介绍 PCI 设备的中断模拟。

7.2.1 节已经介绍了每个 PCI 设备都有 4 个引脚，都可以触发中断，单功能设备都用 INTA 触发中断，只有多功能设备会用到 INTB、INTC、INTD 等中断引脚。使用哪个引脚通常体现在

QEMU 在设备具现化的时候写入 PCI 设备配置空间内 0x3d 处的一个字节。比如下面的代码显示了 e1000 设备使用了 INTA 引脚。

```
hw/net/e1000.c
static void pci_e1000_realize(PCIDevice *pci_dev, Error **errp)
{
    …
    pci_conf = pci_dev->config;
    …
    pci_conf[PCI_INTERRUPT_PIN] = 1; /* interrupt pin A */
    …
}
```

PCI 总线上能够挂载多个设备，而通常中断控制器的中断线是有限的，加上一些中断线已经分配给了主板上的设备，所以通常留给 PCI 设备的中断个数只有 4 个或者 8 个，QEMU 在 i440fx 主板上只有 4 个中断。将 PCI 设备使用的中断引脚与中断控制器的中断线关联起来，通常叫作 PCI 设备的中断路由。

PCI 设备中断路由涉及 3 个概念：一是已经介绍过的 PCI 设备的中断引脚；二是中断控制器的中断线；三是所谓的 PCI 链接设备（PCI Linking device，LNK）。PCI 链接设备可以理解成用来将 PCI 总线与中断线连接在一起的设备，i440fx 主板模拟给 PCI 设备的中断线有 4 条，所以通常有 LNKA、LNKB、LNKC、LNKD 这 4 个 PCI 链接设备。7.2.1 节中的图 7-7 可以扩展为如图 7-10 所示。

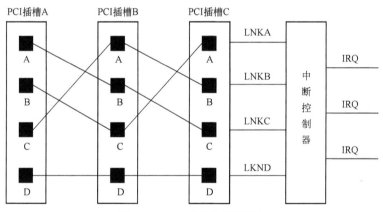

图 7-10　PCI 设备的中断路由

PCI 设备中断路由包括两个部分，一个是设备 INTA 连接到 LNKA 的交错连接，这样可以均衡每个 LNKA 的负载，因为大多数设备都是用 INTA 触发中断，所以这样每个设备的 INTA 都连接到了不同的 PCI 链接设备上。PCI 中断路由的第二个部分包括 PCI 链接设备路由到具体的 IRQ 线上，这通常是由 BIOS 设定的。这里需要注意的是 LNK[A-D]路由到的 IRQ 不一定是一一对应的，可能有两个 LNK*链接到同一个 IRQ 的情况。

PCI 链接设备到中断控制器上的路由信息是通过 SeaBIOS 配置完成的。SeaBIOS 中的 pci_init_device 函数会初始化 piix3/4 设备，该函数会调用 piix_isa_bridge_setup，代码如下。

```
src/fw/pciinit.c
/* PIIX3/PIIX4 PCI to ISA bridge */
static void piix_isa_bridge_setup(struct pci_device *pci, void *arg)
{
```

```
    int i, irq;
    u8 elcr[2];

    elcr[0] = 0x00;
    elcr[1] = 0x00;
    for (i = 0; i < 4; i++) {
        irq = pci_irqs[i];
        /* set to trigger level */
        elcr[irq >> 3] |= (1 << (irq& 7));
        /* activate irq remapping in PIIX */
        pci_config_writeb(pci->bdf, 0x60 + i, irq);
    }
outb(elcr[0], PIIX_PORT_ELCR1);
outb(elcr[1], PIIX_PORT_ELCR2);
dprintf(1, "PIIX3/PIIX4 init: elcr=%02x %02x\n", elcr[0], elcr[1]);
}

const u8 pci_irqs[4] = {
    10, 10, 11, 11
};
```

这里可以看到 piix3/4 设备的配置空间 0x60 开始的地方写入了 PCI 链接设备到中断线的路由关系，LNKA、LNKB、LNKC、LNKD 分别对应 10、10、11、11 这 4 个中断线。

PCI 设备到 PCI 链接设备的路由信息是写在 ACPI 表中的，这里不深入 ACPI 的具体细节，仅简单介绍下基本概念。ACPI（Advanced Configuration and Power Interface）提供了处理器硬件和操作系统之间的一组接口，用来对处理器以及设备的电源进行管理，并且可以配置外部设备使用的系统资源。ACPI 使用一系列描述符表来管理处理器和设备资源。PCI 设备的中断路由是通过 build_prt 函数完成的，该函数会构造包含 128 项数组的数据，每一项表示一个设备的路由信息，说明该设备路由到哪个 PCI 链接设备。映射关系按照如下公式完成。

$$(slot + pin) \& 3 -> "LNK[D|A|B|C]"$$

接下来分析 QEMU 中 PCI 设备触发中断的流程。PCI 总线的 IRQ 路由设置是在 i440fx_init 函数中调用 pci_bus_irqs 完成的。

```
hw/i386/piix.c
void i440fx_init ()
{
  …
  pci_bus_irqs(b, piix3_set_irq, pci_slot_get_pirq, piix3,
                  PIIX_NUM_PIRQS);
  …
}

hw/pci/pci.c
void pci_bus_irqs(PCIBus *bus, pci_set_irq_fn set_irq, pci_map_irq_fn
              map_irq,void *irq_opaque, int nirq)
{
    bus->set_irq = set_irq;
    bus->map_irq = map_irq;
    bus->irq_opaque = irq_opaque;
    bus->nirq = nirq;
```

```
    bus->irq_count = g_malloc0(nirq * sizeof(bus->irq_count[0]));
}

hw/pci-host/piix.c
static int pci_slot_get_pirq(PCIDevice *pci_dev, int pci_intx)
{
    int slot_addend;
    slot_addend = (pci_dev->devfn>> 3) - 1;
    return (pci_intx + slot_addend) & 3;
}

hw/pci-host/piix.c
static void piix3_set_irq(void *opaque, int pirq, int level)
{
    PIIX3State *piix3 = opaque;
    piix3_set_irq_level(piix3, pirq, level);
}

static void piix3_set_irq_level(PIIX3State *piix3, int pirq, int level)
{
    int pic_irq;

    pic_irq = piix3->dev.config[PIIX_PIRQC + pirq];
    if (pic_irq>= PIIX_NUM_PIC_IRQS) {
        return;
    }

piix3_set_irq_level_internal(piix3, pirq, level);

piix3_set_irq_pic(piix3, pic_irq);
}
```

pci_bus_irqs 函数的 PIIX_NUM_PIRQS 表示的实际是 PCI 连接设备的数目，PCI 连接到中断控制器的配置是 BIOS 或者内核通过 PIIX3 的 PIRQ[A-D] 4 个引脚配置的。pci_slot_get_pirq 得到设备连接到的 PCI 连接设备，假设设备用的引脚为 x，设备的功能号为 y，则其连接到 (x+y)&3，注意这种对应关系不是必需的，这是一种建议的连接方式。设备触发中断过程中通过 pci_slot_get_pirq 得到了 PCI 连接设备之后，通常会调用 piix3_set_irq 来触发中断，该函数主要调用 piix3_set_irq_level。piix3_set_irq_level 函数中从 piix3 设备的 config[PIIX_PIRQC + pirq] 配置空间中取出了中断线，PIIX_PIRQC 开始的 4 个字节是 piix3 的 PIRQA～PIRQD 寄存器中的值，其中存放了 PCI 链接设备对应到的 IRQ 中断线。得到了设备所连的中断线之后，会在 piix3_set_irq_pic 中调用 qemu_set_irq 触发中断。

接下来分析一个 PCI 设备到底是如何向虚拟机中的操作系统化触发中断的。PCI 设备调用 pci_set_irq 函数触发中断，其中第二个参数表示是拉高还是拉低电平。

```
hw/pci/pci.c
void pci_set_irq(PCIDevice *pci_dev, int level)
{
    int intx = pci_intx(pci_dev);
    pci_irq_handler(pci_dev, intx, level);
}
```

pci_set_irq 函数首先调用 pci_intx 函数得到设备使用的 INTX 引脚，然后调用 pci_irq_handler 函数。pci_irq_handler 首先会判断当前中断线状态是否改变，如果没有改变就直接返回，如果改变了就会调用 pci_set_irq_state 以及 pci_update_irq_status 设置设备状态，然后调用 pci_change_irq_level 来触发中断。

```
hw/pci/pci.c
static void pci_irq_handler(void *opaque, int irq_num, int level)
{
    PCIDevice *pci_dev = opaque;
    int change;

    change = level - pci_irq_state(pci_dev, irq_num);
    if (!change)
        return;

    pci_set_irq_state(pci_dev, irq_num, level);
    pci_update_irq_status(pci_dev);
    if (pci_irq_disabled(pci_dev))
        return;
    pci_change_irq_level(pci_dev, irq_num, change);
}
```

pci_change_irq_level 函数会得到当前设备对应的 PCI 总线，然后调用其回调函数 map_irq。对于根总线来说，这个回调函数就是 pc_init1 中初始化的 pci_slot_get_pirq 函数，即 piix3_set_irq，该函数会返回实际的中断线，然后调用 PCI 总线的 set_irq 回调。经过这一系列的函数调用，PCI 设备就向虚拟机内的操作系统触发了一个中断。

```
hw/pci/pci.c
static void pci_change_irq_level(PCIDevice *pci_dev, int irq_num, int change)
{
    PCIBus *bus;
    for (;;) {
        bus = pci_dev->bus;
        irq_num = bus->map_irq(pci_dev, irq_num);
        if (bus->set_irq)
            break;
        pci_dev = bus->parent_dev;
    }
    bus->irq_count[irq_num] += change;
    bus->set_irq(bus->irq_opaque, irq_num, bus->irq_count[irq_num] != 0);
}
```

## 7.3 设备模拟后端

除了类似 edu 这种纯粹的虚拟设备，虚拟机中的大部分设备都是需要与外界通信的，比如需要访问真实的网络、读取虚拟机的磁盘数据等，虚拟机在模拟这种设备的过程中需要访问到实际的物理设备。虚拟机通过两个部分完成这类模拟，第一部分从逻辑上来说属于虚拟机，叫作前端设备，比如虚拟网卡，第二部分从逻辑上来说属于物理机，叫作后端设备，比如网卡对应的 tap 后端设备。前后端结构如图 7-11 所示。

前后端架构中，前端主要负责与虚拟机打交道，管理虚拟机的 I/O，而后端主要与宿主机打交道，将虚拟机的 I/O 请求转换为宿主机上的 I/O 请求。在各种设备模拟技术中，网络设备是发展最快的，本章随后的章节将介绍网络设备从传统模拟到 virtio，再到 vhost、vhost-user 的发展过程。本节主要介绍全虚拟化下的网卡模拟。

## 7.3.1　网卡模拟介绍

### 1．tap 设备的使用

首先介绍一下 QEMU 使用 tap 作为网络后端的方法。第一步要创建一个 tap 设备 tap0，并且把它加到网桥 br0 中，同时将主机的一个物理网卡加到 br0，具体步骤如下。

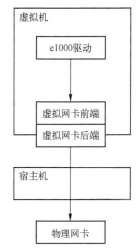

图 7-11　QEMU 设备模拟前后端结构

1）安装桥软件包 apt-get install bridge-utils。

2）创建网桥 brctladdbr br0。

3）将宿主机网卡加入到网桥 brctladdif br0 ens33。

4）将宿主机网卡的 ip 配置清掉 ifconfig ens33 0。

5）给网桥分配一个 dhclient br0。

6）创建 tap 设备 ip tuntap add dev tap0 mode tap。

7）将 tap0 加入到网桥 brctladdif br0 tap0。

8）将 tap 设备激活 ip link set dev tap0 up。

使用如下命令启动虚拟机。

```
gdb --args x86_64-softmmu/qemu-system-x86_64 --enable-kvm -m 2048 -hda
/home/test/test.img -net nic,model=e1000,netdev=foo -netdev tap,ifname=tap0,
script=no,downscript=no,id=foo -vnc :10
```

在虚拟机中执行查看网络情况，如图 7-12 所示。

```
test@test-Standard-PC-i440FX-PIIX-1996:~$ ifconfig
ens3: flags=4163<UP,BROADCAST,RUNNING,MULTICAST>  mtu 1500
        inet 192.168.52.144  netmask 255.255.255.0  broadcast 192.168.52.255
        inet6 fe80::6610:8d00:a496:bc44  prefixlen 64  scopeid 0x20<link>
        ether 52:54:00:12:34:56  txqueuelen 1000  (Ethernet)
        RX packets 202  bytes 269927 (269.9 KB)
        RX errors 0  dropped 0  overruns 0  frame 0
        TX packets 294  bytes 36624 (36.6 KB)
        TX errors 0  dropped 0 overruns 0  carrier 0  collisions 0

lo: flags=73<UP,LOOPBACK,RUNNING>  mtu 65536
        inet 127.0.0.1  netmask 255.0.0.0
        inet6 ::1  prefixlen 128  scopeid 0x10<host>
        loop  txqueuelen 1000  (Local Loopback)
        RX packets 263  bytes 19052 (19.0 KB)
        RX errors 0  dropped 0  overruns 0  frame 0
        TX packets 263  bytes 19052 (19.0 KB)
        TX errors 0  dropped 0 overruns 0  carrier 0  collisions 0

test@test-Standard-PC-i440FX-PIIX-1996:~$ ping www.baidu.com
PING www.a.shifen.com (115.239.210.27) 56(84) bytes of data.
64 bytes from 115.239.210.27 (115.239.210.27): icmp_seq=1 ttl=128 time=10.6 ms
64 bytes from 115.239.210.27 (115.239.210.27): icmp_seq=2 ttl=128 time=41.3 ms
64 bytes from 115.239.210.27 (115.239.210.27): icmp_seq=3 ttl=128 time=13.2 ms
```

图 7-12　虚拟机使用 tap 后端通信

此时可以看到虚拟机内部有了跟网桥地址同一段的 IP，并且也能够与外界通信了。

先介绍一下命令行中关于网卡的命令参数，包括下面的命令行。

```
    -net    nic,model=e1000,netdev=foo    -netdev    tap,ifname=tap0,script=no,
downscript=no,id=foo
```

其中，-net 是一个比较大类的参数项；nic 表示的是创建前端虚拟机网卡；model 表示创建的网卡类型（如 e1000、rtl8139、pcnet、virtio 等）；netdev 表示的是其所使用的后端设备的 id。-netdev 定义一个网卡后端设备，这里 tap 表示使用 tap 设备作为后端；ifname 表示 tap 设备的名字；script 表示虚拟机在打开 tap 网卡的时候需要执行的脚本；downscript 表示虚拟机在关闭的时候需要执行的脚本，这里都设置为 no，表示不需要执行额外的操作。管理软件（如 libvirt）可以方便地利用这两个参数项来设置虚拟机创建和启动的一些操作，比如前面是手动创建的 tap 设备并且加入网桥，在管理软件中，则可以把这些操作放到启动脚本中，当虚拟机关闭的时候可以删除 tap 设备。

从上可见，使用 tap 设备比较简单。

**2. tap 设备原理**

tun/tap 是 Linux 下的虚拟网卡设备，能够被用户态的进程用来发送和接收数据包，但是与实际网卡的数据来自网卡的链路层不同，tun/tap 数据的接收和发送方都是来自用户进程或者内核。tun 和 tap 设备不同的地方在于前者是一个三层设备，而后者是一个二层设备。当向 tap 设备写入数据时，对 tap 设备而言就类似于网卡收到了来自网络的数据包，当对 tap 进行 read 的时候，对 tap 设备而言就类似于网卡进行发包。其基本原理如图 7-13 所示。

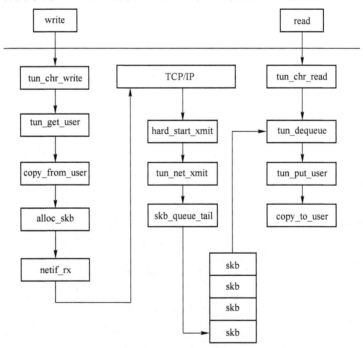

图 7-13　tap 设备工作原理

这里需要对 tap 设备的创建和工作原理进行简单介绍，方便理解后面的内容。tun 和 tap 设备都是通过 Linux 内核中的 tun 驱动创建的，tun 驱动在初始化的时候会注册一个 misc 设备，其路径为 "/dev/net/tun"，用来作为向用户态导出的接口，所有对 tun/tap 设备的操作都必须首先打开"/dev/net/tun"得到一个 fd，然后对 fd 进行相应的操作。

应用程序可以调用 ioctl（TUNSETIFF）来创建一个设备，如果在参数中不提供设备的名字，那么内核会自己生成一个名字，参数中还需要包括要创建的设备模式，也就是指明是 tun 设备还是 tap 设备。进程创建好 tap 设备之后就可以用了，但是这样的设备会随着创建设备进程的退出而销毁，为了将 tap 一直保持在系统中，需要调用额外的 ioctl（TUNSETPERSIST）来将设备持久化。

当其他进程要使用该 tap 设备时，也会调用 ioctl（TUNSETIFF），由于这个时候设备已经存在了，所以该进程会连接（attach）到该 tap 上去。

当向 tap 设备写入数据时，Linux 内核源码文件 drivers/net/tun.c 中会调用 tun_get_user，并且最终调用到 netif_rx_ni 函数，也就是进入了一个收包流程，这个时候其他应用程序可以读取 tap 网卡上的数据。当读 tap 设备时，drivers/net/tun.c 中会调用 tun_do_read 函数，进而调用 tun_put_user 将数据复制到用户态进程。

再回过头来分析上一节创建 tap 设备并且使用的过程，tap 的创建是通过 ip 命令创建的，它创建了一个持久化的 tap0 设备，并将这个 tap 设备的名字传给 QEMU，QEMU 打开 tun 设备，将自己 attach 到这个 tap 设备上去。然后将宿主机的网卡 ens33 和 tap0 都加入到了网桥 br0 上，这样 br0 将接管 ens33 和 tap0 的收发包过程，当虚拟机内部发包并且最终通过 tap0 发包时，会被 br0 接管，然后 br0 将包发送到 ens33 网卡，ens33 将虚拟机的数据包转发出去。当 br0 网桥接收到数据包时，会判断该包是否属于 tap0，如果属于则会路由到 tap0 上去，这样 QEMU 中打开 tap 设备的 fd 会产生事件，使得 QEMU 来处理这个收包，tap 设备会将该包发送到 QEMU 对应的前端设备（也就是虚拟机的网卡）上。由此也可以看出，QEMU 向 tap 设备发包对应的是其收包过程，QEMU 设备向 tap 设备收包对应的其实是 tap 设备的发包过程。

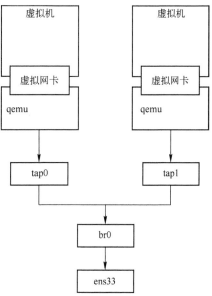

图 7-14　虚拟机使用 tap 作为网络后端原理

其基本原理如图 7-14 所示。

接下来从代码层面分析 QEMU 是如何实现这种前后端过程，进而实现虚拟机网卡设备的模拟的。首先需要分析 QEMU 是如何解析参数的。

## 7.3.2　网卡参数解析

QEMU 中与网卡命令行相关的参数项有 netdev、nic、net 等，当然，也可以通过-device 直接指定对应的虚拟机网卡。当命令行参数指定了这些参数之后，会放到相应的 QemuOptsList 上，随后 main 函数会调用 net_init_clients 来对网卡的相关参数进行初始化。

```
net/net.c
int net_init_clients(void)
{
    QemuOptsList *net = qemu_find_opts("net");

    net_change_state_entry =
```

```
            qemu_add_vm_change_state_handler(net_vm_change_state_handler, NULL);

    QTAILQ_INIT(&net_clients);

    if (qemu_opts_foreach(qemu_find_opts("netdev"),
                          net_init_netdev, NULL, NULL)) {
        return -1;
    }

    if (qemu_opts_foreach(net, net_init_client, NULL, NULL)) {
        return -1;
    }

    return 0;
}
```

net_init_clients 中每类参数都有一个对应的函数用来解析，如-netdev 使用 net_init_detdev 函数，-net 使用函数 net_init_client 函数。这里只介绍上一节中与命令行参数相关的-net 和-netdev 参数项。net_init_client 和 net_init_netdev 函数其实都是调用了同一个函数 net_client_init，只是对于 net，其 is_netdev 参数是 false，而对于 netdev，该参数是 true。net_client_init 代码如下。

```
net/net.c
static int net_client_init(QemuOpts *opts, bool is_netdev, Error **errp)
{
    void *object = NULL;
    Error *err = NULL;
    int ret = -1;
    Visitor *v = opts_visitor_new(opts);

    const char *type = qemu_opt_get(opts, "type");
    …
    if (is_netdev) {
        visit_type_Netdev(v, NULL, (Netdev **)&object, &err);
    } else {
        visit_type_NetLegacy(v, NULL, (NetLegacy **)&object, &err);
    }

    if (!err) {
        ret = net_client_init1(object, is_netdev, &err);
    }
    …
    return ret;
}
```

去掉一些关系不大的代码，可以看出这里 is_netdev 为真时调用解析 netdev 参数项的函数 visit_type_Netdev，另一个是解析非 netdev 参数项的 visit_type_NetLegacy，不管怎么样，参数最终都会放在 object 对象中，object 对象保存了 QEMU 命令行参数信息，net_client_init 最后都会调用到 net_client_init1，其简化之后的代码如下。

```
net/net.c
static int net_client_init1(const void *object, bool is_netdev, Error
**errp)
```

```
    {
        Netdev legacy = {0};
        const Netdev *netdev;
        const char *name;
        NetClientState *peer = NULL;

        if (is_netdev) {
            netdev = object;
            name = netdev->id;

            if (netdev->type == NET_CLIENT_DRIVER_DUMP ||
                netdev->type == NET_CLIENT_DRIVER_NIC ||
                !net_client_init_fun[netdev->type]) {
                error_setg(errp, QERR_INVALID_PARAMETER_VALUE, "type",
                        "a netdev backend type");
                return -1;
            }
        } else {
            const NetLegacy *net = object;
            const NetLegacyOptions *opts = net->opts;
            legacy.id = net->id;
            netdev = &legacy;
            /* missing optional values have been initialized to "all bits
zero" */

            name = net->has_id ? net->id : net->name;

            /* Map the old options to the new flat type */
            switch (opts->type) {
            case NET_LEGACY_OPTIONS_KIND_NONE:
                return 0; /* nothing to do */
            case NET_LEGACY_OPTIONS_KIND_NIC:
                legacy.type = NET_CLIENT_DRIVER_NIC;
                legacy.u.nic = *opts->u.nic.data;
                break;
                …
            }
            …
            /* Do not add to a vlan if it's a nic with a netdev= parameter. */
            if (netdev->type != NET_CLIENT_DRIVER_NIC ||
                !opts->u.nic.data->has_netdev) {
                peer = net_hub_add_port(net->has_vlan ? net->vlan : 0, NULL);
            }
        }

        if (net_client_init_fun[netdev->type](netdev, name, peer, errp) < 0) {
            …
        }
        return 0;
    }
```

对于 netdev 来说比较简单，其表示的是一个后端设备，先对提供的参数进行检查，然后根据设备的 type 类型直接调用 net_client_init_fun 数组中对应的函数。对于 nic 类型的参数，其表示的是一个前端虚拟网卡，这里只是用参数来初始化一个类型为 Netdev 的变量 netdev，然后对参数进行检查，注意这里有一个 net_hub_add_port 的调用，其调用的前提是该网络设备的类型是一个后端设备，或者是一个前端设备但是并没有指定相应的后端设备。net_hub_add_port 函数用来将设备加入到 QEMU 定义的 hub 中，当 QEMU 命令行参数并没有指定前端设备和后端设备的对应关系时，就会调用这个函数，这样当虚拟机网卡进行网络数据包路由的时候就能够通过这个 hub 将网卡前后端设备联系起来。由于这里的 nic 指定了 netdev 参数，直接建立了前后端设备的关联，所以并不会调用该函数。该函数到了最后就会根据 netdev 的类型来调用 net_client_init_fun 数据中的相应函数，该数组定义如下。

```
net/net.c
static int (* const net_client_init_fun[NET_CLIENT_DRIVER__MAX])(
    const Netdev *netdev,
    const char *name,
    NetClientState *peer, Error **errp) = {
        [NET_CLIENT_DRIVER_NIC]       = net_init_nic,
#ifdef CONFIG_SLIRP
        [NET_CLIENT_DRIVER_USER]      = net_init_slirp,
#endif
        [NET_CLIENT_DRIVER_TAP]       = net_init_tap,
        [NET_CLIENT_DRIVER_SOCKET]    = net_init_socket,
…
#ifdef CONFIG_VHOST_NET_USED
        [NET_CLIENT_DRIVER_VHOST_USER] = net_init_vhost_user,
#endif
#ifdef CONFIG_L2TPV3
        [NET_CLIENT_DRIVER_L2TPV3]    = net_init_l2tpv3,
#endif
};
```

可以看到，这里有很多的网络设备初始化函数，由于命令行参数是-net nic 和-netdev tap，所以这里会调用到 net_init_nic 和 net_init_tap，首先看第一个函数。

```
net/net.c
static int net_init_nic(const Netdev *netdev, const char *name,
                        NetClientState *peer, Error **errp)
{
    int idx;
    NICInfo *nd;
    const NetLegacyNicOptions *nic;

    assert(netdev->type == NET_CLIENT_DRIVER_NIC);
    nic = &netdev->u.nic;

    idx = nic_get_free_idx();
    …
    nd = &nd_table[idx];

    memset(nd, 0, sizeof(*nd));

    if (nic->has_netdev) {
        nd->netdev = qemu_find_netdev(nic->netdev);
```

```
            if (!nd->netdev) {
                error_setg(errp, "netdev '%s' not found", nic->netdev);
                return -1;
            }
        } else {
            assert(peer);
            nd->netdev = peer;
        }
        nd->name = g_strdup(name);
        if (nic->has_model) {
            nd->model = g_strdup(nic->model);
        }
        …
        qemu_macaddr_default_if_unset(&nd->macaddr);
        …
        nd->used = 1;
        nb_nics++;

        return idx;
}
```

QEMU 中定义了一个全局变量 nd_table 数组来表示所有的网卡信息，其大小为 MAX_NICS(8)，也就是一个虚拟机最多定义这么多个网卡，当前网卡的个数保存在 nb_nics。网卡信息用 NICInfo 表示，如 mac 地址、model、名字等，还有其对应的 NetClientState，这个数据结构很重要，后面会单独介绍。

```
        vl.c
        int nb_nics;
        NICInfo nd_table[MAX_NICS];

        include/net/net.h
        struct NICInfo {
            MACAddr macaddr;
            char *model;
            char *name;
            char *devaddr;
            NetClientState *netdev;
            int used;        /* is this slot in nd_table[] being used? */
            int instantiated; /* does this NICInfo correspond to an instantiated
NIC? */
            int nvectors;
        };
```

net_init_nic 函数首先从 nd_table 数组中取出一个空闲项 nd，用来存储当前的前端网卡，接着调用 qemu_find_netdev 找到指定的 netdev 设备赋值给 nd->netdev，然后设置地址、模型、名字等调用 qemu_macaddr_default_if_unset，当 QEMU 命令行没有设置该网卡的 mac 地址时，这里会给网卡产生一个地址，这也是默认情况下虚拟机网卡的 mac 地址总是以 0x52 或 0x54 开头的原因。

这里简单总结一下-net nic 的命令行参数，其只是简单地在 nd_table 数组中初始化了一项 NICInfo。相关的数据结构如图 7-15 所示。

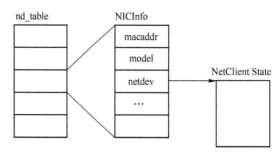

图 7-15    nd_table 相关数据结构

接下来看看后端设备 tap 的初始化函数 net_init_tap。

```
net/tap.c
int net_init_tap(const Netdev *netdev, const char *name,
                 NetClientState *peer, Error **errp)
{
    const NetdevTapOptions *tap;
    int fd, vnet_hdr = 0, i = 0, queues;
    /* for the no-fd, no-helper case */
    const char *script = NULL; /* suppress wrong "uninit'd use" gcc warning */
    const char *downscript = NULL;
    Error *err = NULL;
    const char *vhostfdname;
    char ifname[128];

    assert(netdev->type == NET_CLIENT_DRIVER_TAP);
    tap = &netdev->u.tap;
    queues = tap->has_queues ? tap->queues : 1;
    vhostfdname = tap->has_vhostfd ? tap->vhostfd : NULL;
    …
    if (tap->has_fd) {
      …
    } else if (tap->has_fds) {
      …
    } else if (tap->has_helper) {
      …
    } else {
      …
      if (tap->has_ifname) {
          pstrcpy(ifname, sizeof ifname, tap->ifname);
      } else {
          ifname[0] = '\0';
      }

      for (i = 0; i < queues; i++) {
          fd = net_tap_init(tap, &vnet_hdr, i >= 1 ? "no" : script,
                            ifname, sizeof ifname, queues > 1, errp);
          if (fd == -1) {
          return -1;
          }
          …
          net_init_tap_one(tap, peer, "tap", name, ifname,
```

```
                                    i >= 1 ? "no" : script,
                                    i >= 1 ? "no" : downscript,
                                    vhostfdname, vnet_hdr, fd, &err);
    …
        }
    }

    return 0;
}
```

net_init_tap 函数首先从 netdev->u.tap 联合体中取得 tap 的参数选项，并赋值到 tap 变量。接下来根据指定 tap 设备的方式执行初始化操作。有多种方式指定 tap 设备，如通过 fd 指定、通过 tap 设备名指定等，这也导致了该函数内部有比较多的判断语句，这里只针对所使用的通过命令行指定 tap 设备名的方式进行介绍，其他方式与此类似。这样就走到了 net_init_tap 最后的一个 else 分支执行。

因为网卡并没有指定队列个数，所以 queues 为 1，这样 net_init_tap 本质上就是调用两个函数 net_tap_init 以及 net_init_tap_one，前者主要是调用了 tap_open 来打开 tap 设备。

```
net/tap-linux.c
int tap_open(char *ifname, int ifname_size, int *vnet_hdr,
            int vnet_hdr_required, int mq_required, Error **errp)
{
    struct ifreqifr;
    int fd, ret;
    int len = sizeof(struct virtio_net_hdr);
    unsigned int features;

    TFR(fd = open(PATH_NET_TUN, O_RDWR));
    …
    memset(&ifr, 0, sizeof(ifr));
    ifr.ifr_flags = IFF_TAP | IFF_NO_PI;

    if (ioctl(fd, TUNGETFEATURES, &features) == -1) {
        error_report("warning: TUNGETFEATURES failed: %s", strerror(errno));
        features = 0;
    }
    …
    if (ifname[0] != '\0')
        pstrcpy(ifr.ifr_name, IFNAMSIZ, ifname);
    else
        pstrcpy(ifr.ifr_name, IFNAMSIZ, "tap%d");
    ret = ioctl(fd, TUNSETIFF, (void *) &ifr);
    …
    pstrcpy(ifname, ifname_size, ifr.ifr_name);
    fcntl(fd, F_SETFL, O_NONBLOCK);
    return fd;
}
```

tap_open 首先打开 "/dev/net/tun" 设备，调用 ioctl(TUNGETFEATURES) 得到 tun 驱动特性，然后使用 tap 设备名字和模式 IFF_TAP 初始化一个 ifreq，调用 ioctl(TUNSETIFF)，由于 tap 设备已经有了，所以这会导致 QEMU 进程 attach 到该 tap 设备上，最后调用 fcntl 将该 tap 设备

设置为非阻塞模式。tap_open 的返回值会作为 net_tap_init 的返回值，即 tap 设备的 fd。

下面分析 net_init_tap 函数调用的第二个函数 net_init_tap_one。

```
net/tap.c
static void net_init_tap_one(const NetdevTapOptions *tap, NetClientState
                    *peer,const char *model, const char *name,
                    const char *ifname, const char *script,
                    const char *downscript, const char *vhostfdname,
                    int vnet_hdr, int fd, Error **errp)
{
    Error *err = NULL;
    TAPState *s = net_tap_fd_init(peer, model, name, fd, vnet_hdr);
    int vhostfd;

    tap_set_sndbuf(s->fd, tap, &err);
    …
}
```

该函数首先调用 net_tap_fd_init，然后是 tap_set_sndbuf，后者只是简单设置了 tap 设备的发包空间大小。这里的核心是调用 net_tap_fd_init。

```
net/tap.c
static TAPState *net_tap_fd_init(NetClientState *peer,
                    const char *model,
                    const char *name,
                    int fd,
                    int vnet_hdr)
{
    NetClientState *nc;
    TAPState *s;

    nc = qemu_new_net_client(&net_tap_info, peer, model, name);

    s = DO_UPCAST(TAPState, nc, nc);

    s->fd = fd;
    s->host_vnet_hdr_len = vnet_hdr ? sizeof(struct virtio_net_hdr) : 0;
    s->using_vnet_hdr = false;
    s->has_ufo = tap_probe_has_ufo(s->fd);
    s->enabled = true;
    tap_set_offload(&s->nc, 0, 0, 0, 0, 0);
    /*
     * Make sure host header length is set correctly in tap:
     * it might have been modified by another instance of qemu.
     */
    if (tap_probe_vnet_hdr_len(s->fd, s->host_vnet_hdr_len)) {
        tap_fd_set_vnet_hdr_len(s->fd, s->host_vnet_hdr_len);
    }
    tap_read_poll(s, true);
    s->vhost_net = NULL;

    s->exit.notify = tap_exit_notify;
    qemu_add_exit_notifier(&s->exit);
```

```
        return s;
    }
```

　　net_tap_fd_init 函数首先调用 qemu_new_net_client 创建一个新的 NetClientState，并使用
net_tap_info 进行初始化。net_tap_info 定义如下，其中包含了一系列的回调函数。

```
net/tap.c
static NetClientInfo net_tap_info = {
    .type = NET_CLIENT_DRIVER_TAP,
    .size = sizeof(TAPState),
    .receive = tap_receive,
    .receive_raw = tap_receive_raw,
    .receive_iov = tap_receive_iov,
    .poll = tap_poll,
    .cleanup = tap_cleanup,
    .has_ufo = tap_has_ufo,
    .has_vnet_hdr = tap_has_vnet_hdr,
    .has_vnet_hdr_len = tap_has_vnet_hdr_len,
    .using_vnet_hdr = tap_using_vnet_hdr,
    .set_offload = tap_set_offload,
    .set_vnet_hdr_len = tap_set_vnet_hdr_len,
    .set_vnet_le = tap_set_vnet_le,
    .set_vnet_be = tap_set_vnet_be,
};

typedef struct TAPState {
    NetClientState nc;
    int fd;
    char down_script[1024];
    char down_script_arg[128];
    uint8_t buf[NET_BUFSIZE];
    bool read_poll;
    bool write_poll;
    bool using_vnet_hdr;
    bool has_ufo;
    bool enabled;
    VHostNetState *vhost_net;
    unsigned host_vnet_hdr_len;
    Notifier exit;
} TAPState;
```

　　其中，sizeof 是 TAPState 大小，而 TAPState 包含了一个 NetClientState，所以实际上这里
qemu_new_net_client 是分配了一个 TAPState 结构。qemu_new_net_client 调用的 qemu_net_client_
setup 函数还会将这个 NetClientState 加到 net_clients 链表上，方便前端网卡查找。接下来，
net_tap_fd_init 通过 DO_UPCAST 转换得到 TAPState，然后对其进行初始化，其中最重要的是将
fd 域设置成 tap 设备的 fd。接下来的重要函数是调用 tap_read_poll。

```
net/tap.c
static void tap_read_poll(TAPState *s, bool enable)
{
    s->read_poll = enable;
    tap_update_fd_handler(s);
```

```
}
static void tap_update_fd_handler(TAPState *s)
{
    qemu_set_fd_handler(s->fd,
                        s->read_poll && s->enabled ? tap_send : NULL,
                        s->write_poll && s->enabled ? tap_writable : NULL,
                        s);
}
```

tap_update_fd_handler 将 tap 设备的 fd 加入到 iohandler_ctx 所在的 AioContext 中。这里可以看到函数并不是直接把 tap_send 和 tap_writable 函数加进去，而是会根据 read_poll、write_poll 来进行控制。tap_send 会在 tap 设备有数据可读的时候调用，这个时候表示有新的数据发送到了 tap 设备，tap 设备会将其发送到虚拟机的网卡，这对应 tap 设备的收包，tap_writable 会在 tap 设备有数据可写的时候调用，只有当调用 writev 向 tap 设备发包不成功的时候才会调用 tap_write_poll 来设置可写时间，所以理论上正常情况下 tap_writable 函数是不会被调用的。net_tap_fd_init 完成之后，net_init_tap 也基本完成了，QEMU 的主循环已经开始监听 tap 设备 fd 的可读事件了。

总结一下，tap 设备的工作主要就是创建一个 NetClientState 结构并放在 net_clients 链表上。基本数据结构如图 7-16 所示。

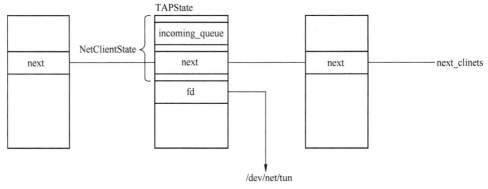

图 7-16　QEMU 中 tap 后端初始化

### 7.3.3　前端网卡设备的创建

从前两节的分析可以看到，对于前端网卡来说，其 net_nic_init 函数只是在 NICInfo 中找了一个空闲项，记录了网卡的基本信息，NICInfo 结构中的 netdev 保存了 tap 后端网卡的 NetClientState 结构。值得注意的是，此时网卡并没有创建和初始化，所以 tap 设备的 peer 也没有指向，接下来就分析前端网卡的初始化以及其如何与 tap 设备网卡联系在一起。

pc_init1 在进行初始化的时候会调用 pc_nic_init 函数来初始化所有的虚拟网卡。nb_nics 表示 nd_table 中已经使用的网卡个数，nd_table 中保存了网卡的一些基本信息，pc_nic_init 函数中对所有网卡都进行了初始化。

```
hw/i386/pc.c
void pc_nic_init(ISABus *isa_bus, PCIBus *pci_bus)
{
    int i;
```

```
        rom_set_order_override(FW_CFG_ORDER_OVERRIDE_NIC);
        for (i = 0; i < nb_nics; i++) {
            NICInfo *nd = &nd_table[i];

            if (!pci_bus || (nd->model && strcmp(nd->model, "ne2k_isa") == 0)) {
                pc_init_ne2k_isa(isa_bus, nd);
            } else {
                pci_nic_init_nofail(nd, pci_bus, "e1000", NULL);
            }
        }
        rom_reset_order_override();
    }
```

pc_nic_init 遍历 nd_table 数组，初始化所有的网卡，如果没有 PCI 总线，即 pci_bus 为空，则调用 pc_init_ne2k_isa 初始化，如果有 PCI 总线，则调用 pci_nic_init_nofail 函数，这里的 e1000 表示默认网卡类型。

```
hw/i386/pc.c
PCIDevice *pci_nic_init_nofail(NICInfo *nd, PCIBus *rootbus,
                               const char *default_model,
                               const char *default_devaddr)
{
    const char *devaddr = nd->devaddr ? nd->devaddr : default_devaddr;
    Error *err = NULL;
    PCIBus *bus;
    PCIDevice *pci_dev;
    DeviceState *dev;
    int devfn;
    int i;

    if (qemu_show_nic_models(nd->model, pci_nic_models)) {
        exit(0);
    }

    i = qemu_find_nic_model(nd, pci_nic_models, default_model);
    …
    bus = pci_get_bus_devfn(&devfn, rootbus, devaddr);
    …
    pci_dev = pci_create(bus, devfn, pci_nic_names[i]);
    dev = &pci_dev->qdev;
    qdev_set_nic_properties(dev, nd);

    object_property_set_bool(OBJECT(dev), true, "realized", &err);
    …
    return pci_dev;
}
```

pci_nic_models 中保存了所有网卡模型的名字，qemu_show_nic_models 用于帮助命令，显示所有支持的网卡。qemu_find_nic_model 函数返回 nd->model 中指定的网卡名字在 pci_nic_models 数组中的索引，如果 nd->model 为空，则将 default_model 作为 nd->model 的值。pci_get_bus_devfn 函数返回设备要挂载到的 Bus 以及其设备号 devfn，如果不指定设备的地址，那么网卡会被挂载到根 PCI 总线上。接下来的 3 个函数调用 pci_create、qdev_set_nic_properties、object_property_ set_bool，这是创建设备并进行初始化的标准操作。对于 pci_create 和设备具现化的函数，之前已经对其进行了讲解，这里分析第二个函数 qdev_set_nic_properties。

```
hw/core/qdev-properties-system.c
void qdev_prop_set_netdev(DeviceState *dev, const char *name,
                          NetClientState *value)
{
    assert(!value || value->name);
    object_property_set_str(OBJECT(dev),
                            value ? value->name : "", name, &error_abort);
}

void qdev_set_nic_properties(DeviceState *dev, NICInfo *nd)
{
    qdev_prop_set_macaddr(dev, "mac", nd->macaddr.a);
    if (nd->netdev) {
        qdev_prop_set_netdev(dev, "netdev", nd->netdev);
    }
    if (nd->nvectors != DEV_NVECTORS_UNSPECIFIED &&
        object_property_find(OBJECT(dev), "vectors", NULL)) {
        qdev_prop_set_uint32(dev, "vectors", nd->nvectors);
    }
    nd->instantiated = 1;
}
```

qdev_set_nic_properties 函数中的 qdev_prop_set_macaddr 从 NICInfo 结构中将前端网卡的 mac 地址赋值到设备中，qdev_prop_set_netdev 设置网卡设备的 netdev 属性为 nd->netdev，也就是网卡设备跟 NetClientState 对应了起来。下面找一下网卡的 netdev 属性定义，然后分析其 setter 函数行为。

每一个网卡都会定义 DEFINE_NIC_PROPERTIES 属性，如下面是 e1000 网卡的属性定义。

```
hw/net/e1000.c
static Property e1000_properties[] = {
    DEFINE_NIC_PROPERTIES(E1000State, conf),
    DEFINE_PROP_BIT("autonegotiation", E1000State,
                    compat_flags, E1000_FLAG_AUTONEG_BIT, true),
    DEFINE_PROP_BIT("mitigation", E1000State,
                    compat_flags, E1000_FLAG_MIT_BIT, true),
    DEFINE_PROP_BIT("extra_mac_registers", E1000State,
                    compat_flags, E1000_FLAG_MAC_BIT, true),
    DEFINE_PROP_END_OF_LIST(),
};

include/net/net.h
#define DEFINE_NIC_PROPERTIES(_state, _conf)                    \
    DEFINE_PROP_MACADDR("mac",   _state, _conf.macaddr),        \
    DEFINE_PROP_VLAN("vlan",     _state, _conf.peers),          \
    DEFINE_PROP_NETDEV("netdev", _state, _conf.peers)

include/hw/qdev-properties.h
#define DEFINE_PROP_NETDEV(_n, _s, _f)                  \
    DEFINE_PROP(_n, _s, _f, qdev_prop_netdev, NICPeers)
```

```
const PropertyInfoqdev_prop_netdev = {
    .name = "str",
    .description = "ID of a netdev to use as a backend",
    .get  = get_netdev,
    .set  = set_netdev,
};
```

conf 是内嵌在网卡的对象 E1000State 中的一个域，为 NICConf 类型，其中内嵌了一个 NICPeers 类型的 peers 成员，其定义如下。

```
include/net/net.h
typedef struct NICPeers {
    NetClientState *ncs[MAX_QUEUE_NUM];
    int32_t queues;
} NICPeers;
```

这里的 ncs 表示虚拟前端网卡对应的后端设备的 NetClientState，一个前端网卡可以有 MAX_QUEUE_NUM 个队列，每个队列会创建一个端点。当然，大部分前端的模拟网卡设备都不支持多队列，只有 virtio-net 支持。下面分析网卡设备的 netdev 属性设置函数 set_netdev。

```
hw/core/qdev-properties-system.c
static void set_netdev(Object *obj, Visitor *v, const char *name,
                       void *opaque, Error **errp)
{
    DeviceState *dev = DEVICE(obj);
    Property *prop = opaque;
    NICPeers *peers_ptr = qdev_get_prop_ptr(dev, prop);
    NetClientState **ncs = peers_ptr->ncs;
    NetClientState *peers[MAX_QUEUE_NUM];
    Error *local_err = NULL;
    int queues, err = 0, i = 0;
    char *str;
    …
    visit_type_str(v, name, &str, &local_err);
    …
    queues = qemu_find_net_clients_except(str, peers,
                                    NET_CLIENT_DRIVER_NIC,
                                    MAX_QUEUE_NUM);
    …
    for (i = 0; i < queues; i++) {
        if (peers[i] == NULL) {
            err = -ENOENT;
            goto out;
        }

        if (peers[i]->peer) {
            err = -EEXIST;
            goto out;
        }

        if (ncs[i]) {
            err = -EINVAL;
```

```
            goto out;
        }

        ncs[i] = peers[i];
        ncs[i]->queue_index = i;
    }

    peers_ptr->queues = queues;

out:
    error_set_from_qdev_prop_error(errp, err, dev, prop, str);
    g_free(str);
}
```

set_netdev 函数中的 peers_ptr 变量即为 E1000State.NICConf.NICPeers 成员的地址。首先查看传过来的名字，从 qdev_prop_set_netdev 函数的参数可知，这个名字是 tap 设备的 NetClientState 的名字，set_netdev 将该名字保存在 str 中。接着用 str 调用 qemu_find_net_clients_except 在 net_clients 链表中查找名字为 str 的 tap 端点 NetClientState，如果 tap 设备是多队列的，这里可能会有多个 NetClientState，qemu_find_net_clients_except 函数会在输出参数 peers 中返回所有的 NetClientState，返回值表示 peers 中的有效个数。接下来的 for 循环将 peers 中 queues 个指针都复制到了虚拟网卡的 ncs 结构中，并记录对应的 queue_index，最后将 peers 的 queues 设置成后端 tap 的队列数。这样，虚拟网卡的对象中就保存了所有后端队列的 NetClientState。图 7-17 显示在调用 set_netdev 之后，e1000 网卡的 E1000State.conf.peers.ncs[0] 已经设置成了其后端设备的 NetClientState，NetClientState 是内嵌在 TAPState 结构体中的第一个成员。

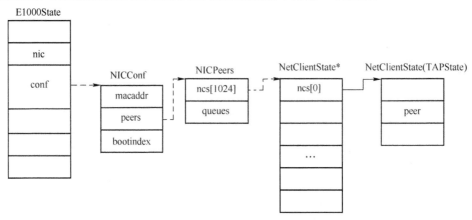

图 7-17  e1000 网卡数据结构

回到 pci_nic_init_nofail 函数，qdev_set_nic_properties 调用完成之后，会调用 object_property_set_bool 函数设置网卡设备的 realized 属性，这会具现化虚拟网卡，这个时候会调用到设备的 realize 函数，以 e1000 网卡为例，其 realize 函数是 pci_e1000_realize，在其中会调用 qemu_new_nic 去创建新的网卡。

```
net/net.c
NICState *qemu_new_nic(NetClientInfo *info,
                       NICConf *conf,
                       const char *model,
                       const char *name,
```

```
                          void *opaque)
{
    NetClientState **peers = conf->peers.ncs;
    NICState *nic;
    int i, queues = MAX(1, conf->peers.queues);

    assert(info->type == NET_CLIENT_DRIVER_NIC);
    assert(info->size >= sizeof(NICState));

    nic = g_malloc0(info->size + sizeof(NetClientState) * queues);
    nic->ncs = (void *)nic + info->size;
    nic->conf = conf;
    nic->opaque = opaque;

    for (i = 0; i < queues; i++) {
        qemu_net_client_setup(&nic->ncs[i], info, peers[i], model, name,
                            NULL);
        nic->ncs[i].queue_index = i;
    }

    return nic;
}
```

　　qemu_new_nic 函数中的 peers 变量是来自虚拟网卡的对象成员 NICConf，其在 set_netdev 中进行了初始化。qemu_new_nic 函数得到后端设备的队列个数 queues，然后分配 NICState 结构以及 queues 个 NetClientState 结构，nic->ncs 指向 NICState 的末尾结构，也就是 NetClientState 的开始位置。接着调用 qemu_net_client_setup 来进行初始化。

```
net/net.c
static void qemu_net_client_setup(NetClientState *nc,
                            NetClientInfo *info,
                            NetClientState *peer,
                            const char *model,
                            const char *name,
                            NetClientDestructor *destructor)
{
    nc->info = info;
    nc->model = g_strdup(model);
    if (name) {
        nc->name = g_strdup(name);
    } else {
        nc->name = assign_name(nc, model);
    }

    if (peer) {
        assert(!peer->peer);
        nc->peer = peer;
        peer->peer = nc;
    }
    QTAILQ_INSERT_TAIL(&net_clients, nc, next);

    nc->incoming_queue = qemu_new_net_queue(qemu_deliver_packet_iov, nc);
```

```
    nc->destructor = destructor;
    QTAILQ_INIT(&nc->filters);
}
```

这里 nc 表示的是虚拟网卡的 NetClientState，peer 表示的是对应的后端网络设备的 NetClientState。qemu_net_client_setup 函数首先初始化一些 nc 的成员，然后 nc->peer = peer 以及 peer->peer=nc 两条赋值语句将前端网络设备端点的 peer 设置成后端网络设备端点的 NetClientState，后端网络设备的 peer 设置成前端网络端点对应的 NetClientState。然后将 nc 加入到 net_clients 上，给 nc 分配一个 incoming_queue，并且设置 queue 的分发函数为 qemu_ deliver_packet_iov。

回到 qemu_new_nic，接着调用 nic->ncs[i].queue_index = i 为当前的 NetClientState 设置索引号。

图 7-18 是执行了 qemu_new_nic 函数之后的相关数据结构关系，其中最重要的前端虚拟网卡 NICState 的 NetClientState 与后端 TAP 设备的 NetClientState 相互建立了联系，各自的 peer 成员指向了对方。

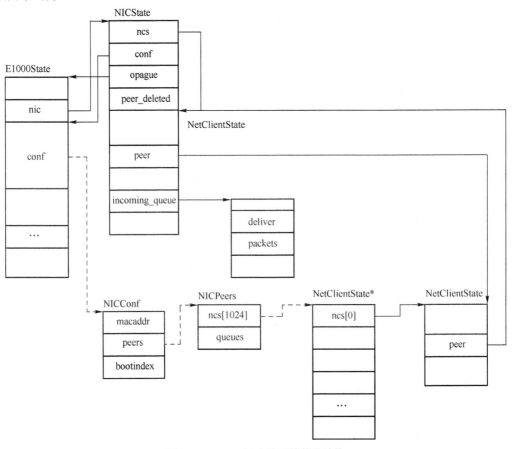

图 7-18    e1000 网卡前后端数据结构

NetClientState 是网卡模拟中的核心结构，表示的是前端或者后端网络设备的一个端点，网卡的每个队列会创建一个端点，如虚拟机网卡的具现化函数会调用 qemu_new_nic 函数，该函数代码如下。

**hw/net/e1000.c**

```
        d->nic = qemu_new_nic(&net_e1000_info, &d->conf,
                            object_get_typename(OBJECT(d)), dev->id, d);
```

在 net_init_tap 函数中，针对 tap 设备的每个队列都会调用 net_init_tap_one，继而调用 net_tap_fd_init，在该函数中会调用 qemu_new_net_client 来创建网络端点。

NetClientState 用来连接前后端网卡，其基本结构如下。

```
struct NetClientState {
    NetClientInfo *info;
    int link_down;
    QTAILQ_ENTRY(NetClientState) next;
    NetClientState *peer;
    NetQueue *incoming_queue;
    char *model;
    char *name;
    char info_str[256];
    unsigned receive_disabled : 1;
    NetClientDestructor *destructor;
    unsigned int queue_index;
    unsigned rxfilter_notify_enabled:1;
    int vring_enable;
    QTAILQ_HEAD(NetFilterHead, NetFilterState) filters;
};
```

这里对其成员进行简单介绍。

类型为 NetClientInfo 结构体的 info 成员用来表示网卡的基本信息，主要是网卡的一些注册信息，在调用 qemu_new_nic 时第一个参数就是 NetClientInfo。大多数情况下，NetClientInfo 作为一个成员包含在更上一级结构中，info 的 size 可以指定大小，info 中还包括一些回调函数，其中最重要的是 receive 回调，该函数用来进行网络端点的收包，下面是 e1000 网卡的 NetClientInfo 定义。

```
hw/net/e1000.c
static NetClientInfo net_e1000_info = {
    .type = NET_CLIENT_DRIVER_NIC,
    .size = sizeof(NICState),
    .can_receive = e1000_can_receive,
    .receive = e1000_receive,
    .receive_iov = e1000_receive_iov,
    .link_status_changed = e1000_set_link_status,
};
```

- link_down 用来表示当前网卡状态是否 down。
- net 表示所有的 NetClientInfo 结构都链接在 net_clients 上，用 next 域连接。
- peer 也是 NetClientState 结构，用来表示对端的网络端点，连接前后端网卡，如 virtio 前端网卡的 NetClientState 中 peer 指向 tap 设备的 NetClientState，tap 后端设备的 NetClientState 的 peer 指向 virtio 前端网卡的 NetClientState。
- incoming_queue 对应网卡的接受队列，所有的网络包都会被挂到该成员结构的 packets 链表上。
- model、name、info_str 表示的都是网卡的基本信息。
- receive_disabled 表示是否禁止收包。

- destructor 为网卡被删除时执行的函数。
- queue_index，实际的虚拟网卡用结构 NICState 表示，里面有一个 ncs 的 NetClientState 数组，这里的 queue_index 表示就是当前 NetClientState 在这个 ncs 中的索引。
- filters 链表上挂有 NetFilterState，这个结构用来在网卡进行包路由的时候进行过滤，作用类似于防火墙。

## 7.3.4 虚拟机网卡发包流程

虚拟机内部操作系统中的程序进行发包时，经过了内核的网络协议栈之后到达网络设备的驱动，驱动程序会将要发送的数据的基本信息写入网卡的寄存器地址并触发网卡将数据包发送出去，这些操作通常都是通过 MMIO 或者 PIO 完成的。QEMU 截获这些请求之后，将对应的数据写入网卡的状态中，然后调用发包函数将网络数据包发送出去。以 e1000 网卡为例，其发包函数是 e1000_send_packet。

```
hw/net/e1000.c
static void
e1000_send_packet(E1000State *s, const uint8_t *buf, int size)
{
    static const int PTCregs[6] = { PTC64, PTC127, PTC255, PTC511,
                                    PTC1023, PTC1522 };

    NetClientState *nc = qemu_get_queue(s->nic);
    if (s->phy_reg[PHY_CTRL] & MII_CR_LOOPBACK) {
        nc->info->receive(nc, buf, size);
    } else {
        qemu_send_packet(nc, buf, size);
    }
    inc_tx_bcast_or_mcast_count(s, buf);
    e1000x_increase_size_stats(s->mac_reg, PTCregs, size);
}
```

e1000_send_packet 函数第一个参数表示前端虚拟网卡，第二个参数是要发送的数据，第三个参数表示的是 buf 的大小。e1000_send_packet 函数从 E1000State 的 nic 成员中得到前端网卡的网络端点 NetClientState，如果当前网卡配置了 loopback 模式，则直接调用端点的 receive 函数，否则调用 qemu_send_packet，这个函数就是用来进行发包的，相关调用链如下。

```
net/net.c
void qemu_send_packet(NetClientState *nc, const uint8_t *buf, int size)
{
    qemu_send_packet_async(nc, buf, size, NULL);
}
ssize_t qemu_send_packet_async(NetClientState *sender,
                               const uint8_t *buf, int size,
                               NetPacketSent *sent_cb)
{
    return qemu_send_packet_async_with_flags(sender, QEMU_NET_PACKET_FLAG_NONE,
                                             buf, size, sent_cb);
}
static ssize_t qemu_send_packet_async_with_flags(NetClientState *sender,
                                                 unsigned flags,
                                                 const uint8_t *buf, int size,
```

```
                                        NetPacketSent *sent_cb)
{
    NetQueue *queue;
    int ret;
    …
    if (sender->link_down || !sender->peer) {
        return size;
    }

    /* Let filters handle the packet first */
    ret = filter_receive(sender, NET_FILTER_DIRECTION_TX,
                    sender, flags, buf, size, sent_cb);
    …
    ret = filter_receive(sender->peer, NET_FILTER_DIRECTION_RX,
                    sender, flags, buf, size, sent_cb);
    …
    queue = sender->peer->incoming_queue;

    return qemu_net_queue_send(queue, sender, flags, buf, size, sent_cb);
}
```

经过一系列的包装函数，最终调用了 qemu_send_packet_async_with_flags。

这里的 sender 是前端网卡的端点 NetClientState，该函数会使用前后端网卡的 NetClientState 调用两次 filter_receive 函数，判断该数据包是否能发送出去。filter_receive 对 NetClientState 对应的 filters 链表进行遍历，根据 NetFilterState 进行判断。接着通过 sender->peer->incoming_queue 得到该前端设备端点对应的后端设备端点的 incoming_queue 并赋值到 queue，然后调用 qemu_net_queue_send。

```
net/queue.c
ssize_t qemu_net_queue_send(NetQueue *queue,
                        NetClientState *sender,
                        unsigned flags,
                        const uint8_t *data,
                        size_t size,
                        NetPacketSent *sent_cb)
{
ssize_t ret;

    if (queue->delivering || !qemu_can_send_packet(sender)) {
        qemu_net_queue_append(queue, sender, flags, data, size, sent_cb);
        return 0;
    }

    ret = qemu_net_queue_deliver(queue, sender, flags, data, size);
    if (ret == 0) {
        qemu_net_queue_append(queue, sender, flags, data, size, sent_cb);
        return 0;
    }

qemu_net_queue_flush(queue);
```

```
        return ret;
    }
```

如果此时这个后端网络的 queue 正在进行发包或者是当前网卡状态不允许发包，则将当前数据包加到 queue 的 packets 链表就返回。

如果允许发包，就调用 qemu_net_queue_deliver 进行发包，qemu_net_queue_deliver 会把 data 和 size 表示的数据转换为一个 iovec，最终会调用到创建 incoming_queue 时涉及的回调函数 qemu_deliver_packet_iov。

```
net/net.c
ssize_t qemu_deliver_packet_iov(NetClientState *sender,
                                unsigned flags,
                                const struct iovec *iov,
                                int iovcnt,
                                void *opaque)
{
    NetClientState *nc = opaque;
    int ret;

    if (nc->link_down) {
        return iov_size(iov, iovcnt);
    }

    if (nc->receive_disabled) {
        return 0;
    }

    if (nc->info->receive_iov&& !(flags & QEMU_NET_PACKET_FLAG_RAW)) {
        ret = nc->info->receive_iov(nc, iov, iovcnt);
    } else {
        ret = nc_sendv_compat(nc, iov, iovcnt, flags);
    }

    if (ret == 0) {
        nc->receive_disabled = 1;
    }

    return ret;
}
```

qemu_deliver_packet_iov 函数首先从 opaque 中得到当前 queue 对应的 NetClientState，在这个例子中是 TAP 设备的 NetClientState，然后检查网卡是否处于 down 状态以及是否允许收包，如果都通过了，那就调用 NetClientState 中 NetClientInfo 中的 recieve_iov 回调函数，tap 后端设备定义及其 recieve_iov 成员为 tap_receive_iov 函数，相关定义如下。

```
net/tap.c
static NetClientInfo net_tap_info = {
    .type = NET_CLIENT_DRIVER_TAP,
    .size = sizeof(TAPState),
    .receive = tap_receive,
    .receive_raw = tap_receive_raw,
    .receive_iov = tap_receive_iov,
```

```
        .poll = tap_poll,
        …
    };

    static ssize_t tap_receive_iov(NetClientState *nc, const struct iovec *iov,
                            int iovcnt)
    {
        TAPState *s = DO_UPCAST(TAPState, nc, nc);
        const struct iovec *iovp = iov;
        struct ioveciov_copy[iovcnt + 1];
        struct virtio_net_hdr_mrg_rxbufhdr = { };
        …
        return tap_write_packet(s, iovp, iovcnt);
    }

    static ssize_t tap_write_packet(TAPState*s, const struct iovec *iov,int iovcnt)
    {
    ssize_t len;

        do {
            len = writev(s->fd, iov, iovcnt);
        } while (len == -1 &&errno == EINTR);

        if (len == -1 &&errno == EAGAIN) {
            tap_write_poll(s, true);
            return 0;
        }

        return len;
    }
```

　　tap_receive_iov 函数调用了 tap_write_packet，后者调用 writev 将数据发送到 tap 设备，由于 tap 设备已经桥接到了 br0 网桥，所以这个时候网桥会把这个包进行转发，转到 ens33 物理网卡之后，ens33 会把这个包发送出去。

　　这样，网络数据包就从前端网卡的 NetClientState 找到对应的后端网卡 NetClientState 以及它的收包队列，将数据包发送出去了。

## 7.3.5　虚拟机网卡接收数据包

　　虚拟机数据包的接收是发送的逆过程。网桥收到数据包后会进行转发，如果目的地址是 tap 设备，那就会把数据转发到 tap 网卡，这个时候 QEMU 中打开的 tap 设备 fd 就会有数据可读事件，QEMU 主线程会返回，并且会调用到 **tap_send**。

```
net/tap.c
static void tap_send(void *opaque)
{
    TAPState *s = opaque;
    int size;
    int packets = 0;

    while (true) {
        uint8_t *buf = s->buf;
```

```
        size = tap_read_packet(s->fd, s->buf, sizeof(s->buf));
        if (size <= 0) {
            break;
        }
        …
        size = qemu_send_packet_async(&s->nc, buf, size, tap_send_completed);
        if (size == 0) {
            tap_read_poll(s, false);
            break;
        } else if (size < 0) {
            break;
        }
        …
        packets++;
        if (packets >= 50) {
            break;
        }
    }
}
```

tap_send 函数调用 tap_read_packet 将数据包读出来,接着调用 qemu_send_packet_async 将数据包发出去,该函数在上一节中已经进行了讨论,只是这里的 sender 变成了后端设备,按照之前的分析,它会找到 NetClientState 的 peer 端,也就是前端网卡的 incoming_queue,然后进行数据包的发送。这最终会调用到前端网卡注册 NetClientInfo 时涉及的 receive_iov 函数,对于 e1000 来说该回调函数是 e1000_receive_iov,定义在 net_e1000_info 中。

这里不对具体的 e1000 收包进行赘述,简单来说就是把数据放到 e1000 指定的各个描述符中,然后发送一个中断提醒内核收包,对 e1000 来说发送中断函数是 set_ics,里面调用了 set_interrupt_cause,在其中调用了 pci_set_irq 进行中断注入,这样虚拟机中的操作系统的 e1000 网卡驱动就能够将数据取走了。

```
hw/net/e1000.c
static void
set_ics(E1000State *s, int index, uint32_t val)
{
    DBGOUT(INTERRUPT, "set_ics %x, ICR %x, IMR %x\n", val, s->mac_reg[ICR],
        s->mac_reg[IMS]);
    set_interrupt_cause(s, 0, val | s->mac_reg[ICR]);
}
```

# 7.4 virtio 设备模拟

## 7.4.1 virtio 简介

传统的设备模拟中,虚拟机内部设备驱动完全不知道自己处在虚拟化环境中。对于网络和存储等,I/O 操作会完整地走完虚拟机内核栈->QEMU->宿主机内核栈,产生很多的 VM Exit 和 VM Entry,所以性能很差。virtio 方案则是旨在提高性能的一种优化方案,在该方案中,虚拟机能够感知到自己处于虚拟化环境,并且会加载相应的 virtio 总线驱动和 virtio 设备驱动。

　　半虚拟化的基本原理如图 7-19 所示，主要包括两部分的内容，一个是 VMM 创建出模拟的设备，另一个是操作系统内部安装好该模拟设备的驱动，这个驱动和设备之间使用对应的接口进行通信。比如对于 e1000 网卡来说，传统的全模拟下，虚拟机内核中的网卡驱动还是跟具体硬件设备相同，也就是说 QEMU 模拟的是 e1000 的网卡，那虚拟机操作系统还是通过传统的方式进行收发包，相关代码已经在上一节中介绍了。e1000 以及其他模拟设备网卡的驱动在进行收发包的时候，会有很多次的写网卡寄存器或者 IO 端口的操作，这会导致大量的 VM Exit，使得网卡的性能比较差。在半虚拟化环境下，设备和驱动都是新的、专门用来适应虚拟化环境的，虚拟机中的设备驱动与 QEMU 中的虚拟网卡设备定义一套自己的协议进行数据传输，通过自己约定的接口，可以很方便地进行通信。

　　virtio 即是这样一种利用半虚拟化技术提供 I/O 性能的框架。virtio 框架如图 7-20 所示。

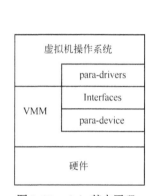

图 7-19　virtio 基本原理　　　　　　　　图 7-20　virtio 协议前后端结构

　　virtio 是一种前后端架构，包括前端驱动（Front-End Driver）和后端设备（Back-End Device）以及自身定义的传输协议。通过传输协议，virtio 不仅可以用于 QEMU/KVM 方案，也可以用于其他的虚拟化方案。如虚拟机可以不必是 QEMU，也可以是其他类型的虚拟机，后端不一定要在 QEMU 中实现，也可以在内核中实现（这实际上就是 vhost 方案，后面会详细介绍）。接下来对这 3 个组件做简单介绍。

　　前端驱动为虚拟机内部的 virtio 模拟设备对应的驱动，每一种前端设备都需要有对应的驱动才能正常运行。前端驱动的主要作用是接收用户态的请求，然后按照传输协议将这些请求进行封装，再写 I/O 端口，发送一个通知到 QEMU 的后端设备。

　　后端设备则是在 QEMU 中，用来接收前端驱动发过来的 I/O 请求，然后从接收的数据中按照传输协议的格式进行解析，对于网卡等需要实际物理设备交互的请求，后端驱动会对物理设备进行操作，从而完成请求，并且会通过中断机制通知前端驱动。

　　virtio 前端和后端驱动的数据传输通过 virtio 队列（virtio queue，virtqueue）完成，一个设备会注册若干个 virtio 队列，每个队列负责处理不同的数据传输，有的是控制层面的队列，有的是数据层面的队列。virtqueue 是通过 vring 实现的。vring 是虚拟机和 QEMU 之间共享的一段环形缓冲区。当虚拟机需要发送请求到 QEMU 的时候就准备好数据，将数据描述放到 vring 中，写一个 I/O 端口，然后 QEMU 就能够从 vring 中读取数据信息，进而从内存中读出数据。QEMU 完成请求之后，也将数据结构存放在 vring 中，前端驱动也就可以从 vring 中得到数据。vring 的基本原理如图 7-21 所示。

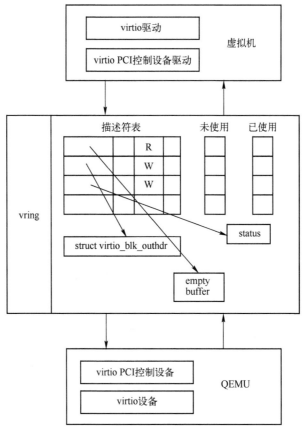

图 7-21    vring 原理

vring 包含 3 个部分，第一部分是描述符表（Descriptor Table），用来表述 I/O 请求的传输数据信息，包括地址、长度等信息，第二部分是可使用的 vring（Available Vring），这是前端驱动设置的表示后端设备可用的描述符表中的索引，第三部分已经使用的 vring（Used Vring）是后端设备在使用完描述符表后设置的索引，这样前端驱动可以知道哪些描述符已经被用了。这里只是简单介绍了 vring 的基本组成，后面会详细介绍各个部分以及 virtio 协议的具体实现机制。

## 7.4.2    virtio 设备的初始化

virtio 设备首先需要创建一个 PCI 设备，叫作 virtio PCI 代理设备，这个代理设备挂到 PCI 总线上，接着 virtio 代理设备再创建一条 virtio 总线，这样 virtio 设备就可以挂到这条总线上了。

首先看 virtio PCI 代理设备类型的定义。

```
hw/virtio/virtio-pci.c
static const TypeInfovirtio_pci_info = {
    .name         = TYPE_VIRTIO_PCI,
    .parent       = TYPE_PCI_DEVICE,
    .instance_size = sizeof(VirtIOPCIProxy),
    .class_init   = virtio_pci_class_init,
    .class_size   = sizeof(VirtioPCIClass),
    .abstract     = true,
};
```

virtio PCI 代理的父设备是一个 PCI 设备，类型为 VirtioPCIClass，实例为 VirtIOPCIProxy，注意这是一个抽象设备，所以并不能创建其实例，只能由其子类去创建。QEMU 中定义了所有 virtio 设备的 PCI 代理设备，如 virtio balloon PCI 设备、virtio scsi PCI 设备、virito crypto PCI 设备，其定义分别如下所示。

```c
hw/virtio/virtio-pci.c
static const TypeInfovirtio_balloon_pci_info = {
    .name         = TYPE_VIRTIO_BALLOON_PCI,
    .parent       = TYPE_VIRTIO_PCI,
    .instance_size = sizeof(VirtIOBalloonPCI),
    .instance_init = virtio_balloon_pci_instance_init,
    .class_init   = virtio_balloon_pci_class_init,
};

static const TypeInfovirtio_scsi_pci_info = {
    .name         = TYPE_VIRTIO_SCSI_PCI,
    .parent       = TYPE_VIRTIO_PCI,
    .instance_size = sizeof(VirtIOSCSIPCI),
    .instance_init = virtio_scsi_pci_instance_init,
    .class_init   = virtio_scsi_pci_class_init,
};

hw/virtio/virtio-crypto-pci.c
static const TypeInfovirtio_crypto_pci_info = {
    .name         = TYPE_VIRTIO_CRYPTO_PCI,
    .parent       = TYPE_VIRTIO_PCI,
    .instance_size = sizeof(VirtIOCryptoPCI),
    .instance_init = virtio_crypto_initfn,
    .class_init   = virtio_crypto_pci_class_init,
};
```

virtio 设备在系统的设备树中的位置如图 7-22 所示。

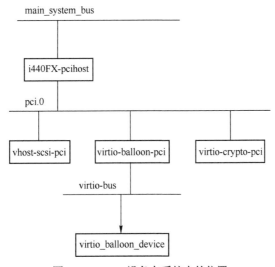

图 7-22　virtio 设备在系统中的位置

所有的 virtio 设备都有一个共同的父类 TYPE_VIRTIO_DEVICE，如 virtio ballon 设备的定义

如下。

```
hw/virtio/virtio-balloon.c
static const TypeInfovirtio_balloon_info = {
    .name = TYPE_VIRTIO_BALLOON,
    .parent = TYPE_VIRTIO_DEVICE,
    .instance_size = sizeof(VirtIOBalloon),
    .instance_init = virtio_balloon_instance_init,
    .class_init = virtio_balloon_class_init,
};
```

virtio balloon 设备的实例对象为 VirtIOBalloon。具体的 virtio 设备、virtio PCI 代理设备、virtio 公共设备的关系如图 7-23 所示。

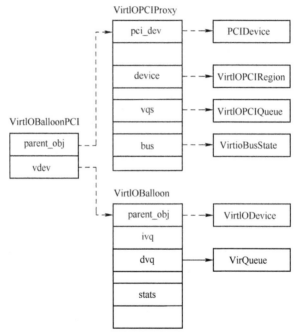

图 7-23    virtio 设备的相关数据结构

上图显示了 virtio balloon 设备对应的几个数据结构，VirtIOBalloonPCI 是 virtio balloon PCI 代理设备的实例对象，其包括两个部分：一个是 VirtIOPCIProxy，这个是 virtio PCI 代理设备的通用结构，里面存放了具体 virtio PCI 代理设备的相关成员；另一个是 VirtIOBalloon，这个结构里面存放的是 virtio balloon 设备的相关数据，其第一个成员是 VirtIODevice，也就是 virtio 公共设备的实例对象，VirtIOBalloon 剩下的成员是与 virtio balloon 设备相关的数据。

这里以 virtio balloon 设备为例分析 virtio 设备的初始化过程。创建 virtio balloon 时只需要创建其 PCI 代理设备（即 TYPE_VIRTIO_BALLOON_PCI）即可，在命令行指定-device virtio-balloon-pci，先来看实例化函数。

```
hw/virtio/virtio-pci.c
static void virtio_balloon_pci_instance_init(Object *obj)
{
    VirtIOBalloonPCI *dev = VIRTIO_BALLOON_PCI(obj);

    virtio_instance_init_common(obj, &dev->vdev, sizeof(dev->vdev),
```

```
                              TYPE_VIRTIO_BALLOON);
    …
}
```

**hw/virtio/virtio.c**
```
void virtio_instance_init_common(Object *proxy_obj, void *data,
                              size_t vdev_size, const char *vdev_name)
{
    DeviceState *vdev = data;

    object_initialize(vdev, vdev_size, vdev_name);
    object_property_add_child(proxy_obj,"virtio-backend", OBJECT(vdev), NULL);
    object_unref(OBJECT(vdev));
    qdev_alias_all_properties(vdev, proxy_obj);
}
```

TYPE_VIRTIO_BALLOON_PCI 的实例化函数是 virtio_balloon_pci_instance_init，在该函数中会调用 virtio_instance_init_common，并将 VirtIOBalloonPCI 结构体的 vdev 成员地址以及 TYPE_VIRTIO_BALLOON 作为参数传递给该函数。virtio_instance_init_common 函数会调用 object_initialize 初始化 TYPE_VIRTIO_BALLOON 的实例对象 VirtIOBalloon，然后添加一些属性。由此可见，virtio 设备在实例创建过程中并没有做很多事情，大部分的工作是在设备的具现化过程中做的。

在介绍 virtio balloon 设备的具现化之前，先来回顾一下设备具现化调用的函数，QEMU 在 main 函数中会对所有-device 的参数进行具现化，设备的具现化函数都会调用 device_set_realized 函数，在该函数中会调用设备类的 realize 函数。最开始调用的是 DeviceClass 的 realize 函数，这个回调的默认函数是 device_realize，当然，如果继承自 DeviceClass 的类可以重写这个函数，如 PCIDeviceClass 类就在其类初始化函数 pci_device_class_init 中将 DeviceClass->realize 重写为 pci_qdev_realize，对于 PCIDeviceClass 本身来说，其 PCIDeviceClass->realize 可设置为 pci_default_realize，后面继承 PCIDeviceClass 的类可以在自己的类初始化函数中设置 realize 函数。

virtio 设备类的继承链关系为 DeviceClass->PCIDeviceClass->VirtioPCIClass。下面分析一下在 VirtioPCIClass 类还没有初始化时的 realize 函数，如图 7-24 所示。

| | realize函数 |
| --- | --- |
| DeviceClass | pci_qdev_realize |
| PCIDeviceClass | pci_default_realize |

图 7-24  DeviceClass 与 PCIDeviceClass 的 realize 函数

下面分析 VirtioPCIClass 的初始化函数，该类相关的定义是在所有 virtio PCI 代理设备的父设备 TYPE_VIRTIO_PCI 中进行的，其中的类初始化函数是 virtio_pci_class_init。

virtio_pci_class_init 的函数定义如下。

**hw/virtio/virtio-pci.c**
```
static void virtio_pci_class_init(ObjectClass *klass, void *data)
{
    DeviceClass *dc = DEVICE_CLASS(klass);
    PCIDeviceClass *k = PCI_DEVICE_CLASS(klass);
    VirtioPCIClass *vpciklass = VIRTIO_PCI_CLASS(klass);
```

```
        dc->props = virtio_pci_properties;
        k->realize = virtio_pci_realize;
        k->exit = virtio_pci_exit;
        k->vendor_id = PCI_VENDOR_ID_REDHAT_QUMRANET;
        k->revision = VIRTIO_PCI_ABI_VERSION;
        k->class_id = PCI_CLASS_OTHERS;
        vpciklass->parent_dc_realize = dc->realize;
        dc->realize = virtio_pci_dc_realize;
        dc->reset = virtio_pci_reset;
}
```

正如之前提到的，virtio_pci_class_init 函数首先把 PCIDeviceClass->realize 函数替换成了自己的 virtio_pci_realize 函数。下面两句比较关键。

**hw/virtio/virtio-pci.c**
```
        vpciklass->parent_dc_realize = dc->realize;
        dc->realize = virtio_pci_dc_realize;
```

这里将 dc->realize 设置成了 virtio_pci_dc_realize，而将 vpciklass->parent_dc_realize 设置成了 dc->realize，这个值是 pci_qdev_realize。

通常来说父类的 realize 函数会调用子类的 realize 函数，如 DeviceClass->realize(pci_qdev_realize)会调用 PCIDeviceClass->realize 回调，PCIDeviceClass->realize 回调可以调用子类型的 realize 函数。但是这两条语句改变了这个顺序。这里 dc->realize 成了 virtio_pci_dc_realize，所以这个函数会最先执行，然后将原来的 dc->realize(pci_qdev_realize)保存到 VirtioPCIClass->parent_dc_realize 函数中。通常在设备具现化过程中子类型的 realize 函数需要先做某些事情的时候会使用这种方法。

回到 virtio balloon PCI 代理设备类型的初始化函数 virtio_balloon_pci_class_init，可以看到其设置了 VirtioPCIClass->realize 函数为 virtio_balloon_pci_realize。

```
static void virtio_balloon_pci_class_init(ObjectClass *klass, void *data)
{
    DeviceClass *dc = DEVICE_CLASS(klass);
    VirtioPCIClass *k = VIRTIO_PCI_CLASS(klass);
    PCIDeviceClass *pcidev_k = PCI_DEVICE_CLASS(klass);
    k->realize = virtio_balloon_pci_realize;
    …
}
```

综上所述，virtio balloon 相关类涉及的 realize 函数如图 7-25 所示。

|  | realize函数 | parent_dc_realize函数 |
|---|---|---|
| DeviceClass | virtio_pci_dc_realize | |
| PCIDeviceClass | virtio_pci_realize | |
| VirtioPCIClass | virtio_balloon_pci_realize | pci_qdev_realize |

图 7-25　DeviceClass 以及相关类的 realize 函数

所以设置 virtio PCI 代理设备的 realized 属性时，device_set_realized 函数中会首先调用 DeviceClass->realize，也就是这里的 virtio_pci_dc_realize。virtio_pci_dc_realize 函数中会调用 VirtioPCIClass->parent_dc_realize 函数，也就是这里的 pci_qdev_realize。在 pci_qdev_realize 会调

用 PCIDeviceClass 的 realize 函数，也就是这里的 virtio_pci_realize。在这个函数的最后会调用 VirtioPCIClass 的 realize 函数，也就是这里的 virtio_balloon_pci_realize。

综上所述，当具现化 TYPE_VIRTIO_BALLOON 的时候，首先会调用 virtio_pci_dc_realize，该函数代码如下。

```
hw/virtio/virtio-pci.c
static void virtio_pci_dc_realize(DeviceState *qdev, Error **errp)
{
    VirtioPCIClass *vpciklass = VIRTIO_PCI_GET_CLASS(qdev);
    VirtIOPCIProxy *proxy = VIRTIO_PCI(qdev);
    PCIDevice *pci_dev = &proxy->pci_dev;

    if (!(proxy->flags & VIRTIO_PCI_FLAG_DISABLE_PCIE) &&
        virtio_pci_modern(proxy)) {
        pci_dev->cap_present |= QEMU_PCI_CAP_EXPRESS;
    }

    vpciklass->parent_dc_realize(qdev, errp);
}
```

该函数在判断了 virtio PCI 代理设备是否具有 VIRTIO_PCI_FLAG_DISABLE_PCIE 特性之后将调用 parent_dc_realize 函数，由上面的分析可知，该回调函数是 pci_qdev_realize。VIRTIO_PCI_FLAG_DISABLE_PCIE 使得 virtioPCI 代理展现出 PCIe 的接口。

pci_qdev_realize 已经在之前 PCI 设备模拟中分析了，该函数会将 virtioPCI 代理设备注册到 PCI 总线上，并调用 PCIDeviceClass->realize，也就是 virtio_pci_realize 函数。virtio_pci_realize 函数初始化 virtio PCI 代理设备，也就是结构体 VirtIOPCIProxy。

```
hw/virtio/virtio-pci.c
static void virtio_pci_realize(PCIDevice *pci_dev, Error **errp)
{
    VirtIOPCIProxy *proxy = VIRTIO_PCI(pci_dev);
    VirtioPCIClass *k = VIRTIO_PCI_GET_CLASS(pci_dev);
    bool pcie_port = pci_bus_is_express(pci_dev->bus) &&
                     !pci_bus_is_root(pci_dev->bus);
    …
    /*
     * virtio pci bar layout used by default.
     * subclasses can re-arrange things if needed.
     *
     *   region 0  -- virtio legacy io bar
     *   region 1  -- msi-x bar
     *   region 4+5 -- virtio modern memory (64bit) bar
     *
     */
    proxy->legacy_io_bar_idx  = 0;
    proxy->msix_bar_idx       = 1;
    proxy->modern_io_bar_idx  = 2;
    proxy->modern_mem_bar_idx = 4;

    proxy->common.offset = 0x0;
    proxy->common.size = 0x1000;
```

```
        proxy->common.type = VIRTIO_PCI_CAP_COMMON_CFG;

        proxy->isr.offset = 0x1000;
        proxy->isr.size = 0x1000;
        proxy->isr.type = VIRTIO_PCI_CAP_ISR_CFG;

        proxy->device.offset = 0x2000;
        proxy->device.size = 0x1000;
        proxy->device.type = VIRTIO_PCI_CAP_DEVICE_CFG;

        proxy->notify.offset = 0x3000;
        proxy->notify.size = virtio_pci_queue_mem_mult(proxy)* VIRTIO_QUEUE_MAX;
        proxy->notify.type = VIRTIO_PCI_CAP_NOTIFY_CFG;

        proxy->notify_pio.offset = 0x0;
        proxy->notify_pio.size = 0x4;
        proxy->notify_pio.type = VIRTIO_PCI_CAP_NOTIFY_CFG;

        /* subclasses can enforce modern, so do this unconditionally */
        memory_region_init(&proxy->modern_bar, OBJECT(proxy), "virtio-pci",
                        /* PCI BAR regions must be powers of 2 */
                        pow2ceil(proxy->notify.offset + proxy->notify.size));

        memory_region_init_alias(&proxy->modern_cfg,
                        OBJECT(proxy),
                        "virtio-pci-cfg",
                        &proxy->modern_bar,
                        0,
                        memory_region_size(&proxy->modern_bar));

        address_space_init(&proxy->modern_as,&proxy->modern_cfg,"virtio-pci-
cfg-as");

        if (proxy->disable_legacy == ON_OFF_AUTO_AUTO) {
            proxy->disable_legacy = pcie_port ? ON_OFF_AUTO_ON : ON_OFF_AUTO_OFF;
        }
        …
        if (pcie_port && pci_is_express(pci_dev)) {
        …
        } else {
            /*
             * make future invocations of pci_is_express() return false
             * and pci_config_size() return PCI_CONFIG_SPACE_SIZE.
             */
            pci_dev->cap_present &= ~QEMU_PCI_CAP_EXPRESS;
        }

    virtio_pci_bus_new(&proxy->bus, sizeof(proxy->bus), proxy);
        if (k->realize) {
            k->realize(proxy, errp);
        }
    }
```

virtio_pci_realize 函数初始化 VirtIOPCIProxy 设备的多个 BAR 数据，设置了这些 BAR 的索引号，其中 legacy I/O 地址为 0，msi-x 地址为 1，modern IO 地址为 2，modern MMIO 地址为 4。这里的 legacy 和 modern 指的是不同的 virtio 版本，下面以 modern 为例说明。

virtio_pci_realize 还初始化了多个 VirtIOPCIRegion，如 VirtIOPCIProxy 的 common、isr、device、notify 等成员。VirtIOPCIRegion 保存了 VirtIOPCIProxy 设备 modern MMIO 的相关信息，如 VirtIOPCIProxy 的 modern MMIO 中，最开始区域是 common 区域，其大小为 0x1000，接着是 isr 区域，大小也是 0x1000，依次类推到 notify 区域。VirtIOPCIRegion 用来表示 virtio 设备的配置空间信息，后面会单独介绍。VirtIOPCIProxy 的 modern MMIO 对应的 MemoryRegion 存放在 VirtIOPCIProxy 的 modern_bar 成员中，它还有一个 MemoryRegion 存放在 modern_cfg 成员中。virtio_pci_realize 会调用 virtio_pci_bus_new 创建 virtio-bus，挂载到当前的 virtio PCI 代理设备下面。

virtio_pci_realize 函数在最后调用了 k->realize 函数，按照刚才的分析，这个回调函数对应的是 virtio_balloon_pci_realize。

```
hw/virtio/virtio-pci.c
static void virtio_balloon_pci_realize(VirtIOPCIProxy*vpci_dev, Error **errp)
{
    VirtIOBalloonPCI *dev = VIRTIO_BALLOON_PCI(vpci_dev);
    DeviceState *vdev = DEVICE(&dev->vdev);

    if (vpci_dev->class_code != PCI_CLASS_OTHERS &&
        vpci_dev->class_code != PCI_CLASS_MEMORY_RAM) { /* qemu< 1.1 */
        vpci_dev->class_code = PCI_CLASS_OTHERS;
    }

    qdev_set_parent_bus(vdev, BUS(&vpci_dev->bus));
    object_property_set_bool(OBJECT(vdev), true, "realized", errp);
}
```

virtio_balloon_pci_realize 函数首先通过 VIRTIO_BALLOON_PCI 宏将 VirtIOPCIProxy 类型的设备转换为 VirtIOBalloonPCI 设备，相当于从一个父类转换到一个子类。接着得到设备 VirtIOBalloonPCI 的 VirtIOBalloon 部分，这个就是实际的 virtio balloon 设备了，设置 virtio balloon 设备的总线为 VirtIOPCIProxy 设备中的 bus 成员，也就是把这个 virtio balloon 设备挂到了 virtio 总线上。接下来调用 object_property_set_bool 将 virtio balloon 设备具现化，这会导致 virtio_device_realize 的执行。

```
hw/virtio/virtio.c
static void virtio_device_realize(DeviceState *dev, Error **errp)
{
    VirtIODevice *vdev = VIRTIO_DEVICE(dev);
    VirtioDeviceClass *vdc = VIRTIO_DEVICE_GET_CLASS(dev);
    Error *err = NULL;

    /* Devices should either use vmsd or the load/save methods */
    assert(!vdc->vmsd || !vdc->load);

    if (vdc->realize != NULL) {
        vdc->realize(dev, &err);
        if (err != NULL) {
```

```
                error_propagate(errp, err);
                return;
            }
        }

        virtio_bus_device_plugged(vdev, &err);
        if (err != NULL) {
            error_propagate(errp, err);
            vdc->unrealize(dev, NULL);
            return;
        }
    }
```

virtio_device_realize 函数其实也是一个通用函数，是类型为 TYPE_VIRTIO_DEVICE 抽象设备的具现化函数，所有的 virtio 设备在初始化的时候都会调用这个函数，这个函数首先得到 virtio 设备所属的类，然后调用具体类的 realize 函数，对于 virtio balloon 设备来说是 virtio_balloon_device_realize，这个函数稍后会做分析。virtio_device_realize 函数接着调用 virtio_bus_device_plugged 函数，将 virtio 设备插到 virtio 总线上。

接下来分析 virtio balloon 设备的具现化函数 virtio_balloon_device_realize，它用于实现 TYPE_VIRTIO_BALLOON_DEVICE 的具现化。

```
hw/virtio/virtio-balloon.c
static void virtio_balloon_device_realize(DeviceState *dev, Error **errp)
{
    VirtIODevice *vdev = VIRTIO_DEVICE(dev);
    VirtIOBalloon *s = VIRTIO_BALLOON(dev);
    int ret;

    virtio_init(vdev, "virtio-balloon", VIRTIO_ID_BALLOON,
                sizeof(struct virtio_balloon_config));

    ret = qemu_add_balloon_handler(virtio_balloon_to_target,
                                   virtio_balloon_stat, s);
    …
    s->ivq = virtio_add_queue(vdev, 128, virtio_balloon_handle_output);
    s->dvq = virtio_add_queue(vdev, 128, virtio_balloon_handle_output);
    s->svq = virtio_add_queue(vdev, 128, virtio_balloon_receive_stats);

    reset_stats(s);
}
```

virtio_balloon_device_realize 首先调用 virtio_init 初始化 virtio 设备的公共部分。virtio_init 的工作是初始化所有 virtio 设备的基类 TYPE_VIRTIO_DEVICE 的实例 VirtIODevice 结构体。virtio_init 的代码如下。

```
hw/virtio/virtio.c
void virtio_init(VirtIODevice *vdev, const char *name,
                 uint16_t device_id, size_t config_size)
{
    BusState *qbus = qdev_get_parent_bus(DEVICE(vdev));
    VirtioBusClass *k = VIRTIO_BUS_GET_CLASS(qbus);
    int i;
```

```
        int nvectors = k->query_nvectors ? k->query_nvectors(qbus->parent):0;

        if (nvectors) {
                vdev->vector_queues =
                g_malloc0(sizeof(*vdev->vector_queues) * nvectors);
        }

        vdev->device_id = device_id;
        vdev->status = 0;
        atomic_set(&vdev->isr, 0);
        vdev->queue_sel = 0;
        vdev->config_vector = VIRTIO_NO_VECTOR;
        vdev->vq = g_malloc0(sizeof(VirtQueue) * VIRTIO_QUEUE_MAX);
        vdev->vm_running = runstate_is_running();
        vdev->broken = false;
        for (i = 0; i < VIRTIO_QUEUE_MAX; i++) {
                vdev->vq[i].vector = VIRTIO_NO_VECTOR;
                vdev->vq[i].vdev = vdev;
                vdev->vq[i].queue_index = i;
        }

        vdev->name = name;
        vdev->config_len = config_size;
        if (vdev->config_len) {
                vdev->config = g_malloc0(config_size);
        } else {
                vdev->config = NULL;
        }
        vdev->vmstate = qemu_add_vm_change_state_handler(virtio_vmstate_change,
        vdev);
        vdev->device_endian = virtio_default_endian();
        vdev->use_guest_notifier_mask = true;
}
```

virtio_init 函数对 VirtIODevice 的成员进行初始化。VirtIODevice 的 vector_queues 成员和 config_vector 成员与 MSI 中断相关，device_id、status、name 成员表示设备的 id、状态和名字，isr 用来表示中断请求，queue_sel 用来在进行配置队列的时候选择队列，vq 成员表示的是该设备的 virtio queue，这里分配了 VIRTIO_QUEUE_MAX 个 queue 并且进行了初始化，config_len 和 config 表示该 virtio 设备配置空间的长度和数据存放区域，use_guest_notifier_mask 成员与 irqfd 有关。

回到 virtio_balloon_device_realize，virtio_init 函数初始化 VirtIODevice 之后，调用 virtio_add_queue 函数创建了 3 个 virtqueue，virtqueue 是 virtio 设备的重要组成部分，用来与虚拟机中的操作系统进行数据传输。virtio_add_queue 是 virtio 框架中用来添加 virtqueue 的接口，其 3 个参数分别表示要添加的 virtio 设备、virtqueue 的大小以及处理函数。

```
hw/virtio/virtio.c
VirtQueue *virtio_add_queue(VirtIODevice *vdev, int queue_size,
                            VirtIOHandleOutput handle_output)
{
    int i;
```

```
    for (i = 0; i < VIRTIO_QUEUE_MAX; i++) {
        if (vdev->vq[i].vring.num == 0)
            break;
    }

    if (i == VIRTIO_QUEUE_MAX || queue_size > VIRTQUEUE_MAX_SIZE)
        abort();

    vdev->vq[i].vring.num = queue_size;
    vdev->vq[i].vring.num_default = queue_size;
    vdev->vq[i].vring.align = VIRTIO_PCI_VRING_ALIGN;
    vdev->vq[i].handle_output = handle_output;
    vdev->vq[i].handle_aio_output = NULL;

    return &vdev->vq[i];
}
```

virtio_add_queue 函数从 VirtIODevice 的 vq 数组成员中找到还未被使用的一个 queue，一个 virtqueue 使用 VirtQueue 结构体表示，这里对 VirtQueue 的成员进行初始化，包括这个 queue 的大小以及 align 信息等，最重要的是设置 VirtQueue 的 handle_output 成员，这是一个函数指针，在收到虚拟机发过来的 IO 请求时会调用存放在 handle_output 中的回调函数。

通过上面对各个函数的分析，可以看到从 virtio PCI 代理设备的具现化到 virtio 设备的具现化过程，但是上面的分析还遗漏了一部分，就是 virtio 设备挂载到 virtio 总线上的行为。这个过程是在 virtio_device_realize 函数中通过调用 virtio_bus_device_plugged 函数完成的，这个函数的作用就是将 virtio 设备插入 virtio 总线上去。virtio_bus_device_plugged 主要是调用了 VirtioBusClass 类型的 device_plugged 回调函数，而该回调函数在 virtio_pci_bus_class_init 被初始化成了 virtio_pci_device_plugged，其代码如下。

```
hw/virtio/virtio-pci.c
static void virtio_pci_device_plugged(DeviceState *d, Error **errp)
{
    VirtIOPCIProxy *proxy = VIRTIO_PCI(d);
    VirtioBusState *bus = &proxy->bus;
    bool legacy = virtio_pci_legacy(proxy);
    bool modern;
    bool modern_pio = proxy->flags & VIRTIO_PCI_FLAG_MODERN_PIO_NOTIFY;
    uint8_t *config;
    uint32_t size;
    VirtIODevice *vdev = virtio_bus_get_device(&proxy->bus);
    …
    modern = virtio_pci_modern(proxy);

    config = proxy->pci_dev.config;
    if (proxy->class_code) {
        pci_config_set_class(config, proxy->class_code);
    }

    if (legacy) {
            …
    } else {
        /* pure virtio-1.0 */
```

```
        pci_set_word(config + PCI_VENDOR_ID,
                PCI_VENDOR_ID_REDHAT_QUMRANET);
        pci_set_word(config + PCI_DEVICE_ID,
                0x1040 + virtio_bus_get_vdev_id(bus));
        pci_config_set_revision(config, 1);
    }
    config[PCI_INTERRUPT_PIN] = 1;


    if (modern) {
        struct virtio_pci_cap cap = {
            .cap_len = sizeof cap,
        };
        struct virtio_pci_notify_cap notify = {
            .cap.cap_len = sizeof notify,
            .notify_off_multiplier =
                cpu_to_le32(virtio_pci_queue_mem_mult(proxy)),
        };
        struct virtio_pci_cfg_cap cfg = {
            .cap.cap_len = sizeof cfg,
            .cap.cfg_type = VIRTIO_PCI_CAP_PCI_CFG,
        };
        struct virtio_pci_notify_cap notify_pio = {
            .cap.cap_len = sizeof notify,
            .notify_off_multiplier = cpu_to_le32(0x0),
        };

        struct virtio_pci_cfg_cap *cfg_mask;

        virtio_pci_modern_regions_init(proxy);

        virtio_pci_modern_mem_region_map(proxy, &proxy->common, &cap);
        virtio_pci_modern_mem_region_map(proxy, &proxy->isr, &cap);
        virtio_pci_modern_mem_region_map(proxy, &proxy->device, &cap);
        virtio_pci_modern_mem_region_map(proxy, &proxy->notify, &notify.cap);

        if (modern_pio) {
            memory_region_init(&proxy->io_bar, OBJECT(proxy),
                        "virtio-pci-io", 0x4);

            pci_register_bar(&proxy->pci_dev, proxy->modern_io_bar_idx,
                    PCI_BASE_ADDRESS_SPACE_IO, &proxy->io_bar);

            virtio_pci_modern_io_region_map(proxy, &proxy->notify_pio,
                                                &notify_pio.cap);
        }

        pci_register_bar(&proxy->pci_dev, proxy->modern_mem_bar_idx,
                    PCI_BASE_ADDRESS_SPACE_MEMORY |
                    PCI_BASE_ADDRESS_MEM_PREFETCH |
                    PCI_BASE_ADDRESS_MEM_TYPE_64,
                    &proxy->modern_bar);
```

```
        proxy->config_cap = virtio_pci_add_mem_cap(proxy, &cfg.cap);
        cfg_mask = (void *)(proxy->pci_dev.wmask + proxy->config_cap);
        pci_set_byte(&cfg_mask->cap.bar, ~0x0);
        pci_set_long((uint8_t *)&cfg_mask->cap.offset, ~0x0);
        pci_set_long((uint8_t *)&cfg_mask->cap.length, ~0x0);
        pci_set_long(cfg_mask->pci_cfg_data, ~0x0);
    }

    if (proxy->nvectors) {
        int err = msix_init_exclusive_bar(&proxy->pci_dev, proxy->nvectors,
                                          proxy->msix_bar_idx);
        …
    }

    proxy->pci_dev.config_write = virtio_write_config;
    proxy->pci_dev.config_read = virtio_read_config;

    if (legacy) {
        …
    }
}
```

这里只讨论 virtio 是 modern 模式的情况，virtio_pci_device_plugged 函数设置 virtio PCI 代理设备的配置空间的 vendor id 和 device id。将 device id 设置成 0x1040 加上 virtio 设备类型的 id，对于 virtio balloon 来说是 VIRTIO_ID_BALLOON(5)。接下来是将 virtio 设备的寄存器配置信息作为 PCIcapability 写入到配置空间中。这里简单介绍一下 pci capability。

pci capability 用来表明设备的功能，virtio 会把多个 MemoryRegion 作为 VirtIOPCIProxy 设备 MMIO 对应 MemoryRegion 的子 MemoryRegion，这几个 MemoryRegion 的信息会作为 capbility 写入到 virtioPCI 代理这个 PCI 设备的配置空间。这些 capability 的头结构用 virtio_pci_cap 表示。

```
include/standard-headers/linux/virtio_pci.h
/* This is the PCI capability header: */
struct virtio_pci_cap {
        uint8_t cap_vndr;          /* Generic PCI field: PCI_CAP_ID_VNDR */
        uint8_t cap_next;          /* Generic PCI field: next ptr. */
        uint8_t cap_len;           /* Generic PCI field: capability length */
        uint8_t cfg_type;          /* Identifies the structure. */
        uint8_t bar;               /* Where to find it. */
        uint8_t padding[3];        /* Pad to full dword. */
        uint32_t offset;           /* Offset within bar. */
        uint32_t length;           /* Length of the structure, in bytes. */
};
```

其中，cap_vndr 用来表示 capability 的 id，除了一些标准的 capability 外，如果是设备自定义的（如这里的 virtio 设备），会设置为 PCI_CAP_ID_VNDR；cap_next 指向下一个 capability 在 PCI 配置空间的偏移；bar 表示这个 capability 使用哪个 bar；offset 表示这个 capability 代表的 MemoryRegion 在 virtioPCI 代理设备的 bar 中从哪里开始；length 则表示长度。

整体上，virtio_pci_cap 用来描述在 virtioPCI 代理设备 modern MMIO 中的一段地址空间。virtio 驱动可以通过这些 capability 信息将对应的地址映射到内核虚拟地址空间中，然后方便地访问。PCI 配置空间与 cap 以及 MMIO 的关系可以用图 7-26 表示。

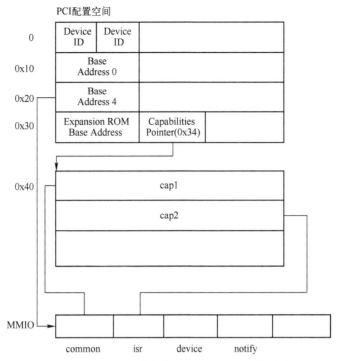

图 7-26　PCI 配置空间与 cap 以及 MMIO 的关系

virtio_pci_modern_regions_init 函数初始化 5 个 MemoryRegion，分别是 virtio-pci-common、virtio-pci-isr、virtio-pci-device、virtio-pci-notify 和 virtio-pci-notify-pio，这些 MemoryRegion 的相关信息存放在 VirtIOPCIProxy 结构中的几个 VirtIOPCIRegion 类型的成员中。

virtio_pci_device_plugged 接下来调用 virtio_pci_modern_mem_region_map 函数，后者调用 virtio_pci_modern_region_map，这个函数完成两个功能：第一个是将 VirtIOPCIRegion 的 mr 成员 virtio-pci-***作为子 MemoryRegion 加入到 VirtIOPCIProxy 的 modern_bar 成员中去，所以当在虚拟机内部写 virtio PCI proxy 的 MMIO 时会落入这几个 virtio 设备的 MemoryRegion 的回调函数；第二个是调用 virtio_pci_add_mem_cap 将这些寄存器信息加入到 virtio PCI 代理设备的 pci capability 上去。

virtio_pci_device_plugged 函数接着调用 pci_register_bar 将 VirtIOPCIProxy 的 modern_bar 这个 MemoryRegion 注册到系统中。msix_init_exclusive_bar 注册与 msi 中断有关的数据。

virtio_pci_device_plugged 还会将 VirtIOPCIProxy 设备 PCI 配置空间的读写函数分别设置成 virtio_write_config 和 virtio_read_config。

经过这一列的函数调用，就在 QEMU 侧准备好了 virtio balloon 设备，其他 virtio 设备与此类似。

图 7-27 展示了 virtio PCI 代理设备和 virtio 设备的相关类型的继承关系。

图 7-28 展示了 virtio 设备初始化过程中

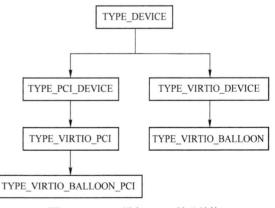

图 7-27　virtio 设备 QOM 继承结构

涉及的相关函数及其所对应的类型。

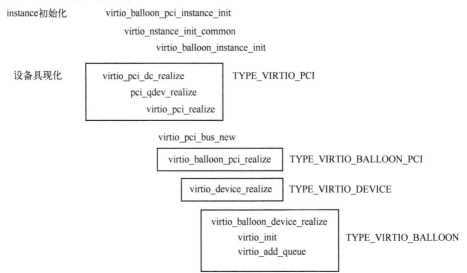

图 7-28　virtio 设备初始化过程中涉及的相关函数

### 7.4.3　virtio 驱动的加载

在上一节介绍了每一个 virtio 设备都有一个对应的 virtio PCI 代理设备，本节来分析虚拟机内部操作系统是如何加载 virtioPCI 代理设备和 virtio 设备驱动以及如何与 virtio 设备通信的。由于 virtioPCI 代理设备的存在，PCI 进行扫描的时候会扫描到这个设备，并且会调用相应驱动的 probe 函数，virtio_pci_driver 及其 probe 回调函数定义如下。

```
drivers/virtio/virtio_pci_common.c
static struct pci_driver virtio_pci_driver = {
      .name        = "virtio-pci",
      .id_table    = virtio_pci_id_table,
      .probe       = virtio_pci_probe,
      .remove      = virtio_pci_remove,
#ifdef CONFIG_PM_SLEEP
      .driver.pm   = &virtio_pci_pm_ops,
#endif
};

static int virtio_pci_probe(struct pci_dev *pci_dev,
            const struct pci_device_id *id)
{
      struct virtio_pci_device *vp_dev;
      int rc;

      /* allocate our structure and fill it out */
      vp_dev = kzalloc(sizeof(struct virtio_pci_device), GFP_KERNEL);
      …
      pci_set_drvdata(pci_dev, vp_dev);
      vp_dev->vdev.dev.parent = &pci_dev->dev;
      vp_dev->vdev.dev.release = virtio_pci_release_dev;
      vp_dev->pci_dev = pci_dev;
```

```
          INIT_LIST_HEAD(&vp_dev->virtqueues);
          spin_lock_init(&vp_dev->lock);

          /* enable the device */
          rc = pci_enable_device(pci_dev);
          if (rc)
           goto err_enable_device;

          if (force_legacy) {
          rc = virtio_pci_legacy_probe(vp_dev);
            …
          } else {
            rc = virtio_pci_modern_probe(vp_dev);
            …
          }

          pci_set_master(pci_dev);

          rc = register_virtio_device(&vp_dev->vdev);
          return 0;
      }
```

　　virtio_pci_probe 函数分配一个 virtio_pci_device 结构体赋值给 vp_dev，用来表示一个 virtio PCI 代理设备，并且将 vp_dev 设置为该 pci_dev 的私有结构，初始化 vp_dev 中 virtio_device 类型 的 vdev 成员相关结构。调用 pci_enable_device 使能该 PCI 设备，接下来调用 virtio_pci_legacy_probe 或者 virtio_pci_modern_probe 来初始化该 PCI 设备对应的 virtio 设备，只 考虑 modern 设备，virtio_pci_modern_probe 代码如下。

```
drivers/virtio/virtio_pci_modern.c
int virtio_pci_modern_probe(struct virtio_pci_device *vp_dev)
{
        struct pci_dev *pci_dev = vp_dev->pci_dev;
        int err, common, isr, notify, device;
        u32 notify_length;
        u32 notify_offset;
        …
        if (pci_dev->device < 0x1040) {
          /* Transitional devices: use the PCI subsystem device id as
           * virtio device id, same as legacy driver always did.
           */
          vp_dev->vdev.id.device = pci_dev->subsystem_device;
        } else {
          /* Modern devices: simply use PCI device id, but start from
0x1040. */
          vp_dev->vdev.id.device = pci_dev->device - 0x1040;
        }
        vp_dev->vdev.id.vendor = pci_dev->subsystem_vendor;

        /* check for a common config: if not, use legacy mode (bar 0). */
        common = virtio_pci_find_capability(pci_dev, VIRTIO_PCI_CAP_COMMON_CFG,
                          IORESOURCE_IO | IORESOURCE_MEM,
                          &vp_dev->modern_bars);
```

```
    …
        err = pci_request_selected_regions(pci_dev, vp_dev->modern_bars,
                        "virtio-pci-modern");
        if (err)
          return err;

        err = -EINVAL;
        vp_dev->common = map_capability(pci_dev, common,
                        sizeof(struct virtio_pci_common_cfg), 4,
                        0, sizeof(struct virtio_pci_common_cfg),
                        NULL);
    …

        if (device) {
          vp_dev->device = map_capability(pci_dev, device, 0, 4,
                            0, PAGE_SIZE,
                            &vp_dev->device_len);
          if (!vp_dev->device)
              goto err_map_device;

          vp_dev->vdev.config = &virtio_pci_config_ops;
        } else {
          vp_dev->vdev.config = &virtio_pci_config_nodev_ops;
        }

        vp_dev->config_vector = vp_config_vector;
        vp_dev->setup_vq = setup_vq;
        vp_dev->del_vq = del_vq;

        return 0;
    …
    }
```

virtio_pci_modern_probe 函数首先设置了 virtio 设备的 vendor ID 和 device ID，值得注意的是，virtio PCI 代理设备的 device ID 就是上一节中在 virtio_pci_device_plugged 函数中设置的 0x1040+5，所以这里 virtio 设备的 device ID 为 5。virtio_pci_modern_probe 函数接下来调用多次 virtio_pci_find_capability 来发现 virtio PCI 代理设备的 pci capability，这也是在 virtio_pci_device_plugged 写入到 virtio PCI 代理设备的配置空间中的，virtio_pci_find_capability 找到所属的 PCI BAR，写入到 virtio_pci_device 的 modern_bars 成员中，从 QEMU 的 virtio_pci_realize 函数中可以知道这个 modern_bars 是 1<<4。接着 pci_request_selected_regions 就将 virtio PCI 代理设备的 BAR 地址空间保留起来了。

virtio_pci_modern_probe 函数调用 map_capability 将对应的 capability 在 PCI 代理设备中的 BAR 空间映射到内核地址空间，如 virtio_pci_device 的 common 成员就映射了 virtio_pci_common_cfg 的数据到内核中，这样，后续就可以直接通过这个内存地址空间来访问 common 这个 capability 了，其他的 capability 类似。这样实际上就将 virtio PCI 代理设备的 BAR 映射到虚拟机内核地址空间了，后续直接访问这些地址即可实现对 virtio PCI 代理设备的配置和控制。

virtio_pci_modern_probe 函数接着设置 virtio_pci_device 中 virtio_device 的成员 vdev 的 config 成员。如果有 device 这个 capability，则设置为 virtio_pci_config_ops，设置 virtio_pci_ device 的几个回调函数，config_vector 与 MSI 中断有关，setup_vq 用来配置 virtio 设备 virt queue，del_vq 用来删除 virt queue。virtio_pci_modern_probe 执行完成后，相关数据结构如图 7-29 所示。

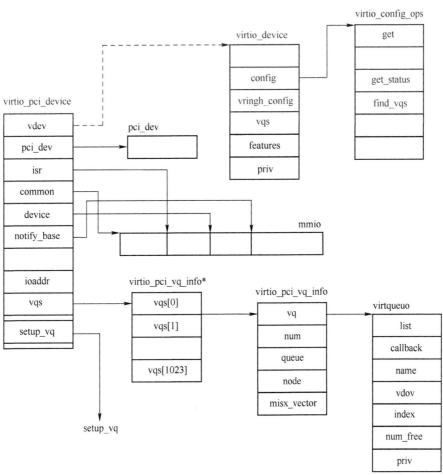

图 7-29　virtio_pci_device 数据结构

回到 virtio_pci_probe，virtio_pci_modern_probe 返回之后会调用 register_virtio_device，这个函数将一个 virtio device 注册到系统中。

```
drivers/virtio/virtio.c
int register_virtio_device(struct virtio_device *dev)
{
    int err;

    dev->dev.bus = &virtio_bus;

    /* Assign a unique device index and hence name. */
    err = ida_simple_get(&virtio_index_ida, 0, 0, GFP_KERNEL);
    if (err < 0)
      goto out;

    dev->index = err;
```

```
            dev_set_name(&dev->dev, "virtio%u", dev->index);

            spin_lock_init(&dev->config_lock);
            dev->config_enabled = false;
            dev->config_change_pending = false;

            /* We always start by resetting the device, in case a previous
             * driver messed it up. This also tests that code path a little. */
            dev->config->reset(dev);

            /* Acknowledge that we've seen the device. */
            add_status(dev, VIRTIO_CONFIG_S_ACKNOWLEDGE);

            INIT_LIST_HEAD(&dev->vqs);

            /* device_register() causes the bus infrastructure to look for a
             * matching driver. */
            err = device_register(&dev->dev);
            if (err)
              ida_simple_remove(&virtio_index_ida, dev->index);
    out:
            if (err)
              add_status(dev, VIRTIO_CONFIG_S_FAILED);
          return err;
    }
```

register_virtio_device 函数设置 virtio 设备的 Bus 为 virtio_bus，virtio_bus 在系统初始化的时候会注册到系统中。设置 virtio 设备的名字为类似 virtio0、virtio1 的字符串，然后调用 dev->config->reset 回调函数重置设备，最后调用 device_register 将设备注册到到系统中。device_register 函数跟设备驱动相关比较大，这里简单介绍一下其作用。该函数会调用 device_add 将设备加到系统中，并且会发送一个 uevent 消息到用户空间，这个 uevent 消息中包含了 virtio 设备的 vendor id、device id，udev 接收到这个消息之后会加载 virtio 设备的对应驱动。然后 device_add 会调用 bus_probe_device，最终调用到 Bus 的 probe 函数和设备的 probe 函数，也就是 virtio_dev_probe 和 virtballoon_probe 函数。

一般来讲，virtio 驱动初始化一个设备的过程如下。

1）重置设备，这是在上述 register_virtio_device 函数中通过 dev->config->reset 调用完成的。

2）设置 ACKNOWLEDGE 状态位，表示 virtio 驱动已经知道了该设备，这同样是在 register_virtio_device 函数中由 add_status(dev，VIRTIO_CONFIG_S_ACKNOWLEDGE 语句完成的。

3）设置 DRIVER 状态位，表示 virtio 驱动知道怎么样驱动该设备，这是在 virtio 总线的 probe 函数 virtio_dev_probe 中通过 add_status(dev，VIRTIO_CONFIG_S_DRIVER)完成的。

4）读取 virtio 设备的 feature 位，求出驱动设置的 feature，将两者计算子集，然后向设备写入这个子集特性，这是在 virtio_dev_probe 函数中完成的，计算 driver_features 和 device_features，然后调用 virtio_finalize_features。

5）设置 FEATURES_OK 特性位，这之后 virtio 驱动就不会再接收新的特性了，这一步是在函数 virtio_finalize_features 中通过调用 add_status(dev，VIRTIO_CONFIG_S_FEATURES_OK)完成的。

6）重新读取设备的 feature 位，确保设置了 FEATURES_OK，否则设备不支持 virtio 驱动设置的一些状态，表示设备不可用，这同样是在 virtio_finalize_features 函数中完成的。

7）执行设备相关的初始化操作，包括发现设备的 virtqueue、读写 virtio 设备的配置空间等，这是在 virtio_dev_probe 函数中通过调用驱动的 probe 函数完成的，即 drv->probe(dev)。

8）设置 DRIVER_OK 状态位，这通常是在具体设备驱动的 probe 函数中通过调用 virtio_device_ready 完成的，对于 virtio balloon 来说是 virtballoon_probe，如果设备驱动没有设置 DRIVER_OK 位，则会由总线的 probe 函数 virtio_dev_probe 来设置。

下面通过例子来对 virtio 驱动的加载过程进行简单分析。以如下命令启动虚拟机。

```
    x86_64-softmmu/qemu-system-x86_64  -m 1024 -smp 4 -hda /home/test/test.img --enable-kvm  -vnc :0   -device edu -debugcon file:/home/test/1.txt  -global isa-debugcon.iobase=0x402 -bios /home/test/seabios/out/bios.bin -device virtio-balloon-pci
```

在虚拟机中使用 auditd 对驱动访问进行监控，如图 7-30 所示。

```
root@test-Standard-PC-i440FX-PIIX-1996:~# auditctl -w  /lib/modules/4.15.0-20-g
eneric/kernel/drivers/char/hw_random/virtio-rng.ko  -p rwxa
```

图 7-30　使用 auditd 对 virtio-rng 驱动的访问进行监控

在虚拟机中调用 udevadm monitor 对 uevent 事件进行监控，如图 7-31 所示。

```
root@test-Standard-PC-i440FX-PIIX-1996:~# udevadm monitor --udev --kernel --pro
perty
monitor will print the received events for:
UDEV - the event which udev sends out after rule processing
```

图 7-31　监控虚拟机中的 uevent 事件

在 hmp 中添加 virtio-rng-pci 设备，如图 7-32 所示。

```
(qemu) device_add virtio-rng-pci,id=id2
```

图 7-32　为虚拟机添加 virtio-rng-pci 设备

udev 可以看到有设备添加的消息，如图 7-33 所示。

```
UDEV  [12168.842732] add      /devices/pci0000:00/0000:00:06.0/virtio1 (virtio)
ACTION=add
DEVPATH=/devices/pci0000:00/0000:00:06.0/virtio1
MODALIAS=virtio:d00000004v00001AF4
SEQNUM=2386
SUBSYSTEM=virtio
USEC_INITIALIZED=12168775414

UDEV  [12168.843336] add      /bus/virtio/drivers/virtio_rng (drivers)
ACTION=add
DEVPATH=/bus/virtio/drivers/virtio_rng
SEQNUM=2390
SUBSYSTEM=drivers
USEC_INITIALIZED=12168843302

UDEV  [12168.843985] bind     /devices/pci0000:00/0000:00:06.0 (pci)
ACTION=bind
DEVPATH=/devices/pci0000:00/0000:00:06.0
DRIVER=virtio-pci
ID_MODEL_FROM_DATABASE=Virtio RNG
ID_PCI_CLASS_FROM_DATABASE=Unclassified device
ID_VENDOR_FROM_DATABASE=Red Hat, Inc.
MODALIAS=pci:v00001AF4d00001005sv00001AF4sd00000004bc00scFFi00
PCI_CLASS=FF00
PCI_ID=1AF4:1005
PCI_SLOT_NAME=0000:00:06.0
PCI_SUBSYS_ID=1AF4:0004
```

图 7-33　虚拟机中的 uevent 消息

再从 audit 的日志看，udev 确实加载了 virtio-rng.ko 驱动，如图 7-34 所示。

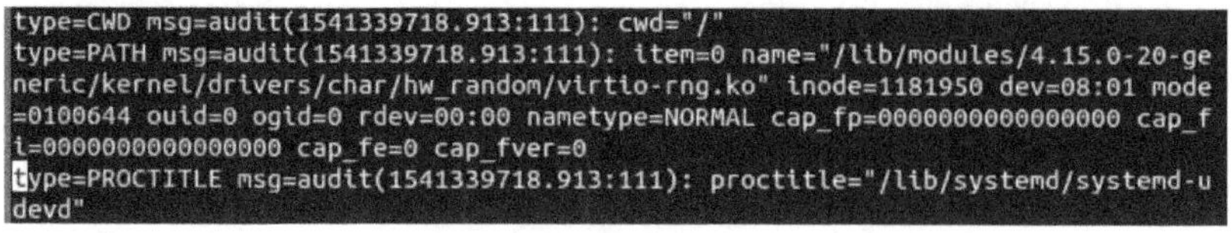

```
type=CWD msg=audit(1541339718.913:111): cwd="/"
type=PATH msg=audit(1541339718.913:111): item=0 name="/lib/modules/4.15.0-20-ge
neric/kernel/drivers/char/hw_random/virtio-rng.ko" inode=1181950 dev=08:01 mode
=0100644 ouid=0 ogid=0 rdev=00:00 nametype=NORMAL cap_fp=0000000000000000 cap_f
i=0000000000000000 cap_fe=0 cap_fver=0
type=PROCTITLE msg=audit(1541339718.913:111): proctitle="/lib/systemd/systemd-u
devd"
```

图 7-34　audit 加载 virtio-rng 驱动日志

使用 lspci -v 可以看到，所有 virtio 设备的驱动均为 virtio_pci，并没有 virtio-rng、virtio-net 等驱动，如图 7-35 所示。

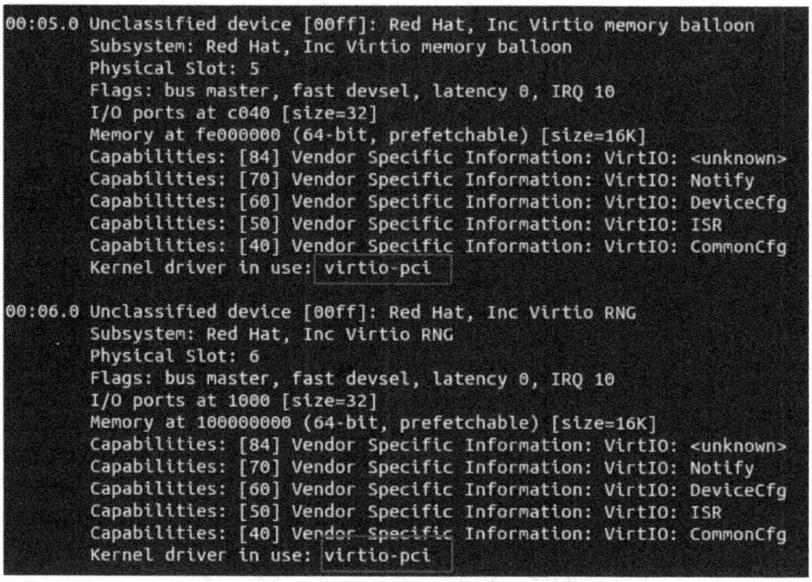

```
00:05.0 Unclassified device [00ff]: Red Hat, Inc Virtio memory balloon
        Subsystem: Red Hat, Inc Virtio memory balloon
        Physical Slot: 5
        Flags: bus master, fast devsel, latency 0, IRQ 10
        I/O ports at c040 [size=32]
        Memory at fe000000 (64-bit, prefetchable) [size=16K]
        Capabilities: [84] Vendor Specific Information: VirtIO: <unknown>
        Capabilities: [70] Vendor Specific Information: VirtIO: Notify
        Capabilities: [60] Vendor Specific Information: VirtIO: DeviceCfg
        Capabilities: [50] Vendor Specific Information: VirtIO: ISR
        Capabilities: [40] Vendor Specific Information: VirtIO: CommonCfg
        Kernel driver in use: virtio-pci

00:06.0 Unclassified device [00ff]: Red Hat, Inc Virtio RNG
        Subsystem: Red Hat, Inc Virtio RNG
        Physical Slot: 6
        Flags: bus master, fast devsel, latency 0, IRQ 10
        I/O ports at 1000 [size=32]
        Memory at 100000000 (64-bit, prefetchable) [size=16K]
        Capabilities: [84] Vendor Specific Information: VirtIO: <unknown>
        Capabilities: [70] Vendor Specific Information: VirtIO: Notify
        Capabilities: [60] Vendor Specific Information: VirtIO: DeviceCfg
        Capabilities: [50] Vendor Specific Information: VirtIO: ISR
        Capabilities: [40] Vendor Specific Information: VirtIO: CommonCfg
        Kernel driver in use: virtio-pci
```

图 7-35　virtio 设备使用 virtio-pci 驱动

这也与前面的分析相符，因为 virtio 设备是由一个 PCI 的控制器添加的，其本质是一个 virtio 设备，会挂到 virtio 总线上，所以 PCI 总线上只会显示其驱动为 virtio-pci。

### 7.4.4　virtio 驱动的初始化

在介绍 virtio 驱动的初始化之前，首先介绍 virtio 配置的函数集合变量 virtio_pci_config_ops。virtio_pci_modern_probe 函数中 virtio_pci_config_ops 变量被赋值给了 virtio_device 结构体的 config 成员，其定义如下。

```
drivers/virtio/virtio_pci_modern.c
static const struct virtio_config_ops virtio_pci_config_ops = {
    .get         = vp_get,
    .set         = vp_set,
    .generation  = vp_generation,
    .get_status  = vp_get_status,
    .set_status  = vp_set_status,
    .reset       = vp_reset,
    .find_vqs    = vp_modern_find_vqs,
    .del_vqs     = vp_del_vqs,
    .get_features    = vp_get_features,
```

```
        .finalize_features = vp_finalize_features,
        .bus_name      = vp_bus_name,
        .set_vq_affinity = vp_set_vq_affinity,
};
```

virtio_pci_config_ops 结构体中的成员函数通常是代理 virtioPCI 代理设备的 I/O 操作，包括读写 virtio PCI 代理设备的 PIO 和 MMIO，如 get_status 和 set_status 成员对应的 vp_get_status 和 vp_set_status 函数，其定义如下。

```
drivers/virtio/virtio_pci_modern.c
static u8 vp_get_status(struct virtio_device *vdev)
{
        struct virtio_pci_device *vp_dev = to_vp_device(vdev);
        return vp_ioread8(&vp_dev->common->device_status);
}

static void vp_set_status(struct virtio_device *vdev, u8 status)
{
        struct virtio_pci_device *vp_dev = to_vp_device(vdev);
        /* We should never be setting status to 0. */
        BUG_ON(status == 0);
        vp_iowrite8(status, &vp_dev->common->device_status);
}
```

这两个函数直接读写地址 vp_dev->common->device_status，从前面的介绍可知，vp_dev->common 对应的是 virtio PCI 代理设备第四个 BAR 表示的地址中的一段空间，其指向的数据表示如下。

```
include/uapi/linux/virtio_pci.h
struct virtio_pci_common_cfg {
        /* About the whole device. */
        __le32 device_feature_select; /* read-write */
        __le32 device_feature;              /* read-only */
        __le32 guest_feature_select;        /* read-write */
        __le32 guest_feature;               /* read-write */
        __le16 msix_config;                 /* read-write */
        __le16 num_queues;              /* read-only */
        __u8 device_status;             /* read-write */
        __u8 config_generation;             /* read-only */

        /* About a specific virtqueue. */
        __le16 queue_select;                /* read-write */
        __le16 queue_size;              /* read-write, power of 2. */
        __le16 queue_msix_vector;           /* read-write */
        __le16 queue_enable;                /* read-write */
        …
};
```

上面代码中的每一个成员都表示一个 virtio PCI 代理设备 modern MMIO 地址空间中对应的值，读写这些成员都会陷入到 QEMU 中。比如设置或者获取设备状态的 device_status 成员，其地址从该结构体开始偏移 20 处，所以读写这个地址的时候会陷入到 QEMU 中，并且地址是 virtio 设备的 common MemoryRegion 偏移 20 处，该 MemoryRegion 对应的回调操作结构是

common_ops，定义如下。

```
hw/virtio/virtio-pci.c
    static const MemoryRegionOps common_ops = {
        .read = virtio_pci_common_read,
        .write = virtio_pci_common_write,
        .impl = {
            .min_access_size = 1,
            .max_access_size = 4,
        },
        .endianness = DEVICE_LITTLE_ENDIAN,
    };
```

virtio_pci_config_ops 的各个函数封装了这些 I/O 操作，不仅是 MMIO 操作，还有 PIO 操作，virtio 设备可以通过这个结构体中的各个回调函数来驱动设备。

下面以 virtio balloon 设备的初始化过程为例分析 virtio 设备的初始化过程，也就是上一节中的第 7 步，virtio balloon 设备的初始化代码如下。

```
drivers/virtio/virtio_balloon.c
static int virtballoon_probe(struct virtio_device *vdev)
{
        struct virtio_balloon *vb;
        int err;

        …

        vdev->priv = vb = kmalloc(sizeof(*vb), GFP_KERNEL);
        …
        vb->num_pages = 0;
        mutex_init(&vb->balloon_lock);
        init_waitqueue_head(&vb->config_change);
        init_waitqueue_head(&vb->acked);
        vb->vdev = vdev;
        vb->need_stats_update = 0;

        balloon_devinfo_init(&vb->vb_dev_info);
        …
        err = init_vqs(vb);
        …
        vb->nb.notifier_call = virtballoon_oom_notify;
        vb->nb.priority = VIRTBALLOON_OOM_NOTIFY_PRIORITY;
        err = register_oom_notifier(&vb->nb);
        …
        virtio_device_ready(vdev);
          …
        return 0;
        …
}
```

virtio balloon 设备用 virtio_ballon 表示，virtio_balloon 结构体中存放了与该 virtio balloon 设备密切相关的数据成员。virtballoon_probe 首先分配了一个 virtio_balloon 结构赋值给 vb，并且 virtio_device 的 priv 也会保存该结构地址。接着对 virtio_balloon 的成员进行初始化，其中两个重要函数是 init_vqs 和 virtio_device_ready，后者只是简单设置一个 DRIVER_OK 的特性位。

virtballoon_probe 函数用来初始化 virtqueue 和 vring，virtio 驱动与 virtio 设备通过 virtqueue 进行
数据通信。下面详细分析该函数。

```
drivers/virtio/virtio_balloon.c
static int init_vqs(struct virtio_balloon *vb)
{
        struct virtqueue *vqs[3];
        vq_callback_t *callbacks[] = { balloon_ack, balloon_ack, stats_request };
        const char *names[] = { "inflate", "deflate", "stats" };
        int err, nvqs;

        /*
         * We expect two virtqueues: inflate and deflate, and
         * optionally stat.
         */
        nvqs = virtio_has_feature(vb->vdev, VIRTIO_BALLOON_F_STATS_VQ)? 3:2;
        err = vb->vdev->config->find_vqs(vb->vdev,nvqs,vqs,callbacks, names);
        if (err)
          return err;

        vb->inflate_vq = vqs[0];
        vb->deflate_vq = vqs[1];
        if (virtio_has_feature(vb->vdev, VIRTIO_BALLOON_F_STATS_VQ)) {
          struct scatterlist sg;
          vb->stats_vq = vqs[2];

          /*
           * Prime this virtqueue with one buffer so the hypervisor can
           * use it to signal us later (it can't be broken yet!).
           */
          update_balloon_stats(vb);

          sg_init_one(&sg, vb->stats, sizeof vb->stats);
          if (virtqueue_add_outbuf(vb->stats_vq, &sg, 1, vb, GFP_KERNEL)
              < 0)
              BUG();
          virtqueue_kick(vb->stats_vq);
        }
        return 0;
}
```

　　init_vqs 首先判断 VIRTIO_BALLOON_F_STATS_VQ 特性是否存在，如果存在，则设置
virtio balloon 的 virtqueue 为 3 个，否则为两个。从 QEMU 获取的 virtio balloon 的特性函数
virtio_balloon_get_features 中可以看到，QEMU 2.8.1 版本强制添加了 VIRTIO_BALLOON_F_
STATS_VQ 特性，所以 virtio balloon 有 3 个 virtqueue。

　　init_vqs 接着调用 virtio_config_ops 的 find_vqs 回调，对应的函数是 vp_modern_find_vqs，该
函数代码如下。

```
drivers/virtio/virtio_pci_modern.c
static int vp_modern_find_vqs(struct virtio_device *vdev, unsigned nvqs,
```

```
                    struct virtqueue *vqs[],
                    vq_callback_t *callbacks[],
                    const char *names[])
    {
        struct virtio_pci_device *vp_dev = to_vp_device(vdev);
        struct virtqueue *vq;
        int rc = vp_find_vqs(vdev, nvqs, vqs, callbacks, names);
        …
        /* Select and activate all queues. Has to be done last: once we do
         * this, there's no way to go back except reset.
         */
        list_for_each_entry(vq, &vdev->vqs, list) {
          vp_iowrite16(vq->index, &vp_dev->common->queue_select);
          vp_iowrite16(1, &vp_dev->common->queue_enable);
        }

        return 0;
    }
```

vp_modern_find_vqs 函数以相同参数调用了 vp_find_vqs 函数，接着在一个 list_for_each_entry 循环中使能了所有的 virtqueue。vp_find_vqs 代码如下。

```
    drivers/virtio/virtio_pci_common.c
    /* the config->find_vqs() implementation */
    int vp_find_vqs(struct virtio_device *vdev, unsigned nvqs,
            struct virtqueue *vqs[],
            vq_callback_t *callbacks[],
            const char *names[])
    {
        int err;

        /* Try MSI-X with one vector per queue. */
        err = vp_try_to_find_vqs(vdev, nvqs, vqs, callbacks, names, true, true);
        if (!err)
          return 0;
        /* Fallback: MSI-X with one vector for config, one shared for queues. */
        err = vp_try_to_find_vqs(vdev, nvqs, vqs, callbacks, names,
                    true, false);
        if (!err)
          return 0;
        /* Finally fall back to regular interrupts. */
        return vp_try_to_find_vqs(vdev, nvqs, vqs, callbacks, names,
                    false, false);
    }
```

vp_find_vqs 函数本质上只调用了一个函数 vp_try_to_find_vqs，但是 3 次调用的参数不同。3 次调用的区别主要是 virtio 设备使用中断的方式，vp_try_to_find_vqs 函数的最后两个参数一个是是否使用 MSIx 的中断方式，另一个是如果使用 MSIx 中断方式，最后一种是否是每个 virtqueue 一个 vector。virtio 设备是否使用 MSIx，是由 QEMU 中 virtio PCI 代理设备结构 VirtIOPCIProxy 中的 nvectors 决定的，而这个值是作为属性添加的，如 virtio PCI 代理设备的属性 virtio_crypto_pci_properties 定义中有 DEFINE_PROP_UINT32("vectors", VirtIOPCIProxy, nvectors,

2)，这句代码表示 virtio crypto 有两个 MSIx 的 vector。virtio pci balloon 设备没有定义这个属性，所以还是使用传统的 INTx 中断方式，也就是所有的中断都使用一个中断线。vp_try_to_ find_vqs 代码简化之后如下。

```
drivers/virtio/virtio_pci_common.c
static int vp_try_to_find_vqs(struct virtio_device *vdev, unsigned nvqs,
                    struct virtqueue *vqs[],
                    vq_callback_t *callbacks[],
                    const char *names[],
                    bool use_msix,
                    bool per_vq_vectors)
{
        struct virtio_pci_device *vp_dev = to_vp_device(vdev);
        u16 msix_vec;
        int i, err, nvectors, allocated_vectors;

        vp_dev->vqs = kmalloc(nvqs * sizeof *vp_dev->vqs, GFP_KERNEL);
        if (!vp_dev->vqs)
          return -ENOMEM;

        if (!use_msix) {
          /* Old style: one normal interrupt for change and all vqs. */
          err = vp_request_intx(vdev);
          if (err)
                goto error_find;
        } else {
          …
        }
    …
        for (i = 0; i <nvqs; ++i) {
          …
          vqs[i] = vp_setup_vq(vdev, i, callbacks[i], names[i], msix_vec);
            …
        }
        return 0;
    …
}
```

vp_try_to_find_vqs 函数首先分配 nvqs 个指向 virtio_pci_vq_info 的指针，并且赋值给 virtio_pci_device 的 vqs 成员，每个 virtio_pci_vq_info 记录了 virtqueue 的信息，这里只是分配了指针，没有分配具体的结构体。vp_try_to_find_vqs 接着计算 nvectors，nvectors 表示总共需要的 MSIx vector，virtio balloon 不使用 MSIx，因此调用 vp_request_intx 申请中断。

```
drivers/virtio/virtio_pci_common.c
static int vp_request_intx(struct virtio_device *vdev)
{
        int err;
        struct virtio_pci_device *vp_dev = to_vp_device(vdev);

        err = request_irq(vp_dev->pci_dev->irq, vp_interrupt,
                IRQF_SHARED, dev_name(&vdev->dev), vp_dev);
        if (!err)
```

```
            vp_dev->intx_enabled = 1;
        return err;
    }
```

vp_request_intx 申请了一个中断资源，中断处理函数为 vp_interrupt，具体的中断处理将在下一节分析。

回到 vp_try_to_find_vqs，中断申请之后会对每一个 virtqueue 调用 vp_setup_vq 来初始化 virtqueue。在该函数中会分配具体的 virtio_pci_vq_info 结构体来表示一个 virtqueue 信息，并且会作为参数调用 virtio_pci_device 的 setup_vq 回调函数，这个回调函数同样是在 virtio_pci_modern_probe 中设置的，为 setup_vq。

```
    drivers/virtio/virtio_pci_modern.c
    static struct virtqueue *setup_vq(struct virtio_pci_device *vp_dev,
                        struct virtio_pci_vq_info *info,
                        unsigned index,
                        void (*callback)(struct virtqueue *vq),
                        const char *name,
                        u16 msix_vec)
    {
        struct virtio_pci_common_cfg __iomem *cfg = vp_dev->common;
        struct virtqueue *vq;
        u16 num, off;
        int err;

        if (index >= vp_ioread16(&cfg->num_queues))
          return ERR_PTR(-ENOENT);

        /* Select the queue we're interested in */
        vp_iowrite16(index, &cfg->queue_select);

        /* Check if queue is either not available or already active. */
        num = vp_ioread16(&cfg->queue_size);
        if (!num || vp_ioread16(&cfg->queue_enable))
          return ERR_PTR(-ENOENT);

        if (num & (num - 1)) {
          dev_warn(&vp_dev->pci_dev->dev, "bad queue size %u", num);
          return ERR_PTR(-EINVAL);
        }

        /* get offset of notification word for this vq */
        off = vp_ioread16(&cfg->queue_notify_off);

        info->num = num;
        info->msix_vector = msix_vec;

        info->queue = alloc_virtqueue_pages(&info->num);
        …
        /* create the vring */
        vq = vring_new_virtqueue(index, info->num,
                    SMP_CACHE_BYTES, &vp_dev->vdev,
                    true, info->queue, vp_notify, callback, name);
```

```
        …
        /* activate the queue */
        vp_iowrite16(num, &cfg->queue_size);
        vp_iowrite64_twopart(virt_to_phys(info->queue),
                &cfg->queue_desc_lo, &cfg->queue_desc_hi);
        vp_iowrite64_twopart(virt_to_phys(virtqueue_get_avail(vq)),
                &cfg->queue_avail_lo, &cfg->queue_avail_hi);
        vp_iowrite64_twopart(virt_to_phys(virtqueue_get_used(vq)),
                &cfg->queue_used_lo, &cfg->queue_used_hi);

        if (vp_dev->notify_base) {
          …
          }
          vq->priv = (void __force *)vp_dev->notify_base +
                off * vp_dev->notify_offset_multiplier;
        } else {
          vq->priv = (void __force *)map_capability(vp_dev->pci_dev,
                        vp_dev->notify_map_cap, 2, 2,
                        off * vp_dev->notify_offset_multiplier, 2,
                        NULL);
        }
        …
        return vq;
        …
}
```

首先得到 virtio_pci_device 的 common 成员，这是 virtio PCI 代理设备中用来配置的一段 MMIO，直接读写这些地址会导致陷入到 QEMU 中的 virtio_pci_common_read/write 函数。这里将 common 的各个偏移和对应的寄存器名字列出来方便对照。

```
include/uapi/linux/virtio_pci.h
#define VIRTIO_PCI_CAP_VNDR               0
#define VIRTIO_PCI_CAP_NEXT               1
#define VIRTIO_PCI_CAP_LEN                2
#define VIRTIO_PCI_CAP_CFG_TYPE           3
#define VIRTIO_PCI_CAP_BAR                4
#define VIRTIO_PCI_CAP_OFFSET             8
#define VIRTIO_PCI_CAP_LENGTH             12

#define VIRTIO_PCI_NOTIFY_CAP_MULT        16

#define VIRTIO_PCI_COMMON_DFSELECT        0
#define VIRTIO_PCI_COMMON_DF              4
#define VIRTIO_PCI_COMMON_GFSELECT        8
#define VIRTIO_PCI_COMMON_GF              12
#define VIRTIO_PCI_COMMON_MSIX            16
#define VIRTIO_PCI_COMMON_NUMQ            18
#define VIRTIO_PCI_COMMON_STATUS          20
#define VIRTIO_PCI_COMMON_CFGGENERATION   21
#define VIRTIO_PCI_COMMON_Q_SELECT        22
#define VIRTIO_PCI_COMMON_Q_SIZE          24
#define VIRTIO_PCI_COMMON_Q_MSIX          26
#define VIRTIO_PCI_COMMON_Q_ENABLE        28
```

```
#define VIRTIO_PCI_COMMON_Q_NOFF        30
#define VIRTIO_PCI_COMMON_Q_DESCLO      32
#define VIRTIO_PCI_COMMON_Q_DESCHI      36
#define VIRTIO_PCI_COMMON_Q_AVAILLO     40
#define VIRTIO_PCI_COMMON_Q_AVAILHI     44
#define VIRTIO_PCI_COMMON_Q_USEDLO      48
#define VIRTIO_PCI_COMMON_Q_USEDHI      52
```

结合 setup_vq 的代码，可以总结初始化一个 virtqueue 的步骤：

1）如果判断需要初始化的 virtqueue 的索引大于读取出来的队列，那就返回错误，对应到 QEMU 中，通过判断 VirtQueue 中 vring 成员 num（也就是 virtqueue）大小不为零来判断队列个数。

```
hw/virtio/virtio-pci.c
    case VIRTIO_PCI_COMMON_NUMQ:
        for (i = 0; i < VIRTIO_QUEUE_MAX; ++i) {
            if (virtio_queue_get_num(vdev, i)) {
                val = i + 1;
            }
        }
        break;
```

2）选择要配置的队列，将队列索引 index 写入 queue_select，对应的寄存器地址是 VIRTIO_PCI_COMMON_Q_SELECT，后续与队列相关的操作都是针对选择的该队列，QEMU 中会把 VirtIODevice 的 queue_sel 成员设置成相应队列。

```
hw/virtio/virtio-pci.c
    case VIRTIO_PCI_COMMON_Q_SELECT:
        val = vdev->queue_sel;
        break;
```

3）读取队列大小，队列大小不能为 0 并且该队列不处于 enable 状态，队列大小还需要是 2 的幂。

4）读取 queue_notify_off 寄存器的值，这个值表示 virtio 驱动在通知 virtio 设备后端时应该写的地址在 notify_base 中的偏移，QEMU 只是简单以队列的索引返回，所以进行通知时，只需要队列索引号*notify_offset_multiplier 即可。

5）调用 alloc_virtqueue_pages 分配 virtqueue 的页面，本质上就是分配 vring 的 descriptor table、available ring 和 used ring 3 个部分，这个 3 个部分是在连续的物理地址空间中，"info->queue"保存了分配空间的虚拟地址。

6）调用 vring_new_virtqueue 创建一个 vring_virtqueue 结构，参数中的 vp_notify 表示 virtio 驱动用来通知 virtio 设备的函数，callback 表示 virtio 设备使用了 descriptor table 之后 virtio 驱动会调用的函数。vring_virtqueue 的第一个成员是 virtqueue 结构，vring_virtqueue 包含了所有 virtqueue 的信息，vring_new_virtqueue 即是用来分配 vring_virtqueue 的，值得注意的是还多分配了 num 个 void*指针，这是用来在调用使用通知时传递的所谓 token。vring_new_virtqueue 中还会调用 vring_init，这个函数初始化 vring，设置 vring 中队列大小(vring->num)、descriptor table(vring->desc)、avail ring(vring->avail)和 used ring(vring->used)的地址。值得注意的是，vring_new_virtqueue 会把每个 vring_desc 的 next 成员设置为下一个

vring_desc 的索引。

```
drivers/virtio/virtio_ring.c
        for (i = 0; i < num-1; i++) {
          vq->vring.desc[i].next = cpu_to_virtio16(vdev, i + 1);
          vq->data[i] = NULL;
        }
```

vring_new_virtqueue 还会把 virtqueue 挂到 virtio_device 的 vqs 链表上，这样就可以通过 virtio_device 快速找到所有队列。

7）激活队列，这个步骤会把队列大小，队列的 descriptor table、avail ring 和 used ring 的物理地址写入到相应的寄存器中。

8）设置 virtqueue 的 priv 成员为 notify 地址。图 7-36 显示了几个队列的通知地址的关系，对于 virtio balloon 来说，notify_offset_multiplier 为 4 个字节。

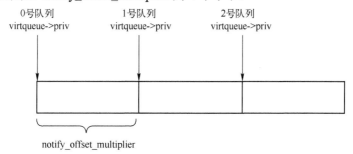

图 7-36　virtqueue 中队列通知地址

当 virtio 驱动调用 vp_notify 通知 virtio 设备时，会直接写 vq->priv 地址。

```
hw/virtio/virtio-pci.c
bool vp_notify(struct virtqueue *vq)
{
        /* we write the queue's selector into the notification register to
         * signal the other end */
        iowrite16(vq->index, (void __iomem *)vq->priv);
        return true;
}
```

QEMU 这边只需要将地址除以 notify_offset_multiplier 即可找到对应的队列。

```
hw/virtio/virtio-pci.c
static void virtio_pci_notify_write(void *opaque, hwaddraddr,
                                      uint64_t val, unsigned size)
{
    VirtIODevice *vdev = opaque;
    VirtIOPCIProxy *proxy = VIRTIO_PCI(DEVICE(vdev)->parent_bus->parent);
    unsigned queue = addr / virtio_pci_queue_mem_mult(proxy);

    if (queue < VIRTIO_QUEUE_MAX) {
        virtio_queue_notify(vdev, queue);
    }
}
```

综上所述，virtio_balloon 设备的 init_vqs 函数调用之后，相关的数据结构如图 7-37 所示。

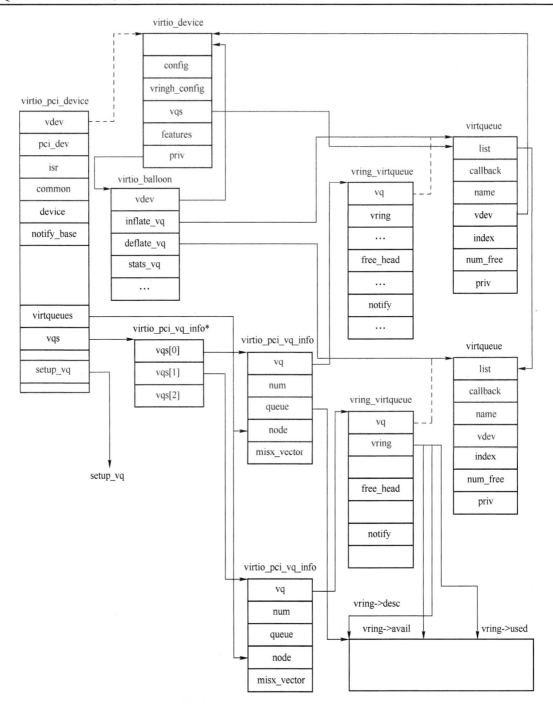

图 7-37　virtio_pci_device、virtio_device 以及 virtio_balloon 数据结构关系

## 7.4.5　virtio 设备与驱动的通信

　　virtqueue 是 virtio 驱动与 virtio 设备进行通信的方式。本节先介绍 virtqueue 以及 vring 的相关概念，然后从代码分析相关的接口。

　　每个 virtio 设备可能会有一个或多个 virtqueue，如 virtio balloon 有 3 个 virtqueue，单队列的

网卡有两个 virtqueue。每个 virtqueue 包括三个部分，即 descriptor table、available ring 以及 used ring。descriptor table 中的每一项用来描述一段缓冲区（Buffer），包括缓冲区的物理地址（GPA）和长度，descriptor table 的项数表示 virtqueue 的大小。available ring 中每一项的值表示当前可用 descriptor table 中的 index，由虚拟机内部 virtio 驱动设置，由 QEMU 侧的 virtio 设备读取。used ring 中每一项的值表示已经使用过的 descriptor table 中的 index，由 virtio 设备设置，virtio 驱动读取。descriptor table、available ring、used ring 这三个部分关系如图 7-38 所示。

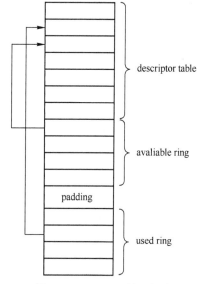

图 7-38　virtqueue 的三部分

virtqueue 中使用 vring 表示上述三个部分，相关的数据结构 vring、vring_desc、vring_avali 和 vring_used 的定义如下。

```
include/uapi/linux/virtio_ring.h
/* Virtio ring descriptors: 16 bytes. These can chain together via "next". */
struct vring_desc {
        /* Address (guest-physical). */
        __virtio64 addr;
        /* Length. */
        __virtio32 len;
        /* The flags as indicated above. */
        __virtio16 flags;
        /* We chain unused descriptors via this, too */
        __virtio16 next;
};

struct vring_avail {
        __virtio16 flags;
        __virtio16 idx;
        __virtio16 ring[];
};

/* u32 is used here for ids for padding reasons. */
struct vring_used_elem {
        /* Index of start of used descriptor chain. */
        __virtio32 id;
        /* Total length of the descriptor chain which was used(written to)*/
        __virtio32 len;
};

struct vring_used {
        __virtio16 flags;
        __virtio16 idx;
        struct vring_used_elem ring[];
};

struct vring {
        unsigned int num;

        struct vring_desc *desc;
```

```
        struct vring_avail *avail;
        struct vring_used*used;
    };
```

vring 中的 num 表示 virtqueue 的大小，也就是这个 vring 的 vring_desc 的个数；vring 中的 desc、avali、used 分别表示刚刚介绍的 descriptor table、available ring、used ring 的起始地址。

vring_desc 中的 addr 表示 I/O 的物理地址（GPA）；len 表示 I/O 的长度；flags 可以是 VRING_DESC_F_NEXT，表示这段 I/O 包括下一个连续的 vring_desc；VRING_DESC_F_WRITE 表示这段是只写的（对设备而言）；VRING_DESC_F_INDIRECT 表示这段 I/O 由不连续的 vring_desc 构成；vring_desc 的 next 成员表示下一个 vring_desc 的索引。

vring_avail 中 flags 通常不用；idx 表示下一次 virtio 驱动应该写 ring 数组的哪一个；ring 表示一个索引数组，其大小为 virtqueue 的大小，其中存放的是 vring_desc 的索引，表示这次的 I/O 数据。

vring_used 中的 flags 也通常不用；idx 表示下一次 virtio 设备应该写 ring 数组的哪一个；ring 表示一个索引数组，其大小为 virtqueue 的大小。ring 中的项有两部分，第一部分是 id，表示使用了 descriptor table 中的索引，第二部分 len 表示本次 virtio 设备总共写了多少数据。

图 7-39 显示了 vring、vring_desc、vring_avail、vring_used 之间的关系。注意，vring_desc、vring_avali、vring_used 三者是放在两个或者多个连续的页上的，这里将其分开只是为了更好地表现它们之间的关系。

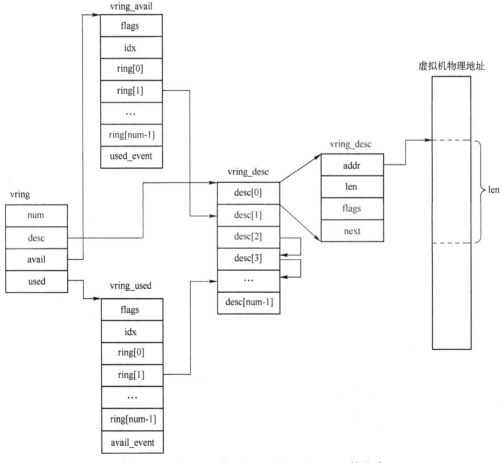

图 7-39　vring_desc 与 vring_avail、vring_used 的关系

这里值得注意的是，在 vring_avail 最后有一个 used_event，在 vring_used 最后有一个 avail_event，used_event 和 avail_event 都占两个字节，这两个字段与 virtio 设备的 VIRTIO_RING_F_EVENT_IDX 特性有关。对于 available ring 来说，如果 VIRTIO_RING_F_EVENT_IDX 开启，virtio 驱动可以抑制 virtio 设备发送中断的次数，当设备向 used ring 写入一个 descriptor index 的时候，写入的 uesd ring 的索引到达或者超过 used_event 时才发送中断，由于 vring_used->idx 表示的是下一次要用的 used ring 索引，所以当 vring_used->idx>=used_event+1 的时候发送中断。与之类似，如果 VIRTIO_RING_F_EVENT_IDX 开启，virtio 设备可以抑制 virtio 驱动发送通知的次数，当驱动向 available ring 写入一个 descriptor index 的时候，写入的 avail ring 的索引到达或者超过 avail_event 时才通知 QEMU 侧的 virtio 设备，由于 vring_avail->idx 表示的是下一次要使用的 avail ring 的索引，所以当 vring_avail->idx>=avail_event+1 的时候才发送通知。

vring 的 3 个部分被放在连续的两个或多个页上，整个 vring 的大小计算是通过 vring_size 完成的，其定义如下。

```
include/uapi/linux/virtio_ring.h
static inline unsigned vring_size(unsigned int num, unsigned long align)
{
        return ((sizeof(struct vring_desc) * num + sizeof(__virtio16)*(3+num)
        + align - 1) & ~(align - 1))
        + sizeof(__virtio16) * 3 + sizeof(struct vring_used_elem) * num;
}
```

vring_size 的参数 num 是 virtqueue 的大小，也就是 vring_desc 的大小，align 表示对齐，virtio 驱动初始化调用的 setup_vq 函数中会调用 alloc_virtqueue_pages 分配 vring 的空间，其大小通过 vring_pci_size 决定，在其中可以看到 align 为 SMP_CACHE_BYTES（64）。vring 的第一部分是 num 个 vring_desc；第二部分是（3+num）个双字节，num 是 vring_avail 中的 ring 数组所占的空间，3 表示的是 vring_avail 中的 flags、idx 成员以及 used_event 这 3 个双字节，这两个部分是紧挨着放的；接着是 padding 的长度，最后在下一个页对齐地址计算 used ring 所占的空间。3 个双字节表示的 vring_used 的 flags、idx 成员以及 avail_event。

virtio 驱动向 virtio 设备传递数据的步骤如下。

1）填充一个或多个 descriptor table 中的一项。

2）更新 available ring 的数据，使得 idx 指向 available ring 的 ring 数组中刚刚添加的 descriptor table 的位置。

3）发送通知给 virtio 设备。

virtio 设备处理 virtio 驱动的数据请求过程如下。

1）根据 available ring 中的信息，把请求数据从 descriptor table 中取下来。

2）处理具体的请求。

3）更新 used ring 的数据，使得 idx 指向 used ring 的 ring 数组中刚刚添加的 descriptor table 的信息以及长度。

4）发送一个中断给 virtio 驱动。

在分析具体的 vring 通信机制前，需要介绍两个结构，第一个是 virtio 驱动中的 vring_virtqueue，第二个是 QEMU 中的 VirtQueue，两者分别是 virto 驱动层和设备层的 virtqueue 表示，在上述 virtio 驱动和设备进行数据交互的过程中有重要作用。首先看 vring_virtqueue。

```
drivers/virtio/virtio_ring.c
struct vring_virtqueue {
```

```
                struct virtqueue vq;

                /* Actual memory layout for this queue */
                struct vringvring;

                /* Can we use weak barriers? */
                bool weak_barriers;

                /* Other side has made a mess, don't try any more. */
                bool broken;

                /* Host supports indirect buffers */
                bool indirect;

                /* Host publishes avail event idx */
                bool event;

                /* Head of free buffer list. */
                unsigned int free_head;
                /* Number we've added since last sync. */
                unsigned int num_added;

                /* Last used index we've seen. */
                u16 last_used_idx;

                /* Last written value to avail->flags */
                u16 avail_flags_shadow;

                /* Last written value to avail->idx in guest byte order */
                u16 avail_idx_shadow;

                /* How to notify other side. FIXME: commonalizehcalls! */
                bool (*notify)(struct virtqueue *vq);
                …
                /* Tokens for callbacks. */
                void *data[];
        };
```

vq 和 vring 在上一节已经介绍过了，这里对 virtio 驱动与设备通信过程中会遇到的几个域进行分析。broken 表示对端（virtio 设备端）已经不是正常状态；indirect 表示对端支持间接 descriptor；event 表示对端是否使用了 avail event index 特性；free_head 表示 descriptor table 第一个可用项；num_added 表示上一次通知对端之后增加的 avaial ring 的个数；last_used_idx 表示 virtio 驱动最后看到的 used index，这个值记录驱动这一层的 used ring 的 index，在驱动获取 used ring 的时候使用；avail_flags_shadow 表示最后一次写入到 avail->flags 中的值；avail_idx_shadow 表示最后一次写入 avail->idx 的值；notify 表示通知对端的回调函数，从上一节的分析可以看到这个回调被设置成 vp_notify 函数；data[]是一个数组，其大小为 virtqueue 的大小，用来存放每次添加 descriptor 时的一个上下文结构。

向 descriptor table 添加请求数据的函数是 virtqueue_add，其声明如下。

```
        drivers/virtio/virtio_ring.c
        static inline int virtqueue_add(struct virtqueue *_vq,
                        struct scatterlist *sgs[],
                        unsigned int total_sg,
                        unsigned int out_sgs,
```

```
                    unsigned int in_sgs,
                    void *data,
                    gfp_t gfp);
```

　　_vq 参数表示要添加数据的 virtqueue，函数会从 virtqueue 结构得到对应的 vring_virtqueue。数据请求放在一组 sgs 的 scatterlist 数组中；total_sg 表示该数组的大小；out_sgs 表示驱动写入的数据，out_sgs 中的 out 指驱动输出到设备的数据；in_sgs 表示驱动提供给设备的空间，即设备写这个空间；data 就是本次请求的上下文，通常用来存放具体的 virtio 设备，如 virtio_balloon 结构，在需要使用 indirect descriptor 的时候；gfp 指示分配空间的标志。

　　virtqueue_add 首先从_vq 参数转换成对应的 vring_virtqueue，用 vq 表示，然后判断对端是否已经处于损坏状态，如果是就直接结束。

**drivers/virtio/virtio_ring.c**
```
        struct vring_virtqueue *vq = to_vvq(_vq);
        …

        if (unlikely(vq->broken)) {
          END_USE(vq);
          return -EIO;
        }
```

　　接下来从 vq->free_head 中获取可以使用的 descriptor index 保存在 head 中。这里不考虑 indirect 的情况，整体情况比较简单。

**drivers/virtio/virtio_ring.c**
```
        head = vq->free_head;

        /* If the host supports indirect descriptor tables, and we have multiple
         * buffers, then go indirect. FIXME: tune this threshold */
        if (vq->indirect && total_sg > 1 && vq->vq.num_free)
          desc = alloc_indirect(_vq, total_sg, gfp);
        else
          desc = NULL;

        if (desc) {
          …
        } else {
          desc = vq->vring.desc;
          i = head;
          descs_used = total_sg;
          indirect = false;
        }
```

　　desc 保存 descriptor table 首地址，i 表示当前可用的 vring_desc，descs_used 表示将要使用的 descriptor 个数。

　　要使用的 descs_used 要比当前空闲的 descriptor 的数目小才行，所以紧接着有一个比较 vq->vq.num_free 与 descs_used 关系的 if 语句，其中的 vq->vq.num_free 表示当前 vring 上空闲的 descriptor。

**drivers/virtio/virtio_ring.c**
```
        if (vq->vq.num_free <descs_used) {
          …
          return -ENOSPC;
```

```
    }
```

接下来是具体填充 descriptor 的过程。首先，从 vq->vq.num_free 中减去将要使用的 descs_used 个数。接下来是填充 out 数据，从前面 out_sgs 中取出所有的 sg，每个 sg 构造一个 vring_desc，从上一节可知，vring_desc 的 next 是指向下一个的索引，所以这里的 vring_desc 都是紧挨着的，out 数据写完了之后接着写入 in 的数据信息，in 的 vring_desc 的 flags 会设置 VRING_DESC_F_WRITE，对端设备看到这个 flags 就知道开始了 in 数据。对于最后一个 vring_desc 还需要清除其 VRING_DESC_F_NEXT，这样对端设备才会知道当前的数据请求 vring_desc 已结束。这里还会设置 vq->data[head]上下文。

```
drivers/virtio/virtio_ring.c
        /* We're about to use some buffers from the free list. */
        vq->vq.num_free -= descs_used;

        for (n = 0; n < out_sgs; n++) {
          for (sg = sgs[n]; sg; sg = sg_next(sg)) {
                desc[i].flags = cpu_to_virtio16(_vq->vdev, VRING_DESC_F_NEXT);
                desc[i].addr = cpu_to_virtio64(_vq->vdev, sg_phys(sg));
                desc[i].len = cpu_to_virtio32(_vq->vdev, sg->length);
                prev = i;
                i = virtio16_to_cpu(_vq->vdev, desc[i].next);
          }
        }
        for (; n < (out_sgs + in_sgs); n++) {
          for (sg = sgs[n]; sg; sg = sg_next(sg)) {
                desc[i].flags = cpu_to_virtio16(_vq->vdev, VRING_DESC_F_NEXT
| VRING_DESC_F_WRITE);
                desc[i].addr = cpu_to_virtio64(_vq->vdev, sg_phys(sg));
                desc[i].len = cpu_to_virtio32(_vq->vdev, sg->length);
                prev = i;
                i = virtio16_to_cpu(_vq->vdev, desc[i].next);
          }
        }
        /* Last one doesn't continue. */
        desc[prev].flags &= cpu_to_virtio16(_vq->vdev, ~VRING_DESC_F_NEXT);

        /* Update free pointer */
        if (indirect)
          vq->free_head = virtio16_to_cpu(_vq->vdev, vq->vring.desc[head].next);
        else
          vq->free_head = i;

        /* Set token. */
        vq->data[head] = data;
```

填充完 vring_desc 之后，就需要更新 available ring 了。需要更新的 avail ring 数组项索引是从 vq->avail_idx_shadow 中获取的，vq->avail_idx_shadow 保存下一次需要使用的 avail ring 的 index，每添加一次数据，vq->avail_idx_shadow 就会递增 1。获取了 avail 之后，就将本次请求的第一个 vring_desc 的索引写入到对应的 avail->ring[avail]中去，然后递增 avail_idx_shadow++，将递增后的 vq->avail_idx_shadow 写入到 avail->idx 中，递增 vq->num_added。

```
drivers/virtio/virtio_ring.c
      /* Put entry in available array (but don't update avail->idx until they
       * do sync). */
      avail = vq->avail_idx_shadow & (vq->vring.num - 1);
      vq->vring.avail->ring[avail] = cpu_to_virtio16(_vq->vdev, head);

      /* Descriptors and available array need to be set before we expose the
       * new available array entries. */
      virtio_wmb(vq->weak_barriers);
      vq->avail_idx_shadow++;
      vq->vring.avail->idx = cpu_to_virtio16(_vq->vdev, vq->avail_idx_shadow);
      vq->num_added++;

      pr_debug("Added buffer head %i to %p\n", head, vq);
      END_USE(vq);

      /* This is very unlikely, but theoretically possible.  Kick
       * just in case. */
      if (unlikely(vq->num_added == (1 << 16) - 1))
        virtqueue_kick(_vq);
```

图 7-40 展示了向 virtqueue 添加一次使用 3 个 vring_desc 之后的 vring 相关结构。

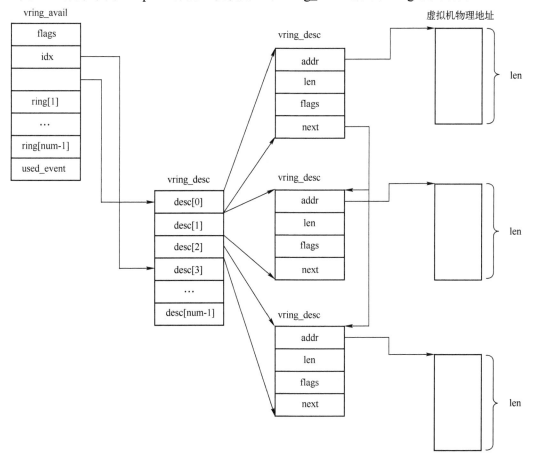

图 7-40   虚拟机向 virt queue 添加数据后的结构

驱动在添加请求数据到 virtqueue 之后，会调用 virtqueue_kick 函数来通知对端设备。

```c
drivers/virtio/virtio_ring.c
bool virtqueue_kick(struct virtqueue *vq)
{
        if (virtqueue_kick_prepare(vq))
          return virtqueue_notify(vq);
        return true;
}

bool virtqueue_notify(struct virtqueue *_vq)
{
        struct vring_virtqueue *vq = to_vvq(_vq);

        if (unlikely(vq->broken))
          return false;

        /* Prod other side to tell it about changes. */
        if (!vq->notify(_vq)) {
          vq->broken = true;
          return false;
        }
        return true;
}
```

在调用通知之前调用 virtqueue_kick_prepare 来判断是否需要通知，如果需要通知就调用 virtqueue_notify 函数，virtqueue_notify 调用 vring_virtqueue 结构中的 notify 回调函数，也就是 vp_notify 向对端发送一个 I/O 请求，这个函数已经在上一节介绍过了。下面重点分析 virtqueue_ kick_prepare，这个函数决定了是否需要向对端发送请求。

```c
drivers/virtio/virtio_ring.c
bool virtqueue_kick_prepare(struct virtqueue *_vq)
{
        struct vring_virtqueue *vq = to_vvq(_vq);
        u16 new, old;
        bool needs_kick;
        …
        old = vq->avail_idx_shadow - vq->num_added;
        new = vq->avail_idx_shadow;
        vq->num_added = 0;
        …
        if (vq->event) {
          needs_kick = vring_need_event(virtio16_to_cpu(_vq->vdev,  vring
avail event(&vq->vring)),
                                    new, old);
        } else {
          needs_kick = !(vq->vring.used->flags & cpu_to_virtio16(_vq->vdev,
VRING_USED_F_NO_NOTIFY));
        }
```

```
    END_USE(vq);
    return needs_kick;
}
```

首先得到上一次的 avail_idx，它是 vq->avail_idx_shadow 减去 vq->num_added 之后的值，然后根据是否使用 event index 特性（即 vq->event 的值）来计算 needs_kick。如果 vq->event 为 false 也就是不使用 event index 特性，则通过 vq->vring.used->flags 标志判断是否需要通知对端。如果该标志设置了 VRING_USED_F_NO_NOTIFY，则 needs_kick 为 false，不通知对端，否则通知。如果 vq->event 为 true，也就是使用 event index 特性，则需要调用 vring_need_event 来判断是否需要通知对端，该函数只有一条语句。

```
include/uapi/linux/virtio_ring.h
static inline int vring_need_event(__u16 event_idx, __u16 new_idx, __u16 old)
{
        return (__u16)(new_idx - event_idx - 1) < (__u16)(new_idx - old);
}
```

这个判断稍微有点复杂，这里用图 7-41 示来展示。

图 7-41 显示了调用 vringt_need_event 时的相关索引。上一次的 avail index 为 old，本次新增了 new-old 项 available ring，只有当 event 设置成 old 和 new-1（包括）之间的值时，vring_need_event 才会返回 true，否则返回 false。所以(__u16)(new_idx - event_idx - 1) < (__u16) (new_idx - old)成立时就表示 event_idx 在 old 和 new-1 之间，返回 true。

上面介绍了 virtio 驱动侧的数据发送与通知，接下来分析 virtio 设备层的数据结构与中断通知。首先介绍 QEMU 中表示 virtqueue 的数据结构 VirtQueue。

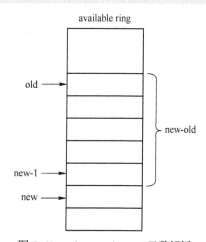

图 7-41  vring_need_event 函数解析

```
hw/virtio/virtio.c
struct VirtQueue
{
    VRing vring;

    /* Next head to pop */
    uint16_t last_avail_idx;

    /* Last avail_idx read from VQ. */
    uint16_t shadow_avail_idx;

    uint16_t used_idx;

    /* Last used index value we have signalled on */
    uint16_t signalled_used;

    /* Last used index value we have signalled on */
```

```
            bool signalled_used_valid;

            /* Notification enabled? */
            bool notification;

            uint16_t queue_index;

            unsigned int inuse;

            uint16_t vector;
            VirtIOHandleOutput handle_output;
            VirtIOHandleAIOOutput handle_aio_output;
            VirtIODevice *vdev;
            EventNotifier guest_notifier;
            EventNotifier host_notifier;
            QLIST_ENTRY(VirtQueue) node;
        };
```

vring 表示该队列对应的 VRing；last_avail_idx 是下一个要从 avail ring 中取数据的索引；shadow_avail_idx 表示最近一次从 avail ring 中读取的 index；used_idx 是本次要使用的 used ring 的 index；signalled_used 表示上一次通知驱动侧时的 used vring index；signalled_used_valid 表示 signalled_used 是否有效；notification 表示是否需要进行通知驱动端；queue_index 表示队列的索引；inuse 表示队列中正在处理的请求个数；vector 表示使用 MSIx 通知时的该队列使用 vector；handle_output 是具体的 virtio 设备提供的用来处理驱动端请求的函数；handle_aio_output 与 handle_output 类似，不过是异步处理的；vdev 指向对应的 virtio 设备；guest_notifier 和 host_notifier 通常和 irqfd 和 ioeventfd 一起使用，后面会详细介绍；node 将同一个设备的 VirtQueue 链接起来。

在上一节已经介绍到 virtio 驱动发送 MMIO 请求给 notify MemoeryRegion，QEMU 这边会调用到对应的函数 virtio_queue_notify，在该函数中会调用 VirtQueue 中的 handle_aio_output 或者 handle_output 函数。

handle_output 从 virt queue 的 out vring 中取下数据，处理并更新 used ring，发送中断通知驱动，所以 virtio 设备实现的 handle_output 都会有一个固定的模式，如下所示。

```
    static void XXX_handle_output(VirtIODevice *vdev, VirtQueue *vq)
    {
        for (;;) {
            …
            elem = virtqueue_pop(vq, sizeof(VirtQueueElement));
            if (!elem) {
                return;
            }
            //process the data
            …
            virtqueue_push(vq, elem, offset);
            virtio_notify(vdev, vq);
            g_free(elem);
        }
```

```
}
```

virtqueue_pop 从 virtqueue 取数据，接下来是处理请求，virtqueue_push 将结果写入到 used ring，virtio_notify 发送中断通知对端驱动。下面通过 virtio_balloon_handle_output 来讲解这几个函数。首先来分析第一个函数 virtqueue_pop。

virtqueue_pop 的第一个参数是 VirtQueue，表示相应的队列，第二个参数是一个长度，用来记录从 VirtQueue 上获取的数据，virtio 框架提供了一个标准的结构 VirtQueueElement，所以通常来讲，这里的第二个参数是 sizeof(VirtQueueElement)，但是如果设备有特殊需求也可以在 VirtQueueElement 的基础上扩展这个结构。需要注意的是自定义的扩展结构需要将 VirtQueueElement 放在设备自定义结构的第一个成员。

virtqueue_pop 的第一步是进行常规判断，如设备是否已经损坏、virtqueue 上面是不是有数据以及已经在处理中的请求是否超过了该队列的大小等。

```
hw/virtio/virtio.c
    if (unlikely(vdev->broken)) {
        return NULL;
    }
    if (virtio_queue_empty_rcu(vq)) {
        goto done;
    }
    /* Needed after virtio_queue_empty(), see comment in
     * virtqueue_num_heads(). */
    smp_rmb();

    /* When we start there are none of either input nor output. */
    out_num = in_num = 0;

    max = vq->vring.num;

    if (vq->inuse>= vq->vring.num) {
        virtio_error(vdev, "Virtqueue size exceeded");
        goto done;
    }
}
```

调用 virtqueue_get_head 函数获取当前使用的 descriptor ring 的索引，该索引是通过读取 avail ring 数组的第 last_avail_idx 项获得的，用 head 保存。

接着设置 used ring 的 event index，从下面的代码看到，直接把下一次要读取的 avail ring index 设置成了 event index 的值，所以如果 virtio 本身不操作 event index，那么 virtio 驱动在下一次填写 avail ring 的时候必然就会写入到索引为 last_avail_idx 的 avail ring 中，进而会通知后端设备。

```
hw/virtio/virtio.c
    if (virtio_vdev_has_feature(vdev, VIRTIO_RING_F_EVENT_IDX)) {
            vring_set_avail_event(vq, vq->last_avail_idx);
    }
```

virtqueue_pop 接下来会读取所有 descriptor table 中的数据请求项。这里不考虑 indirect 的情形。

```
hw/virtio/virtio.c
```

```
vring_desc_read(vdev, &desc, desc_cache, i);
    if (desc.flags & VRING_DESC_F_INDIRECT) {
        …
    }


    /* Collect all the descriptors */
    do {
        bool map_ok;

        if (desc.flags & VRING_DESC_F_WRITE) {
            map_ok = virtqueue_map_desc(vdev, &in_num, addr + out_num,
                                        iov + out_num,
                                        VIRTQUEUE_MAX_SIZE - out_num, true,
                                        desc.addr, desc.len);
        } else {
            if (in_num) {
                virtio_error(vdev, "Incorrect order for descriptors");
                goto err_undo_map;
            }
            map_ok = virtqueue_map_desc(vdev, &out_num, addr, iov,
                                        VIRTQUEUE_MAX_SIZE, false,
                                        desc.addr, desc.len);
        }
        if (!map_ok) {
            goto err_undo_map;
        }

        /* If we've got too many, that implies a descriptor loop. */
        if ((in_num + out_num) > max) {
            virtio_error(vdev, "Looped descriptor");
            goto err_undo_map;
        }

        rc = virtqueue_read_next_desc(vdev, &desc, desc_cache, max, &i);
    } while (rc == VIRTQUEUE_READ_DES_MORE);
```

　　读取 descriptor 的时候首先调用 vring_desc_read 读取第一个 descriptor，然后进入一个 do while 循环，descriptor 使用 VRingDesc 表示。在循环中会将从 descriptor table 中读取的由 VRingDesc 表示的虚拟机物理地址映射到 QEMU 进程的虚拟地址，并且把该虚拟地址和长度保存 I/O vector 中，映射的过程是通过 virtqueue_map_desc 函数完成的。在映射完当前读取的 VRingDesc 之后就会继续调用 virtqueue_read_next_desc 读取该 VRingDesc 之后的下一个 VRingDesc。virtqueue_read_next_desc 函数会检查当前的 VRingDesc 的 flags 是否有 VRING_ DESC_F_NEXT 标志，如果有就会用 VRingDesc->next 作为索引去读取下一个 VRingDesc，然后 做映射。最后一个 VRingDesc 没有设置 VRING_DESC_F_NEXT，所以该循环会在读取完所有 的 VRingDesc 之后结束。值得注意的是，iov 也是按照 VRingDesc 的组织来赋值的，即所有的 out 数据放在 iov 数组前面，in 放在后面，out_num 表示 out VRingDesc 的个数，in_num 表示 in VRingDesc 的个数。virtqueue_map_desc 还会把每个 VRingDesc 表示的虚拟机物理地址保存在

addr 数组中。

virtqueue_pop 至此已经获取了所有 I/O 请求数据的信息，接下来调用 virtqueue_alloc_element 来分配 VirtQueueElement 数据结构，将这些 I/O 信息组合起来。该函数如下。

```
hw/virtio/virtio.c
static    void    *virtqueue_alloc_element(size_t    sz,    unsigned    out_num,
unsigned in_num)
{
    VirtQueueElement *elem;
    size_t in_addr_ofs = QEMU_ALIGN_UP(sz, __alignof__ (elem->in_addr[0]));
    size_t out_addr_ofs = in_addr_ofs + in_num * sizeof(elem->in_addr[0]);
    size_t out_addr_end = out_addr_ofs + out_num * sizeof(elem->out_addr[0]);
    size_t in_sg_ofs = QEMU_ALIGN_UP(out_addr_end, __alignof__ (elem->in_sg[0]));
    size_t out_sg_ofs = in_sg_ofs + in_num * sizeof(elem->in_sg[0]);
    size_t out_sg_end = out_sg_ofs + out_num * sizeof(elem->out_sg[0]);

    assert(sz >= sizeof(VirtQueueElement));
    elem = g_malloc(out_sg_end);
    elem->out_num = out_num;
    elem->in_num = in_num;
    elem->in_addr = (void *)elem + in_addr_ofs;
    elem->out_addr = (void *)elem + out_addr_ofs;
    elem->in_sg = (void *)elem + in_sg_ofs;
    elem->out_sg = (void *)elem + out_sg_ofs;
    return elem;
}
```

VirtQueueElement 结构中的成员是对称的，保存了 in 和 out 的个数、虚拟机物理地址以及映射过来的 I/O vector，加上 VirtQueueElement 本身用来保存元数据所需的大小，VirtQueueElement 总共会包括 5 个部分的数据信息，并在最开始即算出了这些数据部分相关偏移和大小。VirtQueueElement 分配的空间如图 7-42 所示。

virtqueue_pop 分配好了 VirtQueueElement 以及后面存放数据的空间之后，紧接着就把 addr 数组和 iov 数组中存放的数据赋值到了刚刚分配的空间中，并且将 inuse 成员自增用以限制设备侧处理驱动请求的速率。

```
hw/virtio/virtio.c
elem->index = head;
for (i = 0; i < out_num; i++) {
    elem->out_addr[i] = addr[i];
    elem->out_sg[i] = iov[i];
}
for (i = 0; i < in_num; i++) {
    elem->in_addr[i] = addr[out_num + i];
    elem->in_sg[i] = iov[out_num + i];
}

vq->inuse++;
```

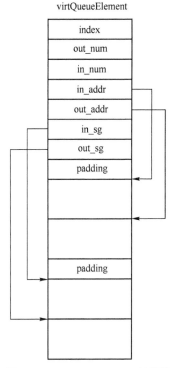

图 7-42　VirtQueueElement 的结构

取出所有的 I/O 请求数据之后，virtio 设备会对这些数据进行处理，每个设备有自己的数据格式。处理完数据之后，会调用 virtqueue_push 将相关处理的信息反馈到虚拟机中的 virtio 驱动。该函数代码如下。

```
hw/virtio/virtio.c
void virtqueue_push(VirtQueue *vq, const VirtQueueElement *elem,
                unsigned int len)
{
    virtqueue_fill(vq, elem, len, 0);
    virtqueue_flush(vq, 1);
}
```

virtqueue_push 的第二个参数是在 virtqueue_pop 中分配的 VirtQueueElement，第三个参数 len 表示的是本次 virtio 设备侧消耗了多少数据。virtqueue_push 调用了两个函数，第一个函数 virtqueue_fill 构造一个 VRingUsedElem，并将该数据写入到 used ring 表示的数组中，第二个函数 virtqueue_flush 则会更新 used ring 的 idx 成员为最新。

virtqueue_fill 函数代码简化如下。idx 在 virtqueue_push 中被设置成 0，所以在调用 vring_used_write 的时候 idx 就是 vq->used_idx，注意这个函数没有 vq->used_idx 以及 used ring 的 idx 成员。

```
hw/virtio/virtio.c
void virtqueue_fill(VirtQueue *vq, const VirtQueueElement *elem,
                unsigned int len, unsigned int idx)
{
    VRingUsedElem uelem;
    …
    virtqueue_unmap_sg(vq, elem, len);
    …
    idx = (idx + vq->used_idx) % vq->vring.num;

    uelem.id = elem->index;
    uelem.len = len;
    vring_used_write(vq, &uelem, idx);
}
```

virtqueue_flush 函数代码简化如下。count 在 virtqueue_push 中被设置成 1。vring_used_idx_set 将 used ring 的 idx 设置成 new，并且会将 vq->used_idx 设置成 new。vq->signalled_used 表示的是上一次通知对端驱动时的 used index，要小于这次的 old，所以如果 vq->signalled_used>old，也就是(int16_t)(new-vq->signalled_used) < (uint16_t)(new-old))，就表示 vq->signalled_used 失效了，设置 vq->signalled_used_valid 为 false。

```
hw/virtio/virtio.c
void virtqueue_flush(VirtQueue *vq, unsigned int count)
{
    uint16_t old, new;
    …
    /* Make sure buffer is written before we update index. */
    smp_wmb();
    trace_virtqueue_flush(vq, count);
```

```
    old = vq->used_idx;
    new = old + count;
    vring_used_idx_set(vq, new);
    vq->inuse -= count;
    if (unlikely((int16_t)(new - vq->signalled_used)<(uint16_t)(new - old)))
        vq->signalled_used_valid = false;
}
```

virtio 设备端在填写好 used ring 之后会通知对端驱动，这是调用 virtio_notify 完成的，其代码如下。

```
hw/virtio/virtio.c
void virtio_notify(VirtIODevice *vdev, VirtQueue *vq)
{
    if (!virtio_should_notify(vdev, vq)) {
        return;
    }

    trace_virtio_notify(vdev, vq);
    virtio_set_isr(vq->vdev, 0x1);
    virtio_notify_vector(vdev, vq->vector);
}
```

virtio_notify 函数首先调用 virtio_should_notify 来判断是否需要通知对端驱动，这个判断过程与驱动端过程类似，这里不再赘述。

virtio_notify 接着调用 virtio_set_isr 将 vq->vdev->isr 设置为 1。virtio_notify_vector 最终会调用到 VirtioBusClass 的 notify 成员函数，它在 virtio_pci_bus_class_init 被设置成了 virtio_pci_notify，该函数会根据是否使能 MSIx 调用 msix_notify 或者 pci_set_irq 向虚拟机发送中断请求。

虚拟机接收到中断之后，再来分析一下虚拟机 virtio 驱动的代码路径。首先，virtio 驱动在初始化时调用的 vp_request_intx 函数里面会调用 request_irq 申请中断资源，并把中断函数设置为 vp_interrupt。所以当 virtio 设备发送中断时，虚拟机中会接收到这个中断并调用 vp_interrupt 函数。

```
drivers/virtio/virtio_pci_common.c
static irqreturn_t vp_interrupt(int irq, void *opaque)
{
    struct virtio_pci_device *vp_dev = opaque;
    u8 isr;
    …
    isr = ioread8(vp_dev->isr);
    …
    return vp_vring_interrupt(irq, opaque);
}
```

vp_interrupt 首先读取设备的 isr 寄存器，这里会返回 virtio_set_isr 中设置的 isr 值，接着调用 vp_vring_interrupt。使用 INTx 中断通知方式的 virt queue 其实是共享这个中断的，所以 vp_vring_interrupt 会对每个 virtqueue 调用 vring_interrupt。vring_interrupt 首先会调用

more_used 判断该队列的 used ring 的 idx 是否在上一次的基础上增加了，如果没有，说明中断不是当前 virtqueue 触发的，如果判断中断是当前 virtqueue 触发的，则会调用队列的处理函数，这个处理函数存放在 vring_virtqueue 的 virtqueue 成员的 callback 成员中。

通常在 virtio 具体设备驱动的 callback 函数中会调用 virtqueue_get_buf 来回收 virtqueue_add 使用的 descriptor table 中的项。virtqueue_get_buf 代码如下。

```
drivers/virtio/virtio_ring.c
void *virtqueue_get_buf(struct virtqueue *_vq, unsigned int *len)
{
        struct vring_virtqueue *vq = to_vvq(_vq);
        void *ret;
        unsigned int i;
        u16 last_used;
        …
        last_used = (vq->last_used_idx & (vq->vring.num - 1));
        i = virtio32_to_cpu(_vq->vdev,vq->vring.used->ring[last_used].id);
        *len = virtio32_to_cpu(_vq->vdev,vq->vring.used->ring[last_used].len);
        …
        /* detach_buf clears data, so grab it now. */
        ret = vq->data[i];
        detach_buf(vq, i);
        vq->last_used_idx++;
        /* If we expect an interrupt for the next entry, tell host
         * by writing event index and flush out the write before
         * the read in the next get_buf call. */
        if (!(vq->avail_flags_shadow & VRING_AVAIL_F_NO_INTERRUPT)) {
         vring_used_event(&vq->vring) = cpu_to_virtio16(_vq->vdev,vq->last_used_idx);
         virtio_mb(vq->weak_barriers);
        }
        …
}
```

vq->last_used_idx 保存了本次要使用的 used ring 的 index，从 used ring 中取出记录对端设备使用的 vringdesc 的索引 i 和长度 len，然后调用 detach_buf。detach_buf 将 vringdesc 从 i 开始的几个 vringdesc 回收起来，这里的回收包括增加 vring_virtqueue 成员 virtqueue 的 num_free 成员以及修改 vring_virtqueue 的 free_head 成员。virtqueue_get_buf 函数最后会根据设备是否设置了 VRING_AVAIL_F_NO_INTERRUPT 来决定是否设置 avail event index 为下一个 last_used_index。如果没有设置 VRING_AVAIL_F_NO_INTERRUPT，那么每一次设备消耗数据之后都会发送中断，这一点跟驱动通知设备类似，如果设备有 VIRTIO_RING_F_EVENT_IDX 特性，那么设备端会设置 used event index，每一次驱动写 vringdesc 都会发送通知到设备。

从上面 virtio 驱动和 virtio 设备使用 vringdesc 的分析可以看到，驱动中的 virtqueue->avail_idx_shadow 和设备中的 VirtQueue->last_avail_idx 保存了 avail ring 中下一个使用的索引，virtqueue->last_used_idx 和 VirtQueue->used_idx 则保存了 used ring 中下一个使用的索引，驱动侧和设备侧各自保存自己的两个 vring 的索引值，实现同步。图 7-43 总结了虚拟机和 QEMU 使用 virtqueue 通信的基本原理。

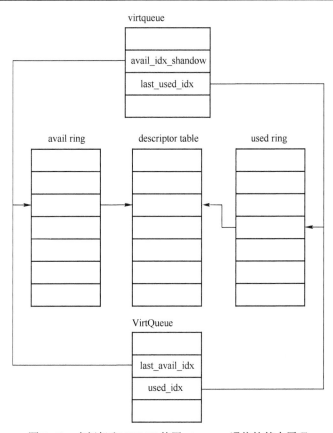

图 7-43　虚拟机和 QEMU 使用 virtqueue 通信的基本原理

## 7.5　ioeventfd 和 irqfd

　　之前的章节介绍了虚拟机和 KVM 以及 QEMU 相互之间的通信。对于设备模拟，虚拟机通过触发 VM Exit 退出到 KVM，接着由 KVM 或者 QEMU 完成 I/O 模拟等操作。当 KVM 或 QEMU 完成了 I/O 请求或者有其他事件需要通知虚拟机时，则通过注入中断的方式让虚拟机得到事件通知。从 I/O 请求的分发路径来看，每次虚拟机内部写设备的 MMIO 或者 PIO 的时候，都会导致陷入到 KVM，然后分发到 QEMU，QEMU 中还会进行一轮分发，这个过程比较低效，因此 ioeventfd 方案就应运而生了。ioeventfd 主要是基于 eventfd，在初始化的时候 QEMU 将一段 I/O 地址空间和一个 eventfd 联系起来，当虚拟机写 I/O 地址的时候，陷入 KVM，KVM 直接设置该 I/O 地址对应的 fd，QEMU 主循环返回，执行相应的函数，这样就绕过了 QEMU 层的分发。irqfd 也是基于 eventfd，当触发 irqfd 的 fd 时，会直接注入中断到虚拟机中。本节首先介绍 eventfd 原理，然后介绍 ioeventfd 和 irqfd 原理。

### 7.5.1　eventfd 原理

　　Linux 继承了 UNIX "一切皆文件"的思想，所有打开的文件都有一个 fd 与之对应。与 QEMU 一样，很多程序都是事件驱动的，也就是 select/poll/epoll 调用等系统调用在一组 fd 上进行监听，当 fd 状态发生变化时，应用程序调用对应的事件处理函数。事件来源可以有很多种，如普通文件、socket、pipe 等，但是有的时候需要的仅仅是一个事件通知，没有对应的具体实体，这个时候就可以直接使用 eventfd 了。

eventfd 本质上是一个系统调用，创建一个事件通知 fd，在内核内部创建一个 eventfd 对象，可以用来实现进程之间的等待/通知机制，内核也可以利用 eventfd 来通知用户态进程事件。

eventfd 系统调用声明如下。

```
int eventfd(unsigned int initval, int flags);
```

flags 可以控制该系统调用的表现；内核 eventfd 对象中保存了一个 64 位的无符号整型计数器，initval 参数用于初始化该值。

eventfd 代码的实现很简单，下面从内核代码来对其基本功能进行介绍。

eventfd 的创建代码如下。

```
fs/eventfd.c
SYSCALL_DEFINE2(eventfd2, unsigned int, count, int, flags)
{
        int fd, error;
        struct file *file;

        error = get_unused_fd_flags(flags & EFD_SHARED_FCNTL_FLAGS);
        …
        file = eventfd_file_create(count, flags);
        …
        fd_install(fd, file);

        return fd;
        …
}

SYSCALL_DEFINE1(eventfd, unsigned int, count)
{
        return sys_eventfd2(count, 0);
}
```

eventfd 系统调用直接调用了 eventfd2，eventfd 系统调用中首先得到一个未使用的 fd，然后调用 eventfd_file_create 创建一个 eventfd_ctx 以及 file 结构，eventfd_ctx 结构是 eventfd 对象的内核表示，最后调用 fd_install 将 fd 和 file 结构关联起来。接下来具体分析 eventfd_file_create 创建 eventfd_ctx 的过程。

```
fs/eventfd.c
struct file *eventfd_file_create(unsigned int count, int flags)
{
        struct file *file;
        struct eventfd_ctx *ctx;
        …
        if (flags & ~EFD_FLAGS_SET)
          return ERR_PTR(-EINVAL);

        ctx = kmalloc(sizeof(*ctx), GFP_KERNEL);
        …
        kref_init(&ctx->kref);
        init_waitqueue_head(&ctx->wqh);
```

```
        ctx->count = count;
        ctx->flags = flags;

        file = anon_inode_getfile("[eventfd]", &eventfd_fops, ctx,
                     O_RDWR | (flags & EFD_SHARED_FCNTL_FLAGS));
        …
        return file;
    }
```

eventfd_file_create 函数首先分配一个 eventfd_ctx 结构，然后用应用层参数 count 和 flag 进行初始化，接着使用 eventfd_fops 作为 file_operations 创建一个匿名的 file 结构，该结构定义了对 eventfd 进行读写以及 poll 的相应处理函数，eventfd_fops 定义如下。

```
fs/eventfd.c
static const struct file_operations eventfd_fops = {
#ifdef CONFIG_PROC_FS
        .show_fdinfo = eventfd_show_fdinfo,
#endif
        .release    = eventfd_release,
        .poll       = eventfd_poll,
        .read       = eventfd_read,
        .write      = eventfd_write,
        .llseek     = noop_llseek,
};
```

eventfd 的读操作是由 eventfd_read 完成的，该函数主要调用 eventfd_ctx_read 完成实际功能，这里只讨论一般情况。

```
fs/eventfd.c
ssize_t eventfd_ctx_read(struct eventfd_ctx *ctx, int no_wait, __u64 *cnt)
{
        ssize_t res;
        DECLARE_WAITQUEUE(wait, current);

        spin_lock_irq(&ctx->wqh.lock);
        *cnt = 0;
        res = -EAGAIN;
        if (ctx->count > 0)
          res = 0;
        else if (!no_wait) {
          …
        }
        if (likely(res == 0)) {
          eventfd_ctx_do_read(ctx, cnt);
          if (waitqueue_active(&ctx->wqh))
              wake_up_locked_poll(&ctx->wqh, POLLOUT);
        }
        spin_unlock_irq(&ctx->wqh.lock);

        return res;
    }
```

当 ctx->count 大于 0 的时候，eventfd 对应的 fd 是可读的，eventfd_ctx_read 会调用

eventfd_ctx_do_read,将 ctx->count 置为 0,并唤醒 ctx->wqh 队列上的写(POLLOUT)进程,目前 eventfd 队列可以写了,如果有进程在监听 eventfd 的写事件,这个时候就可以返回了。如果 ctx->count 等于 0,那么在阻塞情况下,该系统调用会把进程放入等待队列,然后重新调度,在非阻塞情况下,则会返回-EAGAIN。

eventfd 的读操作是由 eventfd_write 完成的,该函数主要调用 eventfd_ctx_write 完成实际功能,这里只讨论一般情况。

```
fs/eventfd.c
    static ssize_t eventfd_write(struct file *file, const char __user *buf,
size_t count, loff_t *ppos)
    {
            struct eventfd_ctx *ctx = file->private_data;
            ssize_t res;
            __u64 ucnt;
            DECLARE_WAITQUEUE(wait, current);
            …
            spin_lock_irq(&ctx->wqh.lock);
            res = -EAGAIN;
            if (ULLONG_MAX - ctx->count >ucnt)
              res = sizeof(ucnt);
            else if (!(file->f_flags & O_NONBLOCK)) {
              …
            }
            if (likely(res > 0)) {
              ctx->count += ucnt;
              if (waitqueue_active(&ctx->wqh))
                    wake_up_locked_poll(&ctx->wqh, POLLIN);
            }
            spin_unlock_irq(&ctx->wqh.lock);

            return res;
    }
```

如果当前还有位置可以写,也就是要写入的值与 ctx->count 相加之后小于 ULLONG_MAX,那么就直接写入,并唤醒等在 ctx->wqh 上的读(数据 POLLIN)进程,如果有进程在监听 eventfd 的读事件,这个时候就可以返回了。

eventfd 的 poll 函数是由 eventfd_poll 完成的。

```
fs/eventfd.c
static unsigned int eventfd_poll(struct file *file, poll_table *wait)
{
        struct eventfd_ctx *ctx = file->private_data;
        unsigned int events = 0;
        u64 count;

        poll_wait(file, &ctx->wqh, wait);
        smp_rmb();
        count = ctx->count;

        if (count > 0)
          events |= POLLIN;
```

```
        if (count == ULLONG_MAX)
          events |= POLLERR;
        if (ULLONG_MAX - 1 > count)
          events |= POLLOUT;

        return events;
}
```

eventfd_poll 与 poll/epoll/select 系统调用有关，这里就不展开了，其功能为判断返回对应的 fd 是否有可读或者可写事件。

如果当前 ctx->count 大于 0，则该 eventfd 可读，即 POLLIN 置位，如果当前 ctx->count 至少可以写入 1，则该 event fd 可写，即 POLLOUT 置位。

从上面的内容可以看出有两种通知方案：

1）进程 poll eventfd 的 POLLIN 事件，其他进程或者内核向 eventfd 写入一个值即可让 poll 的进程返回。

2）进程 poll eventfd 的 POLLOUT 事件，首先在一个进程中向 eventfd 写入一个值，然后在其他进程中读取，这样也能够实现事件通知。

一般来说，选择第一种，为了让内核能够通知应用程序，内核提供了一个 eventfd_signal 函数，从下面可以看出，该函数跟 eventfd_write 的功能类似，先加 ctx->count，再监听这个 fd 的 POLLIN 事件的进程就能够得到通知了。

```
fs/eventfd.c
__u64 eventfd_signal(struct eventfd_ctx *ctx, __u64 n)
{
        unsigned long flags;

        spin_lock_irqsave(&ctx->wqh.lock, flags);
        if (ULLONG_MAX - ctx->count < n)
          n = ULLONG_MAX - ctx->count;
        ctx->count += n;
        if (waitqueue_active(&ctx->wqh))
          wake_up_locked_poll(&ctx->wqh, POLLIN);
        spin_unlock_irqrestore(&ctx->wqh.lock, flags);

        return n;
}
```

### 7.5.2　ioeventfd

本节开头已经提到，一个完整的 I/O 流程包括从虚拟机内部到 KVM，再到 QEMU，并由 QEMU 最终进行分发这样一个同步过程，I/O 完成之后的返回路径与之相反。当然，使用同步的 I/O 请求有其原因，如很多时候虚拟机内部需要这些 I/O 数据才能继续运行。但是存在这样一种情况，即 I/O 请求本身只是作为一个通知事件，这个事件本身可能是通知 KVM 或者 QEMU 完成另一个具体的 I/O，这种情况下没有必要像普通 I/O 一样等待数据完全写完，而是只需要完成一个简单的通知。如果这种 I/O 请求也使用之前同步的方式完成，很明显会增加不必要的路径。ioeventfd 就是对这种通知 I/O 进行的优化，用户层程序（如 QEMU）可以为虚拟机特定的地址关联一个 eventfd，并对该 eventfd 进行事件监听，然后调用 ioctl(KVM_IOEVENTFD)向 KVM 注册这段地址，当虚拟机内部因为 I/O 发生 VM Exit 时，KVM 可以判断其地址是否有对应的 eventfd，如果有就直接调用 eventfd_signal 发送信号到对应的 fd，这样，QEMU 就能够从其事件监听循环返回，进而进行处理。本节对这个过程进行详细介绍。

**1. QEMU 中 ioeventfd 注册**

在进行 ioeventfd 注册时需要一个 EventNotifier 结构，该结构体使用 event_notifier_init 函数进行初始化。

event_notifier_init 用来初始化一个 EventNotifier，其定义如下。

```
include/qemu/event_notifier.h
struct EventNotifier {
#ifdef _WIN32
    HANDLE event;
#else
    int rfd;
    int wfd;
#endif
};

util/event_notifier-posix.c
int event_notifier_init(EventNotifier *e, int active)
{
    int fds[2];
    int ret;

#ifdef CONFIG_EVENTFD
    ret = eventfd(0, EFD_NONBLOCK | EFD_CLOEXEC);
#else
    ret = -1;
errno = ENOSYS;
#endif
    if (ret >= 0) {
        e->rfd = e->wfd = ret;
    } else {
    …
    }
    if (active) {
        event_notifier_set(e);
    }
    return 0;

fail:
    close(fds[0]);
    close(fds[1]);
    return ret;
}
```

EventNotifier 包含两个 fd，一个表示 rfd，一个表示 wfd。当系统支持 eventfd 时，其值是一样的，表示的都是 eventfd 返回的 fd，如果系统不支持 eventfd，则 event_notifier_init 函数调用 pipe 来模拟 eventfd，其中的 wfd 表示写的 fd，rfd 表示读的 fd。注意这里调用 eventfd 的第一个参数为 0，也就是这个时候 eventfd 是不可读的。

初始化 EventNotifier 之后需要调用 memory_region_add_eventfd 来将 eventfd 和对应的 I/O 地址关联起来，并向 KVM 注册。

```
memory.c
void memory_region_add_eventfd(MemoryRegion *mr,
                       hwaddr addr,
                       unsigned size,
                       bool match_data,
                       uint64_t data,
                       EventNotifier *e)
{
    MemoryRegionIoeventfd mrfd = {
        .addr.start = int128_make64(addr),
        .addr.size = int128_make64(size),
        .match_data = match_data,
        .data = data,
        .e = e,
    };
    unsigned i;
    …
    memory_region_transaction_begin();
    for (i = 0; i < mr->ioeventfd_nb; ++i) {
        if (memory_region_ioeventfd_before(&mrfd, &mr->ioeventfds[i])) {
            break;
        }
    }
    ++mr->ioeventfd_nb;
    mr->ioeventfds = g_realloc(mr->ioeventfds,
                           sizeof(*mr->ioeventfds) * mr->ioeventfd_nb);
    memmove(&mr->ioeventfds[i+1], &mr->ioeventfds[i],
            sizeof(*mr->ioeventfds) * (mr->ioeventfd_nb-1 - i));
    mr->ioeventfds[i] = mrfd;
    ioeventfd_update_pending |= mr->enabled;
    memory_region_transaction_commit();
}
```

memory_region_add_eventfd 的几个参数解释如下。

- mr 表示该 I/O 地址所在的 MemoryRegion。
- addr 表示 I/O 地址，size 表示大小。
- match_data 是一个 bool 值，表示的是虚拟机向 addr 写入的值是否要完全一致，如果设置为 bool，只有当虚拟机向 addr 写入参数 data 的值时，才会让 KVM 走 ioeventfd 的路径，否则还是按照通用的 I/O 分发处理，如果该值为 false，则采取通配符的方式，向 addr 写任何值都会走 ioeventfd 路径。
- data 只有当 match_data 设置为 true 时才有意义。
- e 表示之前使用 eventfd 初始化的 fd。

MemoryRegion 中 ioeventfds 成员按照地址从小到大保存了所有注册的 ioeventfd，ioeventfd_nb 表示的是 ioeventfd 个数，memory_region_add_eventfd 函数得到可以插入的位置 i，然后重新分配 ioeventfds 的空间，使用 memmove 将位置 i 之后的数据向后移动一位，然后插入新的 ioeventfd。

设置 ioeventfd_update_pending。memory_region_transaction_commit 中即会调用 address_space_update_ioeventfds 对 KVM 的 ioeventfd 布局进行更新。这个过程与之前描述的内存地址更新类似。在函数 address_space_add_del_ioeventfds 中，下面这个宏会调用 as 的 eventfd_add 函数。

```
memory.c
MEMORY_LISTENER_CALL(as, eventfd_add, Reverse, &section,
                        fd->match_data, fd->data, fd->e
```

对于 KVM 来说，MMIO 地址的添加由 kvm_mem_ioeventfd_add 完成，PIO 地址的添加由 kvm_io_ioeventfd_add 完成，以后者为例。

```
kvm-all.c
static MemoryListenerkvm_io_listener = {
    .eventfd_add = kvm_io_ioeventfd_add,
    .eventfd_del = kvm_io_ioeventfd_del,
    .priority = 10,
};
static void kvm_io_ioeventfd_add(MemoryListener *listener,
                            MemoryRegionSection *section,
                            bool match_data, uint64_t data,
                            EventNotifier *e)
{
    int fd = event_notifier_get_fd(e);
    int r;

    r = kvm_set_ioeventfd_pio(fd, section->offset_within_address_space,
                        data, true, int128_get64(section->size),
                        match_data);
    …
}
static int kvm_set_ioeventfd_pio(int fd, uint16_t addr, uint16_t val,
                            bool assign, uint32_t size, bool datamatch)
{
    struct kvm_ioeventfd kick = {
        .datamatch = datamatch ? adjust_ioeventfd_endianness(val, size) : 0,
        .addr = addr,
        .flags = KVM_IOEVENTFD_FLAG_PIO,
        .len = size,
        .fd = fd,
    };
    int r;
    if (!kvm_enabled()) {
        return -ENOSYS;
    }
    if (datamatch) {
        kick.flags |= KVM_IOEVENTFD_FLAG_DATAMATCH;
    }
    if (!assign) {
        kick.flags |= KVM_IOEVENTFD_FLAG_DEASSIGN;
    }
    r = kvm_vm_ioctl(kvm_state, KVM_IOEVENTFD, &kick);
    if (r < 0) {
```

```
        return r;
    }
    return 0;
}
```

kvm_set_ioeventfd_pio 构造了一个 kvm_ioeventfd 作为参数调用 ioctl(KVM_IOEVENTFD)，kvm_ioeventfd 的各个成员含义比较明显，有两点要注意：第一，将 flags 设置为 KVM_IOEVENTFD_FLAG_PIO，表示的是 PIO 的地址，如果要使用完全匹配方式，还要加上 KVM_IOEVENTFD_FLAG_DATAMATCH；第二，如果 assign 参数不是 true，表示解除一个 ioeventfd 和地址的关联，这个时候 flags 还要加上 KVM_IOEVENTFD_FLAG_DEASSIGN。

**2. KVM 注册 ioeventfd**

对于 KVM_IOEVENTFD，KVM 将参数从用户进程复制到内核之后，会调用 kvm_ioeventfd，该函数是一个包装函数，根据 flags 是否设置 KVM_IOEVENTFD_FLAG_DEASSIGN 调用相应的管理函数或者解关联函数，这里以 ioeventfd 与地址管理函数 kvm_assign_ioeventfd 为例。

kvm_assign_ioeventfd 对用户态参数进行合法性检查，然后调用 kvm_assign_ioeventfd_idx 来完成实际工作。

```
virt/kvm/eventfd.c
static int kvm_assign_ioeventfd_idx(struct kvm *kvm,
                    enumkvm_bus bus_idx,
                    struct kvm_ioeventfd *args)
{
    struct eventfd_ctx *eventfd;
    struct _ioeventfd *p;
    int ret;

    eventfd = eventfd_ctx_fdget(args->fd);
    if (IS_ERR(eventfd))
      return PTR_ERR(eventfd);

    p = kzalloc(sizeof(*p), GFP_KERNEL);
    if (!p) {
      ret = -ENOMEM;
      goto fail;
    }

    INIT_LIST_HEAD(&p->list);
    p->addr   = args->addr;
    p->bus_idx = bus_idx;
    p->length = args->len;
    p->eventfd = eventfd;

    /* The datamatch feature is optional, otherwise this is a wildcard */
    if (args->flags & KVM_IOEVENTFD_FLAG_DATAMATCH)
      p->datamatch = args->datamatch;
    else
      p->wildcard = true;

    mutex_lock(&kvm->slots_lock);
```

```
                    /* Verify that there isn't a match already */
                    if (ioeventfd_check_collision(kvm, p)) {
                      ret = -EEXIST;
                      goto unlock_fail;
                    }

                    kvm_iodevice_init(&p->dev, &ioeventfd_ops);

                    ret = kvm_io_bus_register_dev(kvm, bus_idx, p->addr, p->length,
                               &p->dev);
                    if (ret < 0)
                      goto unlock_fail;

                    kvm->buses[bus_idx]->ioeventfd_count++;
                    list_add_tail(&p->list, &kvm->ioeventfds);

                    mutex_unlock(&kvm->slots_lock);

                    return 0;
                    …
                }
```

首先从 eventfd 得到其对应的内核态表示 eventfd，接着分配一个_ioeventfd 结构，这个结构用来表示一个 eventfd 和地址的关联，其成员如下。

```
virt/kvm/eventfd.c
struct _ioeventfd {
        struct list_head    list;
        u64                 addr;
        int                 length;
        struct eventfd_ctx *eventfd;
        u64                 datamatch;
        struct kvm_io_device dev;
        u8                  bus_idx;
        bool                wildcard;
};
```

其中，addr 表示 eventfd 关联的地址；bus_idx 根据 PIO 或者 MMIO 设置为 KVM_PIO_BUS 或者 KVM_MMIO_BUS，后面创建一个内核态设备会用到；length 是 eventfd 关联的长度；eventfd 表示用户态的 event fd 对应内核态结构体 eventfd_ctx。

接着判断 flags 是否设置 KVM_IOEVENTFD_FLAG_DATAMATCH，如果设置了表示用户态希望得到一个完全的匹配，否则就是一个通用的匹配。

ioeventfd_check_collision 用来检测当前新增的是否跟之前的有冲突。

接着通过 kvm_iodevice_init 初始化_ioeventfd 的 kvm_io_device 成员，把这个设备的 I/O 操作设置成 ioeventfd_ops，下一小节详细介绍。

```
virt/kvm/eventfd.c
static const struct kvm_io_device_ops ioeventfd_ops = {
        .write     = ioeventfd_write,
        .destructor = ioeventfd_destructor,
};
```

　　然后调用 kvm_io_bus_register_dev 将该 I/O 设备注册到该虚拟机上，最后将新增加的 ioeventfd 加到 kvm->ioevnetfds 链表上，并更新该地址对应的 Bus 上的 ioeventfd_count。

**3．ioeventfd 下的地址分派**

　　当虚拟机访问向注册了 ioeventfd 的地址写数据时，与所有 I/O 操作一样，会产生 VM Exit，并由 handle_io 处理，经过函数调用链调用 emulator_pio_in_out 函数，在这里面会调用 kernel_io，判断内核是否能处理该 I/O 操作，该函数会根据读或者写请求调用 kvm_io_bus_read 和 kvm_io_bus_write，下面是后者的代码。这里是 I/O 的读写，所以下面的 bus_idx 是 KVM_PIO_BUS。

```
virt/kvm/kvm_main.c
int kvm_io_bus_write(struct kvm_vcpu *vcpu, enumkvm_bus bus_idx, gpa_t addr,
             int len, const void *val)
{
      struct kvm_io_bus *bus;
      struct kvm_io_range range;
      int r;

      range = (struct kvm_io_range) {
       .addr =    addr,
       .len = len,
      };

      bus = srcu_dereference(vcpu->kvm->buses[bus_idx],&vcpu->kvm->srcu);
      if     (!bus)
       return     -ENOMEM;
      r = __kvm_io_bus_write(vcpu, bus,  &range, val);
      return r    <    0 ? r: 0;
}
```

　　kvm_io_bus_write 函数首先构造了一个 kvm_io_range，里面记录了虚拟机访问的地址和长度，接着调用了 __kvm_io_bus_write。

```
virt/kvm/kvm_main.c
static int __kvm_io_bus_write(struct kvm_vcpu *vcpu, struct kvm_io_bus *bus,
             struct kvm_io_range *range, const void *val)
{
      int idx;

      idx = kvm_io_bus_get_first_dev(bus, range->addr, range->len);
      if (idx < 0)
       return -EOPNOTSUPP;

      while (idx < bus->dev_count &&
       kvm_io_bus_cmp(range, &bus->range[idx]) == 0) {
       if (!kvm_iodevice_write(vcpu, bus->range[idx].dev, range->addr,
                   range->len, val))
            return idx;
       idx++;
      }
```

```
                return -EOPNOTS;
        }
```

kvm_io_bus_get_first_dev 用来得到 bus 上面对应 kvm_io_range 表示的地址以访问相应的设备。

接着调用 kvm_iodevice_write，这个函数会调用对应设备注册的 kvm_io_device_ops 中的 write 回调函数，对于 ioeventfd 来说是 ioeventfd_write，其定义如下。

```
virt/kvm/eventfd.c
static int
ioeventfd_write(struct kvm_vcpu *vcpu,struct kvm_io_device *this,gpa_t addr,
        int len, const void *val)
{
        struct _ioeventfd *p = to_ioeventfd(this);

        if (!ioeventfd_in_range(p, addr, len, val))
          return -EOPNOTSUPP;

        eventfd_signal(p->eventfd, 1);
        return 0;
}
```

该函数首先从 kvm_io_device 得到_ioeventfd，然后判断访问的地址和长度是否符合 ioeventfd 设置的条件，如果符合，则直接调用 eventfd_signal 向该 event fd 对象写入 1。这样 kernel_pio 就会返回 0，表示成功完成了 I/O 请求，不需要再分配请求到 QEMU 了。

如果 QEMU 将该 eventfd 关联到一个事件，并且将 eventfd 加入到 QEMU 的主循环中监听，那么此时 QEMU 的 poll 也会返回，用来处理这个事件。

### 7.5.3  irqfd

ioeventfd 是虚拟机内部操作系统通知 KVM/QEMU 的一种快捷通道，与之类似，irqfd 是 KVM/QEMU 通知虚拟机内部操作系统的快捷通道。irqfd 将一个 eventfd 与一个全局的中断号联系起来，当向这个 eventfd 发送信号时，就会导致对应的中断注入到虚拟机中。

QEMU 部分与 ioeventfd 类似，irqfd 也是基于 eventfd 的，使用 irqfd 之前需要先初始化一个 EventNotifier 对象。接着调用 kvm_irqchip_add_irqfd_notifier_gsi，该函数调用 kvm_irqchip_assign_irqfd 向 KVM 发送 ioctl(KVM_IRQFD)，其代码如下。

```
kvm-all.c
static int kvm_irqchip_assign_irqfd(KVMState*s, int fd, int rfd, int virq,
                           bool assign)
{
    struct kvm_irqfdirqfd = {
        .fd = fd,
        .gsi = virq,
        .flags = assign ? 0 : KVM_IRQFD_FLAG_DEASSIGN,
    };

    if (rfd != -1) {
irqfd.flags |= KVM_IRQFD_FLAG_RESAMPLE;
irqfd.resamplefd = rfd;
```

```
    }

    if (!kvm_irqfds_enabled()) {
        return -ENOSYS;
    }

    return kvm_vm_ioctl(s, KVM_IRQFD, &irqfd);
}
```

kvm_irqchip_assign_irqfd 函数准备一个 kvm_irqfd 结构，该结构中 fd 表示 eventfd 的 fd，gsi 表示对应的全局中断号，flags 中 KVM_IRQFD_FLAG_DEASSIGN 表示接触 event fd 与 irq 的关联，KVM_IRQFD_FLAG_RESAMPLE 用于水平触发的中断，这里暂时不讨论。函数最后向 KVM 发起 ioctl(KVM_IRQFD)。

KVM 接收到 ioctl(KVM_IRQFD)请求之后，把参数从用户态复制到内核态，然后执行 kvm_irqfd，该函数主要根据 flags 来判断是创建还是解除 eventfd 与中断号的关联，以创建为例，会调用 kvm_irqfd_assign。

```
virt/kvm/eventfd.c
static int
kvm_irqfd_assign(struct kvm *kvm, struct kvm_irqfd *args)
{
    struct kvm_kernel_irqfd *irqfd, *tmp;
    struct fd f;
    struct eventfd_ctx *eventfd = NULL, *resamplefd = NULL;
    int ret;
    unsigned int events;
    int idx;
    …
    irqfd = kzalloc(sizeof(*irqfd), GFP_KERNEL);
    …
    irqfd->kvm = kvm;
    irqfd->gsi = args->gsi;
    INIT_LIST_HEAD(&irqfd->list);
    INIT_WORK(&irqfd->inject, irqfd_inject);
    INIT_WORK(&irqfd->shutdown, irqfd_shutdown);
    seqcount_init(&irqfd->irq_entry_sc);

    f = fdget(args->fd);
    …
    eventfd = eventfd_ctx_fileget(f.file);
    …
    irqfd->eventfd = eventfd;

    if (args->flags & KVM_IRQFD_FLAG_RESAMPLE) {
    …
    }

    /*
     * Install our own custom wake-up handling so we are notified via
     * a callback whenever someone signals the underlying eventfd
```

```
             */
             init_waitqueue_func_entry(&irqfd->wait, irqfd_wakeup);
             init_poll_funcptr(&irqfd->pt, irqfd_ptable_queue_proc);

             spin_lock_irq(&kvm->irqfds.lock);

             ret = 0;
             list_for_each_entry(tmp, &kvm->irqfds.items, list) {
               if (irqfd->eventfd != tmp->eventfd)
                   continue;
               …
             }

             idx = srcu_read_lock(&kvm->irq_srcu);
             irqfd_update(kvm, irqfd);

             list_add_tail(&irqfd->list, &kvm->irqfds.items);

             spin_unlock_irq(&kvm->irqfds.lock);

             /*
              * Check if there was an event already pending on the eventfd
              * before we registered, and trigger it as if we didn't miss it.
              */
             events = f.file->f_op->poll(f.file, &irqfd->pt);

             if (events & POLLIN)
               schedule_work(&irqfd->inject);
             …
             srcu_read_unlock(&kvm->irq_srcu, idx);
             …
             return 0;
             …
     }
```

这里省略水平中断以及配置了 CONFIG_HAVE_KVM_IRQ_BYPASS 的情况。

kvm_irqfd_assign 函数分配并初始化一个类型为 kvm_kernel_irqfd 的对象 irqfd，其用来表示 eventfd 与中断号的关联。irqfd 内部有两个 work_struct，即 inject 和 shutdown，其对应的函数为 irqfd_inject 和 irqfd_shutdown，都在分配 irqfd 之后进行了初始化。kvm_irqfd_assign 函数以 irqfd_wakeup 为参数调用 init_waitqueue_func_entry，初始化 irqfd 中的 wait 等待对象，然后用 irqfd_ptable_queue_proc 初始化 irqfd->pt 这个 poll_table。

kvm_irqfd_assign 函数接着判断该 eventfd 是否已经被其他中断使用。最后以 irqfd->pt 调用 eventfd 的 poll 函数，也就是 eventfd_poll，在该函数中会调用 poll_wait，也就是之前指定的 irqfd_ptable_queue_proc。

```
         fs/eventfd.c
         static unsigned int eventfd_poll(struct file *file, poll_table *wait)
         {
                 struct eventfd_ctx *ctx = file->private_data;
```

```
            unsigned int events = 0;
            u64 count;

            poll_wait(file, &ctx->wqh, wait);
            smp_rmb();
            count = ctx->count;

            if (count > 0)
              events |= POLLIN;
            if (count == ULLONG_MAX)
              events |= POLLERR;
            if (ULLONG_MAX - 1 > count)
              events |= POLLOUT;

            return events;
    }
    static inline void poll_wait(struct file * filp, wait_queue_head_t *
wait_address, poll_table *p)
    {
            if (p && p->_qproc&& wait_address)
              p->_qproc(filp, wait_address, p);
    }


    static void
    irqfd_ptable_queue_proc(struct file *file, wait_queue_head_t *wqh,
                poll_table *pt)
    {
            struct kvm_kernel_irqfd *irqfd =
              container_of(pt, struct kvm_kernel_irqfd, pt);
            add_wait_queue(wqh, &irqfd->wait);
    }
```

　　最终将 irqfd->wait 这个对象加入到了 eventfd 的 wqh 队列中。这样，当有其他进程或者内核
对 eventfd 进行 write 时，就会导致 eventfd 的 wqh 等待队列上的对象函数得到执行，也就是
irqfd_wakeup 会被执行。

```
    virt/kvm/eventfd.c
    static int
    irqfd_wakeup(wait_queue_t *wait, unsigned mode, int sync, void *key)
    {
            struct kvm_kernel_irqfd *irqfd =
              container_of(wait, struct kvm_kernel_irqfd, wait);
            unsigned long flags = (unsigned long)key;
            struct kvm_kernel_irq_routing_entry irq;
            struct kvm *kvm = irqfd->kvm;
            unsigned seq;
            int idx;

            if (flags & POLLIN) {
              idx = srcu_read_lock(&kvm->irq_srcu);
              do {
```

```
                seq = read_seqcount_begin(&irqfd->irq_entry_sc);
                irq = irqfd->irq_entry;
        } while (read_seqcount_retry(&irqfd->irq_entry_sc, seq));
        /* An event has been signaled, inject an interrupt */
        if (kvm_arch_set_irq_inatomic(&irq, kvm,
                              KVM_USERSPACE_IRQ_SOURCE_ID, 1,
                              false) == -EWOULDBLOCK)
                schedule_work(&irqfd->inject);
        srcu_read_unlock(&kvm->irq_srcu, idx);
    }
  ...
}
```

只考虑有数据，即 POLLIN 的情形，这个时候会调用 kvm_arch_set_irq_inatomic 和 kvm_irq_delivery_to_apic_fast 将 eventfd 对应的 gsi 中断注入到虚拟机中，如果 kvm_arch_set_irq_inatomic 不能自动把中断注入（中断类型是非 MSI 的情况），会调度 irqfd->inject。

```
virt/kvm/eventfd.c
static void
irqfd_inject(struct work_struct *work)
{
        struct kvm_kernel_irqfd *irqfd =
          container_of(work, struct kvm_kernel_irqfd, inject);
        struct kvm *kvm = irqfd->kvm;

        if (!irqfd->resampler) {
          kvm_set_irq(kvm, KVM_USERSPACE_IRQ_SOURCE_ID, irqfd->gsi, 1,
                    false);
          kvm_set_irq(kvm, KVM_USERSPACE_IRQ_SOURCE_ID, irqfd->gsi, 0,
                    false);
        } else
            kvm_set_irq(kvm, KVM_IRQFD_RESAMPLE_IRQ_SOURCE_ID,
              irqfd->gsi, 1, false);
}
```

irqfd_inject 函数用来注入使用中断控制器芯片的中断类型，if 判断中断是边沿触发还是水平触发，如果是边沿触发则会调用两次 kvm_set_irq，否则调用一次即可。

# 7.6 vhost net 简介

## 7.6.1 vhost net 介绍

回顾 virtio 的原理，可以发现，QEMU 的收发包是通过在用户态访问 tap 设备完成的，这一过程会涉及虚拟机内核、宿主机 KVM 模块、QEMU、宿主机网络协议栈中的多次转换，路径依然显得比较长，会带来性能上的损失。vhost 就是针对 virtio 的优化，将 virtio 的后端从宿主机应用层的 QEMU 放到了宿主机的内核，这样虚拟机陷入 KVM 之后会直接在宿主机内核中进行收发包，不需要经过 QEMU 宿主机用户态，可以显著提高性能。本章以网卡虚拟化为例，对 vhost net 的原理进行分析。virtio 和 vhost 网卡的基本原理如图 7-44 所示。

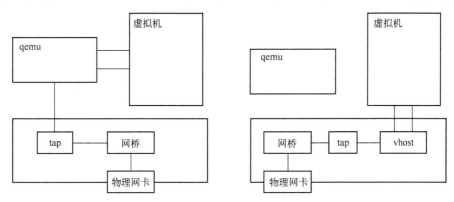

图 7-44　virtio net 和 vhost-net 网卡的基本原理

左边是传统 virtio 网卡的原理图，在传统 virtio 中，虚拟机内部的 virtio 驱动作为前端，负责将虚拟机内的 I/O 请求封装到 vring descriptor 中，然后通过写 PIO 或者 MMIO 的方式通知 QEMU 中的 virtio 后端设备，QEMU 侧则会将这些 I/O 请求发送到 tap 设备，然后通过网桥发送到真实的网卡上。与传统 virtio 网卡模拟相同，vhost 方案中也是由虚拟机中的 virtio 驱动将 I/O 请求封装到 vringdesc 中的，不过与传统 virtio 不同的是，vhost 是由宿主机内核中的 vhost 模块作为 virtio 的后端，vhost 在接收到来自虚拟机的通知之后会直接在宿主机内核中与 tap 设备通信，从而完成网络数据包的收发。

要想使用 vhost，只需要在启动虚拟机的命令参数中设置 tap 设备的参数 vhost 为 on，即 -netdev tap, vhost=on 即可。vhost-net 的 I/O 路径中，除了 QEMU、KVM 外，还有另一个模块参与，即 vhost-net 模块。

## 7.6.2　vhost 的初始化

virtio 协议不管是实现在 QEMU 中还是 vhost 中都需要初始化相关数据结构，在 vhost 情况下，这些初始化工作都是由 QEMU 委托 vhost 完成的。为此，QEMU 需要初始化并保存 vhost 的一些基本信息。

在 QEMU 进行 tap 设备初始化的函数 net_init_tap_one 中，有 vhost net 的初始化代码。

```
net/tap.c
    if (tap->has_vhost ? tap->vhost :
        vhostfdname || (tap->has_vhostforce&& tap->vhostforce)) {
        VhostNetOptionsoptions;

        options.backend_type = VHOST_BACKEND_TYPE_KERNEL;
        options.net_backend = &s->nc;
        if (tap->has_poll_us) {
            options.busyloop_timeout = tap->poll_us;
        } else {
            options.busyloop_timeout = 0;
        }

        if (vhostfdname) {
          …
        } else {
            vhostfd = open("/dev/vhost-net", O_RDWR);
…
```

```
        }
        options.opaque = (void *)(uintptr_t)vhostfd;

        s->vhost_net = vhost_net_init(&options);
        ...
    }
```

上述代码构造名为 options 的 VhostNetOptions 结构，然后进行初始化，backend_type 设置为 VHOST_BACKEND_TYPE_KERNEL。由于并没有指定 vhostfdname，所以会直接打开"/dev/vhost-net"设备，得到一个 fd，QEMU 使用这个 fd 来与内核模块 vhost-net 进行通信，fd 保存在 options 的 opaque 成员中。然后调用 vhost_net_init 进行 vhost net 的初始化。

```
hw/net/vhost_net.c
struct vhost_net *vhost_net_init(VhostNetOptions *options)
{
    int r;
    bool backend_kernel = options->backend_type == VHOST_BACKEND_TYPE_
KERNEL;
    struct vhost_net *net = g_new0(struct vhost_net, 1);
    uint64_t features = 0;

    if (!options->net_backend) {
        fprintf(stderr, "vhost-net requires net backend to be setup\n");
        goto fail;
    }
    net->nc = options->net_backend;

    net->dev.max_queues = 1;
    net->dev.nvqs = 2;
    net->dev.vqs = net->vqs;

    if (backend_kernel) {
        r = vhost_net_get_fd(options->net_backend);
        ...
        net->dev.backend_features = qemu_has_vnet_hdr(options->net_backend)
            ? 0 : (1ULL << VHOST_NET_F_VIRTIO_NET_HDR);
        net->backend = r;
        net->dev.protocol_features = 0;
    } else {
        ...
    }

    r = vhost_dev_init(&net->dev, options->opaque,
                    options->backend_type, options->busyloop_timeout);
    ...
    if (backend_kernel) {
        if (!qemu_has_vnet_hdr_len(options->net_backend,
                        sizeof(struct virtio_net_hdr_mrg_rxbuf))) {
            net->dev.features &= ~(1ULL << VIRTIO_NET_F_MRG_RXBUF);
        }
        if (~net->dev.features & net->dev.backend_features) {
    fprintf(stderr, "vhost lacks feature mask %" PRIu64
```

```
                            " for backend\n",
                        (uint64_t)(~net->dev.features & net->dev.backend_features));
                    goto fail;
                }
            }
            …
            vhost_net_ack_features(net, features);

            return net;
            …
}
```

　　vhost_net_init 函数分配一个 vhost_net 结构，赋值给 net 变量并进行初始化，这里硬编码指定了 vhost 只有一个接收队列和一个发送队列，vhost_net 的 backend 成员保存了 tap 设备对应的 fd，这是通过 vhost_net_get_fd 得到的。接下来调用 vhost_dev_init 初始化 vhost_net 的 vhost_dev 类型的 dev 成员。最后调用 vhost_net_ack_features 来设置 vhost_dev 的特性。

　　vhost_dev_init 本质上就是要初始化 vhost_net 的 dev 成员，也就是 vhost_dev 结构。几个结构体的关系如图 7-45 所示。

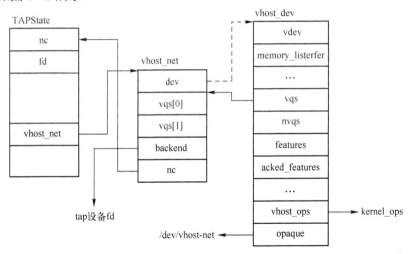

图 7-45　vhost_dev 结构体

　　前面介绍设备模拟时已经介绍过 TAPState 及其第一个成员 NetClientState，它们表示的是一个网络端点，与传统网卡（如 e1000）或者 virtio 网卡完全由 QEMU 完成模拟不同，vhost 网卡的模拟需要与宿主机的 vhost 模块联系，所以 TAPState 中需要有一个结构来联系宿主机 vhost 模块，这是通过 TAPState 中的 vhost_net 成员来完成的。vhost_net 结构体的第一个成员 dev 用来表示一个 vhost 的设备对象，其成员是表示与 vhost 本身相关的（如 virtqueue 的指针、特性）且与内核交互的一组函数。

　　vhost_dev_init 函数首先调用 vhost_set_backend_type，该函数通过 vhost 后端类型设置 vhost_dev 的 vhost_ops 成员。目前有两种 vhost 后端：一种是 vhost-net，在宿主机内核态实现的 virtio 后端，其 VhostOps 由 kernel_ops 表示；另一个是 vhost-user，是在用户态实现的 virtio 后端，这是通过用户态驱动直接与设备进行交互实现的，其 VhostOps 是 user_ops。这里以 kernel_ops 为例分析 VhostOps 结构，其定义如下，成员基本都是回调函数。

**hw/virtio/vhost-backend.c**

365

```
static const VhostOps kernel_ops = {
        .backend_type = VHOST_BACKEND_TYPE_KERNEL,
        .vhost_backend_init = vhost_kernel_init,
        .vhost_backend_cleanup = vhost_kernel_cleanup,
        .vhost_backend_memslots_limit = vhost_kernel_memslots_limit,
...

        .vhost_set_mem_table = vhost_kernel_set_mem_table,
        .vhost_set_vring_addr = vhost_kernel_set_vring_addr,
        .vhost_set_vring_endian = vhost_kernel_set_vring_endian,
        .vhost_set_vring_num = vhost_kernel_set_vring_num,
        .vhost_set_vring_base = vhost_kernel_set_vring_base,
        .vhost_get_vring_base = vhost_kernel_get_vring_base,
...

        .vhost_set_iotlb_callback = vhost_kernel_set_iotlb_callback,
        .vhost_send_device_iotlb_msg = vhost_kernel_send_device_iotlb_msg,
};
```

其中的大部分函数都会直接在 "/dev/vhost-net" 所在的 fd 上调用 ioctl，用来配置 vhost-net 中 virtio 后端。以 vhost_kernel_set_vring_base 为例，它调用了 vhost_kernel_call，并且提供了相关的 ioctl 请求与参数，进而实现与内核 vhost-net 模块的沟通。对这些 ioctl 的具体介绍会放到 vhost-net 模块的介绍中。

**hw/virtio/vhost-backend.c**
```
static int vhost_kernel_set_vring_base(struct vhost_dev *dev,
                                       struct vhost_vring_state *ring)
{
    return vhost_kernel_call(dev, VHOST_SET_VRING_BASE, ring);
}

static int vhost_kernel_call(struct vhost_dev *dev, unsigned long int
                      request,void *arg)
{
    int fd = (uintptr_t) dev->opaque;

    assert(dev->vhost_ops->backend_type == VHOST_BACKEND_TYPE_KERNEL);

    return ioctl(fd, request, arg);
}
```

回到 vhost_dev_init 函数，设置 vhost_dev 的 vhost_ops 成员之后就可以调用相关的回调函数进行初始化了。vhost_backend_init 回调函数设置 vhost_dev 的 opaque 为 "/dev/net-vhost" 的 fd，vhost_backend_memslots_limit 回调返回 vhost 下最大的内存槽数目，vhost_set_owner 回调函数会在内核中创建一个内核线程，vhost_get_features 回调返回 vhost-net 中 virtio 后端的特性。

vhost_dev_init 接下来调用 vhost_virtqueue_init 初始化 virtqueue，vhost 中一个 virtqueue 用 vhost_virtqueue 表示，里面只存了一些基本的信息，因为在 vhost-net 中，QEMU 其实只是作为一个控制面，真正与虚拟机中的 virtio 前端驱动交互的是 vhost-net 宿主机内核模块，所以不需要像 VirtQueue 结构体中那样保存很多数据。

**hw/virtio/vhost.c**
```
static int vhost_virtqueue_init(struct vhost_dev *dev,
                          struct vhost_virtqueue *vq, int n)
```

```
{
    int vhost_vq_index = dev->vhost_ops->vhost_get_vq_index(dev, n);
    struct vhost_vring_file file = {
        .index = vhost_vq_index,
    };
    int r = event_notifier_init(&vq->masked_notifier, 0);
    …
    file.fd = event_notifier_get_fd(&vq->masked_notifier);
    r = dev->vhost_ops->vhost_set_vring_call(dev, &file);
    …
    vq->dev = dev;

    return 0;
    …
}
```

首先初始化一个 eventfd，保存在 vhost_virtqueue 的 masked_notifier 成员中，然后以一个类型为 vhost_vring_file 的参数调用 vhost_set_vring_call 回调函数，该参数中包含了当前 virtqueue 的序号和对应的 eventfd，该回调函数会触发一个 ioctl(VHOST_SET_VRING_CALL)，将参数传递到内核，这样 vhost-net 模块就能够使用该 eventfd 来通知虚拟机其 avail vring 已经被使用，也就是 virtio 的后端通知前端。

回到 vhost_dev_init 函数，接下来初始化 vhost_dev 的 memory_listener，然后将其注册到 address_space_memory 上。这个 listener 的一个重要用途是控制热迁移中的脏页记录，在不使用 vhost 的时候，虚拟机访问的内存都能够通过 EPT 进行标脏处理，但是在使用 vhost-net 之后，vring 中指示的内存也会被 vhost 给标脏，因此必须有方法去记录这些脏页，保证以后在热迁移的时候能够使用。所以这里注册了内存变更的监听函数。

vhost_dev_init 完成之后，vhost_net_init 的主要工作也完成了，后面涉及一些特性的协商，这里就不分析了。

### 7.6.3　vhost net 网络模块

vhost-net 作为一个 misc 设备驱动存在于内核中，所在目录是 drivers/vhost/net.c，其驱动模块的初始化函数调用 misc_register 注册一个 misc 设备 vhost_net_misc，后者的 file_operations 为 vhost_net_fops，相关代码如下。

```
drivers/vhost/net.c
static const struct file_operations vhost_net_fops = {
    .owner           = THIS_MODULE,
    .release         = vhost_net_release,
    .unlocked_ioctl  = vhost_net_ioctl,
#ifdef CONFIG_COMPAT
    .compat_ioctl    = vhost_net_compat_ioctl,
#endif
    .open            = vhost_net_open,
    .llseek          = noop_llseek,
};

static struct miscdevicevhost_net_misc = {
    .minor = VHOST_NET_MINOR,
    .name = "vhost-net",
```

```
            .fops = &vhost_net_fops,
    };

    static int vhost_net_init(void)
    {
            …
            return misc_register(&vhost_net_misc);
    }
```

vhost_net_fops 中最重要的两个回调函数是 vhost_net_open 和 vhost_net_ioctl。先分析 open
函数。

```
drivers/vhost/net.c
static int vhost_net_open(struct inode *inode, struct file *f)
{
        struct vhost_net *n;
        struct vhost_dev *dev;
        struct vhost_virtqueue **vqs;
        int i;

        n = kmalloc(sizeof *n, GFP_KERNEL | __GFP_NOWARN | __GFP_REPEAT);
        …
        vqs = kmalloc(VHOST_NET_VQ_MAX * sizeof(*vqs), GFP_KERNEL);
        …
        dev = &n->dev;
        vqs[VHOST_NET_VQ_TX] = &n->vqs[VHOST_NET_VQ_TX].vq;
        vqs[VHOST_NET_VQ_RX] = &n->vqs[VHOST_NET_VQ_RX].vq;
        n->vqs[VHOST_NET_VQ_TX].vq.handle_kick = handle_tx_kick;
        n->vqs[VHOST_NET_VQ_RX].vq.handle_kick = handle_rx_kick;
        for (i = 0; i < VHOST_NET_VQ_MAX; i++) {
          n->vqs[i].ubufs = NULL;
          n->vqs[i].ubuf_info = NULL;
          n->vqs[i].upend_idx = 0;
          n->vqs[i].done_idx = 0;
          n->vqs[i].vhost_hlen = 0;
          n->vqs[i].sock_hlen = 0;
        }
        vhost_dev_init(dev, vqs, VHOST_NET_VQ_MAX);

        vhost_poll_init(n->poll + VHOST_NET_VQ_TX, handle_tx_net, POLLOUT,
dev);
        vhost_poll_init(n->poll + VHOST_NET_VQ_RX, handle_rx_net, POLLIN,
dev);

        f->private_data = n;

        return0;
}
```

用户态的程序每次打开 "/dev/net/vhost-net" 都会导致 vhost_net_open 的执行，该函数的主
要作用是分配并初始化一个 vhost_net 结构及其成员 vhost_dev 和收发包队列 vhost_virtqueue 成
员，同时将 vhost_net 设置为该 open 打开的 file 结构的私有成员。相关数据结构关系如图 7-46
所示。

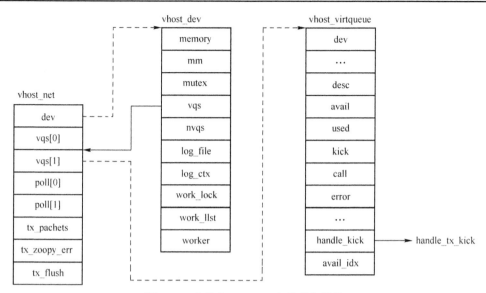

图 7-46 内核中 vhost_net 相关数据结构

接下来分析具体细节。在分配了内存之后，设置发包 virtqueue 的 kick 函数为 handle_tx_kick，收包 virtqueue 的 kick 函数为 handle_rx_kick，接着调用 vhost_dev_init 初始化 vhost_net 的 vhost_dev 成员。

```
drivers/vhost/vhost.c
void vhost_dev_init(struct vhost_dev *dev,
            struct vhost_virtqueue **vqs, int nvqs)
{
        struct vhost_virtqueue *vq;
        int i;

        dev->vqs = vqs;
        dev->nvqs = nvqs;
        mutex_init(&dev->mutex);
        dev->log_ctx = NULL;
        dev->log_file = NULL;
        dev->memory = NULL;
        dev->mm = NULL;
        spin_lock_init(&dev->work_lock);
        INIT_LIST_HEAD(&dev->work_list);
        dev->worker = NULL;

        for (i = 0; i < dev->nvqs; ++i) {
          vq = dev->vqs[i];
          vq->log = NULL;
          vq->indirect = NULL;
          vq->heads = NULL;
          vq->dev = dev;
          mutex_init(&vq->mutex);
          vhost_vq_reset(dev, vq);
          if (vq->handle_kick)
              vhost_poll_init(&vq->poll, vq->handle_kick,
                      POLLIN, dev);
```

```
        }
    }
```

vhost_dev_init 对很多成员进行了初始化，对每个 virtqueue 也进行了初始化，并且调用了 vhost_poll_init 来对 vhost_virqueue 中的 vhost_poll 成员进行初始化。

```
drivers/vhost/vhost.c
void vhost_poll_init(struct vhost_poll *poll, vhost_work_fn_t fn,
            unsigned long mask, struct vhost_dev *dev)
{
    init_waitqueue_func_entry(&poll->wait, vhost_poll_wakeup);
    init_poll_funcptr(&poll->table, vhost_poll_func);
    poll->mask = mask;
    poll->dev = dev;
    poll->wqh = NULL;

    vhost_work_init(&poll->work, fn);
}
```

设置 poll 的 wait 等待队列成员的唤醒函数为 vhost_poll_wakeup，该 table 的_qproc 函数为 vhost_poll_func，该函数把 wait 队列加到 vhost 的 poll_table 结构成员 table 中，最后初始化 vhost_poll 的 work 函数为 fn，也就是传过来的 virtqueue 的 kick 函数。

回到 vhost_net_open 函数，接下来调用 vhost_poll_init 函数初始化收发包队列，这次的初始化使用 POLLOUT 来启动 handle_tx_net，即网络发包的执行。最后设置 file 的 private_data 为 vhost_net，这样就将应用程序和当前打开的 "/dev/net/vhost-net" 联系起来了，应用程序可以通过 fd 找到 file，进而找到 vhost_net、vhost_dev、vhost_virtqueue 等结构。

接下来分析 vhost_net_ioctl 函数，该函数是 QEMU 与 vhost 通信的通道，vhost-net 设备导出到用户态空间的 ioctl 分为 3 类：第一类 ioctl 与整个 vhost 本身相关，如 VHOST_NET_SET_BACKEND 用来得到 QEMU 传递下来的 tap 设备 fd，使得 vhost-net 能够直接与 tap 设备通信。VHOST_GET_FEATURES 用来返回内核侧 vhost-net 的特性，这类 ioctl 通常在 vhost_net_ioctl 中直接处理；第二类 ioctl 与 vhost 创建的 vhost 设备相关，如 VHOST_SET_MEM_TABLE 用来得到 QEMU 传递下来的虚拟机物理地址 QEMU 虚拟地址的布局信息，VHOST_SET_LOG_BASE 和 VHOST_SET_LOG_FD 通常与虚拟机热迁移的脏页记录有关，这一类 ioctl 通常在 vhost_dev_ioctl 函数中处理；第三类 ioctl 与 vring 相关，如 VHOST_SET_VRING_NUM 用来设置 vring 的大小，VHOST_SET_VRING_ADDR 用来设置 vring 的地址，VHOST_SET_VRING_KICK 和 VHOST_SET_VRING_CALL 用来设置两个 eventfd，这一类 ioctl 通常在 vhost_vring_ioctl 函数中处理。

```
drivers/vhost/net.c
static long vhost_net_ioctl(struct file *f, unsigned int ioctl,
            unsigned long arg)
{
    struct vhost_net *n = f->private_data;
    void __user *argp = (void __user *)arg;
    u64 __user *featurep = argp;
    struct vhost_vring_file backend;
    u64 features;
    int r;
```

```
switch (ioctl) {
case VHOST_NET_SET_BACKEND:
  if (copy_from_user(&backend, argp, sizeof backend))
        return -EFAULT;
  return vhost_net_set_backend(n, backend.index, backend.fd);
case VHOST_GET_FEATURES:
  features = VHOST_NET_FEATURES;
  if (copy_to_user(featurep, &features, sizeof features))
        return -EFAULT;
  return 0;
…
case VHOST_SET_OWNER:
  return vhost_net_set_owner(n);
default:
  mutex_lock(&n->dev.mutex);
  r = vhost_dev_ioctl(&n->dev, ioctl, argp);
  if (r == -ENOIOCTLCMD)
        r = vhost_vring_ioctl(&n->dev, ioctl, argp);
  else
        vhost_net_flush(n);
  mutex_unlock(&n->dev.mutex);
  return r;
}
}
```

首先分析 ioctl(VHOST_SET_OWNER)的对应处理函数 vhost_net_set_owner，该函数的主要目的是把一个打开的 vhost-net fd 与一个进程关联起来，其代码如下。

```
drivers/vhost/net.c
static long vhost_net_set_owner(struct vhost_net *n)
{
        int r;

        mutex_lock(&n->dev.mutex);
        if (vhost_dev_has_owner(&n->dev)) {
          r = -EBUSY;
          goto out;
        }
        r = vhost_net_set_ubuf_info(n);
        …
        r = vhost_dev_set_owner(&n->dev);
        …
        vhost_net_flush(n);
out:
        mutex_unlock(&n->dev.mutex);
        return r;
}
```

首先调用 vhost_dev_has_owner 来判断当前的 vhost_net 是否已经与进程绑定，接着调用 vhost_net_set_ubuf_info，其与零拷贝（zero copy）有关，此处暂时不讨论，接下来调用 vhost_dev_set_owner 函数来完成绑定工作。

**drivers/vhost/vhost.c**

```
long vhost_dev_set_owner(struct vhost_dev *dev)
{
    struct task_struct *worker;
    int err;

    /* Is there an owner already? */
    if (vhost_dev_has_owner(dev)) {
     err = -EBUSY;
     goto err_mm;
    }

    /* No owner, become one */
    dev->mm = get_task_mm(current);
    worker = kthread_create(vhost_worker, dev, "vhost-%d", current->pid);
    if (IS_ERR(worker)) {
     err = PTR_ERR(worker);
     goto err_worker;
    }
    dev->worker = worker;
    wake_up_process(worker);        /* avoid contributing to loadavg */

    err = vhost_attach_cgroups(dev);
    …
    err = vhost_dev_alloc_iovecs(dev);
    …
    return 0;
    …
}
```

vhost_dev_set_owner 函数将当前进程的 mm_struct 赋值到 vhost_dev 的 mm 成员中，然后创建一个内核线程，线程函数为 vhost_worker，将该线程的 task_struct 赋值到 vhost_dev 的 worker 成员中，然后唤醒该 worker 线程，vhost_attach_cgroups 跟 cgroups 有关，这里暂时不考虑。最后 vhost_dev_alloc_iovecs 分配 virtqueue 的相关空间。这里分析新创建的内核线程的线程函数 vhost_worker，其工作就是从 virtio_dev 的 work_list 链表中取 vhost_work 下来，然后执行当前的 work，核心代码如下。

```
drivers/vhost/vhost.c
static int vhost_worker(void *data)
{
    struct vhost_dev *dev = data;
    struct vhost_work *work = NULL;
    unsigned uninitialized_var(seq);
    mm_segment_t oldfs = get_fs();

    set_fs(USER_DS);
    use_mm(dev->mm);

    for (;;) {
     /* mb paired w/ kthread_stop */
     set_current_state(TASK_INTERRUPTIBLE);

    …
```

```
        if (!list_empty(&dev->work_list)) {
            work = list_first_entry(&dev->work_list,
                            struct vhost_work, node);
            list_del_init(&work->node);
            seq = work->queue_seq;
        } else
            work = NULL;
        spin_unlock_irq(&dev->work_lock);

        if (work) {
            __set_current_state(TASK_RUNNING);
            work->fn(work);
            if (need_resched())
                schedule();
        } else
            schedule();

    }
    unuse_mm(dev->mm);
    set_fs(oldfs);
    return 0;
}
```

vhost_worker 从 vhost_dev 的 work_list 循环取下一个 vhost_work，然后调用其对应的函数，如果没有任务，则该线程会进入睡眠状态。

下面分析与 vhost net 设备相关的 ioctl(VHOST_SET_MEM_TABLE)。该 ioctl 很简单，将用户态的 vhost_memory 类型的参数复制到 vhost_dev 的 memory 成员中。vhost_memory 定义如下。

```
include/uapi/linux/vhost.h
struct vhost_memory {
    __u32 nregions;
    __u32 padding;
    struct vhost_memory_region regions[0];
};
```

vhost_memory 用来表示虚拟机的内存布局信息，vhost_memory_region 是一个可变长数组，其中的每一项数组元素保存了虚拟机的物理地址与 QEMU 虚拟地址之间的关系，nregions 表示这个数组的大小。QEMU 通过 ioctl(VHOST_SET_MEM_TABLE)将虚拟机的内存布局信息告诉 vhost-net，vhost-net 模块在进行相关的 virtio 后端操作处理虚拟机物理地址时能够找到对应的 QEMU 所在的虚拟地址，从而读写相关数据。

接下来分析与 virtqueue 的 vring 设置相关的 ioctl 处理，这一类的 ioctl 都是通过 vhost_vring_ioctl 函数处理的。这里可以看到有很多与 QEMU 类似的功能，如 VHOST_SET_VRING_NUM 用来设置 virtqueue 的 vring 大小，VHOST_SET_VRING_ADDR 用来设置 vring 所在地址等。

```
drivers/vhost/vhost.c
long vhost_vring_ioctl(struct vhost_dev *d, int ioctl, void __user *argp)
{
    struct file *eventfp, *filep = NULL;
    bool pollstart = false, pollstop = false;
```

```
struct eventfd_ctx *ctx = NULL;
u32 __user *idxp = argp;
struct vhost_virtqueue *vq;
struct vhost_vring_state s;
struct vhost_vring_file f;
struct vhost_vring_addr a;
u32 idx;
long r;

r = get_user(idx, idxp);
…
vq = d->vqs[idx];

mutex_lock(&vq->mutex);

switch (ioctl) {
case VHOST_SET_VRING_NUM:
  …
  break;
case VHOST_SET_VRING_BASE:
  …
  break;
case VHOST_GET_VRING_BASE:
  …
  break;
case VHOST_SET_VRING_ADDR:
  …
  break;
case VHOST_SET_VRING_KICK:
  if (copy_from_user(&f, argp, sizeof f)) {
      r = -EFAULT;
      break;
  }
  eventfp = f.fd == -1 ? NULL : eventfd_fget(f.fd);
  …
  if (eventfp != vq->kick) {
      pollstop = (filep = vq->kick) != NULL;
      pollstart = (vq->kick = eventfp) != NULL;
  } else
      filep = eventfp;
  break;
case VHOST_SET_VRING_CALL:
  if (copy_from_user(&f, argp, sizeof f)) {
      r = -EFAULT;
      break;
  }
  eventfp = f.fd == -1 ? NULL : eventfd_fget(f.fd);
  …
  if (eventfp != vq->call) {
      filep = vq->call;
```

```
                ctx = vq->call_ctx;
                vq->call = eventfp;
                vq->call_ctx = eventfp ?
                        eventfd_ctx_fileget(eventfp) : NULL;
        } else
                filep = eventfp;
        break;
…
default:
        r = -ENOIOCTLCMD;
}

if (pollstop&& vq->handle_kick)
        vhost_poll_stop(&vq->poll);

if (ctx)
        eventfd_ctx_put(ctx);
if (filep)
        fput(filep);

if (pollstart&& vq->handle_kick)
        r = vhost_poll_start(&vq->poll, vq->kick);

mutex_unlock(&vq->mutex);

if (pollstop&& vq->handle_kick)
        vhost_poll_flush(&vq->poll);
return r;
}
```

这里介绍两个非常重要的 ioctl，第一个是 VHOST_SET_VRING_KICK，用来告诉 vhost-net 模块前端 virtio 驱动发送通知的时候触发的 eventfd，vhost-net 在处理该 ioctl 的时候首先得到该 eventfd 对应的 file 结构，然后将其赋值给 vq->kick。QEMU 会针对虚拟机中 virtio 驱动进行通知的寄存器地址（MMIO 或者 PIO）与该 eventfd 设置一个 ioeventfd，这样当虚拟机中 virtio 驱动写这个地址的时候就会触发该 eventfd，从而直接在 vq->kick 的 file 上产生信号。在 vhost_vring_ioctl 函数最后调用 vhost_poll_start 时，在 vq->kick 上面进行 poll。当 fd 有信号之后会唤醒 eventfd 等待队列上的对象，这里会执行 vhost_poll_wakeup 函数，该函数把 work 挂到 vhost_dev 的 work_list 中，然后唤醒 vhost_dev 的 work 线程，也就是在绑定用户态进程时创建的线程，该线程执行对应的函数 handle_tx_kick，该函数会调用 handle_tx 进行发包。

第二个重要的 ioctl 是 VHOST_SET_VRING_CALL，与 VHOST_SET_VRING_KICK 类似，VHOST_SET_VRING_CALL 用来设置一个 eventfd，这个 eventfd 用来完成 vhost-net 后端到虚拟机 virtio 前端的中断通知。其基本原理是，QEMU 首先将 virtio 网卡使用的中断与一个 eventfd 联系起来，创建一个 irqfd，并通过 KVM 的 ioctl 将 irqfd 信息传递到 KVM 模块，然后通过设备 "/dev/vhost-net" 的 ioctl(VHOST_SET_VRING_CALL)将该 eventfd 传递到 vhost-net 模块。当 vhost-net virtio 后端使用了 avail ring 之后，就可以直接向该 eventfd 发送信号，从而让 KVM 注入一个中断。图 7-47 显示了 vhost、KVM 与虚拟机的关系。

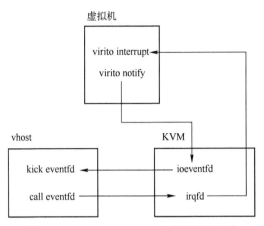

图 7-47 vhost_net、KVM 与虚拟机的关系

### 7.6.4 vhost net 的启动

从上面的分析可以知道，tap 后端设备在进行初始化的时候如果开启了 vhost，则会在 TAPState 中保存一个 vhost_net 结构体，vhost_net 中有 vhost_device 表示与内核态 vhost 的一个连接。本节分析前端的 virtio 网卡如何与其建立联系。

当虚拟机的 virtio net 驱动准备好之后会改变网卡的 status，最终在 QEMU 调用到 virtio_set_status 函数，在这个函数的调用链中会调用到 virtio_net_vhost_status，其代码如下。

```
hw/net/virtio-net.c
static void virtio_net_vhost_status(VirtIONet *n, uint8_t status)
{
    VirtIODevice *vdev = VIRTIO_DEVICE(n);
    NetClientState *nc = qemu_get_queue(n->nic);
    int queues = n->multiqueue ? n->max_queues : 1;

    if (!get_vhost_net(nc->peer)) {
        return;
    }

    if ((virtio_net_started(n, status) && !nc->peer->link_down) ==
        !!n->vhost_started) {
        return;
    }
    if (!n->vhost_started) {
        int r, i;
        …
        /* Any packets outstanding? Purge them to avoid touching rings
         * when vhost is running.
         */
        for (i = 0; i < queues; i++) {
            NetClientState *qnc = qemu_get_subqueue(n->nic, i);

            /* Purge both directions: TX and RX. */
            qemu_net_queue_purge(qnc->peer->incoming_queue, qnc);
            qemu_net_queue_purge(qnc->incoming_queue, qnc->peer);
```

```
    }
    n->vhost_started = 1;
    r = vhost_net_start(vdev, n->nic->ncs, queues);
    …
  } else {
    vhost_net_stop(vdev, n->nic->ncs, queues);
    n->vhost_started = 0;
  }
}
```

virtio_net_vhost_status 函数首先用后端设备的 NetClientState 作为参数调用 get_vhost_net 函数，后者会返回后端网络设备的 vhost_net 成员，如果没有使用 vhost，则该成员为空，表示没有使用 vhost，函数直接返回。接着调用 virtio_net_started 判断 vhost net 是否启动。如果没有启动则进入 if 分支，首先调用 qemu_net_queue_purge 将前端网卡队列上的数据包丢掉，vhost 还没有开始工作，理论上还没有包。最后调用 vhost_net_start 让虚拟机的收发包通过 vhost-net 完成。

vhost_net_start 函数原型如下。

**hw/net/virtio-net.c**
```
int vhost_net_start(VirtIODevice *dev, NetClientState *ncs,
                    int total_queues);
```

其中，dev 是 virtio 网卡；ncs 是 virtio 对应的网络后端 tap 设备；total_queues 表示的是网卡队列数，默认是单队列，也就是只有一个收包队列和一个发包队列；vhost_net_start 可以简化成如下代码。

**hw/net/virtio-net.c**
```
int vhost_net_start(VirtIODevice *dev, NetClientState *ncs,
             int total_queues)
{
    BusState *qbus = BUS(qdev_get_parent_bus(DEVICE(dev)));
    VirtioBusState *vbus = VIRTIO_BUS(qbus);
    VirtioBusClass *k = VIRTIO_BUS_GET_CLASS(vbus);
    int r, e, i;
    …
    r = k->set_guest_notifiers(qbus->parent, total_queues * 2, true);
    …
    for (i = 0; i < total_queues; i++) {
        r = vhost_net_start_one(get_vhost_net(ncs[i].peer), dev);
        …
        if (ncs[i].peer->vring_enable) {
            /* restore vring enable state */
            r = vhost_set_vring_enable(ncs[i].peer,ncs[i].peer->vring_enable);
            …
        }
    }

    return 0;
    …
}
```

vhost_net_start 函数调用 virtio 总线类的回调函数 set_guest_notifiers，这个回调对应的函数是 virtio_pci_set_guest_notifiers，用来设置从宿主机到虚拟机通知的 eventfd 的设置。整个过程比较复杂，这里不深入到细节中去。virtio_pci_set_guest_notifiers 通过 virtio_pci_set_guest_notifier 初始化 VirtQueue 的类型为 EventNotifier 的成员 guest_notifier，然后在 kvm_virtio_pci_vector_use 函数中将该 guest_notifier 与 virtio 设备的中断关联起来，在内核中构成一个 irqfd，最后在 msix_set_vector_notifiers 的相关调用链中将 guest_notifier 对应的 fd 通过 ioctl(VHOST_SET_VRING_CALL)通知到 vhost-net 模块。这样就创建了宿主机到虚拟机的通知机制，vhost-net 模块可以直接设置该 eventfd，从而让虚拟机接收到中断。

vhost_net_start 接着调用 vhost_net_start_one 开启 virtio 网卡队列。vhost_net_start_one 函数相关的调用链细节也比较多，这里简单总结一下。vhost_dev_enable_notifiers 函数及其调用链通过 EventNotifier 的成员 host_notifier 来初始化 VirtQueue 的类型。vhost_dev_start 调用相关 ioctl 初始化 vhost-net 模块中相应的 virt queue 结构，这些 ioctl 包括 VHOST_SET_MEM_TABLE（用于向 vhost 传递虚拟机物理地址与 QEMU 虚拟地址的布局关系）、VHOST_SET_VRING_BASE（将 vring descriptor 描述符地址告诉 vhost）、VHOST_SET_VRING_KICK（将 VirtQueue 的 host_notifier 成员对应的 fd 传递给 vhost）、VHOST_SET_VRING_CALL（将 VirtQueue 的 guest_notifier 成员对应的 fd 传递给 vhost）等。

### 7.6.5　vhost net 的收发包

在介绍 vhost-net 情况下的收发包之前，需要讨论另一个 vhost-net 的 ioctl，即 VHOST_NET_SET_BACKEND，这个 ioctl 用来设置 vhost-net 对应的后端设备。virtio 网卡是网络的前端设备，tap 是后端设备，使用 vhost 之后，与虚拟机有关的网络收发包都是在内核态进行的，所以需要 QEMU 告诉 vhost tap 设备的 fd，由 vhost 保存对应的 sock 结构。ioctl(VHOST_NET_SET_BACKEND)即用于完成这项任务，其处理函数如下。

```
drivers/vhost/net.c
static long vhost_net_set_backend(struct vhost_net *n, unsigned index,
int fd)
{
        struct socket *sock, *oldsock;
        struct vhost_virtqueue *vq;
        struct vhost_net_virtqueue *nvq;
        struct vhost_net_ubuf_ref *ubufs, *oldubufs = NULL;
        int r;
        …
        vq =&n->vqs[index].vq;
        nvq = &n->vqs[index];
        mutex_lock(&vq->mutex);
        …
        sock = get_socket(fd);
        …
        /* start polling new socket */
        oldsock = vq->private_data;
        if (sock != oldsock) {
          …
          vhost_net_disable_vq(n, vq);
          vq->private_data = sock;
```

```
            r = vhost_init_used(vq);
            if (r)
                goto err_used;
            r = vhost_net_enable_vq(n, vq);
            …
            oldubufs = nvq->ubufs;
            nvq->ubufs = ubufs;

            n->tx_packets = 0;
            n->tx_zcopy_err = 0;
            n->tx_flush = false;
        }
        …
        if (oldsock) {
            vhost_net_flush_vq(n, index);
            sockfd_put(oldsock);
        }
        …
        return 0;
        …
    }
```

vhost_net_set_backend 函数得到收包队列的 vhost_virtqueue，然后从 tap 设备的 fd 得到所属的 socket 结构 sock，将该 sock 保存在 vhost_virtqueue 的 private_data 成员中。如果当前的 sock 与已经保存 oldsock 的不一样，说明改变了后端设备，最开始的时候 oldsock 是空。接着就会调用 vhost_net_disable_vq，将当前正在 poll 的 fd 取消，调用 vhost_init_used 函数对 virt_queue 的一些成员进行初始化，然后调用 vhost_net_enable_vq 来启动对 tap 设备 fd 的 poll。

```
drivers/vhost/net.c
static int vhost_net_enable_vq(struct vhost_net *n,
                    struct vhost_virtqueue *vq)
{
    struct vhost_net_virtqueue *nvq =
        container_of(vq, struct vhost_net_virtqueue, vq);
    struct vhost_poll *poll = n->poll + (nvq - n->vqs);
    struct socket *sock;

    sock = vq->private_data;
    if (!sock)
        return 0;

    return vhost_poll_start(poll, sock->file);
}
```

这里可以看到 vhost 对 tap 设备的 file 进行 poll，这样当 tap 设备接收到数据时就会调用在初始化时指定的 handle_rx_net，进而调用 handle_rx，handle_rx 将接收到的数据放入到队列的 vring 中。

接下来分析 vhost-net 情况下的发包。虚拟机需要发送网络数据包时，会填充好需要发送的数据到 vring descriptor，然后写 MMIO 通知对端，也就是 vhost-net，由于 kick fd 是一个 ioeventfd，所以会导致 kick fd 上产生信号。从前面 vhost 初始化 poll 相关结构体的函数

vhost_poll_init 可知，当 kick fd 上有信号时会调用函数 vhost_poll_wakeup，该函数调用的 vhost_poll_queue 会调用 vhost_work_queue，这个函数会将一个 vhost_work 挂在 vhost_dev 的 work_list 成员上，然后唤醒 vhost_dev 的 worker 成员。这个 worker 是在 vhost_dev_set_owner 函数中创建的内核线程的 task_struct，该内核线程的线程函数是 vhost_worker，vhost_work 即是从 vhost_dev->work_list 取出的。然后调用其 fn 回调函数，对于发包队列来说这个回调函数是 handle_tx_kick。handle_tx_kick 调用 handle_tx 进行实际的发包工作，handle_tx 的细节这里不再讨论，整个过程就是从 vring 上面取出网络数据，然后调用 tap 设备对应 sock 的 sendmsg 函数将数据发送出去。

与发包函数 handle_tx 对应的收包函数是 handle_rx。handle_rx 调用 tap 设备对应 sock 的 recvmsg 函数接收网络数据包，并将数据放到 vring descritpor 上，然后调用 vhost_add_used_and_signal_n 通知虚拟机，其中进行通知的函数是 vhost_signal，该函数直接在 vhost_virtqueue->call_ctx 上触发一个信号，由于这个 fd 已经对应了一个虚拟机中断，所以 KVM 在该信号被触发之后会向虚拟机注入一个中断，虚拟机 virtio 驱动可以在中断函数中处理收包。

```
drivers/vhost/vhost.c
void vhost_signal(struct vhost_dev *dev, struct vhost_virtqueue *vq)
{
        /* Signal the Guest tell them we used something up. */
        if (vq->call_ctx&&vhost_notify(dev, vq))
         eventfd_signal(vq->call_ctx, 1);
}
```

# 7.7 设备直通与 VFIO

## 7.7.1 VFIO 简介

### 1. VFIO 基本思想与原理

设备直通就是将物理设备直接挂到虚拟机，虚拟机通过直接与设备交互来获得较好的性能。传统的透传设备到 QEMU/KVM 虚拟机的方法为 PCI passthrough，这种老的设备直通方式需要 KVM 完成大量的工作，如与 IOMMU 交互、注册中断处理函数等。显然这种方法会让 KVM 过多地与设备打交道，扮演一个设备驱动的角色，这种方案不够通用灵活，所以后来有了 VFIO（Virtual Function I/O）。

VFIO 是一个用户态驱动框架，它利用硬件层面的 I/O 虚拟化技术，如 Intel 的 VT-d 和 AMD 的 AMD-Vi，将设备直通给虚拟机。传统上，设备驱动与设备进行交互需要访问设备的很多资源，如 PCI 设备的配置空间、BAR 地址空间、设备中断等，所有这些资源都是在内核态进行分配和访问的。虚拟化环境下，把设备直通给虚拟机之后，QEMU 需要接管所有虚拟机对设备资源的访问。

VFIO 的基本思想包括两个部分，第一个是将物理设备的各种资源分解，并将获取这些资源的接口向上导出到用户空间，如图 7-48 所示，QEMU 等应用层软件可以利用这些接口获取硬件的所有资源，包括设备的配置空间、BAR 空间和中断。图 7-48 和图 7-49 均来自 Alex Williamson 在 KVM Forum 2016 上的演讲 *An Introduction to PCI Device Assignment with VFIO*。

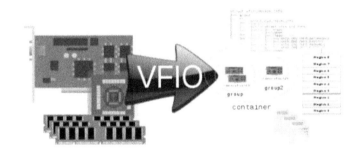

A device decomposed

图 7-48　VFIO 抽象物理设备

　　VFIO 思想的第二部分就是聚合，也就是将从硬件设备得到的各种资源聚合起来，对虚拟化展示一个完整的设备接口，这种聚合是在用户空间完成的，聚合的思想如图 7-49 所示。以 QEMU 为例，它从硬件设备分解各种资源之后，会重新聚合成一个虚拟机设备挂到虚拟机上，QEMU 还会调用 KVM 的接口将这些资源与虚拟机联系起来，使得虚拟机内部完全对 VFIO 的存在无感知，虚拟机内部的操作系统能够透明地与直通设备进行交互，也能够正常处理直通设备的中断请求。

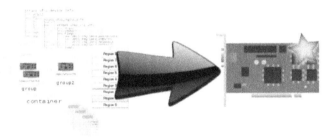

...turns into assigned device

图 7-49　VFIO 组装成一个虚拟设备

　　在非虚拟化环境中，大部分情况下都是通过设备驱动访问硬件外设的，对于设备来说，其访问的内存地址空间可以是整个机器的，外设的中断也统一纳入操作系统的中断处理框架。但是在虚拟化环境下，当把设备直通给虚拟机之后，有两个难点需要解决，一个是设备 DMA 使用的地址，另一个是由于虚拟机内部在指定设备 DMA 地址的时候能够随意指定地址，所以需要有一种机制来对设备的 DMA 地址访问进行隔离。

　　在 Intel 架构上，MSI 中断是通过写一段地址完成的，任何 DMA 的发起者都能够写任意数据，这就会导致虚拟机内部的攻击者能够让外设产生不属于它的中断。所以，VT-d 技术中的另一个要解决的问题是中断重定向，设备产生的中断会经过中断重定向器来判断中断是否合法以及是否重定向到虚拟机内部。类似于 MMU 把 CPU 访问的虚拟机地址转换为物理地址，VT-d 技术中的 DMA 重映射器和中断重映射模块叫作 IOMMU，IOMMU 的基本原理如图 7-50 所示。

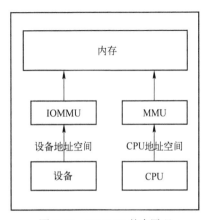

图 7-50　IOMMU 基本原理

　　IOMMU 的主要功能是 DMA Remapping。如果设备的 DMA 访问没有隔离，该设备就能够访问物理机上的所有地址空间，如图 7-51 左图所示。为了保证安全性，IOMMU 会对设备的 DMA 地址再进行一层转换，使得设备的 DMA 能够访问的地址仅限于宿主机分配的一定内存中，如图 7-51 右图所示，这里的 Domain 可以理解为一个虚拟机。

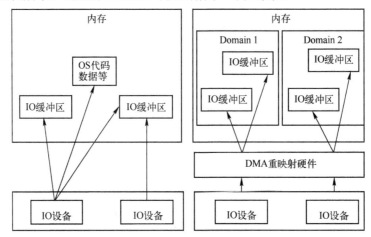

图 7-51　DMA Remapping 原理

　　DMA Remapping 的基本思想如图 7-52 所示，当虚拟机让设备进行 DMA 时，指定的是 GPA 地址，在经过 DMA Remapping 之后，该 GPA 地址会被转换成 QEMU/KVM 为其分配的物理地址。这一点与右边 CPU 进行访问时 EPT 的作用是一样的。

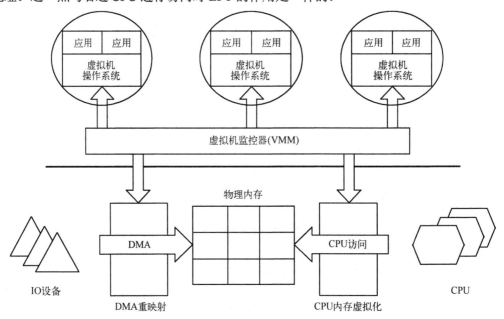

图 7-52　IO 和 CPU 虚拟化

　　与 MMU 类似，DMA Remapping 也需要建立类似页表这样的结构来完成 DMA 的地址转换，图 7-53 展示了这个过程。

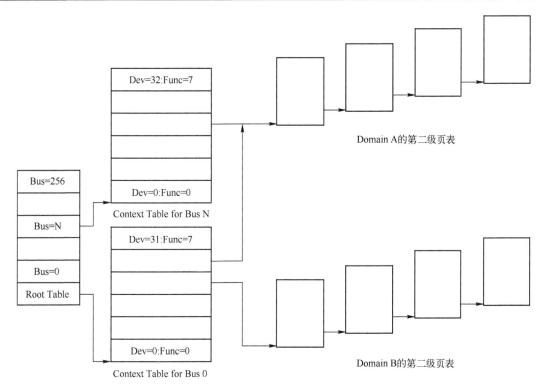

图 7-53 Device 到 Domain 的映射表

Root Table 总共 255 项，每一项表示一条总线，Root Table 中的每一项用来指向一个 Context Table。Context Table 中的每一项都记录有该设备对应的 Domain 信息，这些信息里面就有地址转换页表。这样通过 DMA remapping 就能够将设备访问的虚拟机地址转换成宿主机分配给虚拟机的物理地址。当然，Root Table、Context Table 等都需要宿主机通过 iommu 驱动的编程接口去构造。

有的 IOMMU 还会有 Interrupt Remapping，其原理也是通过 IOMMU 对所有的中断请求做一个重定向，从而将直通设备内中断正确地分派到虚拟机，这里不再赘述。

VFIO 框架设计很简洁清晰，如图 7-54 所示。

- VFIO Interface 作为接口层，用来向应用层导出一系列接口，QEMU 等用户程序可以通过相应的 ioctl 对 VFIO 进行交互。
- iommu driver 是物理硬件 IOMMU 的驱动实现，如 Intel 和 ADM 的 IOMMU。
- pci_bus driver 是物理 PCI 设备的驱动程序。
- vfio_iommu 是对底层 iommu driver 的封装，用来向上提供 IOMMU 的功能，如 DMA Remapping 以及 Interrupt Remapping。
- vfio_pci 是对设备驱动的封装，用来向用户进程提供访问设备驱动的功能，如配置空间和模拟 BAR。

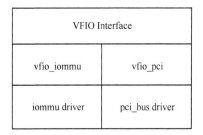

图 7-54 VFIO 框架

VFIO 的重要功能之一是对各个设备进行分区，但是即使有 IOMMU 的存在，想要以单个设备作为隔离粒度有时也做不到。所以，VFIO 设备直通中有 3 个重要的概念，即 container、group

和 device，其关系如图 7-55 所示。

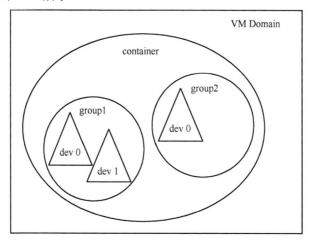

图 7-55  container、group 与 device 关系

group 是 IOMMU 能够进行 DMA 隔离的最小单元，一个 group 内可能只有一个 device，也可能有多个 device，这取决于物理平台上硬件的 IOMMU 拓扑结构。设备直通的时候一个 group 里面的设备必须都直通给一个虚拟机。不能让一个 group 里的多个 device 分别从属于 2 个不同的 VM，也不允许部分 device 在宿主机上而另一部分被分配到虚拟机里，因为这样一个虚拟机中的 device 可以利用 DMA 攻击获取另外一个虚拟机里的数据，无法做到物理上的 DMA 隔离。

device 指的是要操作的硬件设备，不过这里的"设备"需要从 IOMMU 拓扑的角度去理解。如果该设备是一个硬件拓扑上独立的设备，那么它自己就构成一个 IOMMU group。如果这里是一个 multi-function 设备，那么它和其他的 function 一起组成一个 IOMMU group，因为多个 function 设备在物理硬件上是互联的，它们可以互相访问数据，所以必须放到一个 group 里隔离起来。

container 是由多个 group 组成的，虽然 group 是 VFIO 的最小隔离单元，但是有的时候并不是最好的分割粒度。如多个 group 可能会共享一组页表，通过将多个 group 组成一个 container 可以提高系统的性能，也能够方便用户。一般来讲，每个进程/虚拟机可以作为一个 container。

**2. VFIO 使用方法**

上面介绍了 VFIO 的基本原理，下面介绍 VFIO 的使用方法。

1）假设需要直通的设备如下所示。

```
    01:10.0 Ethernet controller: Intel Corporation 82576 Virtual Function
(rev 01)
```

2）找到这个设备的 VFIO group，这是由内核生成的。

```
    # readlink /sys/bus/pci/devices/0000:01:10.0/iommu_group
    ../../../../kernel/iommu_groups/15
```

3）查看 group 里面的设备，这个 group 只有一个设备。

```
    # ls /sys/bus/pci/devices/0000:01:10.0/iommu_group/devices/
    0000:01:10.0
```

4）将设备与驱动程序解绑。

```
    # echo 0000:01:10.0 >/sys/bus/pci/devices/0000:01:10.0/driver/unbind
```

5）找到设备的生产商&设备 ID。

```
$ lspci -n -s 01:10.0
01:10.0 0200: 8086:10ca (rev 01)
```

6）将设备绑定到 vfio-pci 驱动，这会导致一个新的设备节点 "/dev/vfio/15" 被创建，这个节点表示直通设备所属的 group 文件，用户态程序可以通过该节点操作直通设备的 group。

```
$ echo 8086 10ca /sys/bus/pci/drivers/vfio-pci/new_id
```

7）修改这个设备节点的属性。

```
# chownqemu /dev/vfio/15
# chgrpqemu /dev/vfio/15
```

8）设置能够锁定的内存为虚拟机内存+一些 IO 空间。

```
# ulimit -l 2621440   # ((2048 + 512) * 1024)
```

9）向 QEMU 传递相关参数。

```
sudo qemuqemu-system-x86_64 -m 2048 -hda rhel6vm \
       -vga std -vnc :0 -net none \
       -enable-kvm \
       -device vfio-pci,host=01:10.0,id=net0
```

**3. VFIO 编程介绍**

与 KVM 的 dev/vm/vcpu 接口类似，VFIO 的接口也分为 3 类，分别是 container、group、device。本节对 VFIO 的接口进行简单介绍。

第一类接口是 container 层面的，通过打开 "/dev/vfio/vfio" 设备可以获得一个新的 container，可以用在 container 上的 ioctl 包括如下几个。

- VFIO_GET_API_VERSION：用来报告 VFIO API 的版本。
- VFIO_CHECK_EXTENSION：用来检测是否支持特定的扩展，如支持哪个 IOMMU。
- VFIO_SET_IOMMU：用来指定 IOMMU 的类型，指定的 IOMMU 必须是通过 VFIO_CHECK_EXTENSION 确认驱动支持的。
- VFIO_IOMMU_GET_INFO：用来得到 IOMMU 的一些信息，这个 ioctl 只针对 Type1 的 IOMMU。
- VFIO_IOMMU_MAP_DMA：用来指定设备端看到的 IO 地址到进程的虚拟地址之间的映射，类似于 KVM 中的 KVM_SET_USER_MEMORY_REGION 指定虚拟机物理地址到进程虚拟地址之间的映射。

这里 IOMMU 的类型指定的不同架构的 IOMMU 实现不一样，能够向上提供的功能也不一样，所以会有不同类型的 IOMMU，如内核针对 Intel VT-d 和 AMD-Vi 的 IOMMU 就叫作 Type1 IOMMU。

第二类接口是 group 层面的，通过打开 "/dev/vfio/<groupid>" 可以得到一个 group，group 层面的 ioctl 包括如下几个。

- VFIO_GROUP_GET_STATUS：用来得到指定 group 的状态信息，如是否可用、是否设置了 container。
- VFIO_GROUP_SET_CONTAINER：用来设置 container 和 group 之间的管理，多个 group 可以属于单个 container。
- VFIO_GROUP_GET_DEVICE_FD：用来返回一个新的文件描述符 fd 来描述具体设备，

用户态进程可以通过该 fd 获取文件的诸多信息。

第三类接口是设备层面的，其 fd 是通过 VFIO_GROUP_GET_DEVICE_FD 接口返回的，device 层面的 ioctl 包括如下几个。

- VFIO_DEVICE_GET_REGION_INFO：用来得到设备的指定 Region 的数据，需要注意的是，这里的 region 不单单指 BAR，还包括 ROM 空间、PCI 配置空间等。
- VFIO_DEVICE_GET_IRQ_INFO：得到设备的中断信息。
- VFIO_DEVICE_RESET：重置设备。

图 7-56 展示了用户态 QEMU、内核态 VFIO、vfio-pci 驱动、VFIO IOMMU 驱动、PCI 驱动、IOMMU 驱动以及用户态和内核态通过三大类接口的示意图。

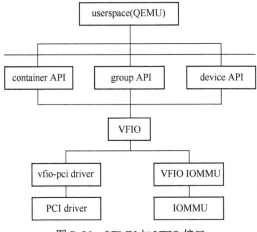

图 7-56　QEMU 与 VFIO 接口

下面介绍这些接口的使用方法。

1）创建 container，并判断其是否支持 Type1 类型的 IOMMU，设置类型为 VFIO_TYPE1_IOMMU。

```
/* Create a new container */
container = open("/dev/vfio/vfio", O_RDWR);
if (ioctl(container, VFIO_GET_API_VERSION) != VFIO_API_VERSION) /* Unknown
API version */
    if (!ioctl(container, VFIO_CHECK_EXTENSION, VFIO_TYPE1_IOMMU)) /* Doesn't
support the IOMMU driver we want. */
        ioctl(container, VFIO_SET_IOMMU, VFIO_TYPE1_IOMMU);
```

2）打开 group，得到该 group 的信息并设置 container。

```
/* Open the group */
group = open("/dev/vfio/26", O_RDWR);
/* Test the group is viable and available */
ioctl(group, VFIO_GROUP_GET_STATUS, &group_status);
if (!(group_status.flags & VFIO_GROUP_FLAGS_VIABLE)) /* Group is not
viable (ie, not all devices bound for vfio) */
    /* Add the group to the container */
        ioctl(group, VFIO_GROUP_SET_CONTAINER, &container);
```

3）设置 DMA mapping，这里指定将设备视角下从 0 开始的 1MB 映射到了进程地址空间内从 dma_map.vaddr 开始的 1MB。

```
      /* Allocate some space and setup a DMA mapping */
      dma_map.vaddr = mmap(0, 1024 * 1024, PROT_READ | PROT_WRITE, MAP_PRIVATE
| MAP_ANONYMOUS, 0, 0);
      dma_map.size = 1024 * 1024;
      dma_map.iova = 0; /* 1MB starting at 0x0 from device view */
      dma_map.flags = VFIO_DMA_MAP_FLAG_READ | VFIO_DMA_MAP_FLAG_WRITE;
      ioctl(container, VFIO_IOMMU_MAP_DMA, &dma_map);
```

4）得到直通设备描述符，获取其各个 region 信息和 irq 信息。

```
      /* Get a file descriptor for the device */
      device = ioctl(group, VFIO_GROUP_GET_DEVICE_FD, "0000:06:0d.0");
      /* Test and setup the device */
      ioctl(device, VFIO_DEVICE_GET_INFO, &device_info);
      for (i = 0; i < device_info.num_regions; i++) { struct vfio_region_info
reg = { .argsz = sizeof(reg) };
          reg.index = i;
          ioctl(device, VFIO_DEVICE_GET_REGION_INFO, &reg);
          /* Setup mappings... read/write offsets, mmaps
             * For PCI devices, config space is a region */ }
      for (i = 0; i < device_info.num_irqs; i++) { struct vfio_irq_info irq =
{ .argsz = sizeof(irq) };
          irq.index = i;
          ioctl(device, VFIO_DEVICE_GET_IRQ_INFO, &irq);
          /* Setup IRQs... eventfds, VFIO_DEVICE_SET_IRQS */ }
```

5）重置设备，这样直通设备就连接到虚拟机内的操作系统中了。

```
      ioctl(device, VFIO_DEVICE_RESET);
```

## 7.7.2　VFIO 相关内核模块分析

### 1. vfio-pci 驱动分析

（1）设备绑定 vfio-pci 驱动

7.7.1 节中已经介绍了使用 VFIO 设备直通的方法，其中可以看到为了将设备使用 VFIO 的方式直通到虚拟机中，需要将设备与原来的驱动解除绑定，并重新与 vfio-pci 驱动绑定。

vfio-pci 驱动初始化函数为 vfio_pci_init，该函数中注册了一个名为 vfio_pci_driver 的 PCI 驱动。vfio_pci_driver 的 probe 函数为 vfio_pci_probe，当设备与 vfio-pci 驱动绑定时会调用该函数。

```
drivers/vfio/pci/vfio_pci.c
static int vfio_pci_probe(struct pci_dev *pdev,const struct pci_device_id *id)
{
      struct vfio_pci_device *vdev;
      struct iommu_group *group;
      int ret;

      if (pdev->hdr_type != PCI_HEADER_TYPE_NORMAL)
        return -EINVAL;

      group = iommu_group_get(&pdev->dev);
      …
      vdev = kzalloc(sizeof(*vdev), GFP_KERNEL);
      …
```

```
        vdev->pdev = pdev;
        vdev->irq_type = VFIO_PCI_NUM_IRQS;
        mutex_init(&vdev->igate);
        spin_lock_init(&vdev->irqlock);

        ret = vfio_add_group_dev(&pdev->dev, &vfio_pci_ops, vdev);
        …
        return ret;
}
```

vfio_pci_probe 函数分配一个 vfio_pci_device 结构赋值到 vdev 中，vdev 中的 pdev 成员表示实际的 PCI 物理设备。这个函数最后会调用 vfio_add_group_dev，在该调用中传入了 3 个参数：第一个 &pdev->dev 表示物理设备；第二个 vfio_pci_ops 是一个 vfio_devices_ops 结构，其中保存了作为 vfio_device 结构体的操作回调函数，vfio_device 后续会分析；最后一个参数是 vfio_pci_device，会被 vfio_device 结构体记录下来。

vfio_add_group_dev 代码如下。

```
drivers/vfio/vfio.c
int vfio_add_group_dev(struct device *dev,
            const struct vfio_device_ops *ops, void *device_data)
{
        struct iommu_group *iommu_group;
        struct vfio_group *group;
        struct vfio_device *device;

        iommu_group = iommu_group_get(dev);
        if (!iommu_group)
          return -EINVAL;

        group = vfio_group_get_from_iommu(iommu_group);
        if (!group) {
          group = vfio_create_group(iommu_group);
          …
        } else {
          /*
           * A found vfio_group already holds a reference to the
           * iommu_group. A created vfio_group keeps the reference.
           */
          iommu_group_put(iommu_group);
        }

        device = vfio_group_get_device(group, dev);
        if (device) {
          …
          return -EBUSY;
        }

        device = vfio_group_create_device(group, dev, ops, device_data);
        …
        return 0;
}
```

vfio_add_group_dev 首先调用 iommu_group_get 返回一个 iommu_group 结构体，iommu_ group 表示 iommu 驱动层的 group，系统在设备初始化的时候会为每一个 PCI 设备设置其对应的 group，保存在表示设备的 device 结构体的 iommu_group 成员中。iommu_group_get 直接返回 device->iommu_group。

vfio_add_group_dev 接着调用 vfio_group_get_from_iommu，根据 iommu 层的 group 生成一个 vfio 层的 group。vfio_group 即表示 vfio 层的 group。由于一个 group 中可能会有多个设备，vfio_ group 只会在第一个设备进行直通的时候创建，所以这里 vfio_group_get_from_iommu 可能返回空，也可能返回一个已经创建好的 vfio_group。如果返回空则还需要调用 vfio_create_group 创建 vfio_group。

vfio_add_group_dev 最后函数调用 vfio_group_create_device 函数创建一个 vfio 层面的设备结构，即 vfio_device 结构体。在创建 vfio_device 之前会调用 vfio_group_get_device 判断该物理设备 dev 对应的 vfio_device 是否已经创建，vfio_device 只能属于一个 vfio_group。

（2）vfio_group 与 vfio_device 结构

vfio_add_group_dev 函数会创建一个 vfio_device，并且绑定到一个 vfio_group 上，如果 vfio_group 还没有创建，则也会创建一个 vfio_group。

vfio_group 定义如下。

```
drivers/vfio/vfio.c
struct vfio_group {
        struct kref            kref;
        int                    minor;
        atomic_t               container_users;
        struct iommu_group     *iommu_group;
        struct vfio_container  *container;
        struct list_head       device_list;
        struct mutex           device_lock;
        struct device          *dev;
        struct notifier_block  nb;
        struct list_head       vfio_next;
        struct list_head       container_next;
        struct list_head       unbound_list;
        struct mutex           unbound_lock;
        atomic_t               opened;
};
```

下面结合 vfio_group 的创建函数 vfio_create_group 来分析涉及的结构体。

```
drivers/vfio/vfio.c
static struct vfio_group *vfio_create_group(struct iommu_group *iommu_group)
{
        struct vfio_group *group, *tmp;
        struct device *dev;
        int ret, minor;

        group = kzalloc(sizeof(*group), GFP_KERNEL);
        …
        kref_init(&group->kref);
        INIT_LIST_HEAD(&group->device_list);
        mutex_init(&group->device_lock);
        INIT_LIST_HEAD(&group->unbound_list);
        mutex_init(&group->unbound_lock);
```

```
        atomic_set(&group->container_users, 0);
        atomic_set(&group->opened, 0);
        group->iommu_group = iommu_group;
        …
        mutex_lock(&vfio.group_lock);
        …
        minor = vfio_alloc_group_minor(group);
        …
        dev = device_create(vfio.class, NULL,
                MKDEV(MAJOR(vfio.group_devt), minor),
                group, "%d", iommu_group_id(iommu_group));
        …
        group->minor = minor;
        group->dev = dev;

        list_add(&group->vfio_next, &vfio.group_list);

        mutex_unlock(&vfio.group_lock);

        return group;
}
```

vfio_create_group 函数会调用 device_create 创建一个设备，这个设备就是 "/dev/vfio/$group_id"，其中$group_id 表示 group 的数字，vfio_group 的成员 dev 保存了这个设备，用户态程序通过该设备控制 vfio_group。这个设备在 VFS 下的操作接口存放在 vfio_group_fops 结构体中的各个回调函数成员中，这个结构体是在 VFIO 内核模块的初始化函数中为 vfio.group_cdev 这个设备类初始化的。

vfio_group 的 device_list 是一个链表，将属于该 vfio_group 的 vfio_device 链接起来，vfio_group 的 container 成员存放了该 vfio_group 连接到的 container。所有的 vfio_group 通过 vfio_next 成员连接到全局变量 vfio.group_list 上。vfio_group 的 iommu_group 指向 iommu 层，表示一个 group 的 iommu_group 结构体。

vfio_device 定义及其创建函数 vfio_group_create_device 如下。

```
drivers/vfio/vfio.c
struct vfio_device {
        struct kref         kref;
        struct device       *dev;
        const struct vfio_device_ops *ops;
        struct vfio_group   *group;
        struct list_head    group_next;
        void                *device_data;
};

static
struct vfio_device *vfio_group_create_device(struct vfio_group *group,
                        struct device *dev,
                        const struct vfio_device_ops *ops,
                        void *device_data)
{
        struct vfio_device *device;

        device = kzalloc(sizeof(*device), GFP_KERNEL);
```

```
if (!device)
  return ERR_PTR(-ENOMEM);

kref_init(&device->kref);
device->dev = dev;
device->group = group;
device->ops = ops;
device->device_data = device_data;
dev_set_drvdata(dev, device);

/* No need to get group_lock, caller has group reference */
vfio_group_get(group);

mutex_lock(&group->device_lock);
list_add(&device->group_next, &group->device_list);
mutex_unlock(&group->device_lock);

return device;
}
```

　　vfio_device 用来表示 VFIO 层面的一个设备。其中，dev 成员表示物理设备；ops 表示存放其操作接口回调函数，该 ops 被设置成了 vfio_pci_ops；group 表示所属的 vfio_group，group_next 会用来链接同一个 vfio_group 中的设备；device_data 保存了私有数据，这里是 vfio_pci_device 结构体。

　　不同于 vfio_group 会在"/dev/vfio"下面创建设备提供给用户态访问，VFIO 设备需要用户在 vfio group 的 fd 上（打开"/dev/vfio/$groupid"返回的 fd）调用 ioctl（VFIO_GROUP_GET_DEVICE_FD），内核在处理这个请求时会为 vfio_device 创建一个 file 并关联到一个 fd 上，这个 file 的操作接口回调函数保存在 vfio_device_fops 中，file 的私有结构会设置为 vfio_device，这个 ioctl 返回的设备 fd 即可被用户态用来与 vfio 设备通信。

　　上面介绍了直通设备与 vfio-pci 驱动的绑定过程，相关接口和重要的数据结构如图 7-57 所示，后面会分析与 container 相关的函数和数据结构。

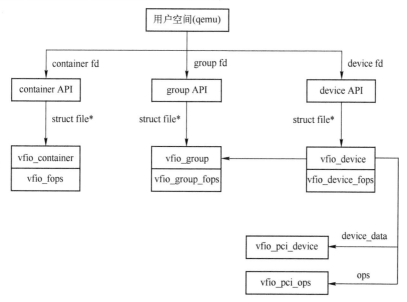

图 7-57　QEMU 通信接口相关数据结构

（3）vfio-pci 接口

vfio-pci 驱动作为桥梁，是 VFIO 模块与 PCI 设备驱动之间沟通的途径，其向上提供 VFIO 的接口，向下控制 PCI 物理设备的行为，如设置或者获取 PCI 的配置空间、寄存器信息、中断信息等。用户态程序通常首先通过 group fd 的 ioctl(VFIO_GROUP_GET_DEVICE_FD)接口获取一个 VFIO 设备的 fd，然后在设备 fd 上对设备进行控制，VFIO 驱动模块调用 vfio_group_get_device_fd 处理该接口请求。

```
drivers/vfio/vfio.c
static int vfio_group_get_device_fd(struct vfio_group *group, char *buf)
{
        struct vfio_device *device;
        struct file *filep;
        int ret;
        …
        device = vfio_device_get_from_name(group, buf);
        …
        ret = device->ops->open(device->device_data);
        …
        /*
         * We can't use anon_inode_getfd() because we need to modify
         * the f_mode flags directly to allow more than just ioctls
         */
        ret = get_unused_fd_flags(O_CLOEXEC);
        …
        filep = anon_inode_getfile("[vfio-device]", &vfio_device_fops,
                        device, O_RDWR);
        …
        filep->f_mode |= (FMODE_LSEEK | FMODE_PREAD | FMODE_PWRITE);

        atomic_inc(&group->container_users);

        fd_install(ret, filep);

        return ret;
}
```

vfio_group_get_device_fd 函数的参数 buf 保存了用户态进程指定的物理设备地址，函数根据该地址从 vfio_group 找到对应的 vfio_device 赋值到 device 变量中，接着调用 device->ops->open 函数，从之前的分析可知，device->ops 的值是 vfio_pci_ops。

vfio_group_get_device_fd 函数调用 get_unused_fd_flags 函数获得一个空闲 fd，调用 anon_inode_getfile 获得一个文件结构并设置该文件结构的操作接口为 vfio_device_fops。调用 fd_install 将该空闲 fd 和文件结构关联起来。

vfio_pci_ops 定义如下。

```
drivers/vfio/pci/vfio_pci.c
static const struct vfio_device_ops vfio_pci_ops = {
        .name       = "vfio-pci",
        .open       = vfio_pci_open,
        .release    = vfio_pci_release,
        .ioctl      = vfio_pci_ioctl,
```

```
        .read        = vfio_pci_read,
        .write       = vfio_pci_write,
        .mmap        = vfio_pci_mmap,
        .request     = vfio_pci_request,
};
```

其中，open 回调函数是 vfio_pci_open，该函数主要调用 vfio_pci_enable 函数。

```
drivers/vfio/pci/vfio_pci.c
static int vfio_pci_enable(struct vfio_pci_device *vdev)
{
        struct pci_dev *pdev = vdev->pdev;
        int ret;
        u16 cmd;
        u8 msix_pos;
        …
        ret = pci_enable_device(pdev);
        …
        ret = vfio_config_init(vdev);
        …
        if (likely(!nointxmask))
          vdev->pci_2_3 = pci_intx_mask_supported(pdev);

        pci_read_config_word(pdev, PCI_COMMAND, &cmd);
        if (vdev->pci_2_3 && (cmd& PCI_COMMAND_INTX_DISABLE)) {
          cmd&= ~PCI_COMMAND_INTX_DISABLE;
          pci_write_config_word(pdev, PCI_COMMAND, cmd);
        }

        msix_pos = pdev->msix_cap;
        if (msix_pos) {
          u16 flags;
          u32 table;

          pci_read_config_word(pdev, msix_pos + PCI_MSIX_FLAGS, &flags);
          pci_read_config_dword(pdev, msix_pos + PCI_MSIX_TABLE, &table);
          …
        } else
          vdev->msix_bar = 0xFF;
        …
        return 0;
}
```

vfio_pci_enable 函数调用 pci_enable_device 将设备使能，每个 PCI 设备的驱动都需要调用 pci_enable_device，vfio-pci 驱动作为 PCI 物理驱动的接管者也需要调用该函数。

vfio_pci_enable 调用 vfio_config_init 函数，后者根据物理设备的配置信息生成 vfio_pci_device 的配置信息，如 vfio_pci_device 结构体的 pci_config_map 保存物理设备的配置空间数据，rbar 数组保存物理设备的 7 个 BAR 数据。

vfio_pci_enable 最后根据 VFIO 自己的情况对 PCI 物理设备的配置空间做一些调整。

ioctl(VFIO_GROUP_GET_DEVICE_FD)接口返回 vfio_device 的 fd 之后，用户态可以通过这个 fd 控制 VFIO 设备，内核对应的操作函数存放在 vfio_device_fops 结构体中。

```
drivers/vfio/vfio.c
static const struct file_operations vfio_device_fops = {
        .owner        = THIS_MODULE,
        .release      = vfio_device_fops_release,
        .read         = vfio_device_fops_read,
        .write        = vfio_device_fops_write,
        .unlocked_ioctl   = vfio_device_fops_unl_ioctl,
#ifdef CONFIG_COMPAT
        .compat_ioctl     = vfio_device_fops_compat_ioctl,
#endif
        .mmap             = vfio_device_fops_mmap,
};

static ssize_t vfio_device_fops_write(struct file *filep,
                    const char __user *buf,
                    size_t count, loff_t *ppos)
{
        struct vfio_device *device = filep->private_data;

        if (unlikely(!device->ops->write))
          return -EINVAL;

        return device->ops->write(device->device_data, buf, count, ppos);
}
```

从 vfio_device_fops 结构体定义以及 vfio_device_fops_write 函数的定义可以看出，VFIO 设备向用户态导出的接口只是作为一个代理，调用了 vfio_device 的 ops 成员中的对应函数。从之前的分析可知，vfio_device 的 ops 为 vfio_pci_ops，本质上用户态调用的 VFIO 设备接口实际会调用 VFIO PCI 设备的接口。

vfio_pci_ops 处理 ioctl 的函数是 vfio_pci_ioctl，接下来分析几个重要的 ioctl。7.7.1 节描述的 VFIO 编程中的第四步涉及了 VFIO 设备的接口 ioctl(VFIO_DEVICE_GET_INFO)、ioctl(VFIO_DEVICE_GET_REGION_INFO)和 ioctl(VFIO_DEVICE_GET_IRQ_INFO)。处理 ioctl(VFIO_DEVICE_GET_INFO)请求的代码如下。

```
drivers/vfio/pci/vfio_pci.c
static long vfio_pci_ioctl(void *device_data,
            unsigned int cmd, unsigned long arg)
{
        struct vfio_pci_device *vdev = device_data;
        unsigned long minsz;

        if (cmd == VFIO_DEVICE_GET_INFO) {
          struct vfio_device_info info;

          minsz = offsetofend(struct vfio_device_info, num_irqs);

          if (copy_from_user(&info, (void __user *)arg, minsz))
              return -EFAULT;

          if (info.argsz<minsz)
```

```
            return -EINVAL;

        info.flags = VFIO_DEVICE_FLAGS_PCI;

        if (vdev->reset_works)
            info.flags |= VFIO_DEVICE_FLAGS_RESET;

        info.num_regions = VFIO_PCI_NUM_REGIONS;
        info.num_irqs = VFIO_PCI_NUM_IRQS;

        return copy_to_user((void __user *)arg, &info, minsz) ?
            -EFAULT : 0;
    }
    …
}
```

ioctl(VFIO_DEVICE_GET_INFO)只是简单地返回了 VFIO 设备的基本信息，这些基本信息用 vfio_device_info 结构体表示，其中的 flags 成员表示设备的一些特性，num_regions 表示设备的内存区域个数，注意这里的内存区域包括物理 PCI 设备的 BAR 以及 PCI 配置空间以及 VGA 的空间，num_irqs 表示设备支持中断类型个数。

ioctl(VFIO_DEVICE_GET_REGION_INFO)接口用来返回 VFIO 设备的各个内存区域信息，内存区域信息用 vfio_region_info 结构体表示。

```
include/uapi/linux/vfio.h
struct vfio_region_info {
        __u32   argsz;
        __u32   flags;
#define VFIO_REGION_INFO_FLAG_READ  (1 << 0) /* Region supports read */
#define VFIO_REGION_INFO_FLAG_WRITE (1 << 1) /* Region supports write */
#define VFIO_REGION_INFO_FLAG_MMAP  (1 << 2) /* Region supports mmap */
        __u32   index;      /* Region index */
        __u32   resv;       /* Reserved for alignment */
        __u64   size;       /* Region size (bytes) */
        __u64   offset;     /* Region offset from start of device fd */
};
```

argsz 表示参数的大小，是输入参数；flags 表明该内存区域允许的操作，是输出参数；index 表示 ioctl 调用时的内存区域索引，是输入参数；size 表示 region 的大小，是输出参数；offset 表示内存区域在 VFIO 设备文件对应的偏移，是输出参数。

VFIO 设备的 fd 实现了类似普通文件的访问功能，可以在 fd 上使用 write/read 等系统调用，需要访问哪个内存空间就提供对应的 vfio_region_info 的 offset 作为参数。以 VFIO_PCI_CONFIG_REGION_INDEX 内存区域索引为例，指定这个索引即表示获取 VFIO 设备的 PCI 配置空间信息。

```
drivers/vfio/pci/vfio_pci.c
static long vfio_pci_ioctl(void *device_data,
            unsigned int cmd, unsigned long arg)
{
        struct vfio_pci_device *vdev = device_data;
        unsigned long minsz;
```

```
        if (cmd == VFIO_DEVICE_GET_INFO) {
            …
        } else if (cmd == VFIO_DEVICE_GET_REGION_INFO) {
            struct pci_dev *pdev = vdev->pdev;
            struct vfio_region_info info;

            minsz = offsetofend(struct vfio_region_info, offset);

            if (copy_from_user(&info, (void __user *)arg, minsz))
                return -EFAULT;

            if (info.argsz<minsz)
                return -EINVAL;

            switch (info.index) {
            case VFIO_PCI_CONFIG_REGION_INDEX:
                info.offset = VFIO_PCI_INDEX_TO_OFFSET(info.index);
                info.size = pdev->cfg_size;
                info.flags = VFIO_REGION_INFO_FLAG_READ |
                        VFIO_REGION_INFO_FLAG_WRITE;
                break;
            …
            }
        }
```

　　VFIO_PCI_INDEX_TO_OFFSET 将内存区域索引转换成一个偏移，pdev->cfg_size 中保存了物理设备的配置空间大小，flags 这里设置为可读可写。用户态获取 PCI 配置空间的信息之后，可以使用 write/read 系统调用读写该区域，这需要使用这里的 offset 作为读写的位置。VFIO 设备的读写函数分别是 vfio_pci_write 和 vfio_pci_read，这两个函数最终都调用了函数 vfio_pci_rw。

```
        drivers/vfio/pci/vfio_pci.c
        static ssize_t vfio_pci_rw(void *device_data, char __user *buf,
                    size_t count, loff_t *ppos, bool iswrite)
        {
            unsigned int index = VFIO_PCI_OFFSET_TO_INDEX(*ppos);
            struct vfio_pci_device *vdev = device_data;

            if (index >= VFIO_PCI_NUM_REGIONS)
                return -EINVAL;

            switch (index) {
            case VFIO_PCI_CONFIG_REGION_INDEX:
                return vfio_pci_config_rw(vdev, buf, count, ppos, iswrite);
            …
            }
```

　　vfio_pci_rw 首先根据 VFIO_PCI_OFFSET_TO_INDEX 宏得到用户态访问的内存区域的索引，然后根据这个索引再去做具体的访问。

　　另一个设备信息是中断，对应的 ioctl 为 ioctl(VFIO_DEVICE_GET_IRQ_INFO)。vfio_irq_info 结构体表示中断信息。

```
include/uapi/linux/vfio.h
struct vfio_irq_info {
    __u32   argsz;
    __u32   flags;
#define VFIO_IRQ_INFO_EVENTFD        (1 << 0)
#define VFIO_IRQ_INFO_MASKABLE       (1 << 1)
#define VFIO_IRQ_INFO_AUTOMASKED     (1 << 2)
#define VFIO_IRQ_INFO_NORESIZE       (1 << 3)
    __u32   index;                  /* IRQ index */
    __u32   count;                  /* Number of IRQs within this index */
};
```

argz 表示用户态传过来的参数大小，是输入参数；flags 表示该中断具有的特性，如 VFIO_IRQ_INFO_EVENTFD 表示这个中断支持 eventfd 方式触发，输出参数；index 是中断的索引，输入参数；count 表示 index 指示的中断类型支持的中断个数，这个 count 是根据中断类型调用 vfio_pci_get_irq_count 函数返回的，如对于 PCI 设备的 INTx 中断，该函数返回 1。

ioctl(VFIO_DEVICE_GET_IRQ_INFO)的处理本身比较简单，这里就不列出代码了。

**3．vfio 驱动分析**

（1）vfio 驱动分析

VFIO 模块的初始化函数 vfio_init 会注册一个 misc 设备 vfio_dev。

```
drivers/vfio/vfio.c
static struct miscdevicevfio_dev = {
        .minor = VFIO_MINOR,
        .name = "vfio",
        .fops = &vfio_fops,
        .nodename = "vfio/vfio",
        .mode = S_IRUGO | S_IWUGO,
};
```

从定义中可以看到，该 misc 设备的文件操作接口保存在 vfio_fops 中，并且会创建一个设备节点 "/dev/vfio/vfio"，该设备即用来与用户态通信，与 "/dev/kvm" 类似。

VFIO 模块还定义了一个全局变量 vfio。

```
drivers/vfio/vfio.c
static struct vfio {
    struct class            *class;
    struct list_head        iommu_drivers_list;
    struct mutex            iommu_drivers_lock;
    struct list_head        group_list;
    struct idr              group_idr;
    struct mutex            group_lock;
    struct cdev             group_cdev;
    dev_t                   group_devt;
    wait_queue_head_t       release_q;
} vfio;
```

所有的 vfioiommu driver 都会链接到 iommu_drivers_list 成员链表上，vfioiommu driver 是 VFIO 模块与 iommu driver 模块的中间层。所有的 vfio_group 都会链接到 group_list 成员上。

"/dev/vfio/vfio" 设备的文件操作接口为 vfio_fops，其 open 回调函数为 vfio_fops_open。

```
drivers/vfio/vfio.c
```

```
static int vfio_fops_open(struct inode *inode, struct file *filep)
{
        struct vfio_container *container;

        container = kzalloc(sizeof(*container), GFP_KERNEL);
        if (!container)
          return -ENOMEM;

        INIT_LIST_HEAD(&container->group_list);
        init_rwsem(&container->group_lock);
        kref_init(&container->kref);

        filep->private_data = container;

        return 0;
}
```

vfio_fops_open 函数分配了一个 vfio_container 结构赋值给 container 变量并进行初始化，将 container 赋值到打开 fd 的私有结构中，这样每一个用户态进程在打开 "/dev/vfio/vfio" 时内核就会为其分配一个 vfio_container 结构体作为该进程所有 VFIO 设备的载体。

（2）group 附加到 container

通过打开 "/dev/vfio/vfio"，可以获得一个 container 的 fd，通过打开 "/dev/vfio/$groupid"，可以获得一个 group 的 fd，group 提供了 ioctl(VFIO_GROUP_SET_CONTAINER)接口来将 group 附加到 container 上去，内核调用 vfio_group_set_container 函数处理这个接口请求。

```
drivers/vfio/vfio.c
static    int   vfio_group_set_container(struct   vfio_group   *group,   int
container_fd)
{
        struct fd f;
        struct vfio_container *container;
        struct vfio_iommu_driver *driver;
        int ret = 0;
        …
        f = fdget(container_fd);
        …
        container = f.file->private_data;
        WARN_ON(!container); /* fget ensures we don't race vfio_release */

        down_write(&container->group_lock);

        driver = container->iommu_driver;
        if (driver) {
          ret = driver->ops->attach_group(container->iommu_data,
                                group->iommu_group);
          if (ret)
              goto unlock_out;
        }

        group->container = container;
        list_add(&group->container_next, &container->group_list);
```

```
                /* Get a reference on the container and mark a user within the
group */
                vfio_container_get(container);
                atomic_inc(&group->container_users);

        unlock_out:
                up_write(&container->group_lock);
                fdput(f);
                return ret;
        }
```

vfio_group_set_container 函数从参数 container fd 得到其对应的私有结构 vfio_container 赋值到 container 中，获得 container 的 vfio_iommu_driver 类型成员 driver，调用 driver 的 attach_group 回调函数，该回调函数是 vfioiommu 驱动层的，用来跟 iommu 驱动交互，建立各个数据结构之间的关系。vfio_group_set_container 函数最后设置 vfio_group 的 container 成员为 container，并且将该 group 挂到 container 的 group_list 链表上。

**4. vfioiommu 驱动分析**

vfio iommu 驱动是 VFIO 接口和底层 iommu 驱动之间通信的桥梁，它向上接收来自 VFIO 的接口请求，向下利用 iommu 驱动完成 DMA 重定向功能。下面以 vfio iommu type1 驱动为例简单分析一下 vfio iommu 驱动的功能。

每一种 vfio iommu 驱动都用 vfio_iommu_driver 结构体表示，这个结构体 ops 成员向 vfio 层导出了一系列的接口函数。以 vfio iommu type1 为例，其定义如下。

```
drivers/vfio/vfio_iommu_type1.c
static const struct vfio_iommu_driver_ops vfio_iommu_driver_ops_type1 = {
        .name           = "vfio-iommu-type1",
        .owner          = THIS_MODULE,
        .open           = vfio_iommu_type1_open,
        .release        = vfio_iommu_type1_release,
        .ioctl          = vfio_iommu_type1_ioctl,
        .attach_group   = vfio_iommu_type1_attach_group,
        .detach_group   = vfio_iommu_type1_detach_group,
};
```

vfio iommu type1 的驱动初始化函数为 vfio_iommu_type1_init，该函数仅仅调用 vfio_register_iommu_driver 向 vfio 驱动注册一个操作接口为 vfio_iommu_driver_ops_type1 的 vfio_iommu_driver。vfio_register_iommu_driver 函数把新创建的这个 vfio_iommu_driver 挂到全局变量 vfio 的 iommu_drivers_list 链表上。下面分析 vfio iommu 驱动的几个接口。

首先分析 open 回调函数。

```
drivers/vfio/vfio_iommu_type1.c
static void *vfio_iommu_type1_open(unsigned long arg)
{
        struct vfio_iommu *iommu;

        iommu = kzalloc(sizeof(*iommu), GFP_KERNEL);
        …
        switch (arg) {
        case VFIO_TYPE1_IOMMU:
          break;
          …
```

```
        }

        INIT_LIST_HEAD(&iommu->domain_list);
        iommu->dma_list = RB_ROOT;
        mutex_init(&iommu->lock);

        return iommu;
    }
```

每一个 container 都会打开一个 vfio iommu driver，vfio_iommu_type1_open 函数分配了一个
vfio_iommu 结构赋值到 iommu，然后进行一些初始化，其中 iommu 的 domain_list 成员用来链接
所有的 vfio_domain，dma_list 用来表示该 container 中 DMA 重定向的映射表，也就是 GPA 到
HPA 的转换。

vfio_iommu_driver_ops_type1 的 attach_group 函数将一个 iommu_group 附加到一个
vfio_iommu 中，这个过程主要是与底层 iommu 驱动打交道，这里就不分析了。总之，调用了
attach_group 回调函数之后，group 下面的所有设备信息都会写入到 IOMMU 硬件 context 表中。

介绍完 vfio_iommu_driver 的 open 回调和 attach_group 回调之后，就可以来分析 container 的
ioctl(VFIO_SET_IOMMU)接口了，该接口用来设置 container 使用的 iommu 类型。内核中调用
vfio_ioctl_set_iommu 函数处理该接口请求。

```
drivers/vfio/vfio.c
static long vfio_ioctl_set_iommu(struct vfio_container *container,
                    unsigned long arg)
{
        struct vfio_iommu_driver *driver;
        long ret = -ENODEV;

        …
        list_for_each_entry(driver, &vfio.iommu_drivers_list, vfio_next) {
          void *data;

          if (!try_module_get(driver->ops->owner))
              continue;
          …
          if (driver->ops->ioctl(NULL, VFIO_CHECK_EXTENSION, arg) <= 0) {
              module_put(driver->ops->owner);
              continue;
          }
          …
          data = driver->ops->open(arg);
          …
          ret = __vfio_container_attach_groups(container, driver, data);
          if (!ret) {
              container->iommu_driver = driver;
              container->iommu_data = data;
          } else {
              driver->ops->release(data);
              module_put(driver->ops->owner);
          }

          goto skip_drivers_unlock;
```

```
        }
        …
        return ret;
    }
```

vfio_ioctl_set_iommu 的参数 arg 是用户态进程指定的 vfio iommu 驱动类型，如 VFIO_
TYPE1_IOMMU、VFIO_TYPE1v2_IOMMU 等。vfio_ioctl_set_iomm 函数遍历 vfio.iommu_
drivers_list 链表，调用每一个 vfio_iommu_driver 的回调函数，如果 vfio_iommu_driver 的操作函
数 ioctl(VFIO_CHECK_EXTENSION)返回值小于等于零则继续找下一个，如果返回值大于零则
表明支持用户指定的 vfio iommu 驱动类型。接着调用 vfio_iommu_driver 的操作 open 函数返回
一个不透明结构体，对 vfioiommu driver typ1 来说，这个结构体是 vfio_iommu，调用__vfio_
container_attach_groups 将 container 上的所有 group 都附加到该 vfio iommu 驱动上。最后设置
container 的 iommu_driver 成员为 vfio_iommu_driver，iommu_data 成员为具体 vfio iommu 驱动返
回的不透明结构体。

在 7.7.1 节 VFIO 的编程步骤 3 中，通过在 container 的 fd 上调用 ioctl(VFIO_IOMMU_
MAP_DMA)可以创建一个设备 I/O 地址（IOVA）到宿主机物理地址的映射，这样设备在进行
DMA 操作时使用的地址都是 IOVA，会经过 IOMMU 的 DMA 重映射进行地址转换，将 IOVA
转换成宿主机物理地址。container 上的所有设备都要直通给虚拟机，这些设备使用同一份 IOVA
到宿主机物理地址的映射表。containerfd 的 ioctl 处理函数是 vfio_fops_unl_ioctl。

```
drivers/vfio/vfio.c
static long vfio_fops_unl_ioctl(struct file *filep,
                unsigned int cmd, unsigned long arg)
{
    struct vfio_container *container = filep->private_data;
    struct vfio_iommu_driver *driver;
    void *data;
    long ret = -EINVAL;

    if (!container)
      return ret;

    switch (cmd) {
    case VFIO_GET_API_VERSION:
      ret = VFIO_API_VERSION;
      break;
    case VFIO_CHECK_EXTENSION:
      ret = vfio_ioctl_check_extension(container, arg);
      break;
    case VFIO_SET_IOMMU:
      ret = vfio_ioctl_set_iommu(container, arg);
      break;
    default:
      down_read(&container->group_lock);

      driver = container->iommu_driver;
      data = container->iommu_data;

      if (driver) /* passthrough all unrecognized ioctls */
          ret = driver->ops->ioctl(data, cmd, arg);
```

```
        up_read(&container->group_lock);
    }

    return ret;
}
```

从 vfio_fops_unl_ioctl 函数中可以看到，VFIO 模块本身只处理 3 个 ioctl，即 VFIO_GET_API_VERSION、VFIO_CHECK_EXTENSION 以及 VFIO_SET_IOMMU。对于其他 ioctl，该函数只是调用了 container 中保存的 iommu_driver 成员对应的 ioctl 函数，并且以 container 的 iommu_data（如 vfio_iommu）作为参数。

对于 vfio iommu type1 驱动来说，它的 ioctl 函数是 vfio_iommu_type1_ioctl。

```
drivers/vfio/vfio_iommu_type1.c
static long vfio_iommu_type1_ioctl(void *iommu_data,
                    unsigned int cmd, unsigned long arg)
{
    struct vfio_iommu *iommu = iommu_data;
    unsigned long minsz;

    if (cmd == VFIO_CHECK_EXTENSION) {
      switch (arg) {
      case VFIO_TYPE1_IOMMU:
      …
      default:
            return 0;
      }
    } else if (cmd == VFIO_IOMMU_GET_INFO) {
    …
    } else if (cmd == VFIO_IOMMU_MAP_DMA) {
      struct vfio_iommu_type1_dma_map map;
      uint32_t mask = VFIO_DMA_MAP_FLAG_READ |
                VFIO_DMA_MAP_FLAG_WRITE;

      minsz = offsetofend(struct vfio_iommu_type1_dma_map, size);

      if (copy_from_user(&map, (void __user *)arg, minsz))
            return -EFAULT;
      …
      return vfio_dma_do_map(iommu, &map);

    } else if (cmd == VFIO_IOMMU_UNMAP_DMA) {
      …
    }

    return -ENOTTY;
}
```

用户态进程调用 ioctl(VFIO_IOMMU_MAP_DMA)接口时，需要指定一个 vfio_iommu_type1_dma_map 类型的参数。

```
include/uapi/linux/vfio.h
struct vfio_iommu_type1_dma_map {
```

```
        __u32   argsz;
        __u32   flags;
#define VFIO_DMA_MAP_FLAG_READ (1 << 0)   /* readable from device */
#define VFIO_DMA_MAP_FLAG_WRITE (1 << 1)  /* writable from device */
        __u64   vaddr;                    /* Process virtual address */
        __u64   iova;                     /* IO virtual address */
        __u64   size;                     /* Size of mapping (bytes) */
};
```

vfio_iommu_type1_dma_map 指定了用户态进程的虚拟地址与设备的 I/O 地址的映射关系，其中，vaddr 表示用户态进程的虚拟地址，iova 表示设备使用的 I/O 地址，size 表示其大小。

vfio_iommu_type1_ioctl 将用户参数复制到内核后调用 vfio_dma_do_map 来完成映射工作。

```
include/uapi/linux/vfio.h
static int vfio_dma_do_map(struct vfio_iommu *iommu,
                struct vfio_iommu_type1_dma_map *map)
{
        dma_addr_t iova = map->iova;
        unsigned long vaddr = map->vaddr;
        size_t size = map->size;
        long npage;
        int ret = 0, prot = 0;
        uint64_t mask;
        struct vfio_dma *dma;
        unsigned long pfn;
        …
        mutex_lock(&iommu->lock);

        if (vfio_find_dma(iommu, iova, size)) {
          mutex_unlock(&iommu->lock);
          return -EEXIST;
        }

        dma = kzalloc(sizeof(*dma), GFP_KERNEL);
        …
        dma->iova = iova;
        dma->vaddr = vaddr;
        dma->prot = prot;

        /* Insert zero-sized and grow as we map chunks of it */
        vfio_link_dma(iommu, dma);

        while (size) {
          /* Pin a contiguous chunk of memory */
          npage = vfio_pin_pages(vaddr + dma->size,
                         size >> PAGE_SHIFT, prot, &pfn);
          …
          /* Map it! */
          ret = vfio_iommu_map(iommu, iova + dma->size, pfn, npage, prot);
          …
          size -= npage<< PAGE_SHIFT;
          dma->size += npage<< PAGE_SHIFT;
        }
```

```
        …
        return ret;
    }
```

vfio iommu 驱动层使用 vfio_dma 结构体表示一段虚拟地址到设备 I/O 地址的映射关系。

```
drivers/vfio/vfio_iommu_type1.c
struct vfio_dma {
    struct rb_node      node;
    dma_addr_t          iova;        /* Device address */
    unsigned long       vaddr;       /* Process virtual addr */
    size_t              size;        /* Map size (bytes) */
    int                 prot;        /* IOMMU_READ/WRITE */
};
```

其中，vaddr 成员表示进程虚拟地址；iova 表示设备 I/O 地址；size 表示大小；prot 表示读写权限；node 用来将 vfio_dma 结构链接到以 vfio_iommu 的 dma_list 成员为根的二叉树中。

vfio_dma_do_map 调用 vfio_find_dma 来查找指定的映射是否已经存在，不存在的情况下会分配一个 vfio_dma 结构体并初始化，将其挂到 vfio_iommu 的 dma_list 二叉树上。

vfio_dma_do_map 在一个 while 循环中完成映射工作。vfio_pin_pages 函数将几个连续的物理内存页面锁在内存中，vfio_iommu_map 将锁住的内存与指定的设备 I/O 地址进行映射。vfio_iommu_map 会调用 IOMMU 硬件层的 iommu_map 完成实际的映射工作。

本节对 VFIO 设备直通涉及的三种驱动模块的重点部分进行了分析，按照图 7-57 所示的 VFIO 框架所示，还缺少一个硬件 IOMMU 驱动的分析，实际上明白上述三个驱动工作原理对理解 VFIO 已经足够了，因此这里不再分析硬件 IOMMU 驱动的原理。感兴趣的读者可以参考笔者个人博客中的"intel IOMMU driver analysis"一文。

## 7.7.3 VFIO 与设备直通

### 1. VFIO 设备具现化流程

有了前面的基础，再来看 QEMU 中 VFIO 设备的初始化就比较容易了。vfio_realize 是 VFIO 设备的具现函数。该函数比较长，但是可以比较清晰地分成如下几个部分。首先通过指定的设备路径得到其在 IOMMU 中的所属 group。

```
hw/vfio/pci.c
    if (!vdev->vbasedev.sysfsdev) {
…
vdev->vbasedev.sysfsdev =
            g_strdup_printf("/sys/bus/pci/devices/%04x:%02x:%02x.%01x",
vdev->host.domain, vdev->host.bus,
vdev->host.slot, vdev->host.function);
    }

    if (stat(vdev->vbasedev.sysfsdev, &st) < 0) {
…
    }

vdev->vbasedev.name = g_path_get_basename(vdev->vbasedev.sysfsdev);
vdev->vbasedev.ops = &vfio_pci_ops;
vdev->vbasedev.type = VFIO_DEVICE_TYPE_PCI;
vdev->vbasedev.dev = &vdev->pdev.qdev;
```

```
tmp = g_strdup_printf("%s/iommu_group", vdev->vbasedev.sysfsdev);
len = readlink(tmp, group_path, sizeof(group_path));
   g_free(tmp);
…
   group_path[len] = 0;

group_name = basename(group_path);
   if (sscanf(group_name, "%d", &groupid) != 1) {
      error_setg_errno(errp, errno, "failed to read %s", group_path);
      goto error;
      }
```

上述代码用于获取直通设备所属 group 的 id，QEMU 命令行指定直通设备参数时，既可以使用 -device vfio-pci、sysfsdev=PATH_TO_DEVICE 方式，也可以使用 -device vfio-pci、host=DDDD: BB:DD.F。在 7.1.1 节中使用的是后一种方法，这时会设置 vdev->vbasedev.sysfsdev 为设备目录，即/sys/bus/pci/devices/$domain:$bus:$device:$function，该目录下面的 iommu_group 为一个链接文件，指向 iommu_group，如 Ubuntu 下为../../../kernel/iommu_groups/$group_id，也就是上述代码的 group_path，最后得到 group_patch 的 basename，也就是最后的$group_id 存放在了 groupid 变量中。

vfio_realize 调用 vfio_get_group 来打开 "/dev/vfio/$groupid" 设备，并连接到 container。

**hw/vfio/pci.c**
```
group = vfio_get_group(groupid, pci_device_iommu_address_space(pdev), errp);
```

这里不深入分析该函数，只对流程做一个简单介绍。vfio_get_group 的调用链如图 7-58 所示。

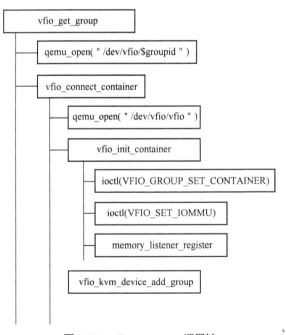

图 7-58　vfio_get_group 调用链

vfio_get_group 首先打开 "/dev/vfio/$groupid" 得到一个直通设备所属 group 的 fd，然后调用

ioclt(VFIO_GROUP_GET_STATUS)判断设备的可用状态。接着调用函数 vfio_connect_container，该函数创建一个 container，并且设置成 group 的 container。值得注意的是 vfio_connect_container 还会注册一个名为 vfio_memory_listener 的内存监听器，用来监听虚拟机内存的状态改变，并完成直通设备的 DMA 地址到虚拟机地址的映射，这个后面详细说明。本质上，vfio_get_group 的作用就是创建 container 以及将直通设备所属的 group 添加到 container 中。

回到 vfio_realize 函数，在设置好 container 和 group 之后，就调用 vfio_get_device，该函数用来得到直通设备的 fd。该函数首先在 group fd 上调用 ioctl(VFIO_GROUP_GET_DEVICE_FD) 得到直通设备的 fd，然后在该设备 fd 上调用 ioctl(VFIO_DEVICE_GET_INFO)到设备的基本信息。内核对这些请求的处理在 7.7.2 节中有详细分析。

```
hw/vfio/common.c
int vfio_get_device(VFIOGroup *group, const char *name,
                    VFIODevice *vbasedev, Error **errp)
{
    struct vfio_device_info dev_info = { .argsz = sizeof(dev_info) };
    int ret, fd;

    fd = ioctl(group->fd, VFIO_GROUP_GET_DEVICE_FD, name);
    …
    ret = ioctl(fd, VFIO_DEVICE_GET_INFO, &dev_info);
    …
    vbasedev->fd = fd;
    vbasedev->group = group;
    QLIST_INSERT_HEAD(&group->device_list, vbasedev, next);

    vbasedev->num_irqs = dev_info.num_irqs;
    vbasedev->num_regions = dev_info.num_regions;
    vbasedev->flags = dev_info.flags;
    …
    return 0;
}
```

ioctl(VFIO_DEVICE_GET_INFO)返回设备的中断和内存区域个数分别保存在 vbasedev->num_irqs 和 vbasedev->num_regions 中。

vfio_realize 调用 vfio_populate_device 将直通设备的内存区域信息取出来。

```
hw/vfio/pci.c
static void vfio_populate_device(VFIOPCIDevice *vdev, Error **errp)
{
    VFIODevice *vbasedev = &vdev->vbasedev;
    struct vfio_region_info *reg_info;
    struct vfio_irq_info irq_info = { .argsz = sizeof(irq_info) };
    int i, ret = -1;
    …
    for (i = VFIO_PCI_BAR0_REGION_INDEX; i < VFIO_PCI_ROM_REGION_INDEX; i++) {
        char *name = g_strdup_printf("%s BAR %d", vbasedev->name, i);

        ret = vfio_region_setup(OBJECT(vdev), vbasedev,
                                &vdev->bars[i].region, i, name);
```

```
        g_free(name);
        …
        QLIST_INIT(&vdev->bars[i].quirks);
    }

    ret = vfio_get_region_info(vbasedev,
                    VFIO_PCI_CONFIG_REGION_INDEX, &reg_info);
    …
    vdev->config_size = reg_info->size;
    if (vdev->config_size == PCI_CONFIG_SPACE_SIZE) {
        vdev->pdev.cap_present &= ~QEMU_PCI_CAP_EXPRESS;
    }
    vdev->config_offset = reg_info->offset;

    g_free(reg_info);

    if (vdev->features & VFIO_FEATURE_ENABLE_VGA) {
        ret = vfio_populate_vga(vdev, errp);
        …
    }

    irq_info.index = VFIO_PCI_ERR_IRQ_INDEX;

    ret = ioctl(vdev->vbasedev.fd, VFIO_DEVICE_GET_IRQ_INFO, &irq_info);
    if (ret) {
        /* This can fail for an old kernel or legacy PCI dev */
        trace_vfio_populate_device_get_irq_info_failure();
    } else if (irq_info.count == 1) {
        vdev->pci_aer = true;
    } else {
        …
    }
}
```

　　从 VFIO_PCI_BAR0_REGION_INDEX 到 VFIO_PCI_ROM_REGION_INDEX_1 是 6 个直通设备的 6 个 BAR 的索引。vfio_populate_device 首先在一个 for 循环对 6 个 BAR 依次调用 vfio_region_setup 函数,利用直通设备的 BAR 建立起 VFIO 虚拟设备的 BAR,整个过程在下一节中详细介绍。VFIO_PCI_CONFIG_REGION_INDEX 是 PCI 配置空间索引,不同于 BAR 内存区域,PCI 配置空间值需要获取其大小以及在设备 fd 描述的文件中的偏移。如果直通设备有 VGA 功能,还需要调用 vfio_populate_vga 获取 VGA 信息。最后调用 ioctl(VFIO_DEVICE_GET_IRQ_INFO),用来获取索引为 VFIO_PCI_ERR_IRQ_INDEX 的中断信息,通常内核会填充 irq_info.count 为 1,表示支持一个设备错误通知,当硬件设备发生不可恢复的错误时会通知 QEMU。vfio_realize 在调用 vfio_populate_device 函数获取设备内存空间资源后,会进行设备配置空间的处理。

```
hw/vfio/pci.c
    /* Get a copy of config space */
    ret = pread(vdev->vbasedev.fd, vdev->pdev.config,
```

```
                    MIN(pci_config_size(&vdev->pdev), vdev->config_size),
                    vdev->config_offset);
    if (ret < (int)MIN(pci_config_size(&vdev->pdev), vdev->config_size)) {
        ret = ret < 0 ? -errno : -EFAULT;
        error_setg_errno(errp, -ret,"failed to read device config space");
        goto error;
    }

    /* vfio emulates a lot for us, but some bits need extra love */
    vdev->emulated_config_bits = g_malloc0(vdev->config_size);

    /* QEMU can choose to expose the ROM or not */
    memset(vdev->emulated_config_bits + PCI_ROM_ADDRESS, 0xff, 4);
```

这里先调用 pread 获取一份直通设备的配置空间，放到 pdev.config 中，注意这里还有一个 emulated_config_bits，这个数组保存的是 pdev.config 中的有效值。当虚拟机内部访问配置空间时，如果 emulated_config_bits 中设置了对应地址的字节，就会直接访问 pdev.config 中的值，如果 emulated_config_bits 中没有设置，那么说明需要读取实际设备的配置空间。

vfio_realize 接着调用 vfio_add_emulated_word 写入设备的配置空间（vdev->pdev.config）及控制数据（vdev->pdev.wmask 和 vdev->emulated_config_bits），对一系列配置空间进行微调，使之能够向虚拟机呈现出完整的 PCI 设备的模样。

vfio_realize 调用 vfio_pci_size_rom 处理设备的 rom，主要是为有 rom 的直通设备创建一个 MemoryRegion，并将这个 MemoryRegion 注册成虚拟设备的 rom。

调用 vfio_msix_early_setup 处理 MSIx 中断，这里从略。

调用 vfio_bars_setup，获取各个 BAR 的类型、大小等基本信息，该函数会对每一个 BAR 调用 vfio_bar_setup，并注册为虚拟机设备的 BAR。BAR 相关内容会在下一节介绍。

vfio_add_capabilities 根据直通设备的 PCI 能力为虚拟机设备添加功能。

vfio_realize 最后会调用 vfio_intx_enable 以及 vfio_register_req_notifier 完成虚拟设备的中断初始化。虚拟设备的中断设置和触发在后面的章节中介绍。

```
hw/vfio/pci.c
if (vfio_pci_read_config(&vdev->pdev, PCI_INTERRUPT_PIN, 1)) {
    vdev->intx.mmap_timer = timer_new_ms(QEMU_CLOCK_VIRTUAL,
                                vfio_intx_mmap_enable, vdev);
    pci_device_set_intx_routing_notifier(&vdev->pdev, vfio_intx_update);
    ret = vfio_intx_enable(vdev, errp);
    if (ret) {
        goto out_teardown;
    }
}

vfio_register_err_notifier(vdev);
vfio_register_req_notifier(vdev);
```

### 2. 设备 I/O 地址空间模拟

vfio_populate_device 中会对直通设备的每个 BAR 调用 vfio_region_setup，在调用次函数的

时候，第三个参数为&vdev->bars[i].region。虚拟设备的所有 BAR 信息存放在虚拟设备结构体
VFIOPCIDevice 的 bars 数组成员中，其类型为 VFIOBAR。VFIOBAR 中有一个重要的成员
region，类型为 VFIORegion，其中存放了虚拟设备的 BAR 信息，定义如下。

```
include/hw/vfio/vfio-common.h
typedef struct VFIORegion {
    struct VFIODevice *vbasedev;
    off_t fd_offset; /* offset of region within device fd */
    MemoryRegion *mem; /* slow, read/write access */
    size_t size;
    uint32_t flags; /* VFIO region flags (rd/wr/mmap) */
    uint32_t nr_mmaps;
    VFIOMmap *mmaps;
    uint8_t nr; /* cache the region number for debug */
} VFIORegion;
```

vbasedev 指向虚拟设备，fd_offset 表示该 BAR 在直通设备 fd 表示的文件中的偏移，mem
指向该 BAR 对应的 MemoryRegion，size 和 flags 是该 BAR 的基本信息，nr_mmpas 和 mmpas 表
示映射信息，后面涉及的时候会介绍。

```
hw/vfio/common.c
int vfio_region_setup(Object *obj, VFIODevice *vbasedev, VFIORegion *region,
                      int index, const char *name)
{
    struct vfio_region_info *info;
    int ret;

    ret = vfio_get_region_info(vbasedev, index, &info);
    …
    region->vbasedev = vbasedev;
    region->flags = info->flags;
    region->size = info->size;
    region->fd_offset = info->offset;
    region->nr = index;

    if (region->size) {
        region->mem = g_new0(MemoryRegion, 1);
        memory_region_init_io(region->mem, obj, &vfio_region_ops,
                              region, name, region->size);

        if (!vbasedev->no_mmap&&
            region->flags & VFIO_REGION_INFO_FLAG_MMAP) {

            ret = vfio_setup_region_sparse_mmaps(region, info);

            if (ret) {
                region->nr_mmaps = 1;
                region->mmaps = g_new0(VFIOMmap, region->nr_mmaps);
                region->mmaps[0].offset = 0;
                region->mmaps[0].size = region->size;
```

```
                }
            }
        }
    …
        return 0;
    }
```

vfio_region_setup 中，vfio_get_region_info 函数会在直通设备 fd 上调用 ioctl(VFIO_DEVICE_GET_REGION_INFO)获取设备 BAR 内存区域的基本信息，然后复制到参数 VFIORegion 中。从直通设备获取 BAR 之后，vfio_region_setup 会为 BAR 创建一个 MemoryRegion 结构体，并使用 BAR 的信息进行初始化，最后分配 VFIORegion 的 mmaps 空间以及初始相关成员。vfio_region_setup 只是记录了 BAR 的基本信息，并没有做其他工作。

vfio_realize 随后的函数调用 vfio_bars_setup 对每一个 BAR 进行初始化，vfio_bars_setup 为每一个 BAR 调用 vfio_bar_setup 函数。

```
hw/vfio/pci.c
static void vfio_bar_setup(VFIOPCIDevice *vdev, int nr)
{
    VFIOBAR *bar = &vdev->bars[nr];

    uint32_t pci_bar;
    uint8_t type;
    int ret;
    …
    /* Determine what type of BAR this is for registration */
    ret = pread(vdev->vbasedev.fd, &pci_bar, sizeof(pci_bar),
                    vdev->config_offset + PCI_BASE_ADDRESS_0 + (4 * nr));
    …
    pci_bar = le32_to_cpu(pci_bar);
    bar->ioport = (pci_bar & PCI_BASE_ADDRESS_SPACE_IO);
    bar->mem64 = bar->ioport ? 0 : (pci_bar & PCI_BASE_ADDRESS_MEM_TYPE_64);
    type = pci_bar & (bar->ioport ? ~PCI_BASE_ADDRESS_IO_MASK :
                            ~PCI_BASE_ADDRESS_MEM_MASK);

    if (vfio_region_mmap(&bar->region)) {
        error_report("Failed to mmap %s BAR %d. Performance may be slow",
                    vdev->vbasedev.name, nr);
    }

    pci_register_bar(&vdev->pdev, nr, type, bar->region.mem);
}
```

vfio_bar_setup 调用 pread 获取直通设备 BAR 的信息并存放在 pci_bar 中，pci_bar 中存放了该 BAR 的类型（I/O 或者 MMIO）、是否为 64 位 MMIO 等信息。

vfio_bar_setup 接着调用 vfio_region_mmap，用来将直通设备的 BAR 地址空间映射到 QEMU 中。最后调用 pci_register_bar 为虚拟设备注册 BAR。

下面对 vfio_region_mmap 进行简要分析。

```
hw/vfio/common.c
```

```
int vfio_region_mmap(VFIORegion *region)
{
    int i, prot = 0;
    char *name;
    …
    prot |= region->flags & VFIO_REGION_INFO_FLAG_READ ? PROT_READ : 0;
    prot |= region->flags & VFIO_REGION_INFO_FLAG_WRITE ? PROT_WRITE : 0;

    for (i = 0; i < region->nr_mmaps; i++) {
        region->mmaps[i].mmap = mmap(NULL, region->mmaps[i].size, prot,
                                 MAP_SHARED, region->vbasedev->fd,
                                 region->fd_offset +
                                 region->mmaps[i].offset);
        if (region->mmaps[i].mmap == MAP_FAILED) {
            int ret = -errno;
    …
        }

        name = g_strdup_printf("%s mmaps[%d]",
                            memory_region_name(region->mem), i);
        memory_region_init_ram_device_ptr(&region->mmaps[i].mem,
                                    memory_region_owner(region->mem),
                                    name, region->mmaps[i].size,
                                    region->mmaps[i].mmap);
        g_free(name);
        memory_region_add_subregion(region->mem, region->mmaps[i].offset,
                                &region->mmaps[i].mem);
    …
    }

    return 0;
}
```

在 vfio_region_setup 函数中已经初始化了 VFIORegion.mmaps 的 offset 和 size。vfio_region_mmap 中会在直通设备 fd 上调用 mmap 系统调用来将直通设备的 BAR 映射到 QEMU 地址空间中，保存在 VFIORegion.mmaps 的 mmap 成员中，从 7.7.2 节中可以知道这会调用到内核 vfio_pci_mmap 函数。vfio_pci_mmap 函数中会调用到 pci_resource_len，pci_request_selected_regions、pci_iomap 等函数将直通设备对应的 MMIO 空间映射到内核中，然后再通过内核映射到用户空间中。

vfio_region_setup 函数接着使用 mmap 系统调用返回的虚拟地址初始化 VFIORegion.mmaps 的 mem 成员，这会产生一个使用实际内存做后端的 MemoryRegion，随后将这个 MemoryRegion 加入到 VFIORegion 的 mem 成员子 MemoryRegion 中。VFIOPCIDevice 相关数据结构如图 7-59 所示。

### 3. VFIO 中断处理

本节分析直通设备的中断资源是如何从宿主机转换到虚拟机中的，这里以 PCI 设备的 INTx 中断为例。VFIO 设备产生中断到最终注入虚拟机的过程如图 7-60 所示。

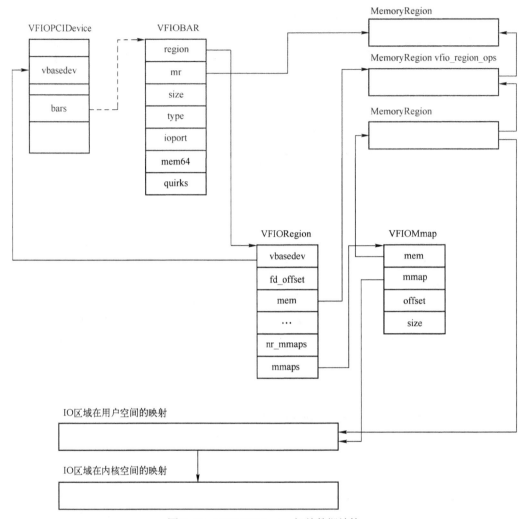

图 7-59　VFIOPCIDevice 相关数据结构

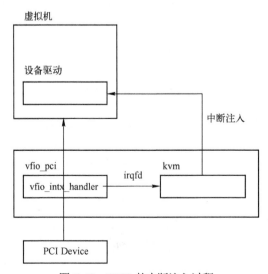

图 7-60　VFIO 的中断注入过程

通过 VFIO 将 PCI 设备直通给虚拟机之后，vfio-pci 驱动会接管该 PCI 设备的中断，所以 vfio-pci 会为设备注册中断处理函数，该中断处理函数需要把中断注入到虚拟机中。物理机接收到直通设备中断的时候，既可以在内核直接处理注入虚拟机中，也可以交给 QEMU 处理。本节先讨论中断完全在内核处理的情况，这种情况下 QEMU、vfio-pci 驱动、KVM 驱动以及虚拟机的相互关系如图 7-61 所示。

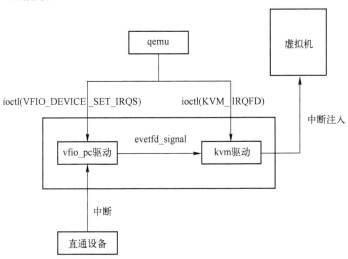

图 7-61  QEMU、虚拟机、KVM 模块以及 VFIO 模块的关系

初始化过程中，QEMU 在 VFIO 虚拟设备的 fd 上调用 ioctl(VFIO_DEVICE_SET_IRQS)设置一个 eventfd，当 vfio-pci 驱动接收到直通设备的中断时就会向这个 eventfd 发送信号。初始化过程中，QEMU 还会在虚拟机的 fd 上调用 ioctl(KVM_IRQFD)将前述 eventfd 与 VFIO 虚拟设备的中断号联系起来，当 eventfd 上有信号时则向虚拟机注入中断。这样即完成了物理设备触发中断、虚拟机接收中断的流程。

下面首先分析虚拟 VFIO 设备 fd 的 ioctl(VFIO_DEVICE_SET_IRQS)接口。该 ioctl 的参数为 vfio_irq_set，其定义如下。

```
include/uapi/linux/vfio.h
struct vfio_irq_set {
    __u32   argsz;
    __u32   flags;
#define VFIO_IRQ_SET_DATA_NONE     (1 << 0) /* Data not present */
#define VFIO_IRQ_SET_DATA_BOOL     (1 << 1) /* Data is bool (u8) */
#define VFIO_IRQ_SET_DATA_EVENTFD  (1 << 2) /* Data is eventfd (s32) */
#define VFIO_IRQ_SET_ACTION_MASK   (1 << 3) /* Mask interrupt */
#define VFIO_IRQ_SET_ACTION_UNMASK (1 << 4) /* Unmask interrupt */
#define VFIO_IRQ_SET_ACTION_TRIGGER (1 << 5) /* Trigger interrupt */
    __u32   index;
    __u32   start;
    __u32   count;
    __u8    data[];
};
```

其中的 argsz 表示整个参数的大小；flags 有两种，第一类 flags 用来标明 data 中的数据是什么，可以是 NONE、BOOL 或者 EVENTFD，第二类 flags 表示用户态的行为，是要触发中断、还是屏蔽或者开启中断；index 用来表示是哪个中断信息，INTx 中断的 index 是 VFIO_PCI_INTX_IRQ_INDEX。start 在 MSI 和 MSIx 中使用，INTx 中断不需要；count 表示 data 中的数据项有多少个。data 表示实际的数据，其大小为 count*size，其中 size 表示由 flags 决定的数据类型的大小。

ioctl(VFIO_DEVICE_SET_IRQS)的内核处理函数是 vfio_pci_ioctl，对于 VFIO_DEVICE_SET_IRQS 而言，当内核将参数从用户空间复制到内核空间后会调用 vfio_pci_set_irqs_ioctl。

```
drivers/vfio/pci/vfio_pci_intrs.c
int vfio_pci_set_irqs_ioctl(struct vfio_pci_device *vdev, uint32_t flags,
                unsigned index, unsigned start, unsigned count,
                void *data)
{
        int (*func)(struct vfio_pci_device *vdev, unsigned index,
            unsigned start, unsigned count, uint32_t flags,
            void *data) = NULL;

        switch (index) {
        case VFIO_PCI_INTX_IRQ_INDEX:
          switch (flags & VFIO_IRQ_SET_ACTION_TYPE_MASK) {
          case VFIO_IRQ_SET_ACTION_MASK:
                func = vfio_pci_set_intx_mask;
                break;
          case VFIO_IRQ_SET_ACTION_UNMASK:
                func = vfio_pci_set_intx_unmask;
                break;
          case VFIO_IRQ_SET_ACTION_TRIGGER:
                func = vfio_pci_set_intx_trigger;
                break;
          }
          break;
...
        return func(vdev, index, start, count, flags, data);
}
```

该函数会根据不同的 index 以及 flags 赋予 func 不同的函数，以 VFIO_PCI_INTX_IRQ_INDEX 为例，其会根据用户态设置的 flags 来给 func 赋值，如果屏蔽中断则 func 为 vfio_pci_set_intx_mask，如果开启中断则 func 为 vfio_pci_set_intx_unmask，如果触发中断则 func 为 vfio_pci_set_intx_trigger。vfio_pci_set_intx_mask 调用 vfio_pci_intx_mask，后者调用 pci_intx 来屏蔽设备中断；vfio_pci_intx_unmask 的调用链最终调用 pci_check_and_unmask_intx 来启动设备中断，如果在屏蔽过程中有中断，则还会调用 vfio_send_intx_eventfd 触发中断。

vfio_pci_set_intx_trigger 稍微复杂一点，涉及为直通设备重新申请中断资源的情况，该函数代码如下。

```
drivers/vfio/pci/vfio_pci_intrs.c
static int vfio_pci_set_intx_trigger(struct vfio_pci_device *vdev,
                unsigned index, unsigned start,
                unsigned count, uint32_t flags, void *data)
{
...
        if (flags & VFIO_IRQ_SET_DATA_EVENTFD) {
```

```
        int32_t fd = *(int32_t *)data;
        int ret;

        if (is_intx(vdev))
            return vfio_intx_set_signal(vdev, fd);
…
    }

    if (!is_intx(vdev))
      return -EINVAL;

    if (flags & VFIO_IRQ_SET_DATA_NONE) {
      vfio_send_intx_eventfd(vdev, NULL);
    } else if (flags & VFIO_IRQ_SET_DATA_BOOL) {
      uint8_t trigger = *(uint8_t *)data;
      if (trigger)
            vfio_send_intx_eventfd(vdev, NULL);
    }
    return 0;
  }
```

当 flags 为 VFIO_IRQ_SET_DATA_EVENTFD 时，会调用 vfio_intx_set_signal，该函数为直通设备分配中断资源，并得到用户态指定的参数 fd 对应的 eventfd_ctx，核心代码如下。

```
drivers/vfio/pci/vfio_pci_intrs.c
static int vfio_intx_set_signal(struct vfio_pci_device *vdev, int fd)
{
        struct pci_dev *pdev = vdev->pdev;
        unsigned long irqflags = IRQF_SHARED;
        struct eventfd_ctx *trigger;
        unsigned long flags;
        int ret;

        if (vdev->ctx[0].trigger) {
          free_irq(pdev->irq, vdev);
          kfree(vdev->ctx[0].name);
          eventfd_ctx_put(vdev->ctx[0].trigger);
          vdev->ctx[0].trigger = NULL;
        }
…
        vdev->ctx[0].name = kasprintf(GFP_KERNEL, "vfio-intx(%s)",
                        pci_name(pdev));
…
        trigger = eventfd_ctx_fdget(fd);
…
        vdev->ctx[0].trigger = trigger;

        if (!vdev->pci_2_3)
          irqflags = 0;

        ret = request_irq(pdev->irq, vfio_intx_handler,
                irqflags, vdev->ctx[0].name, vdev);
…
```

```
            return 0;
        }
```

如果之前 vdev->ctx[0].trigger 已经赋过值了，这里首先需要将其释放。fd 是用户空间传下来的一个 eventfd，从该 fd 得到对应的 eventfd_ctx 然后赋值给 vdev->ctx[0].trigger，这个 eventfd 会在 VFIO 物理设备的中断处理函数中被设置信号。调用 request_irq 申请中断资源，其中断函数为 vfio_intx_handler。

中断函数 vfio_intx_handler 先调用 disable_irq_nosync 或者 pci_check_and_mask_intx 函数将 VFIO 物理设备的中断进行屏蔽，然后调用 vfio_send_intx_eventfd 来触发中断，后者只是以 vdev->ctx[0].trigger 为参数简单调用 eventfd_signal 函数。当该 eventfd 有信号之后，KVM 就会向虚拟机注入中断，从而完成直通设备下的中断注入。

这里首先分析 ioctl(VFIO_DEVICE_SET_IRQS)在 vfio_pci 模块内的处理过程，QEMU 通过该 ioctl 来控制直通设备的中断。该 ioctl 支持 INTx、MSI、MSIx 三类 PCI 中断，下面以 INTx 中断为例来分析 QEMU 是如何完成 VFIO 设备的中断设置的。

vfio_realize 的最后会调用 vfio_intx_enable 来设置设备的中断。

```
hw/vfio/pci.c
static int vfio_intx_enable(VFIOPCIDevice *vdev, Error **errp)
{
    uint8_t pin = vfio_pci_read_config(&vdev->pdev, PCI_INTERRUPT_PIN, 1);
    int ret, argsz;
    struct vfio_irq_set *irq_set;
    int32_t *pfd;
    Error *err = NULL;
    …
    vfio_disable_interrupts(vdev);

    vdev->intx.pin = pin - 1; /* Pin A (1) ->irq[0] */
    pci_config_set_interrupt_pin(vdev->pdev.config, pin);

#ifdef CONFIG_KVM
    /*
     * Only conditional to avoid generating error messages on platforms
     * where we won't actually use the result anyway.
     */
    if (kvm_irqfds_enabled() &&kvm_resamplefds_enabled()) {
    vdev->intx.route = pci_device_route_intx_to_irq(&vdev->pdev,
                                                    vdev->intx.pin);
    }
#endif

    ret = event_notifier_init(&vdev->intx.interrupt, 0);
    …
    argsz = sizeof(*irq_set) + sizeof(*pfd);

    irq_set = g_malloc0(argsz);
    irq_set->argsz = argsz;
    irq_set->flags = VFIO_IRQ_SET_DATA_EVENTFD | VFIO_IRQ_SET_ACTION_TRIGGER;
    irq_set->index = VFIO_PCI_INTX_IRQ_INDEX;
    irq_set->start = 0;
```

```
        irq_set->count = 1;
        pfd = (int32_t *)&irq_set->data;

        *pfd = event_notifier_get_fd(&vdev->intx.interrupt);
        qemu_set_fd_handler(*pfd, vfio_intx_interrupt, NULL, vdev);

        ret = ioctl(vdev->vbasedev.fd, VFIO_DEVICE_SET_IRQS, irq_set);
        g_free(irq_set);
        …
        vfio_intx_enable_kvm(vdev, &err);
        …
        vdev->interrupt = VFIO_INT_INTx;
        …
        return 0;
    }
```

vfio_intx_enable 大体上可以分为两个部分，vfio_intx_enable_kvm 之前为第一部分，vfio_intx_enable_kvm 为第二部分，此外先分析第一部分。

首先得到 VFIO 物理设备使用的中断引脚并用这个引脚更新到虚拟设备的配置空间。接着调用 pci_device_route_intx_to_irq 来得到直通设备 INTx 中断的路由信息，中断路由信息由 PCIINTxRoute 结构表示，该结构定义如下。

```
        include/hw/pci/pci.h
        typedef struct PCIINTxRoute {
        enum {
            PCI_INTX_ENABLED,
            PCI_INTX_INVERTED,
            PCI_INTX_DISABLED,
        } mode;
            int irq;
        } PCIINTxRoute;
```

mode 表示 INTx 中断的状态；irq 表示 INTx 中断对应的连接到中断控制器上的中断线。

然后 vfio_intx_enable 初始化保存在 vdev->intx.interrupt 中的 INTx 中断对应的 EventNotifier。

接着初始化一个 vfio_irq_set 结构，设置其 flags 为 VFIO_IRQ_SET_DATA_EVENTFD | VFIO_IRQ_SET_ACTION_TRIGGER，index 设置为 VFIO_PCI_INTX_IRQ_INDEX，数据域设置成 vdev->intx.interrupt 对应的 fd。以该 vfio_irq_set 为参数调用 ioctl(VFIO_DEVICE_SET_IRQS)，从之前的分析可知，这个过程会让 vfio_pci 驱动为直通设备申请中断，并将 vdev->intx.interrupt 对应的 fd 保存在内核中用来触发中断。这里值得注意的是调用 qemu_set_fd_handler 为该 fd 设置监听函数 vfio_intx_interrupt。如果其他平台的 KVM 不支持 irqfd，则 vfio_pci 触发 eventfd 之后 vfio_intx_interrupt 就会执行，从而在用户空间注入中断。

vfio_intx_enable 的第二部分是调用 vfio_intx_enable_kvm，这个函数只有在编译了 KVM 的情况下才不为空。vfio_intx_enable_kvm 函数创建一个 resamplefd，resamplefd 用于水平触发的中断，PCI 设备为了方便中断共享，使用水平触发的中断。虚拟机 fd 的 ioctl(KVM_IRQFD) 在设置水平中断的时候指定 kvm_irqfd 的 resamplefd，KVM 中的中断控制器通过 irqfd 向虚拟机注入中断之后会屏蔽掉对应中断线上的中断，当虚拟机中断处理完成并发出一个 EOI 时，中断控制器会触发 resamplefd，vfio_pci 驱动可以在这个时候重新让设备接收中断。

下面的代码显示了准备参数以及调用 ioctl(KVM_IRQFD) 的过程。

```
hw/vfio/pci.c
static void vfio_intx_enable_kvm(VFIOPCIDevice *vdev, Error **errp)
{
#ifdef CONFIG_KVM
    struct kvm_irqfdirqfd = {
        .fd = event_notifier_get_fd(&vdev->intx.interrupt),
        .gsi = vdev->intx.route.irq,
        .flags = KVM_IRQFD_FLAG_RESAMPLE,
    };
    struct vfio_irq_set *irq_set;
    int ret, argsz;
    int32_t *pfd;
    …
    /* Get to a known interrupt state */
    qemu_set_fd_handler(irqfd.fd, NULL, NULL, vdev);
    vfio_mask_single_irqindex(&vdev->vbasedev, VFIO_PCI_INTX_IRQ_INDEX);
    vdev->intx.pending = false;
    pci_irq_deassert(&vdev->pdev);

    /* Get an eventfd for resample/unmask */
    if (event_notifier_init(&vdev->intx.unmask, 0)) {
        error_setg(errp, "event_notifier_init failed eoi");
        goto fail;
    }

    /* KVM triggers it, VFIO listens for it */
    irqfd.resamplefd = event_notifier_get_fd(&vdev->intx.unmask);

    if (kvm_vm_ioctl(kvm_state, KVM_IRQFD, &irqfd)) {
        error_setg_errno(errp, errno, "failed to setup resample irqfd");
        goto fail_irqfd;
    }
    …
}
```

在函数 vfio_intx_enable 第一部分中创建了设备的中断通知 EventNotifiervdev->intx.interrupt，并且设置了其接受通知的函数为 vfio_intx_interrupt。假设 KVM 支持 irqfd，那么这里就会根据 vdev->intx.interrupt 以及设备使用的中断线 vdev->intx.route.irq 构造出一个 kvm_irqfd 结构，并且会初始化启动中断的 EventNotifiervdev->intx.unmask 作为 kvm_irqfd 的 resamplefd 参数，参数构造好了之后会调用 ioctl(KVM_IRQFD)。注意，由于准备使用 irqfd 注入中断，所以需要将 QEMU 应用层设置的 vdev->intx.interrupt 通知函数删除，这是通过语句 qemu_set_fd_handler (irqfd.fd、NULL、NULL、vdev)完成的。

vfio_intx_handler 中断处理函数屏蔽了中断，然后设置一个 eventfd 触发 irqfd 的中断注入流程。当虚拟机中的中断处理完成之后会写 LAPIC 中断控制器的 EOI，但是在 APICv 的情况下，EOI 由 CPU 内部硬件完成虚拟化，一般不会产生 VM Exit，那么 vfio-pci 驱动模块怎么才能接收到 EOI 信号，从而解除对刚刚注入的中断的屏蔽呢？下面具体分析中断的解除屏蔽过程。

vfio_intx_enable_kvm 函数在调用 ioctl(KVM_IRQFD)时，其参数 kvm_irqfd 结构体中的 resmaplefd 设置成了设备解除中断屏蔽（vdev->intx.unmask）的 fd。内核在处理该 ioctl 时，会向 KVM 结构体中的 irq_ack_notifier_list 链表注册一个中断确认通知，相关代码如下。

```
virt/kvm/eventfd.c
kvm_irqfd_assign(struct kvm *kvm, struct kvm_irqfd *args)
{
        …
        if (args->flags & KVM_IRQFD_FLAG_RESAMPLE) {
          struct kvm_kernel_irqfd_resampler *resampler;

          resamplefd = eventfd_ctx_fdget(args->resamplefd);
          …
          irqfd->resamplefd = resamplefd;
          INIT_LIST_HEAD(&irqfd->resampler_link);

          mutex_lock(&kvm->irqfds.resampler_lock);

          …
          if (!irqfd->resampler) {
              resampler = kzalloc(sizeof(*resampler), GFP_KERNEL);
              …
              resampler->kvm = kvm;
              INIT_LIST_HEAD(&resampler->list);
              resampler->notifier.gsi = irqfd->gsi;
              resampler->notifier.irq_acked = irqfd_resampler_ack;
              INIT_LIST_HEAD(&resampler->link);

              list_add(&resampler->link, &kvm->irqfds.resampler_list);
              kvm_register_irq_ack_notifier(kvm,
                              &resampler->notifier);
              irqfd->resampler = resampler;
          }

          list_add_rcu(&irqfd->resampler_link, &irqfd->resampler->list);
          synchronize_srcu(&kvm->irq_srcu);

          mutex_unlock(&kvm->irqfds.resampler_lock);
        }
        …
}
```

这样在进行中断注入时，kvm_ioapic_scan_entry 函数就会设置 VM-execution 域的 EOI exit bitmap 对应的中断位，相关代码如下。

```
arch/x86/kvm/ioapic.c
void kvm_ioapic_scan_entry(struct kvm_vcpu *vcpu, u64 *eoi_exit_bitmap)
{
        struct kvm_ioapic *ioapic = vcpu->kvm->arch.vioapic;
        union kvm_ioapic_redirect_entry *e;
        int index;

        spin_lock(&ioapic->lock);
        for (index = 0; index < IOAPIC_NUM_PINS; index++) {
          e = &ioapic->redirtbl[index];
          if (e->fields.trig_mode == IOAPIC_LEVEL_TRIG ||
                kvm_irq_has_notifier(ioapic->kvm, KVM_IRQCHIP_IOAPIC, index) ||
```

```
                    index == RTC_GSI) {
                if (kvm_apic_match_dest(vcpu, NULL, 0,
                            e->fields.dest_id, e->fields.dest_mode) ||
                        kvm_apic_pending_eoi(vcpu, e->fields.vector))
                        __set_bit(e->fields.vector,
                            (unsigned long *)eoi_exit_bitmap);
            }
        }
        spin_unlock(&ioapic->lock);
    }
```

    kvm_ioapic_scan_entry 函数调用 kvm_irq_has_notifier 判断中断控制器 I/O APIC 对应的虚拟机上是否注册了中断确认回调函数，如果有，则会设置 kvm_ioapic_scan_entry 参数 eoi_exit_bitmap 中对应的位，然后将这个值写入到 VMCS 的 VM-execution 域中。这样，当虚拟机内部处理完这个中断后，就会产生 EOI-induced VM Exit，该 VM Exit 的处理函数是 handle_apic_eoi_induced，经过一系列函数调用会最终调用到 kvm_notify_acked_gsi 函数，在其中会调用 kvm_irqfd 函数设置的对应回调函数 irqfd_resampler_ack。irqfd_resampler_ack 函数设置了 ioctl(KVM_IRQFD)参数结构体 kvm_irqfd 的 resmaplefd 成员。在 vfio_intx_enable_kvm 中可以看到对于 VFIO 虚拟设备的 resmaplefd，设置其对应的 eventfd 接收函数。

```
hw/vfio/pci.c
static void vfio_intx_enable_kvm(VFIOPCIDevice *vdev, Error **errp)
{
    …
    /* KVM triggers it, VFIO listens for it */
    irqfd.resamplefd = event_notifier_get_fd(&vdev->intx.unmask);
    …
    argsz = sizeof(*irq_set) + sizeof(*pfd);

    irq_set = g_malloc0(argsz);
    irq_set->argsz = argsz;
    irq_set->flags = VFIO_IRQ_SET_DATA_EVENTFD | VFIO_IRQ_SET_ACTION_UNMASK;
    irq_set->index = VFIO_PCI_INTX_IRQ_INDEX;
    irq_set->start = 0;
    irq_set->count = 1;
    pfd = (int32_t *)&irq_set->data;

    *pfd = irqfd.resamplefd;

    ret = ioctl(vdev->vbasedev.fd, VFIO_DEVICE_SET_IRQS, irq_set);
    g_free(irq_set);
    if (ret) {
        error_setg_errno(errp, -ret, "failed to setup INTx unmask fd");
        goto fail_vfio;
    }
    …
    return;
    …
}
```

    上述代码在内核中会导致 vfio_virqfd_enable 的调用，并设置 resamplefd 的处理函数为

vfio_pci_intx_unmask_handler，当 irqfd_resampler_ack 函数设置为 resamplefd 时，最后就会调用 irqfd_resampler_ack 重新使能 VFIO 设备的物理中断。

下面简单分析一下在用户态处理 VFIO 物理设备中断的情况，即 vfio_intx_enable_kvm 函数发生错误时的情况。这种情况下内核中 VFIO 物理设备中断中触发的 eventfd 对应的处理函数是 QEMU 的 vfio_intx_interrupt 函数，这是在 vfio_intx_enable 中注册的，代码如下。

```
hw/vfio/pci.c
static void vfio_intx_interrupt(void *opaque)
{
    VFIOPCIDevice *vdev = opaque;

    if (!event_notifier_test_and_clear(&vdev->intx.interrupt)) {
        return;
    }

    trace_vfio_intx_interrupt(vdev->vbasedev.name, 'A' + vdev->intx.pin);

    vdev->intx.pending = true;
    pci_irq_assert(&vdev->pdev);
    vfio_mmap_set_enabled(vdev, false);
    if (vdev->intx.mmap_timeout) {
        timer_mod(vdev->intx.mmap_timer,
            qemu_clock_get_ms(QEMU_CLOCK_VIRTUAL) + vdev->intx.mmap_timeout);
    }
}
```

在内核触发 eventfd 中断时，会将该 VFIO 物理设备的中断屏蔽掉，这是通过 VFIO 物理设备中断处理函数 vfio_intx_handler 实现的。所以调用 vfio_intx_interrupt 函数时，VFIO 物理设备中断已经屏蔽了。vfio_intx_interrupt 调用 pci_irq_assert 拉高中断线触发中断，此时中断正常注入虚拟机内核。vfio_mmap_set_enabled 函数的调用会将 VFIO 物理设备中各个 BAR 映射到 QEMU 中的 MemoryRegion 设置为不使能，这样，虚拟机中对 VFIO 虚拟设备的 BAR 访问就会像普通 MMIO 访问一样产生 VM Exit。vfio_intx_interrupt 函数最后启动了定时器 vdev->intx.mmap_timer，这个定时器用来重新使能 VFIO 物理设备 BAR 映射到 QEMU 的 MemoryRegion。

vfio_intx_interrupt 函数调用之后，中断被注入到虚拟机中，此时中断处于屏蔽状态，并且虚拟机中对 VFIO 虚拟设备的 MMIO 访问会导致 VM Exit，QEMU 中对此的处理函数是 vfio_region_read 和 vfio_region_write，以 vfio_region_write 为例。

```
hw/vfio/common.c
void vfio_region_write(void *opaque, hwaddraddr,
uint64_t data, unsigned size)
{
    VFIORegion *region = opaque;
    VFIODevice *vbasedev = region->vbasedev;
    union {
        uint8_t byte;
        uint16_t word;
        uint32_t dword;
        uint64_t qword;
    } buf;
```

```
    switch (size) {
    case 1:
        buf.byte = data;
        break;
    case 2:
        buf.word = cpu_to_le16(data);
        break;
    case 4:
        buf.dword = cpu_to_le32(data);
        break;
    default:
        hw_error("vfio: unsupported write size, %d bytes", size);
        break;
    }

    if (pwrite(vbasedev->fd, &buf, size, region->fd_offset + addr)!=size){
        error_report("%s(%s:region%d+0x%"HWADDR_PRIx", 0x%"PRIx64
                ",%d) failed: %m",
                __func__, vbasedev->name, region->nr,
                addr, data, size);
    }

    trace_vfio_region_write(vbasedev->name, region->nr, addr, data, size);

    /*
     * A read or write to a BAR always signals an INTx EOI. This will
     * do nothing if not pending (including not in INTx mode). We assume
     * that a BAR access is in response to an interrupt and that BAR
     * accesses will service the interrupt. Unfortunately, we don't know
     * which access will service the interrupt, so we're potentially
     * getting quite a few host interrupts per guest interrupt.
     */
    vbasedev->ops->vfio_eoi(vbasedev);
}
```

首先将虚拟机内部对 VFIO 虚拟设备的 MMIO 的访问数据直接用来访问 VFIO 物理设备，然后调用 vbasedev->ops->vfio_eoi 回调，这个回调函数是 vfio_intx_eoi。

```
hw/vfio/pci.c
static void vfio_intx_eoi(VFIODevice *vbasedev)
{
    VFIOPCIDevice *vdev = container_of(vbasedev, VFIOPCIDevice, vbasedev);

    if (!vdev->intx.pending) {
        return;
    }

    trace_vfio_intx_eoi(vbasedev->name);

    vdev->intx.pending = false;
    pci_irq_deassert(&vdev->pdev);
    vfio_unmask_single_irqindex(vbasedev, VFIO_PCI_INTX_IRQ_INDEX);
}
```

对于 PCI 设备，可以假设其前几个寄存器 MMIO 的访问是用来确定已经接受中断的，这个时候 QEMU 就可以打开中断了。vfio_intx_eoi 中调用了 pci_irq_deassert 函数将中断线拉低，然后调用 vfio_unmask_single_irqindex 函数让内核态将该 VFIO 物理设备的中断屏蔽。值得注意的是，QEMU 在 vfio_intx_eoi 中并没有立即将 VFIO 物理设备的 BAR 映射到 QEMU 的 MemoryRegion 中。vfio_intx_mmap_enable 函数的注释写明了原因，笔者这里试着做一番解读。虽然通过将 VFIO 物理设备的 MMIO 到 QEMU 中 MemoryRegion 的映射取消了，使得虚拟机访问设备 MMIO 比较慢，但是在中断处理期间重新打开映射也有可能使性能下降，因为打开映射也是比较费时的，在虚拟机处理设备中断完成之后可能再次发送中断，如此反复地关闭和打开映射会导致性能下降。所以在 vfio_intx_eoi 中并没有打开映射。映射的打开是在 vfio_intx_interrupt 中最后一步启动的定时器 vdev->intx.mmap_timer 的处理函数中完成的，这个定时器处理函数是 vfio_intx_mmap_enable，代码如下。

```
hw/vfio/pci.c
static void vfio_intx_mmap_enable(void *opaque)
{
    VFIOPCIDevice *vdev = opaque;

    if (vdev->intx.pending) {
        timer_mod(vdev->intx.mmap_timer,
            qemu_clock_get_ms(QEMU_CLOCK_VIRTUAL)+vdev->intx.mmap_timeout);
        return;
    }

    vfio_mmap_set_enabled(vdev, true);
}
```

vfio_intx_eoi 中已经设置了 vdev->intx.pending 为 false，所以直接调用 vfio_mmap_set_enabled 将 VFIO 物理设备 BAR 到 QEMU 中 MemoryRegion 的映射重新打开。

**4. DMA 重定向**

DMA remaping 的意思就是设置设备端的内存视图到 QEMU 进程虚拟地址之间的映射，这是由函数 vfio_listener_region_add 完成的。这个函数看起来很长，但实际上除开一些特殊情况和判断外，其他都是相当简单的。

```
hw/vfio/common.c
static void vfio_listener_region_add(MemoryListener *listener,
                                     MemoryRegionSection *section)
{
    VFIOContainer*container = container_of(listener, VFIOContainer, listener);
    hwaddriova, end;
    Int128 llend, llsize;
    void *vaddr;
    …
    if (vfio_listener_skipped_section(section)) {
        trace_vfio_listener_region_add_skip(
                section->offset_within_address_space,
                section->offset_within_address_space +
                int128_get64(int128_sub(section->size, int128_one()))));
        return;
    }
```

```
    …
    iova = TARGET_PAGE_ALIGN(section->offset_within_address_space);

    …
    /* Here we assume that memory_region_is_ram(section->mr)==true */

    vaddr = memory_region_get_ram_ptr(section->mr) +
            section->offset_within_region +
            (iova - section->offset_within_address_space);
    …
    ret = vfio_dma_map(container, iova, int128_get64(llsize),
                            vaddr, section->readonly);
    …
    }
```

从内存虚拟化一章可以知道，每当内存的拓扑逻辑改变时，都会调用注册在 AddressSpace 上的所有 MemoryListener，这里如果是添加 MemoryRegion，会调用到 vfio_listener_region_add。该函数首先判断 MemoryRegionSection 是否需要建立映射，调用 vfio_listener_skipped_section 完成，只有虚拟机实际的物理内存，也就是对应在 QEMU 中分配有实际虚拟地址空间的 MemoryRegion，才进行 DMA Remapping。

接着算出 iova，实际上就是该 MemoryRegionSection 在 AddressSpace 中的起始位置，也就是虚拟机物理内存的地址。然后算出 vaddr，也就是 QEMU 分配的虚拟机物理内存的虚拟地址，然后调用 vfio_dma_map，在该函数中调用 ioctl(VFIO_IOMMU_MAP_DMA)完成 iova 到 vaddr 的映射。

# 第 8 章　虚拟化杂项

## 8.1　QEMU Guest Agent

### 8.1.1　QEMU Guest Agent 的使用

QEMU Guest Agent（qga）是运行在虚拟机内部的一个程序，宿主机通过 qga 完成一些需要虚拟机内部操作系统协助的管理功能。qga 功能十分强大，如可以获取虚拟机内部时间，获取虚拟机的网络、磁盘等基本信息，创建文件，修改密码等。这些功能对于云计算管理平台管理虚拟机非常有用。如果 qga 的功能不能够满足需求，还可以非常方便地对 qga 的功能进行自定义的扩展。本章对 qga 的用法和原理进行介绍。

在介绍 qga 的基本代码流程之前，首先介绍它的使用方法。

在创建虚拟机的参数中添加如下命令行。

```
-chardev socket,path=/tmp/qga.sock,server,nowait,id=qga0 -device virtio-serial
-devicevirtserialport,chardev=qga0,name=org.qemu.guest_agent.0
```

- -chardev socket 参数项指定了一个 chardev 设备，其后端设备为 socket，这里 path 指定了一个 unix socket 路径，名字指定为 qga0。
- -device virtio-serial 命令行参数在经过 qdev_alias_table 数组的转换后会变成 virtio-serial-pci，这个命令行创建一个 virito-serial 的 PCI 代理设备，其初始化会创建一条 virtio-serial-bus，用来挂载 virtioseralport 设备。
- -device virtserialport 创建一个 virtioserialport 设备，其对应的 chardev 是 qga0，名字是 org.qemu.guest_aget.0，该设备会挂在 virtio-serial-bus 上面。

虚拟机启动之后会生成一个“/dev/vport0p1”设备，并为其创建一个符号链接“/dev/virtio-ports/org.qemu.guest_agent.0”，如图 8-1 所示。

```
root@test-Standard-PC-i440FX-PIIX-1996:~# ls -l /dev/virtio-ports/org.qemu.gues
t_agent.0
lrwxrwxrwx 1 root root 11 Dec  9 09:22 /dev/virtio-ports/org.qemu.guest_agent.0
 -> ../vport0p1
root@test-Standard-PC-i440FX-PIIX-1996:~# ls -l /dev/vport0p1
crw------- 1 root root 245, 1 Dec  9 09:22 /dev/vport0p1
root@test-Standard-PC-i440FX-PIIX-1996:~#
```

图 8-1　虚拟机中的 virtio serial port 设备

这个时候在虚拟机中执行 qemu-ga -p /dev/virtio-ports/org.qemu.guest_agent.0，qga 就运行起来了。

在宿主机端可以对/tmp/qga.sock 这个 unix socket 文件进行连接，从而与虚拟机内部的 qga 通信，如图 8-2 所示，执行了一个 guest-ping 命令以及 guest-network-get-interfaces 命令，后者返回虚拟机的网卡信息。

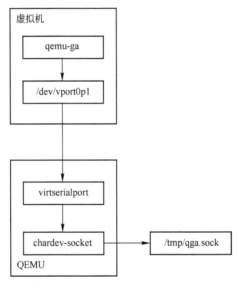

```
root@ubuntu:~# nc -U /tmp/qga.sock
{'execute':'guest-ping'}
{"return": {}}
{'execute':'guest-network-get-interfaces'}
{"return": [{"name": "lo", "ip-addresses": [{"ip-address-type": "ipv4", "ip-addr
ess": "127.0.0.1", "prefix": 8}, {"ip-address-type": "ipv6", "ip-address": "::1"
, "prefix": 128}], "statistics": {"tx-packets": 194, "tx-errs": 0, "rx-bytes": 1
3958, "rx-dropped": 0, "rx-packets": 194, "rx-errs": 0, "tx-bytes": 13958, "tx-d
ropped": 0}, "hardware-address": "00:00:00:00:00:00"}, {"name": "ens3", "ip-addr
esses": [{"ip-address-type": "ipv4", "ip-address": "10.0.2.15", "prefix": 24}, {
"ip-address-type": "ipv6", "ip-address": "fec0::b5dd:27db:a06f:c26a", "prefix":
64}, {"ip-address-type": "ipv6", "ip-address": "fec0::9fc6:ff49:eed0:1ac0", "pre
fix": 64}, {"ip-address-type": "ipv6", "ip-address": "fe80::6610:8d00:a496:bc44"
, "prefix": 64}], "statistics": {"tx-packets": 309, "tx-errs": 0, "rx-bytes": 26
5865, "rx-dropped": 0, "rx-packets": 312, "rx-errs": 69, "tx-bytes": 40605, "tx-
dropped": 0}, "hardware-address": "52:54:00:12:34:56"}]}
```

图 8-2　宿主机中连接 qga 的 unix socket 文件

## 8.1.2　qga 源码分析

qga 与 QEMU 的关系如图 8-3 所示。

图 8-3　qga 与 QEMU 的关系

QEMU 创建一个 virtserialport 设备，这是一个 virtio 串口设备。该串口设备有一个 chardev 设备，其对应的后端为 unix socket，对应的文件是/tmp/qga.sock，QEMU 还会将该 unix socket 文件的 fd 加入到事件监听的主循环中。chardev 设备主要用于提供虚拟机与外部设备的连接、数据传输等。chardev 设备有对应的后端来表示数据的传输方式，如有的 chardev 基于文件，有的基于网络连接，有的基于管道。虚拟机中的驱动在探测到该 virtio 串口设备时会生成"/dev/vport0p1"设备，并且会把 virtio 串口设备设置成已连接。

当虚拟机外部需要向 qga 发出请求，使其设置或者获取虚拟机内部的一些信息时，就要向"/tmp/qga.sock"这个 unix socket 文件写入请求数据，请求数据的格式与 qmp 一样，也是 json。如可以通过{'execute':'guest-info'}命令获取 qga 所支持的命令。当"/tmp/qga.sock"对应的 socket 接收到数据时，就会唤醒主循环，串口设备读取数据，然后填写 virtio 中的 vring 结构，向设备注入一个中断。

设备接收到这个中断之后会读取数据，并唤醒用户态的 qga 进程。qga 本身有一个事件循环监听串口"/dev/vport0p1"的数据，当它由于串口数据被唤醒时就会按照请求进行处理。请求的应答数据格式跟 qmp 一样，也是 json。当应答数据生成好了之后就通过 virtio 串口设备向 QEMU 发送数据。QEMU 则通过 chardev 设备向连接 "/tmp/qga.sock" 的对端发送其对应的请求应答数据。

　　上面是 qga 大概的运行原理，下面对 qga 的源码进行分析。

　　qga 的 main 经过简化后如下所示。

```
qga/main.c
int main(int argc, char **argv)
{
    int ret = EXIT_SUCCESS;
    GAState *s = g_new0(GAState, 1);
    GAConfig *config = g_new0(GAConfig, 1);
    …
    module_call_init(MODULE_INIT_QAPI);

    init_dfl_pathnames();
    config_load(config);
    config_parse(config, argc, argv);
    …
    if (config->method == NULL) {
        config->method = g_strdup("virtio-serial");
    }
    …
    s->pstate_filepath = g_strdup_printf("%s/qga.state", config->state_dir);
    s->state_filepath_isfrozen = g_strdup_printf("%s/qga.state.isfrozen",
                                        config->state_dir);
    s->frozen = check_is_frozen(s);
    …
    ret = run_agent(s, config);
    …
    return ret;
}
```

代码比较简单，可以分为两个部分。

　　第一部分是初始化，主要包括分配 GAState 和 GAConfig 两个结构体以及通过 QAPI 模块注册 qga 所支持的各种命令。GAState 和 GAConfig 用来表示 qga 的整个状态及其配置文件，其中 GAState 主要数据结构定义如下。

```
qga/main.c
struct GAState {
    JSONMessageParser parser;
    GMainLoop *main_loop;
    GAChannel *channel;
    bool virtio; /* fastpath to check for virtio to deal with poll()quirks*/
    GACommandState *command_state;
    GLogLevelFlags log_level;
    FILE *log_file;
    bool logging_enabled;
#ifdef _WIN32
    GAService service;
#endif
    bool delimit_response;
```

```
    bool frozen;
    GList *blacklist;
    …
    gchar *pstate_filepath;
    GAPersistentStatepstate;
};
```

其中，parser 用来解析 json 对象，并调用设置的回调处理函数；main_loop 表示 qga 的主循环；channnel 表示与 virtio serial 端口设备的通道；blacklist 表示在黑名单中的功能，这些功能不能被调用。

GAConfig 定义如下。

```
qga/main.c
typedef struct GAConfig {
    char *channel_path;
    char *method;
    char *log_filepath;
    char *pid_filepath;
    …
    gchar *bliststr; /* blacklist may point to this string */
    GList *blacklist;
    int daemonize;
    GLogLevelFlags log_level;
    int dumpconf;
} GAConfig;
```

最重要的参数是有 3 个：channgle_path 表示串行端口的路径；method 表示串行端口的类型，可以是 virtio-serial 或者是 isa；daemonize 表示是否守护进程运行。

qga 的 main 函数首先分配 GAState 和 GAConfig 结构，并调用 config_load 和 config_parse 把环境变量和命令行选项解析到 GAConfig 中，这里只使用了-p，所以仅有 config->channel_path 被赋值成了串口设备的路径。然后 config->method 会被赋值成字符串"virtio-serial"。

初始化的工作还包括将 qga 支持的各个命令注册到一个链表中。所有的命令注册函数都需要调用 qapi_init 宏将注册函数挂到 init_type_list[MODULE_INIT_QAPI]链表上，这样当 qga 的 main 函数调用 module_call_init(MODULE_INIT_QAPI)时，就会调用对应的函数将 qga 支持的命令注册到系统中。由于 qga 的命令注册都是模板化的工作，所以 QEMU 采用了脚本化自动生成这些注册命令的方式。当编译完成代码后，在 QEMU 源码树的根目录下会有一个 qmp-marshal.c 文件，其中有一个宏声明 qapi_init(qmp_init_marshal)。qmp_init_marshal 函数中调用了非常多的 qmp_register_command 来注册 qmp 支持的命令。这里不讨论这些代码的生成过程，只分析生成后的代码，可以看到其对所有支持的命令调用 qmp_register_command，也就是利用命令名称、处理函数以及命令参数构造一个 QmpCommand 结构，然后插入 qmp_commands 链表上。

```
qapi/qmp-registry.c
void qmp_register_command(const char *name, QmpCommandFunc *fn,
                                    QmpCommandOptions options)
{
    QmpCommand *cmd = g_malloc0(sizeof(*cmd));

    cmd->name = name;
    cmd->fn = fn;
    cmd->enabled = true;
```

```
cmd->options = options;
QTAILQ_INSERT_TAIL(&qmp_commands, cmd, node);
}
```

程序的初始化和 qmp_commands 的构造完成之后，qga 的 main 函数进入第二部分，即调用 run_agent 函数。

```
qga/main.c
static int run_agent(GAState *s, GAConfig *config)
{
    ga_state = s;
    …
    config->blacklist = ga_command_blacklist_init(config->blacklist);
    if (config->blacklist) {
        GList *l = config->blacklist;
        s->blacklist = config->blacklist;
        do {
            g_debug("disabling command: %s", (char *)l->data);
            qmp_disable_command(l->data);
            l = g_list_next(l);
        } while (l);
    }
    …
    json_message_parser_init(&s->parser, process_event);
    ga_state = s;
    …
    s->main_loop = g_main_loop_new(NULL, false);
    if (!channel_init(ga_state, config->method, config->channel_path)) {
        g_critical("failed to initialize guest agent channel");
        return EXIT_FAILURE;
    }
#ifndef _WIN32
    g_main_loop_run(ga_state->main_loop);
#else
    …
#endif

    return EXIT_SUCCESS;
}
```

在解析 qga 的参数时会把禁止调用的 qga 命令加入到 config->blacklist 链表中。run_agent 根据 config->blacklist 上指定的禁止命令调用 qmp_disable_command 将其 QmpCommand 的 enabled 成员设置为 false，从而达到禁止调用该命令的作用。run_agent 接着调用 json_message_parser_init 将 s->parser 的 emit 函数设置为 process_event，该函数用于处理请求。run_agent 最后创建一个 main loop 并赋值到 s->main_loop，调用 channel_init 进行通道的初始化，调用 g_main_loop_run 让 qga 进程进入到事件监听循环中。

channel_init 是一个重要函数，其代码如下。

```
qga/main.c
static gboolean channel_init(GAState *s, const gchar *method, const gchar
*path)
```

```
    {
    GAChannelMethod channel_method;

        if (strcmp(method, "virtio-serial") == 0) {
            s->virtio = true; /* virtio requires special handling in some cases */
            channel_method = GA_CHANNEL_VIRTIO_SERIAL;
        } else if (strcmp(method, "isa-serial") == 0) {
            channel_method = GA_CHANNEL_ISA_SERIAL;
        } else if (strcmp(method, "unix-listen") == 0) {
            channel_method = GA_CHANNEL_UNIX_LISTEN;
        } else if (strcmp(method, "vsock-listen") == 0) {
            channel_method = GA_CHANNEL_VSOCK_LISTEN;
        } else {
            g_critical("unsupported channel method/type: %s", method);
            return false;
        }

        s->channel = ga_channel_new(channel_method, path, channel_event_cb, s);
        if (!s->channel) {
            g_critical("failed to create guest agent channel");
            return false;
        }

        return true;
    }
```

channel_init 会根据 method 来确定对应的通道类型，没有指定 method 时会被设置为 virtio-serial。

channel_init 接着调用 ga_channel_new 创建一个通道，其本质是调用 ga_channel_open 函数打开 path，也就是 virtio 串口设备的路径，得到该设备的 fd，然后调用 ga_channel_client_add 将 virtio 串口设备的 fd 加入到 qga 的事件循环中，在 ga_channel_client_add 函数中可以看到，当该 fd 在数据到达时会调用 ga_channel_client_event，并且最终会调用到 channel_event_cb 函数（通过 GAChannel 的 event_cb 成员调用）。channel_event_cb 代码如下。

```
qga/main.c
static gboolean channel_event_cb(GIOCondition condition, gpointer data)
{
GAState *s = data;
gcharbuf[QGA_READ_COUNT_DEFAULT+1];
gsize count;
GIOStatus status = ga_channel_read(s->channel, buf, QGA_READ_COUNT_DEFAULT,
&count);
    switch (status) {
        …
    case G_IO_STATUS_NORMAL:
        buf[count] = 0;
        g_debug("read data, count: %d, data: %s", (int)count, buf);
        json_message_parser_feed(&s->parser, (char *)buf, (int)count);
        break;
        …
```

```
    }
    return true;
}
```

该函数接收到正常数据时，会调用 json_message_parser_feed 来解析传过来的 json 数据并最终调用 s->parser 的 emit 函数，由上述描述可知，emit 是 process_event，其核心代码如下。通过调用 process_command，后者调用 qmp_disaptch，最终在 qmp_commands 链表中找到要调用的功能，然后执行，并且调用 send_response 返回数据。

```
qga/main.c
static void process_event(JSONMessageParser *parser, GQueue *tokens)
{
    GAState *s = container_of(parser, GAState, parser);

    …
    /* handle host->guest commands */
    if (qdict_haskey(qdict, "execute")) {
        process_command(s, qdict);
    } else {
            …
    }

    QDECREF(qdict);
}

static void process_command(GAState *s, QDict *req)
{
    QObject *rsp = NULL;
    int ret;

    g_assert(req);
    g_debug("processing command");
    rsp = qmp_dispatch(QOBJECT(req));
    if (rsp) {
        ret = send_response(s, rsp);
        if (ret) {
            g_warning("error sending response: %s", strerror(ret));
        }
        qobject_decref(rsp);
    }
}
```

## 8.1.3　qga 的 QEMU 侧源码解析

命令行指定-device virtio-serial-pci 的时候，会创建 virtio serial 对应的 PCI 代理设备，类型为 virtio-serial-pci，其对应的实例初始化函数为 virtio_serial_pci_instance_init。

```
hw/virtio/virtio-pci.c
static void virtio_serial_pci_instance_init(Object *obj)
{
    VirtIOSerialPCI *dev = VIRTIO_SERIAL_PCI(obj);

    virtio_instance_init_common(obj, &dev->vdev, sizeof(dev->vdev),
```

```
                                   TYPE_VIRTIO_SERIAL);
    }
```

该函数主要调用 virtio_instance_init_common 来创建一个 virtio-serial-device 设备。

QEMU 的 main 函数执行 device_init_func 函数时，会将 virtio-serial-pci 设备具现化，此时会调用 virtio_serial_pci_realize。

```
hw/virtio/virtio-pci.c
static void virtio_serial_pci_realize(VirtIOPCIProxy *vpci_dev, Error **errp)
{
    VirtIOSerialPCI *dev = VIRTIO_SERIAL_PCI(vpci_dev);
    DeviceState *vdev = DEVICE(&dev->vdev);
    DeviceState *proxy = DEVICE(vpci_dev);
    char *bus_name;
    …
    qdev_set_parent_bus(vdev, BUS(&vpci_dev->bus));
    object_property_set_bool(OBJECT(vdev), true, "realized", errp);
}
```

该函数最后一行具现化 virtio-serial-device 设备，调用了 virtio_serial_device_realize 函数，其代码如下。

```
hw/char/virtio-serial-bus.c
static void virtio_serial_device_realize(DeviceState *dev, Error **errp)
{
    VirtIODevice *vdev = VIRTIO_DEVICE(dev);
    VirtIOSerial *vser = VIRTIO_SERIAL(dev);
    uint32_t i, max_supported_ports;
    size_t config_size = sizeof(struct virtio_console_config);
    …
    virtio_init(vdev, "virtio-serial", VIRTIO_ID_CONSOLE,
                config_size);

    /*Spawn a new virtio-serial bus on which the ports will ride as devices*/
    qbus_create_inplace(&vser->bus, sizeof(vser->bus), TYPE_VIRTIO_SERIAL_BUS,
                        dev, vdev->bus_name);
    qbus_set_hotplug_handler(BUS(&vser->bus), DEVICE(vser), errp);
    vser->bus.vser = vser;
    QTAILQ_INIT(&vser->ports);

    vser->bus.max_nr_ports = vser->serial.max_virtserial_ports;
    vser->ivqs = g_malloc(vser->serial.max_virtserial_ports
                    * sizeof(VirtQueue *));
    vser->ovqs = g_malloc(vser->serial.max_virtserial_ports
                    * sizeof(VirtQueue *));

    /* Add a queue for host to guest transfers for port 0 (backward compat) */
    vser->ivqs[0] = virtio_add_queue(vdev, 128, handle_input);
    /* Add a queue for guest to host transfers for port 0 (backward compat) */
    vser->ovqs[0] = virtio_add_queue(vdev, 128, handle_output);
    …
    vser->c_ivq = virtio_add_queue(vdev, 32, control_in);
    /* control queue: guest to host */
```

```
    vser->c_ovq = virtio_add_queue(vdev, 32, control_out);

    for (i = 1; i <vser->bus.max_nr_ports; i++) {
        /* Add a per-port queue for host to guest transfers */
        vser->ivqs[i] = virtio_add_queue(vdev, 128, handle_input);
        /* Add a per-per queue for guest to host transfers */
        vser->ovqs[i] = virtio_add_queue(vdev, 128, handle_output);
    }

    vser->ports_map = g_malloc0((((vser->serial.max_virtserial_ports + 31)/32)
        * sizeof(vser->ports_map[0]));
    …
    QLIST_INSERT_HEAD(&vserdevices.devices, vser, next);
}
```

其代码与 virtio net 设备的非常相似，如调用 virtio_init 初始化 virtio-serial-device 设备，调用 qbus_create_inplace 函数创建一条 virtio 串行总线，该总线上可以挂 virtio 串口设备，分配 virtio serial device 自己的 virtqueue（即 vser->c_ivq 和 vser->c_ovq）来进行控制 virtioserialdevice 设备，分配并初始化 virtio 串口设备的 virtqueue（即 vser->ivqs 数组和 vser->ovqs 数组）来进行数据传输。

从虚拟机到宿主机的 virtqueue 的处理函数是 handle_output，从宿主机到虚拟机 virtqueue 的处理函数是 handle_input，handle_input 只在特殊情况下调用，如虚拟机由于长时间不读取 virtio 串口的数据，导致宿主机不能写，当虚拟机读取了一部分数据之后，就会调用 handle_input 通知宿主机继续写了。

命令行指定-chardev socket、path=/tmp/qga.sock、server、nowait、id=qga0 的时候会创建一个后端为 unix socket 的 chardev 设备。chardev 设备的共同父类型为 TYPE_CHARDEV，各个子类型包括 TYPE_CHARDEV_SOCKET、TYPE_CHARDEV_PTY、TYPE_CHARDEV_FD 等，每一种子类型使用不同的后端，虚拟机可以通过 chardev 连接外部世界。

在 main 函数中会调用 chardev_init_func 对每一个 chardev 设备进行初始化，该函数调用 qemu_chr_new_from_opts 来创建一个指定的 chardev 设备。

```
qemu-char.c
CharDriverState *qemu_chr_new_from_opts(QemuOpts *opts,
                                        Error **errp)
{
    Error *local_err = NULL;
    CharDriver *cd;
    CharDriverState *chr;
    GSList *i;
    ChardevReturn *ret = NULL;
    ChardevBackend *backend;
    const char *id = qemu_opts_id(opts);
    char *bid = NULL;
    …
    for (i = backends; i; i = i->next) {
        cd = i->data;

        if (strcmp(cd->name, qemu_opt_get(opts, "backend")) == 0) {
            break;
        }
    }
```

```
    }
    …
    backend = g_new0(ChardevBackend, 1);
    …
    chr = NULL;
    backend->type = cd->kind;
    if (cd->parse) {
        cd->parse(opts, backend, &local_err);
        …
    } else {
        ChardevCommon *cc = g_new0(ChardevCommon, 1);
        qemu_chr_parse_common(opts, cc);
        backend->u.null.data = cc; /* Any ChardevCommon member would work */
    }

    ret = qmp_chardev_add(bid ? bid : id, backend, errp);
    …
    chr = qemu_chr_find(id);
    …
    return chr;
}
```

所有 chardev 的后端驱动都需要通过调用 register_char_driver 将自己的 CharDriver 结构体挂到 backends 链表上。qemu_chr_new_from_opts 函数首先从参数中得到 ChardevBackend 的名字 name，这里是 socket。接着从 backends 链表上找到对应 socket 的 CharDriver，然后分配 ChardevBackend 的空间，设置 ChardevBackend 的 type，调用 socket 后端的 parse 函数，parse 函数初始化 ChardevBackend 的相关数据，每种 ChardevBackend 的数据都不一样。对于 socket 来说，这里的 parse 回调函数是 qemu_chr_parse_socket。该函数会初始化相关分配并初始化一个 ChardevSocket 结果体，如这里提供的 socket 是一个 unix sockt，会将 ChardevSocket 的 type 设置为 SOCKET_ADDRESS_KIND_UNIX 并保存该 unix socket 的路径。

qemu_chr_new_from_opts 接下来调用 qmp_chardev_add 函数创建一个 CharDriverState 结构，其代码如下。

```
qemu-char.c
ChardevReturn *qmp_chardev_add(const char *id, ChardevBackend *backend,
                        Error **errp)
{
    ChardevReturn *ret = g_new0(ChardevReturn, 1);
    CharDriverState *chr = NULL;
    Error *local_err = NULL;
    GSList *i;
    CharDriver *cd;
    bool be_opened = true;
    …
    for (i = backends; i; i = i->next) {
        cd = i->data;

        if (cd->kind == backend->type) {
            chr = cd->create(id, backend, ret, &be_opened, &local_err);
            …
```

```
            break;
        }
    }
    …
    chr->label = g_strdup(id);
    if (!chr->filename) {
        chr->filename = g_strdup(ChardevBackendKind_lookup[backend->type]);
    }
    if (be_opened) {
        qemu_chr_be_event(chr, CHR_EVENT_OPENED);
    }
    QTAILQ_INSERT_TAIL(&chardevs, chr, next);
    return ret;

}
```

　　qmp_chardev_add 函数首先从 backends 链表中找到 socket 的后端 CharDriver，然后执行其 create 回调函数，该函数主要进行后端设备相关的初始化工作。对于 socket 来说该回调函数为 qmp_chardev_open_socket，该函数用来创建一个 CharDriverState 结构，该函数主要进行后端设备相关的打开工作，如对 unix socket 来说就是打开其 path 指定的文件进行监听。qemu_chardev_new 函数最后会将 CharDriverState 结构体插入到 chardevs 全局链表上。

　　现在已经有了 virtio serial 总线和 chardev 设备，接下来的参数-device virtserialport、chardev=qga0、name=org.qemu.guest_agent.0 创建了一个 virtio 串口设备（以 virtioserialport 描述），其对应的 chardev 为刚刚创建的 qga0，名字为 org.qemu.guest_agent.0。该设备的类初始化函数代码如下。

```
hw/char/virtio-console.c
static void virtserialport_class_init(ObjectClass *klass, void *data)
{
    DeviceClass *dc = DEVICE_CLASS(klass);
    VirtIOSerialPortClass *k = VIRTIO_SERIAL_PORT_CLASS(klass);

    k->realize = virtconsole_realize;
    k->unrealize = virtconsole_unrealize;
    k->have_data = flush_buf;
    k->set_guest_connected = set_guest_connected;
    k->guest_writable = guest_writable;
    dc->props = virtserialport_properties;
}

static Property virtserialport_properties[] = {
    DEFINE_PROP_CHR("chardev", VirtConsole, chr),
    DEFINE_PROP_END_OF_LIST(),
};
typedef struct VirtConsole {
    VirtIOSerialPort parent_obj;

    CharBackendchr;
    guint watch;
} VirtConsole;
```

该类设备都会有一个 virtserialport_properties 属性，其对应设备对象为 chr 的 CharBankend 成员，在设备初始化的时候会初始化该属性。调用到 chardev 属性的设置函数 set_chr，其代码如下。

```
hw/core/qdev-properties-system.c
static void set_chr(Object *obj, Visitor *v, const char *name, void *opaque,
                Error **errp)
{
    DeviceState *dev = DEVICE(obj);
    Error *local_err = NULL;
    Property *prop = opaque;
    CharBackend *be = qdev_get_prop_ptr(dev, prop);
    CharDriverState *s;
    char *str;
    …
    s = qemu_chr_find(str);
    if (s == NULL) {
        error_setg(errp, "Property '%s.%s' can't find value '%s'",
                object_get_typename(obj), prop->name, str);
    } else if (!qemu_chr_fe_init(be, s, errp)) {
        error_prepend(errp, "Property '%s.%s' can't take value '%s': ",
                object_get_typename(obj), prop->name, str);
    }
    g_free(str);
}
```

set_chr 首先调用 qemu_chr_find，在 chardevs 链表上找到 chardev 设备，在之前的初始化中已经把 qga0 加在了该链表上，所以能够成功找到。接着调用 qemu_chr_fe_init 对 virtio serial port 的 CharBackend 成员进行初始化。

```
qemu-char.c
bool qemu_chr_fe_init(CharBackend *b, CharDriverState *s, Error **errp)
{
    int tag = 0;

    if (s->is_mux) {
        …
    } else if (s->be) {
        goto unavailable;
    } else {
        s->be = b;
    }

    b->fe_open = false;
    b->tag = tag;
    b->chr = s;
    return true;
}
```

qemu_chr_fe_init 函数将 CharBackend 和 CharDriverState 关联起来，并初始化 CharBackend 其他成员。图 8-4 显示了相关数据的关系。

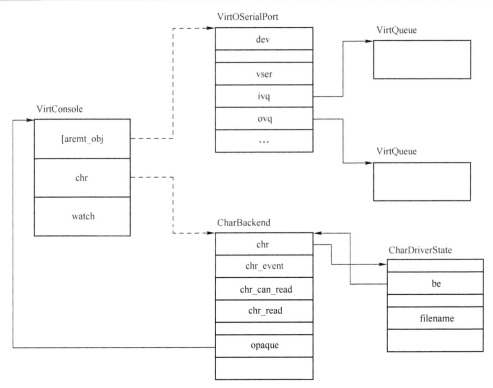

图 8-4　virtio serial 端口设备涉及的数据结构

接下来看 virtserialport 设备的具现化，该设备有一个父设备 virtio-serial-port，它是一个抽象设备。首先调用它的具现函数 virtser_port_device_realize，在该函数中会为该 port 设备找到其在 virtio serial 总线的 id。接着调用 virtserialport 设备的具现函数 virtconsole_realize，该函数用于为其 CharBackend 设置各种回调函数，如 chr_can_read 表示允许读取该 chardev 上的数据，chr_read 表示读取 chardev 上的数据。chardev 数据来源有很多，这里主要是指用户通过连接该 chardev 对应的 unix socket 文件，然后向该文件发送的数据。virtconsole_realize 的代码如下。

```c
hw/char/virtio-console.c
static void virtconsole_realize(DeviceState *dev, Error **errp)
{
    VirtIOSerialPort *port = VIRTIO_SERIAL_PORT(dev);
    VirtConsole *vcon = VIRTIO_CONSOLE(dev);
    VirtIOSerialPortClass *k = VIRTIO_SERIAL_PORT_GET_CLASS(dev);
    CharDriverState *chr = qemu_chr_fe_get_driver(&vcon->chr);
    …
    if (chr) {
        …
        if (k->is_console) {
            …
        } else {
            qemu_chr_fe_set_handlers(&vcon->chr, chr_can_read, chr_read,
            chr_event, vcon, NULL, false);
        }
    }
}
```

virtio-serial-device 有一个 plug 回调函数 virtser_port_device_plug，当有设备插入到该设备对应的总线上时会调用该 plug 函数。在设置 virtseriaolport 具现化的最后一个环节还要调用 plug 函数将该设备插入到 virtioserial 的 ports 链表上，并且将 port 设备对应的两个 virtqueue 设置为 virtio serial 设备相应端口的队列。

```
hw/char/virtio-serial-bus.c
static void virtser_port_device_plug(HotplugHandler *hotplug_dev,
DeviceState *dev, Error **errp)
{
    VirtIOSerialPort *port = VIRTIO_SERIAL_PORT(dev);

    QTAILQ_INSERT_TAIL(&port->vser->ports, port, next);
    port->ivq = port->vser->ivqs[port->id];
    port->ovq = port->vser->ovqs[port->id];

    add_port(port->vser, port->id);

    /* Send an update to the guest about this new port added */
    virtio_notify_config(VIRTIO_DEVICE(hotplug_dev));
}
```

上面的 virtio-serial-pci 设备、virtio-serial-device 设备、virtio-serial-port 设备以及 virtserialport 设备容易被混淆。图 8-5 所示为几个设备与总线的关系，虚线的 virtio-serial-port 表示该类设备类型是抽象的，virtserialport 是其具体的子类设备类型。

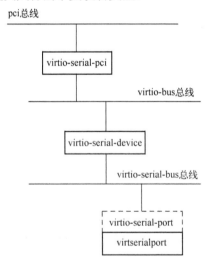

图 8-5　virtio-serial-pci、virtio-serial-device 以及 virtserialport 的关系

最后来分析 QEMU 与 virtserialport 的收发数据。首先分析虚拟机内部发送数据到 QEMU 的处理过程。当虚拟机中写 virtio 串口设备时，最终会调用到 QEMU 中 virtio serialdevice 为其上的端口创建的 VirtQueue 的 handle_output 处理函数。

```
hw/char/virtio-serial-bus.c
static void handle_output(VirtIODevice *vdev, VirtQueue *vq)
{
    VirtIOSerial *vser;
    VirtIOSerialPort *port;
```

```
        vser = VIRTIO_SERIAL(vdev);
        port = find_port_by_vq(vser, vq);

        if (!port || !port->host_connected) {
            discard_vq_data(vq, vdev);
            return;
        }

        if (!port->throttled) {
            do_flush_queued_data(port, vq, vdev);
            return;
        }
    }
```

在 handle_output 中，首先通过 find_port_by_vq 查找该 VirtQueue 对应的 virtio 串口设备，然后调用 do_flush_queued_data。do_flush_queued_data 会从 vring 中拿出数据并调用 VirtIOSerialPortClass 中的 have_data 回调，也就是 flush_buf 函数。该函数最终将数据发送到与 unix socket 文件/tmp/qga.sock 连接对应的客户端。

接下来分析虚拟机接收数据。当客户端向 unix socket 文件 /tmp/qga.sock 写数据时，会导致 QEMU 主线程的 poll 返回，并调用 chr_read 函数。

```
hw/char/virtio-console.c
static void chr_read(void *opaque, const uint8_t *buf, int size)
{
    VirtConsole *vcon = opaque;
    VirtIOSerialPort *port = VIRTIO_SERIAL_PORT(vcon);

    trace_virtio_console_chr_read(port->id, size);
    virtio_serial_write(port, buf, size);
}

hw/char/virtio-serial-bus.c
ssize_t virtio_serial_write(VirtIOSerialPort *port, const uint8_t *buf,
                            size_t size)
{
    if (!port || !port->host_connected || !port->guest_connected) {
        return 0;
    }
    return write_to_port(port, buf, size);
}
```

chr_read 函数通过包装函数 virtio_serial_write 调用最终的发送函数 write_to_port。在 write_to_port 中会填充接收 VirtQueue 的 vring，然后调用 virtio_notify，该函数向 virtio serial 设备注入一个中断通知虚拟机取数据。

## 8.2　QEMU 虚拟机热迁移

### 8.2.1　热迁移的用法与基本原理

虚拟化环境下的热迁移指的是在虚拟机运行的过程中透明地从源宿主机迁移到目的宿主

机，热迁移的好处是很明显的，QEMU/KVM 很早就支持热迁移了。早期的 QEMU 热迁移仅支持内存热迁移，也就是迁移前后的虚拟机使用一个共享存储，现在的 QEMU 热迁移已经支持存储的热迁移了。本章只介绍内存热迁移。

首先来看热迁移是怎么使用的。一般来说需要迁移的虚拟机所在的源宿主机（src）和目的宿主机（dst）需要能够同时访问虚拟机镜像，为了简单起见，这里只在两台宿主机上使用同一个虚拟机镜像。

1）在 src 启动一个虚拟机 vm1。

```
qemu-system-x86_64  -m 2048  -hda centos.img  -vnc :0 --enable-kvm
```

2）在 dst 启动另一个虚拟机 vm2。

```
qemu-system-x86_64  -m 2048  -hda centos.img  -vnc :0 --enable-kvm -
incoming tcp:0:6666
```

3）在 vm1 的 monitor 里面输入。

```
migrate tcp:$ip:6666
```

隔了十几秒可以看到，vm2 已经成为了 vm1 的状态，vm1 则处于 stop 状态。

下面简单介绍热迁移的基本原理。

首先介绍热迁移过程中 QEMU 的哪些部分会包含进来。图 8-6 中间的灰色部分是虚拟机的内存，它对于 QEMU 来说是完全的黑盒，QEMU 不会做任何假设，只是简单地发送到目的端。左边的区域表示的是设备状态，这部分是虚拟机可见的，QEMU 使用自己的协议来发送这部分。右边是不会迁移的部分，但是需要让目的端和源端保持一致，所以一般来说，源端和目的端的虚拟机使用相同的 QEMU 命令行。通常情况下需要满足很多条件才能进行热迁移，典型的条件如下。

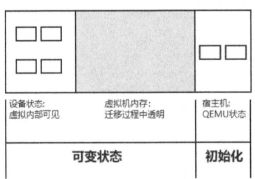

图 8-6　热迁移涉及的部分

1）使用共享存储，如 NFS。

2）源端和目的端宿主机的时间要一致。

3）网络配置要一致，不能只允许源端虚拟机访问某个网络，而不允许目的端虚拟机访问。

4）源端和目的端 CPU 类型要一致，毕竟有的时候需要宿主机导出指令集给虚拟机。

5）虚拟机的机器类型、QEMU 版本、ROM 版本等应一致。

内存热迁移主要包括下面 3 个步骤。

1）源端将虚拟机所有 RAM 设置成脏页（dirty），主要函数为 ram_save_setup。

2）持续迭代将虚拟机的脏页从源端发送到目的端，直到达到一定条件，如 QEMU 判断在当前带宽以及虚拟机停止时间符合设定要求的情况下能够将剩余的脏页发送到目的端，这个迭代过程调用的主要函数是 ram_save_iterate。

3）停止源端上的虚拟机，把虚拟机剩下的脏页发送到目的端，之后发送源端上虚拟机的设备状态到目的端，这个过程涉及的主要函数为 qemu_savevm_state_complete_precopy。

其中步骤 1）和步骤 2）是图 8-6 中的灰色区域，步骤 3）是中间部分灰色区域和左边的区域。迁移完成之后虚拟机就可以在目的端上面继续运行了。

## 8.2.2　热迁移流程分析

在虚拟机热迁移的过程中涉及很多模块，如内存的热迁移、虚拟机设备状态的热迁移等。显然 QEMU 不可能知道所有这些模块迁移需要做哪些工作，所以需要模块自己注册一系列的回调函数。QEMU 通过 SaveStateEntry 结构来描述一个模块的热迁移信息，该结构定义如下。

```
migration/savevm.c
typedef struct SaveStateEntry {
    QTAILQ_ENTRY(SaveStateEntry) entry;
    char idstr[256];
    int instance_id;
    int alias_id;
    int version_id;
    int section_id;
    SaveVMHandlers *ops;
    const VMStateDescription *vmsd;
    void *opaque;
    CompatEntry *compat;
    int is_ram;
} SaveStateEntry;
```

其中，entry 用来将各个模块注册的 SaveStateEntry 连接在一起，这个链表的头是 savevm_state 全局变量的 handlers 成员；各类 id 用于表示一个模块信息的；opaque 是模块注册时提供的在热迁移过程中会使用到的结构体。

热迁移过程中通常会从源端发送两类模块数据到目的端，第一类数据的量很大并且虚拟机内部会不断改变这类数据，如内存，对于这类模块需要准备一个 SaveVMHandlers，且在注册时会保存在 SaveStateEntry 的 ops 成员中，该结构中包含了热迁移几个阶段的回调函数，如开始时的 save_setup 回调、迭代过程中的 save_live_iterate 回调、结束过程的 save_live_complete_precopy 回调。第二类数据涉及的模块比较少，与 QEMU 本身有关，且能在热迁移的最后一个阶段迁移完成，如大量的设备状态，对于这类模块通常准备一个 VMStateDescription 结构并且在注册的时候会保存在 SaveStateEntry 的 vmsd 成员中，在该结构中记录了热迁移过程中需要迁移的数据以及一些回调函数。

两种情况下 SaveStateEntry 结构体最终都会插入到 savevm_state.handlers 链表中。第一类迁移数据调用 register_savevm_live 函数，第二类迁移数据调用 vmstate_register_with_alias_id 函数，这两个函数都会构造一个 SaveStateEntry 然后将其注册添加到 savevm_state.handlers 链表上。相关函数调用如图 8-7 所示。

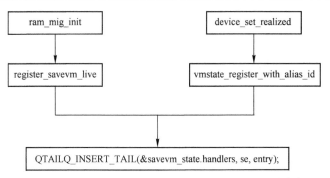

图 8-7　SaveStateEntry 插入到 savem_state.handlers 链表上

QEMU 创建一个独立的线程来完成热迁移工作，热迁移的线程函数是 migration_thread。在 QEMU 的 monitor 中输入 migrate 命令之后，经过如下的函数调用，最终调用到了 migrate_fd_connect 函数。

```
hmp_migrate
  ->qmp_migrate
    ->tcp_start_outgoing_migration
      ->socket_start_outgoing_migration
        ->socket_outgoing_migration
          ->migration_channel_connect
            ->qemu_fopen_channel_output
            ->migrate_fd_connect
```

migrate_fd_connect 函数的最后会创建热迁移线程，代码如下。

```
migration/migration.c
void migrate_fd_connect(MigrationState *s)
{
    …
    qemu_thread_create(&s->thread, "migration", migration_thread, s,
                QEMU_THREAD_JOINABLE);
    s->migration_thread_running = true;
}
```

热迁移线程的工作函数是 migration_thread，简化过后的 migration_thread 代码大致如下。

```
migration/migration.c
static void *migration_thread(void *opaque)
{
    …
    qemu_savevm_state_begin(s->to_dst_file, &s->params);
    …
    while (s->state == MIGRATION_STATUS_ACTIVE ||
        s->state == MIGRATION_STATUS_POSTCOPY_ACTIVE) {
        …
        if (!qemu_file_rate_limit(s->to_dst_file)) {
            uint64_t pend_post, pend_nonpost;

            qemu_savevm_state_pending(s->to_dst_file, max_size, &pend_nonpost,
                                                        &pend_post);
            …
            if (pending_size && pending_size >= max_size) {
```

```
        …
        /* Just another iteration step */
        qemu_savevm_state_iterate(s->to_dst_file, entered_postcopy);
    } else {
        migration_completion(s, current_active_state,
                        &old_vm_running, &start_time);
        break;
    }
}
…
}
```

migration_thread 函数主要调用 4 个函数，4 个函数都会调用 savevm_state.handlers 链表上每个模块注册的 SaveStateEntry 结构体中的相关回调函数。qemu_savevm_state_begin 调用 SaveStateEntry 结构中 SaveVMHandlers 的 save_live_setup 回调函数完成迁移之前的初始化工作。之后进入 while 循环，该循环从源端宿主机迭代复制虚拟机数据到目的端，在迭代循环中，qemu_savevm_state_pending 调用 SaveVMHandlers 的 save_live_pending 回调函数记录本次的迁移状态，qemu_savevm_state_iterate 调用 SaveVMHandlers 的 save_live_iterate 的函数将本轮需要发送的数据发送到目的端，migration_thread 函数中的 pending_size 表示还需要发送的数据，max_size 表示在当前带宽和虚拟机宕机时间的设置下能够发送的最大数据，当 pending_size 大于 max_size 的时候，表明本次发送无法在指定的带宽和宕机时间下发送完成，所以需要调用 qemu_savevm_state_iterate 进行迭代发送。如果 pending_size 小于 max_size，说明本次发送能够一次性将剩余数据发送到目的端，这个时候调用 migration_completion 完成发送，然后退出循环。migration_completion 函数会调用 SaveVMHandlers 的 save_live_complete_precopy 回调函数用来将使用 SaveVMHandlers 的模块剩余的数据完全发送出去，然后调用相关函数将使用 VMStateDescription 的模块数据完全发送出去。migration_thread 函数以及相关回调函数的关系如图 8-8 所示。

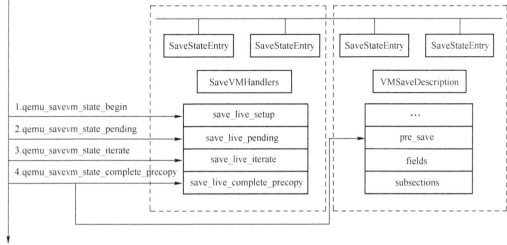

图 8-8　migration_thread 涉及的主要函数及其关系

在仅有内存迁移的场景中，本质上只有虚拟机访问内存的行为修改了虚拟机的状态，所以只有内存模块注册了 SaveVMhandlers 的 SaveStateEntry。各个设备模块会使用自己的

VMStateDescription 去注册一个 SaveStateEntry。

在分析热迁移各个流程代码之前，首先介绍一下热迁移的数据传输。

下面结合 8.2.1 节热迁移的大体流程和本节热迁移的相关函数来具体分析热迁移相关代码。热迁移使用 MigrationState 结构体来表示迁移的相关数据，这个结构体会作为 migration_thread 函数的参数，该结构体非常庞大，后面介绍到相关流程的时候再介绍相关数据。

MigrationState 有一个类型为 QEMUFile 指针的 to_dst_file 成员，QEMUFile 可以理解成数据发送的通道，源端将所有的数据都发送到 QEMUFile 中，目的端则从 QEMUFile 中接收数据。在 migration_thread 中首先调用 qemu_savevm_state_header 函数，将标识迁移数据的头信息放到 to_dst_file 中，qemu_savevm_state_header 的代码如下。

```
migration/savevm.c
void qemu_savevm_state_header(QEMUFile *f)
{
    trace_savevm_state_header();
    qemu_put_be32(f, QEMU_VM_FILE_MAGIC);
    qemu_put_be32(f, QEMU_VM_FILE_VERSION);

    if (migrate_get_current()->send_configuration) {
        qemu_put_byte(f, QEMU_VM_CONFIGURATION);
        vmstate_save_state(f, &vmstate_configuration, &savevm_state, 0);
    }
}
```

这里 QEMU_VM_FILE_MAGIC 和 QEMU_VM_FILE_VERSION 用来表示一个热迁移的开始，这类似于网络数据包中的头信息。如果热迁移需要发送配置信息，则还会把 vmstate_configuration 中的相关数据放入 to_dst_file 中。

接下来分析热迁移的第一个阶段调用的函数 qemu_savevm_state_begin，这个函数是用来初始化的，该函数代码如下。

```
migration/savevm.c
void qemu_savevm_state_begin(QEMUFile *f,
                            const MigrationParams *params)
{
    SaveStateEntry *se;
    int ret;
    …
    QTAILQ_FOREACH(se, &savevm_state.handlers, entry) {
        …
        save_section_header(f, se, QEMU_VM_SECTION_START);

        ret = se->ops->save_live_setup(f, se->opaque);
        save_section_footer(f, se);
        if (ret < 0) {
            qemu_file_set_error(f, ret);
            break;
        }
    }
}
```

save_section_header 和 save_section_footer 分别用来标识一个 section 的开始和结束，在这两

个函数之间调用了 se->ops-> save_live_setup 函数，对于内存来说，这个函数是 ram_save_setup，该函数代码如下。

```
migration/ram.c
static int ram_save_setup(QEMUFile *f, void *opaque)
{
    RAMBlock *block;

    /* migration has already setup the bitmap, reuse it. */
    if (!migration_in_colo_state()) {
        if (ram_save_init_globals() < 0) {
            return -1;
        }
    }

    rcu_read_lock();

    qemu_put_be64(f, ram_bytes_total() | RAM_SAVE_FLAG_MEM_SIZE);

    QLIST_FOREACH_RCU(block, &ram_list.blocks, next) {
        qemu_put_byte(f, strlen(block->idstr));
        qemu_put_buffer(f, (uint8_t *)block->idstr, strlen(block->idstr));
        qemu_put_be64(f, block->used_length);
    }

    rcu_read_unlock();

    ram_control_before_iterate(f, RAM_CONTROL_SETUP);
    ram_control_after_iterate(f, RAM_CONTROL_SETUP);

    qemu_put_be64(f, RAM_SAVE_FLAG_EOS);

    return 0;
}
```

　　ram_save_setup 首先调用 ram_save_init_globals 来初始化热迁移相关的数据，这个函数后面详细介绍。ram_save_setup 接着调用 ram_bytes_total() 计算出虚拟机总的内存大小，并且写入到发送 QEMUFile 文件中，接着会将 ram_list 中的所有 block 信息写入到 QEMUFile 中，这些信息包括 RAMBlock 的 idstr 的长度、idstr 数据本身以及 used_length。ram_control_before/after_iterate 提供了一个 hook 机制，允许不同种类的迁移提供自己的定制函数执行。最后将 RAM_SAVE_FLAG_EOS 写入 QEMUFile 中。

　　接下来分析一下 ram_save_setup。首先调用 ram_save_init_globals 函数。ram_save_init_globals 代码如下，这里去掉了很多代码，如 xbzrle 优化措施的初始化、一些锁的获取与释放等。

```
migration/ram.c
static int ram_save_init_globals(void)
{
    int64_t ram_bitmap_pages;/* Size of bitmap in pages, including gaps */

    dirty_rate_high_cnt = 0;
```

```
        bitmap_sync_count = 0;
        migration_bitmap_sync_init();
        qemu_mutex_init(&migration_bitmap_mutex);

        if (migrate_use_xbzrle()) {
            …
        }
        …
        bytes_transferred = 0;
        reset_ram_globals();

        ram_bitmap_pages = last_ram_offset() >> TARGET_PAGE_BITS;
        migration_bitmap_rcu = g_new0(struct BitmapRcu, 1);
        migration_bitmap_rcu->bmap = bitmap_new(ram_bitmap_pages);
        bitmap_set(migration_bitmap_rcu->bmap, 0, ram_bitmap_pages);
        …
        /*
         * Count the total number of pages used by ram blocks not including any
         * gaps due to alignment or unplugs.
         */
        migration_dirty_pages = ram_bytes_total() >> TARGET_PAGE_BITS;

        memory_global_dirty_log_start();
        …
        return 0;
    }
```

Migration 在 2.8 版本中还使用了大量的全局变量，ram_save_init_globals 函数首先初始化这些全局变量，migration_bitmap_sync_init 和 reset_ram_globals 都是用来初始化全局变量的。在初始化的过程中还需根据虚拟机的内存大小分配一个全局位图 migration_bitmap_rcu->bmap，这个全局位图中的每一位表示虚拟机的一页内存是否是脏页，初始化时通过调用 bitmap_set 函数设置所有页均为脏页。memory_global_dirty_log_start 函数首先设置全局变量 global_dirty_log 为 true，接着该函数调用 memory_listeners 上每个 MemoryListener 的 log_global_start 回调，从而告诉感兴趣的模块脏页记录即将开启，最后调用 memory_region_transaction_commit 将内存变化的信息告诉 KVM 模块。在随后的 VM 的 ioctl(KVM_SET_USER_MEMORY_REGION)中会将 flags 加上 KVM_MEM_LOG_DIRTY_PAGES 属性，这样 KVM 就会按照 5.7 节中描述的过程将虚拟机内存设置为写保护，或者使用硬件 PML 来记录虚拟机访问过的内存页。

综上可知，热迁移第一阶段的 qemu_savevm_state_begin 函数主要是进行了一些初始化操作，包括为内存分配脏页标记的 bitmap、开启脏页记录以及将虚拟机所有 RAMBlock 的部分信息放入热迁移数据流中。

回到 migration_thread 函数，qemu_savevm_state_begin 函数执行完之后就要进入数据发送的迭代过程了，这也是热迁移的第二个阶段。该阶段的第一个函数是 qemu_savevm_state_pending，这个函数的作用是计算出本次迁移还有多少脏页需要迁移，其调用 savevm_state.handlers 链表上每个 SaveStateEntry 成员 SaveVMHandlers 中的 save_live_pending 函数实现，对于只需要迁移内存的热迁移来说，只有一个 ram_save_pending 函数。ram_save_pending 函数定义如下。

**migration/ram.c**

```
static void ram_save_pending(QEMUFile *f, void*opaque, uint64_t max_size,
                             uint64_t *non_postcopiable_pending,
                             uint64_t *postcopiable_pending)
{
    uint64_t remaining_size;

    remaining_size = ram_save_remaining() * TARGET_PAGE_SIZE;

    if (!migration_in_postcopy(migrate_get_current()) &&
            remaining_size < max_size) {
        qemu_mutex_lock_iothread();
        rcu_read_lock();
        migration_bitmap_sync();
        rcu_read_unlock();
        qemu_mutex_unlock_iothread();
        remaining_size = ram_save_remaining() * TARGET_PAGE_SIZE;
    }

    /* We can do postcopy, and all the data is postcopiable */
    *postcopiable_pending += remaining_size;
}
```

ram_save_pending 第三个参数是 max_size，表示的是在当前带宽和允许的虚拟机宕机时间下源端能够发送的最大数据量，max_size 是在 migration_thread 中通过如下公式计算出来的。

```
migration/migration.c
uint64_t transferred_bytes = qemu_ftell(s->to_dst_file) -
                                     initial_bytes;
uint64_t time_spent = current_time - initial_time;
double bandwidth = (double)transferred_bytes / time_spent;
max_size = bandwidth * s->parameters.downtime_limit;
```

ram_save_pending 函数中，首先调用 ram_save_remaining 函数计算出还剩余多少字节需要发送，接着对剩余的字节进行判断，如果小于本次能够发送的最大值，那么会调用 migration_bitmap_sync 进行脏页同步，否则直接将剩余字节赋值给 ram_save_pending 第五个参数指向的空间中。remaining_size 大于等于 max_size，意味着 QEMU 自身保存的脏页已经比较多了，不需要从 KVM 侧获取脏页信息，所以 ram_save_pending 只需要计算出脏页字节数即可。

回到 migration_thread，调用 qemu_savevm_state_pending 确定好目前的脏页数量之后，接着调用 qemu_savevm_state_iterate 来进行脏页的发送。

```
migration/savevm.c
int qemu_savevm_state_iterate(QEMUFile *f, bool postcopy)
{
    SaveStateEntry *se;
    int ret = 1;

    trace_savevm_state_iterate();
    QTAILQ_FOREACH(se, &savevm_state.handlers, entry) {

        …
```

```
        save_section_header(f, se, QEMU_VM_SECTION_PART);

        ret = se->ops->save_live_iterate(f, se->opaque);
        trace_savevm_section_end(se->idstr, se->section_id, ret);
        save_section_footer(f, se);
        …
    }
    return ret;
}
```

两个函数 save_section_header 和 save_section_footer 用来添加数据首尾分隔标识，然后调用 se->ops->save_live_iterate 回调，对于内存来说，这是 ram_save_iterate 函数。ram_save_iterate 函数精简之后如下所示。

```
migration/ram.c
static int ram_save_iterate(QEMUFile *f, void *opaque)
{
    int ret;
    int i;
    int64_t t0;
    int done = 0;
    …
    t0 = qemu_clock_get_ns(QEMU_CLOCK_REALTIME);
    i = 0;
    while ((ret = qemu_file_rate_limit(f)) == 0) {
        int pages;

        pages = ram_find_and_save_block(f, false, &bytes_transferred);
        /* no more pages to sent */
        if (pages == 0) {
            done = 1;
            break;
        }
        acct_info.iterations++;

        /* we want to check in the 1st loop, just in case it was the 1st time
           and we had to sync the dirty bitmap.
           qemu_get_clock_ns() is a bit expensive, so we only check each
           some iterations
        */
        if ((i & 63) == 0) {
            uint64_t t1 = (qemu_clock_get_ns(QEMU_CLOCK_REALTIME)-t0) / 1000000;
            if (t1 > MAX_WAIT) {
                DPRINTF("big wait: %" PRIu64 " milliseconds, %d iterations\n",
                        t1, i);
                break;
            }
        }
        i++;
    }
    …
    qemu_put_be64(f, RAM_SAVE_FLAG_EOS);
    bytes_transferred += 8;
```

```
    ...
    return done;
}
```

ram_save_iterate 函数在一个 while 循环中调用 ram_find_and_save_block 函数，该函数找到脏页并将脏页发送出去，返回值 pages 表示发送的脏页数目。该循环结束的条件有两个：第一个条件是没有脏页，那么 pages 返回 0；第二个条件是该循环执行的时间已经超过了 MAX_WAIT(50ms)，那么也退出循环，执行时间是通过 qemu_clock_get_ns 函数获取的。由于 qemu_clock_get_ns 函数的调用比较费时，所以在循环中不是每次调用完 ram_find_and_save_block 之后就会去检查是否超时，而是会每隔 64 次调用 ram_find_and_save_block 之后检查时间。在 ram_save_iterate 的最后会将 RAM_SAVE_FLAG_EOS 作为一个数据分割标识加入到迁移数据流中。

ram_find_and_save_block 函数会调用 find_dirty_block 函数找到下一个脏页，然后调用 ram_save_host_page 将脏页发送到迁移流中，ram_save_host_page 的函数调用链包括 ram_save_target_page、ram_save_page 以及最后将脏页数据发送到迁移流的 qemu_put_buffer 函数。

在一轮循环中调用完这两个函数之后通常会计算一些统计数据，如迄今为止迁移的数据 transferred_bytes、使用的时间 time_spent、当前的带宽 bandwidth、在当前的带宽和虚拟机宕机时间的设置下能够传送的最大数据量 max_size。

migration_thread 中的 while 循环就这样调用 qemu_savevm_state_pending 和 qemu_savevm_state_iterate 进行迭代循环，当剩下的待迁移数据小于 max_size 时，也就是当 migration_thread 函数 while 循环中 if (pending_size && pending_size >= max_size) 条件不成立的时候，就会调用 migration_completion 函数，进入热迁移的第三个阶段。

热迁移的第三个阶段会将虚拟停下来，然后进行最后的脏页同步，并将这部分脏页发送到目的端，还会发送 savevm_state 链表上各个设备模块注册的 SaveStateEntry 的回调函数，将各个设备的状态发送到目的端。migration_completion 的代码简化如下。

**migration/migration.c**
```
static void migration_completion(MigrationState *s,
                                 int current_active_ state,
                                 bool *old_vm_running,
                                 int64_t *start_time)
{
    int ret;

    if (s->state == MIGRATION_STATUS_ACTIVE) {
        ...
        if (!ret) {
            ret = vm_stop_force_state(RUN_STATE_FINISH_MIGRATE);
            ...
            if (ret >= 0 && !migrate_colo_enabled()) {
                ret = bdrv_inactivate_all();
            }
            if (ret >= 0) {
                qemu_file_set_rate_limit(s->to_dst_file, INT64_MAX);
                qemu_savevm_state_complete_precopy(s->to_dst_file, false);
            }
        }
        ...
```

```
        } else if (s->state == MIGRATION_STATUS_POSTCOPY_ACTIVE) {
            …
        }
    …
    if (!migrate_colo_enabled()) {
        migrate_set_state(&s->state, current_active_state,
                            MIGRATION_STATUS_COMPLETED);
    }

    return;
    …
}
```

migration_completion 函数首先调用 vm_stop_force_state 让虚拟机停止运行，并设置其状态为 RUN_STATE_FINISH_MIGRATE。接着调用 qemu_savevm_state_complete_precopy 函数，该函数首先调用 se->ops->save_live_complete_precopy 回调函数，对于内存来说这个函数是 ram_save_complete。ram_save_complete 函数很简单，它首先调用 migration_bitmap_sync 获取 KVM 侧的脏页数据，然后调用 ram_find_and_save_block 将脏页发送到迁移数据流中。qemu_savevm_state_complete_precopy 代码如下。

```
migration/savevm.c
    QTAILQ_FOREACH(se, &savevm_state.handlers, entry) {
        …
        save_section_header(f, se, QEMU_VM_SECTION_END);

        ret = se->ops->save_live_complete_precopy(f, se->opaque);
        trace_savevm_section_end(se->idstr, se->section_id, ret);
        save_section_footer(f, se);
        …
    }
```

在将所有内存发送到目的端之后，qemu_savevm_state_complete_precopy 接着将每个设备的 VMStateDescription 结构描述的要迁移的数据发送到 dst 端，这些 VMStateDescription 是放在 SaveStateEntry 的 vmsd 成员中、在 device_set_realized 函数中通过调用 vmstate_register_with_alias_id 函数完成的。VMStateDescription 的定义如下。

```
include/migration/vmstate.h
struct VMStateDescription {
    const char *name;
    int unmigratable;
    int version_id;
    int minimum_version_id;
    int minimum_version_id_old;
    LoadStateHandler *load_state_old;
    int (*pre_load)(void *opaque);
    int (*post_load)(void *opaque, int version_id);
    void (*pre_save)(void *opaque);
    bool (*needed)(void *opaque);
    VMStateField *fields;
    const VMStateDescription **subsections;
};
```

其中，name 用来标识名字；unmigratable 表示该设备是否能够迁移；几个 version_id 用来在不同版本之间兼容。pre/post_load 两个回调函数在目的端加载虚拟机状态时调用；pre_save 在源端保存虚拟机状态的时候调用；fields 类型为 VMStateField，其中记录了热迁移时要保存的数据，这些数据可能是整型，可能是数组，还可能是字符串等，通常通过以 VMSTATE_开头的宏来表示。

VMStateField 中有一个类型为 VMStateInfo 的成员 info，这个结构体中保存了热迁移过程中设备需要保存的数据的存取回调函数，其中 put 回调函数在源端保存设备状态的时候执行，get 回调函数在目的端恢复设备状态的时候执行。

```
include/migration/vmstate.h
struct VMStateInfo {
        const char *name;
        int (*get)(QEMUFile *f, void *pv, size_t size, const VMStateField
*field);
        int (*put)(QEMUFile *f, void *pv, size_t size, const VMStateField
*field,
                QJSON *vmdesc);
        };
```

每种数据类型都有自己的 VMStateInfo。以 uint64 数据类型为例，其定义了一个名为 vmstate_info_uint64 的 VMStateInfo，其中保存 uint64 的函数是 put_uint64，加载 uint64 的函数是 get_uint64，从下面的定义可以看出，这两个函数简单地从 QEMUFile 访问一个 uint64 数据。

```
migration/vmstate.c
static int get_uint64(QEMUFile *f, void *pv, size_t size)
{
    uint64_t *v = pv;
    qemu_get_be64s(f, v);
    return 0;
}

static void put_uint64(QEMUFile *f, void *pv, size_t size)
{
    uint64_t *v = pv;
    qemu_put_be64s(f, v);
}

const VMStateInfovmstate_info_uint64 = {
    .name = "uint64",
    .get  = get_uint64,
    .put  = put_uint64,
};
```

下面的代码展示了部分 e1000 的 VMStateDescription 结构，其他设备的 VMStateDescription 定义与此类似。

```
hw/net/e1000.c
static const VMStateDescriptionvmstate_e1000 = {
    .name = "e1000",
    .version_id = 2,
```

```
        .minimum_version_id = 1,
        .pre_save = e1000_pre_save,
        .post_load = e1000_post_load,
        .fields = (VMStateField[]) {
            VMSTATE_PCI_DEVICE(parent_obj, E1000State),
            VMSTATE_UNUSED_TEST(is_version_1, 4), /* was instance id */
            VMSTATE_UNUSED(4), /* Was mmio_base. */
            VMSTATE_UINT32(rxbuf_size, E1000State),
            VMSTATE_UINT32(rxbuf_min_shift, E1000State),
            …
        .subsections = (const VMStateDescription*[]) {
            &vmstate_e1000_mit_state,
            &vmstate_e1000_full_mac_state,
            NULL
        }
};
```

介绍完相关的数据结构之后，接下来分析 qemu_savevm_state_complete_precopy 是如何将设备状态发送到迁移流中的。在保存设备状态的时候，除了直接将数据发送到迁移流外，还会将数据保存在一个 json 对象 vmdesc 中，这里不考虑 json 部分。

**migration/savevm.c**
```
    QTAILQ_FOREACH(se, &savevm_state.handlers, entry) {
        …
        save_section_header(f, se, QEMU_VM_SECTION_FULL);
        vmstate_save(f, se, vmdesc);
        trace_savevm_section_end(se->idstr, se->section_id, 0);
        save_section_footer(f, se);
        …
    }
```

在核心函数 vmstate_save 的前面和后面会增加开始和结束的标识。vmstate_save 会调用 vmstate_save_state 来完成实际的发送设备状态工作。vmstate_save_state 代码简化后如下。

**migration/savevm.c**
```
void vmstate_save_state(QEMUFile *f, const VMStateDescription *vmsd,
                void *opaque, QJSON *vmdesc)
{
    VMStateField *field = vmsd->fields;

    if (vmsd->pre_save) {
        vmsd->pre_save(opaque);
    }
    …
    while (field->name) {
        if (!field->field_exists ||
            field->field_exists(opaque, vmsd->version_id)) {
            void *base_addr = vmstate_base_addr(opaque, field, false);
            int i, n_elems = vmstate_n_elems(opaque, field);
            int size = vmstate_size(opaque, field);
            int64_t old_offset, written_bytes;
            QJSON *vmdesc_loop = vmdesc;
```

```
            for (i = 0; i < n_elems; i++) {
                void *addr = base_addr + size * i;

                vmsd_desc_field_start(vmsd, vmdesc_loop, field, i, n_elems);
                old_offset = qemu_ftell_fast(f);

                if (field->flags & VMS_ARRAY_OF_POINTER) {
                    addr = *(void **)addr;
                }
                if (field->flags & VMS_STRUCT) {
                    vmstate_save_state(f, field->vmsd, addr, vmdesc_loop);
                } else {
                    field->info->put(f, addr, size);
                }

                written_bytes = qemu_ftell_fast(f) - old_offset;
                vmsd_desc_field_end(vmsd, vmdesc_loop, field, written_bytes, i);
                …
            }
        } else {
            …
        }
        field++;
    }

    if (vmdesc) {
        json_end_array(vmdesc);
    }

    vmstate_subsection_save(f, vmsd, opaque, vmdesc);
}
```

　　vmstate_save_state 函数首先调用 VMStateDescription 的 pre_save 成员函数，设备可以在这个回调中做一些保存设备状态之前的工作。接下来在一个 while 循环中逐个处理 VMStateDescription 的 fields 数组成员中的每一个 VMStateField，vmstate_n_elems 计算出该 field 有多少个元素并保存到 n_elems，如果 n_elems 不止 1，表明该 field 是一个数组，vmstate_size 计算出一个元素所占的空间。while 循环中的 for 循环用于处理该 filed 中的每个元素，对于仅有一个元素的数据来说，该循环只执行一次，在 for 循环中会根据当前元素的类型来做不同的处理，如果是一个结构体，则会递归调用 vmstate_save_state，如果是普通类型，则直接调用 field->info->put 回调函数。vmstate_save_state 函数最后会调用 vmstate_subsection_save 处理 VMStateDescription 的 subsections 成员，这个成员本身是一个指向 VMStateDescription 的数组指针，vmstate_subsection_save 会调用 vmstate_save_state 保存 subsections 中的各个 VMStateDescription 描述的要保存的设备状态。

　　至此，vmstate_save_state、vmstate_save 以及 qemu_savevm_state_complete_precopy 函数的重点就分析完了。migration_thread 在迁移完成之后会计算出虚拟机的宕机时间和带宽，用户可以通过对应的 qmp/hmp 命令获取这些数据。

**migration/migration.c**
```
    if (s->state == MIGRATION_STATUS_COMPLETED) {
        uint64_t transferred_bytes = qemu_ftell(s->to_dst_file);
```

```
        s->total_time = end_time - s->total_time;
        if (!entered_postcopy) {
            s->downtime = end_time - start_time;
        }
        if (s->total_time) {
            s->mbps = (((double) transferred_bytes * 8.0) /
                      ((double) s->total_time)) / 1000;
        }
        runstate_set(RUN_STATE_POSTMIGRATE);
    }
```

目的端虚拟机启动的过程与数据迁移的过程相反，它不断从 QEMUFile 中读取数据，最终启动虚拟机运行，源端在数据发送完毕之后会进入停止状态，可以通过 qmp/hmp 继续让源端虚拟机运行，当然，通常在云计算环境下这样做不仅没有意义，还会让上层调度系统产生错误的虚拟机信息记录。

### 8.2.3 热迁移中的脏页同步

热迁移的大部分工作是将源端的内存发送到目的端，在进行热迁移的过程中，虚拟机中的操作系统也会不停地访问虚拟机的内存，这些内存可能已经迁走，也有可能尚未迁走，如果是已经迁走的，需要再次迁移这些内存。所以为了能让虚拟机完整迁移到目的端，QEMU 需要虚拟机内存的访问情况，这就是所谓的脏页，脏页由 KVM 记录，QEMU 会在特定的时间同步 KVM 的脏页，从而决定哪些内存需要发送。这也是上一节中热迁移流程第二阶段迭代复制的含义，所谓迭代就是虚拟机不停地访问内存，热迁移不停地发送内存，这之间可能将同一段内存发送多次。

5.7 节已经对 KVM 的脏页跟踪做了介绍，本节介绍一下 QEMU 如何使用 KVM 的脏页功能来实现脏页同步。QEMU 进行脏页同步的大体流程如下。

1）QEMU 为所有内存块分配脏页位图并全部设置为 1，表明初始状态内存都是脏页，需要发送到目的端，这个初始化工作是在 ram_save_init_globals 中完成的，脏页位图保存在全局变量 migration_bitmap_rcu 的 bmap 成员中。

2）QEMU 通过 ioctl(KVM_SET_USER_MEMORY_REGION)与新虚拟机的内存布局，将内存 flags 加上 KVM_MEM_LOG_DIRTY_PAGES 标识，KVM 据此可以记录虚拟机内存的写访问。

3）热迁移开始，热迁移线程从 migration_bitmap_rcu 的 bmap 成员中选择脏页发送到目的端，虚拟机可以自由访问内存，其中的写内存会被 KVM 记录下来。

4）QEMU 记录的脏页数据已经发送到只剩最后的 max_size 的时候，调用 migration_bitmap_sync 进行脏页同步，该函数最终会调用到 ioctl(KVM_GET_DIRTY_LOG)将 KVM 的脏页记录获取保存到 ram_list.dirty_memory 中（通过函数 kvm_log_sync 完成），然后将 ram_list.dirty_memory 的脏页信息复制到 migration_bitmap_rcu 的 bmap 成员中。

5）如果脏页数据大于 max_size，则进入第 3）步开始迭代发送的过程。

上面的步骤 1）～步骤 3）都已经做了介绍，下面通过代码对热迁移过程中的脏页同步进行分析。

全局变量 ram_list 的 dirty_memory 成员用来记录虚拟机的内存脏页，由于可能有多个地方使用这个脏页，所以这个成员是一个数组，可以记录 DIRTY_MEMORY_VGA、DIRTY_

MEMORY_CODE、DIRTY_MEMORY_MIGRATION 三种脏页，其中 DIRTY_MEMORY_CODE 用于 tcg，DIRTY_MEMORY_MIGRATION 用于热迁移。dirty_memory 的类型是 DirtyMemoryBlocks，定义如下。

```
include/exec/ram_addr.h
#define DIRTY_MEMORY_BLOCK_SIZE ((ram_addr_t)256 * 1024 * 8)
typedef struct {
    struct rcu_head rcu;
    unsigned long *blocks[];
} DirtyMemoryBlocks;

typedef struct RAMList {
    QemuMutex mutex;
    RAMBlock *mru_block;
    /* RCU-enabled, writes protected by the ramlist lock. */
    QLIST_HEAD(, RAMBlock) blocks;
    DirtyMemoryBlocks *dirty_memory[DIRTY_MEMORY_NUM];
    uint32_t version;
} RAMList;
```

DirtyMemoryBlocks 的 blocks 是一个二级指针，一级指针 blocks[i]指向分配的一段位图空间，这段位图空间包含 DIRTY_MEMORY_BLOCK_SIZE 个位图。DirtyMemoryBlocks 的 blocks 成员的分配在 dirty_memory_extend 函数中进行，该函数在添加 RAMBlock 的函数 ram_block_add 中调用，dirty_memory_extend 函数如下。

```
exec.c
static void dirty_memory_extend(ram_addr_t old_ram_size,
                                ram_addr_t new_ram_size)
{
    ram_addr_t old_num_blocks = DIV_ROUND_UP(old_ram_size,
                                    DIRTY_MEMORY_BLOCK_SIZE);
    ram_addr_t new_num_blocks = DIV_ROUND_UP(new_ram_size,
                                    DIRTY_MEMORY_BLOCK_SIZE);
    int i;

    /* Only need to extend if block count increased */
    if (new_num_blocks <= old_num_blocks) {
        return;
    }

    for (i = 0; i < DIRTY_MEMORY_NUM; i++) {
        DirtyMemoryBlocks *old_blocks;
        DirtyMemoryBlocks *new_blocks;
        int j;

        old_blocks = atomic_rcu_read(&ram_list.dirty_memory[i]);
        new_blocks = g_malloc(sizeof(*new_blocks) +
                        sizeof(new_blocks->blocks[0]) * new_num_blocks);

        if (old_num_blocks) {
            memcpy(new_blocks->blocks, old_blocks->blocks,
                old_num_blocks * sizeof(old_blocks->blocks[0]));
```

```
        }

        for (j = old_num_blocks; j < new_num_blocks; j++) {
            new_blocks->blocks[j] = bitmap_new(DIRTY_MEMORY_BLOCK_SIZE);
        }

        atomic_rcu_set(&ram_list.dirty_memory[i], new_blocks);

        if (old_blocks) {
            g_free_rcu(old_blocks, rcu);
        }
    }
}
```

dirty_memory_extend 函数首先计算总共需要多少个 block，block 个数为 RAM 的大小除以 DIRTY_MEMORY_BLOCK_SIZE，如果本次内存小于等于上次，说明不需要扩展，直接返回，否则需要扩展。

接着为 3 种脏页记录类型分配空间，i 表示当前处理的类型。在替换老的 DirtyMemoryBlocks 时使用了 RCU 机制，首先获取 ram_list.dirty_memory[i]，分配新的 DirtyMemoryBlocks 空间，并将老的脏页数据复制到新分配的空间中，然后分配新 DirtyMemoryBlocks 的 blocks 数组，每一个 block 大小为 DIRTY_MEMORY_BLOCK_SIZE，最后将 ram_list.dirty_memory[i]替换成新分配的，并删掉老的 DirtyMemoryBlocks。

下面分析 KVM 的脏页是如何同步到 ram_list.memory[i]中的脏页位图的。migration_bitmap_sync 函数调用 memory_global_dirty_log_sync 来进行脏页同步，后者会调用 memory_listeners 的 log_sync 函数，对于 KVM 来说，这个回调函数是 kvm_log_sync。kvm_log_sync 调用 kvm_physical_sync_dirty_bitmap 函数，后者在 VM 的 fd 上调用 ioctl(KVM_GET_DIRTY_LOG)来获取 KVM 记录的脏页信息，然后调用 kvm_get_dirty_pages_log_range 函数，最终调用到 cpu_physical_memory_set_dirty_lebitmap 函数。cpu_physical_memory_set_dirty_lebitmap 函数代码如下。

```
include/exec/ram_addr.h
static inline void cpu_physical_memory_set_dirty_lebitmap(unsigned long *bitmap,
                                                          ram_addr_t start,
                                                          ram_addr_t pages)
{
    unsigned long i, j;
    unsigned long page_number, c;
    hwaddraddr;
    ram_addr_t ram_addr;
    unsigned long len = (pages + HOST_LONG_BITS - 1) / HOST_LONG_BITS;
    unsigned long hpratio = getpagesize() / TARGET_PAGE_SIZE;
    unsigned long page = BIT_WORD(start >> TARGET_PAGE_BITS);

    /* start address is aligned at the start of a word? */
    if ((((page * BITS_PER_LONG) << TARGET_PAGE_BITS) == start) &&
        (hpratio == 1)) {
        unsigned long **blocks[DIRTY_MEMORY_NUM];
        unsigned long idx;
        unsigned long offset;
        long k;
        long nr = BITS_TO_LONGS(pages);
```

```
            idx = (start >> TARGET_PAGE_BITS) / DIRTY_MEMORY_BLOCK_SIZE;
                        offset = BIT_WORD((start >> TARGET_PAGE_BITS) %
                        DIRTY_MEMORY_BLOCK_SIZE);

            rcu_read_lock();

            for (i = 0; i < DIRTY_MEMORY_NUM; i++) {
                blocks[i] = atomic_rcu_read(&ram_list.dirty_memory[i])->blocks;
            }

            for (k = 0; k < nr; k++) {
                if (bitmap[k]) {
                    unsigned long temp = leul_to_cpu(bitmap[k]);

                    atomic_or(&blocks[DIRTY_MEMORY_MIGRATION][idx][offset], temp);
                    atomic_or(&blocks[DIRTY_MEMORY_VGA][idx][offset], temp);
                    if (tcg_enabled()) {
                        atomic_or(&blocks[DIRTY_MEMORY_CODE][idx][offset], temp);
                    }
                }

                if (++offset >= BITS_TO_LONGS(DIRTY_MEMORY_BLOCK_SIZE)) {
                    offset = 0;
                    idx++;
                }
            }
            …
        } else {
            …
    }
```

该函数的第一个参数 bitmap 是从 KVM 获取的脏页位图，第二个参数设置脏页信息的起始地址，pages 表示设置的页数。函数首先计算这些页的位图数目及其能放在多少 long 中，用 nr 表示，然后获取 start 地址，在 DirtyMemoryBlocks.blocks 数组中索引赋值给 idx，将其在 DirtyMemoryBlocks.blocks[idx]中的偏移赋值给 offset，将 ram_list.dirty_memory 保存在临时变量数组 blocks 中，最后在一个循环中将 blocks[i][idx][offset]对应的 long 与 bitmap 中对应的 long 进行与操作，从而将 KVM 的脏页信息保存到 ram_list.dirty_memory 数组中。

接下来分析 ram_list.dirty_memory[DIRTY_MEMORY_MIGRATION]->blocks 中的脏页信息是如何复制到热迁移的迁移位图 migration_bitmap_rcu->bmap 中的。这个过程是在 migration_bitmap_sync 函数中通过对每一个 RAMBlock 调用 migration_bitmap_sync_range 完成的，并且以 block->offset 和 block->used_length 作为参数，表明对该 RAMBlock 表示的 RAM 都做脏页同步。

**migration/ram.c**
```
QLIST_FOREACH_RCU(block, &ram_list.blocks, next) {
    migration_bitmap_sync_range(block->offset, block->used_length);
}
```

cpu_physical_memory_sync_dirty_bitmap 的代码如下。

**include/exec/ram_addr.h**
```
static inline
```

```
uint64_t cpu_physical_memory_sync_dirty_bitmap(unsigned long *dest,
                                               ram_addr_t start,
                                               ram_addr_t length)
{
    ram_addr_t addr;
    unsigned long page = BIT_WORD(start >> TARGET_PAGE_BITS);
    uint64_t num_dirty = 0;

    /* start address is aligned at the start of a word? */
    if (((page * BITS_PER_LONG) << TARGET_PAGE_BITS) == start) {
        int k;
        int nr = BITS_TO_LONGS(length >> TARGET_PAGE_BITS);
        unsigned long * const *src;
        unsigned long idx = (page * BITS_PER_LONG) / DIRTY_MEMORY_BLOCK_SIZE;
        unsigned long offset = BIT_WORD((page * BITS_PER_LONG) %
                                    DIRTY_MEMORY_BLOCK_SIZE);

        rcu_read_lock();

        src = atomic_rcu_read(
                &ram_list.dirty_memory[DIRTY_MEMORY_MIGRATION])->blocks;

        for (k = page; k < page + nr; k++) {
            if (src[idx][offset]) {
                unsigned long bits = atomic_xchg(&src[idx][offset], 0);
                unsigned long new_dirty;
                new_dirty = ~dest[k];
                dest[k] |= bits;
                new_dirty &= bits;
                num_dirty += ctpopl(new_dirty);
            }

            if (++offset >= BITS_TO_LONGS(DIRTY_MEMORY_BLOCK_SIZE)) {
                offset = 0;
                idx++;
            }
        }

        rcu_read_unlock();
    } else {
        …
    }

    return num_dirty;
}
```

　　page 表示这个 RAMBlock 在 RAM 中的位置，这个位置之前有 word 个 long 的 bits，dest 保存 migration_bitmap_rcu 的 bmap 地址。if 中的 nr 表示有多少个 long 的 bits，同样，这里也算出了该 RAMBlock 表示的内存在 ram_list.dirty_memory[DIRTY_MEMORY_MIGRATION]数组中的索引 idx 和偏移 offset。src 为 ram_list.dirty_memory[DIRTY_MEMORY_MIGRATION]->blocks 的地址。接下来在一个 for 循环中将 src 中的脏页信息同步到 dest 中，new_dirty 表示本次循环，也

就是一个 long 中新增的脏页数,num_dirty 保存所有新增的脏页数最终作为返回值添加到全局变量 migration_dirty_pages 中。

通过 memory_global_dirty_log_sync 和 migration_bitmap_sync_range 两个函数的调用,migration_bitmap_sync 函数最终实现了将 KVM 的脏页信息同步到内存块 RAMBlock 的 bmap 成员中。

## 8.2.4 热迁移中的相关参数控制

热迁移会将虚拟机的整个内存和设备状态从源端迁移到目的端,迁移的成功率跟很多因素有关,其中最重要的是宿主机网络带宽、允许虚拟机宕机的时间和虚拟机内部的脏页产生速率,前两者可以通过热迁移的相关参数进行控制,后者则由虚拟机内部业务决定,无法在虚拟机外部控制。三者的关系如下。

在允许宕机时间和脏页率一定的情况下,带宽越大越容易迁移成功;带宽和脏页率一定的情况下,允许宕机时间越大越容易迁移成功,这是因为允许宕机时间决定了热迁移最后阶段虚拟机暂停时能够发送的数据量;在带宽和允许宕机时间一定的大情况下,脏页率越高越不容易迁移成功。

为了能够更加细粒度地控制热迁移过程中的各种相关因素的影响,QEMU 通过 qmp/hmp 提供了修改参数的接口,用户可以通过该接口对热迁移的过程进行控制。下面对部分重要参数进行介绍。热迁移的参数保存在热迁移状态 MigrationState 结构体中类型为 MigrationParameters 的成员 parameters 中。

首先介绍的热迁移参数是带宽,带宽保存在 MigrationParameters 的 max_bandwidth 成员中。在 migrate_fd_connect 函数中,会把热迁移发送 QEMUFile 的 xfer_limit 成员设置为 parameters.max_bandwidth/XFER_LIMIT_RATIO,在 migration_thread 函数中,每一轮迭代循环的最后都会调用 qemu_file_rate_limit 判断当前发送的字节是否超过了 xfer_limit。如果超过,表示当前速度过快,需要调用 g_usleep 来将速度降下来,从而保持带宽固定在设置的值附近。

MigrationParameters 的 downtime_limit 成员用于限制虚拟机在热迁移的最后阶段中暂停虚拟机的时间,通过 8.2.2 节可以知道,如果允许宕机时间越长,在虚拟机暂停时就能够传输越多的数据,所以越容易进入热迁移的第三个阶段。每一次迭代复制完成之后,migration 线程会用当前带宽和允许宕机时间计算出一个 max_size 值,这个值用来判断待迁移数据量,以此确定是否进入热迁移第三阶段。

```
migration/migration.c
max_size = bandwidth * s->parameters.downtime_limit;
```

如果给热迁移的虚拟机设置较高的带宽,可能影响宿主机的其他程序或者虚拟机使用网络,如果给虚拟机设置较长的允许宕机时间,则会导致虚拟机内部业务中断的时间较长,所以这两者都不宜设置过大的值。但是如果这两者的值比较小,并且虚拟机的脏页产生速率过快,会导致热迁移很难到达第三阶段,这个时候就需要使用热迁移的另一个参数(即降频)了。

降频是一种提高迁移成功率的方法,它指的是当虚拟机产生脏页速率过快、热迁移每次发送的数据都维持在一定的数量而无法减少时,可以通过限制虚拟机 VCPU 的运行时间来控制虚拟机访问内存的频率,从而降低虚拟机的脏页率。在虚拟机进行脏页同步 migration_bitmap_sync 函数中,若经过一定的算法分析之后判断需要降频,就会调用 mig_throttle_guest_down,进而调用到 cpu_throttle_set,此函数会设置一个全局变量 throttle_percentage 的值,用来表示降频的程度。在 MigrationParameters 结构体中，cpu_throttle_initial 成员用来表示降频初始值，也就是最开始降多少百分比，另一个成员 cpu_throttle_increment 表示每一轮增加多少降频百分比。cpu_throttle_set 设置完 throttle_percentage 之后会设置一个时钟 throttle_timer。该时钟触发时会执行 cpu_throttle_timer_tick 函数，该函数会对每一个 VCPU 执行 cpu_throttle_thread 函数，代码如下。

```
cpus.c
static void cpu_throttle_thread(CPUState *cpu, run_on_cpu_data opaque)
{
    double pct;
    double throttle_ratio;
    long sleeptime_ns;

    if (!cpu_throttle_get_percentage()) {
        return;
    }

    pct = (double)cpu_throttle_get_percentage()/100;
    throttle_ratio = pct / (1 - pct);
    sleeptime_ns = (long)(throttle_ratio * CPU_THROTTLE_TIMESLICE_NS);

    qemu_mutex_unlock_iothread();
    g_usleep(sleeptime_ns / 1000); /* Convert ns to us for usleep call */
    qemu_mutex_lock_iothread();
    atomic_set(&cpu->throttle_thread_scheduled,0);
}
```

这里的 cpu_throttle_get_percentage 函数返回全局变量 throttle_percentage，根据这个变量计算出一个 sleeptime_ns，然后调用 g_usleep 将当前 VCPU 设置为睡眠状态，从而达到减少 VCPU 对内存的访问，进而减少虚拟机脏页速率的目的。

上面对虚拟机热迁移中最重要的 3 个控制参数带宽、允许宕机时间以及降频进行了介绍，除了这个 3 个最为重要的控制热迁移的参数外，还有很多其他控制参数，这里就不再一一介绍。

# 8.3 QEMU 及虚拟化安全

## 8.3.1 QEMU 软件安全

虚拟化平台的一个非常重要的功能是要确保虚拟机与宿主机、虚拟机与虚拟机之间的相互隔离。虚拟化安全的目的是保证各个虚拟机相互独立、虚拟机与虚拟机和宿主机之间的安全边界不会被破坏。虚拟化平台的安全涉及的内容很多，如虚拟机读取宿主机内存的数据、虚拟机无限制地消耗宿主机的资源、虚拟机中执行特殊的指令导致宿主机崩溃、虚拟机中普通用户通过虚拟化平台进行权限提升，当然，最严重的还是虚拟机逃逸，也就是虚拟机中的用户通过执行一段代码利用虚拟化平台的漏洞来在宿主机上执行代码。虚拟化平台在云计算中是一个非常重要的基础组件，其上运行着大量不受信任的租户的虚拟机，租户可以在虚拟机中执行任意的代码，所以确保虚拟化平台的安全是云计算平台非常重要的任务。安全是一个过程，涉及软件设计、开发、测试、配置等一系列流程，本书专注于源码分析，所以只关注由不安全的代码产生的虚拟化安全问题，从而让读者对虚拟化的安全漏洞有一些基本的认识，能够处理一些常见的虚拟化软件漏洞。

安全与漏洞不仅仅是 QEMU/KVM 虚拟化解决方案和虚拟化软件独有的问题,而是存在于所有的软件之中。操作系统、浏览器、办公阅读软件等都会有漏洞,虚拟化是一类特殊的软件,当然也存在漏洞。

安全漏洞大部分上都是由不受信任的输入造成的,这种不信任的输入也叫作攻击面。QEMU 的输入大体来自两个方面,即虚拟机内部和虚拟机外部,如图 8-9 所示。

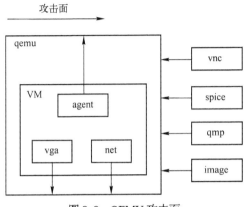

图 8-9　QEMU 攻击面

来自虚拟机内部的攻击指的是虚拟机内部用户执行各种恶意请求,利用 QEMU/KVM 的漏洞来对 QEMU 进行攻击。虚拟机内部用户能够执行任意代码,访问任意的虚拟设备及虚拟物理资源,所以从 QEMU 的角度来看,来自虚拟机内部的所有请求数据都是不可信的。大体上,虚拟机内部的攻击包括执行特殊的指令、读取特殊的寄存器、与模拟设备进行交互。其中设备模拟是最大的攻击面,QEMU 中的大多数安全漏洞都是由设备模拟造成的。设备模拟包括传统全虚拟化设备模拟以及半虚拟化的 virtio、vhost 设备模拟。虚拟机内部攻击还有一个重要来源是虚拟机内部的 agent,通常来讲这类 agent 是用来为虚拟机与宿主机通信提供方便的,如建立特殊的通道用来方便虚拟机与宿主机共享剪切板等。虚拟化软件通常需要处理大量来自虚拟机内部的输入,如果在处理这些输入请求的时候没有进行完整的安全校验,则容易导致漏洞的产生,虚拟机内部用户可以利用这些漏洞对虚拟化软件进行攻击。商业化虚拟化软件上的这类 agent 功能比较复杂,如 VirtualBox 的 Guest Addition 和 VMware 的 vmtools;QEMU 虚拟机上的 agent 功能比较简单,所以漏洞相比 VirtualBox 和 VMware 来说也要少很多。

虚拟机外部的攻击是指与 QEMU 交互的其他组件构造恶意数据,利用 QEMU 的漏洞来对 QEMU 进行攻击。这些外部组件有很多,如 VNC、SPICE 等能够远程连接 QEMU 的组件。VNC 和 SPCIE 都是远程的桌面协议,以 VNC 为例,QEMU 内置了一个 VNC 服务器,运行各种远程的 VNC 客户端对其进行连接,从而让远程用户能够访问虚拟机。QEMU 的 VNC 服务器端和不受信任的客户端会进行各种数据交互,如 VNC 协议、传递鼠标和键盘数据信息,如果在这个过程中 QEMU 没有正确地进行各种安全校验就会产生安全漏洞,远程客户端通过构造恶意数据就能够对 QEMU 进行攻击。外部攻击的另一个方面是虚拟机访问的文件,如虚拟机所使用的镜像。QEMU 支持多种镜像,在打开镜像的时候会进行各种解析,如果解析代码没有进行完整的安全校验就可能有漏洞产生,用户可以通过构造一个恶意的镜像触发解析漏洞,从而对 QEMU 进行攻击。

下面将对上面提到的攻击面的相应漏洞进行介绍。

### 1. 设备模拟漏洞

设备模拟漏洞是到目前为止虚拟化平台出现最多的漏洞,QEMU、VirtualBox、VMware 等虚拟化软件都出现过大量由设备模拟产生的漏洞。虚拟设备漏洞之所以如此众多,一方面是由于虚拟化平台需要模拟大量的设备,以呈现一个完整的硬件平台到虚拟机中,另一方面是由于虚拟机内部需要与虚拟设备进行大量交互,如果虚拟化软件没有对虚拟机传过来的数据进行完善的安全性检查就会导致安全漏洞的产生。

虚拟机与虚拟设备的交互是通过硬件使用的 I/O 端口或者 PCI 设备的 MMIO 完成的。QEMU 在虚拟机启动时为虚拟机模拟出整个硬件体系以及各种设备,指定各个设备需要的 I/O 端口和 MMIO,当 SeaBIOS 启动之后,会为设备分配具体的资源,比如具体设备使用的 I/O 端口或者 MMIO 的地址。虚拟机内核在启动的时候,硬件驱动会扫描设备,为设备加载对应的驱动,这样虚拟机就能够正常地对这些端口或者 MMIO 地址空间进行读写访问。

每个设备都会有读写 I/O 端口或者 MMIO 地址空间的回调函数,每当虚拟机内部操作系统在读写这些区域的时候,虚拟机会都产生 VM Exit,陷入 KVM,然后 KVM 会把这些请求分派到 QEMU,QEMU 就会调用这些回调函数来完成虚拟机对设备的模拟访问,更新虚拟设备的状态,QEMU 可能也会访问实际的物理设备。

由于编写模拟设备的人员众多,加上设备的接口大多数比较复杂,因此 QEMU 经常在处理这些读写请求的时候没有完整地对请求数据进行安全校验,导致产生了很多安全问题,其数据攻击流如图 8-10 所示。

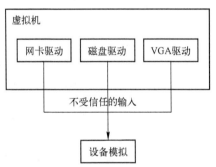

图 8-10    QEMU 设备模拟数据流

接下来以一个具体的例子来对模拟设备的漏洞进行分析。

这里分析 QEMU 3.1 引进的一个漏洞。

pm_smbus_init 函数初始化 SMBus 的模拟,其中注册了一个 MMIO 地址空间,其中的地址空间 MmeoryRegionOps 为 pm_smbus_ops,代码如下。

```
qemu-3.1.0-rc4/hw/i2c/pm_smbus.c
static const MemoryRegionOps pm_smbus_ops = {
    .read = smb_ioport_readb,
    .write = smb_ioport_writeb,
    .valid.min_access_size = 1,
    .valid.max_access_size = 1,
    .endianness = DEVICE_LITTLE_ENDIAN,
};

void pm_smbus_init(DeviceState *parent, PMSMBus *smb, bool force_aux_blk)
{
    smb->op_done = true;
```

```
    smb->reset = pm_smbus_reset;
    smb->smbus = i2c_init_bus(parent, "i2c");
    if (force_aux_blk) {
        smb->smb_auxctl |= AUX_BLK;
    }
    memory_region_init_io(&smb->io, OBJECT(parent), &pm_smbus_ops, smb,
                          "pm-smbus", 64);
}
```

当虚拟机对该地址空间进行读写的时候会相应地调用 smb_ioport_readb 或者 smb_ioport_
writeb 函数，这里分析后者。

```
qemu-3.1.0-rc4/hw/i2c/pm_smbus.c
static void smb_ioport_writeb(void *opaque, hwaddraddr, uint64_t val,
                              unsigned width)
{
    PMSMBus *s = opaque;

    SMBUS_DPRINTF("SMB writeb port=0x%04" HWADDR_PRIx
              " val=0x%02" PRIx64 "\n", addr, val);
    switch(addr) {
    case SMBHSTSTS:
        s->smb_stat &= ~(val & ~STS_HOST_BUSY);
        if (!s->op_done && !(s->smb_auxctl& AUX_BLK)) {
            uint8_t read = s->smb_addr& 0x01;

            s->smb_index++;
                if (!read && s->smb_index == s->smb_data0) {
                    …
                } else if (!read) {
                s->smb_data[s->smb_index] = s->smb_blkdata;
                s->smb_stat |= STS_BYTE_DONE;
            } else if (s->smb_ctl& CTL_LAST_BYTE) {
                s->op_done = true;
                s->smb_blkdata = s->smb_data[s->smb_index];
                s->smb_index = 0;
                s->smb_stat |= STS_INTR;
                s->smb_stat &= ~STS_HOST_BUSY;
            } else {
                s->smb_blkdata = s->smb_data[s->smb_index];
                s->smb_stat |= STS_BYTE_DONE;
            }
        }
        break;
        …
    }
out:
    if (s->set_irq) {
        s->set_irq(s, smb_irq_value(s));
    }
}
```

在处理 SMBHSTSTS 这个虚拟机内部发过来的命令的时候，在一定条件（虚拟机内部可以控制该条件）下会将 "s->smb_index" 进行自加操作，但是这里并没有对其进行安全检查，如果虚拟机内部的恶意用户一直增加该值，"s->smb_index" 会变成一个非常大的值，在 SMBus 的模拟中，"s->smb_index" 用来索引 "s->smb_data" 数组，而该数组大小只有 PM_SMBUS_MAX_MSG_SIZE(32)个字节。所以，如果虚拟机 "s->smb_index" 增大到超过 32 的时候就会访问到 "s->smb_data" 数组定义之后的数据。在处理 SMBHSTSTS 这个命令的后面可以看到，既有对 "s->smb_data[s->smb_index]" 的读操作，也有写入该地址的操作。所以该漏洞会导致虚拟机对 QEMU 地址空间的 "s->smb_data" 之后的内存进行任意读写，由于 "s->smb_index" 是 32 位数据，所以理论上能读写的地址空间为 4GB。通过越界读来获取 QEMU 的内存地址分布信息，绕过 ASLR，通过写控制 QEMU 进程的 RIP，实现代码流控制。

事实上，该漏洞能够实现完美的虚拟机逃逸，相比 2015 年的 venom 只是越界写不同，该漏洞能够稳定地读 QEMU 数据，从而绕过 ASLR。不过，由于该漏洞在 QEMU 3.1 版本的最开始引入，在 3.1 发版前的最后一刻被修补，所以该漏洞没有存在于任何发行版的 QEMU 中。但是毫无疑问，该漏洞是 QEMU 历史上最为严重的漏洞之一。

其修补很简单，只需要在自加之后做一个长度判断即可，其补丁如下。

```
https://git.qemu.org/?p=qemu.git;a=commitdiff;h=f2609ffdf39bcd4f89b5f67b3
3347490023a7a84
    --- a/hw/i2c/pm_smbus.c
    +++ b/hw/i2c/pm_smbus.c
    @@ -240,6 +240,9 @@ static void smb_ioport_writeb(void *opaque, hwaddraddr,
uint64_t val,
    uint8_t read = s->smb_addr& 0x01;

            s->smb_index++;
+           if (s->smb_index >= PM_SMBUS_MAX_MSG_SIZE) {
+               s->smb_index = 0;
+           }
            if (!read && s->smb_index == s->smb_data0) {
                uint8_t prot = (s->smb_ctl>> 2) & 0x07;
                uint8_t cmd = s->smb_cmd;
```

### 2. 外部漏洞

虽然设备模拟的漏洞占了所有 QEMU 漏洞的大部分，但是 QEMU 本身还存在其他的一些攻击面，如 VNC。VNC 是一个基于 RFB 协议的远程桌面共享系统。QEMU 内建了一个 VNC 服务器，用来接收客户端的请求，所有的 VNC 客户端都可以用来跟 QEMU 虚拟机连接。客户端通过 RFB 协议向服务器端传递鼠标键盘等控制信息，服务器端通过这些信息来更新虚拟机的相应信息。QEMU 服务器端在处理客户端发送过来的数据时如果存在漏洞，则恶意的客户端可能发送构造的数据触发这些漏洞，导致对 QEMU 的攻击。其简单数据流如图 8-11 所示。

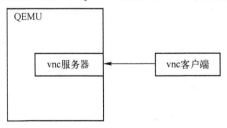

图 8-11　QEMU VNC 漏洞数据流

CVE-2015-8504 就是这样一个典型的例子。

该漏洞发生在 QEMU 处理 "SetPixelFormat" 消息的时候，产生漏洞的代码如下。

```
qemu-2.4.0/ui/vnc.c
static void set_pixel_format(VncState *vs, int bits_per_pixel,
                             int big_endian_flag, int true_color_flag,
                             int red_max, int green_max, int blue_max,
                             int red_shift, int green_shift, int blue_shift)
{
    …
    vs->client_pf.rmax = red_max;
    vs->client_pf.gmax = green_max;
    vs->client_pf.bmax = blue_max;
    …
}


qemu-2.4.0/ui/vnc-enc-tight.c
static void write_png_palette(int idx, uint32_t pix, void *opaque)
{
    …
    if (vs->tight.pixel24)
    {
        …
    }
    else
    {
        …
        color->red = ((red * 255 + vs->client_pf.rmax / 2) /
                    vs->client_pf.rmax);
        color->green = ((green * 255 + vs->client_pf.gmax / 2) /
                      vs->client_pf.gmax);
        color->blue = ((blue * 255 + vs->client_pf.bmax / 2) /
                     vs->client_pf.bmax);
    }
}
```

set_pixel_format 函数用来处理 VNC_MSG_CLIENT_SET_PIXEL_FORMAT 消息，其参数 red_max、green_max、blue_max 都来自远程客户端，可以是任意值，将这些值复制到 vs->client_pf 相应的成员中。其值在随后的 write_png_palette 的函数调用中被用来做被除数。如果远程恶意客户端把 red_max 设置为 0，那么在 write_png_palette 函数中就会产生除 0 错误，导致虚拟机崩溃。

该漏洞的修补也比较简单，只需要在赋值的时候把 0 改成 0xFF 即可，补丁代码如下。

```
https://git.qemu.org/?p=qemu.git;a=commitdiff;h=4c65fed8bdf96780735dbdb92a8
@@ -2198,15 +2198,15 @@ static void set_pixel_format(VncState *vs,
        return;
    }

-    vs->client_pf.rmax = red_max;
+    vs->client_pf.rmax = red_max ? red_max : 0xFF;
    vs->client_pf.rbits = hweight_long(red_max);
    vs->client_pf.rshift = red_shift;
```

```
        vs->client_pf.rmask = red_max << red_shift;
-       vs->client_pf.gmax = green_max;
+       vs->client_pf.gmax = green_max ? green_max : 0xFF;
        vs->client_pf.gbits = hweight_long(green_max);
        vs->client_pf.gshift = green_shift;
        vs->client_pf.gmask = green_max << green_shift;
-       vs->client_pf.bmax = blue_max;
+       vs->client_pf.bmax = blue_max ? blue_max : 0xFF;
        vs->client_pf.bbits = hweight_long(blue_max);
        vs->client_pf.bshift = blue_shift;
        vs->client_pf.bmask = blue_max << blue_shift;
```

其他的远程桌面协议（如 SPICE）也有类似问题，如 SPICE 的 CVE-2016-9578 漏洞，就是由于对客户端校验不严格产生的整数溢出漏洞。

### 8.3.2 QEMU 安全思考

作为一款有着十多年历史的软件，QEMU 一直遭受着安全问题的困扰。随着以 KVM/QEMU 虚拟化软件为基础的云计算的不断发展，其安全问题在这几年备受关注。随着 2015 年 QEMU 中 venom 漏洞的曝光以及随后各类安全比赛中加入 VirtualBox、VMware、HyperV 等虚拟化软件项目，越来越多的人开始对虚拟化的安全进行系统深入的研究，也有越来越多的虚拟化平台被发现漏洞。从前面的几个漏洞例子可以看出，QEMU 威胁最大、漏洞最多的地方在设备模拟。对于其他虚拟化软件来说，设备模拟同样是漏洞重灾区。设备模拟漏洞产生的原因都是类似的，本质上都是没有对虚拟机中的请求进行完整的安全校验，在一种虚拟化软件中存在漏洞的设备也有可能在另一种虚拟化软件中同样存在。如 e1000 网卡设备是 QEMU 和 VirtualBox 默认使用的网卡，研究 QEMU 下的 e1000 网卡模拟实现同样有助于研究 VirtualBox 下的实现。

为了从根本上解决虚拟化软件的安全漏洞，目前可以从下面几个方面入手。

1）减少攻击面。一方面可以将一些设备模拟放到内核中去，内核中的代码会经过严格的安全审计，如现在的 APIC 和 I/O APIC 中断控制器就是默认在内核中模拟的；另一方面是尽量减少模拟设备的使用。

2）使用新的、轻量级的虚拟化解决方案。在 KVM 诞生之初，选择 QEMU 作为其方案的应用层软件在当时看来是比较合理的。但是目前来看 QEMU 由于其自身的历史原因，希望实现大而全的对各个平台的模拟，而不仅限于云计算，所以带来了一些"包袱"。很多的厂商正在致力于减少这些"包袱"，如 Intel 提出了 nemu，其目标是作为一个云计算专用的虚拟化平台。它在 QEMU 的基础上进行了裁剪，剔除了除 x86 和 ARM 架构外的其他平台模拟，也剔除了一些不常用的模拟设备，而只使用最基本的、必不可少的功能。

3）使用 Rust 等现代内存安全编程语言。目前各个虚拟化平台都使用 C/C++语言完成，非常容易产生安全漏洞。使用内存安全编程语言来编写虚拟化软件也逐渐发展起来，比如 Google 的 crosvm 就使用了 Rust 创建的虚拟化软件平台，Amazon 则是将上述两个方面结合起来，在 crosvm 的基础上开发了 Firecracker。

## 8.4 容器与虚拟化

QEMU 和 KVM 作为非常成熟的虚拟化解决方案已经存在十多年了，被广泛地应用在各大云服务提供商的虚拟主机服务上。但是随着 IT 技术的不断发展，QEMU/KVM 也暴露出了很多的缺点，包括容器在内的新技术方案不断涌现出来，本节对这些方案做一个简单的介绍。

QEMU/KVM 模拟的是一个包括 CPU、内存、外设在内的完整虚拟机，每一个虚拟机都要安装自己的操作系统，虚拟机中的 I/O 应用通常需要通过虚拟机操作系统和宿主机操作系统的两层内核栈，虽然在前面的章节中介绍了硬件的 vhost、VFIO 等优化方案，但是整机虚拟的方案很多时候还是显得比较繁重。为了提高效率，容器方案 Docker 应运而生了。

QEMU/KVM 方案中的外设模拟大部分是在 QEMU 侧完成的，并且由于历史原因，QEMU 模拟了完整计算机系统，其中有很多设备对于提供云厂商来说不是必需的，这些设备由于长时间没有得到维护可能会存在一些安全漏洞，加上 QEMU 本身也是用 C 语言写的，这些漏洞可能会导致非常严重的安全问题。为了解决此类问题，出现了 nemu 等精简 QEMU 的方案以及以 crosvm、Firecracker、rust-vmm 等试图以 Rust 这类内存安全语言重写虚拟机监控器的方案。

接下来对上述提到的方案做简单的介绍。

## 8.4.1　Docker 容器

容器不是一个新的概念，chroot 可以看成是一种最基本的容器。本质上，能够为一个或者一组进程提供独立的运行环境、限制进程的资源访问权限的技术都可以看成是容器技术。

Docker 最初由法国公司 dotCloud 开发，在 2013 年开源。Dcoker 本质上是一种操作系统层面的虚拟化技术，其使用 Go 语言实现，基于 Linux 内核的 cgroup、namesapce 能力以及 aufs 技术，Docker 封装了这些技术，将一组网络、文件系统等资源隔离起来，实现了一种轻量级的隔离方案。Docker 的基本原理如图 8-12 所示。

图 8-12　Docker 容器基本原理

每一个 Docker 容器都有自己的资源视图视角，内核在处理容器时会根据容器所在的 namespace 展示不同的资源。不同的应用可以运行在不同的容器中，互不影响，所有容器共享宿主机内核。通过与宿主机公用内核，省略了虚拟机操作系统和虚拟机监控器两层软件栈，容器的性能通常情况下都会比虚拟机好。但也正是因为公用宿主机内核导致了 Docker 容器的隔离性不够高，如果内核存在漏洞，一个容器中的进程就能够轻易利用这个漏洞来完成容器的逃逸或者拒绝服务攻击（DoS）。由于 Docker 容器隔离性不够高，所以通常不能用来运行不受信任的代码，为了提高容器的隔离性，Google 开发并开源了 gVisor。

## 8.4.2　gVisor

gVisor 相比 Docker 容器最大的特点就是多了一个容器用的内核，这个内核叫作 Sentry，通过使用 KVM 或者 ptrace 技术，gVisor 能够实现各个容器的隔离。在 gVisor 方案中，每一个容器本质上是一个轻量级的虚拟机，每一个虚拟机有自己独立的内核 Sentry，运行在容器中的应用程序就依靠 Sentry 提供的系统调用来执行。图 8-13 展示了 gVisor 的基本原理。

图 8-13　gVisor 基本原理

gVisor 遵循所谓的纵深防御的原则，整体上，gVisor 有两层防御。第一层防御是提供了 Sentry 内核，大部分情况下，Sentry 内核能够处理来自用户程序的系统调用请求，例如，有的用户请求需要宿主机的资源才能处理，这个时候 Sentry 本身就会调用宿主机内核提供的系统调用，但是调用的系统调用是受限的，这个限制是通过 seccomp 完成的，这就是 gVisor 的第二层防御。所以恶意程序如果想要攻破宿主机，它首先需要攻破第一层的 Sentry 内核，然后再在 Sentry 中攻破宿主机。值得注意的是，为了减少内存型漏洞，gVisor 使用了有利于内存安全的 Go 语言写。

gVisor 从安全性上来说无疑采用了非常好的理念，使用内存安全语言给每一个容器加一个内核增加了各个容器以及容器与宿主机之间的隔离。但是 gVisor 也有自己的缺点，最明显的便是兼容性，gVisor 的 Sentry 虽然提供了一个 POSIX 兼容的内核，但是它并没有实现所有的系统调用，这会导致一些应用程序无法在 gVisor 中运行；此外 gVisor 的性能也是一个值得考虑的问题，特别是 I/O 性能，为了实现安全性，gVisor 使用了用户态的网络协议栈，由此造成的网络时延在很多时候是无法接受的。

### 8.4.3　nemu

nemu（No Emulation）是 Intel 开发的对 QEMU 进行简化的、专门用于云环境的虚拟机监控器。QEMU 安全问题的很大一个来源就是使用了不安全的 C 语言，导致其存在很多漏洞，特别是虚拟机内部与 QEMU 直接交互的设备模拟部分。根据 Intel 的统计，2013～2018 年，QEMU 的 CVE 漏洞中有 49% 都来自设备模拟。QEMU 在早期是一款系统模拟器，能够模拟 x86、ARM、SPARC 等多种架构平台，也能够模拟各种系统中的数百种设备。但是当 QEMU 用于云计算时，其并不需要模拟这么多平台以及设备，这些多余的设备经常成为漏洞的来源。nemu 致力于减少 QEMU 中的代码，特别是不需要的设备模拟的代码，较少的代码意味着较少的攻击面，也意味着能够更简单地对代码进行审计。

nemu 的目标包括减少 QEMU 的攻击面，提供 QEMU 的性能，减少各类硬件的模拟；其只支持 UEFI 的启动，只支持 Linux 和 Windows 虚拟机，只支持 x86-64 和 aarch64 架构，减少 ACPI 硬件相关的部分，支持 CPU、内存、NVDIMM 和 PCI 设备的热插拔。

nemu 完全是基于 QEMU 的，通过修改 QEMU，nemu 只关注 QEMU 中用于云计算场景的代码。nemu 移除了云计算不需要的组件，包括各种特性、云计算中不需要的架构平台以及硬件设备。

### 8.4.4　crosvm、Firecracker 与 cloud-hypervisor

crosvm 是 Google 开发的轻量级虚拟机监控器，与 nemu 的思想类似，crosvm 旨在减少用户态程序不必要的设备模拟，减少攻击面；与 gVisor 思想也类似，它使用了内存安全的语言 Rust 编写，从而减少了编程语言带来的漏洞。

crosvm 最开始只用在 Google 的 chrome OS 上，Amazon 后来在 crosvm 的基础上开发了 Firecracker，crosvm 的理念以及相关技术才开始受到大家的广泛重视。

Firecracker 的基本原理如图 8-14 所示。

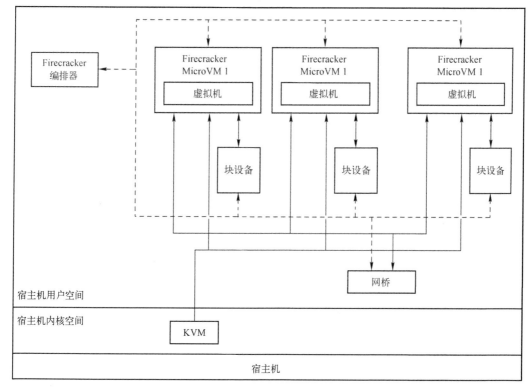

图 8-14　Firecracker 基本原理

从架构上看，Firecracker 与 QEMU 并没有本质的区别，都是利用 KVM 导出的接口创建并允许虚拟机、网络和磁盘的前端设备都是 virtio 设备，网络的后端是 tap 设备，磁盘设备的后端也是本地文件，这些都与 QEMU 是一致的。

从上面分析的几种方案可以看出，虚拟化和容器的发展方向在逐步靠近。一方面，类似 Docker 这种共享内核的容器方案需要增强隔离；另一方面，类似 QEMU 这种重量级的虚拟化方案需要做得更加轻量级。

# 附录　重要术语

**QEMU**　Quick EMUlator，由 Fabrice Bellard 编写的模拟器，支持用户态程序模拟和全系统模拟。

**KVM**　Kernel-based Virtual Machine，由 Qumranet 公司开发的使用硬件虚拟化特性的虚拟机监控器。

**VM**　Virtual Machine 虚拟机，是一个与物理机相对的概念，表示用软件的方式模拟一台机器。根据所属语境的不同，虚拟机有多种含义，在本书指系统虚拟化环境下的虚拟机。

**VMM**　Virtual Machine Monitor 虚拟机监控器，用来管理一组虚拟机。VMM 与 VM 的关系类似于操作系统与进程的关系。

**ISA**　Instruction Set Architecture 指令集架构，表示某一种类型的 CPU 支持的指令以及相关的寄存器。ISA 可以是物理存在的，也可以是虚拟出来的。

**ISA**　Industry Standard Architecture　工业标准体系结构，一种总线标准，ISA 指令集架构和 ISA 总线能够根据上下文判断。

**PIO**　Port I/O，I/O 设备的 IO 地址集。

**MMIO**　Memory Mapped I/O，I/O 设备在内存空间的地址集。

**GVA**　Guest Virtual Address，虚拟机中虚拟地址。

**GPA**　Guest Physical Address，虚拟机的物理地址。

**HVA**　Host Virtual Address，宿主机上的虚拟地址。

**HPA**　Host Physical Address，宿主机上的物理地址。

**PIC**　Programmable Interrupt Controller，可编程中断控制器，在本书中指 Intel 8259A 中断控制设备。

**APIC**　Advanced Programmable Interrupt Controller，高级可编程中断控制器，通常指包含 I/O APIC 和 LAPIC 组成的中断路由架构。

**I/O APIC**　I/O Advanced Programmable Interrupt Controller，用于在多处理之间分派中断，本书中通常指集成在主板上的中断控制设备。

**LAPIC**　Local Advanced Programmable Interrupt Controller，每个 CPU 中的中断控制器，I/O APIC 将中断分发到对应 CPU 的 LAPIC。

**MSI**　Message Signaled Interrupt，一种中断方式，I/O 设备通过直接将中断信息写入 LAPIC 产生中断。

**fd**　file descriptor，Linux 中用户态用于访问文件的一个标识符，内核会根据 fd 在对应的进程中找到访问的文件信息。

**VFS**　Virtual File System，Linux 内核中的虚拟文件系统层，VFS 能够屏蔽底层文件系统的差异而向用户态呈现统一的文件系统接口。

**QOM**　Qemu Object Model，QEMU 对象模型，QOM 使用 C 语言实现了类似 C++语言中的继承的概念。

**BIOS**　Basic Input Output System 基本输入输出系统，一组固化到计算机主板上 ROM 的程序。

**PCI**　Peripheral Component Interconnect，Intel 推出的一种局部总线标准，PCI 及 PCIe 广泛用于当代 PC 系统中。

**SDM**　Software Developer Manuals，Intel 架构软件开发指南，描述了 Intel CPU 及主板芯片的接口和规格。

**VMX**　Virtual Machine Extensions，Intel CPU 虚拟化扩展指令，CPU 硬件虚拟化的基础。

**VMCS**　Virtual Machine Control Structures，虚拟机控制结构，用来表示一个虚拟机 CPU 的状态，类似于进程控制结构。

**EPT**　Extended Page Table，Intel CPU 在硬件层面实现的内存虚拟化机制。

**VFIO**　Virtual Function I/O，Linux 中用户空间驱动框架，VFIO 能够安全地将 I/O 设备的中断、地址空间、DMA 等暴露到用户空间，本书中 VFIO 用于完成设备直通。

**IOMMU**　I/O Memory Management Unit，I/O 地址管理单元，用于将设备的 I/O 地址转换为物理地址。

**DMA**　Direct Memory Access，直接内存访问，一种传输机制，将数据从一个地址空间复制到另一个地址空间，无须 CPU 参与。